L'Agriculture moderne

PAR Victor SÉBASTIAN

Librairie Larousse PARIS

L'AGRICULTURE MODERNE

QUATRIÈME ÉDITION

BIBLIOTHÈQUE RURALE

COLLECTION HONORÉE DE NOMBREUSES SOUSCRIPTIONS DES MINISTÈRES DE L'AGRICULTURE ET DE L'INSTRUCTION PUBLIQUE.

L'Agriculture moderne, par V. SÉBASTIAN. Encyclopédie de l'agriculteur : le sol, l'air, l'eau, les amendements, les engrais, les irrigations, le drainage, les plantes cultivées, le bétail, la basse-cour, etc. 560 pages, 700 gravures. Broché, 5 francs; relié toile. . . . . **6 fr. 50**

La Ferme moderne, traité des constructions rurales, par M. ABADIE. Plans et devis, terrassements, maçonnerie, charpenterie, couvertures, ciment armé, etc. 390 gravures et plans. — Broché, 3 francs; relié toile. . . **4 francs.**

Les Industries de la ferme, par LARBALÉTRIER. Meunerie, boulangerie, féculerie, huilerie, etc. 160 grav. — Broché, **2 fr.**; rel. toile. **3 francs.**

Les Engrais au village, par Henri FAYET. Valeur fertilisante des engrais, leur achat, leur emploi : syndicats agricoles. Br. 2 fr.; rel. toile. **3 francs.**

La Basse-Cour, par TRONCET et TAINTURIER. La poule, le dindon, le canard, le lapin, le cobaye, etc. 80 grav. — Broché, **2 fr.**; rel. toile. **3 francs.**

L'Outillage agricole, par H. de GRAFFIGNY. Charrues, machines à récolter, moteurs agricoles, etc. 240 grav. — Broché, **2 fr.**; rel. toile. **3 francs.**

Le Bétail, par TRONCET et TAINTURIER. Le cheval, l'âne, le bœuf, etc.; races, hygiène, maladies, 100 gravures. — Broché, **2 fr.**; relié toile. **3 francs.**

L'Arboriculture pratique, par TRONCET et DELIÈGE. Reproduction, taille, entretien, etc. 190 gravures. — Broché, **2 fr.**; relié toile . . . **3 francs.**

La Viticulture moderne, par G. de DUBOR. Établissement d'un vignoble, entretien, maladies, vinification. 100 gravures. — Broché, **2 fr.**; relié toile. . . . . **3 francs.**

L'Apiculture moderne, par A.-L. CLÉMENT. Rôle des abeilles, mobilisme, ruches, maladies, miel et cire. 130 grav. — Br., **2 fr.**; rel. toile. **3 francs.**

Le Jardin potager, par TRONCET. Légumes de France, 390 variétés, culture, récolte, maladies. 190 gravures. — Broché, **2 fr.**; relié toile. **3 francs.**

Le Jardin d'agrément, par TRONCET. Travaux de jardinage, mosaïculture, fleurs et arbustes, etc. 150 grav. — Broché, **2 fr.**; relié toile. **3 francs.**

Comptabilité agricole, par H. BARILLOT. — Broché, **2 fr.**; relié toile. . . . . **3 francs.**

Les Animaux de France, par CLÉMENT et TRONCET. 160 gravures. Broché, **2 fr.**; relié toile . . . . **3 francs.**

Écoles et cours d'Agriculture, par R. DUGUAY. 39 gravures. — Broché. . . . . **1 franc.**

Envoi franco au reçu d'un mandat-poste.

L'AGRICULTURE MODERNE

ENCYCLOPÉDIE DE L'AGRICULTEUR, PAR **V. SÉBASTIAN,** *CHIMISTE-AGRONOME, ANCIEN DIRECTEUR DE STATION EXPÉRIMENTALE. — AVANT-PROPOS, PAR* M. LE Dr GAUTHIER, *SÉNATEUR.*

671 Gravures.

LIBRAIRIE LAROUSSE. — PARIS

17, RUE MONTPARNASSE. — SUCC^{LE}, 58, RUE DES ÉCOLES

TABLE DES MATIÈRES

AVANT-PROPOS

Mon cher Sébastian.

Comme vous le dites fort bien : « L'agriculture est une véritable industrie; mais ce qui la distingue de toutes les autres industries, c'est que, seule, elle est apte à « fabriquer » de la matière vivante; elle transforme la matière inorganique en matière organique, et c'est dans son sein que l'humanité puise les éléments nécessaires à l'entretien de la vie. »

J'applaudis à cette définition que votre livre **L'Agriculture moderne** *commente avec tant de force et de pénétration. En effet, le progrès agricole n'est pas d'une autre essence que le progrès industriel; pour le réaliser, il est indispensable de savoir coordonner judicieusement les faits matériels et les divers phénomènes scientifiques qui régissent l'exploitation du sol.*

Il faut propager les connaissances agricoles jusqu'au fond des plus petits hameaux : c'est là la plus noble mission de ceux qui, comme vous, sont dévoués au bien public et n'ignorent rien de la science agronomique.

Tant que la grande masse des petits propriétaires et des cultivateurs, dont le laborieux effort quotidien met en valeur le sol national, restera indifférente ou étrangère aux belles conquêtes de la science, l'agriculture végétera dans un état précaire.

L'Université a un rôle admirable à remplir : celui d'instruire les enfants et les jeunes gens en vue de les rendre aptes à jouer un rôle utile à la patrie. Aussi doit-elle désormais adapter ses méthodes aux besoins de la masse et non plus seulement à ceux de l'élite de la nation; pour atteindre le but, il faut qu'elle tienne compte des exigences professionnelles et économiques de chaque région, ainsi que des aptitudes de ses habitants.

L'enseignement primaire, stimulé par la grandeur de sa tâche, s'efforce, avec zèle et intelligence, de mettre en œuvre les idées nouvelles. Il cherche à inspirer aux élèves le goût de la campagne, en développant leur esprit d'observation, en les intéressant aux choses de la nature, en leur faisant apprécier la douceur et les charmes de l'indépendance de la vie rurale, en leur donnant les notions scientifiques qui les préparent soit à apprendre utilement le métier d'agriculteur par un stage dans une ferme, soit à entrer dans les écoles techniques. De ce côté, un grand progrès est en voie de s'accomplir.

Dans l'enseignement secondaire, les tentatives d'amélioration sont encore trop rares et trop timides. Les lycées et les collèges s'appliquent à préparer leurs élèves d'après les programmes d'admission de certaines écoles privilégiées, principalement de celles qui mènent au fonctionnarisme! Les élèves les mieux doués aspirent à ces sortes de mandarinats; quant aux autres, ils surchargent leur mémoire pour gagner le diplôme de bachelier introduit dans les écoles au XIII° siècle par le pape Grégoire IX. Est-ce que le travail nécessité par l'appât de ce diplôme platonique ne serait pas avantageusement remplacé par un enseignement large et pratique développant les facultés intellectuelles et aiguillé vers les professions agricoles, industrielles et commerciales qui font la richesse et la puissance de la nation?

A ce point de vue, votre livre **L'Agriculture moderne** *est appelé à rendre de grands services, car il met à la portée de chacun les enseignements de l'ordre le plus élevé sans rien négliger de ce qui touche au côté pratique.*

Le développement de la plante; *les sources auxquelles les végétaux puisent les* éléments de la nutrition; *le* sol, l'atmosphère, *l'eau, les* engrais *sont étudiés d'une façon parfaite. Les diverses* cultures, *etc. ; les* entreprises zootechniques, *dont l'importance augmente chaque jour; la* production laitière; *les* maladies des animaux domestiques *et les* vices rédhibitoires; *la* culture fruitière; *le* cidre; *le* séchage *et la* conservation des fruits; *la* culture des primeurs; *la* basse-cour; *tout enfin, depuis l'*irrigation *et les* cultures potagères *jusqu'à l'*apiculture, *la* sériciculture *et l'*hygiène du cultivateur, *s'y trouve nettement exposé. Des* expériences *très simples et bien comprises viennent souvent éclairer les démonstrations. Le chapitre consacré à la* viticulture, *la* vinification *et la* conservation des vins *présente le plus vif intérêt.*

En résumé, ce livre, documenté par une érudition sûre d'elle-même et basée sur une longue pratique expérimentale, constitue un véritable vade-mecum *susceptible de s'adapter à toutes les régions agricoles de notre beau pays de France, y compris les départements algériens.*

A l'heure actuelle nous sommes acculés à la nécessité de nous livrer à l'exploitation intensive du sol, car nous devons produire beaucoup et à prix aussi réduit que possible.

L'agriculture étrangère ne reste pas stationnaire et inactive; elle perfectionne rapidement ses procédés culturaux, augmente ses rendements, élargit les espaces cultivés, améliore ses produits, et devient sur les marchés du monde, voire même sur notre propre marché, une concurrente redoutable.

Une pareille situation n'est certainement pas exempte de périls. Pour conjurer le danger, l'énergie admirable et le labeur physique des travailleurs du sol demeureraient impuissants s'ils n'étaient secondés par les enseignements de la science, par l'esprit d'observation et d'initiative, sans lesquels il est impossible de vivifier la routine traditionnelle pour la rendre plus productive.

C'est à développer cet « esprit de progrès » que tend votre ouvrage.

Tous ceux qui s'intéressent aux choses de l'agriculture le consulteront avec fruit; ils y puiseront largement les données essen-

tielles d'un enseignement agricole très complet, *c'est-à-dire à la
fois* théorique et pratique.

*J'ai éprouvé pour ma part un bien vif plaisir à le lire et je
suis heureux, mon cher ami, de vous féliciter.*

*Le livre que vous nous donnez aujourd'hui est une bonne œuvre
dans toute l'acception du mot, une œuvre saine et utile au plus
haut degré. Il est digne d'entrer dans la collection des ouvrages
scientifiques que vous avez déjà publiés*, Les Vins de luxe;
Les Alcools et leur analyse, etc., *et c'est là le meilleur éloge qu'on
en puisse faire.*

Cordialement à vous.

Docteur GAUTHIER,
Sénateur,
Ministre des Travaux publics.

L'AGRICULTURE
MODERNE

ORIGINES DE L'AGRICULTURE.
SES PROGRÈS.

L'ORIGINE de l'agriculture se confond avec celle de l'humanité. Il y avait des êtres humains sur la terre bien avant les documents historiques que nous possédons, c'est-à-dire avant les documents écrits, les monuments figurés, et même avant les traditions et les légendes. Les premiers objets sortis de l'industrie humaine remontent à une antiquité très reculée. On a trouvé des os incisés par la main de nos ancêtres, ensevelis dans les couches profondes du terrain tertiaire. L'homme était alors plongé dans la barbarie ; il fabriquait ses armes et ses outils avec les pierres dures ou les silex grossièrement taillés par éclatement au feu.

Depuis cette époque, la faune s'est considérablement modifiée. Au milieu des palmiers, des fougères, des séquoias, des myrtes, des lauriers et des chênes, vivaient des animaux bien différents des espèces actuelles, entre autres d'énormes pachydermes tels que le *mastodonte* et le *dinotherium* (*fig.* 1), plus grands que nos éléphants actuels ; des singes anthropomorphes, comme le *dryopithecus;* des *hippopotames;* des *hipparions*, chevaux avec deux ou trois doigts rudimentaires latéraux, précurseurs des chevaux modernes dont le pied à sabot unique s'est formé progressivement par prédominance graduelle du doigt médian. Cela rejette l'origine de l'homme à plusieurs centaines de mille ans dans le passé! Ce passé lointain et diffus, véritable enfance de l'humanité actuelle, peut être divisé en trois âges :

L'*âge de la pierre*, pendant lequel l'emploi des métaux était inconnu ;

L'*âge du bronze;*

L'*âge du fer*, qui nous mène à l'aurore de l'histoire.

Le premier âge, surtout, a été d'une durée immense ; il paraît avoir été plus long que les deux autres ensemble. L'humanité a mis bien longtemps à se débarrasser de ses langes, et il est aujourd'hui impossible de dissiper les ténèbres qui nous cachent ses premiers pas. Semblables à l'enfant qui ne garde aucun souvenir de son extrême jeunesse, les peuples ont perdu la mémoire de leurs origines voilées par l'ignorance et la barbarie.

Nous devons renoncer à déterminer, même approximativement, l'époque à laquelle la culture des champs prit naissance, car il est

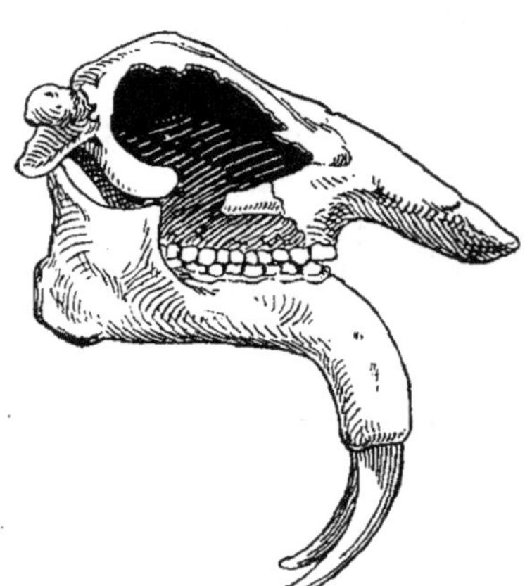

Fig. 1. — Tête fossile du dinotherium. Incisives inférieures transformées en puissantes défenses. (Terrain miocène supérieur et moyen.)

évident que le travail et l'exploitation du sol dérivent d'une longue série d'observations et de besoins, très lentement acquis, pendant que la mentalité obscure des hommes s'élevait avec tant de peine vers le progrès. La vie pastorale et nomade est antérieure à la vie agricole proprement dite, qui répond à un degré de civilisation plus avancé. Pour trouver quelques traces de la culture des champs, il faut remonter jusqu'aux constructeurs des habitations lacustres, contemporains de ceux qui érigèrent les monuments mégalithiques (menhirs, cromlechs, dolmens) si répandus en Bretagne.

Avant l'âge du bronze, les populations qui s'abritaient dans des huttes bâties sur pilotis, au milieu des eaux, sur les bords des lacs de l'Helvétie, cultivaient déjà la plupart de nos céréales (froment, orge) et aussi le pois, la lentille, la petite fève de marais. Les débris de leurs festins prouvent qu'elles se nourrissaient de fruits variés tels que pommes, poires, prunelles, cerises, fraises, framboises, mûres, noisettes, faînes et glands. Le lin semble avoir été la seule matière textile connue par ces anciens habitants des *palafittes*, car on n'a découvert aucune trace de laine ou de chanvre.

Nous devons supposer que leur matériel aratoire était des plus rustiques, et à peu près analogue à ce qu'il est encore chez les insulaires sauvages de la Polynésie : une côte de baleine leur sert de bêche. D'ailleurs on a trouvé des houes en silex dans des fouilles exécutées en Angleterre.

Plus tard les charrues (*fig.* 2, 3, 4) se construisirent en bois dur, sans armature de métal.

Hésiode, poète grec très ancien, qui vivait après Homère, donne des conseils aux laboureurs pour la construction d'une charrue. Il s'exprime en ces termes : « C'est le laurier ou l'orme qui forment les

Fig. 2, 3, 4. — Types de charrues anciennes attelées.

timons les plus forts ; que le *dental* soit de chêne et le *manche* d'yeuse. » Virgile, dans les « Géorgiques », recommande de « laisser la fumée du foyer où ces bois sont suspendus les éprouver et les durcir ».

De nos jours, les Arabes tracent encore un maigre sillon à l'aide d'une charrue presque identique à celle des Romains et des Grecs de l'antiquité. C'est là un exemple de la puissance de la tradition et de la difficulté qu'éprouve le progrès à s'imposer aux hommes. Qu'il y a loin de ces instruments grossiers aux faucheuses, aux moissonneuses, aux charrues actionnées par la vapeur ou l'électricité !

Ce rapide regard que nous venons de jeter sur le passé nous indique assez que les règles de la culture des plantes sont le résultat des lentes observations des nombreuses générations qui nous ont précédés. L'agriculture a été pendant de longs siècles un art dont les méthodes se transmettaient de père en fils, en dehors de tout enseignement organisé, c'est-à-dire un art profondément imprégné d'empirisme et de préjugés, et constituant ce que l'on appelle la *routine agricole*. Parmi ces méthodes, les unes sont bonnes, les autres sont mauvaises et surannées ; il est d'un esprit sage de les étudier pour écarter celles que les expériences rationnelles de la science agronomique moderne condamnent formellement.

Une des gloires les plus pures du xixe siècle devant la postérité sera d'avoir donné des bases scientifiques à l'agriculture en mettant à profit toutes les belles conquêtes de la chimie, de la physique, de la physiologie, etc., en un mot, de toutes les sciences dont l'agriculture est en somme une des principales applications. La routine proprement dite n'existe plus que là où règne l'ignorance; elle a fait place à une culture méthodique et raisonnée reposant sur l'observation intelligente des faits et la connaissance approfondie des lois naturelles.

L'agriculture est une véritable industrie; mais ce qui la distingue de toutes les autres, c'est que seule elle est apte à « fabriquer » de la matière vivante; elle transforme la matière inorganique en matière organique, et c'est dans son sein que l'humanité puise les éléments nécessaires à l'entretien de la vie.

On peut affirmer, sans crainte d'être démenti, que la richesse d'un pays se mesure à la prospérité de son agriculture. Il est évident que cette industrie a des connexions intimes avec la circulation des capitaux et le bien-être général de la population. Montesquieu fait éclater la pénétration de son génie lorsqu'il proclame que « les pays sont cultivés non en raison de leur fertilité, mais en raison de leur liberté ».

La liberté, symbole des idées toujours agissantes, est la compagne inséparable de l'esprit d'initiative et de progrès. C'est par sa généreuse influence que les esclaves et les *sujets* sont élevés à la dignité de citoyens.

L'exploitation rationnelle du sol est donc le fondement le plus solide sur lequel puisse s'établir la civilisation et la fortune publique; elle fournit au commerce et à l'industrie un aliment considérable, infiniment supérieur à celui que leur donnent les mines. Avec les céréales, les minoteries fabriquent les farines employées par la boulangerie ou utilisées à la confection des pâtes alimentaires (macaroni, vermicelle, nouilles, etc.). Les raffineries de sucre traitent le saccharose de la betterave. L'industrie des alcools utilise les vins, la betterave, les grains, la pomme de terre, etc. Les fruits qui ne sont pas consommés en nature servent à faire les conserves et les confitures. Le raisin fournit le vin et d'autres dérivés tels que le vinaigre, l'eau-de-vie de marc, le cognac, etc., le tartre, etc. Avec la pomme et la poire on obtient du cidre et du poiré. L'industrie de la brasserie a comme matières premières l'orge et le houblon. L'olive, l'œillette, le colza, la cameline, la navette, la noix, etc., fournissent de l'huile. Les fleurs donnent des parfums et des essences. C'est l'agriculture qui fournit la matière première aux industries du bois : fabriques d'objets mobiliers, carrosserie, etc., jusques et y compris la vannerie.

Les industries textiles qui utilisent les produits des plantes sont nombreuses : en France, elles emploient des fibres végétales que le sol donne en quantité insuffisante ou même pas du tout. Dans le premier cas se trouvent le chanvre et le lin; dans le second cas, nous citerons le coton et le jute ou pite.

Certaines industries, dont la matière première est fournie par les animaux, sont directement tributaires de l'agriculture, entre autres la boucherie et la charcuterie, la cordonnerie, l'industrie de la laine et des lainages, les industries qui emploient la peau des animaux ou cuirs telles que la mégisserie, la tannerie etc., l'industrie de la soie, etc., les industries du beurre et des fromages, etc.

EXPLOITATION DU SOL.
LA FRANCE AGRICOLE.

L'agronomie ou théorie de l'agriculture comprend trois parties principales : la *production végétale*, la *production animale*, l'*économie rurale*. Ces trois branches de la science agricole sont des sciences technologiques, c'est-à-dire des sciences d'application qui s'appuient sur les sciences naturelles. C'est ainsi que l'exploitation du sol est commandée en principe par le climat et la nature de la terre.

Influence du climat. — Le climat de la France est tempéré. On peut distinguer deux grandes zones climatériques : celle du climat essentiellement maritime, à l'ouest, et celle du climat continental, à l'est. En dehors de ces zones principales, on doit placer la région méditerranéenne, dont le climat est plus sec et plus chaud.

Dans les régions accidentées, comme celle de l'Auvergne et des Cévennes, le relief du sol exerce une influence prépondérante sur le climat. Des circonstances locales, surtout en pays de montagne, donnent à certaines régions, quelquefois très peu étendues, des climats spéciaux. Le climat d'une localité dépend de son altitude, de sa position géographique, de sa situation par rapport aux grandes masses d'eau et aux forêts, du relief du sol et de la direction des vents dominants, etc. En réalité, il y a un climat pour chaque localité ; sans doute les analogies sont nombreuses, mais dans les cas les plus favorables elles n'exceptent pas quelques légères différences.

Contre le climat l'homme ne peut rien ; mais il peut beaucoup contre la terre ; car par le travail, combiné avec l'emploi judicieux des amendements et des engrais, il lui est possible de faire disparaître bien des causes d'insuccès. L'activité humaine a réussi à déplacer les conditions d'existence d'un grand nombre de plantes. La plupart de celles qu'on cultive aujourd'hui en Europe sont originaires d'autres parties du monde. Plusieurs variétés de blé et d'orge, le riz, la vigne, l'olivier, le mûrier, la luzerne, la majorité des légumes et des arbres fruitiers, viennent de l'Asie ; l'Afrique a fourni le sarrasin et, dans des temps plus modernes, l'Amérique nous a donné le maïs, la pomme de terre, le tabac, sans compter beaucoup de plantes de jardins et d'arbres.

L'agriculteur ne parvient à assurer le développement régulier de toutes les plantes cultivées qu'au prix d'un labeur incessant. S'il les abandonnait à leur propre force, elles *reviendraient bientôt à l'état sauvage*, ou bien elles succomberaient, dans la lutte pour l'existence, contre la végétation des espèces indigènes *mieux adaptées*, qui, dans les terres laissées sans culture, ne tarde pas à étouffer toute concurrence.

Situation, forme et superficie de la France. — La France est située entre le 42° 20′ et le 51° 5′ de latitude nord, et entre le 7° 8′ de longitude ouest et 4° 5′ de longitude est de Paris, par conséquent en pleine *zone tempérée* de l'hémisphère boréal, à l'extrémité nord-ouest de l'ancien continent.

Sa forme générale, assez massive, représente à peu près un hexagone dont le développement d'est à ouest — 888 kilomètres — est presque égal à la distance qui sépare la frontière nord de la frontière sud — 1 082 kilomètres.

La superficie de la France est de 52 857 199 hectares, avec une population de 38 millions d'habitants environ, ce qui représente une moyenne de 72 habitants par kilomètre carré. En comptant les colonies, notre pays prend rang comme étendue après les empires britannique et russe. Il règne sur des contrées d'une surface treize fois plus considérable que la sienne propre.

Le territoire agricole de la France comprend 50 600 000 hectares, exploités et cultivés par plus de 7 millions de travailleurs. La superficie des terres labourables dépasse 27 millions d'hectares.

Nous ne devons pas oublier que le traité de Francfort, conclu en 1871 à la suite de la funeste guerre contre l'Allemagne, a arraché à la France l'Alsace et une partie de la Lorraine représentant une surface de 1 450 922 hectares. Les liens d'affection qui unissent notre pays à ces patriotiques populations annexées par la force ne se relâcheront jamais.

La superficie de l'Algérie est de 66 millions d'hectares environ. La zone du littoral, ou région du Tell, livrée à la colonisation comprend plus de 13 millions d'hectares.

Sol. — L'unité du sol de la France est remarquable au point de vue géologique. Il présente cependant une variété telle que toutes les catégories de formations géologiques s'y trouvent représentées et entremêlées. Une pareille disposition offre à l'agriculture de nombreux sujets d'expériences et des conditions d'exploitation différentes, ce qui constitue en somme un grand avantage.

Les plaines occupent une superficie plus considérable que les montagnes; celles-ci sont d'une hauteur médiocre, excepté dans les régions frontières du côté de l'Italie et de l'Espagne.

Au centre même de la France s'élève un massif de *roches primitives* (granit et gneiss, micaschistes), de *roches éruptives* (porphyres)

formant de nombreuses chaînes de montagnes, entre lesquelles s'en-
caissent des vallées, souvent assez profondes, où serpentent des cours
d'eau. Le pic de Sancy — masses trachytiques qui s'élèvent à
1 885 mètres — est le point culminant de la France en dehors des
Alpes et des Pyrénées. Ce plateau central est entouré de tous les
côtés par des plaines qui s'étendent sur presque toute la France en
présentant des dénivellations peu importantes.

Au delà de ces plaines, le sol se relève, près de la mer, en quelques chaînes de collines auxquelles la platitude du pays environnant
a fait donner le nom un peu prétentieux de « montagnes ». Telles sont
les roches de la Normandie et de la Bretagne, la chaîne granitique du
Bocage vendéen.

Une série d'ondulations réunit le massif central aux plateaux du
nord-est — plateaux ardennais et lorrains — et une longue dépression où coulent la Saône et le Rhône le sépare des chaînes parallèles
du Jura et des Alpes, puissant soulèvement chaotique qui étend ses
ramifications sur une bonne partie de notre territoire, tout en formant une barrière entre la France et l'Italie.

Au sud la muraille rigide des Pyrénées se dresse entre la France
et l'Espagne.

C'est le pays voisin du mont Lozère qui est le vrai nœud du
réseau de la France, car de là partent l'*Ardèche*, la *Loire*, l'*Allier*, le
Tarn, le *Lot*. Les trois grands bassins français : bassin de Paris,
golfe de l'Aquitaine, dépression du Rhône, viennent puiser à ce
grand réservoir.

Régions agricoles. — La production agricole présente, suivant le
climat, des caractères particuliers que l'homme ne peut effacer économiquement. Ce sont ces conditions impérieuses qui tracent les
limites des régions agricoles (*fig.* 5). En France, ces régions sont
assez nettement tranchées et caractérisées (voir la carte agricole p. 16).

1° La Provence et une partie du Languedoc appartiennent à la
région dite « de l'olivier ». L'hiver y est doux et l'été chaud. Les pluies
sont souvent peu abondantes au printemps et rares en été. Le ciel y
est lumineux et la sécheresse de l'atmosphère assez grande, ce qui
entraîne une évaporation très active. Les plantes herbacées n'y réussissent bien que sur les points irrigués.

Dans la région de l'olivier, on peut distinguer la *zone de l'oranger*, qui
occupe une étroite bande littorale entre la Méditerranée et les premiers coteaux. C'est aussi la région par excellence des cultures florales (anémones, roses, œillets, jacinthe romaine, etc.) et des
plantes à parfum, telles que jasmins, violettes, tubéreuses, etc.
La contrée qui s'étend de Cannes à la frontière italienne peut être
considérée comme le plus beau jardin de la Méditerranée.

2° La *région de la vigne* se développe bien au-dessus de celle de
l'olivier ; elle couvre toute la partie méridionale de la France et pé-

nètre en suivant les coteaux et les vallées bien exposées jusqu'au Rhin, à la Champagne et à la Loire. Ses limites vers le nord sont vagues.

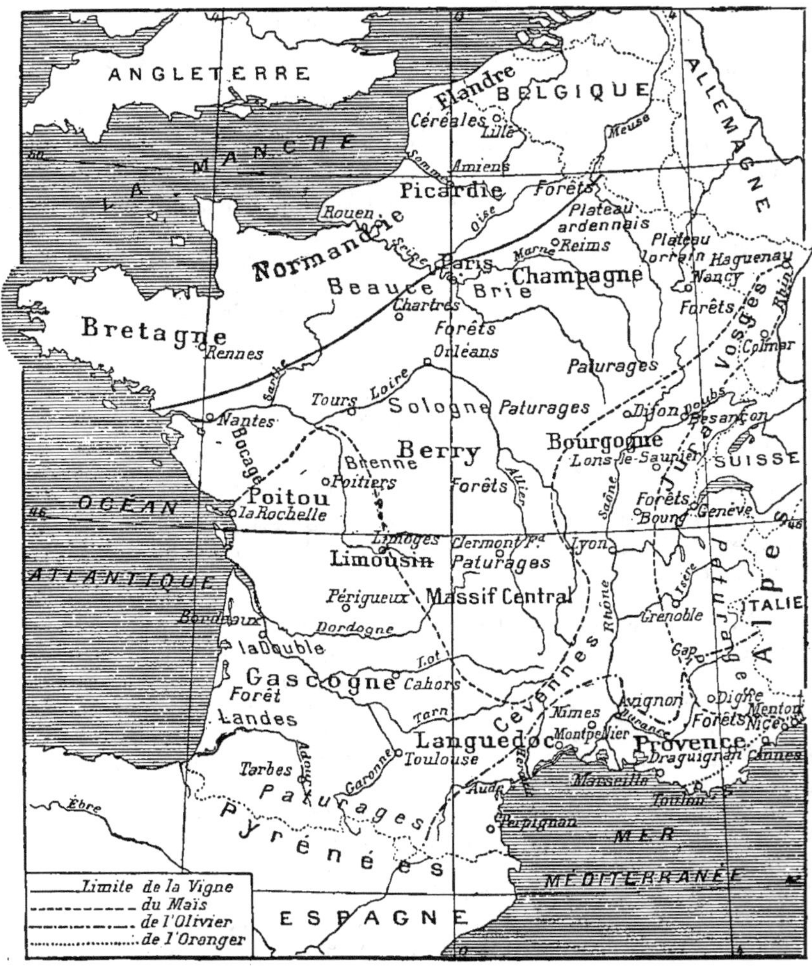

Fig. 5. — Carte agricole de la France.

On peut diviser cette région en deux parties, celle où le maïs mûrit ses grains et celle où il ne les mûrit pas, mais dans laquelle il est cultivé comme plante fourragère.

La zone culturale du maïs, envisagé comme producteur de grain, est comprise au-dessous d'une ligne très sinueuse qui, partant de La Rochelle, remonte vers le nord-est jusqu'à l'embouchure de la Vienne dans la Loire, s'infléchit vers le sud en passant près de Tours et contourne le grand massif central en redescendant à l'est de Poitiers, Périgueux et Cahors. Elle passe au voisinage d'Albi et aboutit près de Lodève à la chaîne des Cévennes ; de là, elle remonte le long des montagnes du Vivarais, des monts d'Auvergne, de la Côte d'Or, coupe la Bourgogne à l'ouest de Dijon, va contourner Nancy et Lunéville. Après avoir suivi le massif des Vosges et le Jura, elle redescend vers le sud par la vallée du Rhône, du côté des Alpes, et s'arrête enfin près de Nice.

3° Après la région de la vigne vient la *région des céréales*, qui occupe toute la partie septentrionale. Dès que le climat cesse de convenir à la culture de la vigne, les céréales deviennent la principale production.

Dans cette région le printemps est assez tardif et presque tous les végétaux y prennent leur développement complet au moment du solstice d'été ou solstice boréal (21 juin).

4° La *région des pâturages* empiète sur celle des céréales. L'humidité du sol et de l'air la caractérise. Elle occupe surtout les plateaux des régions montagneuses où domine l'agriculture pastorale, c'est-à-dire cette branche de l'agriculture qui s'adonne spécialement à la production du bétail et à l'utilisation du lait.

5° La dernière région agricole porte le nom de *région des forêts*. Le sol y est pauvre et l'hiver long. En France, elle est limitée à quelques parties élevées des montagnes et à des plaines dont la nature géologique est rebelle à la création des pâturages utiles ; telles sont, par exemple, les terres siliceuses ou silico-argileuses à sous-sol argileux imperméable de la Sologne, entre Orléans et Vierzon ; celles de la Brenne, à l'est du département de l'Indre, connues sous le nom expressif de petite Sologne ou Sologne berrichonne ; le sol quartzeux des dunes des Landes, planté de pins maritimes ; les 48 000 hectares de la Double situés dans la Dordogne et la Gironde, et presque entièrement couverts de genêts et de pins ; etc.

Transports. Commerce. — Deux causes fondamentales ont puissamment contribué de nos jours à révolutionner les conditions économiques de l'agriculture ; ces deux causes sont : les progrès de l'industrie des transports et la mise en valeur de nouveaux continents.

Les terribles et angoissantes famines qui jadis décimaient les populations, les disettes qui éprouvaient encore notre pays pendant la première moitié du xixe siècle, sont facilement conjurées aujourd'hui, grâce à l'action régulatrice du commerce, qui apporte l'équilibre dans la distribution générale des subsistances.

I

PRODUCTION VÉGÉTALE

LES VÉGÉTAUX.

Classification sommaire des végétaux. — On appelle *plante phané-rogame* (*fig.* 6) toute plante qui porte des fleurs et dont les graines servent à sa reproduction (blé, haricot, trèfle, rosier, pin, etc.).

Une *cryptogame* est une plante qui ne donne pas de fleurs et qui se reproduit par *spores* (mousses, characées) ou par *œufs* (fougères, équisétacées). Certaines cryptogames comprennent trois parties essentielles : racine, tige et feuilles. Les matières nutritives qu'elles puisent dans le sol à l'aide de leurs racines s'élèvent dans la tige et les feuilles par des canaux appelés *vaisseaux*. Ces végétaux sont désignés sous le nom de *cryptogames vasculaires* (prêles, fougères, lycopodes, etc.).

D'autres cryptogames sont dépourvues de racines et de vaisseaux. Les unes ont encore une tige portant des feuilles, on les appelle *muscinées* (hépatiques, mousses); mais un grand nombre ne présentent plus qu'un *thalle*, sorte de corps végétatif sous forme de croûte grisâtre, jaunâtre ou orangée, d'aspect bizarre, qui couvre parfois les rochers et les troncs des vieux arbres.

Phanérogames, cryptogames vasculaires, muscinées, thallophytes représentent les quatre grandes divisions du monde végétal. Nous les groupons dans le tableau suivant :

VÉGÉTAL	à fleurs	racine, tige, feuilles.	**Phanérogames**		Haricot, blé, rosier, trèfle, pin, etc.
	sans fleurs (cryptogames)	racine, tige, feuilles.	{	**Cryptogames vasculaires**	Prêles, fougères, lycopodes, etc.
		— tige, feuilles.	**Muscinées**		Hépatiques, mousses, etc.
		— — — thalle.	**Thallophites**		Algues, champignons.

Constitution d'une plante phanérogame. — La graine d'un végétal peut être comparée à l'œuf de l'oiseau : c'est une sorte d'œuf végétal, un embryon à l'état de repos enfermé dans une enveloppe protectrice et pourvu des matières de réserve nécessaires à la germination.

Examinons une graine de haricot après l'avoir mise à tremper dans l'eau pendant quelques heures. Elle possède une enveloppe extérieure, la *peau* ou *tégument*, qui recouvre et protège l'*amande*. Sur le tégument ramolli, on remarque, du côté interne, le *hile* ou point d'attache de la graine à la gousse qui la protégeait. C'est par le hile que l'eau pénètre jusqu'à l'amande.

L'amande est une *plantule*, c'est-à-dire une plante en miniature, composée de deux feuilles spéciales, les *cotylédons*, étroitement appliqués l'un contre l'autre et entourant l'axe de la plantule ; cet axe comprend la *radicule*, la *tigelle* et la *gemmule* (bourgeon terminal) cachées entre les deux cotylédons, qui sont eux-mêmes soudés à la tigelle.

Une telle graine est à l'état de *vie ralentie*; mais si nous la plaçons dans des conditions d'humidité, de chaleur et d'aération favorables à son évolution, nous la verrons bientôt passer à la *vie active* ; elle *germera* et donnera une plante nouvelle semblable à celle dont elle est issue.

L'énergie vitale d'une graine — comme celle d'ailleurs de tout être vivant — varie avec la température ambiante. Elle s'éveille chez le haricot à la température de 9 degrés centigrades, devient très active à 34 degrés et s'éteint à 46 degrés. Le blé exige moins de chaleur ; il germe vers 5 à 6 degrés et atteint son maximum d'activité à 29 degrés. L'orge germe entre 5 degrés et 37 degrés ; son optimum est 28 degrés. Le maïs germe entre 9°,5 et 46 degrés ; son optimum correspond à 33 degrés. Au-dessus d'une certaine température la germination devient impossible ; ce point critique est généralement compris au-dessus de 35 à 45 degrés.

Enfonçons à demi quelques haricots — bien conformés, entièrement mûrs, et en bon état de conservation — dans une couche de gros sable, d'une épaisseur de 4 centimètres environ, placée sur une assiette et maintenue humide à l'aide de légers arrosages.

Examinons attentivement les divers phénomènes dont les graines de haricot vont être le théâtre.

L'amande se gonfle d'abord et l'augmentation de volume distend

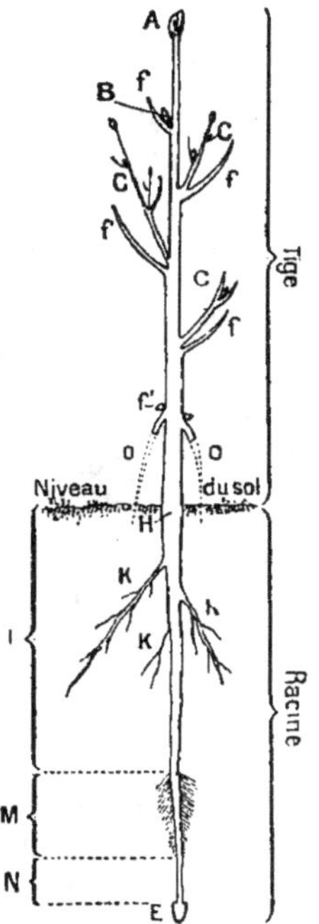

Fig. 6. — Parties essentielles de la plante phanérogame.

Racine principale avec coiffe, E: région d'accroissement, N ; région des poils absorbants, M ; région de ramification, I ; collet, H.
Tige principale avec bourgeons: terminal, A ; axillaires, B ; insérés à l'aisselle des feuilles, f ; — rameaux ou branches avec feuilles et bourgeons provenant du développement des bourgeons axillaires, C ; bourgeon, f'; feuilles caduques tombées, o.

le tégument, qui se déchire. Au bout d'un certain temps, suivant la température et le degré d'humidité, la radicule sort de la graine, s'allonge et s'enfonce verticalement dans le sol pour devenir ensuite la racine de la nouvelle plante. Plus tard la tigelle, qui se développe, soulève les cotylédons hors de terre ; elle forme une anse au-dessus du sol, puis se redresse entraînant avec elle les cotylédons. Ceux-ci s'épanouissent en deux lames de chaque côté de la tige, et après la chute du tégument constituent les *feuilles cotylédonaires*. Peu après, la gemmule s'allonge à son tour et donne naissance aux feuilles normales.

Les cotylédons se flétrissent et tombent rapidement. Dès lors la jeune plante est formée ; elle comprend une *racine*, une *tige*, des *feuilles*. Plus tard apparaîtront près du sommet de la tige et à l'aisselle des feuilles des grappes de fleurs d'où sortiront les fruits sous forme de gousses renfermant les graines.

Le tableau ci-dessous donne la constitution de la graine :

$$
\text{Graine de haricot.}
\begin{cases}
\text{Tégument.} \\
\\
\text{Plantule. . .}
\begin{cases}
\text{Tigelle portant}
\begin{cases}
\text{Gemmule.} \\
\\
\text{Cotylédons . .}
\end{cases}
\begin{cases}
\text{Fruit} \\
\text{renfermant} \\
\text{une réserve} \\
\text{nutritive.}
\end{cases} \\
\\
\text{Radicule.}
\end{cases}
\end{cases}
$$

La germination du haricot comprend donc quatre phases successives : 1° développement de la racine ; 2° allongement de la tige hypocotylée ; 3° épanouissement des cotylédons ; 4° développement de la tige épicotylée.

Chez le maïs, le blé, la fève, par exemple, les cotylédons demeurent sous le sol pendant toute la germination, dont les phases sont ainsi réduites à deux seulement : 1° développement de la racine ; 2° développement de la tige épicotylée.

La Racine.

La *racine* est cette partie de la plante qui croît en sens inverse de la tige, s'enfonce dans le sol et y fixe le végétal, tout en y puisant des éléments nécessaires à sa nutrition et à son développement.

EXPÉRIENCE. — Mettons un grain de haricot en germination dans une couche de terre de 3 à 4 centimètres d'épaisseur maintenue humide. Cette terre est étendue sur une toile métallique assez fine qui repose au-dessus d'un cristallisoir contenant un peu d'eau. Au bout de quelques jours, les racines émises traversent le tamis de haut en bas et s'allongent verticalement; elles se prêtent ainsi à un examen parfait.

Constitution externe de la racine. — Une racine (*fig.* 7) présente quatre régions distinctes, qui sont, en commençant par l'extrémité : la *coiffe*, la *région d'accroissement*, la *zone des poils absorbants* et la *région de ramification*.

Coiffe. — Le sommet de la racine est protégé par une sorte de capuchon analogue à un doigt de gant appelé *coiffe* qui joue un rôle protecteur pour la région d'accroissement, particulièrement fragile et délicate.

Région d'accroissement. — La racine s'accroît seulement dans la région subterminale, qui atteint 1 centimètre environ de longueur chez le haricot et la plupart des plantes usuelles. Chez la vigne elle mesure 10 centimètres.

Poils absorbants. — Au-dessus de la région d'accroissement, et sur une longueur variable, la racine est couverte de petits poils qu'on appelle *poils absorbants*. Il est à remarquer cependant que les racines du haricot, du pois, n'ont pas de ces poils lorsqu'elles se sont développées dans l'eau distillée, tandis que ceux-ci poussent dans la terre végétale.

A mesure que la racine s'allonge, la gaine de poils fins qui l'entoure se forme constamment du côté de la région de croissance en se maintenant à la même distance de l'extrémité ; ces poils meurent et disparaissent du côté opposé.

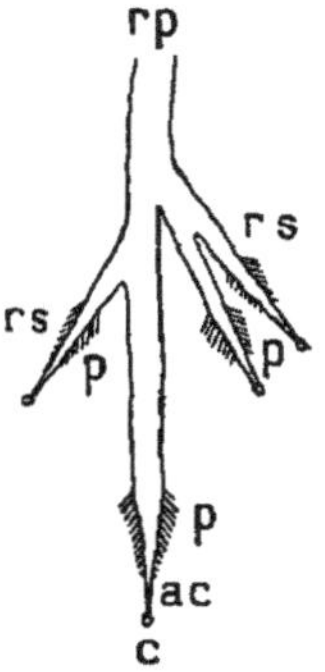

Région de ramification. — Cette région comprend toute la partie de la racine qui s'étend des poils absorbants jusqu'à la base ou collet, situé près du niveau du sol. Le collet est caractérisé par ce fait qu'il ne produit ni bourgeons ni racines et qu'on fait mourir la plante en le sectionnant transversalement ; c'est pourquoi on le nomme parfois *nœud vital*.

Des ramifications appelées *racines secondaires, tertiaires* ou *radicelles* se développent dans cette région de la racine principale et forment avec elle le *système radiculaire* de la plante.

Ramifications de la racine. — Quand le système radiculaire (*fig. 8, 9, 10*) comprend une *racine principale* (pivot) munie d'un ensemble de ramifications de moins en moins importantes, on dit que la plante possède un *système radiculaire pivotant*. Le haricot, la fève, le lupin, le trèfle, la luzerne, le sainfoin, etc., fournissent un exemple de ce système. On dit que le système radiculaire est à *pivot exagéré* quand le pivot se développe beaucoup par suite d'une accumulation de matières nutritives de réserve, comme dans la betterave, la carotte, le radis, le navet, les raves, etc.

Le système radiculaire devient *fasciculé* lorsque le pivot se développe peu et que les racines latérales et les radicelles forment un

Fig. 7. — Système radiculaire.

Racine principale, r p; racines secondaires, r s; coiffe, c; région des poils absorbants, p; région d'accroissement ac.

faisceau important constituant le *chevelu*. Le melon, le maïs, le blé, l'orge et la plupart des graminées ont un système radiculaire fasciculé normal; ce système est *exagéré* chez le dahlia, l'orchis, les anémones, les renoncules, par exemple.

Toute racine à développement exagéré est appelée *racine tubercu-*

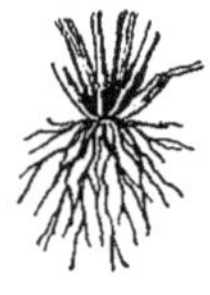
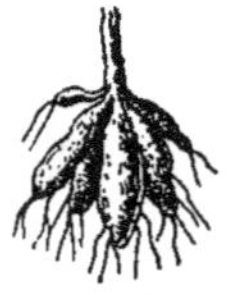

Racine pivotante
de la
carotte.

Racines
fasciculées
du blé.

Racines
tuberculeuses
du dahlia.

Fig. 8, 9, 10. — Systèmes radiculaires divers.

leuse. La racine joue alors le rôle d'*organe de réserve* en accumulant des substances qui sont utilisées tôt ou tard.

La racine remplit trois fonctions principales :

1° Elle fixe la plante au sol ;

2° Elle absorbe une partie des substances nutritives dont la terre est imbibée et qui sont nécessaires au végétal. En outre, elle possède la propriété d'attaquer et de dissoudre à l'aide d'une sécrétion acide certaines matières utiles à la nutrition ;

3° Elle conduit vers la tige les matières absorbées sous forme de dissolutions complexes et plus ou moins étendues.

La racine respire, car elle absorbe l'oxygène de l'air contenu dans le sol et dégage de l'acide carbonique.

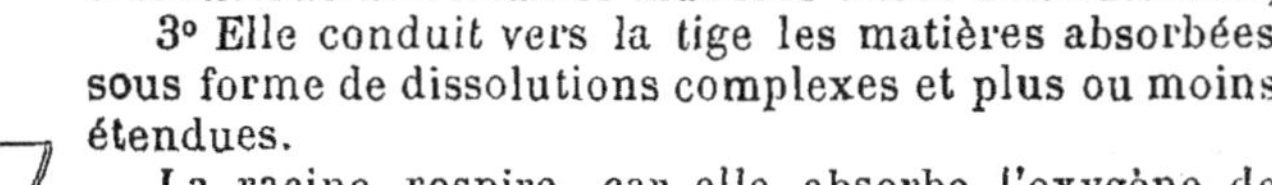

Fig. 11.

EXPÉRIENCE. — Pour le démontrer, il suffit d'introduire une racine ou seulement un fragment de racine dans une éprouvette reposant sur le mercure d'une cuvette (*fig.* 11); si on analyse le gaz de l'éprouvette au bout de quelques heures on constate que l'air s'est appauvri en oxygène et enrichi en acide carbonique.

Cette fonction respiratoire est un des motifs pour lesquels on cherche à obtenir l'ameublissement de la terre au moyen de labours lorsqu'on se propose d'effectuer des semis de graines ou des plantations d'arbres. Ces travaux culturaux sont en somme des travaux d'aération.

Absorption des liquides par la racine. — Les poils absorbants jouent le rôle le plus actif dans le phénomène d'absorption des liquides par la racine. L'expérience suivante le montre clairement :

EXPÉRIENCE. — On introduit la racine de jeunes plantes identiques (haricot, blé, etc.) dans deux éprouvettes à pied, et on les dispose de telle façon qu'une racine plonge dans l'eau d'une éprouvette par la coiffe et la région

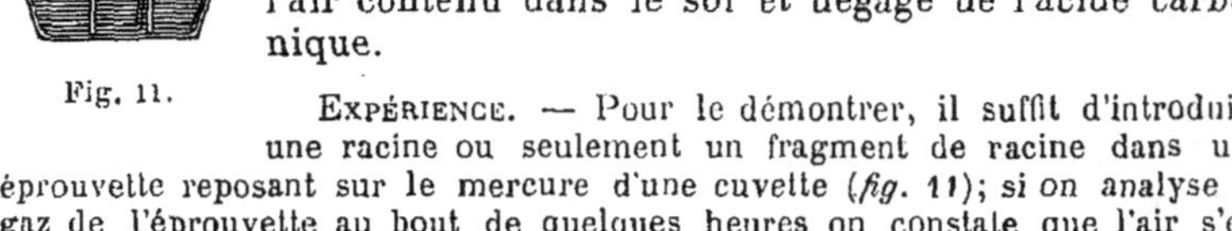

d'accroissement, tandis que dans l'autre les poils absorbants n'atteignent pas le niveau de l'eau.

Dans le second cas, la plante s'étiolera et mourra ; dans le premier, au contraire, elle continuera à vivre et à se développer, surtout si on a eu soin de rendre le liquide nutritif par addition de 1 gramme azotate de calcium, 0gr,25 chlorure de potassium, 0gr,25 sulfate de magnésium, 0gr,25 phosphate acide de potassium pour 1000.

Mode d'absorption des liquides. — L'absorption des liquides du sol par les poils absorbants ou par la région d'absorption est un phénomène qui s'accomplit suivant les lois physiques de l'osmose et de la diffusion.

Le liquide absorbé ou sève brute se déplace dans le végétal sous l'influence :

1° De la *force osmotique ;*

2° De la *capillarité ;*

3° De l'*aspiration* produite par la respiration.

Expériences. — I. Une expérience fort simple permet de mettre l'osmose en évidence, c'est-à-dire les échanges qui se produisent à travers les membranes : un vase de verre sans fond (*fig. 12)* est muni à sa base d'une membrane humide bien tendue (vessie de porc ou parchemin végétal) et totalement rempli d'eau distillée saturée de sel (chlorure de sodium) ; on le ferme à l'aide d'un bouchon traversé par un tube de verre B, de manière que, sous la pression du bouchon, l'eau s'élève un peu dans le tube. Le vase est alors plongé dans un cristallisoir A contenant de l'eau distillée. On constate bientôt que le niveau du liquide s'élève progressivement dans le tube ; donc il y a passage de l'eau pure dans l'eau salée à travers la membrane, c'est là un phénomène d'*endosmose.* Si nous versons alors quelques gouttes d'une solution de nitrate d'argent dans l'eau du cristallisoir, nous reconnaîtrons qu'elle renferme une certaine quantité du sel dissous, car il se forme un précipité blanc. Il s'est produit, par conséquent, un phénomène inverse du précédent : c'est l'*exosmose.*

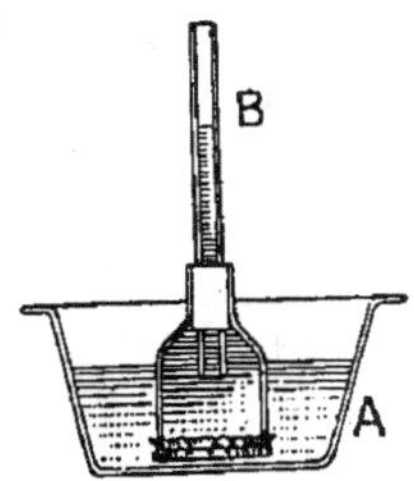

Fig. 12. — Appareil dialyseur pour étudier la diffusion à travers les membranes.

Lorsque, après avoir remplacé le chlorure de sodium du vase par de l'albumine ou blanc d'œuf, de la gomme, de l'amidon ou de la dextrine, on recommence l'expérience, on constate que l'endosmose seule se produit. Cela tient à ce que ces diverses matières sont des corps à diffusion extrêmement faible et pratiquement nulle. Les substances qui cristallisent, comme le chlorure de sodium, le sulfate de fer, le sulfate de cuivre, etc., diffusent au contraire rapidement.

En réalité, l'*osmose* est un cas particulier de la diffusion. Son rôle est d'une importance extrême dans tous les phénomènes de la vie. On peut admettre notamment que l'absorption intestinale chez les animaux supérieurs est une diffusion des matières dialysables du chyle à travers l'épithélium de l'intestin.

Qu'est-ce au fond que la dissolution d'un solide dans un liquide ?

Quand on met un morceau de sel de cuisine ou de sucre dans un verre d'eau, on constate au bout d'un certain temps que toutes les parties du liquide sont sucrées ou salées. Cela prouve que le sel qui, à l'état solide, n'occupait qu'un espace insignifiant, s'est étendu, s'est dilaté pour se répartir uniformément dans tout le volume d'eau qui lui a été offert.

Les corps à l'*état solide* ou à l'*état liquide* possèdent un volume limité, tandis que les gaz sont caractérisés par l'illimitation du volume qui tend toujours à s'accroître et n'a d'autres bornes que celles du récipient qui les renferme. Or la substance dissoute paraît être précisément dans les mêmes conditions, et il est permis d'assimiler son état à l'état gazeux.

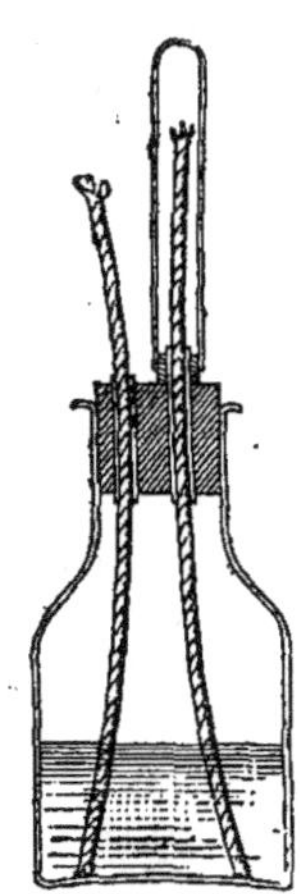

Le *dissolvant* n'intervient en quelque sorte que comme un moyen de permettre l'expansion du corps dissous. Lorsque celui-ci est parvenu aux limites du dissolvant, il exerce contre les parois qui l'enferment la même pression qu'un gaz arrêté dans son expansibilité par les parois du récipient qui le contient. Cette pression serait représentée par la *pression osmotique*.

Nous avons insisté sur les phénomènes d'osmose à cause de leur extrême importance dans le mécanisme de la nutrition et par suite dans le développement de la vie.

Une autre force intervient pour activer la marche ascensionnelle du liquide, c'est la *capillarité*. La paroi interne de chaque vaisseau de la racine exerce sur le liquide qu'il contient un effet de capillarité, c'est-à-dire une attraction, qui détruit une partie de l'effet de la pesanteur et détermine l'ascension du liquide au-dessus du niveau auquel il se serait arrêté dans un tube plus large.

II. La petite expérience suivante mettra en relief l'existence des *phénomènes capillaires*, qui, à première vue, paraissent en opposition avec les lois de l'équilibre des liquides (un liquide demeure en équilibre lorsque la pression est la même en tous les points d'un même plan horizontal) établies par les *vases communicants*.

Dans une carafe contenant un peu d'eau (*fig.* 13), on fait plonger deux mèches en coton introduites au préalable dans deux tubes en verre qui traversent le bouchon. L'une de ces mèches est imprégnée de sel de cuisine pulvérisé et mieux encore de sulfate de fer ou de cuivre, car ces sels colorés rendent l'expérience plus saisissante. Ensuite on la coiffe d'un tube à essai fermé, de manière à supprimer l'évaporation qui s'exercerait sur elle, si la mèche se trouvait à l'air libre.

L'extrémité de l'autre mèche sort librement à l'air et l'évaporation qui se produit sur ce point, provoque un appel continuel du liquide, qui s'élève par capillarité. Au bout de quelque temps on y voit apparaître des petits cristaux du sel pulvérisé dont nous avons imprégné la mèche voisine.

Cela prouve incontestablement que ce sel s'est dissous, qu'il est descendu peu à peu dans l'eau du flacon à la faveur des molécules d'eau qui saturaient les fibres de la mèche, qu'il s'est mêlé intimement à l'eau du flacon et qu'il s'est ensuite élevé dans la mèche sous l'influence de la capillarité que l'évaporation stimulait dans ce sens. C'est par un phénomène analogue que la sève monte dans les plantes et va se concentrer dans les feuilles pour se diffuser après.

Lorsque la plante est munie de feuilles, une troisième force vient se joindre aux deux précédentes, c'est l'espèce de *succion* que provoque l'évaporation considérable dont les feuilles sont le siège. L'eau exhalée laisse un vide qui

Fig. 13.

Appareil pour démontrer l'influence des phénomènes capillaires.

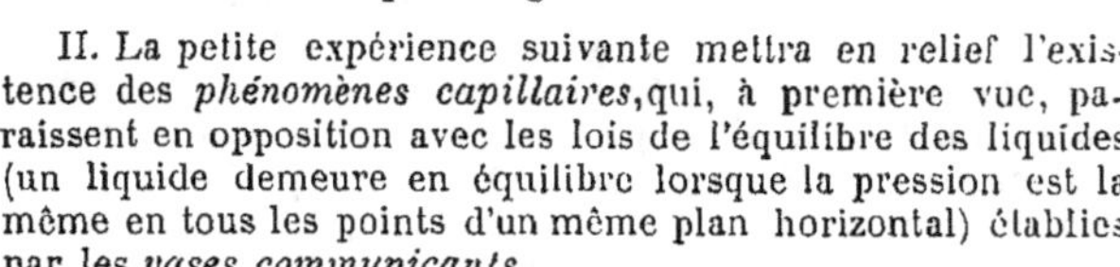

attire en quelque sorte les liquides absorbés par la racine. Si l'absorption radiculaire ne suffisait pas à combler ces pertes, la feuille se flétrirait et finirait par se dessécher.

La cellule absorbante des poils de la racine constitue un *appareil endosmotique* puissant. La solution aqueuse imbibant le sol est absorbée ; elle rend le suc cellulaire plus aqueux, ce qui amène des échanges osmotiques de cellule à cellule jusqu'aux vaisseaux de la région centrale de la racine. L'équilibre osmotique entre les diverses cellules étant à chaque instant détruit, il en résulte que la racine est parcourue par un véritable courant de matières nutritives dirigé de l'extérieur vers l'intérieur. Le liquide ainsi absorbé se rend dans les *vaisseaux*, par lesquels il s'élève progressivement jusque dans la tige et les feuilles.

Chaque espèce végétale possède des affinités particulières qui se traduisent par une absorption inégale des différents sels contenus dans le sol. Les phosphates, les nitrates ou azotates, les sels de potassium sont plus activement absorbés que les sels de sodium par exemple.

Le courant ascendant est d'autant plus accentué que la nutrition et les échanges vitaux sont plus actifs. Il existe en outre un courant descendant qui se propage de la tige au sommet de la racine. Ce courant, moins nettement délimité que le précédent, est entretenu par un liquide nutritif — *sève élaborée* — doué d'une certaine viscosité.

La Tige.

Tiges aériennes. — La *tige* (*fig.* 14 à 20) est cette partie de la plante qui s'élève verticalement dans l'air, dans le prolongement de la racine, et qui sert d'attache aux feuilles et aux fleurs. La tige des arbres porte le nom de *tronc*. La tige des graminées est désignée sous le nom de *chaume*. Celle des palmiers couronnée d'un chapiteau de feuilles se nomme *stipe*.

Certaines tiges grêles, comme celles du houblon, du liseron, du haricot, s'enroulent autour d'un support voisin ; d'autres, comme chez la vigne, la bryone et les pois, se maintiennent à l'aide de *vrilles* ; d'autres enfin, telles que les tiges du lierre, se fixent au moyen de *griffes* ou *crampons*. On les appelle des *tiges grimpantes*.

Les *tiges rampantes* sont celles qui se traînent à la surface du sol en émettant de nombreuses racines adventives à la façon du *fraisier*.

Tiges souterraines. — Il y a aussi des plantes pourvues de tiges qui se développent sous le sol. Ces *tiges souterraines* sont rampantes chez le carex, l'iris, le chiendent, le muguet flexueux, vulgairement appelé « sceau de Salomon » ; parfois elles grossissent et se remplissent de réserves nutritives en formant un *bulbe* chez le safran, un *tubercule* chez la pomme de terre et le stachys.

La limite de la tige et de la racine est marquée par le collet, qui se différencie très nettement au point de vue anatomique ; car c'est là que l'*épiderme* commence à se dédoubler. La tige est, en effet, revêtue d'un épiderme continu et simple.

Sur la tige on remarque de distance en distance des feuilles insérées aux points appelés *nœuds*. On désigne sous le nom d'*entre-nœud* l'intervalle qui sépare deux nœuds consécutifs.

Fonctions de la tige. — Les principales fonctions de la tige sont les suivantes :

1° La tige est l'appareil de soutien de toutes les parties aériennes de la plante ;

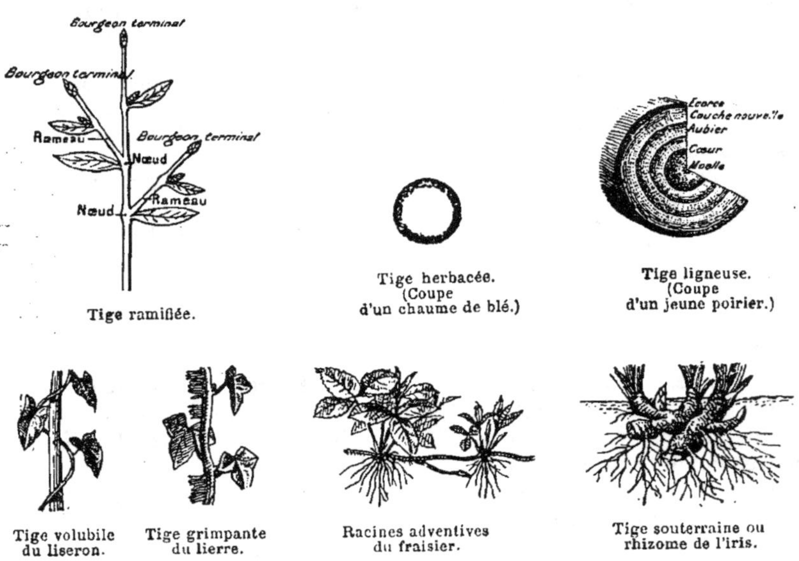

Tige ramifiée.

Tige herbacée.
(Coupe
d'un chaume de blé.)

Tige ligneuse.
(Coupe
d'un jeune poirier.)

Tige volubile
du liseron.

Tige grimpante
du lierre.

Racines adventives
du fraisier.

Tige souterraine ou
rhizome de l'iris.

Fig. 14 à 20. — Diverses formes de tiges.

2° Elle est un appareil de transpiration, de respiration et d'assimilation ;

3° Elle sert à conduire les liquides nutritifs des racines aux feuilles et inversement ;

4° Elle emmagasine des réserves alimentaires.

La tige respire, car elle émet de la vapeur dans l'air. Lorsqu'elle est *verte*, par suite de la présence de la *chlorophylle*, elle s'assimile du carbone, c'est-à-dire que, sous l'influence de la lumière, la chlorophylle absorbe et décompose l'acide carbonique de l'air, en fixe le carbone dans ses tissus et dégage l'oxygène. Nous verrons plus loin que l'acide carbonique est un acide gazeux composé de deux atomes d'oxygène et d'un atome de carbone (CO_2).

L'assimilation chlorophyllienne et la respiration sont deux phénomènes inverses qui, chez les tiges vertes, s'accomplissent simultanément pendant le jour.

La chlorophylle est une matière verte qui occupe la face interne des cellules sous forme de grains ou d'amas; elle présente une analogie frappante avec la bilirubine contenue dans la bile des animaux.

La chlorophylle possède l'importante propriété d'absorber certaines des radiations calorifiques et lumineuses du soleil. Ces radiations absorbées sont transformées par le protoplasma de la cellule en énergie chimique ayant pour but des réactions diverses et notamment la décomposition de l'acide carbonique.

Le suc cellulaire est une dissolution complexe de substances élaborées; il renferme : 1° des *acides végétaux* qui lui communiquent une réaction acide (acides oxalique, malique, tartrique, citrique, formique, etc.); 2° des *hydrates de carbone* ou principes hydrocarbonés (saccharose, glucose, lévulose, gommes, etc.); 3° des *tanins;* 4° des *peptones* et des *diastases;* 5° des *matières colorantes;* 6° des *alcaloïdes* et des *sels divers.*

Une expérience très simple permet de constater que les liquides du sol absorbés par les racines s'élèvent dans la tige en suivant les *vaisseaux du bois.*

EXPÉRIENCE. — Coupons près de sa base une tige feuillée de haricot ou de fève, etc., et plongeons-la dans de l'eau légèrement colorée par la fuchsine. Au bout de quelques heures, nous verrons, en pratiquant des sections à des niveaux différents, que les *vaisseaux du bois* sont seuls colorés.

C'est l'ascension de la *sève brute* qui produit le phénomène connu sous le nom de *pleurs* lorsqu'on taille les plantes ligneuses au printemps (vigne, arbres fruitiers).

La sève brute subit dans les feuilles de profondes modifications; elle devient *sève élaborée* et se répartit dans toutes les directions en suivant deux courants principaux, l'un vers le sommet de la tige, par conséquent *ascendant*, l'autre vers les racines et par suite *descendant.*

EXPÉRIENCE. — Lorsqu'on pratique une incision annulaire, le bourrelet de plus en plus saillant qui se forme à la limite de la section supérieure témoigne d'une accumulation sur ce point de la sève élaborée descendante.

La Feuille.

Description. — La *feuille complète* se compose de trois parties principales : une partie inférieure, par laquelle elle s'attache à la tige, qu'elle entoure plus ou moins (*gaine*); 2° une partie supérieure ou terminale, ordinairement étalée en une lame mince et membraneuse, de forme et de dimensions très variables (*limbe*); 3° une partie intermédiaire à la gaine et au limbe, en général grêle et sensiblement arrondie (*pétiole*).

Le limbe offre presque toujours à sa face inférieure des *nervures* saillantes (*fig.* 21 à 24). D'ordinaire, la *nervure médiane*, plus développée, divise le limbe en deux parties à peu près égales et donne naissance aux autres nervures dites *nervures secondaires*. Le plus souvent ces dernières naissent à diverses hauteurs, se dirigent vers les bords du limbe et sont disposées comme les barbes d'une plume, par rapport à la nervure médiane ; les feuilles pourvues d'une nervation de ce genre s'appellent *feuilles penninerviées*. Quand les nervures secondaires sont presque aussi développées que la nervure médiane et naissent à la base du limbe, en divergeant comme les doigts d'une main, la feuille prend le nom de *feuille palminerviée*.

D'autre part, les feuilles varient de forme et prennent sur la tige

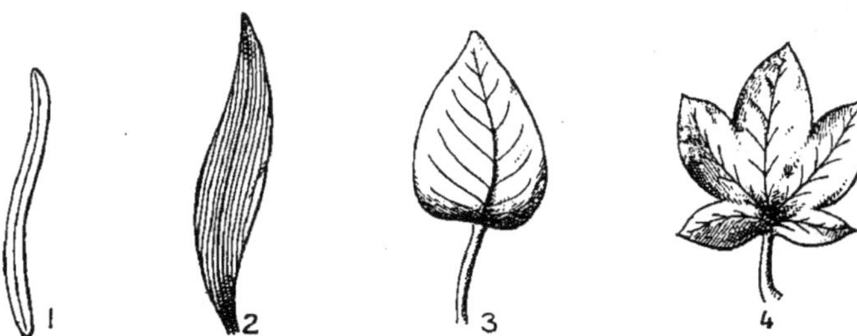

Fig. 21 à 24. — Nervation des feuilles.

1. — Feuille *uninerviée* dite en aiguille (pin, sapin), une seule nervure médiane.
2. — Feuille *rectinerviée* parcourue par un certain nombre de nervures principales parallèles (maïs, blé, iris, muguet, etc.).
3. — Feuille *penninerviée* avec une nervure principale médiane partant du pétiole et se ramifiant en nervures secondaires (peuplier, chêne, aune, orme, tilleul, châtaignier).
4. — Feuille *palminerviée*, plusieurs nervures principales divergentes se détachant du pétiole (vigne, mauve, érable, liseron).

des dispositions spéciales (*fig.* 25 à 33) ; mais, après s'être entièrement développées, elles ne subissent que des modifications peu importantes. Leur durée est moindre que celle de la racine et de la tige. Chez la plupart des espèces leur existence est même très limitée. Elles naissent au printemps et meurent en été ou en automne ; dans ce cas on les appelle *feuilles caduques*. Cependant certaines plantes, telles que le lierre, le houx, les conifères, conservent leurs feuilles pendant plusieurs périodes de végétation. Leur présence en toute saison sur les pins, les sapins, les cèdres, a fait donner à ces végétaux l'épithète d'*arbres toujours verts*.

En réalité les feuilles dites *persistantes* sont loin d'être éternelles; elles finissent par mourir, d'autres les remplacent aussitôt.

Les feuilles qui vont mourir et disparaître, emportées par le vent, subissent un changement de couleur. Les *teintes automnales*, de nuances si délicates et si variées, rendent la campagne plus belle à l'approche des frimas. La chlorophylle est résorbée tandis que les substances utilisables émigrent vers la tige. Peu à peu la feuille se dessèche et tombe.

Le platane, le marronnier, le peuplier, l'érable, le hêtre, le mûrier, le figuier, la vigne, etc., perdent rapidement leurs feuilles mortes; mais le chêne, par exemple, les garde jusqu'au printemps suivant.

Irritabilité des feuilles. — Les feuilles sont soumises à des mouvements soit périodiques, soit provoqués, qui témoignent d'une certaine sensibilité ou irritabilité. Chez plusieurs espèces le phénomène est assez accentué pour être aisément visible.

Les feuilles de plusieurs légumineuses, notamment celles de la

Feuille composée,
digitée ou palmée
du marronnier.

Feuilles alternes,
une seule feuille
à chaque nœud
sur la tige.

Feuilles ternées
(verticillées),
trois feuilles insérées
au même nœud
sur la tige.

Feuilles opposées
(verticillées).
deux feuilles insérées
au même nœud
sur la tige.

Feuille dentée
(charme. noisetier,
bambou).

Feuille lobée
(chêne, vigne,
mauve, lierre).

Feuille engainante
(toutes les grami-
nées sauf le bam-
bou).

Feuille sessile
de la giroflée
(le pétiole manque).

Feuille composée
montrant le rachis
ou pétiole commun
et les deux stipules
épineuses à la base.

Fig. 25 à 33. — Diverses formes et dispositions des feuilles.

luzerne, du trèfle, du haricot, du lupin, de la gesse odorante, des fèves cultivées, des pois de senteur, ainsi que celles des oxalidées, modifient leur position pendant la nuit ou lorsqu'on les prive de lumière. Les folioles du lupin se recourbent en bas et se touchent par leurs faces dorsales, tandis que celles du trèfle se relèvent vers le haut en recouvrant leurs faces ventrales. Les folioles de l'acacia suivent les variations de l'intensité de la lumière. Au soleil elles se relèvent, à la lumière diffuse elles sont horizontales, à l'obscurité elles sont pendantes.

L'épanouissement en pleine lumière est analogue à un état de *veille*, et la position ployée correspond à un état de *sommeil*. Ces différents états sont certainement sous la dépendance des radiations solaires.

L'un des spectacles les plus curieux est celui que donne la *sensitive* (*fig.* 34), plante de la famille des légumineuses. Non seulement elle exécute des mouvements de veille et de sommeil, mais encore le pétiole primaire de chaque feuille se lève pendant la nuit jusqu'à l'aurore et s'abaisse pendant le jour jusqu'au coucher du soleil. En outre, une foliole légèrement touchée va s'appliquer sur la foliole opposée qui se meut en même temps. Un attouchement plus fort détermine le mouvement de plusieurs folioles; enfin une violente secousse entraîne le mouvement de toutes les folioles de la plante.

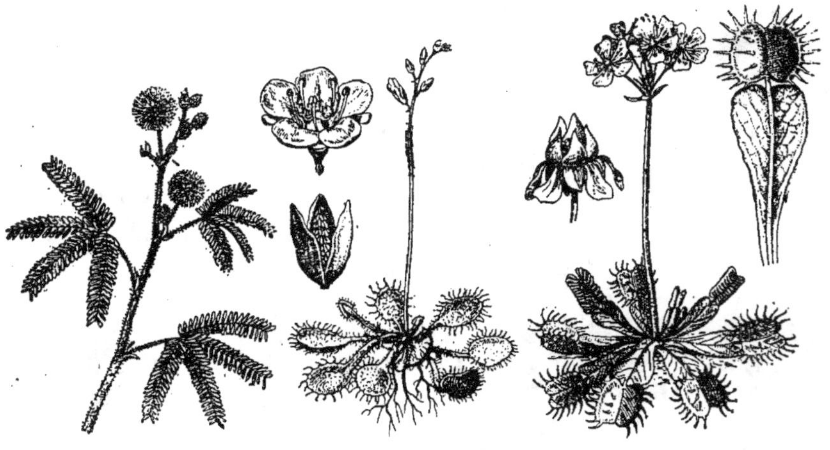

Fig. 34. — Sensitive.   Fig. 35. — Droséra.   Fig. 36. — Dionée.

L'excitation reçue n'est pas de longue durée; les folioles ne tardent guère à reprendre leur position normale en s'étalant de nouveau.

D'autres plantes font preuve d'une irritabilité encore plus surprenante, car cette irritabilité a pour but la *nutrition*.

Le *droséra* (*fig.* 35) ou rossolis, que l'on trouve assez fréquemment dans les prairies tourbeuses de l'Europe, étend sur terre ses larges feuilles circulaires hérissées de nombreux poils glandulaires très irritables ainsi que le limbe. Si un insecte vient à frôler ce dernier, on assiste à un phénomène aussi rapide qu'étrange. Les poils se recourbent de dehors en dedans, pendant que le limbe se replie du sommet sur la base, et l'insecte est fait prisonnier.

Une plante d'un autre genre, mais aussi de la famille des droséracées comme la précédente, la *dionée* (*fig.* 36), qui vit dans les savanes de la Caroline du Sud, présente un phénomène de même ordre. La portion supérieure du limbe de la feuille est divisée en deux lames symétriques, à bords dentés, pourvues sur leur face interne de quelques gros poils raides. Lorsqu'un insecte touche à l'un de ces poils, les deux lames foliaires se rapprochent brusquement et restent appliquées l'une contre l'autre tant que dure l'agitation de l'imprudent pris au piège. Le grand botaniste Linné fut tellement surpris par les manœuvres de ce végétal qu'il le considéra comme un « miracle de la nature ».

La dionée, comme le droséra, secrète un suc acide qui attaque le cadavre de l'insecte et le liquéfie. Dans cet état, il est résorbé par les cellules de la plante. C'est à cause de cela que ces espèces végétales sont désignées sous le nom de *plantes carnivores*.

Stomates. — La surface de l'épiderme des feuilles est interrompue par les ouvertures des *stomates* (*fig.* 37). Des poils plus ou moins nombreux le tapissent en certains points et préservent les feuilles contre les variations excessives de la température et de la lumière.

Les stomates sont en rapport avec les lames des tissus sous-jacents et jouent un rôle important dans les échanges gazeux des plantes avec l'atmosphère. Leur nombre est plus grand sur la face inférieure des feuilles que sur la face supérieure ; on en compte en moyenne 50 à 300 par millimètre carré.

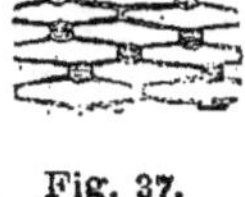

Fig. 37.
Stomates.

Cellules en forme de croissants opposées par leur concavité et circonscrivant l'orifice par lequel l'air extérieur pénètre dans la feuille.

Respiration. Assimilation. — La *sève ascendante* subit dans la feuille des modifications profondes :

1° Elle abandonne de l'eau à l'atmosphère, principalement à l'état de vapeur (*transpiration* et *chlorovaporisation*) ;

2° Elle reçoit les principes nutritifs que la feuille élabore sous l'influence des échanges gazeux qui s'accomplissent dans ses tissus (*respiration* et *assimilation chlorophyllienne*).

La *sève élaborée* résultant de ces divers phénomènes se répartit ensuite dans tout le végétal et concourt à sa nutrition.

La *transpiration* proprement dite a lieu nuit et jour chez toutes les feuilles, quelle que soit leur couleur, tandis que la chlorovaporisation ou transpiration chlorophyllienne ne s'accomplit qu'à la lumière et chez les plantes possédant de la chlorophylle ou matière verte. En d'autres termes, elle est en rapport direct avec l'assimilation chlorophyllienne et varie en sens inverse de l'assimilation.

Expériences. — I. On met facilement en évidence le dégagement de la vapeur d'eau en engageant dans un flacon (*fig.* 38) une feuille de vigne adhérente à sa tige. L'ouverture du flacon est fermée par un bouchon coupé en deux et convenablement évidé suivant son axe pour livrer passage au pétiole. On dispose au préalable dans le flacon un petit vase, taré, renfermant du chlorure de calcium desséché ou de la baryte anhydre. Après exposition d'une heure environ à la lumière solaire, on débouche le flacon et on pèse le corps desséchant, qui a subi une augmentation de poids par suite de l'absorption d'une certaine quantité de vapeur d'eau.

Si on recommence l'expérience en plaçant le tout à l'obscurité, on constate que le poids du corps desséchant augmente aussi, mais dans une plus faible proportion.

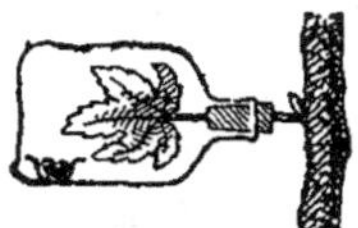

Fig. 38. — Transpiration de la feuille.

Il faut en conclure que les feuilles dégagent à la lumière une plus grande quantité d'eau qu'à l'obscurité. Ce phénomène s'explique parce que dans le premier cas la chlorophylle emmagasine des radiations solaires dont l'énergie est en partie utilisée à l'évaporation de l'eau de la sève ascendante. Cette évaporation, distincte de la transpiration, caractérise précisément la chlorovaporisation, qui ne se produit point en l'absence de la lumière solaire, comme nous l'avons déjà dit.

II. A l'aide d'un dispositif très simple, on peut déterminer la transpiration d'une feuille par la quantité d'eau qu'elle absorbe.

Le pétiole d'une feuille en plein développement est engagé dans un bouchon perforé qui ferme hermétiquement la branche d'un tube en U plein d'eau (*fig.* 39); l'autre branche B se prolonge par un tube horizontal de faible diamètre, et gradué, que le liquide remplit également jusqu'à la base du petit coude H par lequel il s'ouvre à l'air libre.

Si nous exposons l'appareil à la lumière ou à l'obscurité, le niveau du liquide se retire vers le tube en U, car la feuille absorbe par le pétiole l'eau destinée à remplacer celle qu'elle perd.

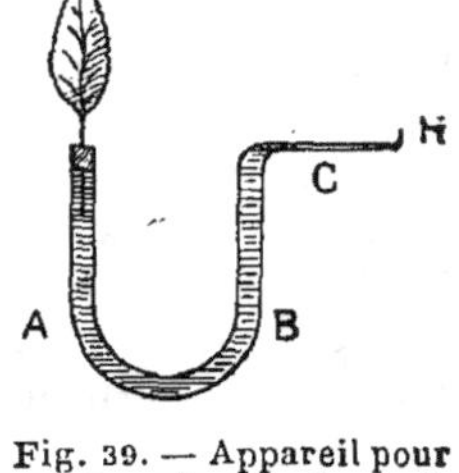

Fig. 39. — Appareil pour déterminer la transpiration d'une feuille.

III. On peut mettre en évidence le dégagement de l'eau par les stomates des feuilles.

Si une feuille lisse d'un végétal est appliquée contre un papier sensibilisé au chlorure double de palladium et de sel ferreux, et que ce papier réactif soit traité ensuite par le chlorure ferrique ou perchlorure de fer, on voit apparaître une multitude de petits points noirs indiquant les endroits qui se sont trouvés au contact d'un stomate, et conséquemment imprégnés d'humidité.

A l'obscurité, les feuilles vertes absorbent de l'oxygène et dégagent de l'acide carbonique. C'est à la lumière seulement qu'elles absorbent l'acide carbonique de l'air, le décomposent, fixent le carbone et dégagent de l'oxygène.

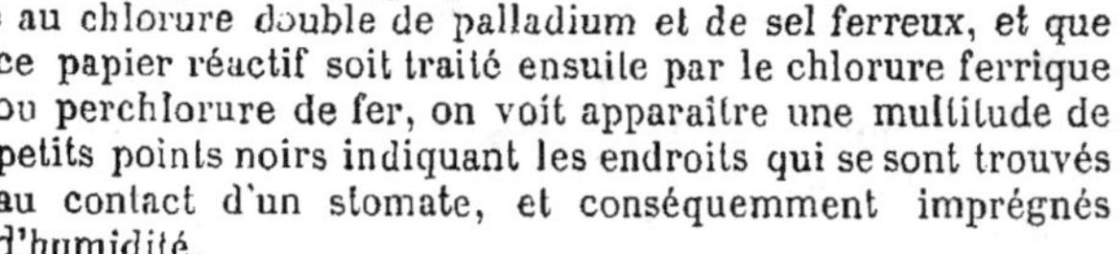

Fig. 40. Assimilation chlorophyllienne.

IV. Si nous introduisons une grande feuille verte dans une éprouvette aux trois quarts pleine d'eau acidulée par l'acide carbonique (eau additionnée d'eau de Seltz) [*fig.* 40] et que nous l'exposions aux rayons du soleil (1), nous verrons bientôt apparaître sur cette feuille une multitude de petites bulles gazeuses qui, grossissant peu à peu, finissent par se dégager au sommet de l'éprouvette.

Après un certain laps de temps, nous pourrons constater que l'acidité de l'eau a disparu en y jetant un petit morceau de papier bleu de tournesol. Ce

(1) L'expérience a démontré que la lumière électrique, ainsi que celle du gaz d'éclairage, produisent un effet analogue, mais à un degré moindre.

papier réactif ne changera pas de couleur. D'un autre côté, on peut s'assurer que le gaz dégagé a les propriétés de l'oxygène. Si, au contraire, l'expérience se fait dans l'obscurité, la proportion d'acide carbonique s'accroît au lieu de diminuer.

V. Voici un dispositif adopté dans les cours de botanique qui permet de s'assurer du dégagement de l'oxygène par les feuilles exposées au soleil, dégagement corrélatif de l'absorption et de la décomposition de l'acide carbonique de l'air.

Dans une carafe à large ouverture pleine d'eau, on ajoute un peu d'eau de Seltz, et à défaut, on fait passer pendant quelques minutes un courant d'air venu des poumons; ensuite, on y introduit quelques feuilles vertes et fraîches. Il faut choisir des feuilles lisses et les laver au préalable pour les débarrasser des bulles gazeuses; les feuilles velues (feuilles *pubescentes*, *tomenteuses*, *cotonneuses*, *laineuses*, etc.) doivent être écartées, car leurs poils emprisonnent beaucoup d'air.

La carafe ainsi préparée est hermétiquement fermée par un bouchon que traversent deux tubes en verre : l'un, d'un diamètre aussi gros que possible, affleure exactement au niveau du miroir ou partie inférieure du bouchon; l'autre, à section très étroite, plonge jusqu'au milieu de la carafe et s'élève extérieurement au niveau du précédent (*fig.* 41).

Cela fait, on verse de l'eau dans le gros tube et, lorsqu'il est entièrement rempli, on le ferme bien à l'aide d'un bouchon. Les bouchons de caoutchouc s'ajustent mieux que les bouchons de liège.

On expose alors la carafe aux rayons solaires. Bientôt les feuilles se couvrent de bulles gazeuses qui se détachent et vont s'emmagasiner dans le gros tube en chassant un égal volume d'eau qui s'écoule par l'orifice de l'autre tube.

Fig. 41.
Dégagement de l'oxygène par les feuilles.

Quand le gros tube renferme une quantité suffisante de gaz, on enfonce le tube étroit de façon à ce que son extrémité supérieure soit au même niveau que l'eau dans le gros tube. A ce moment, on peut ouvrir ce dernier sans que le gaz qu'il renferme soit rapidement expulsé par la pression de l'eau.

En plongeant dans ce gaz une allumette que l'on vient d'éteindre, mais qui présente encore quelques points rouges, celle-ci se rallume, car l'oxygène est éminemment propre à la combustion des corps. C'est là une de ses propriétés chimiques caractéristiques.

Il résulte de tout ce qui précède qu'une feuille verte, c'est-à-dire pourvue de chlorophylle, est le siège de deux phénomènes inverses et simultanés :

1° Phénomène de respiration (l'oxygène est absorbé, l'acide carbonique est exhalé);

2° Phénomène d'assimilation (l'acide carbonique est absorbé, l'oxygène est exhalé).

L'importance de ce dernier phénomène dépend de l'intensité lumineuse. Lorsque la nuit est complète, la respiration persiste seule.

Dans le premier cas, la plante perd du carbone et gagne un peu d'oxygène. Dans le second cas, la plante perd un peu d'oxygène et gagne du carbone. Il y aurait donc compensation si les deux phénomènes respiration et assimilation étaient d'égale valeur; mais il n'en est point ainsi, car il suffit d'une heure d'exposition à la lumière du jour pour que la plante répare la perte de carbone éprouvée durant la nuit; conséquemment elle s'enrichit en carbone pendant tout le reste de la journée.

On se rendra compte de l'importance du travail d'assimilation basé sur l'absorption de l'acide carbonique de l'air, lorsqu'on saura que la quantité de carbone fixée par les graminées d'une prairie peut atteindre 4 à 5000 kilogrammes par hectare. 10 mètres cubes renfermant 3 litres ou 1 gr. 63 de carbone, cela représente la mise en œuvre d'un volume d'air dont la hauteur serait de 300 mètres et la base de 1 hectare.

Le carbone se place au premier rang des aliments nécessaires aux végétaux, car il entre dans toutes les combinaisons organiques. Il existe des *principes immédiats* exempts d'oxygène, d'hydrogène ou d'azote, mais il n'y en a point qui soit dépourvu de carbone.

La Fleur.

Description. — Lorsque la plante a acquis son développement complet, les feuilles du bourgeon terminal ou des bourgeons axillaires supérieurs se modifient pour produire de nouveaux organes dont l'ensemble constitue ce que, dans le langage ordinaire, on appelle la *fleur*.

A la diversité et à l'élégance des formes (*fig.* 42 à 50), les fleurs joignent encore d'autres précieux attributs, couleurs éclatantes et richement nuancées, suavité du parfum. Tout le monde connaît les délicieuses émanations qu'exhalent les grappes des lilas et le jasmin, les roses, le réséda, les tubéreuses, les héliotropes, etc.; aussi est-ce avec des bouquets que l'on célèbre et consacre les touchants anniversaires du cœur. La triste immortelle pare les tombes de ceux qui nous sont chers. La fleur d'oranger couronne le front de la jeune épouse; les guirlandes de fleurs, les gerbes de roses, d'œillets et de jacinthes sont le décor obligé de nos fêtes et de nos banquets.

La fleur représente les organes de la reproduction. Quand elle est complète, elle se compose de quatre *verticilles,* qui sont, en allant de l'extérieur à l'intérieur :

1º Le *calice* (*fig.* 51), généralement composé de lames vertes appelées folioles du calice ou *sépales ;*

2º La *corolle* (*fig.* 52), presque toujours colorée de teintes plus ou moins brillantes, est formée de lames ou folioles qui portent le nom de *pétales,* lesquels sont tantôt nombreux (*polypétales*), tantôt

Composées.

Dicotylédones gamopétales, c'est-à-dire à pétales soudés. Chaque fleur de composée est un groupement de fleurs (*capitule*).
Type : *bleuet*.

Fleur du bleuet.

Composées utiles : scorsonère, salsifis, laitue. chicorée, artichaut, cardon, carthame, topinambour, estragon, camomille, arnica, chrysanthème, dahlia, absinthe.

Rosacées.

Dicotylédones dialypétales. Pétales semblables et caducs.
Type : *fraisier*.

Fleur du fraisier.

Principales rosacées : prunier, amandier, pêcher, abricotier, prunellier, cerisier fraisier, framboisier, rosier, pommier, néflier, poirier, cognassier, sorbier.

Papavéracées.

Dicotylédones dialypétales. Fleurs hermaphrodites régulières.
Type : *coquelicot*.

Fleur du coquelicot.

Papavéracées utiles : pavot. La capsule incisée superficiellement laisse couler un suc laiteux appelé *opium*, d'où l'on extrait la *morphine*.

Solanées.

Dicotylédones gamopétales.
Type : *pomme de terre*.

Fleur de pomme de terre.

Solanées utiles : pomme de terre, tomate, aubergine, piment. *Solanées dangereuses :* tabac, jusquiame, belladone.

Ombellifères.

Dicotylédones dialypétales. Les fleurs se présentent groupées (*ombelles* ou *capitules*).

Ombelle de la carotte.

Principales ombellifères utiles : céleri, persil, anis, cerfeuil, fenouil, carotte, etc. *Ombellifères dangereuses :* œnanthe, grande ciguë.

Renonculacées.

Dicotylédones dialypétales. Fleurs à sépales caducs souvent colorés.
Type : *renoncule*.

Renoncule âcre.

Renonculacées utiles : anémone, clématite (avec calice seulement), renoncule, pivoine. *Renonculacées dangereuses :* ellébore, aconit, anémone pulsatile.

Légumineuses.

Dicotylédones dialypétales. Corolle formée de cinq pétales inégaux (*étendard, aile, carène*).
Type : *pois*.

Fleur irrégulière du pois.

Principales légumineuses : lupin, genêt, ajonc, luzerne, trèfle, robinier, sainfoin, vesce, fève, lentille, pois, haricot, caroubier.

Crucifères.

Dicotylédones dialypétales. Fleurs disposées en *grappes* terminales ou axillaires, quatre pétales en croix, six étamines.
Type : *giroflée*.

Fleur régulière de la giroflée.

Principales crucifères : cresson, raifort, chou, colza, rutabaga, chou-navet, chou-rave, navet, moutarde, etc.

Graminées.

Monocotylédones. Fleurs associées en *épillets*, disposés en *épi* ou en *grappes*.
Type : *blé*.

Épi composé du blé.

Les graminées comprennent les *céréales :* blé, seigle, avoine, orge, maïs, riz et la plupart des *plantes fourragères :* ray-grass, paturin, vulpin, fétuque, etc.

Fig. 42 à 50. — Fleurs des principales familles végétales.

réduits à un seul (*monopétale*). Les corolles offrent toutes les couleurs, toutes les nuances imaginables ; néanmoins on n'a jamais observé de corolle noire et la couleur verte est très rare ;

3° L'*androcée* (*fig.* 53) ou organe mâle est formé d'étamines ordinai-

Fig. 51. — Calice.   .   Fig. 52. — Corolle.

rement composées de deux pièces : le *filet* supportant l'*anthère*, qui renferme les cavités ou sacs polliniques dans lesquels se trouvent logés les grains de *pollen*. Ces grains microscopiques se répandent dans l'air, lors de l'ouverture des sacs polliniques (*déhiscence*) au moment de la maturité de l'*anthère*, qui est en général de couleur jaune ;

4° Le *pistil* (*fig.* 54) est habituellement composé de la réunion de plusieurs *carpelles*. Peu de fleurs ont un pistil ne renfermant qu'un

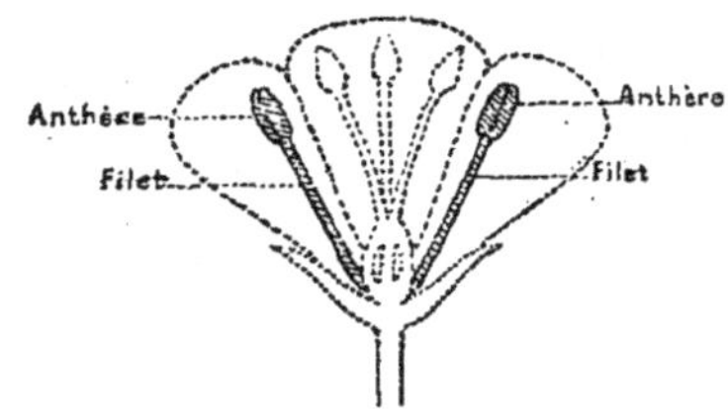

Fig. 53. — Androcée.

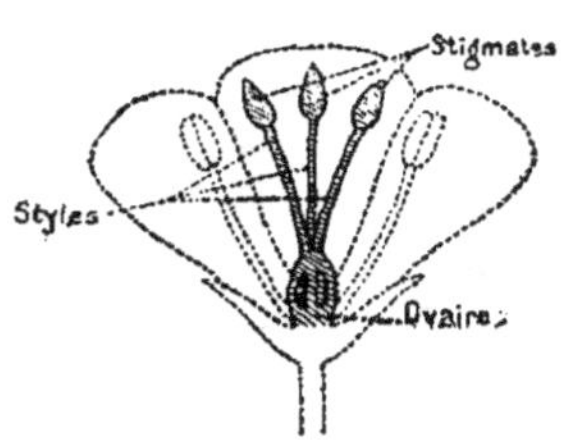

Fig. 54. — Pistil.

seul carpelle (haricot, fève, pois, lentille, etc., le pêcher, l'abricotier, l'amandier, le cerisier, etc.). Un carpelle est une feuille modifiée.

Comme le pistil se transforme en un fruit (en grec, *karpos*), chacune des feuilles qui le constituent a reçu le nom de *carpelle* ou feuille carpellaire. Le verticille formé au centre de la fleur par un ou plusieurs carpelles a été nommé *gynécée* ou organe femelle.

Le pistil comprend un *ovaire*, sorte de sac surmonté d'un *style* et d'un *stigmate*, dont la surface, couverte de papilles enduites d'un liquide sucré visqueux, retient les grains de pollen.

Les *ovules* sont insérés dans l'ovaire sur les bords de la feuille carpellaire. Ces ovules, fécondés par le pollen, se développent et donnent les *graines*, tandis que l'ovaire devient *fruit*.

Quand une fleur possède les deux sortes d'organes reproducteurs, c'est-à-dire le pistil et l'étamine, on la dit *hermaphrodite;* on la dit *unisexuée* si elle n'en possède qu'un seul.

Lorsqu'une plante porte à la fois des fleurs mâles et des fleurs femelles on la dit *monoïque;* tandis qu'elle est dite *dioïque* si les fleurs mâles et femelles sont portées sur des pieds distincts. On appelle *polygames* les espèces composées d'individus de trois sortes : 1° mâles ; 2° femelles ; 3° hermaphrodites. Les divers types du *vitis vinifera* ou vigne cultivée, les framboisiers, les fraisiers, le rosier, l'œillet ont des fleurs *hermaphrodites;* le saule, le noisetier, le chanvre, la mercuriale sont *dioïques.* Le melon, le houblon, le châtaignier, le ricin sont *monoïques;* l'arroche des jardins est *polygame.*

A l'état sauvage plusieurs espèces de vignes ont des fleurs mâles ou hermaphrodites ; beaucoup d'individus des types *rupestris* et *berlandieri,* par exemple, ont exclusivement des fleurs mâles.

Fécondation. — Les idées des anciens sur la fécondation des plantes étaient assez vagues. Cependant ils avaient remarqué que les pieds femelles des arbres dioïques restaient stériles lorsqu'il n'y avait pas de pied mâle dans le voisinage. C'est de cette observation que naquit chez les Arabes la pratique de secouer des panicules de fleurs mâles au-dessus des inflorescences femelles des dattiers afin d'obtenir leur fécondation.

La *fécondation* consiste dans la fusion de la substance du grain de pollen avec celle de l'ovule pour la production d'un *œuf* qui deviendra la graine, c'est-à-dire le germe d'un organisme nouveau.

L'arrivée du pollen sur le stigmate est favorisée par la disposition naturelle des anthères ses voisines ; mais chez la plupart des espèces elle a lieu par l'intervention de l'air ou des insectes attirés par le nectar des fleurs. Ordinairement, après la fécondation, tous les verticilles floraux, à l'exception de l'ovaire, se flétrissent et tombent.

La graine comprend un tégument et une amande, comme nous l'avons dit page 19.

La surface épidermique de la graine, lisse chez le tabac, le haricot, le pois, le ricin, est ailée chez le pin ; rugueuse ou parsemée de longs poils chez d'autres plantes (le cotonnier, dont les filaments servent à la fabrication des tissus de coton, offre un exemple remarquable de ce dernier cas).

Le tégument de la graine, comestible et charnu chez le grenadier, le figuier de Barbarie, est ligneux chez la vigne et papyracé chez l'amandier. Ici, comme en toutes choses, la nature est riche en variétés.

Le Fruit.

Développement de l'ovaire en fruit. — Le fruit (*fig.* 55 à 60) provient du développement de l'ovaire après la fécondation. L'ovaire grossit, se noue et se transforme peu à peu en *fruit.*

Les réserves nutritives qui émigrent de la plante vers le fruit sont très variées. Tant que le fruit est vert, il se remplit d'amidon (banane), de corps gras (olive), de tanin (noix), d'acides végétaux (pomme, poire, orange, citron, raisin, etc.), et devient le siège de nombreuses modifications chimiques. A l'approche de la maturité apparaissent le glucose, le lévulose, le saccharose et autres sucres.

Les fruits charnus se divisent en deux classes principales : les *drupes* et les *baies*.

La pêche, la cerise, la prune, la nèfle sont des drupes ; le raisin, la groseille, la pomme, l'orange, la grenade sont des baies.

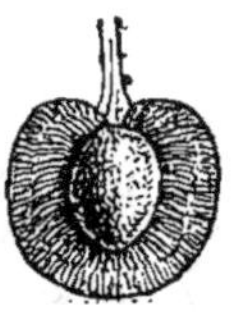

Drupe du cerisier.

La drupe est un fruit charnu avec noyau à la partie interne.

Baie de groseillier.

Dans la baie, le parenchyme est entièrement mou.

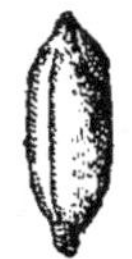

Caryopse du blé.

Le caryopse est un fruit sec ne contenant qu'une seule graine adhérente à l'intérieur de l'enveloppe.

Capsule du pavot.

La capsule est un fruit sec contenant un très grand nombre de graines.

Gousse du pois.

La gousse est un fruit sec formé de deux valves dont les graines sont attachées à un seul placenta qui suit l'une des sutures.

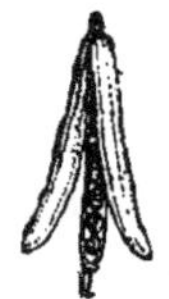

Silique de giroflée.

La silique est un fruit sec composé de deux valves et d'une cloison médiane sur laquelle sont disposées les graines.

Fig. 55 à 60. — Diverses formes de fruits.

Un fruit est dit *sec* lorsque la lame parenchymateuse très mince de son péricarpe est composée de cellules mortes et sèches.

L'*akène* (du grec *a* privatif, et *chainô*, je m'ouvre) est un fruit qui ne s'ouvre pas : la graine n'est pas soudée au péricarpe comme celle du *caryopse* (du grec *karé*, tête, et *opsis*, aspect).

La *samare* (du latin *samara*, semence d'orme) est un akène dont l'épiderme est pourvu de développements membraneux en forme de disques ou d'ailes, ce qui facilite leur dissémination.

La *gousse* ou *légume* est un fruit membraneux qui, à maturité, s'ouvre naturellement (*déhiscence*) à la fois par les sutures ventrale et dorsale, en se divisant ainsi en deux valves. La gousse de la luzerne, contournée en spirale, est à peine déhiscente : celle du trèfle renferme une ou deux graines et est indéhiscente. Il y a des exceptions à toutes les règles, et, à ce propos, il convient de citer encore une cæsalpiniée, la fève de tonka (*dipterix odorata*), dont le fruit est une gousse indéhiscente, ayant une seule graine.

La *capsule* (du latin *capsula*, petite boîte) est un fruit sec, à une ou plusieurs loges, dont le pavot présente un bon exemple.

La *silique* (du latin *silica*, gousse) est un fruit sec allongé, à deux valves et à cloison persistante, qui appartient à toutes les crucifères.

Le tableau suivant résume ce qui vient d'être dit, à propos des fruits secs :

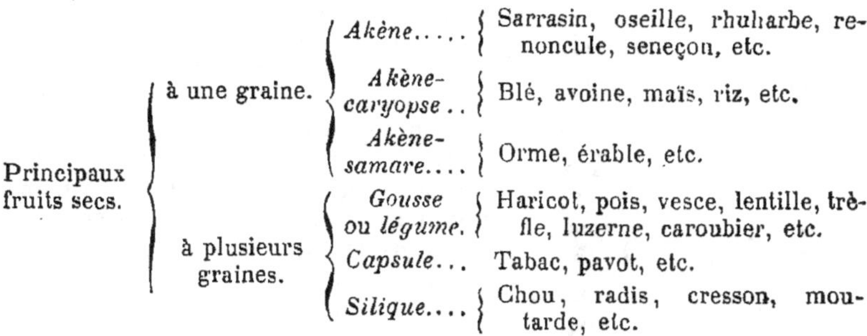

Multiplication des végétaux.

La *multiplication des végétaux* s'accomplit suivant deux modes principaux :

1° La *reproduction proprement dite*, à l'aide d'éléments spéciaux produits par le végétal (*spore*, *œuf* ou *graine*);

2° La *multiplication par scissiparité* ou *multiplication végétative*, produite à l'aide d'un fragment de la plante.

La *spore* est produite par les plantes cryptogames; elle est capable de reproduire *une nouvelle plante semblable à la plante mère*.

L'*œuf fécondé* devient la *graine*, agent de reproduction des plantes phanérogames. Cette graine procède donc de la fusion de deux éléments, l'un mâle, l'autre femelle ; par conséquent la plante à laquelle elle donne naissance en germant possède la plupart des caractères des parents, mais *présente aussi d'autres caractères qui en font un individu nouveau*.

Marcottage. Bouturage. — Le *marcottage* et le *bouturage* se placent dans la deuxième catégorie.

Une *marcotte* est une partie de la plante qui, sans être détachée de la plante mère, est enfoncée partiellement dans la terre et s'y couvre de racines adventives. Une fois l'enracinement obtenu, on sépare la marcotte de sa mère.

Une *bouture* est une portion de plante que l'on sépare de la plante mère et qui émet les racines adventives nécessaires à son développement.

La marcotte et la bouture donnent naissance à un végétal semblable à celui dont elles sont issues. En arboriculture on dit que ce végétal est *franc de pied*, de même que celui qui provient d'une graine.

Greffe. — La *greffe* est l'une des plus importantes opérations de l'agriculture et du jardinage. Elle a pour but de souder un végétal à un autre qui lui fournit les substances utiles à son alimentation tout en lui servant de soutien. La plante nourricière prend le nom de *sujet* et la portion adaptée s'appelle *greffe* ou *greffon*. Quand le sujet est né de graine, on le nomme *sauvageon*.

Le greffage est pratiqué : 1° par l'implantation de rameaux ; 2° par intromission d'un bourgeon sous l'écorce.

La greffe par rameaux comprend plusieurs procédés ; nous décrirons les plus usités, qui sont :

1° La *greffe en fente* (*fig.* 61, 62) ;

2° La *greffe en couronne* (*fig.* 63 à 65).

Dans la *greffe en fente*, le sujet est tronqué obliquement ; puis on pratique une fente verticale dans laquelle on introduit le greffon taillé en biseau, mais

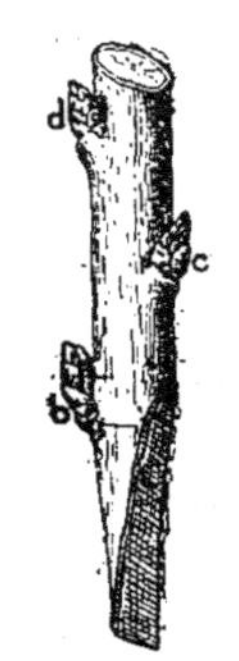

Fig. 61.
Greffon préparé
pour la greffe
en fente.

Fig. 62.
Greffe en fente
ligaturée.

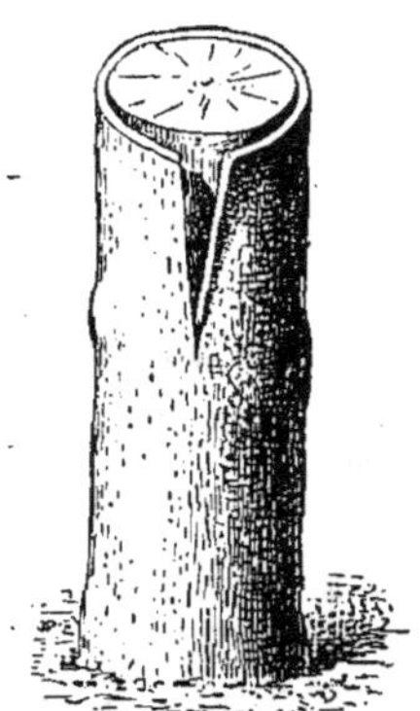

Fig. 63. — Sujet preparé pour la greffe en couronne.

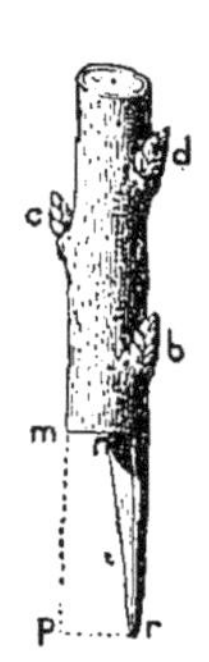

Fig. 64. — Greffon préparé pour la greffe en couronne.

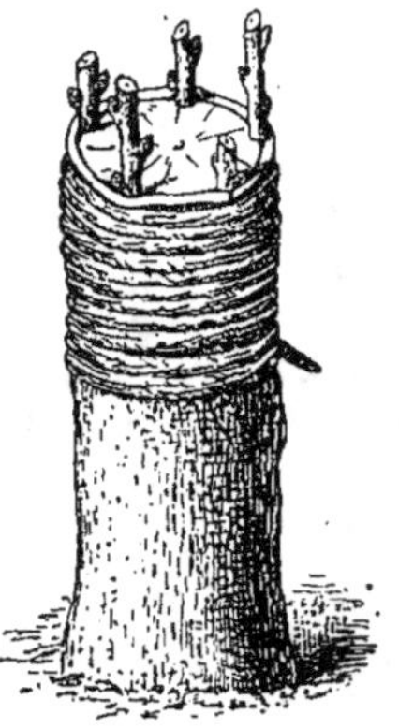

Fig. 65.
Greffe en couronne
terminée.

conservant cependant de l'écorce sur le bord qui sera du côté extérieur. Il faut avoir soin de faire correspondre dans toute sa longueur l'écorce du biseau du greffon avec celle du sujet. On assure la durée du contact par des ligatures (filasse de chanvre et chiffons) et du mastic. L'onguent de Saint-Fiacre, qu'on emploie assez commu-

nément, est formé par un mélange composé de un tiers bouse de
vache et deux tiers terre glaise. Lorsque le sujet est assez fort, on
peut y insérer deux greffons opposés.

Pour exécuter la *greffe en couronne*, on sectionne le sujet horizontalement, puis on sépare l'écorce sur un certain nombre de points
(3, 4, 5 ou 6) sans la déchirer. On introduit dans la fente ainsi obtenue,
entre le bois et l'écorce, le greffon taillé en biseau. La coupe du biseau
est arrêtée à la partie supérieure par une section formant cran qui
repose sur la coupe plane du sujet. L'opération terminée, on comprime à l'aide d'un lien, et on mastique avec de l'onguent comme il

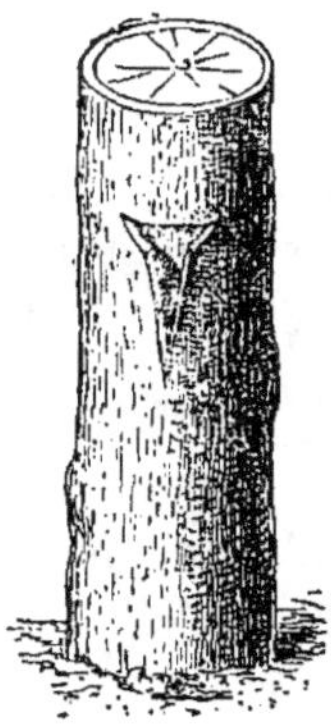

Fig. 66. — Sujet
préparé pour la
greffe en écusson.

Fig. 67.
Morceau d'écorce
muni d'un bour-
geon (écusson).

Fig. 68.
Greffe en écusson
ligaturée.

a été dit plus haut. Une enveloppe de toile grossière maintient le tout
en place.

Les *greffes par bourgeons* sont à *œil dormant* ou à *œil poussant*,
comme les greffes de rameaux, selon l'époque où on les exécute. Ces
greffes ne peuvent être pratiquées que lorsque les *végétaux sont en
sève*. Les meilleurs bourgeons sont ceux qui occupent le milieu des
branches.

On connaît deux sortes de greffes par bourgeons : en *écusson* et
en *sifflet*.

La *greffe en écusson* (*fig. 66 à 68*) est d'une opération facile et elle
présente l'immense avantage de ne pas endommager les végétaux
auxquels on l'applique.

On peut la faire sur un jeune sujet et près du sol, ou bien sur un
individu plus âgé et à des hauteurs variables.

On pratique une première incision à 1 centimètre au-dessus du
bourgeon ou œil, et une deuxième incision à 1 centimètre au-
dessous ; puis on détache le bourgeon avec une mince couche

d'aubier. Il faut éviter d'attaquer le bois, et, dans tous les cas, n'en lever que le moins possible. L'écusson étant séparé, on fait, sur le sujet, une incision longitudinale, longue d'environ 3 ou 4 centimètres, à l'extrémité supérieure de laquelle on pratique une incision transversale ; puis on soulève délicatement les bords de l'écorce au moyen du greffoir, on introduit l'écusson entre les deux lambeaux, on rabat ceux-ci par-dessus et on les maintient appliqués à l'aide d'une ligature de raphia ou de laine. La ligature de la greffe se commence toujours par la partie supérieure et se termine à la base.

Le fragment de pétiole resté adhérent au greffon indique si la greffe a repris ou si elle est morte. Dans le premier cas, le pétiole se détache et tombe bientôt; dans le second cas, il se dessèche et reste adhérent à l'écusson.

La *greffe en flûte* ou *en sifflet* est peu usitée; on lui préfère la précédente. Elle consiste à détacher de *l'arbre* à reproduire un anneau d'écorce portant un bourgeon à bois que l'on adapte à une branche d'égale grosseur appartenant au sujet, dont on a au préalable enlevé l'écorce.

Durée de la vie des plantes.

On dit qu'une plante est *annuelle* quand elle n'a qu'une seule période de végétation et qu'elle meurt dans l'année même de son développement (blé, pois, fève, etc.).

Une plante est *bisannuelle* lorsqu'elle accumule des réserves pendant une première année pour fleurir l'année suivante (betterave, carotte).

Les plantes annuelles et bisannuelles ne fleurissent donc qu'une seule fois.

On appelle *plante vivace* toute plante dont la durée est de plus de deux années et qui fructifie à plusieurs reprises dans le courant de son existence. Les arbres de nos pays appartiennent à cette catégorie.

La vie de certaines plantes, notamment les plantes à tubercules et à bulbes, est pour ainsi dire illimitée (pomme de terre, orchis, etc.).

Considérations générales. — Tout ce qui vit doit mourir, et tout ce qui est mort doit se désagréger, se liquéfier, se gazéifier, afin que les éléments qui forment la substance même de la vie puissent, en reprenant leur liberté, entrer dans de nouvelles combinaisons vitales.

La perpétuité de la vie entraînerait l'encombrement de la surface de la terre par les corps organisés, et aussi l'épuisement progressif des éléments de nutrition. On peut dire que la mort entretient la vie à l'aide des actions naturelles connues sous les noms de combustions lentes, de putréfactions, de fermentations qui dérivent d'influences chimiques ou du travail des êtres microscopiques (*bactéries, bacilles, microbes divers*, etc.).

Les phénomènes nécessités par le fonctionnement vital useraient rapidement l'organisme s'il ne réparait point ses pertes continuelles à l'aide d'éléments empruntés au milieu extérieur.

La plante puise dans le *sol*, dans l'*air* ou dans l'*eau*, les substances qui lui sont utiles. Les organes de nutrition sont représentés par les tissus de la racine, de la tige, des feuilles, que nous venons d'étudier séparément.

Toute plante *croît, atteint son développement complet*, puis se *fane* et *meurt* en confiant à la terre quelque chose de sa propre substance qui renferme une étincelle de vie — spore ou graine — et qui est capable de reproduire une plante semblable.

LE SOL.

Le *sol* en agriculture est le support des plantes; de plus il leur fournit certaines substances qui entrent dans leur composition.

On croyait autrefois que toute la substance végétale était tirée du sol et spécialement de la matière organique, de l'humus, qu'il contient. Cette erreur a été détruite par les beaux travaux de plusieurs grands savants français, entre autres Dumas et Boussingault.

La *terre arable* est la couche superficielle sur laquelle le cultivateur peut agir. La *terre végétale* est la couche plus ou moins profonde dans laquelle se développent les racines des végétaux. On désigne sous le nom de *sous-sol* la couche de terre placée immédiatement au-dessous de la couche arable; l'étude n'en doit pas être négligée, car son importance est grande. Parfois on améliore la couche arable en la mélangeant avec le sous-sol.

Pour être propre à la culture, le sol doit être assez meuble pour que les racines puissent s'y développer et pour que l'eau n'y séjourne pas. Les matières qui le composent doivent être assez ténues pour que l'air puisse les pénétrer sans qu'il s'ensuive cependant une dessiccation trop prompte.

Les *propriétés agricoles* d'une terre arable dépendent de la nature et des proportions de ses éléments constitutifs, qui sont: le *sable*, l'*argile*, le *calcaire* et le *terreau* ou *humus*.

Si on chauffe de la terre en vase clos, elle noircit ou brunit tout au moins, car elle renferme de la matière organique que la chaleur carbonise.

Le sol se compose donc d'une partie inorganique ou minérale incombustible et d'une partie organique ou combustible.

La partie inorganique de la mince couche de terre arable qui recouvre le globe provient de la désagrégation lente des roches sous l'influence des causes physiques et chimiques. Parmi les premières nous signalerons les phénomènes mécaniques de destruction produits par l'action des eaux, du gel et du dégel, des vents; parmi les secondes nous distinguerons l'action de l'acide carbonique, de l'oxygène de l'air et de l'eau.

Le sable, l'argile, le calcaire, n'ont point d'autre origine que les roches émiettées et délitées.

Sable. — Au point de vue agricole, on appelle *sable* l'ensemble des particules indélayables dans l'eau. Lorsqu'on exécute le lavage d'une terre on le trouve en dépôt au fond du vase où se fait l'opération. Ces particules ou grains sont souvent du *quartz* ou *silice pure*, inattaquable; ils représentent alors un produit inerte qui, dans le sol, ne peut jouer qu'un rôle physique; mais ils proviennent quelquefois de roches primitives composées de silicates à base de chaux, de magnésie, d'alumine, et sont alors décomposables. On trouve aussi des grains formés de calcaire ou carbonate de chaux; ils donnent le *sable calcaire.*

La silice est insoluble dans l'eau; elle n'est attaquable à froid que par l'acide fluorhydrique. C'est sur cette propriété que repose la gravure sur verre; celui-ci étant un silicate de potasse ou de soude et de chaux, la silice est décomposée par l'acide fluorhydrique.

La silice est très réfractaire. Elle est infusible au feu de forge, mais on la fond à la flamme du chalumeau à gaz oxygène et hydrogène, qui atteint une chaleur de 2 000 degrés.

Le *grès* n'est autre chose que de la silice empâtée dans du carbonate de chaux.

Quand les sables ne sont pas mélangés à d'autres éléments minéraux ils ne produisent qu'une maigre végétation.

Les sables communiquent aux terres deux qualités : ils les rendent meubles, et, par suite, perméables à l'air, à l'eau et à la chaleur; en second lieu, ils concentrent et conservent les radiations solaires. Le sable calcaire jouit au plus haut point de cette dernière propriété : il s'échauffe rapidement et garde longtemps la chaleur acquise.

Argile. — A l'état de pureté, l'*argile* est blanche : c'est le kaolin ou terre à porcelaine; mais le plus souvent elle renferme des oxydes métalliques qui lui donnent des couleurs variées. Ses diverses particules sont comme collées entre elles par un agent coagulateur appelé *argile colloïdale.* C'est la proportion de cette substance qui détermine la plasticité de l'argile : elle dépasse rarement 1,5 pour 100.

La *terre glaise*, qui prend souvent, dans le langage agricole, le nom de *terre forte*, contient un peu de chaux et de l'oxyde de fer. En la mélangeant de parties sableuses on diminue sa ténacité.

Les argiles qui renferment du *calcaire* s'appellent *marnes*; elles font effervescence au contact des acides.

Les argiles chauffées se contractent et se fendillent; elles sont avides d'eau et happent à la langue. On les dit *grasses* ou *maigres* suivant qu'elles contiennent peu ou beaucoup de sable.

Au point de vue agricole, l'argile présente plusieurs propriétés :

1º Elle fixe les éléments fertilisants les plus importants à l'exception des nitrates. C'est dans l'argile et le terreau que réside la *faculté d'absorption* de la terre végétale ;

2º Elle retient l'eau et rend le sol humide ;

3º Elle donne au sol de la ténacité ;

4º Elle contient presque toujours de la *potasse*, dans la proportion de 3 à 4 pour 100 environ ; par contre, l'argile manque de chaux et d'acide phosphorique.

Au point de vue chimique, l'argile représente un sel dont l'*acide* est la silice ou acide silicique — formé par l'union de deux métalloïdes : le *silicium* et l'*oxygène* — et la *base* l'alumine ou oxyde d'aluminium (métal) ; on lui donne le nom de *silicate d'alumine*.

L'argile pure reste indéfiniment en suspension dans l'*eau distillée*, mais elle est immédiatement précipitée par une très petite dose de sels calcaires. Il suffit de la très faible quantité de chaux contenue le plus souvent dans l'eau ordinaire pour produire la précipitation (1/5000 de chaux libre engagé dans un sol précipite les limons instantanément).

On peut constater ce phénomène, découvert par Schlœsing, au moyen d'une expérience bien simple.

EXPÉRIENCES. — I. On traite une pincée d'argile par l'acide chlorhydrique afin de la débarrasser des substances terreuses qu'elle renferme. Lorsque l'*effervescence* a cessé, on verse le tout sur un filtre sans plis et on lave parfaitement le dépôt à l'eau distillée jusqu'à ce que les eaux de lavage ne se troublent plus par addition de quelques gouttes d'une solution d'oxalate d'ammoniaque.

Le lavage se fait à l'aide de la fiole à laver, connue dans les laboratoires sous le nom de *pissette*. Il faut avoir soin de laisser égoutter avant d'ajouter de nouveau du liquide sur le filtre. On dirige le jet d'eau de façon à agiter le dépôt et à éviter ainsi qu'il échappe en partie à l'action de l'eau.

Le lavage terminé, on place l'entonnoir au-dessus d'un vase à précipiter et on perce la pointe du filtre avec une baguette de verre ; puis, au moyen d'un jet de la fiole à laver, on entraîne le contenu dans le vase par l'ouverture ainsi pratiquée.

On ajoute alors une quantité d'eau distillée suffisante pour bien délayer les matières solides ainsi recueillies. Cela fait, on agite et on abandonne au repos.

Les particules en suspension se déposent peu à peu par ordre de densité. Il arrive un moment où le liquide, à peu près limpide, présente une teinte opalescente persistante. Cette teinte est due à la présence d'un élément en suspension, incapable de se déposer.

Décantons doucement le liquide opalescent, additionnons-le d'un peu d'eau de chaux et agitons avec une baguette en verre ; aussitôt des flocons se formeront et tomberont rapidement au fond du vase en laissant l'eau parfaitement limpide.

Le précipité, recueilli sur un filtre, lavé et ensuite desséché, donne une substance dure, d'apparence cornée, à laquelle l'analyse chimique assigne la composition d'un silicate d'alumine hydraté.

Examinons le dépôt que la décantation nous a laissé : nous constaterons, après dessiccation, qu'il est composé d'éléments sableux ne présentant entre eux qu'une cohésion insignifiante par rapport à celle de l'argile primitive sèche, cela parce qu'il lui manque l'élément colloïdal que nous en avons séparé.

Pour démontrer péremptoirement l'exactitude de ces déductions, nous pouvons faire, en quelque sorte, la *synthèse* des opérations précédentes. Il suffit de délayer dans de l'eau distillée les deux matières que nous avons séparées, d'agiter pour obtenir un mélange bien homogène et de précipiter le tout en ajoutant quelques gouttes d'acide azotique. Le dépôt qui se forme alors reproduit l'argile sur laquelle nous avons opéré en principe.

II. Pour séparer l'*oxyde d'aluminium* ou *alumine* qui se trouve dans l'argile, on pulvérise un peu d'argile et on la chauffe sur une plaque de tôle ou de fer-blanc jusqu'à dessiccation. Après refroidissement, on la met dans un verre et on l'imbibe d'acide sulfurique sans excès. La décomposition de l'argile s'obtient facilement en quelques jours, surtout si le mélange est soumis à une douce chaleur ; elle est indiquée par l'apparition d'efflorescences blanches. On ajoute alors de l'eau distillée chaude, on agite avec une baguette de verre et on filtre. Les *matières siliceuses* restent sur le filtre. Le liquide filtré contient du *sulfate d'alumine*, c'est-à-dire un sel très soluble formé par l'union de l'acide sulfurique et de l'alumine.

En ajoutant du carbonate de soude à ce liquide, la soude s'empare de l'acide sulfurique du sulfate et l'acide carbonique du carbonate se dégage. L'alumine se précipite à l'état gélatineux et il reste en solution du sulfate de soude.

On peut recueillir le précipité sur un filtre, le laver à l'eau distillée bouillante et le faire sécher. Dans cet état, l'alumine est une poudre blanche, qui se dissout facilement dans les acides et les solutions de potasse et de soude.

Calcaire. — Le *calcaire* ou carbonate de chaux provient de roches sédimentaires de natures très diverses qui contiennent en général des quantités appréciables d'acide phosphorique et un peu de potasse joints à une faible quantité de carbonate de magnésie, d'oxyde de fer et d'alumine.

Certains calcaires sont très durs et ne se désagrègent que lentement sous l'action des agents physiques et chimiques ; tels sont les marbres, les calcaires métamorphiques, c'est-à-dire les roches calcaires modifiées postérieurement à leur dépôt par une action calorifique et mécanique intense. D'autres calcaires sont moins durs ; tels sont, par exemple, les calcaires oolithiques ou calcaires coquilliers, formés en grande partie aux dépens des récifs madréporiques et coralliens ; les calcaires jurassiques, qui constituent des massifs montagneux très puissants, particulièrement développés dans le Jura.

Les *calcaires marneux* renferment de 50 à 95 pour 100 de carbonate de chaux. Ils fournissent la *chaux hydraulique* quand la proportion d'argile atteint 10 pour 100 ; avec une proportion plus forte et 9 à 15 pour 100 d'oxyde de fer, ils donnent le *ciment*.

Les *calcaires magnésiens* appelés *dolomie* ont pour minéral essentiel un carbonate double de chaux et de magnésie ; ils forment d'importantes stratifications notamment sur le littoral du Var.

Les calcaires friables blancs appelés *craie* se trouvent dans la formation crétacée placée au-dessus du terrain jurassique.

Sous l'influence de l'eau et de l'acide carbonique, le calcaire se dissout lentement à l'état de bicarbonate (carbonate acide) et s'élimine peu à peu. C'est ce calcaire qui est la cause des incrustations qui se forment dans les chaudières à vapeur, dans les conduites d'eau, dans les eaux dites pétrifiantes.

Le carbonate de chaux se dissout dans les acides avec effervescence d'acide carbonique.

C'est seulement à l'état pulvérulent que le calcaire modifie la constitution physique des terres et les phénomènes chimiques qui s'y produisent. Sous forme de sable il se comporte, au point de vue physique, comme tous les grains sableux dont nous avons déjà parlé, et sous forme de chaux il joue un rôle prépondérant en saturant l'humus. Cette saturation permet la nitrification des matières organiques, et l'acide nitrique, au fur et à mesure de sa production, donne naissance à du nitrate de chaux. Nous parlerons plus loin de la nitrification.

Humus. — L'*humus*, principe essentiel du *terreau*, est le quatrième élément constitutif de la terre végétale. C'est une matière brunâtre ou noirâtre qui provient de la décomposition de corps organiques, et principalement de détritus végétaux sous l'action de l'oxygène, de l'humidité et des organismes microscopiques : bactéries et microbes divers. Ces infiniment petits restituent à l'air et au sol les principes qui lui ont été empruntés par les animaux et les végétaux.

L'humus ou matière humique représente le mélange mal défini d'un certain nombre de substances incristallisables, les unes neutres, les autres acides, contenant du carbone, de l'hydrogène, de l'oxygène et de l'azote si intimement combinés que ni les acides, ni les alcalis ne peuvent les lui enlever à froid.

Le rôle chimique de l'humus dans le sol est très important, car il est la source principale des *nitrates*, aliments essentiels des plantes. L'acide carbonique auquel il donne naissance par sa combustion lente facilite la transformation et la solubilisation des éléments du sol.

Les *corps humiques* ont une réaction acide, c'est-à-dire qu'ils rougissent le tournesol et peuvent se combiner aux bases. Grâce à leur affinité pour les bases telles que la chaux, la potasse, la magnésie, la soude, l'alumine, l'oxyde de fer, etc., ils se combinent avec elles et retiennent ainsi des principes fertilisants qui sans eux seraient rapidement dissous par les eaux, entraînés dans le sous-sol, et perdus pour la végétation. En outre, ils agissent favorablement sur la constitution physique de la terre, notamment en donnant du corps à celles qui sont légères et en ameublissant celles qui sont fortes.

Nous avons vu plus haut que le sol renferme une partie incombustible et une partie combustible : c'est cette dernière qui constitue le *terreau*, c'est-à-dire les *résidus d'origine animale* et *végétale* décomposés, tandis que l'autre est représentée par les substances minérales : argile, silice, calcaire provenant de la désagrégation des roches.

EXPÉRIENCES. — I. Quand on incinère un peu de terre de jardin, il se dégage d'abord une odeur d'herbe brûlée et la terre noircit. Si on lui fait subir une calcination en portant sa température au rouge, elle perd la teinte foncée et se réduit en cendres ou *éléments terreux*, desquels on pourra séparer la silice, la *potasse*, la *chaux*, l'*acide phosphorique*, l'*acide sulfurique*, etc.

La calcination a fait dégager sous forme de gaz la partie combustible, autrement dit le *carbone*, l'*hydrogène*, l'*oxygène* et l'*azote*.

Pour mettre en évidence la présence des matières azotées, on introduit un mélange de terreau et de chaux vive pulvérisée dans un tube à. essais et on chauffe avec précaution à la flamme d'une lampe à alcool. Il se dégage de l'ammoniaque ou gaz ammoniac, reconnaissable à son odeur piquante, et, dans tous les cas, facile à caractériser soit à l'aide de papier de tournesol rouge un peu humide, soit à l'aide d'une baguette trempée dans l'acide chlorhydrique ou l'acide azotique. Le papier de tournesol bleuit et l'acide produit des fumées blanches.

II. **Séparation de l'humus du terreau.** — On met à profit la solubilité de l'*humus* dans les *carbonates alcalins* et les *carbonates caustiques* pour le séparer du terreau.

On prépare une dissolution saturée de carbonate de soude à laquelle on ajoute du terreau en poudre purgé des brins de paille, des fragments de racines et des pierres. Lorsque le mélange a acquis la consistance d'une bouillie, on met à digérer pendant quelques heures à la température de 70 à 90 degrés centigrades. On ajoute ensuite un volume d'eau chaude égal à 4 ou 5 fois le volume de la bouillie, on agite pour mélanger intimement et on filtre.

On verse lentement de l'acide chlorhydrique dans le liquide filtré jusqu'à ce que l'effervescence cesse et qu'une réaction légèrement acide (le papier bleu de tournesol rougit) vienne prouver que tout le carbonate a été décomposé. Il se forme alors des flocons bruns dus à une partie des corps humiques et ulmiques.

Pour extraire ceux de ces corps qui ont résisté à l'action du carbonate alcalin, on fait bouillir durant quelques heures avec une lessive de potasse caustique (en ayant soin de remplacer l'eau qui s'évapore) la terre restée sur le filtre, après l'avoir soigneusement lavée avec de l'eau. On étend d'eau et on filtre en lavant. Le liquide brun filtré traité par l'acide chlorhydrique, comme il a été dit précédemment, laisse déposer des flocons dus aux acides de l'humus (ulmique et humique).

Classification des différents sols. — La plus ou moins grande abondance de l'un des quatre éléments constitutifs des terres — sable ou silice, argile, calcaire, humus — que nous venons de passer en revue, sert généralement de base à leur classification. On distingue ainsi :

— A) 1° Terres *argileuses* (l'argile domine ; plus de 40 pour 100) ;

2° Terres *argilo-siliceuses* (plus de 30 pour 100 d'argile et 50 à 70 pour 100 de sable) ;

3° Terres *argilo-calcaires* (plus de 30 pour 100 d'argile et 5 à 12 pour 100 de calcaire);

4° Terres *argilo-humifères* (plus de 30 pour 100 d'argile, plus de 10 pour 100 de terreau);

— B) 1° Terres *sableuses* (moins de 10 pour 100 d'argile, plus de 80 pour 100 de sable);

2° Terres *sablo-argileuses* (10 à 20 pour 100 d'argile, plus de 70 pour 100 de sable);

3° Terres *sablo-calcaires* (plus de 70 pour 100 de sable et 5 à 12 pour 100 de calcaire);

4° Terres *sablo-humifères* (plus de 70 pour 100 de sable et plus de 10 pour 100 de terreau);

— C) 1° Terres *calcaires* (plus de 12 pour 100 de calcaire, moins de 10 pour 100 d'argile);

— D) 1° Terres *humifères* (plus de 20 pour 100 d'humus, moins de 10 pour 100 d'argile).

Une *terre de bonne qualité* n'exerce aucune réaction acide sur le papier bleu de tournesol; elle est, au contraire, légèrement alcaline et fait virer au bleu le papier de tournesol rouge.

Une *terre franche* serait celle qui posséderait toutes les qualités agricoles; elle devrait contenir assez de sable pour être chaude et perméable, assez d'argile pour être fraîche, consistante, conservatrice des engrais et favorable à la nitrification, assez de calcaire pour fournir les sels de chaux utiles à la plante et pour décomposer les engrais organiques; assez d'humus pour faciliter la transformation et la solubilisation des éléments du sol et pour fournir l'azote. Ces terres sont excessivement rares.

Les sols les plus fertiles sont fournis par les *alluvions limoneuses* que l'on peut considérer comme des mélanges mécaniques d'argile, de chaux, de sable, de matières organiques, renfermant une dose notable de potasse et de phosphates, mais dans lesquels aucun des principes constituants ne prédomine. Les alluvions limoneuses sont les éléments les plus fins des terrains traversés par les fleuves qui les déposent.

La classification des sols arables par la pratique varie sensiblement d'un pays à l'autre, car elle est souvent basée en grande partie sur la culture principale. Pour le viticulteur qui cultive les formes pures du *riparia* ou du *rupestris*, les terres renfermant plus de 12 pour 100 et moins de 20 pour 100 de calcaire pulvérulent ne sont pas trop calcaires, car elles ne provoquent point la chlorose et le dépérissement de ses vignes.

A défaut d'analyse chimique, l'examen des plantes qui croissent spontanément sur le sol peut fixer l'agriculteur, dans une certaine mesure, sur les besoins et la nature de la terre qu'il cultive. Il ne faut pas oublier cependant que les conditions de température, d'humidité influent sur la végétation spontanée et qu'elles interviennent parfois pour la modifier. Nous citerons, par exemple, le *sureau yèble*, que les auteurs donnent comme caractéristique des terres argileuses fertiles et profondes et que l'on rencontre cependant dans des terres assez pauvres en éléments fertilisants, siliceuses même, où l'humidité du sous-sol lui permet de se développer.

D'autre part, la rusticité et la grande facilité de reproduction d'une espèce lui permettent souvent d'envahir des terres lui convenant peu sur lesquelles elle végète plus ou moins bien. C'est ainsi que les *cirses*, ces chardons des terres calcaires, notamment le cirse laineux ou chardon des ânes et le cirse des champs ou chardon hémorroïdal, végètent dans des sols qui contiennent une faible proportion de carbonate de chaux. Inversement, la rareté des germes de certaines plantes sous l'influence de causes climatériques peut expliquer l'absence des espèces caractéristiques d'un terrain.

La *lutte pour l'existence* intervient aussi dans la distribution de la flore. Une espèce capable de vivre dans un terrain donné peut en être exclue par d'autres espèces plus robustes et mieux appropriées qui l'étouffent.

Ceci dit, nous allons passer en revue les plantes caractéristiques classées par terrains.

Plantes caractéristiques des sols argileux. — Sureau yèble (*sambucus ebulus*) [*fig.* 69], endroits frais et fertiles.

Fig. 69. Sureau yèble.	Fig. 70. Tussilage.	Fig. 71. Chicorée sauvage.	Fig. 72. Agrostide.

Laitue vireuse (*lactuca virosa*), lieux incultes.

Tussilage pas-d'âne (*tussilago farfara*) [*fig.* 70], terres fortes et humides.

Chicorée sauvage (*cichorium intybus*) [*fig.* 71], lieux incultes, champs trop peu sarclés.

Aristoloche clématite (*aristolochia clematitis*), affectionne les terres argilo-calcaires.

Agrostide traçante (*agrostis stolonifera*) [*fig.* 72], lieux humides argilo-siliceux, généralement acides.

Petite oseille (*rumex acetosella*), lieux secs, sols argilo-siliceux, peu fertiles et souvent acides.

Plantes des sols siliceux. — Statice des sables (*statice arenaria*), sables maritimes salés.

Sabline ou spergulaire pourpre (*spergularia rubra*), lieux sablonneux.

Spergule des champs (*spergula arvensis*), champs sablonneux.

Géranium sanguin (*geranium sanguineum*), bois découverts, friches des coteaux sableux.

Genêt à balais (*sarothamnus scoparius*), friches arides, bois sableux, terres sans calcaire.

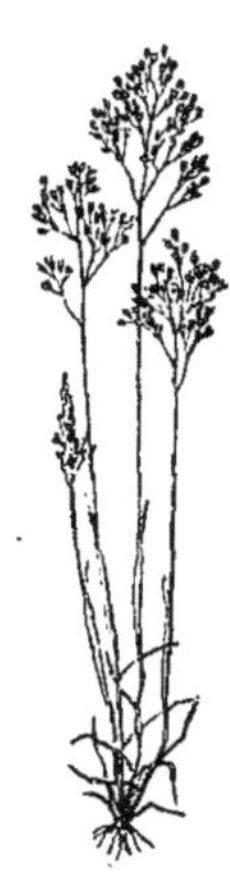 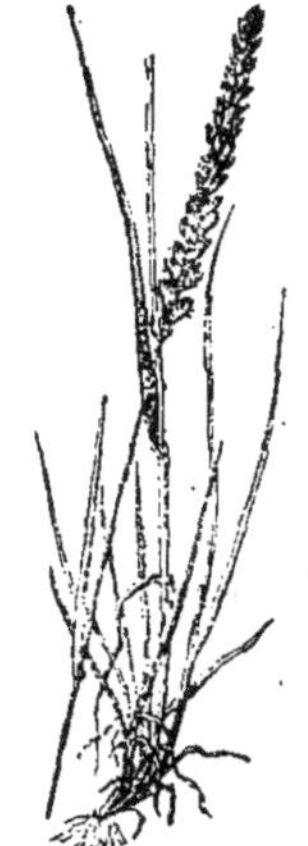 

Fig. 73. — Canche.   Fig. 74. — Crételle.   Fig. 75. — Bruyère.

Ajonc d'Europe (*ulex europæus*), bois, graviers, friches arides et sèches dépourvues de chaux.

Trèfle des champs (*trifolium arvense*), lieux sablonneux ou graveleux.

Fétuque rouge (*festuca rubra*), lieux secs, paturages, friches, terres siliceuses.

Canche flexueuse (*aira flexuosa*) [*fig.* 73], bois sablonneux.

Crételle (*cynausurus cristatus*) [*fig.* 74], prés secs, pelouses, bois découverts.

Châtaignier (*castanea vulgaris*), sols dépourvus de calcaire.

Pin maritime (*pinus maritima*), sables dépourvus de calcaire.

Bruyère (*erica cinerea, scoparia, vagans*) [*fig.* 75], bois, friches arides, terres siliceuses arides ou sèches.

Callune commune (*calluna vulgaris*), bois, friches des terrains secs et siliceux.

Plantes des sols calcaires. — Cirse ou chardon laineux (*cirsium eriophorum*), lieux incultes, bords des ruisseaux.

Brunelle à grande fleurs (*brunella grandiflora*), bois ombragés.

Potentille printanière (*potentilla verna*), lieux secs, bois, escarpements des coteaux.

Pavot coquelicot (*papaver rhæas*), cultures, surtout sol sablonneux ou caillouteux.

Thym commun (*thymus vulgaris*), friches sèches, sols pierreux calcaires.

Lavande (*lavandula spica*), graviers, coteaux secs et pierreux.

Fig. 76. — Buis.

Fig. 77.
Renoncule.

Fig. 78.
Jonc.

Fig. 79.
Colchique.

Romarin (*rosmarinus officinalis*), sols caillouteux et secs.

Buis (*buxus sempervirens*) [*fig.* 76], sols rocheux ou caillouteux secs.

Esparcette ou sainfoin (*onobrychis sativa*), fourrage par excellence des calcaires secs.

Les *terres humides* sont caractérisées par les renoncules (*ranunculus*) [*fig.* 77], les joncs (*juncus*) [*fig.* 78], le colchique d'automne (*colchicum*) [*fig.* 79].

Dans les *terres argilo-calcaires*, nous retrouverons : le sureau yèble, la laitue vireuse, l'aristoloche, plantes caractéristiques des sols argileux, à côté du sainfoin qui figure parmi les plantes calcicoles.

On donne comme caractéristiques des terres argilo-calcaires :

Potentille ansérine (*potentilla anserina*), lieux humides et herbeux;

Potentille rampante (*potentilla reptans*), pelouses, bords des champs;

Anthyllide vulnéraire (*anthyllis vulneraria*), vulgairement appelée « trèfle jaune », prés secs, coteaux, graviers des rivières.

Dans les sols *silico-argileux* et *argilo-siliceux* on peut rencontrer la bruyère des sols siliceux et la petite oseille des sols argileux.

La ptéride aquiline (*pteris aquilina*), vulgairement appelée *fougère*, se tient surtout dans les sols silico-argileux ou sablonneux peu favorables à la culture des céréales et des légumineuses lorsqu'ils ne sont pas abondamment chaulés ou marnés.

Les *terres franches fertiles* dans la constitution desquelles l'argile, la silice et le calcaire sont convenablement répartis, portent ordinairement :

Ronce frutescente (*rubus fructicosus*) ;

Ronce bleuâtre (*rubus cæsius*).

On y trouve encore le *sureau yèble* et l'aubépine (*cratægus*) ou épine blanche, que le prunier frutescent (*prunus fructicans*), ou épine noire, remplace dans les terrains secs et pauvres.

Dans les *sols travaillés* et abondamment *fumés*, dans les terres de jardin, on trouve la mercuriale ou foirole (*mercurialis annua*), le laiteron potager (*sonchus oleraceus*), le laiteron hérissé (*sonchus asper*).

Sur les *terres binées, remuées, plus ou moins fertiles,* on rencontre le mouron des oiseaux (*stellaria media*) et le seneçon (*senecio vulgaris*), bien connus des éleveurs d'oiseaux.

Dans les *terres où les légumineuses sont vigoureuses* et occupent une large place, on peut être assuré qu'il s'y trouve de l'acide phosphorique et de la potasse en quantité suffisante. Lorsque les graminées dominent les légumineuses, c'est un indice que le sol est proportionnellement plus riche en azote qu'en acide phosphorique et en potasse.

En résumé, les indications de la flore spontanée jointes à l'analyse physique et chimique, et aux données fournies par la géologie, permettent d'arriver à des conclusions précises sur les propriétés agricoles du sol. La connaissance des besoins particuliers de la plante que l'on se propose de cultiver est aussi de la plus haute importance.

Les récoltes n'ont pas les mêmes exigences. Un sol auquel manquerait la silice ou l'acide phosphorique ne pourrait pas subvenir aux besoins immédiats d'une récolte de blé, d'orge ou d'avoine. Ce qui convient au blé ne convient pas toujours à la betterave, par exemple, non seulement en raison des différences de composition des cendres, mais encore à cause de leur mode de croissance, et du temps qu'elles ont à passer en terre avant d'atteindre leur maturité.

L'épaisseur de la couche arable est un autre point digne d'attention pour apprécier sa capacité productive et les moyens propres à la développer.

L'AIR ATMOSPHÉRIQUE.

La Terre est entourée par une couche gazeuse, désignée sous le nom d'*air atmosphérique*, qui l'accompagne dans sa révolution autour du Soleil et se trouve ainsi emportée avec elle à travers l'espace. L'épaisseur de cette couche n'est pas encore exactement déterminée par les physiciens : on lui attribue environ 60 kilomètres, d'après les observations de l'aurore et du crépuscule qui commencent et finissent lorsque le Soleil est à 18 degrés environ au-dessous de l'horizon.

Cependant l'apparition des étoiles filantes à plusieurs centaines de kilomètres d'altitude indiquerait la présence de l'atmosphère dans des régions beaucoup plus élevées : en effet ces corps lumineux sont rendus incandescents par suite de la chaleur que développe la compression des particules atmosphériques. Dans le vide l'incandescence n'aurait pas lieu.

L'air est incolore quand il est pur et qu'on le regarde sous une faible épaisseur ; mais, vu sous une épaisseur considérable, il paraît bleu. Cette belle couleur azurée, de même que les teintes brillantes que nous admirons au lever et au coucher du Soleil, est attribuée aux modifications que les rayons lumineux éprouvent en traversant l'atmosphère. Il est à remarquer néanmoins que l'*ozone* qui se produit sous l'influence des effluves, ou décharges électriques non lumineuses, à travers l'oxygène, présente une coloration bleue. Ce gaz se forme par une sorte de condensation de l'oxygène à basse température dans la proportion de trois volumes sur deux, ce qui signifie que lorsqu'on décompose l'ozone (1) deux volumes de ce gaz donnent trois volumes d'oxygène.

L'air est pesant. Le baromètre nous indique que son poids est à peu près égal à celui d'une masse de mercure de 76 centimètres d'épaisseur qui envelopperait tout le globe. Ce poids équivaut à une pression de 1 033 grammes environ par centimètre carré.

L'atmosphère a des propriétés nombreuses : elle prolonge la durée du jour, et surtout celle du crépuscule, par la façon dont elle réfracte la lumière ; elle entretient la combustion et la respiration ; elle sert de véhicule au son ; elle emmagasine la chaleur solaire et s'oppose ainsi aux brusques variations de température qui, sans cela, marqueraient le passage du jour à la nuit et d'une saison à l'autre ; elle est le siège des phénomènes météorologiques tels que *vents, pluies, bourrasques, cyclones, typhons*.

L'air circule entre les particules plus ou moins ténues de la terre ; il remplit de lui-même toutes les cavités, tous les creux, en un mot, tous les espaces libres grands ou petits qui se trouvent à son contact.

---

(1) L'*ozone* se décompose à une température inférieure à 100°.

Une bouteille, un verre qui nous paraissent absolument vides ne le sont pas en réalité et il suffit de plonger ces récipients dans l'eau pour constater qu'ils sont remplis d'air.

EXPÉRIENCES. — I. Plonger dans l'eau un verre renversé — formant cloche — et faire échapper l'air qu'il renferme en l'enfonçant et en l'inclinant peu à peu.

II. Plonger dans l'eau un entonnoir, l'ouverture du cône en bas, et laisser ensuite échapper l'air en soulevant le doigt qui bouchait hermétiquement la douille.

III. Remplir une bouteille sous l'eau. — Dans tous ces cas, l'eau remplace l'air et le chasse.

IV. L'appareil de Pettenkofer (*fig.* 80) permet de démontrer l'action de l'air extérieur sur le mouvement des gaz dans le sol.

Dans un tube A rempli de gravier, plonge presque jusqu'au fond un tube B d'un diamètre plus faible. Ce tube est mis en communication par son extrémité supérieure avec un tube en U à demi plein d'eau.

Si l'on souffle vigoureusement à la surface du gravier pour simuler le passage d'un vent violent, l'eau monte aussitôt dans la branche libre du tube en U.

Composition de l'air. — L'air n'est pas une combinaison définie, il doit être considéré comme un *mélange* dont la composition est sensiblement invariable à un millième près. Il renferme trois constituants principaux : l'*oxygène*, l'*azote*, l'*argon*.

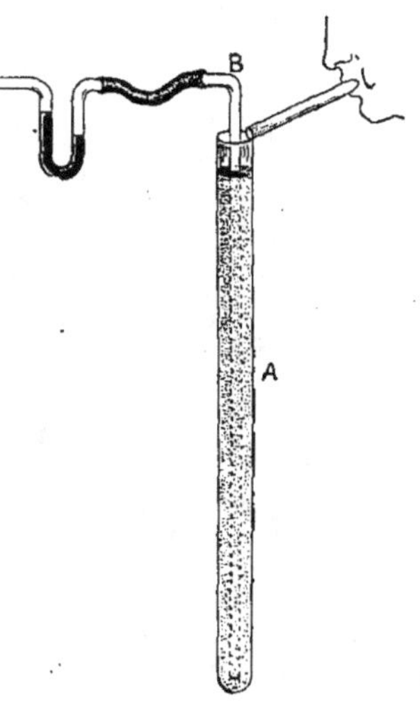

Fig. 80.
Appareil de Pettenkofer.

Sa composition s'exprime par les nombres suivants : 100 volumes d'air contiennent 21 volumes d'oxygène, 78,05 d'azote, 0,94 d'argon.

Un litre d'air à zéro, et à la pression normale de 76 centimètres de mercure, pèse 1 gr. 2932 d'après Regnault, lorsqu'il a été dépouillé de l'humidité et de l'acide carbonique.

L'air contient à l'état d'impuretés : de l'*acide carbonique* (3 litres par 10 000 litres d'air); de l'*ammoniaque* (1 mg. 90 dans 100 mètres cubes d'air), surtout à l'état de carbonate, une petite quantité à l'état d'azotate et d'azotite; de la *vapeur d'eau* en proportion très variable suivant le temps et les saisons; de l'*ozone*, dont il a été question plus haut (1 milligramme environ pour 100 mètres cubes d'air).

A côté de ces divers gaz, il faut signaler dans l'atmosphère la présence de poussières solides minérales et organiques; parmi ces dernières figurent les *pollens* et la multitude des *microbes* bienfaisants ou nuisibles dont le rôle important dans les phénomènes de la vie a été mis en lumière par le génie de Pasteur.

EXPÉRIENCES. — I. A l'aide de quelques gouttes de suif fondu, fixons verticalement une bougie allumée sur une assiette. Versons ensuite de l'eau dans l'assiette et coiffons rapidement la bougie d'un bocal ou d'une carafe (*fig.* 81). Dans ces conditions, la flamme de cette bougie va brûler au milieu d'un air confiné, sans communication avec l'atmosphère. Nous constaterons bientôt que la flamme s'allonge, pâlit de plus en plus et finit par s'éteindre; en même temps, l'eau s'est élevée dans la carafe.

Voici l'explication de ce phénomène : la bougie, en brûlant, s'est emparée de l'oxygène de l'air et a formé de la vapeur d'eau et de l'acide carbonique, qui ont disparu, au moins en partie, dans l'eau de l'assiette. Sous l'influence de la pression atmosphérique, une certaine quantité de cette eau a remplacé le vide laissé par l'oxygène absorbé. Les gaz restants (azote, argon), incapables d'entretenir la combustion, n'ont pas permis à la bougie de brûler davantage.

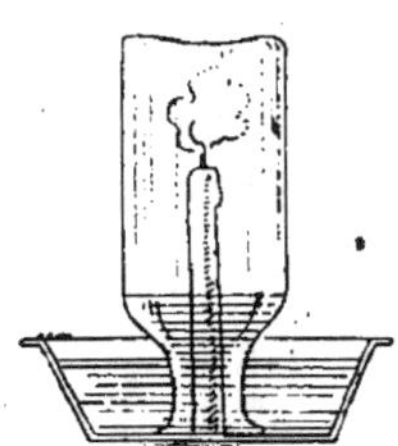

Fig. 81.

Le volume de l'eau qui s'est élevée dans l'intérieur de la carafe nous permet de mesurer approximativement le volume de l'oxygène disparu. Il est facile de constater ainsi que *l'air atmosphérique est formé d'un cinquième environ d'oxygène.*

Si nous maintenons fortement la carafe contre l'assiette et que nous retournions brusquement le tout, l'eau qui est restée sur l'assiette s'écoulera à terre tandis que celle qui est engagée dans le goulot tombera au fond du bocal. On verse cette dernière dans un verre et on marque le niveau qu'elle atteint au moyen d'une petite bande de papier gommé. On reverse l'eau dans la carafe, puis on remplit le verre, jusqu'à la marque, d'une nouvelle quantité d'eau. On recommence l'opération tant que la carafe n'est pas pleine. Le fait se produit après le cinquième versement, ce qui prouve bien que la combustion avait fait disparaître un cinquième de l'air primitif.

II. Analyse de l'air par le phosphore à chaud. — Dans un tube ou une cloche courbe graduée contenant un volume déterminé d'air (100 divisions par exemple) et reposant sur l'eau (*fig.* 82), on introduit un petit morceau de phosphore coupé sous l'eau au moyen de ciseaux, après l'avoir essuyé avec du papier buvard, en prenant soin de ne pas l'enflammer par le frottement. A l'aide d'un fil de fer on le pousse jusqu'à ce qu'il arrive dans la partie coudée du tube. On chauffe doucement avec une lampe à alcool : le phosphore fond et s'enflamme, d'abondantes fumées blanches envahissent la cloche ; l'oxygène se combine avec le phosphore pour former de l'acide phosphorique (P^2O^5) qui se dissout rapidement dans l'eau, dont il est très avide. A ce moment le gaz restant dans la cloche n'occupe plus

Fig. 82.

que 79 divisions et il est composé en très grande partie d'azote. Il peut contenir encore des vapeurs de phosphore qui ne se condensent que très lentement, et, dans tous les cas, de l'acide carbonique provenant de l'air emprisonné.

On pourrait retirer l'oxygène de l'air, mais les procédés connus sont assez compliqués; il est préférable de le préparer avec le chlorate de potasse, sel blanc formé d'acide chlorique (combinaison de chlore et d'oxygène) et de potasse (combinaison de potassium et d'oxygène).

Si on jette une pincée de ce sel sur des charbons ardents, il se décompose en crépitant et l'oxygène, mis en liberté, active le feu. 1 kilogramme de chlorate de potasse donne 274 litres d'oxygène.

L'Oxygène.

Propriétés physiques de l'oxygène. — L'*oxygène* est un corps gazeux, incolore, sans odeur ni saveur. Il est peu soluble dans l'eau (0,032 à 10° centigrades) plus soluble dans l'alcool (0,283 à 10°). Un litre de ce gaz à 0°, sous la pression de 760 millimètres, pèse 1 gr. 430.

Propriétés chimiques de l'oxygène. — L'oxygène est éminemment propre à la combustion des corps. Le charbon, le soufre, le phosphore, le fer, etc., brûlent dans l'oxygène avec dégagement de chaleur et de lumière. Ces combinaisons de corps avec l'oxygène sont désignés sous le nom de *phénomènes de combustion.*

Lorsqu'un morceau de fer s'oxyde au contact de l'air humide, l'oxydation se fait lentement et la *combustion est lente,* mais quand la combinaison de l'oxygène et de certains corps se produit rapidement et avec dégagement de lumière, on dit qu'il y a *combustion vive.*

Dans l'air, les phénomènes de combustion sont tempérés par la présence de l'azote dont les propriétés opposées à celle de l'oxygène réduisent l'énergie de la réaction. La *respiration* peut être considérée comme un phénomène de combustion. L'air inspiré circule dans les tubes bronchiques du poumon où se réalise un échange entre les gaz du sang veineux et ceux de l'air. L'oxygène, fixé par les globules rouges et véhiculé dans le torrent circulatoire, va se combiner dans les profondeurs de l'organisme avec les éléments combustibles introduits par l'alimentation.

Expériences. I. **Préparation de l'oxygène par le chlorate de potasse et le bioxyde de manganèse.** — Dans un ballon allant au feu auquel on adapte un bouchon traversé par un tube en verre coudé (*fig.* 83), on introduit 10 grammes de chlorate de potasse et 10 grammes de bioxyde de manganèse (1) pulvérisé, en ayant soin de mélanger intimement ces substances.

Le bioxyde de manganèse ne se décompose pas à la température de l'expérience, mais il rend la décomposition du chlorate de potasse beaucoup plus régulière et plus facile; en outre, il présente l'avantage de fournir une masse infusible avec laquelle tout danger d'explosion est écarté, surtout lorsqu'on ne néglige

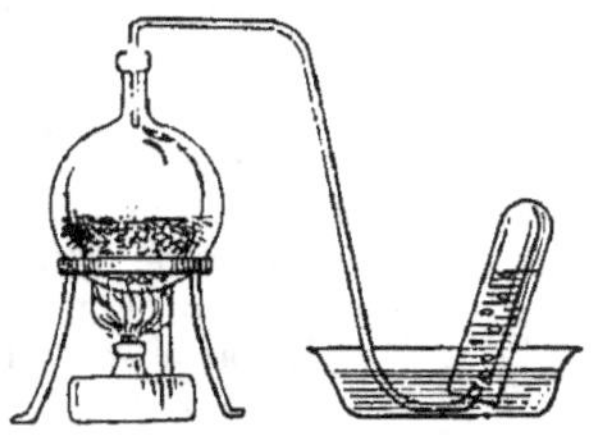

Fig. 83.

pas de surveiller l'opération et de diminuer le feu dès qu'il s'accélère trop.

La formule suivante rend compte de la réaction :

$$
\text{Chlorate de potasse } ClO^3K \left\{ \begin{array}{l} \text{Acide chlorique} \left\{ \begin{array}{l} \textbf{Oxygène } \text{se dégage.} \\ \textit{Chlore} \underline{\hspace{3cm}} \end{array} \right. \\ + \\ \text{Potasse} \left\{ \begin{array}{l} \textit{Potassium} \underline{\hspace{3cm}} \\ \textbf{Oxygène } \text{se dégage.} \end{array} \right. \end{array} \right\} = \left\{ \begin{array}{l} \textit{Chlorure de potassium} \\ \text{reste dans le ballon.} \end{array} \right.
$$

(1) L'*oxyde rouge de manganèse* provenant de la calcination du bioxyde est préférable, car il ne contient aucune des impuretés de ce dernier (acide carbonique, azote) et, par suite, n'altère pas la pureté de l'oxygène.

On recueille l'oxygène qui se dégage dans des flacons ou des éprouvettes. Ces récipients sont préalablement remplis d'eau, fermés par un morceau de papier et retournés, l'ouverture en bas, sur une terrine pleine d'eau.

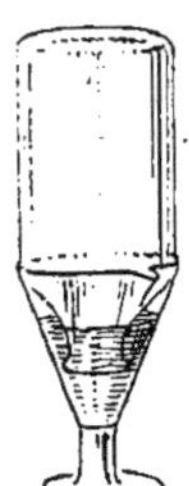
Fig. 84.

Pour conserver l'oxygène recueilli, on renverse les flacons qui le contiennent dans des verres pleins d'eau (*fig.* 84). Les flacons bouchés à l'émeri conviennent aussi, mais il faut avoir soin d'enduire le bouchon de suif et d'augmenter son adhérence en faisant couler sur le joint du goulot du suif fondu qui durcit en se solidifiant.

Lorsqu'on veut conserver une certaine quantité de gaz on emploie le *gazomètre*. Un grand bocal (*fig.* 85) ou un pot de grès tubulé dans le bas tient lieu de cet appareil. Le récipient est fermé hermétiquement par un bouchon de liège mastiqué à chaud (bouchon de liège plongé pendant quelque temps dans un bain de suif ou de paraffine en fusion et mastiqué avec un mélange de glycérine et de litharge en poudre) ou bien par un bouchon de caoutchouc (1) percé de deux trous. Dans l'un des trous on fixe un tube à entonnoir qui pénètre verticalement dans l'appareil jusqu'au voisinage du fond, et on adapte dans l'autre un tube court recourbé à angle droit et fermé par un bouchon, par un robinet ou par un tube de caoutchouc écrasé entre les branches d'une pince.

Pour utiliser cet appareil ainsi monté, on ferme avec un bouchon la tubulure inférieure et on ouvre le petit tube coudé; ensuite on verse de l'eau dans le tube à entonnoir jusqu'à ce que le vase soit plein. A ce moment on ferme le tube coudé et on débouche la tubulure inférieure, dans laquelle on introduit le tube qui amène le gaz. A mesure que le gaz s'élève au sommet du récipient il exerce une pression qui oblige l'eau à s'écouler par la tubulure inférieure incomplètement obstruée par le tube d'arrivée du gaz. Lorsque le niveau de l'eau est sur le point d'atteindre le niveau de la tubulure, on retire le tube de dégagement et on le ferme avec un bouchon.

Fig. 85.

Fig. 86.

Pour extraire le gaz, on adapte au tube coudé un tube de caoutchouc qui le conduit au point voulu — soit, par exemple, dans une éprouvette, un ballon ou un flacon placé sur une cuve — et on verse de l'eau dans le tube à entonnoir. Cette eau refoule le gaz devant elle et le chasse vers le petit tube coudé en communication avec la cuve à eau.

II. Si nous plongeons dans une éprouvette remplie d'oxygène une allumette éteinte, mais présentant encore un point en ignition (rouge), elle se rallumera et brûlera avec un vif éclat.

Un charbon ardent, une bougie allumée (*fig.* 86) brûlent avec une vive lumière dans l'oxygène pur et tant que ce dernier n'a pas été transformé en un gaz appelé *acide carbonique*, qui a la propriété de troubler l'eau de chaux et de rougir la teinture bleue de tournesol.

Le soufre enflammé placé dans les mêmes conditions donne lieu à la pro-

---

(1) Les bouchons de *caoutchouc* vulcanisé sont altérés par le chlore, le brome, l'iode, et, en général par les substances qui dissolvent les carbures d'hydrogène (corps composés de carbone et d'hydrogène). Les bouchons de *liège* sont attaqués par les liquides acides et surtout alcalins.

duction du gaz *acide sulfureux*, dont l'odeur est suffocante et qui décolore la teinture bleue de tournesol après l'avoir rougie.

Le phosphore enflammé brûle avec une flamme éblouissante et dégage des fumées blanches d'*acide phosphorique* (*fig.* 87).

Un fil de fer en spirale, portant à son extrémité un morceau d'amadou allumé, ne tarde pas à s'enflammer en projetant de tous côtés de vives étincelles d'*oxyde magnétique de fer*, qui s'incrustent parfois dans le fond du flacon, malgré la couche d'eau de 2 centimètres environ qu'on a eu soin d'y introduire.

Ces parcelles incandescentes sont de même nature que celles qui se détachent d'un morceau de fer chauffé au rouge, lorsque le forgeron le martèle vigoureusement sur l'enclume.

L'Azote.

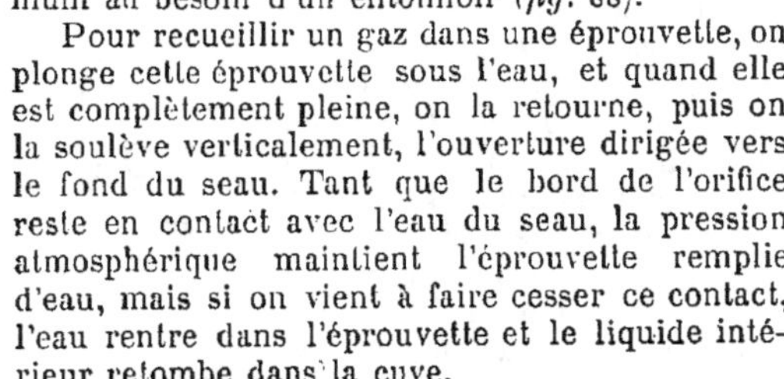

Fig. 87.

L'expérience exécutée précédemment à l'aide d'une bougie ou du phosphore brûlant dans un tube coudé (v. p. 56) permet d'extraire l'*azote* de l'air atmosphérique dont il constitue l'élément principal.

Expériences. — I. La bougie en brûlant fait disparaître l'oxygène et donne de l'acide carbonique, qu'il faut séparer de l'azote qui reste. Pour atteindre ce résultat, on verse dans l'assiette de l'eau de chaux ou bien une dissolution de soude ou de potasse caustique. Après avoir retourné la carafe comme il a été dit, on remplace vivement l'assiette obturatrice par la paume de la main et on agite pendant un moment afin que les molécules du liquide alcalin lavent en quelque sorte le gaz emprisonné et le purgent de l'acide carbonique en amenant la formation d'un carbonate. Cela fait et la carafe étant toujours fermée par la paume de la main, on la plonge dans un seau d'eau, l'ouverture en bas. En redressant lentement le flacon sous l'eau après avoir retiré la main, il se remplit de liquide qui chasse le gaz. L'azote s'échappe en bulles faciles à recueillir dans une fiole ou une éprouvette dont le col est muni au besoin d'un entonnoir (*fig.* 88).

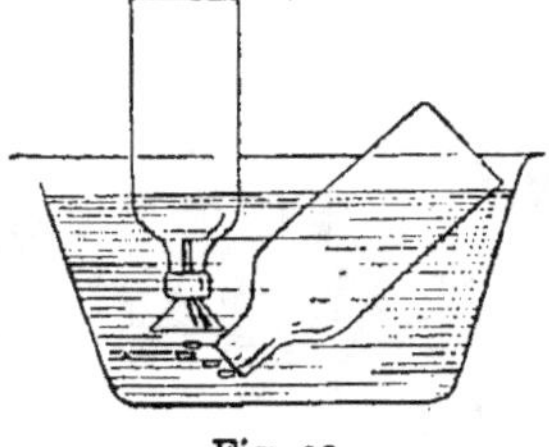

Fig. 88.

Pour recueillir un gaz dans une éprouvette, on plonge cette éprouvette sous l'eau, et quand elle est complètement pleine, on la retourne, puis on la soulève verticalement, l'ouverture dirigée vers le fond du seau. Tant que le bord de l'orifice reste en contact avec l'eau du seau, la pression atmosphérique maintient l'éprouvette remplie d'eau, mais si on vient à faire cesser ce contact, l'eau rentre dans l'éprouvette et le liquide intérieur retombe dans la cuve.

L'opérateur doit maintenir l'éprouvette verticale et pleine d'eau. Si, à ce moment, il redresse doucement le flacon d'azote au-dessous d'elle, en prenant les précautions indiquées plus haut, les bulles de gaz qui s'échappent montent dans l'éprouvette et déplacent progressivement l'eau qui s'y trouve. L'éprouvette peut être ainsi remplie de gaz.

Il est assez facile de transporter le gaz hors du seau en maintenant l'orifice de l'éprouvette dans l'eau et en glissant une soucoupe sous cet orifice. On soulève le tout bien d'aplomb en tenant la soucoupe pleine d'eau d'une main et l'éprouvette de l'autre.

Si on utilise la combinaison du phosphore avec l'oxygène pour séparer l'azote de ce gaz, il est bon de modifier ainsi que suit le procédé opératoire précité.

Fig. 89.

Dans une petite capsule en terre cuite placée sur un morceau de liège qui flotte (*fig.* 89) à la surface de l'eau d'une cuve ou d'un seau, on met un fragment de phosphore (0^{gr},3 de phosphore par litre d'air). On recouvre le tout avec une cloche que l'on maintient légèrement soulevée de manière à pouvoir enflammer le phosphore au moyen d'un fil de fer rougi. Dès que l'inflammation se produit, on abaisse la cloche et on la maintient solidement, de telle façon que ses bords plongent un peu dans l'eau et isolent l'air intérieur de l'atmosphère. Quand tout l'oxygène est absorbé, le phosphore s'éteint, les fumées d'acide phosphorique se condensent et se dissolvent dans l'eau : l'azote resté dans la cloche ne tarde pas à reprendre sa limpidité.

On enlève alors le flotteur, ainsi que la coupelle qu'il supporte, en passant la main sous la cloche sans la soulever. Ensuite on transvase l'azote dans les éprouvettes et récipients où on doit l'utiliser.

II. Préparation de l'azote par le cuivre métallique. — On peut préparer l'azote à l'état de pureté presque parfaite en faisant passer un courant d'air privé d'acide carbonique sur de la tournure de cuivre non oxydée chauffée au rouge. A cette température le métal s'oxyde, c'est-à-dire s'empare de l'oxygène de l'air, et l'azote se dégage.

L'appareil nécessaire à cette oxydation peut être aisément établi (*fig.* 90).

Un tube de verre peu fusible ou de grès est rempli de tournure de cuivre jusqu'à quelques centimètres des extrémités : on le place sur une grille à gaz ou sur un fourneau après avoir adapté à l'un de ses orifices un tube à dégagement aboutissant à une terrine à demi pleine d'eau.

D'autre part, on dispose un flacon d'assez grandes dimensions, fermé par un bouchon percé de deux trous, l'un traversé par un long tube à entonnoir pénétrant jusqu'au

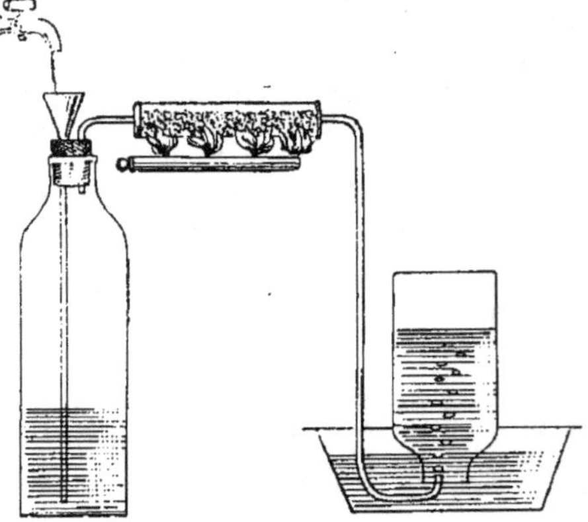

Fig. 90.

fond du flacon, et l'autre par un tube recourbé qui dépasse à peine la surface inférieure du bouchon. Ce dernier est relié par un bouchon percé au tube contenant la tournure de cuivre.

Lorsqu'on veut arrêter au passage l'*acide carbonique*, on interpose entre le grand flacon et le tube soit un ou deux tubes en U garnis de potasse caustique, soit un flacon laveur contenant une lessive de soude. Ces oxydes alcalins absorbent l'acide carbonique.

On commence par chauffer le tube jusqu'au rouge sombre. Si ce tube est en verre, on l'enveloppe d'une feuille de clinquant destinée à empêcher sa déformation sous l'influence de la chaleur. Puis on engage l'extrémité du tube de dégagement sous l'éprouvette qui doit recueillir l'azote et on dirige un très mince filet d'eau dans le tube à entonnoir. Cette eau pénètre dans le flacon, comprime l'air qu'il renferme et chasse cet air vers le flacon laveur (1) où il abandonne son acide carbonique, ensuite vers le tube à tournure de cuivre. Comme l'arrivée de l'air sur le métal doit être lente et régulière, il est bon d'obstruer partiellement le fond de l'entonnoir avec un fragment de bois ou du coton.

M. Berthelot a indiqué un procédé très commode pour obtenir rapidement une grande quantité d'azote. Ce procédé est basé sur la réaction du cuivre sur l'ammoniaque en présence de l'eau.

L'azote est un gaz incolore, insipide et inodore, peu soluble dans l'eau (0,016 à 10 degrés). Un litre de ce gaz pèse 1 gr. 257. Il a été longtemps confondu avec l'acide carbonique parce qu'il éteint comme lui les corps en combustion.

Les animaux plongés dans une atmosphère d'azote sont rapidement asphyxiés. L'azote n'est pas un poison, il tue parce qu'il ne contient pas d'oxygène.

Bien qu'irrespirable, incombustible et non comburant, le gaz azote, appelé *nitrogène* parce qu'il entre dans la composition du *nitre*, joue un rôle très important dans les *phénomènes de nutrition*, sous forme de composés divers azotés. Il constitue la masse dominante des tissus animaux et est indispensable au développement des végétaux.

L'Acide carbonique.

L'air atmosphérique renferme un peu d'*acide carbonique* (3 à 4 décigrammes par mètre cube). Ce gaz est produit par la *respiration* des êtres vivants, par les végétaux pendant la nuit, par les *combustions*, par les *fermentations* des boissons (bière, vin, cidre, etc.). On le trouve dans les *vapeurs* qu'exhalent les volcans, les fumiers, etc. C'est un acide faible, gazeux, incolore, très lourd (1 litre pèse 1 gr. 984); aussi reste-t-il toujours à la partie inférieure des locaux où il se produit (caves de fermentation). Sa densité (1,259) le rend facile à transvaser d'une éprouvette dans une autre. Il est assez soluble dans l'eau, qui en dissout à peu près son volume (1,0020) à la température de 15 degrés, plus soluble encore dans l'alcool (3,1993).

L'acide carbonique n'est pas simplement irrespirable comme l'azote et l'hydrogène, il est *toxique* lorsqu'il s'est emmagasiné dans l'économie en quantité suffisante. De plus, il n'entretient ni la combustion ni la respiration ; il n'est pas non plus combustible.

(1) L'appareil (*fig.* 90) n'a pas de flacon laveur.

EXPÉRIENCES. I. **Préparation de l'acide carbonique.** — La préparation de l'acide carbonique est facile. Les pierres calcaires, telles que la *craie*, le *marbre*, la *pierre à chaux*, sont formées de chaux combinée à l'acide carbonique. Il suffit donc de les mettre en contact avec un acide plus énergique que l'acide carbonique pour obtenir le dégagement de ce dernier.

Versons de l'acide chlorhydrique étendu d'eau ou simplement du vinaigre (acide acétique) sur de la craie : il se produira une vive effervescence accompagnée d'une mousse abondante due au dégagement de l'acide carbonique.

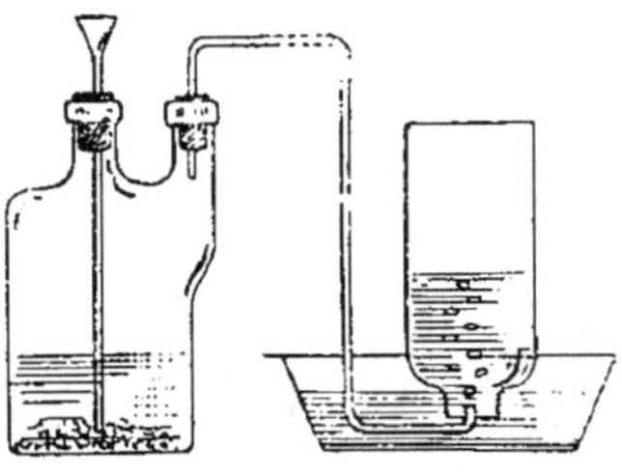

Fig. 91.

Pour recueillir une petite quantité de gaz, on se sert d'un flacon en verre, tubulé (1) à la partie supérieure (*fig.* 91). A chacune de ses ouvertures on adapte exactement un bouchon de liège : le bouchon de la tubulure porte un tube de dégagement recourbé plusieurs fois à angle droit, et affectant la forme d'un Z. Ce tube conduit le gaz qui s'échappe du flacon dans un vase plein d'eau servant de cuve pneumatique. Le bouchon du goulot est percé d'un trou dans lequel entre exactement un tube à entonnoir qui pénètre jusqu'au fond du flacon.

On introduit dans le flacon 50 grammes de craie ou de marbre concassé et une quantité d'eau, suffisante pour occuper le tiers du volume du vase. L'appareil étant ainsi disposé, on verse par le tube de sûreté à entonnoir quelques grammes d'acide chlorhydrique du commerce. — Il convient de verser l'acide par petites portions. La craie ou carbonate de chaux est décom

posée avec dégagement de gaz carbonique et formation de chlorure de calcium et d'eau : le gaz s'échappe par le tube de dégagement et on le recueille suivant la manière ordinaire (page 57). Il se débarrasse des vapeurs d'acide chlorhydrique qu'il entraînait en barbotant dans l'eau de la cuve.

La grande densité de l'acide carbonique permet de le recueillir par déplacement dans un vase dont l'orifice est tourné vers le haut. Il suffit de le diriger par un tube vertical au fond des récipients que l'on désire remplir. L'acide carbonique, étant beaucoup plus lourd que l'air, s'accumule au fond du vase, dans lequel son niveau s'élève peu à peu en chassant de bas en haut l'air qu'il remplace. L'acide carbonique et l'air n'ont pas le temps de se mêler par diffusion (2).

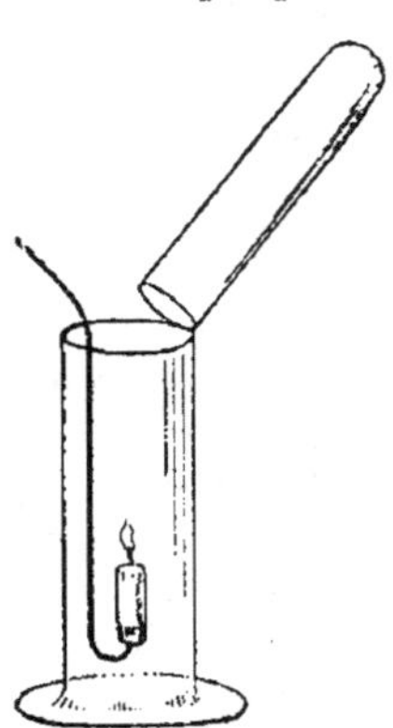

Fig. 92.

II. Si nous plaçons une bougie allumée au fond d'une éprouvette à pied (*fig.* 92) et que nous inclinions au-dessus d'elle une éprouvette remplie d'acide carbonique, le gaz tombe au fond de l'éprouvette, prend la place de l'air atmosphérique qu'il soulève et bientôt la flamme de la bougie vacille et s'éteint.

Introduisons une souris dans un bocal plein d'acide carbonique et fermé à l'aide d'une plaque de verre, elle ne tardera pas à mourir asphyxiée.

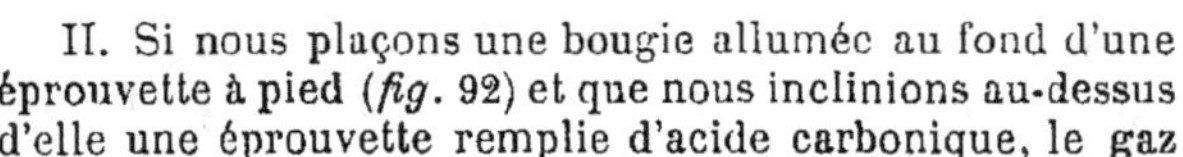
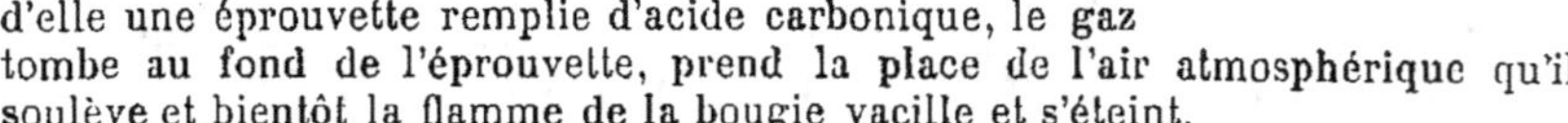

(1) Le flacon tubulé peut être remplacé par un flacon à large ouverture, fermé par un bouchon percé de deux trous.

(2) Lorsque deux gaz sont en contact, ils se mélangent spontanément et donnent bientôt une masse gazeuse homogène. C'est à ce fait qu'on a donné le nom de *diffusion*.

III. **Eau de chaux.** — Pour obtenir une *eau de chaux* bien limpide il faut opérer de la façon suivante : on délaye de la chaux récemment éteinte dans quarante-cinq ou cinquante fois son poids d'eau distillée; on agite à plusieurs reprises, puis on laisse reposer. Au bout d'un certain temps, on décante cette eau et on la remplace par une quantité équivalente d'eau distillée. Ordinairement le troisième lavage permet d'entraîner toutes les matières solubles (sels de potasse, de strontiane, etc.). On s'arrête lorsque l'eau de lavage sursaturée par l'acide azotique ne précipite plus par l'azotate d'argent. A ce moment, on verse sur l'hydrate de chaux lavé environ cent fois son poids d'eau distillée, et on laisse en contact pendant vingt-quatre heures, en agitant de temps en temps, enfin on laisse reposer. La liqueur claire, décantée avec précaution, est l'*eau de chaux*. Elle contient à peu près 1 gr. 300 d'oxyde de calcium par litre; sa réaction est fortement alcaline; elle précipite abondamment par le carbonate de soude; elle se trouble quand on la porte à l'ébullition parce que l'oxyde de calcium est moins soluble à chaud qu'à froid : c'est là ce qui cause souvent les *incrustations* dans les chaudières à vapeur.

IV. Si on expose à l'air libre un vase ouvert contenant de l'eau de chaux, celle-ci se couvre bientôt d'une pellicule de carbonate de chaux. On peut rendre l'expérience plus saisissante et plus rapide en faisant passer un courant d'air dans de l'eau de chaux. A cet effet, une éprouvette remplie aux trois quarts d'eau de chaux est fermée par un bouchon traversé par deux tubes (*fig.* 93). L'un plonge dans le liquide ; l'autre, au contraire, ne dépasse que fort peu la face inférieure du bouchon appelée miroir. On aspire par ce dernier de manière à provoquer un appel d'air qui barbote dans l'eau de chaux au sein de laquelle un trouble ne tarde pas à se manifester. Ce trouble est dû à la formation du carbonate de chaux insoluble.

En soufflant par le tube qui plonge dans le liquide, l'eau de chaux se troublerait plus rapidement, car l'air expiré renferme, en sortant des poumons, une proportion notable d'acide carbonique. L'homme adulte élimine en moyenne 17 litres d'acide carbonique par heure.

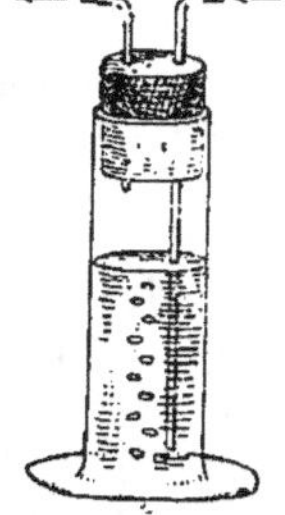

Fig. 93.

La Vapeur d'eau.

L'air atmosphérique renferme de la *vapeur d'eau.*

Quelques gouttes d'eau répandues sur une assiette disparaîtront au bout d'un certain temps, et d'autant plus rapidement que la température sera plus élevée et l'atmosphère plus sèche et plus agitée. Que deviennent-elles? elles changent d'état; elles se transforment en vapeur et se répandent dans l'air ambiant.

Cette *évaporation* spontanée se produit sans cesse à la surface de toutes les nappes d'eau : mers, lacs, rivières, marais ou mares; de sorte que l'atmosphère reçoit constamment de la vapeur d'eau. Au point de vue physique, l'évaporation est identique à la distillation. On démontre en effet la présence de la vapeur d'eau dans l'atmosphère, en exposant à l'air un flacon de verre ou de métal contenant un mélange réfrigérant, ou simplement de l'eau glacée, l'eau se *condense* à la surface du flacon et même se change en glace si l'abaissement de température est suffisant (1).

C'est la vapeur d'eau qui se condense par les temps froids sur les vitres de nos demeures sous forme de *buée* et de *gouttelettes*.

La quantité de vapeur d'eau que l'air peut retenir n'est pas illimitée, elle varie avec la température. Lorsque la limite d'absorption est atteinte, on dit que l'air est *saturé*. A partir de ce moment, la vapeur d'eau en excès tend à reprendre l'état liquide, elle se condense et devient ainsi visible par suite de sa transformation en une multitude de gouttelettes très ténues qui s'accumulent et constituent les *brouillards* ou les *nuages*.

Les brouillards restent près de terre, tandis que les nuages s'élèvent dans l'atmosphère ou se forment à des hauteurs variables sous l'influence d'un abaissement de température dans les couches supérieures.

La *condensation* qui produit les brouillards et les nuages constitue un état intermédiaire entre l'état gazeux et l'état liquide. Il suffit d'un abaissement plus accentué de température pour achever la condensation et résoudre les gouttelettes du brouillard ou du nuage en *gouttes de pluie* qui tombent sur la terre. C'est ce qu'on appelle *la pluie*.

La *rosée* et la *gelée blanche* dérivent aussi l'une et l'autre de la condensation de la vapeur d'eau. Ces phénomènes sont absolument comparables à celui qui se produit lorsqu'on expose à l'air une carafe très fraîche. La terre refroidie par le rayonnement nocturne provoque la condensation de la vapeur d'eau contenue dans les couches d'air moins froides qui l'avoisinent. Lorsque la température du sol s'abaisse au-dessous de zéro les gouttes de rosée se congèlent et forment la gelée blanche.

L'Air vicié.

L'air qui sort de nos poumons a perdu son oxygène et s'est enrichi en acide carbonique, à tel point qu'il ne peut entretenir ni la combustion ni la vie. C'est pour ce motif que nous devons renouveler l'air des appartements, des salles de classes, des bureaux, des chambres des malades, en un mot des locaux dans lesquels nous séjournons. Dans les hôpitaux de Paris, on donne jusqu'à 60 mètres cubes d'air frais par heure et par individu.

Sous l'influence des phénomènes respiratoires, des appareils d'éclairage brûlant à l'air libre, etc., celui-ci perd peu à peu son oxygène, il s'altère, se vicie, et devient impropre à la vie. Dans l'air qui renferme 5 à 6 pour 100 d'acide carbonique la respiration est déjà

(1) Un mélange de 1 partie d'eau et 1 partie d'azotate d'ammonium pulvérisé donne 16° au-dessous de 0° centigrade; un mélange de 5 parties d'acide chlorhydrique et 8 parties de sulfate de sodium pulvérisé donne 18° au-dessous de 0° centigrade.

pénible pour les animaux supérieurs. La résistance est variable suivant le sujet, mais lorsque la proportion d'acide carbonique s'élève à 10 ou 20 pour 100, il y a oppression, puis arrêt respiratoire et asphyxie.

L'EAU.

L'*eau* est indispensable pour assurer la série des combinaisons et des décompositions chimiques qui s'effectuent dans les tissus des animaux et des végétaux; elle sert à véhiculer et à diffuser les matériaux nutritifs dans toutes les parties de la plante. Tantôt elle n'agit qu'à titre de dissolvant, tantôt elle fournit l'un ou l'autre de ses éléments — oxygène et hydrogène — parfois les deux simultanément, aux corps qui réagissent les uns sur les autres. On a calculé que 1 kilogramme de matière végétale à l'état sec contenait dans ses tissus une quantité d'oxygène et d'hydrogène correspondant à 450 grammes d'eau, ce qui représente le 18/10000 de l'eau absorbée que l'on évalue à 250 000 grammes.

L'eau a été considérée comme un *corps simple* jusqu'à la fin du xviiie siècle. On sait aujourd'hui que l'eau est un *corps composé* des deux gaz *oxygène* et *hydrogène*.

Expérience. — La décomposition de l'eau par la pile est un procédé d'analyse très élégant. On dispose dans un verre deux fils de platine recourbés (*fig.* 94) et on y verse de l'eau aiguisée d'acide sulfurique, de manière à ce qu'elle recouvre de 1 à 2 centimètres l'extrémité submergée des fils de platine.

On remplit ensuite d'eau acidulée deux tubes ou éprouvettes graduées et, bouchant leur orifice avec le doigt, on les retourne et on plonge leur ouverture dans le liquide du verre. A ce moment, on retire le doigt et on coiffe chaque fil de platine de l'une d'elles. Ceci fait, on met les fils en communication avec les pôles d'une pile électrique (deux ou trois éléments Bunsen disposés en quantité, c'est-à-dire en fixant le pôle positif du premier élément sur le pôle positif du deuxième, etc.). L'*électrolyse* commence immédiatement. L'eau est décomposée. On voit se dégager des petites bulles gazeuses à la surface

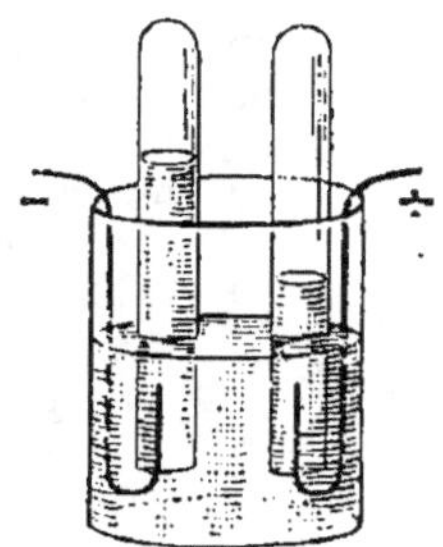

Fig. 94.

des fils. Le gaz qui se forme au pôle négatif — (zinc) est de l'hydrogène, tandis que celui du pôle positif + (charbon) est de l'oxygène. On remarque que le volume de l'hydrogène augmente plus rapidement et qu'il est toujours sensiblement double du volume occupé par l'oxygène. Le gaz recueilli au pôle négatif est combustible; il brûle avec une flamme pâle. Le gaz du pôle positif rallume une allumette qui présente un point en ignition.

Cette expérience prouve que l'eau en se décomposant donne 2 volumes d'hydrogène pour 1 volume d'oxygène. 9 grammes d'eau contiennent 1 gramme d'hydrogène et 8 grammes d'oxygène.

A défaut de pile électrique, nous pouvons faire une synthèse élémentaire de l'eau, c'est-à-dire reproduire l'eau, en faisant brûler l'hydrogène à l'air.

L'Hydrogène.

Nous avons étudié l'*oxygène* à propos de l'air. L'*hydrogène* est le plus léger des gaz connus, il pèse 14 fois 1/2 environ moins que l'air. Il est incolore, inodore et sans saveur lorsqu'il est pur. Très peu soluble dans l'eau, qui n'en dissout que 0,19 de son volume, on ne le rencontre guère à l'état libre que dans les émanations volcaniques. Les matières organiques d'origine végétale ou animale renferment de l'hydrogène uni à du carbone ou à du carbone et de l'oxygène.

Expériences. I. **Préparation de l'hydrogène par le zinc et l'acide sulfurique.** — Mettons dans un flacon tubulé, analogue à celui dont nous nous sommes servi pour fabriquer de l'acide carbonique (*fig.* 91), 25 grammes de zinc grenaillé ou laminé. D'autre part, mélangeons peu à peu et en agitant avec une baguette de verre 25 grammes d'acide sulfurique avec 125 grammes d'eau. Après avoir laissé refroidir ce mélange acide nous en introduirons un tiers environ dans le flacon par le tube à entonnoir. Une effervescence se manifestera aussitôt.

En présence de l'acide sulfurique, le zinc décompose l'eau en ses éléments — *hydrogène* et *oxygène*. — Le premier se dégage, le second se fixe sur le zinc pour former l'oxyde de zinc qui, en se combinant à l'acide sulfurique, produit du sulfate d'oxyde de zinc.

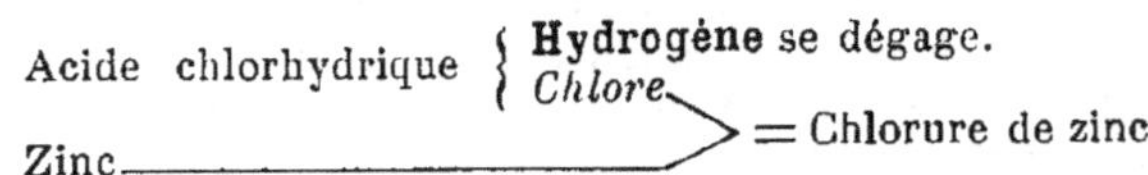

II. Préparation de l'hydrogène par le zinc et l'acide chlorhydrique. — On peut aussi préparer l'hydrogène avec le zinc et l'acide chlorhydrique additionné de son volume d'eau. Cet acide (ClH) est une combinaison du chlore et de l'hydrogène. Le chlore s'unit au zinc pour former du chlorure de zinc qui se dissout, et l'hydrogène se dégage.

La formule suivante rend compte de la réaction :

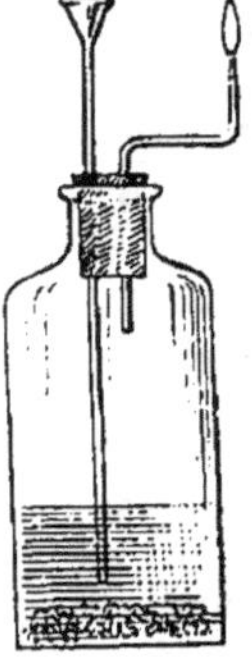
Fig. 95.

L'hydrogène préparé avec l'un ou l'autre acide est doué d'une odeur désagréable à cause de la présence de diverses impuretés (hydrogène phosphoré, sulfuré, arsénié, avec l'acide sulfurique ; carboné, silicié, etc., avec l'acide chlorhydrique). Pour obtenir le gaz pur, il est nécessaire de le faire barboter dans une dissolution alcaline de permanganate de potasse qui détruit les hydrures en les oxydant. L'hydrogène pur n'a pas d'odeur et brûle avec une flamme incolore qui ne laisse déposer que de l'eau (sans réaction acide) lorsqu'on l'écrase contre une assiette de porcelaine.

III. Synthèse de l'eau par combustion de l'hydrogène dans l'air. — Le tube de dégagement de l'appareil producteur d'hydrogène est représenté ici par un tube effilé duquel sort un jet de gaz que l'on enflamme (*fig.* 95).

Avant d'enflammer, il est nécessaire d'attendre que l'air intérieur du flacon soit *complètement expulsé* par l'hydrogène qui se dégage, sans quoi on s'exposerait aux dangers d'une explosion. 2 volumes 1/2 d'air et 1 volume d'hydrogène forment un mélange détonant en présence d'une flamme ou de l'étincelle électrique.

Si au-dessus de la flamme d'hydrogène on présente une éprouvette *sèche* et *froide* la recouvrant complètement, on voit les parois de l'éprouvette se ternir par suite de la formation d'une buée. C'est que l'hydrogène se combine avec la moitié de son volume d'oxygène pour donner de l'eau, laquelle se condense sur le verre froid.

IV. L'hydrogène a une grande affinité pour l'oxygène; lorsqu'on approche une bougie allumée de l'ouverture d'un flacon ou d'une éprouvette remplie d'hydrogène, ce gaz brûle avec une flamme pâle et peu éclairante. Il n'entretient pas la combustion, car si nous introduisons la bougie dans l'éprouvette, elle s'y éteint parce que l'oxygène manque.

V. Si l'on remplace maintenant l'éprouvette par un tube ouvert à ses deux extrémités et couvrant entièrement la flamme d'hydrogène, on perçoit un son assez agréable, résultat des vibrations du verre, produites par le déplacement de l'air. C'est ce qu'on appelle l'*harmonica chimique*.

VI. On obtient une chaleur considérable (2 000 degrés) en brûlant un mélange de 2 volumes d'hydrogène et 1 volume d'oxygène. La flamme projetée sur un cylindre de chaux, à l'aide du *chalumeau oxhydrique*, donne la lumière très vive qui a reçu le nom de *lumière de Drummond*.

L'eau existe dans la nature sous trois états différents : à l'*état gazeux* (vapeur d'eau), à l'*état liquide* (eau proprement dite) et à l'*état solide* (glace).

Vue sous une faible épaisseur, l'eau est incolore; sous de grandes épaisseurs elle paraît verdâtre ou bleuâtre. La couleur verte indique une eau calcaire, tandis que la couleur bleue est la caractéristique d'une eau provenant de terrains granitiques et généralement pure. La Saône est verte, le Rhône est bleu.

Lorsque l'eau se refroidit, elle se contracte jusqu'à ce qu'elle ait atteint la température de 4 degrés centigrades, où sa densité est maximum — 1 litre d'eau pèse alors 1 kilogramme —; mais à partir de cette température elle se dilate jusqu'à son point de solidification qui arrive à 0 degré. Un litre de glace pèse 0 kilogr. 918, donc 82 grammes de moins que l'eau. C'est pour ce motif que la glace surnage.

La dilatation de l'eau au moment de sa congélation s'accomplit avec une force d'expansion considérable; elle fait éclater les vases qui la renferment. Les pierres dites *gélives* se fendent, parce qu'elles se laissent pénétrer par l'eau et que cette eau augmente de volume au moment de sa solidification. C'est de là que vient le dicton : *il gèle à pierre fendre*. Ces phénomènes expliquent les ravages produits par les gelées printanières sur les végétaux au moment où la sève nouvelle commence à circuler. En se congelant la sève fait éclater les cellules et dilacère les tissus.

Quand la température d'un nuage s'abaisse à zéro ou au-dessous de zéro, les gouttelettes qui le composent se solidifient et donnent la *neige*. Un flocon de neige affecte des formes cristallines variées. On remarque tantôt un noyau hérissé d'aiguilles ramifiées, tantôt des aiguilles fines, simples ou pennées, tantôt des prismes à six pans ou bien encore des aiguilles terminées à leurs extrémités par une petite lamelle, etc. La neige est beaucoup plus légère que l'eau à cause de l'extrême division de ses parties. Fraîchement tombée, son volume est douze fois plus grand que celui de l'eau qu'elle donne en fondant.

On appelle *grêle* la chute de globules plus ou moins sphériques formés par de la vapeur d'eau congelée, et on désigne sous le nom de *grêlon* chacun de ces globules ; lorsqu'ils sont d'un très petit volume, ils reçoivent le nom de *grésil*.

La grêle est un des fléaux de l'agriculture, car elle détruit souvent les récoltes. On a vu des grêlons peser 500 grammes et même plus.

Des expériences récentes semblent avoir démontré qu'un violent déplacement d'air produit par la détonation d'une pièce d'artillerie pouvait empêcher la formation de la grêle au sein de l'atmosphère et dans un certain rayon. Les résultats obtenus en Italie et en Autriche ont amené la création d'un matériel spécial destiné à bombarder directement les nuages orageux qui planent au-dessus des récoltes. Ces faits sont intéressants pour les régions où les chutes de grêle sont fréquentes.

Ébullition. — La température d'ébullition de l'eau sous la pression de 0^m,760 a été prise pour le point 100 degrés de l'échelle thermométrique centigrade. Sur le sommet des montagnes, la pression étant inférieure à 0^m,760, l'eau entre en ébullition à des températures inférieures à 100 degrés.

L'eau bout plus promptement dans un vase de métal que dans un vase de verre ; elle bout aussi plus vite dans un vase rugueux que dans un vase poli. Lorsque l'eau commence à s'échauffer, on voit les parois du récipient se couvrir des bulles de l'air qu'elle tenait en dissolution.

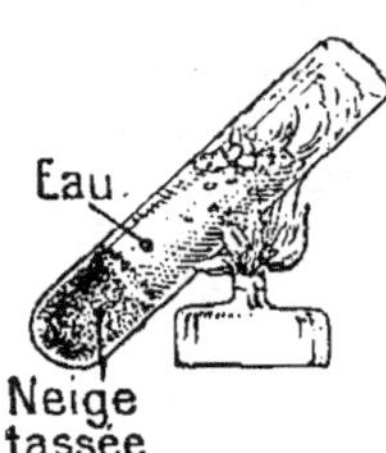

Fig. 96.

EXPÉRIENCES. — I. L'eau et le verre étant mauvais conducteurs de la chaleur, on peut faire bouillir de l'eau dans un tube dont le fond renferme de la neige tassée (*fig.* 96).

II. On réalise le meilleur mode d'échauffement en appliquant la chaleur à la partie inférieure du vase. On se rend compte du mode de propagation du calorique dans l'eau en y ajoutant un peu de sciure de bois. Des bulles de vapeur se forment au contact de la paroi chauffée et disparaissent subitement, sans atteindre la surface, car elles se condensent dès qu'elles pénètrent dans une couche d'eau moins chaude. Le mouvement alternatif imprimé à l'eau par la formation et la condensation de ces bulles provoque le murmure particulier qu'on exprime en disant que *l'eau chante*. Lorsque toute la masse de l'eau est arrivée à la température de 100 degrés centigrades, le phénomène change : à mesure qu'une molécule est chauffée, elle se dilate, devient plus légère, monte à la surface, se refroidit, redescend et ainsi de suite ; de grosses bulles de vapeur s'échappent du liquide en lui imprimant une agitation tumultueuse (*fig.* 97).

III. La vapeur d'eau est invisible ; le brouillard qu'on aperçoit au-dessus de l'eau en ébullition est de la vapeur *condensée*, c'est de l'eau en gouttelettes ou bulles imperceptibles qu'il est facile de recueillir sur une surface froide. La vapeur d'eau occupe un volume environ dix-sept cents fois plus grand que le volume d'eau qui lui a donné naissance.

On peut produire un jet d'eau en se servant de cette propriété. On ajuste sur un ballon (*fig.* 98), à l'aide d'un bouchon perforé, un tube de verre effilé qui plonge profondément dans le liquide par son extrémité inférieure : lorsqu'on chauffe l'eau, la pression de la vapeur sur la surface se traduit par un jet d'eau à l'extérieur. Si le vase était hermétiquement bouché, une élévation de température de quelques degrés suffirait pour dégager une pression intérieure susceptible de le briser. C'est la force élastique de la vapeur d'eau qui actionne les machines à vapeur.

L'eau ne se rencontre jamais dans la nature à l'état de pureté absolue ; elle contient toujours

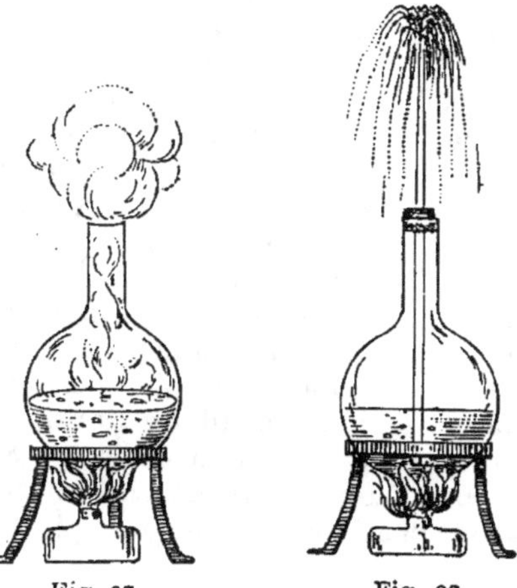

Fig. 97. Fig. 98.

en dissolution des gaz qu'elle a pris à l'atmosphère et des substances solides qu'elle a dissoutes soit en coulant à la surface de la terre, soit en pénétrant dans ses profondeurs pour nous revenir sous forme d'eau de puits ou de source.

L'*eau de mer* diffère essentiellement des eaux de source qui servent à notre alimentation par la nature et la quantité des sels qu'elle tient en dissolution (30 à 38 grammes par litre de chlorure de sodium et de magnésium) ;aussi n'est-elle pas potable. Elle ne dissout pas le savon et est impropre aux usages domestiques.

Eaux potables. — Une eau pour être *potable* doit être fraîche sans être froide, limpide, inodore, et avoir peu de saveur. Elle doit contenir par litre, à l'état dissous, 20 à 25 centimètres cubes de gaz formés de 50 pour 100 d'acide carbonique, 15 à 16 pour 100 d'oxygène, 34 à 35 pour 100 d'azote, et environ 45 centigrammes de sels minéraux. Les sels de chaux et surtout le carbonate de chaux sont très utiles. Les eaux qui renferment plus de 5 décigrammes de sels minéraux par litre sont crues et indigestes, il faut les rejeter comme boisson. Le poids des matières organiques déterminées au permanganate en milieu alcalin ne doit pas dépasser 2 milligrammes.

Plus une eau est calcaire moins elle dissout le savon ; conséquemment une bonne eau potable ne formera qu'un léger trouble, sans grumeaux, lorsqu'on l'additionnera d'eau de savon filtrée : en présence de la teinture alcoolique de campêche, elle ne présentera qu'une légère coloration bleue.

On appelle eau *séléniteuse* une eau qui contient une forte proportion de sulfate de chaux, comme celle d'un grand nombre de puits. Une pareille eau ne peut servir à la cuisson des légumes et elle est impropre au savonnage parce que le savon se décompose en présence du sulfate de chaux et forme des grumeaux insolubles ; cet inconvénient disparaît si on a soin d'additionner l'eau d'un peu de carbonate de soude, qui précipite la chaux.

Les eaux *dures*, *crues* ou *terreuses* renferment généralement des carbonates de chaux et de magnésie dissous à la faveur de l'acide carbonique. Cette dissolution à l'état de carbonates ou de bicarbonates est facilement détruite par l'ébullition qui, chassant l'acide carbonique, rend les carbonates insolubles. Les *incrustations* des chaudières à vapeur, des coquemars, des bouillottes ou bouilloires proviennent de la précipitation de ces derniers. On peut aussi rendre ces carbonates terreux insolubles par addition d'eau de chaux, car la chaux forme un carbonate avec l'acide carbonique en excès et le sature.

On combine parfois avec succès les traitements au carbonate de soude et à la chaux, qui précipitent toutes les impuretés.

NUTRITION DES PLANTES.

Le *soleil*, par ses rayons lumineux et la chaleur qu'il dégage, est le grand agent provocateur des phénomènes qui déterminent l'absorption et la nutrition des plantes.

Lorsqu'une *plante verte* est plongée dans les ténèbres, elle ne tarde pas à s'étioler et à périr par suite de la suppression de l'assimilation de l'acide carbonique de l'atmosphère.

Les *maraîchers* savent bien que les sucs d'une plante maintenue dans un lieu obscur se modifient d'une manière sensible : ils deviennent plus aqueux, plus doux, plus succulents ; les tissus s'attendrissent et perdent la couleur verte. Aussi pour provoquer l'*étiolement artificiel* et faire blanchir le cœur des chicorées, les maraîchers serrent les feuilles les unes contre les autres et les lient ensemble ; ils transforment en *barbe de capucin*, blanche et succulente, la chicorée amère et herbacée en la cultivant dans une cave ; ils font blanchir les nervures des feuilles du cardon en les garnissant sur place d'une enveloppe de paille.

La pratique agricole doit connaître les besoins de la plante et les moyens rationnels de satisfaire ses besoins.

Nous savons que la plante est en rapport avec l'atmosphère par ses feuilles et avec le sol par ses racines : elle a donc une *vie aérienne* et une *vie souterraine*. Si nous brûlons la plante nous obtiendrons des produits *volatils* et des produits *fixes*. Les premiers disparaissent dans l'atmosphère, les seconds restent à l'état de cendres ou élément terreux. Ceux-ci, comme leur nom l'indique, doivent leur origine à la terre, tandis que les autres proviennent presque en entier de l'air où ils retournent.

La partie volatile ou combustible de la plante contient le *carbone*, l'*hydrogène*, l'*oxygène* et l'*azote*. Ces éléments réunis et diversement groupés constituent la matière organique, qui représente au moins 95 pour 100 du poids des plantes.

Les substances fixes des cendres ou *partie minérale* ne représentent que quelques centièmes du poids total de la plante. On y trouve toujours les corps suivants :

Acide phosphorique.	Soude.
— sulfurique.	Chaux.
Chlore.	Magnésie.
Silice.	Fer.
Potasse.	Manganèse.

Conséquemment une plante contient de l'eau, de la matière organique et des cendres. D'après Wolff, une récolte de 800 kilogrammes de trèfle rouge à l'état de foin sec représente :

Eau.	1 336 ^{kg}
Matière organique.	6 258
Cendres.	406
	8 000 ^{kg}

Les végétaux tirent leur *carbone* de l'acide carbonique de l'air ;
L'*oxygène* et l'*hydrogène* de l'eau ;
L'*azote* de l'air et du sol ;
Les *substances minérales*, qui donnent les cendres, proviennent naturellement du sol.

Assimilation du carbone. — L'assimilation du *carbone* n'a lieu qu'à la lumière, et c'est grâce à l'eau qui imprègne leurs tissus que les feuilles absorbent, en le dissolvant, l'acide carbonique avant de le décomposer.

L'air renferme à la vérité une faible proportion de gaz acide carbonique, mais la masse de l'atmosphère terrestre est tellement considérable que la quantité réelle de ce gaz est énorme.

L'acide carbonique ne fait jamais défaut à la végétation, et l'agriculteur n'a pas à se préoccuper du carbone nécessaire à ses cultures puisque l'air atmosphérique le lui fournit gratuitement et en quantité suffisante.

Hydrogène. Oxygène. Eau. — Les divers organes de la plante sont le siège d'une circulation d'eau très active. L'*eau* est indispensable à la vie des tissus végétaux. Non seulement elle apporte aux plantes, par l'intermédiaire des racines, les éléments nutritifs qu'elle a dissous, mais encore elle leur donne ses propres éléments constitutifs, c'est-à-dire l'hydrogène et l'oxygène.

On peut aussi considérer l'eau comme un agent régulateur de la chaleur ; car, par une évaporation plus active, elle s'oppose à l'élévation de la température des végétaux.

La quantité d'eau que les cultures rejettent dans l'atmosphère sous forme de vapeur est plus considérable qu'on ne le croirait. On a calculé qu'une céréale évapore environ 1 500 000 kilogrammes d'eau par hectare. Cette quantité représente à peu près le tiers des pluies annuelles dont la moyenne est 0^m,50, soit 5 millions de kilogrammes par hectare.

De même que pour l'hydrogène, le stock d'oxygène mis par la nature à la disposition des plantes est tellement considérable qu'il n'y a pas lieu de s'en préoccuper. En effet, les végétaux peuvent emprunter de l'oxygène soit à l'eau dans la composition de laquelle il figure pour 8/9, soit à l'air qui en renferme, à l'état libre, 21 pour 100 de son volume, soit enfin à l'acide carbonique qui en contient son propre volume (CO^2).

Toutes les parties de la plante respirent et ne tardent pas à être asphyxiées lorsqu'elles manquent d'oxygène. C'est parce que l'oxygène fait défaut dans les sols mal assainis ou mal aérés par l'absence de travaux appropriés que les racines s'y développent mal et que la germination des graines y est entravée.

Azote. — Dans aucun cas l'agriculture n'a à s'inquiéter de l'apport des trois éléments carbone, hydrogène et oxygène qui, cependant, constituent la grande masse des organes des plantes ; mais il n'en est point de même de l'*azote*.

L'azote combiné aux éléments précédents (carbone, hydrogène, oxygène) forme les matières azotées, appelées *corps protéiques* ou *albuminoïdes*. On leur donne aussi le nom de *composés quaternaires* parce qu'ils sont constitués par quatre éléments.

Le sucre, l'huile, l'amidon, les textiles, etc., uniquement formés de carbone, d'hydrogène et d'oxygène, s'appellent *composés ternaires*, ainsi que les *sels* qui contiennent trois corps simples et qui sont formés par l'union d'un acide et d'une base comme par exemple :

Le sulfate de fer ou sulfate ferreux (SO^4Fe); le sulfate de potassium ou de potasse (SO^4K^2).

Les différentes sources d'azote auxquelles peuvent puiser les végétaux sont :

1° Le sol, qui renferme les *nitrates*, les *sels ammoniacaux*, la *matière organique azotée* ;

2° L'atmosphère, qui renferme de l'*ammoniaque* et de l'*acide nitrique* et *nitreux*.

Deux sources principales d'azote s'offrent donc aux plantes. L'une est inépuisable, c'est l'atmosphère ; l'autre est épuisable, c'est la matière organique du sol.

L'azote combiné à l'hydrogène forme l'ammoniaque ($Az H^3$). Combiné à l'oxygène, il forme l'acide nitrique ($Az O^3 H$).

Les pluies, la neige la grêle, les brouillards, les rosées ramassent en quelque sorte l'azote contenu dans l'air et l'entraînent dans la terre. La quantité d'azote que recueille ainsi le sol peut être évaluée à 2 ou 3 kilogrammes par hectare et par an.

Les organes aériens des plantes absorbent directement l'ammoniaque qui se trouve diffusée dans l'atmosphère surtout à l'état de carbonate d'ammoniaque $CO^3 (Az H^4)^2$, c'est-à-dire combinée à l'acide carbonique. On sait bien aujourd'hui, à la suite des remarquables travaux d'un savant chimiste français, M. Schlœsing, que les sols s'enrichissent en éléments azotés aux dépens de l'ammoniaque gazeuse de l'air. Cette bienfaisante absorption est plus énergique dans les sols meubles et suffisamment frais.

Les légumineuses portent sur leurs racines de petites *nodosités* qui sont le réceptacle de colonies bactériennes; ces êtres microscopiques dont les germes se trouvent répandus dans la terre végétale jouissent de la faculté de fixer l'azote gazeux et de le mettre ainsi à la disposition de la plante qui leur donne asile.

Azote du sol. — Le sol contient de l'azote sous trois formes :
1º *L'azote à l'état organique*, résidu de la vie animale ou *végétale*;
2º *L'azote à l'état ammoniacal*) provenant principalement des trans-
3º *L'azote à l'état nitrique*   \ formations de l'azote organique.

Les éléments azotés engagés dans des combinaisons organiques ne peuvent être utilisés directement par les végétaux; ils doivent, au préalable, subir des transformations qui les ramènent à l'état minéral, c'est-à-dire à la forme ammoniacale ou nitrique.

Dans le sol, le carbone des matières organiques s'oxyde et disparaît à l'état d'acide carbonique, le soufre donne de l'acide sulfurique, l'hydrogène est partiellement transformé en eau, tandis que l'azote se dégage à l'état d'ammoniaque comme résidu de ces diverses modifications. L'ammoniaque passe ensuite à l'état d'acide nitrique lequel se fixe sur les *bases* pour former des azotates ou nitrates. Sous cette dernière forme l'azote est facilement assimilable.

Ce phénomène, appelé *nitrification*, est l'œuvre de ferments d'espèces variées qui pullulent dans les couches supérieures de la terre.

La connaissance des conditions qui favorisent ou ralentissent l'activité de la nitrification est de la plus haute importance, puisque c'est d'elle que dépend l'utilisation des substances organiques contenues dans les sols cultivés.

Les *meilleures conditions* pour l'activité des microbes nitrifiants sont les suivantes :

Une légère humidité ;

La présence de l'air (aération par les travaux culturaux, etc.);

Une légère alcalinité du milieu (présence du carbonate de chaux);

Une température voisine de 30 degrés centigrades (limites 12° à 37°).

Origine des matières minérales.

Nous avons dit plus haut que le résidu de l'incinération des végétaux est constitué par des principes minéraux. D'une espèce végétale à une autre, ces principes varient, en quantité, entre des limites assez étendues, et leur composition est également très variable. Il est à remarquer que chaque espèce manifeste une avidité particulière pour les divers principes minéraux et qu'elle les absorbe en raison même de cette avidité.

Chaque plante n'a, fort heureusement, pas besoin de proportions exactement déterminées de principes minéraux, ni même d'ailleurs de principes organiques; aussi peut-elle végéter convenablement sur des terrains très différents. Mais, naturellement, c'est sur le terrain dont la composition est la mieux appropriée aux besoins de la plante que celle-ci se développera avec le plus de vigueur.

Acide phosphorique. — L'*acide phosphorique* est celle des substances minérales qui présente le plus d'importance pour l'agriculture.

En son absence, les plantes végètent misérablement et les animaux ne peuvent être que malingres et de petite race, car il exerce une influence considérable sur la formation de la charpente osseuse. On sait que la constitution des plantes et des animaux influe sur le développement des hommes qui en font leur nourriture.

L'acide phosphorique existe dans le sol généralement à l'état de *phosphates* insolubles, mais cependant susceptibles d'être dissous par les acides que sécrètent les racines, et d'entrer ainsi dans la circulation végétale. Pour les terres comme pour les engrais, les mots *acide phosphorique* désignent l'anhydride phosphorique P^2O^5.

Acide sulfurique. — On trouve plus ou moins de *soufre* dans toutes les plantes, mais plus particulièrement chez les légumineuses et les crucifères. Ce corps intervient dans la constitution des *albuminoïdes*.

C'est le plâtre, gypse ou sulfate de chaux qui est la source la plus abondante de l'*acide sulfurique.* Sa solubilité dans l'eau est suffisante pour lui permettre de pénétrer facilement dans la plante par l'intermédiaire des racines.

Chlore. — De même que l'acide sulfurique, le *chlore* existe en très faible proportion dans les tissus végétaux; il provient des chlorures (sel marin) dont la terre est d'ordinaire suffisamment pourvue. Le sarrasin est une des plantes qui ne viennent bien qu'en terrain relativement salé.

Silice. — La *silice* ou *acide silicique* n'est pas un aliment essentiel des plantes. Elle existe cependant en très forte proportion dans certains végétaux, notamment dans les *prèles*, les *fougères* et les *graminées*, dont elle contribue à empêcher la verse en fortifiant leurs pailles.

La silice étant un des corps les plus répandus dans les sols, soit à l'état libre, soit à l'état de combinaisons alcalines ou terreuses telles que l'alumine, la potasse, etc., le cultivateur n'a pas à se préoccuper de sa restitution.

Potasse. — Toutes les cendres végétales contiennent une assez forte proportion de *potasse.*

Les terrains qui dérivent des roches primitives et des roches volcaniques sont riches en potasse. Cet élément ne manque presque totalement que dans les sols dépourvus d'argile:

Bien qu'une très forte proportion de la potasse du sol se trouve à l'état soluble, elle n'est pas facilement entraînée dans le sous-sol par les eaux pluviales, à cause des propriétés absorbantes de la terre à son égard. C'est l'argile et l'humus qui lui communiquent cette heureuse faculté.

Les composés potassiques insolubles, lentement désagrégés par les agents atmosphériques, donnent de la potasse soluble que l'humus et l'argile fixent et tiennent en quelque sorte à la disposition des végétaux.

La potasse est un élément indispensable et le cultivateur doit prendre soin de la remplacer à mesure qu'elle est enlevée au sol.

La présence d'un peu de *potasse active* (0,002) dans les *terres humifères* paraît être un adjuvant précieux de la *fermentation ammoniacale* des matières organiques azotées qui précède la nitrification ou *fermentation nitrique* proprement dite. Le carbonate de potasse est l'engrais de prédilection de ces terres, ensuite les scories mélangées au chlorure de potassium ou aux cendres non lessivées.

Chaux. — Toutes les récoltes prennent au sol une forte proportion de *chaux*, aussi les cultures sont-elles bien pauvres dans tous les terrains où elle est rare.

C'est sous la forme relativement soluble de *carbonate* qu'on trouve la chaux dans la terre arable.

Les eaux pluviales en entraînent des quantités importantes. M. Schlœsing évalue cette perte à **235** kilogrammes environ par hectare et par an pour les terres moyennes.

La chaux, comme nous l'avons déjà vu, joue un grand rôle dans le phénomène si important de la nitrification. En saturant l'humus, et en rendant ainsi le milieu légèrement alcalin, elle permet aux microbes de fabriquer l'acide nitrique aux dépens des matières organiques. Cet acide, au fur et à mesure de sa production, donne naissance à du nitrate de chaux, c'est-à-dire à un sel soluble qui rend particulièrement assimilable la chaux et l'azote.

Magnésie. — La mer est le grand réservoir de la *magnésie*, ainsi que du chlore.

Les terres qui ne renferment point de magnésie sont rares. Cette base accompagne toujours la chaux à l'état de carbonate; les calcaires dolomitiques en contiennent 10 à 20 pour 100.

Toutes les cendres végétales possèdent de la magnésie, conséquemment on peut rencontrer des terres ayant besoin d'une certaine quantité de cette base. Les céréales prélèvent une vingtaine de kilogrammes de magnésie par hectare, mais les betteraves et les cultures fourragères sont plus exigeantes : on évalue à 60 kilogrammes par hectare et par an la quantité de magnésie qui leur est nécessaire.

Soude. — La *soude* existe dans tous les sols; il n'y a lieu de se préoccuper d'elle que quand elle est nuisible par excès.

Cet élément n'entre qu'en très petite quantité dans la composition des cendres végétales. Son utilité paraît, en général, bien faible. Les chénopodées des genres *salsola, suæda, salicornia*, qui croissent sur les bords de la mer, fournissent beaucoup de soude. L'incinération de ces plantes donne les *soudes naturelles*. Cette industrie a été ruinée par la fabrication artificielle.

Fer et manganèse. — Le *fer* et le *manganèse* existent presque toujours en quantité suffisante pour les besoins des récoltes pendant un temps illimité. Ces principes jouent un rôle important, surtout le fer, qui est un agent de la formation de la chlorophylle.

Conclusions. — Les observations précitées nous permettent d'arriver aux conclusions suivantes :

L'*azote*, l'*acide phosphorique*, la *potasse*, la *chaux*, la *magnésie*, l'*acide sulfurique*, le *chlore*, le *fer*, le *manganèse*, sont les éléments utiles à la nutrition et au développement des végétaux. La *silice* et la *soude* paraissent moins indispensables.

D'une manière générale, les terres renferment rarement — surtout sous une forme directement assimilable — une quantité suffisante d'*azote*, d'*acide phosphorique*, de *potasse;* tandis que, dans la plupart des cas, elles sont riches en *chaux, magnésie, fer, acide sulfurique, chlore, manganèse.*

Les terres capables de donner spontanément de belles récoltes sont rares. Il n'en existe point qui permettent d'obtenir annuellement les récoltes maxima sans le secours d'engrais appropriés. On doit restituer au sol les éléments qui lui sont enlevés par les récoltes.

Par contre, avec l'aide des amendements et des engrais, il est possible de rendre fertiles des terres qui l'étaient peu. Des travaux judicieux, drainages, défoncements, etc., associés aux amendements et aux engrais, rendent possible la culture de terres considérées comme stériles.

LES AMENDEMENTS.

Amender une terre, c'est corriger ses défauts physiques ou chimiques, c'est faire les opérations nécessaires pour la rendre meilleure et la mettre en état de produire des récoltes supérieures. On doit reconnaître cependant que les deux qualités d'*engrais* et d'*amendement* peuvent se rencontrer dans la même substance.

L'argile est un amendement pour les terres sableuses, tandis que le sable est un amendement pour les terres argileuses; cependant on réserve plus spécialement le nom d'amendements au *chaulage*, au *marnage* et au *plâtrage*.

La Chaux.

Chaulage. — La *chaux caustique* provoque la décomposition des matières organiques et amène la formation de l'ammoniaque; elle met en liberté une partie de la potasse des silicates basiques. Ensuite, en se carbonatant, elle favorise la *nitrification*. Dans ces conditions, la chaux joue par elle-même un rôle alimentaire très important et, en outre, elle contribue à enrichir le sol en azote assimilable et en potasse.

On peut remplacer la chaux, qui d'ailleurs se carbonate rapidement, par du calcaire en poudre fine. C'est ainsi qu'on utilise souvent les *marnes*, mélanges de carbonate de chaux, d'argile et de sable que l'eau délite avec facilité.

La *chaux grasse* provient de calcaires presque purs; elle est meilleure que la *chaux maigre* qui foisonne peu quand on l'éteint, et que la chaux magnésienne. La *chaux hydraulique* se durcit dans l'eau au lieu de s'y dissoudre.

D'autres matières calcaires sont utilisées dans le même but; tels sont les dépôts marins et sables coquilliers des côtes de Bretagne connus sous les noms de *tangue, treaz, maerls*; les *faluns* ou marnes coquillières fossiles que l'on exploite en beaucoup d'endroits, notamment aux environs de Tours et de Bordeaux. Nous citerons encore : les *chaux d'épuration* du gaz d'éclairage, qui renferment du carbonate de chaux et de la chaux caustique; les *cendres lessivées* ou *charrées* des blanchisseries et des savonneries, riches en phosphate et en carbonate de chaux; les *écumes de défécation* des jus de betteraves, qui contiennent environ 40 pour 100 de carbonate de chaux ; les *scories non phosphorées* produites par la métallurgie du fer.

La *chaux vive* présente au plus haut degré la propriété de se diviser en particules extrêmement fines en se délitant. Cet état rend facile sa dissémination dans le sol et l'action chimique qu'elle doit y exercer. Les effets sont plus complets, plus énergiques et plus rapides que ceux des *marnes, calcaires marins* ou *craies*, que l'on trouve rarement aussi bien pulvérisés. Avec ces matières on n'a pas le bénéfice des effets caustiques que donne la chaux, effets qui se traduisent par l'attaque des silicates et la mise en liberté de la potasse, par la désagrégation des tissus végétaux et la formation de l'ammoniaque. La fonction chimique du carbonate de chaux se borne, en effet, à activer la nitrification.

La quantité de chaux à employer dépend naturellement de la composition du sol. Elle produit un effet certain dans toutes les terres où la proportion de cet élément ne dépasse pas 8 pour 100. En moyenne, les marnes contiennent le tiers de leur poids en chaux.

Pour les *terres légères* il faut choisir des marnes argileuses. Avec la chaux, l'état physique de pareils sols sera peu modifié ; il est prudent néanmoins de ne point exagérer les doses afin de ne pas augmenter la légèreté. 30 à 36 hectolitres de chaux donnés tous les trois ans suffisent amplement, soit 10 à 12 hectolitres par an, ce qui fait environ 850 à 1 020 kilogrammes par an. Un pareil poids représente à peu près le millième du poids de la terre qui couvre 1 hectare.

Lorsque les terres légères sont riches en matières organiques on peut doubler cette dose. Ici, le chaulage est plus avantageux que le marnage, car il décompose les matières organiques.

Sur des *terres compactes*, très argileuses, dites *terres fortes*, on obtient un ameublissement plus parfait à l'aide du marnage, parce qu'il introduit dans le sol des quantités importantes de matières étrangères qui ont parfois sous ce rapport une influence plus considérable que celle du carbonate de chaux. Quoi qu'il en soit, on a intérêt à procéder par doses massives s'élevant à 50, 60 et même 100 hectolitres à l'hectare tous les cinq ans.

Le même traitement est à recommander sur les *terres tourbeuses*.

L'agriculteur ne doit pas ignorer que la chaux et surtout la marne ne produisent leurs effets que lentement et ne les épuisent qu'au bout d'une assez longue période.

Le Plâtre.

Plâtrage. — L'influence du *plâtre* est variable suivant les récoltes. Très efficace sur les plantes de la famille des légumineuses et quelquefois sur les crucifères, il est assez indifférent à l'égard des racines, des céréales, et, en général, des graminées, mais cependant il peut leur être utile dans les terrains trop pauvres en acide sulfurique.

Quoique contenant de la chaux, le plâtre ne possède aucune des propriétés que nous avons reconnues aux vrais amendements calcaires : chaux caustique, marnes, etc. On peut dire simplement que dans les sols qui manquent totalement de chaux il fournit directement cette base à l'alimentation du végétal.

Il est inefficace dans les terres très humides et nuisible dans celles qui sont acides ou mal assainies, car il s'y transforme en sulfure de calcium dont l'action pernicieuse sur les plantes est connue.

Sa solubilité relativement grande le prédispose à se diffuser uniformément dans la terre d'autant mieux que les propriétés absorbantes de l'argile et de l'humus ne s'exercent pas à son endroit comme sur la potasse et l'ammoniaque. Donc l'eau qui traverse le sol l'enlève facilement et, pour ce motif, la durée de son action est ordinairement limitée à la récolte à laquelle il a été fourni.

Le plâtre est susceptible de pourvoir à une insuffisance d'acide sulfurique dans les sols pauvres en sulfates. Il est certain que, dans beaucoup de cas, c'est au soufre que le plâtre doit la plus grande partie de son efficacité. Mais, comme l'a démontré M. Dehérain, l'action la plus importante du plâtre s'exerce sur la potasse du sol. Sous son influence, il se forme du *sulfate de potasse* aux dépens du carbonate de potasse, et ce nouveau sel, d'une diffusion plus facile, met une plus grande quantité de potasse à la disposition des plantes.

Pour obvier autant que possible à l'incertitude des conditions climatériques desquelles dépend le succès, la meilleure méthode d'application du plâtre consiste à en semer la moitié au printemps et l'autre moitié en automne. Cependant, comme il convient surtout aux légumineuses, l'usage est de le répandre en couverture à l'automne ou au printemps. La dose généralement employée est de 4 à 500 kilogrammes par hectare et par an.

Le plâtre cuit ne diffère du plâtre cru que par la proportion moins élevée d'eau qu'il renferme. Conséquemment sa teneur en sulfate de chaux est un peu plus forte. Son poids est de 1 200 kilogrammes par mètre cube ; celui du plâtre cru atteint 2 000 kilogrammes.

EXPÉRIENCE. — Pour distinguer le plâtre cuit du plâtre cru, il suffit d'en gâcher une pincée avec de l'eau. Le premier se prendra en masse compacte tandis que le second restera en bouillie.

Lorsque le sol est pauvre en principes fertilisants, le plâtrage ne produit aucun effet s'il n'est accompagné de fumures.

L'Écobuage.

L'*écobuage* a pour but de détruire les plantes nuisibles, d'amender le sol par les cendres provenant de leur combustion et par les modifications qu'il fait subir à l'argile.

L'écobuage se pratique de deux manières différentes :

1° L'écobuage à *feu courant*, qui consiste simplement à mettre le feu aux herbes desséchées par les chaleurs de l'été et que l'on réserve aux sols calcaires ou sablonneux ;

2° L'écobuage à *feu couvert*, qui s'opère en découpant la couche superficielle du sol en plaques de 5 à 10 centimètres d'épaisseur. Après dessiccation au soleil, ces plaques, mises en meules, sont calcinées à l'aide d'un feu de menu bois. Lorsque la combustion est achevée, on répand les cendres rougeâtres et les matières terreuses, puis on les incorpore au sol par un labour exécuté soit à la houe, soit à la charrue, suivant les conditions locales.

Ce mode d'écobuage est indiqué quand il s'agit de repeupler ou de livrer à la culture des terrains tourbeux, argilo-siliceux ou argilo-calcaires. Sous l'influence du feu, l'argile se transforme en une substance poreuse et friable qui se pulvérise facilement et présente les propriétés du sable. Les propriétés colloïdales sont détruites, ce qui a pour résultat de libérer de la potasse, d'autant plus que l'humus, qui lui aussi fixe énergiquement cet alcali, est brûlé. En dehors des améliorations physiques qu'il entraîne, l'écobuage doit être considéré comme un moyen de rendre assimilable la potasse que fixent l'argile et l'humus du sol.

A cause des dangers d'incendie que présente l'écobuage, le législateur a dû se préoccuper d'édicter des mesures propres à les atténuer autant que possible. L'autorisation d'écobuer les terrains situés à moins de 200 mètres des forêts, des communes et des établissements publics doit être demandée au préfet.

LES ENGRAIS.

Les végétaux, comme les animaux, ont besoin pour vivre et se développer de rencontrer dans le sol une nourriture appropriée représentée par certains principes fertilisants.

Nous savons que ces principes se trouvent dans les différents sols en proportions variables, et qu'il arrive même assez fréquemment que l'un ou l'autre des éléments essentiels manque ou existe en quantité insuffisante.

Suivant la définition de M. Dehérain, l'*engrais* est la matière utile à la plante qui manque au sol.

Pour qu'une graine germe, il faut qu'elle trouve dans le sol l'air, la chaleur et l'humidité nécessaires ; mais pour que la jeune plante continue l'évolution commencée et atteigne son développement parfait, il faut qu'elle ait à sa disposition les substances nutritives dont elle a besoin.

Avec la culture du blé, le grain seul sort du domaine, car le plus souvent les pailles vont aux litières et reviennent à la terre sous forme de fumier. Dans ce cas, la potasse est en grande partie restituée à la terre et l'épuisement porte principalement sur l'azote et l'acide phosphorique.

La production de 15 hectolitres de blé à l'hectare donne environ 1 200 kilogrammes de grains et 2 750 kilogrammes de paille; elle absorbe :

	Azote.	Ac. phosph.	Potasse.	Chaux.	Magnésie.
	kg.	kg.	kg.	kg.	kg.
Grains.	25	10	6,6	0,7	2,7
Paille	13,2	6,3	13,5	7,1	3,0

Les graines de *légumineuses* (haricots, pois, lentilles, féveroles) prélevent plus de potasse que les céréales, mais elles n'exportent point d'azote. Nous savons, en effet, que ces plantes puisent directement cet élément nutritif dans l'air par l'intermédiaire de bactéries spéciales logées dans les nodosités de leurs racines. En réalité, elles enrichissent le sol de la quantité d'azote que renferment les fanes dont le retour à la terre est la règle.

La production de 16 hectolitres de haricots à l'hectare donne environ 1 250 kilogrammes de grains et 1 200 kilogrammes de paille.

	Azote.	Ac. phosphor.	Potasse.	Chaux.
	kg.	kg.	kg.	kg.
Grains	51,9	11,7	17,5	2,5
Paille.	12,5	4,6	12,8	22,3

La culture des plantes *oléagineuses* n'exporte point de principes fertilisants lorsque leurs tourteaux sont utilisés sur place comme engrais ou qu'ils servent à l'engraissement du bétail. Ce dernier mode d'emploi est préférable, car ils renferment une forte proportion de substances alimentaires qui sans cela seraient perdues. Il en est de même pour la culture des plantes *textiles* quand leurs tourteaux, chènevottes, feuilles, eaux de rouissage, etc., reviennent au sol et que la filasse seule est exportée.

La production de 20 hectolitres de graines de *pavot* ou œillette à l'hectare donne 1 200 kilogrammes de graines et 3 000 kilogrammes de paille; elle absorbe :

	Azote.	Ac. phosph.	Potasse.	Chaux.	Magnésie.
	kg.	kg.	kg.	kg.	kg.
Grains.	33,6	19,7	8,5	22,2	6,0
Paille	12,0	6,9	60,0	45,0	12,9

Pour une production supérieure, le *colza* enlève moins de potasse que le pavot et il est moins exigeant dans le choix du sol.

Une récolte moyenne de chanvre, en y comprenant les graines, les feuilles et la tige, peut être évaluée à 12 500 kilogrammes. Elle exporte :

Azote.	Acide phosph.	Potasse.	Chaux.	Magnésie.
kg.	kg.	kg.	kg.	kg.
21,6	44	64	153	33

Le chanvre est une plante épuisante, tandis que le lin ne l'est pas.

Les plantes cultivées *pour leurs racines* (carottes, navets, raves, turneps, betteraves, rutabagas et choux-navets) ou *pour leurs tubercules* (pommes de terre, topinambours) enlèvent au sol des quantités élevées d'azote, d'acide phosphorique mais surtout de potasse. Ces cultures sont épuisantes. La chaux et la magnésie sont principalement localisées dans les fanes. Quand les pulpes des racines et tubercules traités industriellement retournent au fumier, l'azote et l'acide phosphorique ne sont pas entièrement perdus, mais la potasse reste à l'usine dans les eaux résiduaires de fabrication.

Une récolte de 30 000 kilogrammes de racines et environ 12 000 kilogrammes de feuilles de *betteraves à sucre* assimile :

	Azote.	Ac. phosph.	Potasse.	Chaux.	Magnésie.
	kg.	kg.	kg.	kg.	kg.
Racines. . . .	48,0	33,0	120,0	15,0	21,0
Feuilles. . . .	36,0	12,0	48,0	43,2	39,6

La production des *betteraves fourragères* avec 40 000 kilogrammes de racines et 20 000 kilogrammes de feuilles à l'hectare exige une plus grande quantité de fumures azotées (132 kilogrammes).

Une production de 18 000 kilogrammes de *pommes de terre* à l'hectare avec 4 200 kilogrammes de fanes absorbe :

	Azote.	Ac. phosph.	Potasse.	Chaux.	Magnésie.
	kg.	kg.	kg.	kg.	kg.
Tubercules . .	57,6	32,4	100,8	3,6	7,2
Fanes	21,0	4,2	12,6	21,0	11,3

Les *graminées fourragères* sont beaucoup moins exigeantes que les *légumineuses fourragères* en azote, acide phosphorique et potasse ; il est vrai qu'elles puisent leur azote dans le sol, tandis que ces dernières le soutirent à l'atmosphère.

Les graminées végètent convenablement dans les terres pauvres en chaux. C'est la potasse qu'elles enlèvent en majeure partie. L'irrigation apporte à la prairie une certaine quantité de principes nutritifs, à tel point que de belles prairies bien irriguées peuvent vivre dans des sables à peu près stériles.

On admet, en général, que la culture herbacée n'est pas une cause d'appauvrissement pour le domaine, car le fourrage nourrit les bestiaux qui fournissent le fumier aux autres cultures. Cependant, quoique la production du foin puisse durer longtemps sur le même sol sans diminution notable, il ne faut pas croire qu'elle soit insensible à l'apport judicieux des engrais, surtout lorsque l'irrigation fait défaut. Avec l'aide des engrais, il est possible de rendre la production végétale de la prairie *intensive*.

Les *cultures arbustives*, vigne, pommier, poirier, olivier, etc., n'appauvrissent le sol que dans des proportions minimes si le vin, le cidre, le poiré ou l'huile sont seuls exportés.

Pour faire face à une production de 100 et 200 hectolitres de vin, la *vigne* met en œuvre par ses feuilles vertes, par ses sarments et par ses fruits :

	Azote.	Ac. phos.	Potasse.	Chaux.	Magnésie.
	kg.	kg.	kg.	kg.	kg.
Production de 100 hectolitres.	47,0	1,36	4,00	97,0	14,3
— 200 —	64,0	21,0	52,4	106,5	17,8

La potasse est l'élément qui prédomine dans le vin comme dans le cidre. Une récolte de 100 hectolitres exporte environ 10 kilogrammes de potasse, 2 kilogr. 100 d'azote, 3 kilogr. 200 d'acide phosphorique, 2 kilogr. 500 de chaux, 2 kilogrammes de magnésie ; c'est peu de chose. Les substances fertilisantes absorbées se concentrent dans les feuilles, les bois et notamment dans les marcs. Si on restitue au sol tous les produits secondaires on peut considérer la production du vin, cidre, etc., comme très peu épuisante.

La vente des fruits est naturellement plus onéreuse pour le domaine : par exemple, la récolte moyenne de 100 *pommiers* plantés sur 1 hectare, évaluée à 100 kilogrammes par arbre, représente une exportation assez considérable d'azote et de potasse — soit 22 kilogrammes d'azote et 14 kilogrammes de potasse.

Le *poirier* est comparable au pommier. Les *pruniers* sont plus épuisants, car leurs fruits sont plus riches en azote (Muntz et Girard).

L'*olivier* est peu exigeant, surtout en acide phosphorique ; ses besoins se rapprochent de ceux d'une vigne d'un faible rendement. Lorsque l'huile est extraite sur place et que le tourteau retourne à la terre, l'appauvrissement du sol est insignifiant.

Le *mûrier*, cultivé en vue de la production des feuilles destinées à l'élevage des vers à soie, est une culture épuisante. Elle exporte beaucoup d'azote et d'acide phosphorique.

La *production forestière* n'exige que de faibles quantités de phosphates. En somme elle n'épuise guère la terre à laquelle elle restitue la majeure partie des éléments fertilisants sous forme de feuilles et de fruits. Le terreau acide, riche en matières organiques, qui recouvre la surface du sol des endroits boisés provient en effet de la décomposition des feuilles et des fruits.

Connaissant la composition du sol, ainsi que les besoins de la plante, l'agriculteur peut déterminer facilement quelle est la nature et la quantité de substances fertilisantes qu'il doit incorporer au sol pour obtenir d'abondantes récoltes. Bien entendu, les travaux culturaux et les conditions climatériques sont aussi des facteurs qui exercent une grande influence sur le résultat final.

Les engrais sont généralement divisés en trois catégories principales d'après leur origine :

1° *Fumier de ferme et engrais animaux;* 2° *Engrais végétaux;* 3° *Engrais mixtes ou composts;* 4° *Engrais chimiques ou minéraux.*

Le Fumier. Les Engrais animaux.

La composition du *fumier* produit par une exploitation dépend non seulement de celle des litières employées et de leurs propriétés absorbantes, mais encore de la nature des aliments ingérés par les animaux. L'espèce à laquelle ceux-ci appartiennent a naturellement beaucoup d'importance sur la composition du fumier.

En dehors de ces considérations fondamentales, le fumier ne représente qu'une partie seulement des substances extraites du sol, car une certaine proportion de ces substances est retenue et utilisée par les tissus animaux. La production de 100 kilogrammes de viande correspond à une fixation de 3 kilogrammes d'azote et le lait d'une bonne vache laitière exporte dans l'année plus de 25 kilogrammes de ce même élément.

Le fumier est donc insuffisant pour restituer au sol ce que les récoltes lui enlèvent, fussent-elles entièrement consommées; or il n'en est point ainsi. Les produits que l'agriculteur vend au dehors représentent des éléments perdus pour le fumier et conséquemment pour la terre qui les a nourris.

Ces faits nous obligent à reconnaître que l'agriculteur ne peut maintenir la fertilité de ses terres qu'à la condition d'employer des *engrais complémentaires* du fumier.

Fumier de ferme. — Étudions d'abord l'*engrais par excellence*, c'est-à-dire le *fumier de ferme.*

La qualité de ce fumier dépend de la composition des aliments absorbés par l'animal et de la part que ce dernier a prélevée. Les déjections solides et liquides ne sont en somme que les matières non retenues par l'organisme animal et transformées sous l'influence des actions vitales.

La qualité dépend encore de la composition de la litière, de sa richesse en éléments fertilisants et de son pouvoir absorbant et fixateur vis-à-vis des matières contenues dans les déjections. Enfin, elle dérive pour une large part des soins qui ont pour but d'empêcher la déperdition des principes utiles.

La faculté d'absorber plus ou moins de liquide joue un rôle dans l'utilisation des litières. Sous ce rapport, elles se classent dans l'ordre suivant : tourbe, tannée ou tan épuisé, sciures de bois (à l'exception de celles de chêne, trop riches en tanin), paille de féveroles, paille de pois, paille d'orge et de froment, paille d'avoine, feuilles mortes, fougère séchée à l'air, bruyères, genêts, terre végétale légère.

On ne saurait trop recommander l'emploi des litières terreuses, et, dans tous les cas, il est bon de saupoudrer les litières végétales d'une mince couche de terre sèche, de préférence riche en humus. Avec une pareille litière on évite presque entièrement les déperditions de liquide ; elle exerce, en outre, un véritable pouvoir absorbant pour les matières fertilisantes en général et, en particulier, pour l'ammoniaque. Cette propriété précieuse est d'autant plus accentuée que la terre contient une plus forte proportion de matières organiques. D'où il résulte que les agriculteurs soucieux de leurs intérêts ne doivent pas négliger de mélanger les terres légères, la tourbe, la tannée, les sciures avec les litières proprement dites.

Les parties liquides du fumier ont une valeur plus élevée que les parties solides ; il est donc utile de les retenir avec grand soin, en supprimant les infiltrations du sol des étables et de l'emplacement du tas par un pavage ou un revêtement en ciment ou en glaise bien tassée. Les *urines* renferment en grande partie l'azote et presque toute la potasse des déjections, tandis que l'acide phosphorique et la chaux se concentrent dans les *fèces* avec le reste de l'azote.

Le *purin* est le liquide qui exsude des tas de fumier ; il subit facilement la fermentation ammoniacale ; l'azote de l'urine, qui s'y trouve naturellement, se transforme vite en composés volatils qui se dégagent dans l'air. Ces composés ammoniacaux ont une grande puissance fertilisante et l'agriculteur doit s'efforcer d'en éviter le départ.

On met les pertes d'ammoniaque en évidence à l'aide de la petite expérience relatée à la page suivante.

Un fumier bien soigné contient environ 4 à 6 kilogrammes d'azote par tonne, tandis qu'il en renferme souvent moins de 1 kilogramme quand il est abandonné sur le sol sans les précautions nécessaires, c'est-à-dire non abrité, éparpillé et exposé à la pluie et au soleil. Il contient, en outre, 2 à 3 kilogrammes d'acide phosphorique, 5 à 6 kilogrammes de potasse et 2 à 3 de chaux (1).

On obtient un bon fumier, et on réduit au minimum les déperditions, en rendant étanche le sol des étables, sur lequel d'ailleurs le fumier ne doit pas séjourner (exception pour les moutons), en maintenant le tas parfaitement tassé, et en l'arrosant modérément de temps en temps avec les liquides de la fosse à purin afin d'éviter

---

(1) En moyenne, *100 kilogrammes de fumier* correspondent au mélange suivant :

Sulfate d'ammoniaque	2 k., 500
Superphosphate	2 k.
Sulfate de potasse	1 k.
Total	5 k., 500

l'échauffement ou la dessiccation. A mesure que le tas s'élève, on le
couvre avec une couche de terre sèche d'une dizaine de centimètres
d'épaisseur que l'on tasse fortement. Cette couverture maintient
l'humidité favorable aux décompositions utiles et joue le rôle d'absorbant à l'égard des vapeurs ammoniacales qui tendent à s'échapper.

EXPÉRIENCE. — Dans deux pots à fleurs placés en pleine lumière sur des
assiettes remplies d'eau, on met une couche de gravier de 7 ou 8 centimètres
d'épaisseur, ensuite on achève le remplissage avec du sable stérile et on sème
du blé, de l'orge ou du ray-grass dans chaque vase. Quand l'herbe a poussé de
2 centimètres environ, on met en communication l'un des vases avec un flacon
contenant du fumier et du purin frais (fig. 99). Sous l'influence des composés

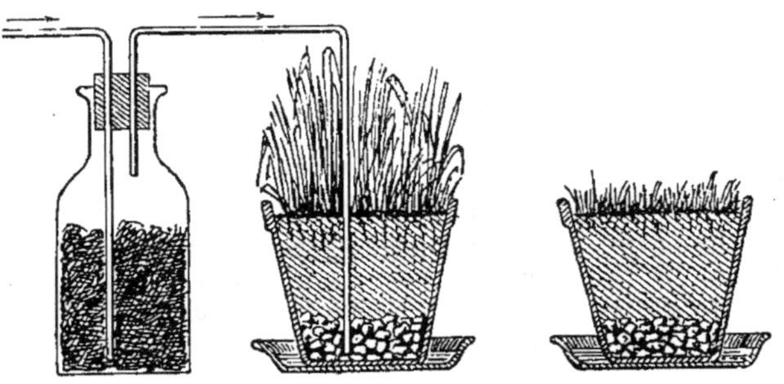

Fig. 99. — Déperdition des produits ammoniacaux.

gazeux qui s'échappent de ce flacon, les plantes poussent vigoureusement, tandis
que celles du vase témoin s'étiolent, jaunissent et meurent d'inanition.
   Pour faciliter le dégagement des produits ammoniacaux, l'expérimentateur
doit souffler de temps en temps par le tube qui plonge dans la carafe.

   Comme l'a dit si justement M. Boussingault, un des plus illustres
fondateurs de la chimie agricole : « On peut, à première vue, juger de
l'industrie et du degré d'intelligence d'un cultivateur par les soins
qu'il donne à son tas de fumier. »

   Déjections des animaux. — Les *crottins* ou déjections solides des
chevaux sont moins humides que les déjections des bovidés; ils
donnent un fumier qui fermente facilement et s'échauffe de même.
Les urines sont très alcalines et relativement moins abondantes.
   Les *bouses* ou déjections solides des animaux de l'espèce bovine
sont aqueuses et se décomposent assez lentement dans le sol. Les
urines sont alcalines.
   Les crottins de mouton sont encore plus secs que ceux des chevaux. Ils constituent le *fumier de bergerie* ou *migou*, qui est généralement
plus riche que le fumier de ferme. Le migou contient 1 à 2 pour 100
d'azote organique et ammoniacal; 0,5 à 1 pour 100 d'acide phospho-

rique insoluble, mais cependant facilement assimilable par les plantes; 1 à 1,5 pour 100 de potasse en partie soluble. L'addition d'eau est une fraude très usitée, car le migou en absorbe beaucoup sans changer sensiblement d'aspect. Quant aux *porcs*, ils donnent des déjections très aqueuses et beaucoup d'urine, leur ration étant ordinairement noyée dans l'eau. Les urines sont très alcalines.

Dans une exploitation bien conduite, tous les déchets, les résidus, etc., doivent être soigneusement recueillis, ainsi que les déjections humaines. Celles-ci sont riches en matières fertilisantes. On rend leur manipulation moins repoussante en les recevant dans des réservoirs mobiles où l'on place des corps absorbants. Le plus usité est la terre sèche ou, mieux encore, le terreau. La tourbe est particulièrement recommandable, car à cause de sa nature acide elle fixe l'ammoniaque et prévient ainsi toute déperdition. On peut utiliser la sciure de bois, la tannée sèche, les chiffons de laine, etc. Le mélange avec le fumier ou l'épandage est ainsi rendu facile et la désinfection est complète.

En temps d'épidémie et dans les villes où les matières fécales peuvent devenir une cause d'infection contagieuse, il est bon de verser journellement dans la fosse 25 à 30 grammes par personne du mélange suivant qui joue à la fois le rôle d'absorbant et de désinfectant :

Plâtre cuit	2 kilogrammes.
Sulfate de fer.	1 —
Matières absorbantes (tourbe, sciure, argile calcinée, tannée, poussier de charbon, etc.).	5 à 10 kilogrammes.

Poudrette. — La *poudrette* ou substance sèche des vidanges n'est pas un produit homogène; sa richesse est très variable et l'agriculteur doit toujours l'acheter au poids et recourir à l'analyse chimique pour connaître sa valeur. L'action des poudrettes est rapide et produit son effet sur la récolte de l'année. Elle s'exerce principalement sur le système foliacé, pousse à la paille, et donne des fruits aqueux. A la dose de 150 à 200 kilogrammes par hectare, qu'on emploie généralement, on ne pratique qu'une faible fumure presque exclusivement azotée et phosphatée. Dans ces conditions, la poudrette doit être réservée aux sols qui ont besoin de ces éléments et appliquée comme engrais complémentaire du fumier.

Les *gadoues* ou *boues des villes* constituent l'ensemble des déchets de cuisine, de ménage, etc.; les balayures des halles, des rues, etc. Leur composition varie à l'infini suivant les pays, les saisons, etc.

On appelle *gadoues vertes* celles qui sont fraîches et *gadoues noires* celles qui ont fermenté en tas. Ces dernières sont meilleures parce qu'elles se trouvent pour ainsi dire à l'état de terreau.

La richesse des gadoues en principes fertilisants est peu inférieure à celle d'un fumier de ferme normal.

Traitement des cadavres des animaux. — Les *tissus des animaux* méritent une mention spéciale, car ils renferment beaucoup de matières azotées et phosphatées; aussi fournissent-ils des engrais puissants.

Les substances azotées sont principalement condensées dans le sang, la chair, les peaux, les poils, les cornes, les issues, tandis que les os sont riches en phosphates et pauvres en azote.

Les cadavres des animaux morts de *maladies contagieuses* ne doivent pas être enfouis purement et simplement : les travaux de M. Pasteur ont prouvé que les germes de ces maladies sont susceptibles de remonter à la surface du sol et d'infecter les fourrages. M. Aimé Girard a proposé de traiter à froid les matières animales au moyen de l'acide sulfurique à 60 degrés Baumé. L'opération se fait dans une cuve de bois doublée d'une feuille de plomb. Les parties molles se dissolvent en vingt-quatre ou quarante-huit heures; les cornes, les sabots, etc., résistent plus longtemps. Pendant que la liquéfaction s'accomplit, la masse s'échauffe, la graisse fond et monte à la surface; elle peut être utilisée sans crainte. Ce procédé est recommandable parce qu'il permet de détruire complètement des cadavres dangereux, mais il exige une grande quantité d'acide sulfurique. On a reconnu en effet qu'une quantité déterminée d'acide ne peut dissoudre que les deux tiers environ de son poids de cadavres.

En employant la masse acide obtenue pour la fabrication du superphosphate à la ferme, on rend l'opération plus économique.

Les animaux qui ne sont pas morts de maladies contagieuses peuvent être dépecés et former des *composts* en alternant les lits de débris avec des lits de terre végétale et de chaux vive. On obtient ainsi — au bout de huit à dix mois — un engrais très puissant. Il faut protéger ces composts contre la voracité des chiens en fixant solidement tout autour des pieux garnis d'épines.

Les Engrais verts. Les Engrais végétaux.

L'*engrais vert* proprement dit est représenté par la plante directement enfouie et servant de fumure au sol sur lequel elle a végété, sans avoir subi les transformations profondes de la digestion dans le corps de l'animal.

Mais on range en outre dans la catégorie des *engrais végétaux* les varechs, les végétaux des bois et des landes, etc., apportés du dehors sur les terres de culture, ainsi que les résidus de certaines industries qui traitent la matière végétale, comme, par exemple, les marcs de raisin et de pomme, les tourteaux de graines oléagineuses, etc.

Ces derniers renferment 3 à 7 pour 100 d'azote organique et un peu d'acide phosphorique et de potasse dont il n'est pas tenu compte dans le commerce. Le vendeur doit garantir sur facture non seulement la richesse en azote organique, mais encore l'état de division (plaques, grumeaux, farine) et la nature du tourteau (arachide, colza, etc., sulfuré ou non sulfuré). Il faut rechercher les tourteaux dosant plus de 5 pour 100 d'azote. Les tourteaux de mowra nitrifient difficilement; ceux de sésame, de colza, nitrifient mieux surtout dans les sols calcaires et frais. Les tourteaux doivent être incorporés pendant l'hiver.

Les végétaux qu'on cultive dans le but de les enfouir comme engrais doivent être appropriés au climat et à la nature du sol; il faut ensuite les choisir de préférence parmi ceux qui développent le plus abondamment leurs racines, leurs tiges et leurs feuilles. Leur enfouissement doit être facile à exécuter et la semence peu coûteuse, enfin ils doivent croître avec promptitude et *exploiter autant que possible l'atmosphère et le sous-sol sans trop épuiser la terre arable.*

Les plantes qui répondent le mieux à ces conditions sont assurément les légumineuses, car elles ont la faculté de se nourrir aux dépens de l'azote atmosphérique par l'intermédiaire des bactéries qu'elles hébergent dans leurs nodosités radiculaires et qui fixent cet élément fertilisant. L'azote du sol reste donc intact.

La culture des légumineuses est, en somme, un procédé économique pour soutirer à l'atmosphère une forte proportion d'azote. De plus, ces plantes enfoncent leurs racines à de grandes profondeurs et ramènent à la surface des principes nutritifs que d'autres cultures n'auraient pu atteindre. Ce gain vient s'ajouter à celui de l'azote.

Pour ces divers motifs les légumineuses portent le nom de *plantes améliorantes*, par opposition aux céréales qui vivent surtout aux dépens de la terre végétale et qu'on appelle *plantes épuisantes*. Cependant il ne faut pas oublier que les légumineuses ne peuvent pas se succéder à intervalles trop rapprochés sur la même terre, car elles finissent par épuiser les couches profondes.

Les engrais verts se divisent en deux catégories principales :

1° Les engrais qu'on peut enfouir au *printemps;*

2° Les engrais qu'on peut enfouir en *été.*

Les premiers sont : la féverole d'hiver, la vesce d'hiver, le colza d'hiver, la navette d'hiver, le lupin blanc, le trèfle incarnat ou farouch, le seigle.

Les seconds comprennent: le lupin blanc, le lupin jaune, le sarrasin de Tartarie.

Les plantes enfouies au printemps (mars, avril, mai) se sèment de septembre à octobre; celles qui s'enterrent d'août à septembre se sèment en mai. L'enfouissement doit être terminé assez tôt pour que le sol ait le temps de se raffermir. On le pratique au moment où la plante est en fleur.

Dans le nord de la France, mais surtout en Belgique, la moutarde blanche, la navette, et la spergule, très répandue, se sèment en juillet pour être enfouies à l'automne.

Le trèfle incarnat demande des terres à froment de bonne qualité. On le sème généralement au printemps sur une céréale. L'année suivante la première coupe, vers fin mai, peut, suivant le cas, servir à l'alimentation du bétail. On enfouit alors la deuxième ou la troisième coupe.

Le lupin blanc prend plus de développement que le lupin jaune, il aime les terres légères, saines, siliceuses, granitiques ou schisteuses. Il végète fort mal dans les sols calcaires. Le colza, la féverole d'hiver et la navette d'hiver réussissent dans les terres argileuses que redoutent les lupins. La spergule ou spargoute se plaît dans les terres sableuses et fraîches des climats humides. Les trèfles, la moutarde blanche conviennent aux terres calcaires; la navette, qui est supérieure au colza dans les sols secs et les pays froids, veut des terres légères, siliceuses ou calcaires, à sous-sol perméable, car elle redoute l'humidité excessive pendant l'hiver. Le seigle est la céréale qui végète le mieux sur les sols calcaires, sablonneux, schisteux ou granitiques.

Il est à remarquer que lorsqu'on est obligé de remplacer les légumineuses par d'autres plantes, soit de la famille des crucifères comme le colza, la navette, la moutarde blanche, soit des polygonacées comme le sarrasin, soit des céréales comme le seigle, soit des caryophyllacées comme la spergule, on n'a plus l'avantage d'utiliser l'azote de l'air, car ces plantes puisent leur azote dans le sol auquel elles ne peuvent fournir gratuitement que de la matière hydrocarbonée, susceptible de se transformer en humus.

On peut dire cependant que ces plantes retiennent et fixent dans leurs tissus des éléments azotés du sol qui, sans cela, seraient entraînés par les eaux pluviales et disparaîtraient sans profit pour l'agriculteur.

En réalité les engrais verts ne constituent qu'une sorte de *jachère*. Au lieu de laisser pousser librement la végétation spontanée on obtient le développement d'une végétation luxuriante; mais au bout du compte une première production végétale est toujours consacrée à nourrir celle qui lui succède. Le choix d'une *légumineuse* permet seul d'obtenir un gain notable en azote et on pourra y avoir recours dans certaines conditions économiques particulières, entre autres lorsque la situation du terrain rendra le transport des engrais trop difficile ou bien quand l'exploitation du bétail sera onéreuse.

Il est évident que la vente d'un bon fourrage au dehors, de même que son utilisation sur place comme aliment producteur de viande ou de lait, donne généralement une plus-value sur l'emploi à titre d'engrais. D'ailleurs l'alimentation du bétail ne prive pas absolument

la terre de tous les éléments de fertilité contenus dans le fourrage
qu'elle a fourni, car la totalité de la potasse, environ 60 pour 100 de
son azote et une grande partie de l'acide phosphorique se retrouvent
dans le fumier. L'agriculteur travaille pour obtenir un bénéfice; il lui
appartient donc de rechercher avec méthode quel est le prix de revient
d'une fumure comparativement à la valeur de son fourrage, afin de
connaître si l'opération à laquelle il se livre est bonne ou mauvaise et
de faire un choix judicieux.

Les Engrais mixtes ou composts.

On désigne sous le nom de *composts* les résidus d'origine végétale
ou animale de décomposition difficile qui ne vont pas à la fosse à
fumier. On y incorpore les balayures, chiffons de laine, matières
fécales, sciure, suie, feuilles, fanes, débris de pailles, joncs, genêts, roseaux, fougères, curures de mares, vases de rivières et de
fossés, etc., marcs de pomme et de raisin, déchets de boucherie,
cadavres d'animaux, etc., mélangés avec de la tourbe ou de la
terre.

Le tas formé par ces résidus est arrosé avec les eaux grasses et
savonneuses, les eaux de lessive, les urines, les eaux de rouissage
du chanvre, les eaux de suint, etc., et au besoin avec du purin.

De temps en temps, on remanie, on *recoupe* le tas suivant l'expression usuelle, afin d'aérer et de mélanger les différentes couches. Cette
opération active les fermentations, qui transforment la masse en une
sorte de terreau.

Il est recommandable d'additionner le tas de chaux caustique ou
chaux vive légèrement concassée. La chaux foisonne et se délite sous
l'influence de l'humidité; elle désorganise les tissus organiques,
même les plus résistants, tels que plumes, débris de cornes *et de*
cuirs, en produisant de l'ammoniaque aux dépens des éléments
azotés. L'ammoniaque est retenue par la terre qui, comme nous le
savons, possède des propriétés absorbantes à son égard. Lorsqu'on a
soin de la maintenir dans un état d'humidité convenable, la fermentation nitrique intervient pour convertir en *nitrates* non seulement
l'ammoniaque formée mais encore l'azote organique.

Les nitrates étant très solubles et facilement entraînés par les
eaux, il faut prendre les précautions nécessaires pour abriter le tas
et recueillir les jus qui s'égouttent.

Un compost préparé dans de bonnes conditions d'aération et
d'humidité peut renfermer jusqu'à 6 à 8 grammes de nitrates par
kilogramme. Il constitue donc une ressource précieuse qui vient
compenser l'insuffisance du fumier de ferme.

Dans les Flandres, en Normandie, dans l'Anjou, la Mayenne et la
Manche, on appelle *tombes* un compost formé de terre, de chaux et de

fumier abandonné aux influences de l'air et de l'eau. Les proportions ordinaires sont :

Terre.	16 à 20 mètres cubes.
Chaux vive.	4 —
Fumier.	10 —

Les composts et les tombes constituent un bon amendement calcaire, et, par la matière organique qu'ils renferment à l'état de terreau, ils exercent une action très efficace notamment sur les terres labourées et sur les prairies.

Les Engrais chimiques ou minéraux.

Les engrais dont il vient d'être question dans les pages précédentes constituent les *engrais naturels*. Nous allons étudier maintenant les *engrais chimiques* ou *engrais commerciaux* préparés par l'industrie, qui comprennent les engrais chimiques proprement dits et certains déchets animaux (sang, matières cornées, déchets de cuirs, de chiffons, de laine, etc.), ainsi que des phosphates naturels. Ils renferment les éléments de fertilisation sous une forme concentrée. En effet, la composition moyenne d'une tonne de fumier de ferme n'est que l'équivalent d'environ :

10 kil. de phosphate précipité.
10 kil. de chlorure de potassium.
10 kil. de sulfate d'ammoniaque.

Les divers engrais chimiques ou commerciaux peuvent être classés en quatre catégories principales : 1° *engrais azotés;* 2° *engrais phosphatés;* 3° *engrais potassiques;* 4° *engrais calcaires.*

1° Les engrais azotés comprennent :

Les *nitrates ;*

Les *sels ammoniacaux ;*

Les *débris animaux ;*

Les *guanos azotés.*

2° Les engrais phosphatés comprennent :

Les *phosphates minéraux naturels ;*

Les *phosphates d'os ;*

Les *guanos phosphatés ;*

Les *produits précités ayant subi des traitements chimiques* (phosphates précipités, superphosphates);

Les *scories de déphosphoration.*

3° Les engrais potassiques, qui ont trois origines différentes suivant qu'ils proviennent des *gisements salins,* des *cendres végétales* ou de *l'eau de mer.*

Nous avons parlé des engrais calcaires tels que chaux, marnes, tangues, cendres, plâtre, en traitant la question des amendements.

LES ENGRAIS AZOTÉS.

Nitrate de potasse (salpêtre ou nitre). — Dans les lieux humides, caves, cours, etc., la décomposition des matières organiques fournit de l'ammoniaque qui devient acide azotique et ensuite azotate de chaux.

Le *nitrate de potasse* pur est formé d'acide azotique et de potasse; il contient pour 100 :

                Potasse.   46,54
                Acide azotique. . . .   53,46 correspondant à 13.86 d'azote,

puisqu'il renferme 26 pour 100 de son poids de cet élément combiné à l'oxygène; mais le nitrate de potasse employé en agriculture n'est pas raffiné, c'est un nitrate brut qui contient jusqu'à 15 et 20 pour 100 d'impuretés; il titre ordinairement 92 pour 100 de nitrate de potasse pur et renferme :

                Azote nitrique . . . .   12,75 pour 100.
                Potasse   42,80   —

Le nitrate de potasse est fertilisant par son acide et par sa base, c'est donc un produit très concentré qui réduit au minimum les frais de transport. Mais cette considération n'a pas une bien grande importance et ne permet guère d'accorder une plus grande valeur à l'azote nitrique et à la potasse de ce sel. L'agriculteur se rendra compte des valeurs comparées de la potasse et de l'azote nitrique d'un côté dans le nitrate de potasse, de l'autre dans le nitrate de soude et le chlorure de potassium ou le sulfate de potassium suivant le cas. A égalité de matières fertilisantes il peut avoir intérêt à donner la préférence au nitrate de soude et au chlorure de potassium, par exemple.

Dans les Indes, en Chine, etc., le nitrate de potasse se présente en grande quantité et sous forme d'efflorescences peu épaisses qui recouvrent de vastes étendues de terre. Ceux qui proviennent du raffinage des sels d'osmose ou de la double décomposition entre le chlorure de potassium et le nitrate de soude contiennent généralement 92 à 98 pour 100 de nitrate de potasse pur.

Le nitrate de potasse est très soluble dans l'eau. Il apporte l'azote nitrique à un état facilement assimilable ; c'est un engrais prompt et énergique, mais il présente l'inconvénient de nécessiter l'emploi de l'azote et de la potasse dans des proportions que le praticien ne peut faire varier.

Le nitrate de potasse fuse lorsqu'on le jette sur des charbons incandescents. Mélangé en proportion convenable au soufre et au charbon il forme la matière explosive appelée *poudre*. On utilise le nitre, sous le nom de *salpêtre*, pour la salaison des viandes de porc, qu'il conserve et auxquelles il communique une couleur rouge vif. La consommation de ce sel n'est pas sans danger pour l'estomac, les voies urinaires et les centres nerveux.

Nitrate de soude. — Le *nitrate de soude* se trouve en abondance sur un vaste plateau désert situé au Pérou. L'épaisseur de la couche atteint en moyenne 80 centimètres à 1 mètre; elle est recouverte de terre sableuse.

Les matériaux terreux sont traités par l'eau bouillante,quidissout une grande quantité de nitrate. Celui-ci se dépose et cristallise par le refroidissement, tandis que le sel marin, dont la proportion dépasse parfois 30 pour 100,reste dans le liquide parce qu'il est aussi soluble à froid qu'à chaud.

Le nitrate de soude ainsi obtenu renferme 94 à 96 pour 100 de nitrate pur. On le désigne quelquefois sous le nom de *nitrate cubique*, à cause de ses cristaux blancs rhomboédriques tronqués ressemblant à des cubes (cette particularité lui vaut parfois le nom de *salpêtre cubique*) et par opposition au nitrate de potasse qui cristallise dans le système orthorhombique, c'est-à-dire en prismes hexagonaux terminés par des pyramides.

Le nitrate de soude du commerce est légèrement humide,car il est très hygrométrique, non seulement par lui-même, mais encore par les impuretés qui l'accompagnent. Lorsqu'il a absorbé trop d'humidité atmosphérique il devient déliquescent et pâteux; son maniement est alors difficile. Pour ces motifs, il est bon de le conserver en lieu sec et clos, et d'en faire provision peu de temps avant de l'utiliser.

A l'état de pureté, sa composition pour 100 est:

Acide azotique { Oxygène . . . . 47,06 } = 63,53
{ Azote . . . . 16,47 }
Soude 36,47

La composition moyenne des produits commerciaux peut être rapportée à 95,5 pour 100 de nitrate pur. Le commerce garantit ordinairement 15 à 16 pour 100 d'azote (1 kilogramme d'azote nitrique correspond à 6 kilog. 070 de nitrate de soude pur; inversement, 1 kilogramme de nitrate de soude pur correspond à 165 grammes d'azote). La solubilité de ce sel est plus grande que celle du nitrate de potasse : 100 parties d'eau en dissolvent 78 parties à + 10 degrés centigrades, tandis qu'elles ne peuvent dissoudre que 22 parties de nitrate de potasse à cette même température. Chose bizarre, au-dessus de + 70 degrés centigrades, c'est ce dernier sel qui devient plus facilement soluble.

Expérience. **Recherche qualitative de l'acide nitrique.** — On introduit quelques décigrammes d'engrais dans un tube à essai avec un peu de limaille de cuivre, humectés d'eau et additionnés de 3 à 4 centimètres cubes d'acide sulfurique. En chauffant, il se dégage du bioxyde d'azote (Az O) qui se transforme immédiatement en *vapeurs rutilantes* d'acide hypoazotique (Az O²) au contact de l'air. Ces vapeurs se décolorent au contact de l'eau.

Circulation des nitrates dans le sol et conditions de leur emploi. — La diffusion des nitrates, malgré leur solubilité, est assez lente dans les terres sèches. Cette notion explique leur peu d'action par les temps secs. Mais les pluies les disséminent promptement et les entraînent dans le sous-sol avec facilité, car la terre n'exerce point de pouvoir absorbant à l'égard de l'azote nitrique. C'est là un inconvénient qui oblige à ne pas donner les nitrates trop longtemps à l'avance. L'agriculteur doit appliquer ces éléments fertilisants avec circonspection, et, autant que possible, au moment où les plantes végètent et par conséquent sont susceptibles d'en tirer parti. Le climat et la perméabilité du sol doivent être pris en considération.

Dans les appréciations précédentes, nous n'avons tenu aucun compte de la base à laquelle l'azote nitrique est uni. Nous pouvons ajouter à ce sujet qu'avec le *nitrate de potasse* l'acide se combine avec la soude, la chaux ou la magnésie et s'élimine par les eaux, tandis que l'alcali reste acquis à la terre. Lorsqu'il s'agit des *nitrates de soude* ou de *chaux*, l'acide et les bases sont également entraînés dans le sous-sol et restent inutilisés quand ils descendent à une profondeur inaccessible aux racines ou bien quand les eaux de drainage les emportent.

Sels ammoniacaux. — L'ammoniaque ou alcali volatil peut servir à l'alimentation des plantes dans les diverses combinaisons qu'elle forme avec les acides sulfurique, chlorhydrique, nitrique, carbonique.

L'*azotate d'ammoniaque* est le sel le plus riche en azote, car il est entièrement composé d'*azote nitrique* et d'*azote ammoniacal*. A l'état pur et sec, il renferme jusqu'à 40 pour 100 d'azote. Malheureusement le prix élevé de ce produit concentré ne permet pas de l'utiliser en agriculture.

Le *sulfate d'ammoniaque* est à peu près la seule combinaison ammoniacale dont on se serve comme engrais. On l'extrait des parties liquides des vidanges ou eaux vannes, des eaux d'égout, des eaux de condensation du gaz, etc.

Les cristaux blancs du sulfate d'ammoniaque constituent des prismes à six pans terminés par des pyramides à six faces. Ils ont une saveur vive, piquante, amère, et sont solubles dans deux fois leur poids d'eau froide. Le sulfate d'ammoniaque n'est pas un sel caustique et on le manie sans danger. A l'état pur il contient pour 100 :

Acide sulfurique (	Acide sulfurique	60,60
monohydraté .)	Eau	13,65
	) Hydrogène	4,54
Ammoniaque . .)	Azote	21,21

Les impuretés « commerciales » rendent sa couleur et sa richesse en ammoniaque variables : sur les marchés français cette dernière est comprise entre 20 et 21 pour 100 (1 kilogramme de sulfate d'ammoniaque correspond à 212 grammes d'azote ; inversement, 1 kilogramme d'azote correspond à 4 kilog. 714 de sulfate d'ammoniaque). Il ne faut pas cependant attribuer une trop grande importance à la blancheur, car il existe de beaux sels blancs, bien cristallisés, qui ne rendent à l'analyse que 16 à 17 pour 100 d'azote parce qu'ils sont en partie à l'état de bisulfate ; ils renferment une certaine quantité d'acide sulfurique libre. Cet acide, par ses propriétés corrosives, est nuisible aux semences et aux végétaux.

Le sulfate d'ammoniaque de couleur brun rougeâtre est fréquemment souillé de sulfocyanure d'ammoniaque ou rhodanammonium qui produit des effets désastreux sur les plantes.

Il ne faut pas confondre le terme *azote* (Az) avec celui d'*ammoniaque* (AzH³) ou hydrure d'azote. Pour exprimer l'azote en ammoniaque, on multiplie le taux d'azote par 1,214 ; pour réduire l'ammoniaque en azote on multiplie son taux par 0,823. Ce qui signifie que le kilogramme d'ammoniaque vaut 0,823 lorsque le kilogramme d'azote vaut 1 franc. Inversement le kilogramme d'ammoniaque valant 1 franc, le kilogramme d'azote vaudra 1,214.

Le prix du sulfate d'ammoniaque est exclusivement basé sur la quantité d'azote qu'il renferme.

EXPÉRIENCE. **Recherche qualitative de l'ammoniaque.** — On traite 1 à 2 grammes d'engrais par 4 à 5 centimètres cubes d'eau distillée ; on laisse déposer et on prélève ensuite une partie du liquide surnageant qu'on introduit dans un tube à essai avec un peu de potasse ou de chaux (1). Ces bases, plus fixes que l'ammoniaque, s'empareront de l'acide du sel et l'ammoniaque mise en liberté se dégagera, surtout si l'on chauffe à l'ébullition. Pour reconnaître le dégagement de l'ammoniaque, on place à l'orifice du tube un papier de tournesol rouge légèrement humecté d'eau, qui bleuit aussitôt ; on peut encore le reconnaître aux fumées blanches qui se produisent lorsqu'on approche une baguette imprégnée d'acide chlorhydrique ; enfin l'odeur irritante du gaz caractérise bien sa présence.

L'addition du *rhodanammonium* est facile à mettre en évidence : ce sel vénéneux, en solution aqueuse étendue, donne une coloration rouge en présence de quelques gouttes de perchlorure de fer.

Réaction des sels ammoniacaux dans les sols. — Examinons ce qui se passe dans le sol lorsque nous opérons avec du *sulfate d'ammoniaque* — comme nous l'avons déjà dit, ce sel ammoniacal est généralement employé — d'ailleurs les mêmes phénomènes essentiels se produisent avec les autres sels ammoniacaux.

Le *sulfate d'ammoniaque* est très soluble dans l'eau. Quand il est solubilisé, l'*ammoniaque* est retenue par la terre, et d'autant plus éner-

(1) Il est préférable de prendre la *chaux*, car la potasse contient quelquefois du cyanure de potassium, dont la décomposition peut donner de l'ammoniaque.

giquement que celle-ci est plus riche en argile et en humus — corps dont nous connaissons les propriétés absorbantes. — L'*acide sulfurique* se combine à la chaux du sol pour former du sulfate de chaux qui passe peu à peu dans les couches profondes avec les eaux dissolvantes.

L'ammoniaque peut être absorbée en nature par les végétaux, néanmoins il semble que l'azote nitrique constitue un meilleur aliment. Du reste, l'azote ammoniacal est assez rapidement converti en azote nitrique par les ferments de la *nitrification* si le sol est suffisamment humide et aéré, et la température assez élevée (12°), ce qui permet de considérer pratiquement l'incorporation à la terre des combinaisons ammoniacales comme étant l'équivalent de l'application d'un *nitrate*.

Le sulfate d'ammoniaque doit être réservé aux terres pourvues de calcaire, car cet élément est indispensable à la fixation de l'ammoniaque. Il faut éviter d'appliquer ce sulfate en même temps qu'un chaulage, la chaux vive intervenant avec plus d'énergie pour donner à l'ammoniaque la forme carbonatée qui, à la vérité, lui permet de se fixer, mais qui, par contre, la rend volatile. Quoi qu'il en soit, afin d'éviter autant que possible tout dégagement d'ammoniaque gazeuse, il est bon d'incorporer cet engrais au sol par un labour. L'épandage fait avant l'époque où la végétation devient active et tire parti des fumures n'est pas à conseiller à cause des déperditions auxquelles il expose, à moins cependant qu'on opère sur des *terres très fortes*, très argileuses, peu perméables, n'ayant par cela même qu'une faible aptitude à nitrifier, mais douées de propriétés absorbantes énergiques vis-à-vis de l'ammoniaque.

Le sulfate d'ammoniaque, ainsi que les autres engrais azotés, ne convient pas aux *terres acides*, riches en azote organique, forme d'azote qu'il est facile de mettre en circulation par le chaulage ou le marnage.

Ses terres de prédilection sont celles qui étant un peu calcaires présentent une perméabilité moyenne. On ne doit jamais l'employer à doses massives, à cause de sa nitrification rapide et aussi à cause des effets nuisibles qu'un excès d'azote ammoniacal peut produire sur les récoltes.

Débris animaux. — Les déchets animaux sont riches en azote organique. Le *sang desséché* contient 10 à 13 pour 100 d'azote, accompagné d'un peu d'acide phosphorique (0,5 à 1,5 pour 100), de potasse (0,6 à 0,8 pour 100) et de 11 ou 12 pour 100 d'eau; il convient aux terres moyennement perméables, un peu calcaires. L'azote de cet engrais n'est pas immédiatement assimilable, car les plantes ne l'absorbent qu'après sa transformation en nitrate. Il nitrifie un peu moins rapidement que le sulfate d'ammoniaque; aussi son effet est-il plus durable. La richesse des *chairs desséchées* est en moyenne de 9 à 11 pour 100 d'azote de valeur égale à celle du sang desséché. Le cultivateur veillera à ce qu'elles soient dépourvues de matières grasses, dont la présence serait nuisible. Les *matières cornées* des animaux et les déchets (rognures, frisures, râpures, etc.) des industries qui travaillent la corne sont très riches en azote et assez riches en phosphate, suivant la proportion des tissus osseux qu'on y trouve.

Les déchets livrés par le commerce sous le nom de « frisures de corne » titrent ordinairement 11 à 13 pour 100 d'azote. Les cornes en poudre sont garanties au titre de 12 à 14 pour 100.

La décomposition de ces produits dans le sol est assez lente; elle est d'autant plus active que leur état de division est plus avancé.

La meilleure forme est la corne torréfiée et moulue. Sa nitrification est plus active dans les sols calcaires un peu frais. On doit considérer la *corne* comme engrais azoté de longue durée, capable de faire sentir son influence sur la récolte de l'année et sur la suivante.

Les *déchets de cuir*, sous toutes leurs formes, sont des engrais à action très lente que le commerce offre avec une garantie de 6 à 9 pour 100 d'azote. On les classe au dernier rang parmi les engrais azotés animaux.

Les *déchets des industries lainières* et les *chiffons de laine* sont assez bien pourvus en azote et quelquefois en potasse, mais leur mélange avec des parties terreuses ou inertes telles que tissus de chanvre, de coton, de lin, etc., abaisse le titre et le rend variable; généralement les produits du commerce oscillent entre 3 à 5 pour 100 d'azote et 0,3 à 0,8 pour 100 d'acide phosphorique.

Dans la région viticole méridionale, les chiffons sont directement utilisés à la fumure des vignes et des oliviers. Leur action est plus lente que celle de la laine en bourres ; cependant leur nitrification est assez prompte dans les sols calcaires pas trop secs. Comme ils s'incorporent difficilement au sol, il est utile de les couper et déchiqueter lorsqu'on les reçoit en longs morceaux ou lanières. La manipulation de ces chiffons sales, d'une origine problématique, présente quelque danger pour la santé des ouvriers; en conséquence, il est prudent de leur donner des gants et de les obliger à placer sur leur bouche une couche de coton hydrophyle maintenue par une gaze.

La stratification des chiffons avec de la terre mélangée de chaux vive, suivie d'arrosages fréquents, est un excellent moyen de hâter leur décomposition. On peut aussi bien les mélanger au tas de fumier.

Guanos azotés. — Les engrais fabriqués à l'aide de débris de poissons et vendus sous le nom de *guanos de poissons* ont une composition très variable et il est nécessaire d'être fixé par l'analyse sur leur valeur fertilisante.

Le tissu osseux des poissons possède une composition chimique analogue à celle du tissu des quadrupèdes. La chair de ces derniers est plus riche en azote, mais un peu moins riche en acide phosphorique.

Les guanos méritent d'être considérés comme un engrais de premier ordre; ils sont constitués par les accumulations des déjections d'oiseaux marins, de phoques, qui se réfugient sur le littoral de certaines îles de l'océan Pacifique, de la mer des Antilles. Les côtes de la Bolivie, du Pérou dans l'Amérique du Sud, la côte ouest de l'Afrique, les côtes de l'Arabie, de la Chine, du Japon et de l'Australie, etc., possèdent de nombreuses accumulations de guanos.

La composition des guanos est très variable, non pas à cause de l'alimentation, qui diffère peu d'un point à un autre, car elle a partout le poisson pour unique base, mais parce que les gisements ne se sont pas formés dans les mêmes conditions. La plus ou moins grande sécheresse du climat exerce une influence prépondérante : les pluies notamment causent des déperditions considérables.

Les riches guanos du Pérou sont épuisés depuis longtemps. La moyenne de leur titre en azote s'élevait à 15 pour 100. Une pareille richesse est rarement atteinte aujourd'hui, d'autant plus que les falsifications abondent. L'agriculteur prudent refusera d'accepter des produits sans garantie d'analyse.

Le guano doit être conservé en lieu sec et mélangé avec 15 pour 100 de tourbe, afin d'éviter des pertes d'ammoniaque.

Il existe dans certaines grottes des dépôts de guanos provenant des déjections de chauves-souris, dont la valeur fertilisante est comparable à celle des guanos d'oiseaux livrés par le commerce.

Les déjections des oiseaux de basse-cour connues sous les noms de *colombine, poulaitte* ou *pouline*, qui constituent une espèce de guano de formation récente d'un excellent effet sur la végétation, doivent être soigneusement recueillies. Pour prévenir le départ de l'ammoniaque on recommande de placer des litières absorbantes dans les poulaillers et colombiers. Le terreau, la tourbe, la tannée et la sciure de bois peuvent être employés comme litières.

Réactions des engrais organiques dans les sols. — L'azote représente presque toute la valeur fertilisante des engrais organiques que nous venons de passer en revue. L'azote de ces engrais, incorporés au sol, se transforme en une sorte d'humus sous l'influence du calcaire, de l'air et de l'humidité. Cet humus n'étant pas soluble serait inutilisable pour les plantes, mais il est bientôt attaqué par les ferments de la nitrification qui oxydent la matière carbonée et transforment en acide nitrique l'azote qui y était combiné. Comme cette transformation ne se produit point dans les sols dépourvus de calcaire, dans les argiles pures et les terres acides, nous devons en conclure que les engrais organiques ne conviennent pas à tous les terrains.

La nitrification des matières organiques azotées se poursuit lentement; elle offre donc l'avantage de mettre sans cesse à la disposition des plantes, et pour ainsi dire au fur et à mesure de leurs besoins, une petite quantité d'azote assimilable. C'est pour ce motif que les effets de ces engrais se prolongent plus longtemps que ceux des engrais chimiques — nitrates et sels ammoniacaux.

Tenant compte de tous ces faits, il convient d'appliquer les engrais organiques avant l'hiver, excepté dans les sols légers, où la nitrification est rapide. Dans ce cas, l'épandage à la fin de l'hiver est préférable.

Les engrais organiques doivent être incorporés au sol par un labour; un simple hersage serait insuffisant. Employés en couverture ils donnent des résultats médiocres et même nuls quand il ne pleut pas.

Expérience. **Recherche qualitative de l'azote organique.** — Il est facile de constater la présence de l'azote organique en l'absence de sels d'ammoniaque. On mélange quelques décigrammes de la matière à examiner avec quelques grains de chaux sodée et on introduit le tout dans un tube de verre peu fusible. En chauffant au rouge sombre, l'azote de la matière organique passe à l'état d'ammoniaque qui se dégage. Les vapeurs ammoniacales se reconnaissent à leur odeur piquante, aux fumées blanches qu'elles produisent avec le gaz chlorhydrique et à leur action sur le papier de tournesol rouge un peu humide. Celui-ci bleuit.

Si la matière organique est accompagnée de composés ammoniacaux, il faut au préalable les éliminer à l'aide de l'eau et traiter ensuite le résidu par la chaux sodée (1) après l'avoir lavé et desséché comme il convient.

LES ENGRAIS PHOSPHATÉS

Phosphates minéraux naturels. — Le phosphore existe dans la nature en combinaison, principalement sous forme de *phosphate de chaux;* il se trouve assez répandu dans certaines régions comme espèce minérale (Ardennes, Somme, Côte-d'Or, Gard, Lot, etc.) et représente une partie importante des os des animaux, qui sont formés de :

Matières organiques : Gélatine	40 à 50 pour 100.	
— *minérales .* { Carbonate de chaux .	10 pour 100.	
{ Phosphate de chaux .	40 —	

Les os contiennent 22 pour 100 de *phosphore.*

Lorsqu'on fait brûler du phosphore dans l'air bien desséché, on obtient une poudre blanche, très avide d'eau, qui se transforme immédiatement en *acide métaphosphorique* ou acide monohydraté, monobasique (PO^2OH). Par transposition moléculaire, en s'hydratant davantage, cet acide donne l'acide orthophosphorique (PO^4H^3). Si on met ce corps en contact avec de la chaux (CaO), il s'y combine avec

---

(1) On prépare la chaux sodée en éteignant 2 parties de chaux vive, et en mélangeant dans une marmite de fonte l'hydrate pulvérulent obtenu avec une partie d'hydrate de soude; celui-ci a été préalablement dissous dans une quantité d'eau suffisante pour que la liqueur forme avec la chaux une bouillie homogène. On évapore en agitant constamment avec une spatule de fer, et quand la masse est solide on l'introduit dans un creuset et on la porte au rouge sombre pendant quelques minutes. Le produit refroidi est concassé et conservé à l'abri de l'air et de l'humidité.

dégagement de chaleur, et, suivant les quantités relatives d'acide phosphorique et de chaux mises en présence, il peut se former trois combinaisons :

1° Phosphate *basique* (*alcalin*) ou tricalcique $PhO^5(CaO)^3$;
2° Phosphate bicalcique ou *neutre* $PhO^5(CaO)^2$;
3° Phosphate monocalcique ou *acide* $PhO^5(CaO)(HO^2)$;

c'est-à-dire que 71 grammes d'acide phosphorique (formés de 31 grammes de phosphore unis à 40 grammes d'oxygène) peuvent se combiner à une ou deux ou trois fois 28 grammes de chaux. (1 kilogramme de phosphate de chaux correspond à 0 kilog. 458 d'acide phosphorique ; inversement 1 kilogramme d'acide phosphorique correspond à 2 kilog. 183 de phosphate de chaux.)

Le *phosphate de chaux naturel*, que l'on peut diviser en phosphate de chaux minéral et phosphate de chaux fossile ou phosphate minéral amorphe, comprend l'*apatite*, la *phosphorite* à texture cristalline, qui paraissent être le résultat de dépôts formés par les eaux chaudes, et le *phosphate de chaux en nodules*. Ce dernier est constitué par les excréments pétrifiés ou *coprolithes* des animaux fossiles ; il se rencontre dans un grand nombre de terrains et parfois en couches assez puissantes ; nous citerons les grès verts de la côte du Havre, de l'Yonne, les sables verts de Bellegarde (Ain), de l'Ardèche, les marnes crayeuses et la craie blanche des Ardennes, les argiles du lias dans l'Allier, et tant d'autres localités du Lot, du Tarn-et-Garonne, etc.

On a découvert dans l'Algérie française et la Tunisie des étendues considérables de grès phosphatés, notamment dans les environs de Tébessa et de Gafsa. D'après les ingénieurs qui ont étudié l'ensemble des gisements exploitables et présentement connus, leur puissance peut être évaluée à 200 millions de tonnes ; cette quantité correspond à la consommation actuelle de la France pendant quatre cents ans.

Phosphates d'os. Guanos phosphatés. — Les matières premières qui servent à la fabrication des *engrais phosphatés* sont les phosphates minéraux ou fossiles et les os, constituant le *phosphate basique ou tricalcique*. C'est ce phosphate que l'on appelle *phosphate d'os, poudre d'os, phosphate minéral, phosphate fossile*, etc., suivant son origine.

1° Le *phosphate tricalcique* est très difficilement et très lentement assimilable par les végétaux lorsqu'il est employé directement après une simple pulvérisation. Il est fort peu soluble dans les liquides du sol qui tiennent en dissolution un peu d'acide carbonique, et insoluble dans l'eau pure et le citrate d'ammoniaque alcalin. Ces considérations ont amené à lui appliquer un traitement chimique de manière à le rendre soluble, et conséquemment assimilable. C'est dans ce but qu'on le soumet à l'action de l'acide sulfurique qui le convertit en un mélange complexe de phosphates monocalcique, bicalcique, et tricalcique accompagné de sulfate de chaux, etc., connu sous le nom de *superphosphate de chaux*.

2° Le *phosphate bibasique* ou bicalcique, ou phosphate neutre de chaux, est peu soluble dans l'eau du sol et insoluble dans l'eau pure, mais facilement soluble dans les acides et dans le citrate d'ammoniaque alcalin.

3° Le *phosphate monocalcique* ou phosphate acide, cristallise en lamelles nacrées, déliquescentes, très solubles dans l'eau même pure, et dans le citrate d'ammoniaque alcalin.

Les phosphates tricalciques devenus *superphosphates* sont plus facilement assimilables par les plantes, non seulement à cause de leur transformation en produits plus solubles, mais encore parce qu'ils se trouvent réduits à l'état très pulvérulent.

Les superphosphates sont sujets à un phénomène particulier appelé *rétrogradation*, mot qui désigne le retour à l'état insoluble dans l'eau du phosphate rendu soluble par l'acide sulfurique.

Phosphates précipités et superphosphates. — Sous le nom de *phosphates précipités*, on fabrique des phosphates en poudre très fine qui sont obtenus par précipitation du phosphate en dissolution. Le phosphate étant dissous dans l'acide chlorhydrique dilué, on précipite l'acide phosphorique par addition d'un lait de chaux sous forme de phosphate bicalcique ou tricalcique à un degré de division très grand.

Les phosphates précipités offerts par le commerce possèdent une richesse moyenne de 25 à 40 pour 100, dont une grande partie est soluble dans le citrate d'ammoniaque. Ils se présentent à l'état de poudre blanche, fine, homogène et faiblement agglomérée.

Quant aux *superphosphates*, suivant leur provenance, ils renferment de 10 à 21 pour 100 d'acide soluble (superphosphates d'os 19 à 21 pour 100 ; superphosphates minéraux 10 à 18 pour 100). Les superphosphates d'os contiennent 1/2 à 1 pour 100 d'azote ; ils sont cotés à un prix plus élevé que les superphosphates minéraux. La valeur agricole d'un phosphate, quel qu'il soit, dépend de la proportion d'acide phosphorique assimilable qu'il contient. Le *phosphate tricalcique* ou basique est le moins cher parce qu'il est insoluble dans l'eau pure et dans le citrate d'ammoniaque alcalin. Le *phosphate monocalcique* ou acide est le plus cher parce qu'il est soluble dans l'eau ; enfin le *phosphate bicalcique*, insoluble dans l'eau, mais soluble dans le citrate ammoniacal, possède une valeur intermédiaire.

Le phosphate monocalcique et le phosphate bicalcique sont considérés comme ayant une valeur peu différente ; mais celle du phosphate tricalcique est bien moindre. Or les phosphates commerciaux livrés à l'agriculteur renferment souvent un mélange des trois combinaisons de l'acide phosphorique ; il est donc indispensable de recourir à l'analyse pour déterminer la proportion d'acide soluble qui existe dans le produit et établir sa valeur marchande. On est convenu de compter comme *phosphate bicalcique* tout le *phosphate que dissout à froid le citrate d'ammoniaque alcalin.* Le prix est calculé sur cette base.

Cependant il ne faudrait pas croire que l'assimilabilité d'un phosphate dépend absolument de sa solubilité dans le citrate, car il est certain que les phosphates d'os, les phosphates des fumiers, par exemple, bien qu'insolubles dans le citrate, sont néanmoins assimilables par les plantes.

Quand une racine rencontre vers son extrémité (région d'absorption) une parcelle d'os, de nodule, d'apatite, etc., elle parvient à la dissoudre à l'aide de ses sucs propres et à absorber de l'acide phosphorique. La bonne utilisation des phosphates naturels dépend beaucoup de leur texture plus ou moins compacte et de leur degré de ténuité. Pour que ces phosphates donnent les meilleurs résultats, il est donc nécessaire qu'ils soient amenés à un degré de division mécanique très grand. Le commerce garantit une finesse de mouture qui est ordinairement celle du tamis 100 (tamis de 100 fils au pouce). C'est assurément à leur faible agrégation, à leur texture poreuse, à leur finesse, que les *produits d'os* et les *guanos phosphatés* sont redevables de la supériorité qu'on leur reconnaît sur les phosphates minéraux.

S'il est évident que, grâce à la présence de l'acide carbonique, l'eau dissout le phosphate monocalcique, il est non moins évident que lorsque cette eau phosphatée contenant encore de l'acide carbonique libre se trouve en présence de carbonate de chaux ou de magnésie, il se forme du bicarbonate (carbonate acide), lequel amène la production d'un dépôt de phosphate tribasique insoluble et impalpable aux dépens du phosphate en solution. Ces réactions fort simples expliquent pourquoi la terre, pourvue de carbonates, cède à l'eau qui la traverse beaucoup moins de phosphate soluble que n'en renferme le superphosphate qu'elle a reçu.

La nature du sol doit guider l'agriculteur dans son choix. Le prix relativement bas des phosphates minéraux permet, pour une même dépense, d'incorporer à la terre une quantité supérieure d'acide phosphorique, et ceci mérite d'être pris en sérieuse considération.

Il faut réserver les produits d'os, plus coûteux, aux sols dépourvus de matières organiques, tels que le sont généralement les sols très calcaires; ainsi qu'aux terres légères, ordinairement pauvres en humus à cause des combustions dont elles sont le siège, combustions qui entraînent la disparition des matières organiques. Les phosphates minéraux doivent être appliqués de préférence aux terres acides, terres de vieilles prairies, et à toutes celles qui sont riches en matières organiques même lorsqu'elles possèdent une assez forte proportion de calcaire, et que, par suite, elles n'ont point de réaction acide.

L'acide phosphorique des *résidus animaux*, fumiers, poudrettes, sang desséché, corne, etc., ou des *résidus végétaux*, marcs, tourteaux, etc., est accompagné de matière organique, ce qui tend à le rendre plus rapidement assimilable. Sa valeur culturale serait plutôt un peu supérieure à celle des produits d'os.

Les superphosphates et les phosphates précipités ne doivent pas être employés trop tardivement, à plus forte raison faut-il enfouir les phosphates naturels au moment des labours d'automne.

L'épandage vers la fin de l'hiver ou au commencement du printemps, si le climat n'est pas trop sec, convient aux phosphates qui ont subi des traitements chimiques.

On les sème en couverture, aussi uniformément que possible, et on les incorpore au sol par un labour, car la herse ou le scarificateur sont insuffisants.

Les doses à employer dépendent à la fois de la richesse du sol, des besoins de la récolte et de la richesse du superphosphate, etc.

On peut considérer qu'un apport de 100 kilogrammes d'acide phosphorique représente une fumure *intensive* pour une terre moyennement riche. Cette fumure est obtenue par l'emploi de :

1 000 kilogrammes de superphosphate à			10 pour 100.
700 —	—	à	14	—
650 —	—	à	15	—
500 —	—	à	20	—
300 —	—	à	33	—
250 —	—	à	40	—

D'ailleurs, un excès de fumure phosphatée ne peut nuire à la récolte et n'est point sujet aux déperditions comme l'excès de fumure azotée.

L'acidité des superphosphates rend leur maniement pénible pour les ouvriers, surtout lorsqu'ils ont des gerçures aux mains. Dans ce cas, il est bon de leur donner des gants ou bien de faire l'épandage à la pelle et mieux encore d'employer le semoir (*fig.* 100).

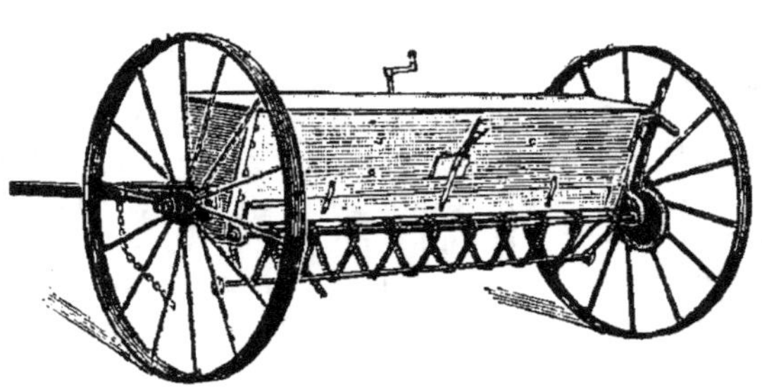

Fig. 100. — Semoir à engrais.

Les superphosphates peuvent être mélangés sans inconvénient avec tous les engrais, sauf avec les nitrates que les acides des superphosphates décomposent : ce phénomène entraîne une perte d'azote d'autant plus grande que le contact est plus prolongé. Le mélange, au moment même de l'épandage, est toujours praticable.

Emploi indirect des phosphates naturels. — M. de Molon, M. Risler et d'autres agronomes éminents ont depuis longtemps préconisé l'association des matières organiques en décomposition aux phosphates naturels, dans le but de les rendre plus assimilables. Les réactions qui se produisent entre le phosphate et les éléments du fumier rendent l'acide phosphorique plus facilement soluble. On ne saurait trop recommander cette pratique, car elle a pour résultat certain de fournir de l'acide phosphorique, sous une forme assimilable, à un prix bien inférieur au cours de l'acide phosphorique des phosphates solubilisés par traitement chimique.

La dose de phosphate naturel pulvérisé peut être répandue soit à l'étable ou à l'écurie, soit sur le tas chaque fois que l'on y apporte du fumier. Cette dose dépend de la quantité de fumier que l'on veut donner à l'hectare.

Supposons, pour fixer les idées, qu'il faille fournir au sol 1 000 kilogrammes de phosphate et 25 000 kilogrammes de fumier à l'hectare : le phosphate et le fumier devront donc se trouver associés dans le rapport de 1 à 25.

Or le bétail produit à peu près dans une année vingt-cinq fois son poids de fumier : il faudra donc employer dans une année un poids de phosphate naturel égal au poids du bétail.

Conséquemment, si l'on répand le phosphate toutes les semaines sur le tas, on en répandra 1/52 du poids du bétail, et si l'on répand le phosphate sur la litière tous les jours, on en répandra chaque jour 1/365 du poids du bétail.

On peut aussi introduire avantageusement le phosphate naturel dans les marcs de pomme ou de raisin, dans les composts riches en matières organiques, dans la tourbe, la tannée, etc. La seule précaution à observer est de maintenir la masse légèrement humide à l'aide d'arrosages fréquents, soit avec du purin, des vinasses ou tout autre liquide organique.

Scories de déphosphoration. — On appelle *scories de déphosphoration*, *phosphate métallurgique* ou *phosphate Thomas*, un produit qui provient des opérations effectuées dans l'industrie métallurgique pour enlever le phosphore à la fonte et prévenir ainsi la formation d'un phosphure de fer qui offre un grand inconvénient pour la transformation de la fonte en fer et en acier.

La composition des scories est variable ; les premières qui sortent des appareils contiennent quelquefois moins de 7 pour 100 d'acide phosphorique, tandis que la teneur de celles de la fin de l'opération s'élève en général au-dessus de 13 pour 100 et atteint même 18 à 20 pour 100. La proportion de chaux est ordinairement voisine de 40 pour 100. On y trouve 12 à 22 pour 100 d'oxyde de fer, de la silice, un peu de magnésie, etc., un peu d'acide sulfurique.

La plus grande partie de l'acide phosphorique des scories se trouve à l'état tribasique comme dans les phosphates naturels. Il y en a cependant une partie soluble dans le citrate ammoniacal. L'analyse seule peut renseigner l'agriculteur à ce sujet.

Les scories contiennent de la chaux, principalement à l'état de chaux caustique et de silicate faiblement combinés. Sous ces deux formes, la chaux agit plus vite et remplit mieux son rôle d'amendement que sous la forme de carbonate. L'application des scories correspond donc à un chaulage et elles doivent produire d'excellents effets sur les terres dépourvues de calcaire.

Les scories doivent être assez finement moulues pour laisser passer au moins 75 pour 100 de leur poids à travers le tamis n° 100.

Le vendeur garantira la richesse en acide phosphorique total et l'absence de substances étrangères aux scories, telles que phosphate de chaux naturel, phosphate d'alumine, chaux, etc.

Expérience. **Recherche qualitative de l'acide phosphorique.** — On introduit dans un tube à essai quelques centigrammes de la matière à examiner avec 2 ou 3 centimètres cubes d'acide azotique et autant d'eau. Après avoir fait bouillir le tout pendant deux ou trois minutes, on laisse déposer. Lorsque le liquide est devenu clair, on en prélève une partie au moyen d'un tube de verre étiré, à laquelle on ajoute 4 à 5 centimètres cubes de nitromolybdate d'ammoniaque. S'il y a de l'acide phosphorique en quantité appréciable, on verra apparaître au bout de peu de temps un précipité jaune caractéristique de phosphomolybdate d'ammoniaque (1), dont on provoque la formation rapide en chauffant vers 75 degrés.

Ce procédé d'analyse nous permet de constater qu'il existe de l'acide phosphorique, mais nous ne savons pas sous quel état il se présente : il nous donne *l'acide phosphorique total.*

Pour rechercher si c'est à l'état soluble dans l'eau, ou tout au moins s'il y a de l'acide phosphorique soluble dans l'eau, on introduit quelques centigrammes de matière dans un tube à essai, avec 7 ou 8 centimètres cubes d'eau ; on fait bouillir et on opère exactement comme il vient d'être dit. Le nitromolybdate d'ammoniaque décèlera la présence de l'acide phosphorique dans la solution aqueuse.

Pour reconnaître s'il y a de l'acide phosphorique soluble au citrate, on introduit dans un flacon les quelques centigrammes de matière traités par l'eau et on les délaye dans 10 à 12 centimètres cubes de citrate d'ammoniaque préparé suivant la formule de Joulie :

Acide citrique pur . . . .   400 grammes.
Ammoniaque à 22 degrés. . . . . .   500 centimètres cubes.

Dissoudre à froid et, après dissolution, compléter le litre avec de l'ammoniaque à 22 degrés Baumé.

On bouche alors le flacon au moyen d'un bouchon de caoutchouc et l'on agite fortement son contenu à plusieurs reprises pendant quelques heures.

Si le broyage de la matière a été soigneusement fait et si elle ne contient pas de sable, presque tout se dissout, et le liquide n'est que plus ou moins louche.

Dans le cas contraire, on laisse durer le contact douze heures. Au bout de

(1) Le *nitromolybdate d'ammoniaque* se prépare en dissolvant 100 grammes d'acide molybdique dans 400 grammes d'ammoniaque d'une densité de 0,95 ; on filtre et l'on reçoit le liquide goutte à goutte, dans 1 kilogr. 5 d'acide azotique pur de 1,20 de densité, en agitant constamment. Ce mélange est abandonné pendant quelques jours dans un endroit chaud ; il forme un dépôt ; on décante la partie claire pour l'emploi.

cc temps, on filtre et on ajoute au liquide filtré 2 centimètres cubes de mélange magnésien (1), puis 3 centimètres cubes d'ammoniaque; on agite vivement au moyen d'une baguette de verre et on laisse reposer. Il se précipite du phosphate ammoniaco-magnésien.

Les trois opérations précitées indiquent la présence de l'acide phosphorique sous les formes suivantes :

Par l'acide azotique
{ Tous les phosphates, y compris :
Phosphate tricalcique... insoluble dans l'eau et dans le citrate.

Par le citrate d'ammoniaque
{ *Phosphate bicalcique.*
Phosphate d'alumine.
Phosphate de fer.

Par l'eau
{ *Phosphate monocalcique.*
Acide phosphorique libre.

La teneur en acide phosphorique étant garantie par le vendeur et 1 d'acide donnant 2,183 de phosphate de chaux, une multiplication suffit pour établir la teneur correspondante en phosphate.

LES ENGRAIS POTASSIQUES

La *potasse* fait partie de la composition de la plante et est indispensable à son développement.

En général, les terres cultivées, surtout celles qui sont d'origine granitique et volcanique, ne manquent pas de potasse, car l'argile, qui leur fait rarement défaut, renferme 2 à 5 pour 100 de cet élément; mais les terres pauvres en potasse sont fréquentes, principalement parmi les terres calcaires, aussi exigent-elles l'emploi d'engrais contenant de la potasse. Nous savons que la potasse donne des combinaisons très stables avec la silice et l'alumine formant les argiles ou les débris des roches primitives; par contre, la potasse fournie au sol à l'état d'engrais est toujours immédiatement utilisable et soluble dans l'eau. Lorsque le sol renferme du calcaire accompagné d'un peu d'humus ou d'argile, il possède l'heureuse propriété de retenir la potasse.

Les engrais potassiques répandus dans le commerce et offerts à l'agriculture sont :

Le *chlorure de potassium;*

Le *sulfate de potasse;*

Le *kaynite;*

La *potasse brute* et *potasse de suint;*

Le *carbonate de potasse;*

Le *nitrate de potasse.*

(1) Le mélange magnésien répond à la formule suivante :
Chlorure de magnésium cristallisé. . . . .   50 grammes.
Chlorhydrate d'ammoniaque . . . .   70 grammes.
Ammoniaque pure. . . . . 350 grammes.
Eau distillée pour faire 1 litre.

Les plus usités sont le chlorure de potassium et le sulfate de potassium.

Chlorure de potassium. — Le *chlorure de potassium* pur se présente en cristaux blancs, ayant la forme de cubes ou de trémies. Sa saveur est salée et amère. Il est inaltérable à l'air; chauffé, il décrépite, puis fond au rouge sombre et donne des vapeurs au rouge vif. Sa solubilité dans l'eau est très grande.

Ce sel est composé de chlore et de potassium :

       Chlore.   47,58
       Potassium. . . . . .   52,42, correspondant à potasse 63,14.

La potasse anhydre (K^2O) est une combinaison du potassium avec l'oxygène.

Le chlorure de potassium du commerce renferme des impuretés (1 kilogramme de chlorure de potassium pur correspond à 631 grammes de potasse ; inversement, 1 kilogramme de potasse correspond à 1 kilogr. 585 de chlorure de potassium pur); comme il est accompagné de sel de magnésie, il est hygroscopique et doit être conservé à l'abri de l'humidité. La garantie a habituellement pour base 80 à 90 pour 100 de chlorure de potassium soluble dans l'eau, avec majoration ou réfaction de prix proportionnelle à l'écart. Pour avoir le titre en potasse, il suffit de multiplier par le coefficient 0,63. Ainsi un produit à 85 pour 100 de chlorure de potassium donnera $85 \times 0,63 = 53,55$ de potasse.

Admettons qu'un chlorure de potassium à 80 pour 100 soit facturé 21 francs. Si l'analyse montre qu'il ne contient que 78 pour 100 de chlorure, on devra le payer $\dfrac{21 \times 78}{80} = 20$ fr. 48

On peut distinguer parmi les chlorures ceux qui sont fabriqués en France et ceux qui sont d'origine allemande.

Les premiers proviennent du raffinage des salins de betteraves, des eaux mères de marais salants ou des cendres de varechs. Les chlorures du raffinage possèdent une richesse supérieure et contiennent moins de sels étrangers nuisibles (90 pour 100 de chlorure correspondant à 57 pour 100 de potasse).

Les seconds viennent des gisements de Stassfurt, près de Magdebourg, qui sont d'origine marine. Leur titre varie de 75 à 90 pour 100 de chlorure réel, mais le plus courant est 80 pour 100, ce qui correspond à 50,5 pour 100 de potasse.

Sulfate de potasse. — Le *sulfate de potasse* cristallise en prismes blancs à six pans très courts, terminés par un pointement à six faces, durs, inaltérables à l'air, d'une saveur salée et un peu amère. Ce sel ne doit pas être confondu avec le bisulfate de potasse, qui est un corrosif violent et qui est acide au papier de tournesol.

Le sulfate de potasse est moins soluble dans l'eau que le chlorure de potassium. Sa dissolution est neutre au tournesol. Une solution concentrée d'acide tartrique y produit un dépôt blanc cristallin de crème de tartre. A l'état de pureté le sulfate de potasse se compose de :

Potasse (oxyde de potassium). 54,07
Acide sulfurique. 45,93

On le trouve, comme le chlorure, dans les mines de Stassfurt. On l'extrait aussi des cendres, des salins, du kaynite, etc. Celui que l'industrie livre à l'agriculture contient de 80 à 96 pour 100 de sulfate réel, soit 43 à 52 pour 100 de potasse. Il est peu hygroscopique. Le prix de cet engrais est relativement plus élevé que celui du chlorure : il dépend de sa teneur en sulfate réel; pour avoir le titre en potasse, il suffit de multiplier par le coefficient 0,54. Ainsi un produit à 81 pour 100 de sulfate donnera $81 \times 0,54 = 43,74$ pour 100 de potasse. (1 kilogramme de sulfate de potasse pur correspond à 0 kilog. 540 de potasse. Inversement, 1 kilogramme de potasse correspond à 1 kilog. 851 de sulfate de potasse.)

Kaynite. — Le *kaynite* (ou kaïnite) est un minerai qui se présente sous forme de masses à cassure schisteuse et cristalline. On le trouve en grandes masses à Leopoldshall et à New-Stassfurt, etc. Il renferme en moyenne 24 pour 100 de sulfate de potasse accompagné de 17 pour 100 de sulfate de magnésie et 12 à 13 pour 100 de chlorure de magnésium. Ce dernier sel rend la conservation de l'engrais difficile à cause de son extrême hygroscopicité; par contre, s'il se dessèche, il devient très dur.

Le chlorure de magnésium est dangereux pour les plantes. On le détruit par un grillage. Le kaynite qui a subi la calcination prend le nom de *kaynite préparé*. Quoi qu'il en soit, il est bon de se rendre compte par l'analyse de l'absence de la magnésie à l'état de chlorure.

Les sels bruts de kaynite renferment encore 30 pour 100, en moyenne, de chlorure de sodium, ce qui représente un apport de 90 kilogrammes de sel marin lorsqu'on donne 300 kilogrammes de kaynite par hectare. Or le sel marin produit des effets mauvais en plusieurs circonstances déterminées. Il diminue la richesse en sucre des betteraves et en fécule des pommes de terre; il est préjudiciable à la levée des graines, particulièrement dans les sols froids et imperméables et dans les années sèches.

Quand on se trouve obligé d'employer un engrais riche en chlorure de sodium, il faut l'épandre longtemps avant les semailles afin que les pluies aient le temps de dissoudre et d'entraîner ce principe nuisible.

Le meilleur moyen d'utiliser le *sel marin* à la ferme consiste à l'introduire modérément dans la ration du bétail, où il joue un rôle important dans les phénomènes de la digestion.

Potasse brute et potasse de suint. — Les *potasses brutes* ou *salins bruts* sont sujettes à de grandes différences de composition. Leur teneur est d'environ 35 pour 100 de potasse. Les salins de betteraves fournissent plus de 20 millions de kilogrammes de potasses brutes, utilisées en grande partie à la fumure des vignes de la région méridionale. Il est prudent de s'assurer qu'ils sont exempts de cyanure, aussi vénéneux pour les plantes que pour les animaux. D'ailleurs, l'analyse chimique doit présider à l'achat de tous ces produits bruts; car, indépendamment des impuretés qu'ils renferment, la potasse s'y trouve sous différentes formes qui n'ont pas une valeur agricole égale.

La *potasse de suint*, riche en carbonate de potasse, provient du lavage des laines. Les glandes de la peau du mouton sécrètent une substance grasse, odorante, qui imprègne la toison et porte le nom de *suint*. C'est une sorte de savon à base potassique préférable à la potasse des salins de betteraves, mais assez rare dans le commerce parce qu'il est recherché par les savonneries et les raffineurs de potasse.

Carbonate de potasse. — Le *carbonate de potasse* est extrait des cendres du bois, des salins de betteraves et du suint. On l'appelle commercialement *potasse épurée*. Il contient de 75 à 92 pour 100 de carbonate de potasse, ce qui correspond à 51-62,6 pour 100 de potasse (1 kilogramme de potasse correspond à 1 kilog. 468 de carbonate de potasse pur; inversement, 1 kilogramme de carbonate de potasse pur correspond à 681 grammes de potasse).

Le carbonate de potasse est blanc, pulvérulent; il attire l'humidité de l'air et fond dans cette humidité (déliquescent); il est inodore, d'une saveur âcre et lixivielle. Très soluble dans l'eau. C'est le sel potassique le plus riche en potasse; malheureusement, son prix relativement élevé limite son emploi agricole.

A l'état pur, le carbonate de potasse cristallise en tables rhomboïdales et contient :

Potasse (oxyde de potassium anhydre)	68,162
Acide carbonique.	31,838

Nitrate de potasse. — Le *nitrate de potasse* (1), qui figure parmi les engrais azotés, est aussi un excellent engrais potassique, mais c'est l'azote qui constitue en grande partie sa valeur et règle son emploi. Dans la majorité des cas, un mélange de nitrate de soude et de sulfate ou de chlorure de potassium est plus avantageux sous tous les rapports, non seulement pour obtenir l'azote à plus bas prix, mais encore pour enrichir le sol en potasse aux meilleures conditions.

Les *cendres des végétaux* renferment beaucoup de potasse à l'état de carbonate, mais après lessivage cette potasse a disparu et alors elles ne peuvent être employées que comme engrais phosphaté et calcaire.

Les *cendres de houille* et de *tourbe* sont aussi pauvres en potasse qu'en acide phosphorique et leur emploi n'est guère économique pour peu que leur transport soit onéreux.

---

(1) 1 kilogramme d'azote nitrique correspond à 7 kil., 214 de nitrate de potasse pur. Inversement, 1 kilogramme de nitrate de potasse pur correspond à 0 kil., 1386 d'azote nitrique et à 0 kil., 4653 de potasse.

Application des sels potassiques. — Les sels potassiques ne doivent jamais être appliqués en couverture, excepté sur les prairies. Il faut les répandre uniformément sur toute la surface du sol et les enfouir ensuite à l'aide d'un bon labour. Pour que l'épandage soit aussi régulier que possible, le sel pulvérisé sera mélangé avec des matières inertes fines, telles que sable et terre fine, ou bien avec d'autres engrais : phosphates, superphosphates, nitrates, plâtre, matières organiques, etc ; aucune action décomposante ou nuisible n'est à redouter pourvu que la potasse ne soit point carbonatée. Le carbonate de potasse est un alcali puissant qui agit avec autant d'énergie que la chaux sur l'azote ammoniacal ou l'azote organique et provoque des pertes de ce côté, surtout si le mélange a lieu quelque temps à l'avance. — Les salins, les potasses brutes, les cendres sont plus ou moins caustiques et peuvent attaquer les mains des ouvriers. — Le chlorure de potassium est nuisible dans tous les sols en l'absence de pluies et par tous les temps dans les terres à sous-sol imperméable ou dépourvues de calcaire. Le kaynite, riche en chlorure de sodium et de magnésium, présente encore plus d'inconvénients.

Expérience. **Recherche qualitative de la potasse.** — 2 ou 3 grammes d'engrais sont traités par 5 ou 6 centimètres cubes d'eau; on triture avec une baguette de verre et l'on jette sur un filtre. A quelques gouttes du liquide filtré introduites dans un tube d'essai on ajoute autant de solution d'hyposulfite de soude à 10 pour 100 et trois ou quatre gouttes d'une liqueur de bismuth, puis de l'alcool à 92-95 degrés en quantité double du volume que donne le mélange des liquides précités. Par l'agitation, on voit apparaître un précipité cristallin d'un beau jaune serin, caractéristique de la potasse.

Pour préparer la *liqueur de bismuth*, on fait dissoudre 10 grammes de sousnitrate de bismuth, à chaud, dans la quantité nécessaire d'acide chlorhydrique et on étend le volume à 1 décilitre (100 grammes) avec de l'alcool à 92 degrés.

Une parcelle d'un sel de potassium portée au bord de la flamme d'un *bec de Bunsen* donne une coloration violette; mais une trace de sodium peut la masquer. En regardant la flamme à travers un verre couleur indigo, la coloration jaune du sodium est éteinte et le violet apparaît plus vif.

LES ENGRAIS COMPLETS

Le commerce des engrais livre à l'agriculture des *engrais complets*, dont la composition varie à l'infini. Ces engrais, ordinairement vendus sous le nom d'engrais complets, sont le résultat du mélange de phosphates ou superphosphates, de sulfate d'ammoniaque ou nitrate de soude, de chlorure ou de sulfate de potassium, etc., associés à des matières organiques et souvent aussi à des substances de faible valeur, telles que le plâtre ou le terreau.

Sans parler du phénomène de la *rétrogradation*, dont il a été question à propos des superphosphates, l'*engrais complet* présente plusieurs inconvénients.

Lorsqu'il renferme du superphosphate et du nitrate, il perd une partie de son azote par suite de la réaction de l'acide sulfurique et de l'acide phosphorique du superphosphate sur le nitrate. Sans doute le commerçant peut éviter ces déperditions en substituant l'azote ammoniacal à l'azote nitrique ou bien encore en remplaçant le superphosphate par le phosphate précipité, mais en somme ces changements réduisent la valeur de l'engrais.

L'inconvénient le plus grave des engrais complets réside dans la majoration qu'ils font subir au prix des engrais simples. En outre, la fraude s'exerce facilement sur ces engrais hétérogènes.

Même en l'absence de fraude, l'agriculteur paye toujours au-dessus de leur valeur les substances fertilisantes des mélanges préparés que grèvent les frais de manipulations. Dans ces conditions, on ne saurait trop lui recommander de rejeter les *engrais complexes* quels qu'ils soient et d'acheter de préférence des *engrais simples*, dont le cours est facile à connaître. Ensuite, il les mélangera au moment de l'emploi dans les proportions exigées par la nature du sol et de la récolte. Au besoin, le professeur d'agriculture consulté donnera la formule nécessaire.

Achats d'engrais.

Depuis que les progrès de la science agronomique et de l'art agricole ont développé la culture intensive du sol, l'emploi des engrais a pris une extrême importance. Le législateur a dû intervenir non seulement pour protéger l'agriculteur contre la fraude ou contre la malveillance, mais encore pour défendre le commerce honnête qui, par l'excellence de sa fabrication, vient réellement en aide à l'industrie de la terre.

Tout *acheteur d'engrais* doit exiger du vendeur garantie sur facture de la teneur de la matière en éléments fertilisants, à savoir :

Azote ammoniacal ;

Azote nitrique ;

Azote organique (sang, viande, corne, etc.) ;

Acide phosphorique soluble dans l'eau ;

Acide phosphorique soluble dans l'eau et le citrate ;

Acide phosphorique soluble dans les acides ;

Chlorure de potassium (potasse soluble dans l'eau) ;

Sulfate de potasse (potasse soluble dans l'eau) ;

Kaynite, etc. (potasse soluble dans l'eau).

Par le seul fait de ne pas fournir facture en indiquant le nom, la nature, la provenance de l'engrais vendu, ainsi que son dosage en azote, en acide phosphorique et en potasse pour 100 kilogrammes, dans l'état où il est livré, le vendeur s'expose à une amende de 11 à 15 francs et, en cas de récidive, à un emprisonnement pendant cinq jours que le tribunal *pourra* appliquer.

Toute marchandise ne portant pas sur facture la dénomination d'*engrais* devra être rigoureusement refusée. Les dénominations mirifiques telles que : régénérateur, fortifiant, etc., ont uniquement pour but d'éluder les prescriptions de la loi sur les engrais.

Admettons que la richesse de l'engrais soit garantie à :

1 à 2 pour 100 d'azote du sulfate d'ammoniaque ;

2 à 3 pour 100 d'azote du sang desséché ;

5 à 6 pour 100 d'acide phosphorique, du superphosphate d'os soluble au citrate ;

2 à 3 pour 100 de potasse du chlorure de potassium.

Le kilogramme de chaque matière fertilisante ne doit jamais être payé au-dessus du *cours établi*.

Supposons que le kilogramme d'azote ammoniacal soit coté 1 fr. 25 ; le kilogramme d'azote du sang desséché, 1 fr. 50 ; le kilogramme d'acide phosphorique du superphosphate d'os, 0 fr. 50 ; le kilogramme de potasse du chlorure de potassium, 0 fr. 43.

Nous calculerons toujours d'après la *garantie minimum* parce que le vendeur n'est engagé que pour cette garantie :

1 kilogr. d'azote à 1 fr. 25	1 fr. 25
2 kilogr. d'azote à 1 fr. 50	3 fr. 00
5 kilogr. d'acide phosphorique à 0 fr. 50	2 fr. 50
2 kilogr. potasse à 0 fr. 43	0 fr. 86
100 kilog. d'engrais valent :	7 fr. 61

Une légère majoration peut être admise pour payer le travail de mélange, le sac et l'intérêt de l'argent lorsqu'on achète à crédit.

A la réception de l'engrais en gare, l'acheteur ou son mandataire doit, à l'aide d'une sonde, prendre trois échantillons, l'un à la surface, l'autre au milieu et le dernier au fond ; il les réunit et les mélange en présence du maire ou du garde champêtre, ou, à défaut, de deux témoins, puis il les enferme par parties égales dans trois flacons en verre bouchés et cachetés avec soin. Procès-verbal de l'opération est dressé. L'un des échantillons est déposé à la mairie, le deuxième est envoyé au marchand, le troisième est remis à un chimiste délégué par le ministre de l'Agriculture (stations agronomiques) pour en faire l'analyse. Si la marchandise n'est pas conforme aux garanties données et qu'il y ait lieu de supposer que le vendeur est sciemment coupable de tromperie, on porte plainte au procureur de la République. Ce magistrat fait instruire l'affaire et poursuit d'office si le vendeur est en fraude.

Syndicats agricoles. — Le XXe siècle amènera sans doute la diffusion et le développement parfait des idées de solidarité, d'entente commune, de coopération en vue de la défense des intérêts économiques et du progrès matériel et moral du pays.

La fin du XIXe siècle a vu éclore la constitution légale des *syndicats agricoles*, véritables *associations professionnelles*. Parmi les opérations multiples auxquelles ils se livrent, nous distinguerons la création des caisses de secours, d'offices de renseignements pour les achats d'engrais, d'instruments, etc., la centralisation des demandes pour les mêmes objets afin d'abaisser les prix par la concurrence des vendeurs, etc.; l'analyse des terres et des matières fertilisantes, etc.

Le cultivateur affilié à un syndicat agricole bénéficie de la puissance même de ce syndicat, tandis que le cultivateur isolé et abandonné à ses propres forces est une proie facile pour les exploiteurs éhontés.

Un cultivateur qui n'a besoin que de quelques sacs d'engrais pour fertiliser son lopin de terre ne peut s'approvisionner chez les grands industriels, qui ne vendent qu'en gros; il est donc obligé de s'adresser à des intermédiaires, petits marchands ou commissionnaires, qui, naturellement, ne travaillent point gratis et grèvent lourdement l'engrais de frais supplémentaires, sans parler de la qualité du produit qui n'est pas toujours *irréprochable*. Le cultivateur ignorant se laisse facilement berner et exploiter par les gens de mauvaise foi qui savent user de tous les stratagèmes. Ces parasites n'ont pas à craindre d'être contredits par une analyse chimique, car ils n'ignorent point que le prix de cette analyse augmenterait dans de trop fortes proportions le prix d'achat d'une faible quantité d'engrais et que le pauvre ouvrier de la glèbe n'a pas les moyens de consentir à un pareil sacrifice. Ce moyen de contrôle n'est économiquement possible qu'à la condition de le faire porter sur un lot considérable de substances. Une analyse de 10 francs environ ne grève guère 100 000 kilogrammes d'engrais, mais elle surcharge d'une façon intolérable un achat de 30 à 40 francs de marchandise.

Analyse chimique du sol.

L'*analyse chimique du sol* nous fixe sur les proportions de chacun des éléments fertilisants qui s'y trouvent, mais elle ne *détermine* pas d'une manière absolument sûre quel est leur degré d'*assimilabilité*.

Un sol de fertilité moyenne renferme environ par kilogramme de terre :

<ul style="list-style:none">
<li>1 gramme d'azote</li>
<li>1 gramme d'acide phosphorique } soit 1 pour 1 000;</li>
<li>2 grammes de potasse, soit 2 pour 1 000,</li>
</ul>

et beaucoup plus de chaux : 7 à 8 pour 100.

Ces chiffres paraissent bien faibles, mais si l'on calcule ce qu'ils représentent dans 1 hectare on reconnaît leur importance relative.

En supposant une couche arable de 25 centimètres d'épaisseur, son volume est, pour 1 are ou 100 mètres carrés, de 25 mètres cubes, pesant 30 à 40 tonnes, soit 30 000 à 40 000 kilogrammes; par suite, le poids de 1 hectare atteint 3 à 4 millions de kilogrammes qui renferment, d'après les chiffres précités :

1 pour 1 000 d'azote, soit 3 à 4 000 kilogrammes;

1 pour 1 000 d'acide phosphorique, soit 3 à 4 000 kilogrammes;

2 pour 1 000 de potasse, soit 6 à 8 000 kilogrammes;

7 pour 100 de chaux, soit 210 000 kilogrammes.

Il ne faut pas oublier cependant que la plupart des terres arables sont formées de deux éléments distincts, dont les proportions varient dans une large mesure : d'une part, les *graviers* et *cailloux;* d'autre part, la *terre fine*, que l'on sépare à l'aide de tamis calibrés.

L'*analyse chimique*, bornée à la détermination des principaux éléments du sol contenus dans la terre fine', doit être complétée par l'*analyse mécanique*, qui a pour but de déterminer les proportions de terre fine et d'éléments grossiers contenus dans le sol naturel.

Analyse physico-chimique. — L'*analyse physico-chimique du sol* est pour ainsi dire l'analyse immédiate du sol; elle fait connaître les proportions de calcaire, de sable, d'argile, d'humus, et conséquemment, donne des indications précieuses sur les propriétés physiques de la terre, sur son pouvoir absorbant, son aptitude à la nitrification, sur la nécessité des amendements, sur les règles pratiques pour l'emploi des engrais.

Lorsqu'on cherche à traduire pour les besoins de la pratique les résultats fournis par l'analyse chimique d'un sol, il est indispensable de rapporter les chiffres de cette analyse au poids total de l'échantillon de terre.

Voici un exemple d'analyse qui prouvera qu'une mauvaise interprétation des résultats peut conduire à des appréciations absolument erronées :

COMPOSITION DE LA TERRE PAR KILOGRAMME :

	Dans 1 000 parties ou 1 000 grammes de terre fine sèche.	Dans 1 000 parties ou 1 000 grammes de terre totale sèche.
Cailloux et graviers.		500 grammes.
Azote.	1^{gr},40	0^{gr},70
Acide phosphorique.	1^{gr},25	0^{gr},625
Potasse.	1^{gr},70	0^{gr},85

Si l'on ne considère que la *terre fine*, on se trouve en présence d'un sol riche en azote et en acide phosphorique, moyennement pourvu de potasse; mais si on tient compte du poids des *éléments grossiers*, qui représentent 50 pour 100 du poids total, on constate aussitôt que la terre est pauvre sous tous les rapports et qu'elle a grand besoin d'engrais.

Dans l'appréciation de la fertilité d'une terre, il faut encore faire intervenir la profondeur de la couche arable, car les racines des plantes pénètrent généralement à de grandes profondeurs dans le sous-sol et y puisent des substances fertilisantes par leurs extrémités, c'est-à-dire par les parties les plus jeunes. Le blé, l'orge, l'avoine pénètrent jusqu'à 1^m,50 dans les terres franches et assez compactes; les légumineuses, et la luzerne en particulier, s'enfoncent encore davantage. La betterave, la carotte développent leurs racines jusqu'à 1^m,40, etc.

Le sous-sol est presque toujours plus pauvre que la terre arable, mais lorsque son volume est suffisant, le stock d'éléments qu'il renferme peut égaler celui du sol labouré. Dans tous les cas, une analyse spéciale du sous-sol de 30 à 60 centimètres est fort utile à l'agriculture.

Lorsque la *terre fine* renferme une proportion suffisante de *sable grossier* — élément qui joue le rôle de diviseur — elle se laisse pénétrer convenablement par l'air atmosphérique et par les eaux pluviales. On peut admettre qu'une terre franche, perméable sans excès, renferme 640 à 660 grammes de sable grossier par kilogramme de terre fine. Au-dessous de 500 grammes, la terre devient trop compacte pour être suffisamment perméable. Au-dessus de 700 grammes, la terre est trop légère.

Le *sable très fin*, impalpable, n'est pas un élément de cohésion, puisqu'il ne contient aucune substance colloïdale, comme l'argile; aussi ses mottes soulevées par la charrue sont-elles aisément désagrégées par la pluie. En réalité, le sable impalpable est un *élément de tassement*, car il s'infiltre et comble tous les vides, tous les interstices. On ne trouve guère plus de 240 grammes de sable fin dans les terres franches.

L'*argile*, au contraire, joue le rôle de ciment. Mélangée à une assez forte proportion de sable fin, elle donne des terres compactes dont les mottes résistent à l'action des pluies. Ces terres bien cultivées s'aèrent mieux que les terres sablonneuses.

Une terre qui contient plus de 110 grammes d'argile par kilogramme devient trop forte; avec 150 à 160 grammes, elle est d'une ténacité extrême. Les terres franches ne renferment pas plus de 55 à 100 grammes d'argile par kilogramme.

L'*humus* ou *terreau*, comme nous l'avons déjà dit, concourt efficacement à l'ameublissement du sol. Il donne de la cohésion aux terres dépourvues d'argile en cimentant leurs éléments sableux. Quand l'argile est en excès, l'humus modifie indirectement ses propriétés et diminue son énergie collante. Donc, l'humus exerce toujours un rôle favorable, excepté naturellement dans les sols où il reste acide en l'absence des bases et s'oppose alors à la nitrification.

Le sable grossier et le sable fin sont divisés en deux lots : l'un calcaire, l'autre *non calcaire*. La question du calcaire est très importante, surtout pour les terres à vignes. La plupart des cépages américains porte-greffes (*riparias, rupestris*) viennent mal dans les sols dont la richesse en calcaire est supérieure à 20 pour 100.

Nous avons dit qu'au point de vue chimique l'on admet que la richesse moyenne d'une terre est représentée par :

Azote	1 gramme par kilogramme de terre.	
Acide phosphorique..	1 —	—
Potasse	1 —	—
Chaux	75 —	—
Magnésie	1 —	—

En comparant à ces chiffres moyens les résultats fournis par l'analyse chimique appuyés sur les données de l'analyse physique, on a une idée générale sur la fertilité du sol. De cet examen, il est facile de déduire quels sont ses besoins.

Il faut tenir compte, en outre, des facultés de la plante que le sol doit nourrir et aussi du mode de culture. Sous ce rapport, la *culture intensive* a des exigences supérieures à celles de la *culture ordinaire*. L'agriculteur envisagera le cas particulier dans lequel il se trouve pour augmenter ou diminuer judicieusement la quantité d'engrais.

La composition du sol indique la *nature ou la forme de l'engrais* à employer.

Règles pour l'emploi des engrais. — Examinons maintenant quelles sont les règles fondamentales pour l'emploi des *engrais*.

Ordinairement les terres se trouvent bien de recevoir l'azote sous plusieurs formes. L'agriculteur doit établir son choix de façon à ce que la plante puisse avoir de l'azote à sa disposition pendant tout son développement. Les conditions de la nitrification seront pour lui le guide le plus sûr. La nitrification se produit sous l'influence de bactéries spéciales qui transforment l'azote organique ou ammoniacal des sols, d'abord en acide azoteux, ensuite en acide azotique. Cet acide réagit sur les diverses bases du sol et les transforme en *azotates* ou *nitrates*, immédiatement solubles dans l'eau et assimilables par la plante. L'activité des phénomènes nitrifiants, qui dépend du calcaire, de l'air et de l'eau, est indiquée par l'analyse physique.

Dans les *terres calcaires*, la majeure partie de l'azote devra être donnée à l'état organique. Il en est de même pour les *terres peu calcaires*, à condition de choisir les matières organiques qui nitrifient le plus facilement. Dans les *terres non calcaires*, l'engrais organique devra être accompagné d'amendements calcaires.

Le calcaire est encore un facteur important pour le choix de l'*engrais phosphaté*. Les superphosphates conviennent aux terres qui renferment plus de 5 à 6 pour 100 de calcaire. Au-dessous de 5 pour 100, l'utilisation des phosphates précipités est souvent rationnelle, mais dans les terres très pauvres ou dépourvues de calcaire, les scories de déphosphoration moulues et mélangées à l'engrais organique doivent avoir la préférence.

Comme *engrais potassique*, le sulfate de potasse est d'une adaptation générale. Le chlorure de potassium est dangereux dans les terres non calcaires ou à sous-sol imperméable. Le carbonate de potasse produit d'excellents résultats dans les terres argileuses peu calcaires ou non calcaires, et dans les terres tourbeuses ; malheureusement, la potasse prise sous cette forme atteint un prix trop élevé.

Le *plâtrage* sera toujours appliqué avec profit aux terres saines pourvues de potasse, car il a pour effet de mobiliser cet élément fertilisant.

Il est extrêmement rare de rencontrer des sols assez riches en azote et en phosphates pour pouvoir se dispenser des engrais azotés et phosphatés, mais on trouve parfois des milieux qui n'ont pas besoin d'engrais potassiques. Ces milieux ont une richesse de 2 pour 1 000 ou au-dessus, provenant d'une roche potassique finement pulvérisée.

Aux données fournies par l'analyse physique et par l'analyse chimique, il faut joindre la connaissance du climat, de la situation topographique, des conditions habituelles de sécheresse ou d'humidité, les diverses aptitudes du sol consacrées par la pratique, etc. C'est en interprétant tous ces éléments combinés qu'il est possible de réaliser pratiquement le problème complexe de la fumure des terres.

Rôle des engrais chimiques. — Les célèbres expériences de MM. Lawes et Gilbert dans les terres fortes de Rothamsted (Angleterre) démontrent que sur ces terres, et principalement pour la culture des céréales, il est possible de supprimer le fumier et d'obtenir même un supplément de récolte avec les *engrais chimiques* contenant de l'azote, de l'acide phosphorique et de la potasse.

Néanmoins, ces illustres agronomes ne préconisent en aucune manière l'abandon du *fumier*, abandon qui, dans leur opinion, serait une hérésie économique et agricole. Du reste, la culture sans fumier n'est pas toujours praticable même en terres fortes, à plus forte raison sur les terres moyennes et légères. Dans ces conditions, les engrais chimiques ne peuvent jouer d'autre rôle que celui d'auxiliaires, et ce rôle est assez important au point de vue de la production végétale puisqu'il représente en fait un adjuvant ou un correctif du fumier.

Les produits chimiques donnent beaucoup de souplesse et d'étendue aux formules d'engrais ; ils permettent de faire varier la composition de la fumure de manière à l'adapter aux exigences du sol et de la récolte et de tirer ainsi de la terre tout ce qu'elle est capable de donner; ils mettent à la disposition de l'agriculteur les principaux éléments de fertilité sous une forme concentrée et séparée, et lui facilitent non seulement le choix de celui qui convient spécialement, mais encore son emploi au moment précis où la plante a besoin de l'absorber.

Analyse de la terre par les plantes. Champs d'expériences. — Les données théoriques ne sont pas toujours suffisantes pour faire prévoir avec certitude les résultats de l'application d'un engrais. Il est sage de recourir à l'*expérimentation agricole*, avec d'autant plus de raison que l'état d'*assimilabilité* des principes fertilisants découverts par l'analyse chimique est, comme nous l'avons déjà dit, un facteur important qui reste indéterminé.

L'expérimentation directe fait disparaître toutes ces obscurités et, sans dépense appréciable, répond clairement à l'observateur.

Par l'expérimentation directe, l'agriculteur est éclairé sur l'aptitude des différentes plantes à s'assimiler tel ou tel autre élément fertilisant; il apprend quelles sont les proportions de cet élément qui sont nécessaires et économiques; il reconnaît enfin quelle est la forme chimique — *sulfate* ou *chlorure; azote nitrique, ammoniacal* ou *organique*, etc. — qui produit sur la végétation les effets les plus favorables.

En résumé, la méthode d'investigation, qui consiste tout simplement à essayer sur la *terre considérée* des doses différentes d'engrais variés, en faisant appel à l'opinion de *la plante cultivée*, c'est-à-dire à sa tenue et à son rendement, est le complément indispensable de l'analyse chimique, à laquelle elle peut même suppléer.

Georges Ville a démontré expérimentalement qu'il existe une sorte d'*élection*, plus ou moins accentuée, de la plante pour un des principes chimiques — azote; acide phosphorique; potasse; chaux — qui sont les éléments essentiels de la production végétale.

L'existence d'un *besoin dominant* pour une espèce donnée n'est, en somme, qu'une forme des *exigences spécifiques* acquises et fixées par hérédité (adaptation, sélection naturelle, etc.), exigences qui expliquent les préférences des plantes calcifuges et des plantes calcicoles.

« **Dominante** » de quelques plantes d'après Georges Ville.

PLANTES	DOMINANTE
Betterave, Prairies naturelles, Blé, Orge, Avoine, Seigle, Colza, Chanvre.	Azote.
Maïs, Navet, Sarrazin, Topinambour, Sorgho, Rutabaga, Turneps.	Acide phosphorique.
Luzerne, Trèfle, Fève, Haricot, Pois, Sainfoin, Vesce, Pomme de terre, Lin.	Potasse.

Choix et établissement du champ d'essais. — Un seul champ d'expériences suffit lorsqu'il s'agit d'un domaine homogène, mais quand on se trouve en présence de sols de nature différente il faut en établir un pour chaque cas particulier.

On choisit au milieu des champs des parcelles dont la dimension la plus convenable est celle d'un carré de 10 mètres de côté, délimité par quatre piquets placés aux angles et reliés par un fil de fer galvanisé qui se tend à 25 ou 30 centimètres au-dessus du sol. De cette façon, la surface d'un are est parfaitement circonscrite.

Il faut éviter de laisser des allées entre les divers carrés d'un champ d'expériences, car les plantes qui bordent un chemin sont plus exposées que les autres à la lumière, à l'air, aux vents, etc., et elles donnent toujours une récolte différente de celle que fournissent les plantes venues au milieu du carré.

Les carrés doivent être disséminés dans le champ ou tout au moins séparés l'un de l'autre et rendus indépendants par intercalation d'une zone non traitée. Cette manière d'opérer présente, en outre, l'avantage d'éviter la diffusion des engrais d'un carré à l'autre, etc., ou la pénétration des racines, etc., toutes choses qui fausseraient la rectitude des résultats.

Détermination de la nature des engrais qui manquent au sol. — Chaque carré a reçu les mêmes façons culturales et se trouve, en un mot, dans des conditions aussi *identiques* que possible. — On sait, par exemple, qu'après une culture de froment la terre a perdu plus d'azote qu'après une culture de pommes de terre, conséquemment on n'obtiendrait point des résultats comparables en établissant un carré sur un champ de blé et l'autre sur un champ de pommes de terre. — Il est bon de choisir les parcelles que l'on réserve aux champs d'expériences lorsque la dernière récolte couvre encore la terre, car l'état de sa végétation est un excellent indice de l'homogénéité du sol. L'uniformité de la récolte est le signe certain de l'uniformité du sol.

L'expérimentateur dispose ses essais d'après les indications de l'analyse chimique et de l'examen géologique du terrain. Naturellement, si l'analyse a établi la présence d'une forte proportion de *potasse*, il devient inutile de s'occuper de cet élément; mais, à défaut d'un apport direct, il peut y avoir avantage à employer le plâtre pour diffuser et solubiliser la potasse. De même, si l'analyse a révélé la présence de grosses réserves d'azote, il n'est pas nécessaire d'essayer l'action de cet élément, mais on peut chercher à établir si un chaulage ne mettrait pas une plus grande quantité d'azote à la disposition des plantes en favorisant la nitrification.

Ceci dit, admettons que nous ne possédons aucune indication préalable sur la composition chimique du sol et que nous devons tout attendre de l'expérimentation directe.

Notre série d'essais comprendra :

1º Une parcelle sans engrais comme *témoin* de ce que peut donner la terre abandonnée à ses propres ressources ;

2º Une parcelle avec *engrais complet*, c'est-à-dire un engrais contenant les matières fertilisantes principales : *azote, acide phosphorique, potasse ;*

3º Une parcelle avec *acide phosphorique* et *potasse ;*

4º Une parcelle avec *azote* et *potasse ;*

5º Une parcelle avec *azote* et *acide phosphorique ;*

soit en tout cinq parcelles soumises à un régime spécial. Supposons que ces cinq carrés donnent des récoltes de blé exprimées dans le tableau suivant :

GRAIN RÉCOLTÉ :

	Par are.	Par hectare.
1er carré	20 kilogrammes.	2 000 kilogrammes.
2e —	31 —	3 100 —
3e —	30 kilogr. 8	3 080 —
4e —	24 kilogrammes.	2 400 —
5e —	28 —	2 800 —

Ce tableau montre que le maximum de récolte a été atteint dans le carré nº 2, c'est-à-dire par les trois éléments fertilisants réunis ; mais le même résultat est presque obtenu dans le carré nº 3, qui n'avait pas reçu d'azote. Par conséquent, lorsqu'on cultivera du blé sur cette terre, il est inutile d'employer des engrais azotés puisqu'ils n'ont produit aucun résultat. Au contraire, dans le carré nº 4, où l'engrais phosphaté faisait défaut, il y a un fléchissement marqué, il faudra donc accorder une plus grande importance à l'acide phosphorique si l'on veut atteindre les forts rendements.

Détermination de la dose d'engrais à employer. — On peut adopter deux procédés : le premier consiste à employer les *matières fertilisantes* à l'étude, en quantité telle qu'elles représentent une quantité égale de l'élément utile. Le second ne recherche point l'égalité de matière fertilisante, mais l'égalité du prix pour une même surface de terre.

Dans le premier cas, les quantités d'engrais à appliquer sont inversement proportionnelles à leur richesse en éléments fertilisants. Admettons qu'il s'agisse de comparer la valeur de l'azote du sang desséché et du sulfate d'ammoniaque : sachant que l'un titre 10,5 pour 100 d'azote et l'autre 21 pour 100, nous emploierons moitié moins de sulfate d'ammoniaque que de sang desséché.

Dans le second cas, si, par exemple, on veut comparer ces deux mêmes engrais et qu'on ait employé 200 kilogrammes de sulfate d'ammoniaque à 30 francs les 100 kilogrammes, représentant une dépense totale de *60 francs*, il faudra pareillement employer pour

60 francs de sang desséché, soit 300 kilogrammes si son prix est de 20 francs les 100 kilogrammes.

Détermination du résultat économique des fumures. — La simple constatation d'un *résultat brut* ne suffit pas à l'agriculteur. Celui-ci a besoin de savoir si les résultats obtenus sont assez importants pour couvrir les frais de la fumure supplémentaire.

EXEMPLE. — Prenons un exemple pour fixer les idées. En employant 270 kilogrammes de superphosphate à l'hectare, un cultivateur a récolté 2 620 kilogrammes de blé; en employant 300 kilogrammes de ce même engrais phosphaté, il a récolté 2 700 kilogrammes. Le carré témoin, sans superphosphate, a donné 1 120 kilogrammes seulement.

Par conséquent, avec 270 kilogrammes de superphosphate, il a obtenu :

$$2\,620 - 1\,120 = 1\,500 \text{ kilogrammes de blé;}$$

avec 300 kilogrammes de superphosphate, il a obtenu :

$$2\,700 - 1\,120 = 1\,580 \text{ kilogrammes de blé.}$$

Supposons que le prix du superphosphate employé ait été de 8 francs les 100 kilogrammes. Dans le premier cas, le cultivateur a fait une dépense de $\frac{270 \times 8}{100} = 21$ fr. 60. Dans le second cas, il a fait une dépense de $\frac{300 \times 8}{100} = 24$ fr.

Comparons ces prix avec les quantités de blé récoltées sous l'influence du superphosphate. Dans le premier cas, le quintal de blé revient à $\frac{21,60}{15} = 1$ fr. 44, et dans le second cas à $\frac{24}{15,80} = 1$ fr. 52. La première opération est donc plus avantageuse que la seconde.

Sans doute, ces prix n'expriment pas le *prix de revient réel* du quintal de blé, car nous ne tenons compte d'aucuns frais de labour, semailles, sarclage, battage, etc.; mais ils sont néanmoins comparables entre eux, et cela nous suffit pour nous guider et nous instruire.

L'agriculteur travaille pour réaliser un bénéfice et il doit toujours se placer *au point de vue économique* pour apprécier l'utilité de l'apport des *engrais supplémentaires*. Souvent des doses relativement élevées ne fournissent pas des résultats aussi rémunérateurs que des doses restreintes. Il convient d'examiner méthodiquement quel est le mode le plus avantageux.

CHOIX D'UN SYSTÈME DE CULTURE.

Chaque *système de culture* est caractérisé économiquement par le *produit brut* qu'il donne.

Le produit brut est l'ensemble des valeurs créées par l'agriculture, déduction faite de toutes les valeurs importées sur le domaine et achetées en vue de ce produit brut.

Le produit brut d'un domaine se trouve représenté par la valeur des produits destinés à la vente ou à la consommation du personnel :

les domestiques, le fermier ou le propriétaire et sa famille. Les produits consommés par les animaux (fourrages, pailles, racines, etc.), ceux attachés à l'exploitation, comme les semences, le fumier, sont des éléments du capital circulant destinés à faciliter la production et ne doivent pas être considérés comme partie intégrante du produit brut.

Le produit brut obtenu sur l'unité de surface dépend de trois facteurs : 1° la fréquence ou l'intensité des récoltes; 2° leur nature; 3° les rendements. Ces trois éléments combinés caractérisent les *assolements culturaux*, mais ils restent subordonnés aux conditions extrinsèques du milieu ambiant naturel et économique.

L'agriculteur doit chercher à réaliser le plus grand bénéfice possible. Entre deux systèmes de culture donnant un produit brut équivalant à 500 francs par hectare, par exemple, le meilleur sera celui qui immobilisera le plus petit capital, c'est-à-dire qui donnera le taux d'intérêt le plus élevé par rapport au capital engagé. Mais le choix du système de culture ne dépend pas uniquement de la volonté de l'agriculteur; il est directement régi par les circonstances économiques et physiques de l'exploitation.

« *Travaillez constamment les yeux tournés vers le marché* », disait Mathieu de Dombasle aux agriculteurs.

L'illustre agronome voulait indiquer par ce précepte que chacun doit cultiver le mieux qu'il lui est possible dans les conditions où il est placé.

Assolement. — On appelle *assolement* la distribution en *soles* des terres dont se compose une exploitation rurale. Le mot *sole* dérive du mot latin *solum*, qui signifie *le sol;* il est employé dans le langage agricole pour désigner la partie des terres d'une exploitation occupée par telle ou telle culture et destinée à recevoir pendant un nombre déterminé d'années des cultures de végétaux différents qui se succèdent périodiquement.

Ainsi, en parlant de la distribution de ses champs, le cultivateur dit : une *sole de froment*, une *sole d'orge*, une *sole de pommes de terre*.

Diviser une terre en soles, cela s'appelle *assoler;* changer l'ordre dans lequel se succèdent les cultures se nomme *dessoler*.

Rotation. — Il faut distinguer l'ordre de succession des récoltes dans la même sole et le retour d'un assolement donné sur le même champ, qui constitue la *rotation*.

L'assolement est défini par le nombre d'années nécessaire pour la réapparition de la même culture sur une sole; il est *biennal* si une culture revient tous les deux ans; *triennal* si elle revient tous les trois ans; *quadriennal* si elle revient tous les quatre ans; et ainsi de suite.

A côté des *terres assolées* il y a généralement une certaine étendue de terres, dites *terres d'appui de l'assolement*, qui sont consacrées aux fourrages, en vue de la nutrition du bétail et de la production du fumier utile aux terres labourées.

Des causes diverses agissent sur la détermination d'un assolement, c'est-à-dire d'un système de culture. Certaines dérivent des lois physiques et échappent totalement à l'action de l'homme (*climat, météores*), ou seulement en partie (*composition physique et chimique du sol*); d'autres se rattachent à des circonstances économiques très complexes dont il faut tenir compte (*capitaux, débouchés, moyens de transport, abondance ou rareté de la main-d'œuvre*, etc.).

Une culture sera donc plus ou moins *extensive* ou *intensive* non seulement suivant l'activité et la volonté du cultivateur, mais encore selon que le milieu physique, chimique et économique sera plus ou moins favorable.

La *culture extensive* est celle dans laquelle on se contente, pour maintenir la fertilité, des seules ressources de l'exploitation, tandis que la *culture intensive* est celle dans laquelle on cherche à augmenter la production par l'achat d'engrais ou d'aliments pour le bétail.

La *théorie des assolements* est née de la nécessité de ne pas cultiver tous les ans la même plante ou des plantes d'une même famille sur la même terre. Elle consiste à faire suivre une récolte qui enlève au sol certains éléments fertilisants par une récolte qui demande à la terre des éléments différents, ou bien encore par une récolte qui (comme les légumineuses) puise dans l'atmosphère les substances azotées nécessaires à son développement.

Cette obligation de l'assolement est justifiée encore par la présence et la multiplication des *plantes adventices* et des *insectes nuisibles*. En faisant alterner les récoltes, il arrive que les insectes meurent de faim en présence de plantes incapables de les nourrir. D'un autre côté, les soins de culture détruisent les plantes adventices ou parasitaires, ou bien celle-ci sont étouffées par la plante nouvelle que l'assolement introduit.

Le choix des cultures et la durée de l'assolement ne sauraient en aucun cas être livrés au hasard. L'*assolement* est une conséquence des nombreuses conditions que nous avons énumérées, c'est pourquoi le nombre de ses variétés est à peu près illimité.

L'assolement le plus répandu en France est l'*assolement alterne quadriennal*, qui a pour loi de ne jamais semer deux céréales à la suite l'une de l'autre et d'intercaler dans la rotation de quatre ans au moins une culture sarclée (betteraves, pommes de terre, etc.) et un trèfle qui précède la seconde récolte de blé.

	1re SOLE.	2e SOLE.	3e SOLE.	4e SOLE.
1re année ..	Blé.	Betteraves.	Avoine.	Trèfle.
2e —	Betteraves.	Avoine.	Trèfle.	Blé.
3e —	Avoine.	Trèfle.	Blé.	Betteraves.
4e —	Trèfle.	Blé.	Betteraves.	Avoine.

Dans les Flandres, l'assolement quadriennal roule sur chanvre, tabac, colza, froment; dans les alluvions de la Garonne, maïs, froment, chanvre, froment.

Les terres exploitées selon ce système ont toujours une assez grande étendue de prairies artificielles (luzerne, sainfoin) en dehors de l'assolement. Les terres occupées par ces prairies rentrent dans l'assolement, enrichies par l'azote des racines des légumineuses, et la prairie artificielle est reformée ailleurs.

Dans tout assolement bien réglé le fumier doit être appliqué de préférence à la plante sarclée.

L'*assolement biennal*, fondé sur la *jachère nue* et pratiqué par les Romains, est le signe d'une agriculture peu éclairée et très pauvre.

Jachère. — *Jachère* vient du mot latin *jacere*, qui signifie « se reposer ». On appelle *jachère cultivée* une terre labourable à laquelle on ne demande aucune récolte dans le cours de l'année et qu'on soumet pendant ce temps aux *façons culturales* qui ont pour effet de la nettoyer et de l'ameublir.

En somme, la jachère agit à la façon d'un amendement en mettant à la disposition des plantes une portion des réserves du sol, mais elle offre un inconvénient grave : l'absence de produit pendant une année.

L'idéal d'une bonne agriculture, quelle que soit la richesse ou la pauvreté du sol, est de laisser celui-ci le moins possible improductif. Nous trouvons très logique cette habitude des cultivateurs de la vallée du Lot, de la Dordogne, etc., de donner un labour de déchaumage aussitôt après la moisson des céréales et de mettre une *récolte dérobée* à leur place.

Cultures dérobées. — On donne le nom de *culture* ou *récolte dérobée* à des plantes qui n'occupent le sol que pendant quelques semaines et qu'il est possible de cultiver entre deux récoltes principales, grâce à leur développement rapide. Ainsi, après une récolte de blé enlevée en juillet-août, on donne un labour au sol et on sème une variété hâtive de navet qui est récoltée avant l'hiver.

On a souvent recours aux cultures dérobées pour augmenter les ressources en fourrage. Par exemple, après la récolte du seigle coupé en vert au printemps, on sème du maïs fourrage; après la récolte du seigle en grains, on sème du sarrasin destiné à être coupé avant sa maturité, etc. On peut aussi semer une plante fourragère à croissance rapide sur un labour de déchaumage promptement exécuté.

Le plus souvent ces plantes dérobées ne peuvent être fanées et fournir du fourrage sec, mais elles sont consommées en vert et accroissent d'autant les revenus pour l'alimentation du bétail.

LES IRRIGATIONS.

L'*irrigation* (du mot latin *irrigare*, arroser) est l'opération qui consiste à amener sur un terrain des eaux courantes, dans le but de fournir aux plantes l'humidité dont elles ont besoin pour se développer. On peut définir l'irrigation « l'arrosement artificiel des terres ».

L'eau est aussi indispensable aux végétaux qu'aux animaux. Sans eau, sans humidité suffisante, les plantes ne germent pas et ne peuvent se développer. Rien ne pousse sur un sol absolument sec.

L'irrigation améliore le rendement des bonnes terres, procure des rendements plus élevés aux terres de qualité inférieure et permet de mettre en valeur des sols jusqu'alors infertiles. Il est donc rationnel de dire que l'étude et les progrès de l'*hydraulique* sont étroitement liés avec ceux de l'agriculture.

Une bonne irrigation apporte aux plantes des substances fertilisantes et solubles, entretient l'humidité du sol dans un état favorable à la végétation. L'irrigation est réglée par les facultés d'absorption du sol, c'est-à-dire par la facilité avec laquelle il se laisse pénétrer par l'eau, la retient ou lui permet de s'évaporer.

La nature physique du terrain influe considérablement sur les résultats de l'irrigation. Les terrains qui sont les plus perméables ou qui s'échauffent le plus facilement, tels que les terrains sablonneux et calcaires, en tirent le meilleur profit. Les sols argileux et compacts en profitent moins, à cause de leur imperméabilité et parce qu'ils admettent plus difficilement l'action de la chaleur et du soleil. Pour ces motifs, l'eau d'arrosage doit être tenue moins longtemps sur les terres argileuses.

La nature du sous-sol a une grande importance : ainsi, par exemple, les terres argileuses à sous-sol perméable peuvent supporter sans dommage des arrosages plus abondants et plus fréquents.

Le degré d'humidité souterraine d'une terre dépend particulièrement de sa richesse en *argile* et en *humus;* mais c'est surtout le sous-sol qui contribue à le régler. Quand le sous-sol est perméable, il laisse lentement filtrer les eaux, tandis qu'il retient les eaux s'il est imperméable, et dans ce cas il entretient une humidité malsaine lorsque sa pente est insuffisante.

A défaut d'analyse, on attribue une bonne qualité à l'eau d'une source, d'un ruisseau ou d'un étang quand on y rencontre : le cresson de fontaine (*nasturtium officinale*), les épis d'eau ou potamots (*potamogeton perfoliatus* et *fluitans*), les véroniques mouron et beccabunga (*veronica anagallis* et *beccabunga*), la renoncule aquatique ou grenouillette (*ranunculus aquatilis*), la glycérie aquatique (*glyceria aquatica*).

Sa qualité est moins bonne quand elle héberge les roseaux

(*arundo*), les patiences (*rumex*), les ciguës (*cicuta*), les salicaires (*lythrum*), les menthes (*mentha*), les scirpes (*scirpa*), les joncs (*juncus*). Elle est d'une mauvaise qualité quand il n'y végète que les mousses et les carex ou laiches.

L'eau est de la meilleure qualité et convient à l'irrigation de tous les terrains lorsqu'elle se montre pure et limpide, les pierres et les cailloux demeurant nets, les bords des fossés étant dépourvus de matières verdâtres et les plantes aquatiques rampantes étant absentes.

Si le fond du ruisseau est d'un brun rougeâtre et si la surface de l'eau est couverte d'une couche grasse, irisée ou bleuâtre, c'est que le sol et l'eau contiennent des matières ferrugineuses.

Les eaux acides et astringentes, qui sortent des tourbières, des marais, des hautes bruyères, sont réputées nuisibles. On les améliore en les faisant passer dans des bassins pourvus de chaux, de cendres, ou bien encore en les mélangeant avec des purins, des fumiers.

La pratique, d'accord avec la théorie, indique que beaucoup d'eaux mauvaises peuvent s'améliorer artificiellement. On bonifie les eaux à limon inerte, argileux ou calcaire, en répandant du fumier dans les réservoirs. L'aération joue un rôle très bienfaisant dans la plupart des cas.

Moyens pour s'approvisionner en eau. — Les réservoirs destinés à l'irrigation sont à recommander; ils améliorent le régime des eaux et propagent la pratique des arrosages. Partout où circule un ruisseau, trop peu abondant pour être directement utilisé, la création d'un réservoir dans lequel ses eaux iront s'accumuler deviendra une source de richesse et de bien-être.

Lorsqu'on peut disposer de l'eau à un niveau plus haut que celui des terres, il est facile de la diriger, sous l'action de la pesanteur et par un système de canaux et de rigoles, sur tous les points qui doivent être soumis à l'irrigation. Mais très souvent la nappe aquifère est souterraine ou située à un niveau inférieur, il devient alors impossible d'obtenir une dérivation naturelle et il faut nécessairement recourir aux machines les plus économiques pour élever l'eau à la hauteur voulue.

L'élévation de l'eau exige deux facteurs : un *appareil élévatoire* et une *force motrice*.

Le choix de l'appareil élévatoire et du moteur est basé sur la quantité d'eau à débiter et sur la hauteur d'ascension.

Le travail d'une *force* étant le produit de la grandeur de cette force par le chemin qu'elle parcourt dans un temps donné, il convient de l'exprimer en *kilogrammètres*.

Le kilogrammètre ou unité de travail est l'effet produit en élevant 1 kilogramme à la hauteur de 1 mètre en une seconde. Ainsi le travail de l'eau qui actionne une roue s'exprime en multipliant l'effort exercé sur la roue par le développement de sa circonférence pendant le travail. Soit cette circonférence égale à 11 mètres; le nombre de tours effectués 3; la pression de l'eau 45 kilogrammètres; le travail sera : $11 \times 3 \times 45 = 1\,485$ kilogrammètres.

Pour exprimer le travail mécanique que rend un moteur, il faut ajouter le *temps du parcours* à *l'effort* et à *l'espace parcouru* par minute ou par heure.

L'unité de travail des puissants moteurs est le « cheval-vapeur », qui représente 75 kilogrammètres par seconde.

Les résistances passives, les frottements, etc., absorbent une partie de la force motrice appliquée aux machines. Lorsqu'on dit qu'une pompe rend 0,65 pour 100, cela signifie qu'au lieu d'élever 75 litres à 1 mètre, en une seconde et par cheval-vapeur, elle n'en élève que $75 \times 0,65 = 48$ lit. 75. Si au lieu d'élever à 1 mètre, elle élève à 2 mètres, à 3 mètres, à 4 mètres, etc., la quantité élevée devient respectivement la moitié, le tiers, le quart de 48 lit. 75. D'où il résulte que la quantité d'eau élevée est inversement proportionnelle à la hauteur, mais proportionnelle à la force motrice développée.

Le travail en « chevaux » nécessaire pour élever un poids d'eau p à une hauteur h est donné par la formule :

$$T = \frac{r \times 75}{p \times h},$$

r étant le rendement de la machine élévatoire, p étant exprimé en kilogrammes, h étant exprimé en mètres.

Fig. 101. — Moulin à vent pour élever l'eau.

Une faible brise suffit pour faire fonctionner les modèles très perfectionnés que livre l'industrie française. L'orientation et le réglage se font automatiquement. Cet appareil peut rendre des services dans les pays (Provence, Languedoc) où les vents sont fréquents. Toutefois, à cause de son irrégularité, il faut l'appliquer à un réservoir.

Le résultat de ce calcul permet de fixer l'agriculteur sur le moteur qui lui convient en tenant compte des diverses circonstances locales — moteur à bras d'homme;
moteur à manège; moteur à vent (*fig.* 102); moteur à eau; moteur à vapeur; moteur à pétrole, à gaz, à alcool, etc.; moteur électrique.

Dans les campagnes, on est souvent obligé de recourir à des puits pour l'arrosage des potagers et des jardins. On emploie le treuil avec poulie simple ou bien avec poulie double lorsqu'il faut puiser l'eau à de plus grandes profondeurs.

Quand la nappe d'eau souterraine est assez abondante,

Fig. 102. — Roue hydraulique à palettes, à coursier circulaire.

on a recours à des appareils actionnés par des animaux et l'irrigation devient possible sur une surface plus étendue.

Il est indispensable de connaître tout d'abord le régime du puits, c'est-à-dire la quantité d'eau qu'il est capable de fournir dans un laps de temps déterminé.

Pompes. — La *noria* ou le *chapelet* donnent de bons résultats lorsqu'on n'élève pas l'eau au-dessus de 8 mètres; au delà, les pompes à piston sont préférables. Tous ces appareils offrent la facilité d'avoir de l'eau quand on en a besoin.

Les norias modernes du type Bonnaud ou Saint-Romans sont recommandables; elles donnent un rendement de 80 à 85 pour 100 à la vitesse de 40 à 42 tours par minute. Avec une vitesse plus grande, le rendement diminue, ce qui prouve que pour obtenir de grands débits il est plus avantageux d'employer des godets de grande capacité que d'augmenter la vitesse (godets de 25 à 30 litres).

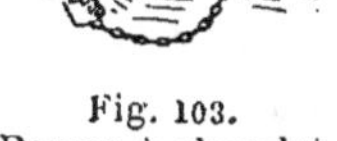

Fig. 103.
Pompe à chapelet.

Le *chapelet* (*fig.* 103) est une sorte de noria dans laquelle les godets sont réduits à l'état de simples tampons de 15 centimètres de diamètre au maximum, fixés par le milieu sur une chaîne sans fin. Comme dans la noria, la chaîne du chapelet s'enroule sur deux poulies, mais elle chemine en remontant dans un tuyau vertical dont l'extrémité inférieure plonge dans l'eau. Chaque tampon en entrant par le bas de la buse soulève la portion de liquide superposé et l'entraîne jusqu'au sommet

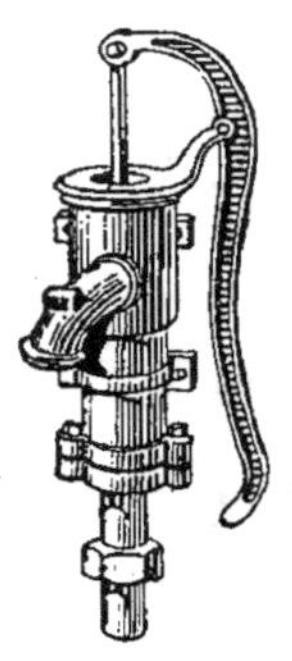

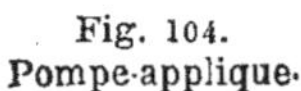

Fig. 104.
Pompe-applique.

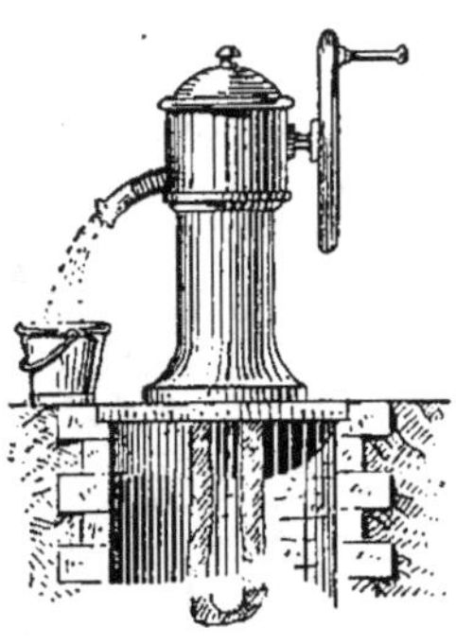

Fig. 105. — Pompe à sangle
pour puits profonds.

Fig. 106. — Pompe rotative
marchant au moteur.

où elle se déverse. Les meilleurs types de « chapelets » sont à chaîne « Simplex », qui a le précieux avantage de se détendre moins que la chaîne de Vaucanson.

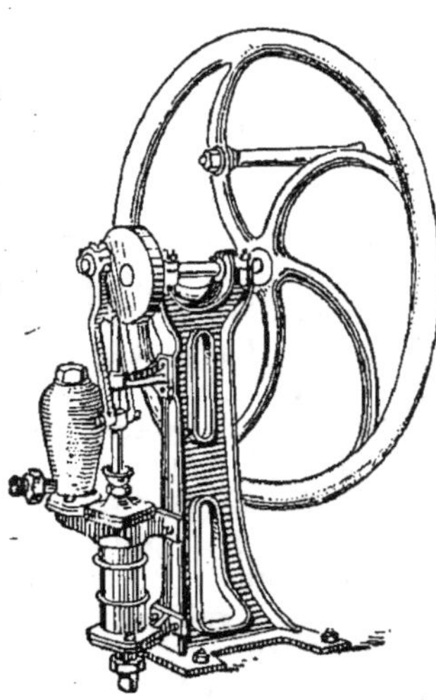

Fig. 107. — Pompe aspirante et
foulante à volant; écoulement
continu (réservoir d'eau).

Les tampons hémisphériques en caoutchouc avec monture en bronze doivent être préférés, car le fer se rouille et détériore le caoutchouc. Les roues à empreinte fatiguent beaucoup moins les tampons que les roues à gorge.

Le bon fonctionnement du « chapelet » exige une certaine vitesse : si l'ascension de la chaîne est trop lente, les fuites réduisent trop le débit.

Comme nous l'avons déjà dit, la pompe à piston s'impose pour les élévations supérieures à 8 mètres, quoique la noria Saint-Romans élève l'eau jusqu'à une hauteur de 12 à 14 mètres et fonctionne avec son fort rendement dans les eaux vaseuses, sans arrêt, ni obstructions. La pompe devient indispensable lorsqu'il s'agit de refouler l'eau dans un réservoir.

Le choix d'une pompe mérite toute l'attention du cultivateur : il en existe de nombreux modèles (*fig.* 104 à 107). Les types à clapets sont préférables aux types à soupapes. Il faut avoir soin de mettre un réservoir d'air sur les pompes un peu fortes afin d'éviter les chocs que provoque la colonne ascendante sous l'influence des mouvements alternatifs du piston. Ce réservoir se place sur le tuyau d'aspiration immédiatement avant le corps de pompe.

Autant que possible, la pompe devra être établie à l'extérieur du puits de manière à pouvoir être visitée facilement. Si la hauteur d'application (10 mètres) oblige à la placer dans l'intérieur, on ménagera à son niveau une plate-forme à balustrade accessible à l'aide

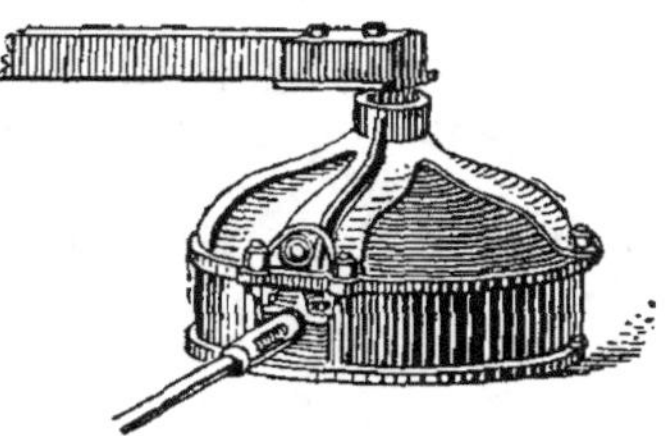

Fig. 108. — Manège fixe à cloche.

d'une échelle en fer scellée dans les parois.

Fig. 109.
Moteur à pétrole.

Moteurs. — Les pompes peuvent être actionnées à bras ou par un manège à transmission (*fig.* 108) dont le rendement atteint 70 pour 100 environ.

L'emploi d'un moteur thermique, à vapeur ou à pétrole, suppose une grande quantité d'eau à élever. Avec la machine à vapeur, on développe la puissance la plus considérable, mais le prix d'achat est élevé, l'entretien et la mise en marche exigent un ouvrier expérimenté, etc.; aussi son utilisation n'est-elle réellement pratique qu'à la condition d'annexer à l'exploitation une industrie susceptible de mettre à profit cette force motrice.

Le *moteur à pétrole* (*fig.* 109) se recommande particulièrement aux agriculteurs par sa rusticité, sa conduite facile. Ce moteur transforme en travail mécanique la chaleur dégagée par l'inflammation ton-

Fig. 110. — Moteur électrique
à courant continu.

nante d'air carburé par la vapeur du pétrole : il peut être disposé pour utiliser l'alcool dénaturé, l'acétylène, le gaz d'éclairage, etc.

Le moteur à pétrole est remplacé, là où l'on dispose d'un courant, par le *moteur électrique* (*fig.* 110).

Le *vent* possède une force qui, dans bien des cas, peut être avantageusement employée pour élever l'eau dans un réservoir destiné à emmagasiner un volume de trois à cinq fois supérieur à celui que nécessitent les besoins journaliers. Les moulins à vent furent introduits en France vers la fin du xіe siècle, après la première croisade.

La force du vent n'est constante ni en durée, ni en puissance, ni en direction; mais elle est gratuite.

Un vent faible ayant une vitesse de 1 mètre par seconde exerce une pression de 0 kilogr. 14 par mètre carré. Une brise légère, avec une vitesse de 2 mètres par seconde donne 0 kilogr. 54. Un bon

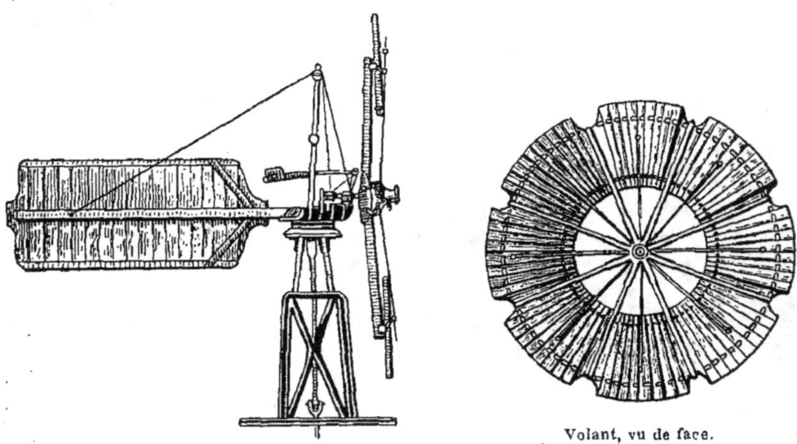

Fig. 111 et 112. — Moulin automobile Halladay-Schabaver.

vent frais (7 mètres par seconde), 6 kilogr. 64. Dans le Midi, les vents impétueux du nord atteignent souvent des vitesses de 12 à 20 mètres correspondant à des pressions de 19 à 54 kilogrammes par mètre carré.

L'industrie construit aujourd'hui des moulins, sensibles à la moindre brise, dont l'orientation et le réglage se font automatiquement suivant la force du vent (*fig.* 101, 111, 112).

Les deux perfectionnements ingénieux introduits par M. Hérisson contribuent à rendre leur emploi plus pratique : ce sont les « ressorts compensateurs » et le « levier de réduction ».

Les « ressorts compensateurs » ont pour effet d'équilibrer le poids de la bielle du piston et de la colonne d'eau, de telle sorte que le moulin ne s'arrête pas ou démarre mieux à la période de travail maximum. Ces ressorts jouent, en outre, le rôle de régulateur pendant les grands vents.

Le « levier de réduction » a pour but de faire varier la course du piston et d'utiliser ainsi toute la puissance du moulin suivant la force du vent.

Il existe une catégorie de moteurs appelés « moteurs hydrauliques » qui utilisent directement l'eau des chutes naturelles ou artificielles comme agent producteur du mouvement.

Parmi ces moteurs dont le travail est gratuit, nous citerons les *roues* servant à élever l'eau par elles-mêmes : roues à tympan, roues à seaux ou à godets, etc. D'autres modèles agissent par l'entremise d'une pompe : roues de côté, roues en dessous, roues à aubes, roue-turbine, etc.

La *turbine* proprement dite (*fig.* 113) consiste en une roue ou couronne mobile munie d'aubes. Ce récepteur hydraulique jouit de la

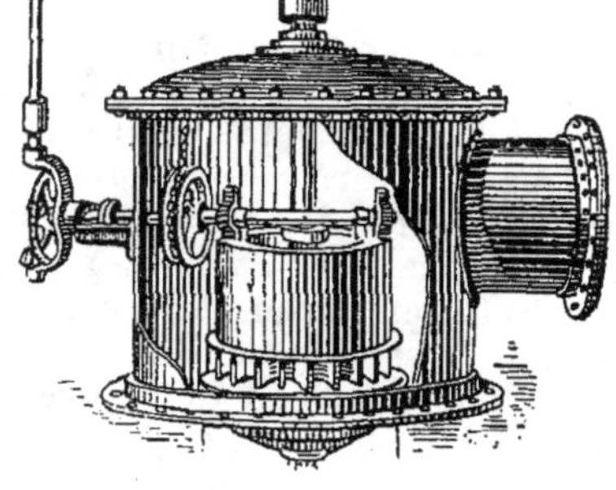

Fig. 113. — Turbine « Normale ».

propriété de tourner, quoique immergé, en utilisant la puissance vive de l'eau courante due à une hauteur sensiblement égale à celle de la chute. Robuste et de longue durée, la turbine peut mettre à profit les plus hautes chutes et de très faibles volumes d'eau, avantage que n'ont pas les roues. Dans les conditions de meilleur établissement, elle peut donner jusqu'à 75 à 80 pour 100 de la puissance absolue de la chute comme force utilisable.

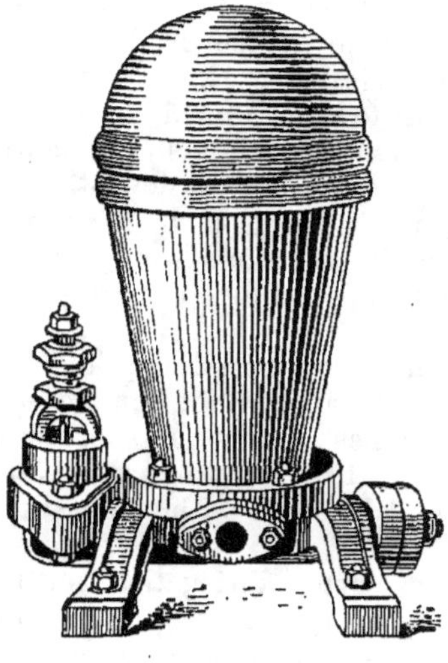

Nous ne devons pas passer sous silence le *bélier hydraulique* (*fig.* 114), qui est incomparable pour sa simplicité, sa puissance et son bas prix tant que le rapport de la hauteur de la chute à la hauteur de l'élévation ne dépasse pas 5 ou 6. D'après Denton, quand la hauteur d'élévation est huit fois celle de la chute, l'effet utile du bélier atteint 66 pour 100 ; quand elle est dix fois plus grande, l'effet utile se réduit à 50 pour 100 ; enfin si elle est vingt fois plus grande, l'effet

Fig. 114. — Bélier hydraulique.

utile n'est plus que de 18 pour 100. Cet appareil ingénieux, inventé par Montgolfier en 1796, se sert du choc de l'eau, connu sous le nom de *coup de bélier*, pour forcer une partie de la colonne liquide à remonter automatiquement à une hauteur supérieure à celle de son point de chute.

Principes généraux des irrigations. — Les principes qui doivent guider le cultivateur dans l'aménagement et l'emploi des eaux se résument ainsi :

1° Adopter un système d'irrigation qui permette une répartition aussi régulière que possible des eaux disponibles;

2° Ne conduire sur un pré que les eaux qui peuvent en être facilement enlevées après avoir servi.

L'eau des irrigations pratiquées sur la surface du sol n'a pas autant de force de pénétration que l'eau de pluie, surtout d'une pluie fine et lente. Dans ce dernier cas, l'eau arrive au sol par gouttelettes qui s'infiltrent au fur et à mesure. En arrosant avec un arrosoir à pomme on se rapproche davantage de ce qui se passe dans la nature.

La quantité d'eau à employer dépend des cultures, du climat, de l'exposition, de la pente et de la composition du sol. — La terre couverte d'un épais gazon est moins facilement desséchée qu'une terre meuble soumise à l'action du soleil et du vent. D'autre part, une même récolte aura moins besoin d'eau sous le ciel brumeux et pluvieux du Nord que sous celui du Midi, où le soleil et les vents secs font rage. Aussi dans le Nord il suffit de donner chaque semaine une couche d'eau de 0^m,08 d'épaisseur pour entretenir en bon état un pré soumis à des irrigations périodiques, tandis que dans le Midi il faut en moyenne une lame d'eau de 0^m,10 à 0^m,13 pour arroser les légumes, les vignes, les céréales. Ces chiffres sont parfois dépassés. Chaque centimètre d'eau répandu sur 1 hectare représente un volume de 100 m. c. — Les terrains exposés au sud et au couchant sont généralement moins frais que ceux qui sont orientés vers le nord ou le levant.

La pente la plus favorable à la bonne utilisation de l'eau est comprise entre 0^m,01 et 0^m,005. Pour qu'un arrosage soit parfait, l'eau doit couler lentement sur le sol en nappe mince et régulière, au moins pendant vingt minutes.

Les arrosages d'hiver sont rigoureusement proscrits lorsqu'il gèle, car l'eau coulant en petite quantité risque de se congeler dans le sol et d'en retarder longtemps le réchauffement. Les glaçons qui se forment au collet des plantes peuvent en déchirer les tissus. On ne doit pratiquer de courtes irrigations qu'au moment du dégel ou bien lorsque règnent des vents tièdes.

Durant l'hiver, il convient de faire ces sortes d'irrigations entre onze heures et deux heures. A mesure que la température devient plus douce, l'arrosage peut devenir plus matinal, mais en observant toujours d'attendre que la gelée blanche se soit bien dissipée. Vers la fin de la belle saison on le retarde graduellement.

Pendant l'été, lorsqu'on arrose aux heures les plus chaudes de la journée, surtout avec une eau fraîche, les plantes éprouvent un refoulement de sève qui arrête leur croissance. Les jardiniers savent mettre à profit cette observation pour empêcher les légumes de monter rapidement en graine. Il faut donc avoir soin d'arroser le matin et autant que possible — si la source est froide — avec des eaux attiédies par un séjour dans un bassin de retenue.

Indépendamment des inconvénients précités, une coopération de l'eau très active, sous l'influence d'un soleil ardent, provoque un refroidissement intense par suite de la grande quantité de chaleur qu'elle absorbe en passant de l'état liquide à l'état de vapeur. Ce refroidissement est funeste aux plantes.

Pratique des irrigations. — L'organisation des irrigations comprend les opérations suivantes :

1° Établissement du plan d'irrigation basé sur la quantité d'eau qu'on a à sa disposition ;

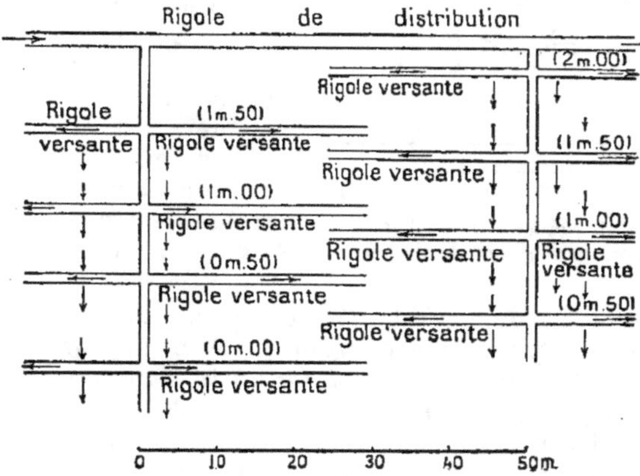

Fig. 115. — Tracé de rigoles sur un terrain de moyenne pente.
(Les chiffres entre parenthèses indiquent les cotes de hauteur.)

2° Choix de la méthode d'irrigation ;

3° Exécution des travaux de préparation du sol, c'est-à-dire des travaux de nivellement et de terrassement qui permettent d'envoyer les eaux d'arrosage partout et de les retirer rapidement et complètement;

4° Distribution de l'eau sur les terres irriguées en tenant compte de la pente et des cultures.

Il existe un grand nombre de systèmes d'irrigation, que l'on peut ramener à sept types différents :

1° Irrigation par submersion ;

2° Irrigation par rigoles de niveau et déversement;

3° Irrigation par rigoles inclinées ou par razes (*fig.* 115);

4° Irrigation par planches en ados;

5° Irrigation par demi-planches superposées;

6° Irrigation par infiltration;

7° Irrigation par en-dessous, c'est-à-dire par les drains.

L'irrigation par submersion s'applique aux terrains qui sont presque horizontaux. Elle consiste à couvrir le sol d'une couche d'eau plus ou moins épaisse, qu'on fait écouler ensuite par des rigoles de colature. Ce système a donné d'excellents résultats pour la défense des vignes contre le phylloxera, mais il faut pouvoir maintenir pendant une quarantaine de jours une couche liquide uniforme de 25 centimètres environ. La submersion pratiquée dans ce but est appliquée en hiver ou en automne, après les vendanges.

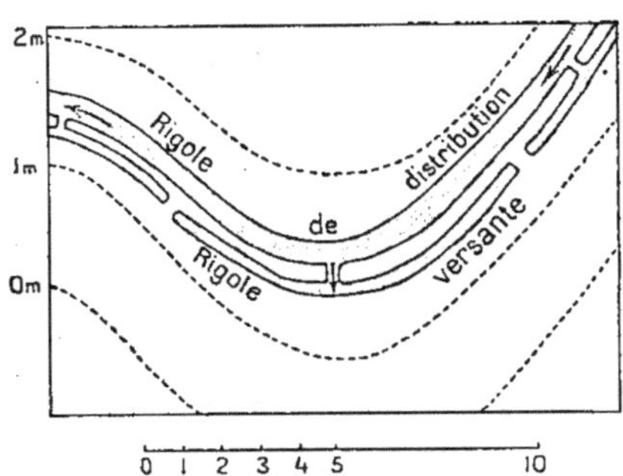

Fig. 116. — Déversement de l'eau dans les prairies de montagne.

L'irrigation par rigoles de niveau est celle qui s'adapte le mieux aux terrains en grande pente. Le procédé consiste à amener l'eau dans une rigole supérieure, ouverte transversalement à la pente. Cette eau déborde en nappes minces et se rend dans une deuxième rigole inférieure qui la conduit à la rigole de colature. Toutes ces rigoles sont courbes, à cause des accidents de terrain, et tracées au niveau (*fig.* 116). Plus les pentes sont fortes, plus les rigoles doivent être rapprochées.

La méthode *d'irrigation par rigoles inclinées* s'applique surtout aux terrains ondulés mais sans pentes excessives. Elle consiste à répartir sur le terrain des rigoles principales de distribution, d'où se détachent des rigoles secondaires, tracées en ligne droite ou en ligne courbe, suivant la pente du terrain. Ce système, en pays de montagne, peut se combiner avec celui d'irrigation par rigoles de niveau.

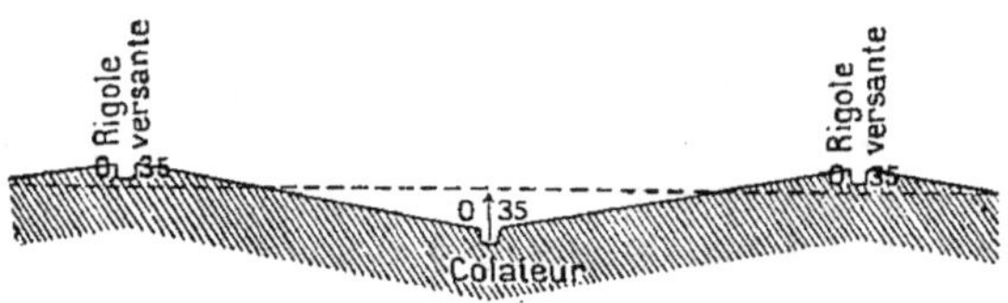

Fig. 117. — Coupe d'une irrigation par planches en ados.

L'irrigation par planches en ados (*fig.* 117) consiste à diviser le sol à irriguer, perpendiculairement à sa pente, en larges planches bombées ou en ados, sur la partie supérieure desquelles on établit des rigoles de distribution qui laissent déborder l'eau sur les deux ailes de la planche. Des rigoles d'égouttement ménagées entre les planches aboutissent à un fossé de colature.

Ce système est excellent dans les terrains à pente faible et dans les terrains marécageux.

L'*irrigation par demi-planches superposées* (*fig.* 118) est peu usitée. C'est une modification apportée au système précédent applicable aux

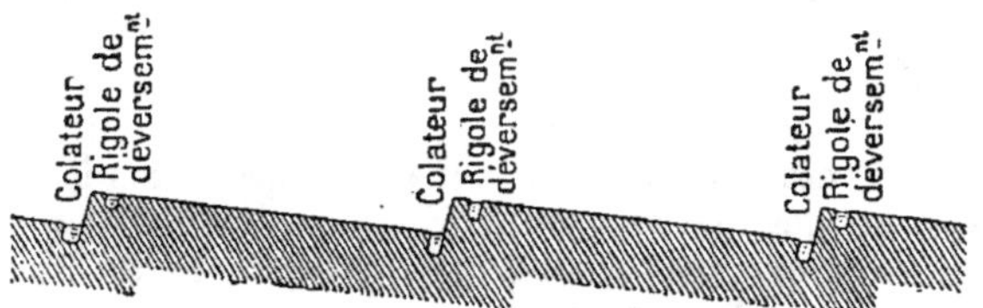

Fig. 118. — Coupe d'une irrigation par demi-planches superposées.

terrains qui présentent une pente assez sensible. Les demi-planches sont dirigées transversalement à la plus grande pente du terrain.

L'*irrigation par infiltration* (*fig.* 119) est rarement appliquée sur les prairies, mais elle trouve des applications dans la culture de certaines céréales, notamment dans celle du maïs, et dans celle des plantes potagères. Avec cette méthode, l'eau maintenue courante ou stag-

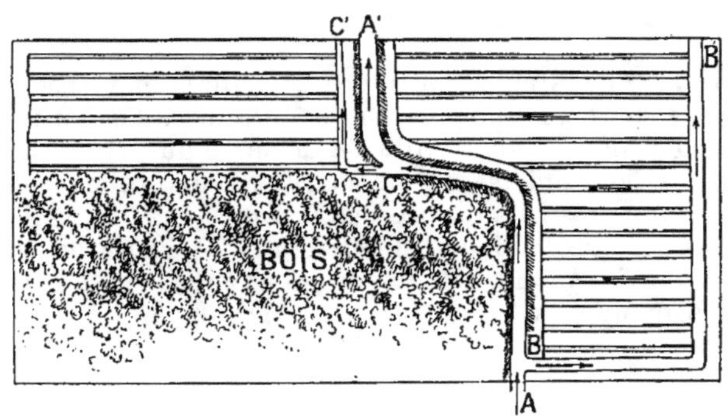

Fig. 119. — Plan d'une irrigation par infiltration.

nante, dans de petites rigoles creusées parallèlement les unes aux autres, s'infiltre dans la terre qu'elle imbibe.

On peut combiner de diverses façons l'irrigation avec le drainage.

L'*irrigation par les tuyaux de drainage* a donné d'excellents résultats pour l'irrigation estivale des vignes. L'irrigation à eau courante tasse et durcit le sol des vignobles; elle nécessite des binages multipliés.

L'irrigation par en-dessous a été avantageusement utilisée pour le dessalement des terres chargées de sels; mais ce dessalement s'est aussitôt combiné avec les arrosages d'été, dont l'influence favorable n'a pas tardé à s'affirmer.

Les drains en poterie, et mieux encore en fascines de sarments, sont disposés à 2 ou 3 mètres d'écartement. On arrose tous les quinze ou vingt jours durant l'été, en arrêtant l'arrivée de l'eau quand l'humidité apparaît à la surface de la terre.

Cette irrigation par les drains permet certainement une meilleure utilisation de l'eau que l'irrigation à ciel ouvert, mais elle nécessite aussi l'emploi d'un volume d'eau assez considérable pour arriver à imbiber toute la masse de terre au-dessus des conduites qui l'amènent. Elle a l'avantage de pouvoir être appliquée même à des terres compactes, dans lesquelles l'eau déversée à la surface pénétrerait difficilement. La présence des drains s'oppose à ce que l'eau en excès reste stagnante et soit dangereuse pour les racines.

Le *colmatage* ou *terrement* consiste à transporter, à l'aide des eaux courantes, des terres prises sur les hauteurs et à les faire déposer dans les bas-fonds. Ces derniers sont munis de digues disposées de manière à arrêter les eaux troubles, que l'on évacue dès qu'elles ont abandonné les matières en suspension. Le colmatage exhausse le niveau du sol et change la nature de la couche arable. .

Il ne faut pas confondre cette opération avec le *limonage* ou *limonement*, qui repose cependant sur le même principe. L'application du limonage a pour but d'accroître ou d'entretenir la fertilité du sol par l'apport d'eaux bourbeuses qui y déposent un amendement précieux.

L'importance des limons entraînés périodiquement par les cours d'eau est connue depuis la plus haute antiquité. Ce sont les crues du Nil qui maintiennent la fertilité de la vallée du Nil en Égypte. Les exemples des bons effets des submersions naturelles sont moins frappants mais très nombreux en France dans les vallées de la Marne, du Cher, de la Seine, de la Loire, de la Garonne, etc. La seule condition à remplir est que les eaux puissent se retirer complètement sans que leur séjour soit trop prolongé.

LE DRAINAGE.

Nous venons de voir que l'irrigation produit de bons effets, mais l'eau qui séjourne trop longtemps produit des effets opposés.

Un sol humide est toujours froid, car l'eau qui le recouvre ne peut s'évaporer qu'en empruntant de la chaleur à la terre. Les radicelles des végétaux s'y altèrent. Il n'y a d'exception que pour les plantes aquatiques, qui n'ont aucune valeur agricole, à part le riz.

La présence de l'air dans le sol est indispensable à la vie des plantes. Sans oxygène, la germination est impossible. Or, la présence de l'air est incompatible avec celle de l'eau.

Expérience. — Si nous remplissons aux trois quarts de terre sèche un grand vase et que nous y versions ensuite de l'eau jusqu'aux bords, nous observerons un dégagement de bulles d'air. L'eau ajoutée chasse l'air qui se trouve interposé entre les particules terreuses.

Les sols humides sont difficiles à exploiter; en outre, leur voisinage est un danger pour la santé des hommes et des animaux.

Le mot *drainage* signifie en anglais *égouttement, dessèchement.* Il s'applique à toute opération qui a pour but de débarrasser les terres de l'humidité surabondante. Toutefois, il désigne aujourd'hui plus particulièrement l'écoulement des eaux, qui s'accumulent dans les terres, au moyen de rigoles souterraines appelées *drains.*

Les travaux de drainage consistent à ouvrir dans le sol (*fig.* 120) qu'il s'agit d'assécher une série de tranchées étroites et profondes de 1 mètre à 1ᵐ,20, au fond desquelles on dispose des tuyaux en po-

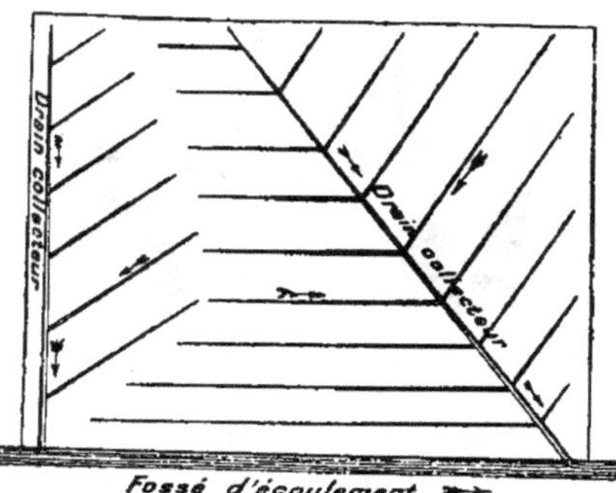

Fig. 120. — Terrain drainé.

terie, placés bout à bout, à la suite les uns des autres, et recouverts avec la terre extraite des tranchées. L'eau qui imprègne le sol arrive par infiltration jusqu'à ces tuyaux, s'y introduit à travers les joints qui existent entre leurs extrémités et s'écoule en suivant la pente établie.

Les *maîtres-drains* ou *collecteurs* sont toujours un peu plus profonds que les drains ordinaires, car ils ont la fonction de tuyaux de décharge.

La pente moyenne la plus favorable est de 3 millimètres par mètre. Il n'y a pas lieu de dépasser 5 millimètres par mètre, d'autant plus que la longueur du drain ne doit pas excéder 260 à 300 mètres. Les drains trop longs présentent de nombreux inconvénients : ils égouttent mal et, pour ce motif, il est de règle de les *couper par un collecteur.*

Les *petits drains* ou *drains primitifs*, de forme cylindrique, ont généralement 33 centimètres de longueur et 3 centimètres de diamètre intérieur. Les drains secondaires ou collecteurs ordinaires ont un diamètre de 4 à 5 centimètres. Pour les grands collecteurs, on adopte un diamètre intérieur de 5 à 6 centimètres.

Il ne faut pas oublier que la surface d'écoulement des tuyaux cylindriques augmente comme le carré de leur diamètre; par conséquent, si un tuyau de 6 centimètres peut faire écouler les eaux d'une surface de 2 hectares, un tuyau de 3 centimètres ne pourrait recevoir que celle de 50 ares.

L'*écartement des drains* dépend surtout de la nature du sous-sol et de la porosité du terrain. Dans les terrains argileux tenaces et très imperméables, on les établit à 7 mètres environ; mais lorsque la terre argilo-calcaire repose sur un sous-sol un peu perméable, la distance s'élève jusqu'à 15 mètres. La distance la plus généralement adoptée quand la terre est de consistance moyenne, à sous-sol imperméable, est de 9 à 10 mètres.

Le drainage proprement dit emploie seul des *tuyaux en poterie* (*fig.* 121); cependant, il est des circonstances où l'on est obligé d'uti-

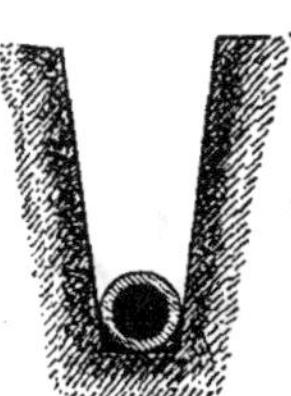 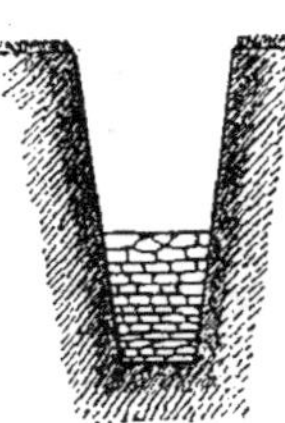 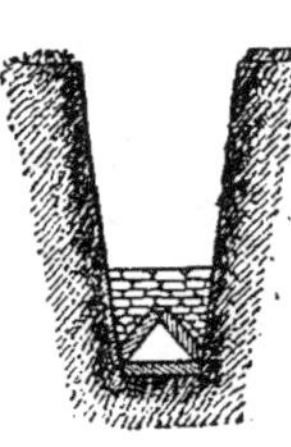 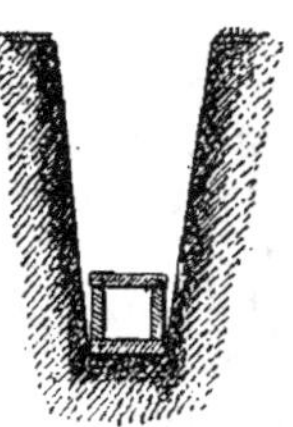

Fig. 121. — Tranchée de drainage avec drain en poterie.

Fig. 122. — Drain à pierres perdues.

Fig. 123. — Drain garni par un canal prismatique en pierres plates recouvert de cailloux.

Fig. 124. — Drain garni par un canal en pierres plates ou en briques.

liser d'autres matériaux pour l'assèchement des terres. Tantôt on emploie des *pierres* (*fig.* 122), des *briques* (*fig.* 123, 124) ou des *tuiles;* tantôt on fait usage de *rondins de pin maritime*, de *fascines* ou de *gazon*.

Le prix de revient du drainage varie suivant l'écartement des drains, la profondeur des tranchées, le plus ou moins de facilité avec laquelle on pratique les fouilles et le prix d'achat des tuyaux. On peut admettre une dépense de 200 à 300 francs par hectare pour les terres de consistance moyenne.

Le drainage est protégé par la loi du 10 juin 1854. Aux termes de l'article premier, tout propriétaire qui veut assainir son fonds par le drainage peut, moyennant une juste et préalable indemnité, conduire les eaux souterrainement ou à ciel ouvert à travers les propriétés qui séparent ce fonds d'un cours d'eau ou de toute autre voie d'écoulement.

FAÇONS A DONNER AU SOL.

Labourage.

Le *labour* est une des opérations culturales les plus importantes. Ses excellents effets ont donné naissance à cet adage : « Bonne culture vaut demi-fumure. »

Un bon labour *débarrasse le sol des mauvaises herbes ou plantes adventices; il ameublit le sol et facilite la pénétration des racines. En divisant et en retournant la terre, il augmente sa porosité et favorise l'action de l'air sur les substances contenues dans la couche arable, ainsi que sur les bactéries de la nitrification, qui fabriquent de l'azote nitrique; sur la germination et la respiration des racines.*

Le labour rompt la continuité du sol et s'oppose, dans une certaine mesure, aux phénomènes capillaires qui facilitent l'évaporation de l'eau du sous-sol. Il amène la formation d'un matelas d'air au-dessus de la terre compacte, qui se trouve ainsi protégée contre les actions physiques (chaleur, déplacement de l'atmosphère) dont la surface est le théâtre.

Dans un sol durci, les eaux pluviales ne s'infiltrent qu'avec difficulté, et si elles sont abondantes, elles s'écoulent en suivant la pente du terrain dont elles ravinent la surface.

Indépendamment de tous ces avantages, les labours permettent l'*enfouissement des engrais et des amendements*, ainsi que le *recouvrement des graines semées à la volée.*

La profondeur du labour dépend des effets qu'on veut obtenir :

Les labours superficiels ont 8 à 10 centimètres de profondeur;

Les labours ordinaires ont 15 à 18 centimètres de profondeur;

Les labours profonds ont 20 à 25 centimètres de profondeur;

Les labours de défoncement ont 30 à 50 centimètres de profondeur.

La constitution du sol est un élément important d'appréciation pour régler la profondeur du labour. A part la circonstance particulière où la couche arable, trop superficielle, repose sur un sous-sol de mauvaise nature avec lequel il faut éviter de la mélanger, il y a toujours avantage à pratiquer des labours profonds. Au besoin, la couche inférieure peut être ameublie à l'aide d'une fouilleuse qui la laisse en place.

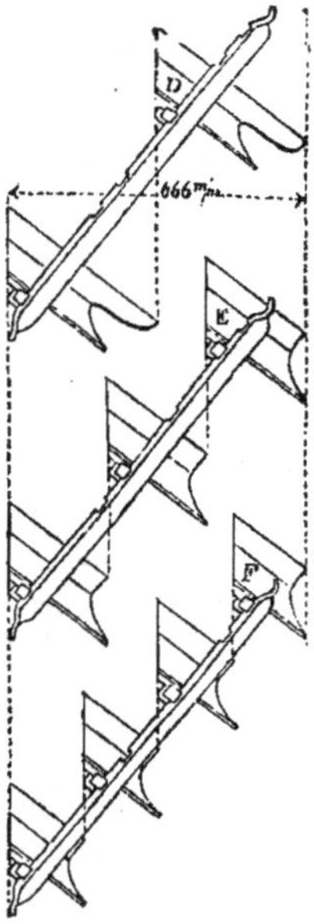

Fig. 125. — Schéma d'un polysoc déchaumeur (vue en dessus).

Cet instrument peut être utilisé avec 2, 3 ou 4 corps, menant 67 centimètres de largeur et allant de 4 à 15 centimètres de profondeur. Poids : 140 à 155 kilog. On règle l'entrure et le déterrage en faisant varier un large essieu coudé à l'aide d'un levier.

Labours légers. — Les façons culturales très légères, c'est-à-dire les *binages* qui grattent la terre superficiellement, sont insuffisants pour détruire la capillarité sur tous les points et, d'autre part, ils permettent à la chaleur et à la sécheresse extérieures d'atteindre facilement la terre compacte et de lui soutirer son humidité.

Le labour proprement dit livre assez rapidement à l'air une bonne partie de l'humidité que renferme le sol remué; mais ce dernier contient bientôt une couche inférieure de gaz à peu près saturé d'humidité, qui, étant abritée, ne soutire presque rien au sous-sol, car elle éprouve peu de pertes du côté de l'atmosphère. Cette couche d'air constitue une sorte de matelas ou d'écran protecteur.

L'expérience montre que les *binages d'été* (2 à 4 centimètres) dans le Midi sont utiles parce qu'ils font disparaître les plantes adventices, dont la puissance d'évaporation est grande, mais, en même temps, ils sont dangereux parce qu'ils entraînent la dessiccation de la couche superficielle et facilitent ensuite le travail de soustraction qu'opère l'atmosphère sur l'humidité du sous-sol.

Pour réaliser les meilleures conditions culturales, il faut tenir grand compte du climat. Dans la région méridionale, exposée au soleil ardent et aux vents du nord desséchants, il est bon que les *labours d'été* atteignent 8 à 10 centimètres de profondeur.

Labours profonds. — Les labours profonds sont à recommander soit qu'on se propose d'augmenter l'épaisseur de la couche arable, soit qu'on veuille la maintenir. Lorsqu'on laboure toujours exactement à la même profondeur, l'action réitérée du sep lisse le fond de la raie et le corroie de manière à le rendre dur et tenace; il se forme ainsi un sous-sol artificiel compact et nettement délimité de la couche arable, qui ne laisse pas pénétrer l'humidité dans les couches inférieures.

On approfondit le sol de deux façons différentes : 1° en augmentant chaque année la profondeur du labour et ramenant le sous-sol à la surface (*défonceuses*); 2° en ameublissant le sous-sol sur place sans le retourner (*fouilleuses* ou *sous-soleuses*).

Pour effectuer les labours, on se sert d'outils à main et d'instruments attelés, de treuils à manège mus soit par des bêtes de trait (chevaux, mules, bœufs, etc.), soit par la *vapeur* ou même par l'*électricité*. Ces deux derniers modes de labourage ne peuvent être utilement appliqués que dans des conditions bien déterminées.

Labours à la main. — Les labours à la main sont ceux que l'on exécute à l'aide de la *bêche*, de la *fourche en fer*, de la *houe* (*fig.* 126, 127).

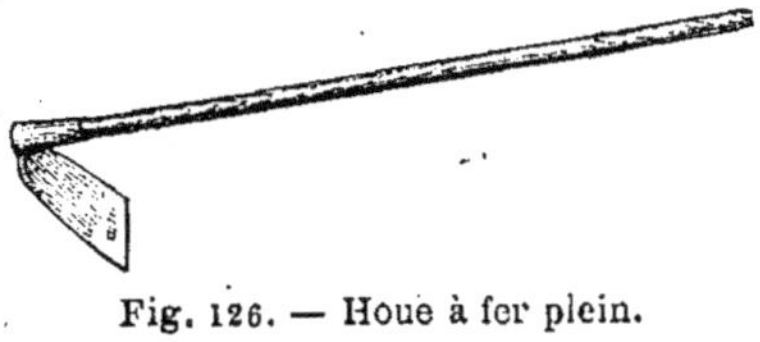

Fig. 127. — Houe fourchue
pour terrains graveleux
et pierreux.

Fig. 126. — Houe à fer plein.

Ils constituent une opération de jardinage plutôt qu'une opération agricole; on ne les rencontre, du reste, que là où la terre est morcelée et la main-d'œuvre à vil prix. Le travail obtenu est excellent, mais sa supériorité n'est pas assez grande pour compenser les pertes de temps et les sacrifices divers que ces labours imposent.

Labours à la charrue. — La *charrue*, en permettant d'utiliser la force des animaux pour le travail de la terre, affranchit l'homme d'un pénible labeur et contribue largement au progrès de la civilisation. Son invention, qui se perd dans la nuit des temps, est considérée à bon droit comme un des grands bienfaits de l'humanité.

La *charrue antique* a reçu peu à peu de notables perfectionnements. L'*ancien araire*, rudimentaire et informe, déchirait péniblement la terre sans la retourner; il la repoussait

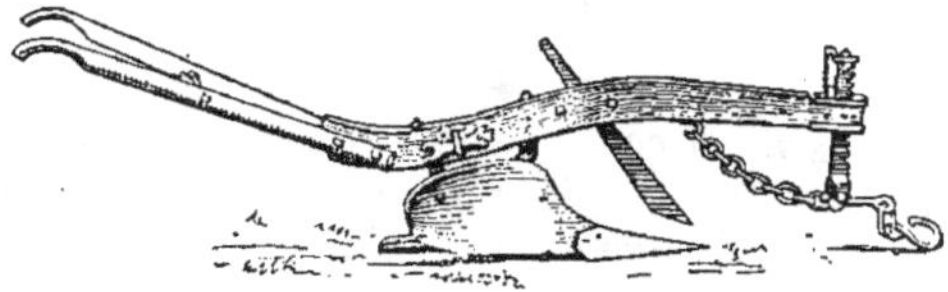

Fig. 128. — Charrue à âge court (Dombasle) montée en araire libre avec régulateur et chaîne.

latéralement à droite et à gauche, à la manière du buttoir moderne.

C'est Arbuthnot, un Anglais, qui formula le premier la théorie du *versoir;* le mémoire qu'il publia en 1774 attira l'attention de Jefferson, ancien président des États-Unis, qui remplaça le *versoir droit* par le *versoir contourné.* Plus tard, vers 1822, Mathieu de Dombasle, illustre agronome français, construisit la charrue qui porte son nom (*fig.* 128)

Fig. 129. — Labourage à l'électricité.

et qui a servi de modèle aux constructeurs modernes. En 1854, M. Grandvoinnet entreprit l'étude mathématique de la charrue et lui donna ainsi une base vraiment scientifique. L'expérience a démontré que le travail d'ameublissement de la terre est beaucoup plus parfait avec le versoir à surface concave se rapprochant d'une portion de cylindre qu'avec le versoir à surface hélicoïdale.

La charrue. — La *charrue* (*fig.* 130) est l'instrument qui a pour objet de séparer une bande de terre, de la détacher et de la renverser. Pour que le labourage donne le plus grand effet utile, il faut que la surface inférieure du sol arable qu'elle expose aux agents atmosphériques soit le plus grande possible.

La charrue se compose :

1° D'un *coutre*, en forme de couteau, placé à l'avant, qui tranche la terre verticalement, au moins dans la partie superficielle, et s'oppose au *bourrage* de la charrue par les amas d'herbes ou de racines.

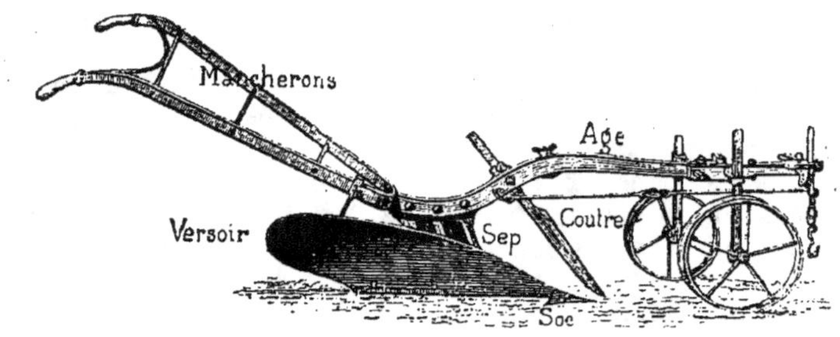

Fig. 130. — Charrue moderne en fer.

Un *étrier* dit américain permet de le monter ou de le descendre à volonté ;

2° D'un *soc*, lame triangulaire placée en avant du corps de charrue, un peu au-dessous de la pointe du coutre ; il a pour mission de détacher en-dessous la bande de terre à retourner ;

3° D'un *versoir*, placé en arrière du soc et retournant la bande de terre qui glisse sur ses flancs ;

4° D'un *sep* ou *semelle*, base de la charrue, qui repose au fond du sillon en s'appuyant contre la terre non labourée ;

5° L'*age* ou *flèche* est la tige recourbée qui relie toutes les pièces de la charrue et leur transmet le mouvement de progression que lui imprime le moteur ;

6° Les *étançons* sont les supports qui unissent le sep à l'âge. Il y en a deux : l'antérieur et le postérieur ;

7° Les *mancherons* sont les pièces résistantes à l'aide desquelles le laboureur engage sa charrue dans le sol et l'empêche de dévier. Ils servent aussi quelquefois à augmenter ou à diminuer la profondeur de la raie. Il y a tantôt un et tantôt deux mancherons ; dans ce dernier cas, l'un est parallèle à l'âge et l'autre parallèle à la partie postérieure du versoir.

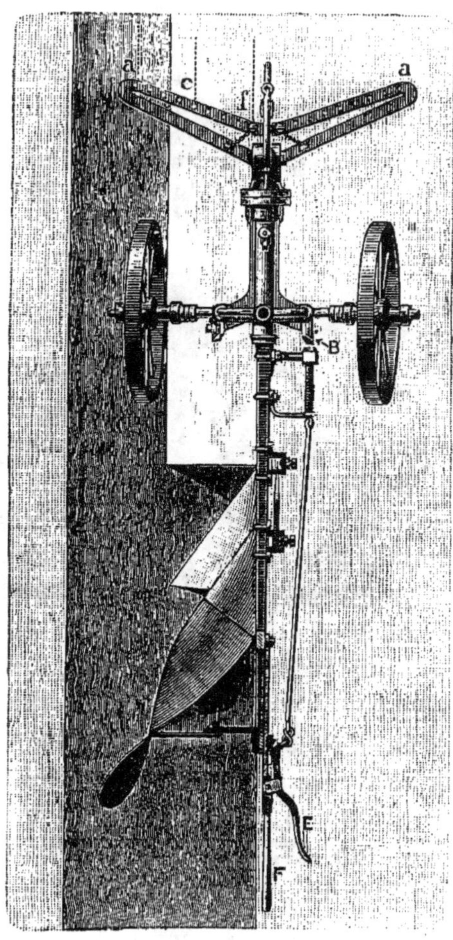

Fig. 131. — Charrue Brabant vue en plan,
avec indication des points de traction.

La largeur de bande ne varie pas lorsque l'une des roues
bordoie dans la raie déjà tracée.
Avec un seul cheval, marchant dans la raie, le point de
tirage est en a. Lorsqu'on attelle deux chevaux l'un
marche dans le sillon, l'autre sur la terre ferme : le point
de tirage se trouve entre les deux bêtes, soit en e.
Avec trois chevaux, le point de tirage est en f, l'un des
animaux marchant toujours dans le sillon.
La charrue versant à gauche, on reconnaîtra que la
chevillette est trop à droite lorsque la roue qui doit
bordoyer tendra à marcher vers le milieu de la raie.
Conséquemment, le point d'attache sera trop à gauche
quand cette même roue tendra à franchir le talus et à
monter sur le terrain non labouré.

La *rasette* ou *peloir* est un petit soc avec versoir placé quelquefois en avant du coutre. Il enlève une mince croûte du sol, qui tombe au fond de la raie avec les mauvaises herbes.

Ces différentes pièces constituent le *corps de la charrue* ou ses parties actives; en dehors du corps de charrue, il existe souvent un *avant-train* formé par deux roues qui se meuvent autour d'un essieu, sur lequel repose l'extrémité antérieure de l'âge par l'intermédiaire d'une pièce appelée *sellette*.

L'avant-train augmente la résistance et exige plus de tirage de la part du moteur, mais, en revanche, il empêche l'âge de vaciller et permet de donner plus ou moins d'entrure à la charrue, soit en raccourcissant ou en allongeant l'âge, soit en élevant ou en abaissant la sellette. Si l'on veut augmenter la largeur de la raie, on éloigne les roues l'une de l'autre. Le *régulateur* facilite l'augmentation ou la diminution de la bande de terre en permettant de porter à volonté le point d'attache de la traction (*fig.* 131) plus ou moins à droite ou à gauche de l'âge. Dans le premier cas, le soc prend une bande de terre plus étroite; dans le second cas, le soc se trouve tourné

plus à gauche et tend à prendre une bande plus large.

Avec la *charrue simple* ou *araire*, on donne plus d'entrure au soc en élevant le point d'attache des traits ou en allongeant les traits; au contraire, on diminue la profondeur du labour en baissant le point où les traits sont attachés ou bien en raccourcissant les traits.

Ce régulateur fournit encore à la charrue le moyen de prendre des tranches plus ou moins larges, suivant que l'on a attaché le *point de traction* ou *volée* plus à droite ou plus à gauche. Si le point de trac-

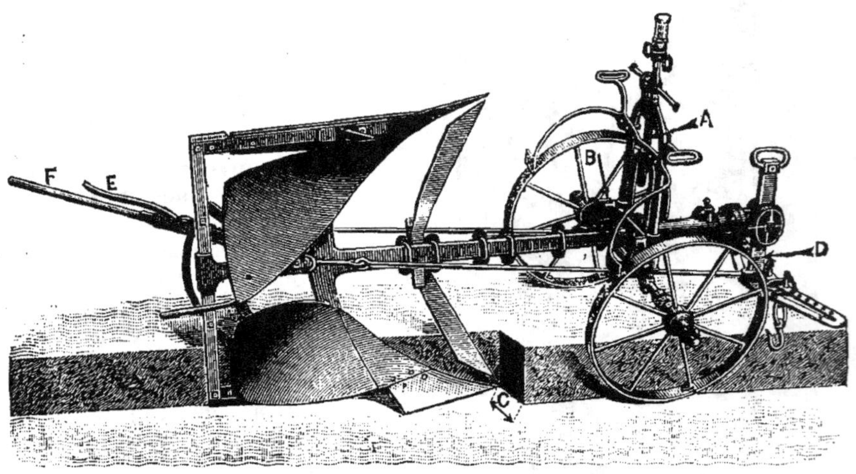

Fig. 132. — Charrue Brabant double à tête refoulante (Bajac).

On obtient la profondeur nécessaire du *terrage* en desserrant convenablement la vis A à l'aide de la manivelle qui la surmonte. Lorsque l'entrure est réglée, on arrête la manivelle au moyen du double anneau en forme de 8.

Le corps de la charrue doit toujours être vertical. On règle l'aplomb en descendant l'un ou l'autre des cliquets B autant qu'il est nécessaire. On obtient ce résultat en desserrant simplement les boulons qui les maintiennent.

La largeur de bande est déterminée par l'espacement C existant entre les deux lignes parallèles tracées l'une par la pointe du soc, l'autre par la roue qui marche dans la raie. On augmente ou on diminue cette largeur en plaçant les bagues d'essieu en dedans ou en dehors des moyeux.

tion est porté du côté du guéret, le soc tourne horizontalement du côté du labour, le *rivotage* diminue et la charrue prend moins large. Par une manœuvre opposée, le rivotage augmente et, par conséquent, la largeur.

On appelle *rivotage* une légère direction de la pointe vers le guéret pour donner une tendance à prendre de la raie, c'est-à-dire de la largeur.

On appelle *embêchage* la tendance de la pointe du soc à pénétrer en terre.

Charrue tourne-oreille. — La charrue Brabant double (*fig.* 132) est la meilleure charrue *tourne-oreille*. Elle se compose de deux corps de charrue superposés qui fonctionnent alternativement. Cette charrue rend de grands services pour l'exécution des labours à plat et des labours dans les terres en pente.

Charrues polysoc ou *charrues multiples.* — Comme leur nom l'indique, ces charrues *(fig.* 138 à 141) se composent de deux, trois ou quatre corps de charrue légers, montés sur un même bâti et faisant deux, trois ou quatre raies à la fois. Elles économisent de la force de traction et de la main-d'œuvre, car elles permettent d'exécuter le travail beaucoup plus rapidement et plus économiquement. Leurs avantages sont surtout marqués dans les labours légers.

Ces charrues étant très stables, les mancherons sont inutiles; une simple poignée à l'arrière suffit pour les *tournées.* Le déterrage exigeant un effort assez considérable,

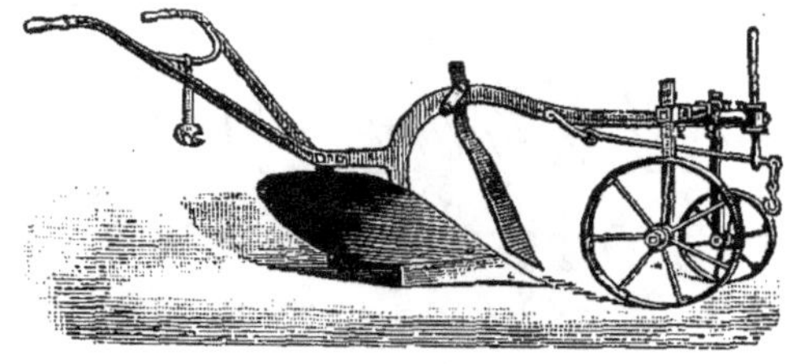

Fig. 133. — Charrue en acier forgé fonctionnant à 2 roues, à 1 roue, en araire et en buttoir.

Le tirage se fait à l'arrière comme pour la charrue Brabant.

surtout pour les instruments à quatre socs, on a imaginé plusieurs dispositifs ingénieux pour faire accomplir ce travail par les animaux.

Théorie du labour. — Par le labour à la charrue on se propose de détacher une bande de terre d'une largeur et d'une épaisseur

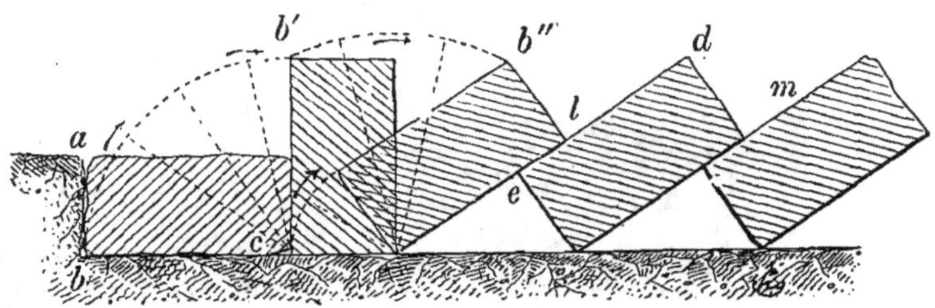

Fig. 134. — Schéma du labourage.

déterminées, sur une longueur égale à celle du champ. Si l'on analyse le mouvement de la bande de terre, on remarque que la terre est tranchée verticalement suivant la ligne *ab* (*fig.* 134) et horizontalement suivant la ligne *bc.* Le rectangle de terre ainsi détaché pivote autour du point *c*, se redresse et se couche enfin obliquement sur la bande de terre précédemment détachée *ed.* De sorte que les surfaces enfouies se trouvent, après l'opération, exposées à l'air. *a*, c'est-à-dire la terre non encore remuée, s'appelle le *guéret; ab* redressé s'appelle la *muraille* et *bc* s'appelle la *raie* ou la *jauge.*

On distingue trois sortes de labours : le *labour à plat* (*fig.* 135), le *labour en planches* et le *labour en billons* (*fig.* 136).

Dans le *labour à plat*, la bande de terre est constamment renversée du même côté; il n'y a point de *dérayure*, c'est-à-dire de raie séparant deux planches voisines.

Ce mode de labourage convient particulièrement aux sols en pente, aux terres sèches ou assainies; il offre aussi de sérieux avantages pour le labour en plaine. Il permet d'utiliser le terrain occupé par les dérayures dans les labours ordinaires. Ces dérayures, qui gênent les hersages, les binages, les fauchages et les travaux de la moisson, sont avantageusement remplacées, le cas échéant, par des *raies d'écoulement* tirées dans la direction la plus convenable pour assurer la disparition des eaux pluviales.

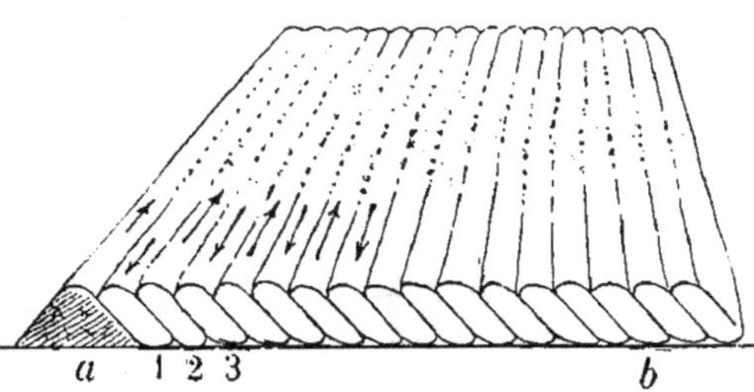

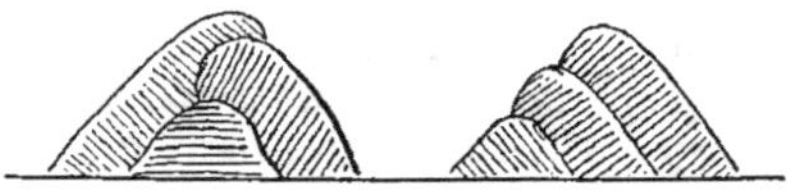

Fig. 135. — Labour à plat.

Fig. 136. — Labour en billons.

On exécute habituellement le labour à plat à l'aide de la charrue tourne-oreille ou brabant double (*fig.* 132). On enraye à droite ou à gauche de la pièce à labourer, puis, arrivé au bout, on tourne sur place, on bascule la charrue et on verse la bande de terre sur la première bande dite d'enrayure. On continue de la sorte jusqu'au bord opposé du champ.

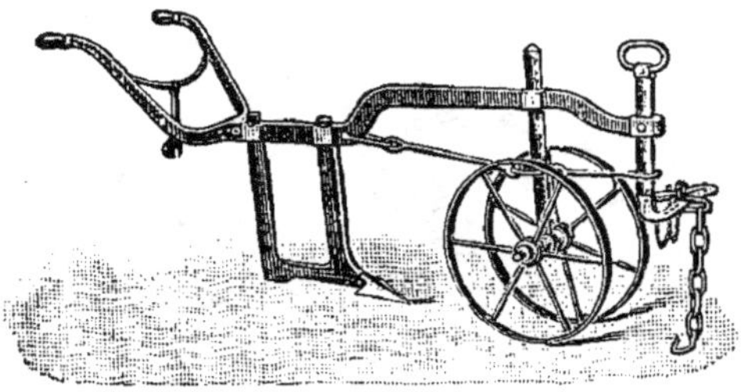

Fig. 137. — Charrue fouilleuse à un seul soc, pour soulever les pierres du sous-sol ou pour l'ameublir lorsqu'il est compact, tuffeux et s'oppose à l'infiltration des eaux.

Le *labour en planches* diffère du précédent en ce qu'au lieu de verser toujours la terre du même côté, on tourne autour de la première *raie d'enrayure* jusqu'au moment où l'on atteint la largeur que l'on veut donner à la planche. Les deux premières bandes, 1 et 2, poussées l'une contre l'autre, se heurtent par-dessus l'enrayure et forment ce qu'on appelle l'*endos*. Après avoir retourné la bande 2, on adosse la bande 3 sur la bande 1, puis la bande 4 sur la bande 2, la bande 5 sur

Fig. 138. — Charrue bisocs pour labours de 5 à 20 cent.
de profondeur.

Avec 2 ou 3 bons chevaux on peut atteindre facilement la profondeur maxima dans les terres pas trop fortes. Comparativement à
deux charrues ordinaires, on économise un cheval et un homme,
plus le temps d'une tournée sur deux.— Poids : environ 105 kilog.

Fig. 139.
Charrue bisoc vue en dessus.

Fig. 140. — Charrue polysoc à levier
genre déchaumeuse.

Cet instrument, du poids de 270 kilog., trouve son emploi
pour les labours ordinaires rapides, les labours superficiels et les simples déchaumages.

Fig. 141. — Charrue (type Sack) avec age double et conduite
automatique transformée en déchaumeuse-enfouisseuse
à deux socs. — Poids : environ 103 kilog.

la bande 3, la bande 6 sur la bande 4, etc., et ainsi de suite jusqu'à ce que la largeur attribuée à la planche soit atteinte (6 à 20 mètres). Chaque planche forme un véritable rectangle plus ou moins large, séparé de sa voisine par une rigole appelée *dérayure*.

On laboure en *endossant* lorsqu'on trace la première raie sur le milieu de l'ancienne planche et on laboure en *refendant* quand la première raie est ouverte dans la dérayure de l'ancienne planche. Dans le premier cas, les planches sont très bombées, tandis qu'elles sont presque plates dans le second.

Ce mode de labour peut être appliqué partout où la pente du sol n'est pas trop raide et principalement dans les terrains à sous-sol imperméable, auxquels il procure un commencement d'assainissement. Il présente l'inconvénient de donner lieu à des tournées qui occasionnent des pertes de temps d'autant plus onéreuses que la planche est plus grande.

Le *labour en billons* est usité dans les terres humides et dans les terres maigres sans profondeur. Comme le labour en planches, il se fait avec la charrue ordinaire versant d'un seul côté. Il donne des planches très étroites, composées de trois ou huit raies successives, soit de 1 à 2 mètres de largeur en moyenne. Ses inconvénients sont nombreux. La multiplicité des rigoles entraîne des pertes de terrain; la terre étant incomplètement labourée, la semence et les engrais s'y répartissent d'une façon irrégulière; la végétation ne peut être identique sur les planches et dans les raies. Les hersages ne peuvent être donnés que dans le même sens : il est impossible de les croiser; le sarclage et le buttage ne peuvent s'effectuer qu'à la main et le travail de la faux éprouve d'autant plus de difficultés que les billons sont plus relevés.

Moment le plus favorable aux labours. — Le moment le plus favorable pour labourer dépend de l'état du sol, de la succession des plantes cultivées, du climat, etc. D'une manière générale, on peut admettre qu'il faut multiplier les labours dans les terres compactes et les restreindre dans les terres légères.

On laboure le sol à toutes les époques de l'année, sauf pendant les gelées, les neiges, les sécheresses prolongées ou les fortes pluies. Cependant, il n'est pas indifférent d'exécuter le labour à une époque ou à une autre, car un travail appliqué à une terre qui n'est pas dans l'état voulu risque d'avoir des effets désastreux.

Il est utile qu'un sol, au moment du labour, ne soit ni trop humide ni trop sec. Sous ce rapport, chaque cultivateur possède des connaissances spéciales et sait par expérience le moment où sa terre est *bonne à prendre*. Dans la région du Midi, le labour d'une terre humectée à la surface par une forte ondée est particulièrement funeste. Ce phénomène, connu sous le nom de *terre gâtée*, s'observe d'ailleurs dans toutes les régions de la France.

Les *labours de défoncement* s'effectuent généralement à l'automne ou au commencement de l'hiver au moyen de charrues spéciales (*fig.* 142 et 143). Les intempéries, les pluies, les gels et les dégels viennent en aide au cultivateur, amènent la désagrégation du sol et, par suite, son ameublissement parfait.

Un bon labour, judicieusement appliqué en automne, facilite les labours moyens et légers du printemps.

Les *labours de déchaumage* (*fig.* 141 et 144) ont pour but d'ameublir un champ qui vient de porter une céréale, d'enterrer ce qui reste de chaume depuis la moisson, de détruire les mauvaises herbes ou de favoriser la ger-

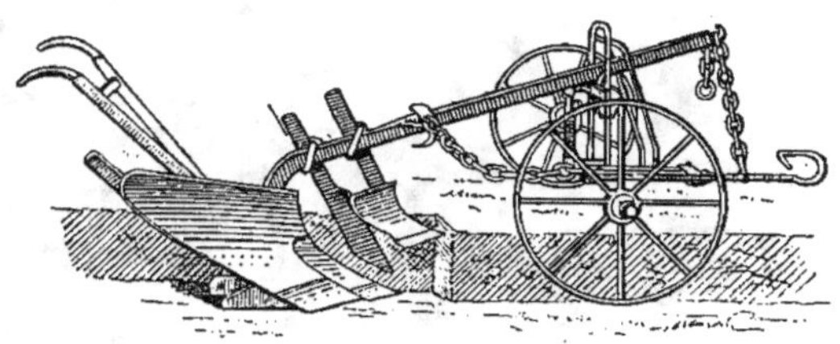

Fig. 142. — Charrue défonceuse en acier : mancherons réglables, pour labours de 21 à 38 centimètres.
Pour 3 à 4 bons chevaux. — Poids : 150 kilog.

mination de certaines d'entre elles. Les mauvaises herbes sont de deux sortes : les unes se reproduisent surtout par leurs graines; telles sont le moutardon des champs ou moutarde sauvage (*sinapis arvensis*), le coquelicot (*papaver rhœas*), le mélampyre des champs (*melampyrum arvense*), la nielle (*lychnis*), le bleuet (*centaurea cyanus*), le peigne de Vénus (*scandix pecten Veneris*), la renouée des oiseaux (*polygonum aviculare*), la renoncule rampante (*ranunculus repens*), la folle avoine (*avena fatua* et *ludoviciana*), les chardons (*carduus* et *cirsium*), le chrysanthème des moissons (*chrysanthemum segetum*), la matricaire (*matricaria inodora*), etc.; les autres sont vivaces et se propagent prin-

Fig. 143. — Charrue Dombasle, à versoir échancré, munie d'une roulette avec régulateur à 2 branches, pour défoncements.

Cette charrue, actionnée par 6 à 10 chevaux, peut atteindre la profondeur de 45 à 55 centimètres : elle ramène le sous-sol à la surface.

cipalement par leurs racines souterraines : à cette catégorie appartiennent les différentes graminées connues sous le nom de *chiendents* (chiendent ordinaire, chiendent pied-de-poule, chiendent à chapelets, agrostide stolonifère, etc.).

Quand un déchaumage a pour but principal le nettoiement de la couche arable, et surtout la germination des graines des plantes nuisibles, on abandonne le terrain à lui-même pendant une quinzaine de jours après l'avoir ameubli à la profondeur de 5 à 6 centimètres à l'aide du *scarificateur* (*fig.* 145); puis, lorsque les jeunes plantes lèvent, on les détruit en les culbutant par un labour. Un labour de 16 à 18 centimètres enterrerait les graines des mauvaises herbes trop profondément; elles conserveraient dans le sol leurs facultés germinatives et on les verrait pousser et infester la récolte dès qu'un second labour les ramènerait près de la surface.

Les mauvaises herbes vivaces ne peuvent être détruites par le même procédé. Il faut les couper entre deux terres avec le scarificateur ou mieux les arracher à la main et les *incinérer.* Les fragments des racines desséchées au soleil perdent difficilement leur vitalité et il suffit souvent d'un peu d'humidité pour qu'elles végètent.

Fig. 144. — Déchaumeuse double.

Cet instrument laboure à l'aller et au retour et permet de renverser la terre de n'importe quel côté. Il exécute de simples déchaumages à 3 et 4 centimètres aussi bien que des labours superficiels jusqu'à 12 centimètres. On peut l'employer à l'enfouissement des semences.

Le scarificateur et l'*extirpateur* (*fig.* 146) sont des instruments très utiles, car ils permettent de faire rapidement et économiquement d'excellents déchaumages. A défaut de scarificateur, on peut déchaumer au moyen d'une charrue très légère (*fig.* 133) ou d'une herse très énergique suivant l'état du sol.

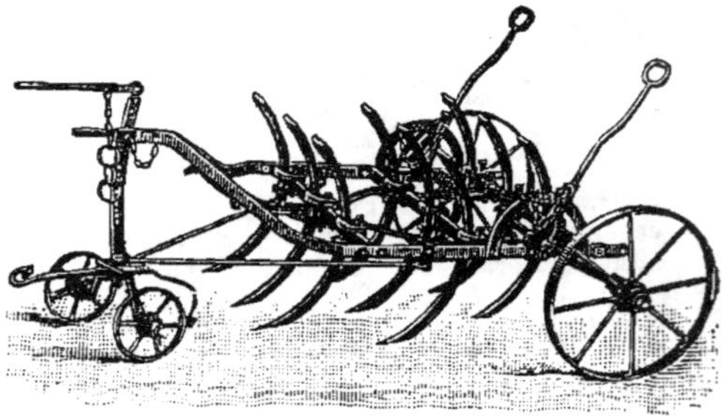

Le scarificateur ou griffon est constitué par un bâti soutenu par deux roues et maintenu à l'avant par un petit avant-train. Sur les traverses de ce bâti sont fixées verticalement des dents légèrement recourbées dans le sens de la traction.

Fig. 145. — Scarificateur-extirpateur.

Le nombre des dents mobiles en tous sens sur le bâti peut être augmenté ou diminué. Cet instrument disloque énergiquement toute l'épaisseur du labour, mélange très bien les engrais et fait à la fois office de herse et d'extirpateur.

Cet instrument est destiné à déchirer la terre perpendiculairement à sa surface. On règle l'entrure en élevant ou en abaissant la partie antérieure.

Le scarificateur peut être transformé en extirpateur; il suffit de remplacer les dents cintrées du scarificateur par des tiges verticales, dont l'extrémité inférieure se termine par un petit soc. On augmente ou on diminue le nombre des socs suivant la résistance du sol et la

force de l'attelage, qui doit pouvoir marcher au pas allongé. L'extirpateur travaille entre deux terres; il écroûte la surface du sol et

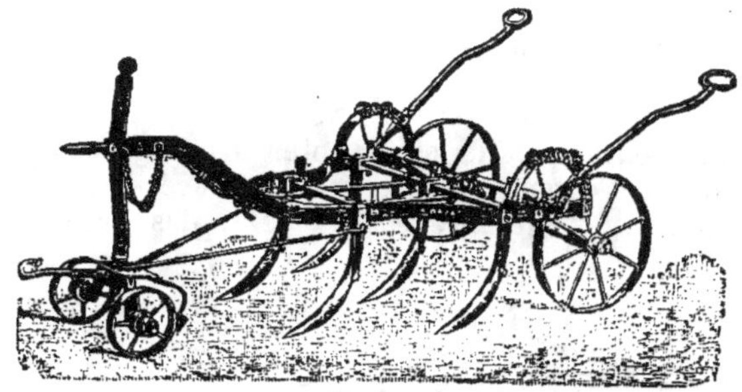

Fig. 146. — Extirpateur (type Bajac) tout en acier
forgé, à deux barres.

Le bâti se relève instantanément, et pendant la marche, au moyen
de leviers. Les dents assemblées au moyen de clavettes sont
mobiles horizontalement sur les barres.

coupe les racines et les plantes qu'il y rencontre. On ne s'en sert pour
déchaumer que lorsque la terre n'est pas trop dure.

Hersage et Roulage.

Herse. — La *herse* est l'instrument complémentaire de la charrue

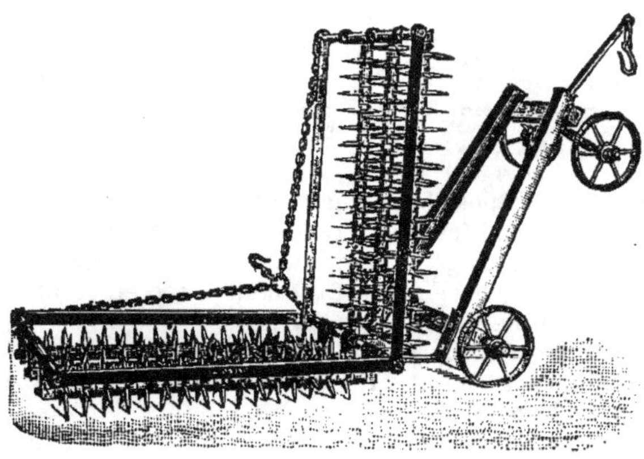

Fig. 147. — Herse écroûteuse-émotteuse
en position de chargement pour le transport sur route.

La rotation des étoiles rend la traction légère et facilite la
pulvérisation des mottes avant les semailles.

dans les champs, de même que le râteau est l'instrument complémentaire de la bêche dans les jardins. La herse est employée à des

travaux très variés. Tantôt elle sert à compléter l'ameublissement du sol et à le niveler après qu'il a été labouré, tantôt elle sert à recouvrir les semences, à enterrer les engrais pulvérulents, à détruire les mauvaises herbes, à donner un binage aux céréales et aux prairies artificielles.

La forme des herses est très variable (*fig* 147 et 148), mais la forme parallélogrammique est la plus avantageuse : c'est celle du type Valcourt ; l'essentiel c'est qu'elle trace des sillons régulièrement espacés, en nombre égal à celui des dents dont elle est

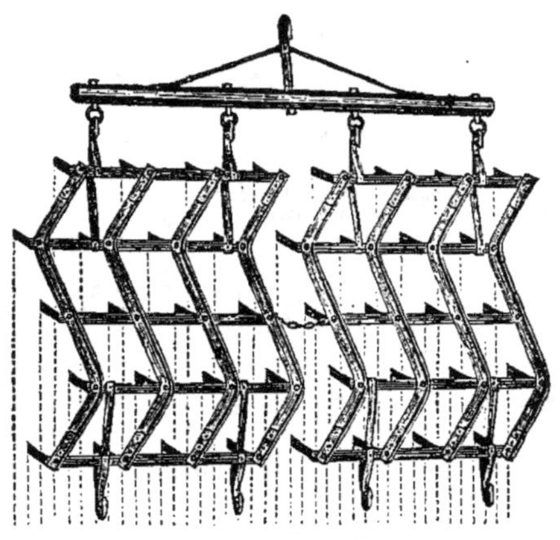

Fig. 148.
Jeu de herses à 4 flèches avec 40 dents.

Pour 2 chevaux en terres moyennes et fortes. —
Largeur, 2 mètres ; poids, environ 80 kilogr.

Fig. 149.
Dent de herse et sa section en forme de lame de couteau.

Elle est disposée de façon à ne pas pénétrer trop profondément.

armée, et qu'il soit possible d'augmenter ou de diminuer son énergie.

Les dents, recourbées d'arrière en avant, permettent de faire varier la puissance du hersage. Lorsque la herse marche avec ses dents inclinées d'avant en arrière, on dit qu'on herse en *décrochant*. Dans le cas contraire, on herse en *accrochant*.

Des dents trop espacées ont une action insuffisante, mais trop rapprochées elles amènent l'amoncellement des mottes à l'avant, ce qui fait sauter la herse. L'inclinaison des dents et le poids de la herse augmentent la profondeur du hersage. Cette profondeur grandit par l'allongement des traits de l'attelage ; elle diminue, au contraire, par le raccourcissement.

On fait un *hersage croisé* quand on donne un second ou un troisième hersage perpendiculaire ou oblique par rapport au précédent.

Les herses articulées, dites en zigzag (*fig.* 148), d'origine anglaise,

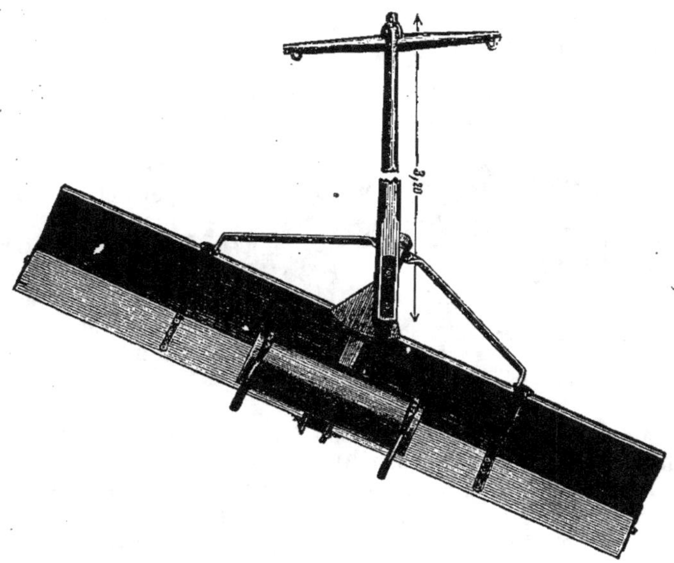

Fig. 150. — Niveleuse, préférable à la herse et au rouleau, surtout
dans les terres légères, préparées en vue des semis en ligne.

Le timon peut être déplacé latéralement et donner à la niveleuse une position
oblique excellente lorsqu'il s'agit de niveler les chemins ou d'effacer les dérayures.
Un siège muni de poignées est monté sur les supports. A l'aide de poignées le
conducteur soulève l'engin lorsqu'il veut déverser la terre entraînée dans un creux.

sont généralement adoptées. Grâce à leur très grande flexibilité,
elles peuvent suivre toutes les sinuosités du sol, de telle sorte que
chaque partie tra-
vaille toujours ré-
gulièrement.

Pour connaître
la pression exercée
sur le sol par
chaque dent d'une
herse, il suffit de
diviser le poids to-
tal de l'instrument
par le nombre de
dents. On admet
que, suivant la na-
ture du sol et l'in-
tensité du hersage,
chaque dent exige,

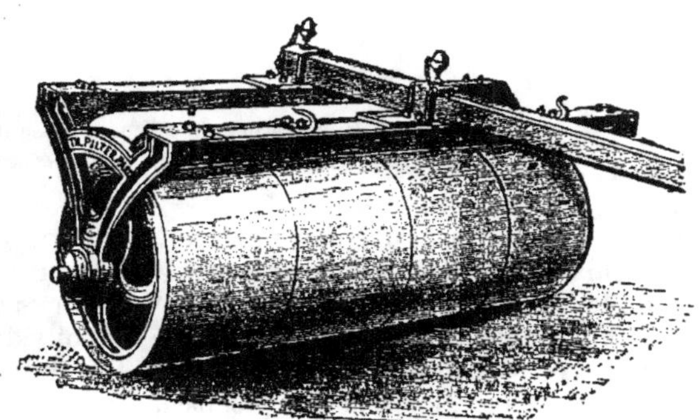

Fig. 151. — Rouleau uni, articulé, à timon.

On peut y adapter des brancards et un siège pour le conducteur.

par kilogramme de pression exercée, une traction variant de 1 kilogr. 300 à 2 kilogr. 400.

Les herses sont parfois remplacées dans les terres légères par la *niveleuse* (*fig.* 150).

Rouleau. — Le *rouleau* (*fig.* 151) est un instrument de compression; il convient à tous les sols, mais il n'agit pas de même sur chacun d'eux.

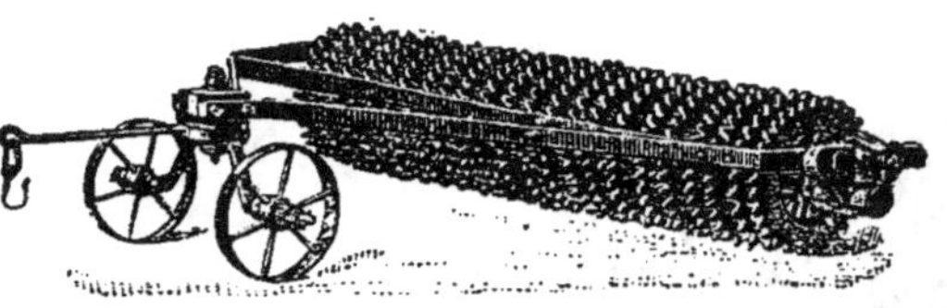

Fig. 152. — Rouleau croskill, à disques alternativement gros et petits avec dents rondes.
Plombe le sol et brise les grosses mottes.

Son emploi, combiné avec celui de la herse, permet de briser les mottes dans les terres fortes. Ces terres ne doivent être roulées que lorsqu'elles sont assez bien ressuyées pour s'écraser sans s'attacher à l'instrument.

Dans les terres légères, il *plombe*, c'est-à-dire qu'il raffermit la couche végétale en rapprochant les particules terreuses. Après les semailles du printemps, il tasse la terre autour des graines et rend la germination plus uniforme. Il sert aussi à régulariser (*régaler*) le sol, ce qui facilite la semaille, le fauchage et le travail des machines.

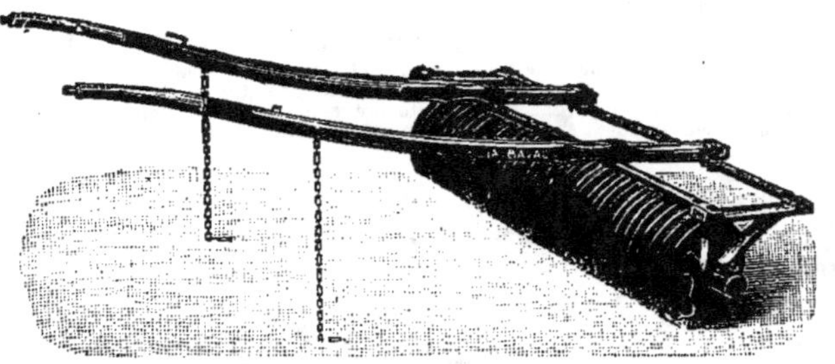

Fig. 153. — Rouleau ondulé à limons, disques en fonte.
Préférable au rouleau uni, qui a souvent l'inconvénient de trop tasser la terre.

Le rouleau agit par son poids, et l'énergie de son action dépend à la fois de son poids et de sa longueur. Naturellement son action est plus faible quand le poids se répartit sur une surface plus grande.

Le diamètre des rouleaux est aussi à considérer. A poids égal, les rouleaux à petit diamètre exigent une traction supérieure.

On distingue les *rouleaux plombeurs*, à surface lisse, et les *rouleaux brise-mottes* ou croskill (*fig.* 152), dont la surface est armée de dents.

On se sert beaucoup de *rouleaux articulés* ou *segmentés* (*fig.* 151) en fonte, c'est-à-dire composés de parties de cylindres indépendantes les unes des autres et tournant autour d'un axe commun. Cette disposition facilite les tournées.

Binage et Buttage.

Les *binages* sont des façons légères qui ont pour but de détruire les mauvaises herbes et d'ameublir la surface du sol; ils s'exécutent à la main ou au moyen d'instruments attelés.

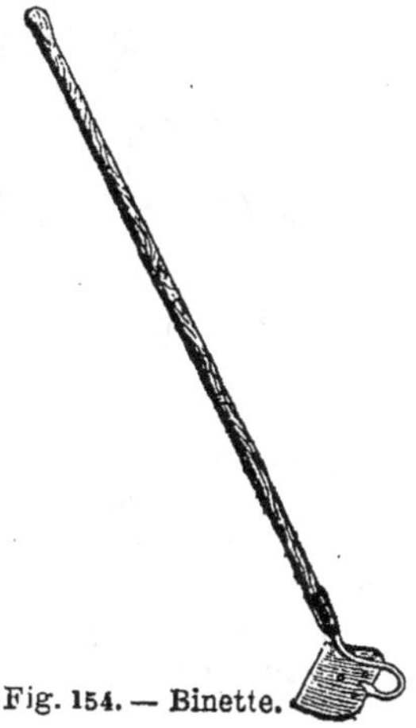

Les instruments à main sont la *binette* (*fig.* 154), la *houe plate*, la *houe à dents* et même la *ratissoire*. On les remplace par la *houe à cheval* ou *bineuse* (*fig.* 155 à 157), qui, attelée d'un bon cheval, peut biner 1 hectare en dix heures de travail effectif.

Les binages exécutés à la main sont plus parfaits; ils ont l'avantage de pouvoir s'appliquer même à une époque avancée de la végétation, quelle que soit la disposition des plantes sur le terrain. Le travail de la houe à cheval, plus rapide et moins coûteux, ne peut s'effectuer que dans les semis en ligne; il exige un binage complémentaire à la main pour que le pied des plantes soit ameubli. Les binages sont d'autant plus nécessaires que le terrain est plus compact et que la sécheresse est plus forte. Ils doivent être très multipliés et donnés avant que la terre se durcisse et s'enherbe.

Fig. 154. — Binette.

On ne doit pas confondre le *binage* avec le *sarclage*, quoique, en fait, le binage serve aussi de sarclage, car en ameublissant la surface du sol il détruit les mauvaises herbes qui s'y développent. Le sarclage consiste à arracher avec la main les plantes adventices qui croissent parmi les plantes cultivées.

On pratique aussi le sarclage avec de petites binettes ou *sarcloirs* (*fig.* 158), qui coupent les mauvaises herbes entre deux terres ou encore avec le *râteau bineur* (*fig.* 159, 160).

Le nombre des binages et des sarclages à exécuter dans une

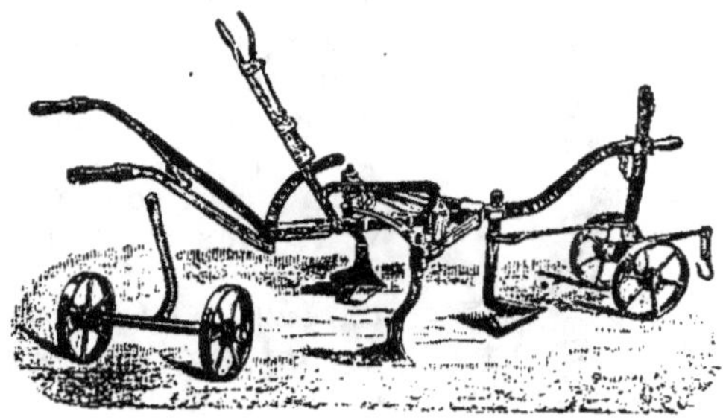

Fig. 155. — Houe triangulaire extensible en acier forgé.

Sous l'action du levier, l'écartement des couteaux arrière varie à volonté, de 0m,30 à 0m,65, sans que la position normale par rapport au travail à exécuter soit dérangée. Cette houe peut se transformer en buttoir à deux versoirs qui s'écartent au gré du conducteur.

culture n'est limité que par le temps et les moyens dont on dispose. Il faut les renouveler dès que la terre se prend en croûte ou s'in-

Fig. 156.
Houe à cheval (transformation d'une charrue).
Poids : 117 kilogr.

Fig. 157. — Ratissoire avec roue munie d'un régulateur permettant de régler l'inclinaison de la lame.

Cet instrument sert à couper les herbes des allées : il opère de légers sarclages et écroûte le sol avant d'y jeter des semences qu'on n'enfouit pas profondément.

feste de mauvaises herbes et jusqu'à ce que la récolte soit assez vigoureuse pour étouffer sous sa propre végétation toutes les plantes concurrentes.

Le *buttage* a pour but d'amonceler de la terre meuble au pied des plantes parvenues à un développement suffisant. Il est surtout utile dans les pays secs, car, en accumulant de la terre autour des plantes, il contribue à maintenir une fraîcheur favorable et à détruire les mauvaises herbes. Dans certains cas, il fournit un bon appui contre le vent. Les buttages s'exécutent à l'aide du *buttoir* ou *butteur* (*fig.* 161, 162), qui n'est en somme qu'une sorte de charrue à deux versoirs pouvant s'écarter et s'éloigner à volonté, ce qui permet de donner des buttages progressifs. La première fois, on écarte beaucoup les versoirs et l'on ne pénètre qu'à une petite profondeur; la deuxième fois, c'est-à-dire après une douzaine de jours, suivant la marche de la végétation, on rapproche

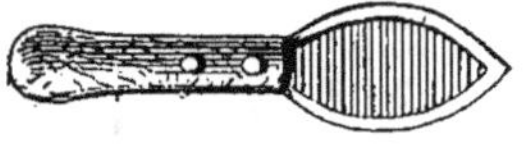

Fig. 158.
Sarcloir à main.

Fig. 159.
Rateau bineur avec 4 socs à une seule face *a* et guides A.
Poids : environ 6 kilogr.

Fig. 160.
Manière de se servir du rateau bineur pour céréales, betteraves, etc.

un peu les versoirs et on pénètre plus profondément : l'opération est alors complète, et la terre, relevée des deux côtés de l'ados, ne forme qu'une arête au sommet d'où émerge la tige.

Fig. 161. — Charrue-buttoir avec appareil bineur composé de deux lames qui précèdent le corps principal et ameublissent le sol tout en coupant les racines des mauvaises herbes.

Pour que l'instrument fonctionne bien, il faut que la terre, ni trop sèche, ni trop humide, se laisse aisément entamer et pulvériser ;

Fig. 162. — Butteur (transformation de la planteuse de pommes de terre de Bajac) dont les versoirs s'écartent à volonté.

Cet appareil peut servir à tous les buttages.

les plantes doivent être semées en ligne et présenter un écartement entre les lignes de 50 centimètres au moins.

Un buttoir actionné par un cheval peut butter 1 hectare par jour.

LES PLANTES CULTIVÉES

On divise les plantes cultivées en six classes principales :

1° Les *céréales;*
2° Les *légumineuses farineuses;*
3° Les *plantes à tubercules* et *à racines charnues;*
4° Les *plantes industrielles;*
5° Les *fourrages;*
6° Les *cultures arborescentes* ou *arbustives.*

CÉRÉALES

Les céréales sont des plantes de la famille des *graminées* dont les *graines amylacées* se transforment sous la meule en *farine* susceptible d'être employée à la nourriture de l'homme ou du bétail.

Les principales sont : le *froment,* le *seigle,* l'*orge,* l'*avoine,* le *maïs,* le *millet,* le *sorgho.*

On joint habituellement le *sarrasin* aux céréales parce que sa graine remplit un rôle analogue et bien qu'il appartienne à la famille des *polygonacées.*

Différenciation des céréales en herbe. — Il est assez difficile de distinguer les diverses céréales entre elles lorsqu'on les voit à l'état d'herbe.

L'examen de la ligule et la teinte verte des jeunes plantes permettent cependant de les différencier.

La gaine de la feuille des céréales embrasse la tige sur une certaine longueur. Au point où elle s'unit au limbe se trouve une espèce de prolongement membraneux appelé *ligule* (*fig.* 163), du latin *lingula,* diminutif de *lingua,* langue.

Chez le *blé,* la ligule est arrondie, allongée, et on y remarque des dents aiguës en forme de soies. Deux dents à poils raides se développent à la base du limbe et embrassent la tige. Les feuilles ont de 11 à 13 côtes et sont de couleur vert clair, glabres ou veloutées. On sait que le *blé bleu* tire son nom de la couleur glauque bleuâtre de ses feuilles.

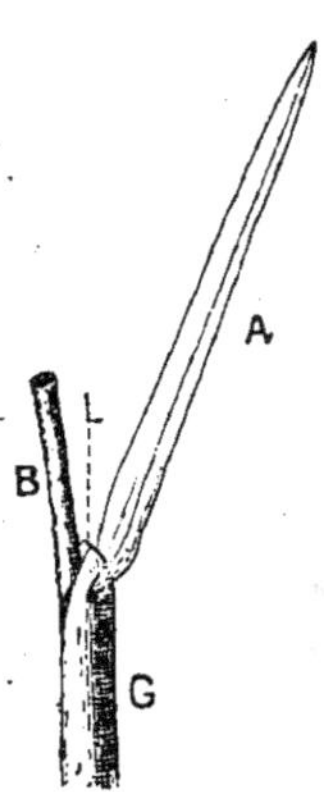

Fig. 163.
Tige d'une graminée.

A, Limbe de la feuille ; G, gaine de la feuille ; L, ligule ; B, chaume : constitué par un axe creux interrompu de distance en distance par des cloisons correspondant chacune à un nœud foliaire. La *moelle* dont il est pourvu pendant le jeune âge persiste chez la canne à sucre et le maïs.

Le *seigle* possède une ligule courte, demi-ronde, à dents courtes et triangulaires. La base du limbe est arrondie. Les feuilles de couleur rougeâtre et à poils mous sont marquées de 11 à 13 côtes.

La ligule de l'*avoine* est courte et ovale, à dents aiguës et sétacées. La base du limbe est dépourvue de dents. Les gaines des feuilles s'enroulent généralement à droite tandis qu'elles s'enroulent à gauche chez les autres céréales. La couleur des feuilles est vert clair ou sensiblement rougeâtre : glabres ou garnies de soies courtes, elles ont de onze à treize côtes.

L'*orge* a une ligule allongée et aiguë munie de dents larges triangulaires. On remarque aussi des dents à poils raides qui garnissent la base du limbe et embrassent la tige comme chez le blé, mais les feuilles vert clair, glabres, sont plus larges : elles portent dix-huit à vingt-quatre côtes.

Le Blé.

En agriculture, on appelle *froment* les espèces du genre botanique *triticum*, dont les grains perdent leurs *balles* à maturité. On réserve le nom d'*épeautre* à celles qui conservent leurs grains vêtus.

Le genre *triticum* renferme plusieurs espèces constituant de nombreuses variétés.

Nous distinguerons :

1° Les blés tendres (*triticum sativum*);
2° Les blés poulards (*triticum turgidum*) ;
3° Les blés durs (*triticum durum*) ;
4° Les épeautres (*triticum spelta*).

Les *blés tendres* sont caractérisés par la consistance farineuse et non cornée du grain. La paille est creuse ou demi-creuse. Ils comprennent des blés d'automne et de printemps qui exigent des terres de bonne qualité saines et bien travaillées. Nous signalerons : le *blé à épi carré* (*fig.* 164) ou shirrif d'automne, à épi blanc et à grain jaune rougeâtre, qui convient aux terres fortes et argileuses;

Le *blé hybride Dattel* d'automne, à épi rouge et grain blanc, auquel il faut réserver les terres riches, ainsi qu'au *blé Bordier* d'automne, à épi et à grain blancs;

Le *blé de Noé* ou *blé bleu* (*fig.* 166), d'automne et de février, à épi et à grain blancs, de même que le *blé rouge de Bordeaux* (*fig.* 167), d'automne et de février, à épi rouge et grain coloré, veut des terres fertiles;

Le *blé Saumur de mars* (printemps), à épi rouge et à grain coloré, demande une terre riche. Le *blé Saumur d'automne*, ou blé gris à épi blanc, parfois légèrement rosé et à gros grain rouge pâle souvent teinté de brun sur le germe, se contente de terres moyennes;

Le *blé rouge d'Écosse* ou *blood red* (rouge de sang) d'automne, à épi rouge et grain coloré, est un excellent type de blé d'hiver pour la région septentrionale de la France. Il se contente de terres moyennes.

Les *blés poulards* ont un épi très gros, carré, barbu. Leur grain renflé est de qualité inférieure à celle des blés tendres. Paille forte et noueuse. Ces blés rustiques, productifs, sont cultivés comme blés d'automne. Ils sont en général un peu plus tardifs que les blés tendres et s'accommodent mieux des sols froids ou humides. Parmi les meilleures variétés, on signale : le *blé poulard à six rangs;* le *blé*

Fig. 164-167. — Diverses sortes de blés.

d'Australie, à épi velu grisâtre, à grain tendre, jaune, très rustique; le *blé géant du Milanais,* à épi long velu, gris clair, gros grain rouge presque glacé; le *blé Nonette de Lausanne,* épi carré courtement velu, d'un roux grisâtre, grain rouge pâle demi-glacé, rustique et productif; le *blé Pétanielle blanche,* à épi blanc et à gros grain de même couleur; le *blé Pétanielle noire de Nice,* à épi long aplati, noirâtre, à gros grain tendre, jaune ou rougeâtre , peut se cultiver comme blé de mars dans le Nord.

Les *blés durs,* à épi barbu, conviennent aux pays chauds et secs. Leur grain pointu et allongé possède une contexture cornée et une cassure vitreuse. Paille fine. On les sème en automne dans leur pays d'origine.

Le *belotourka* est une des variétés les plus rustiques; il peut être cultivé dans les régions tempérées de la France. Son épi, de couleur gris rosé, porte des barbes roussâtres. Le *blé dur de Médéah* est un remarquable type algérien à épi rougeâtre teinté de noir sur les barbes et les glumes; grain blanc et glacé, riche en gluten. Notre colonie algérienne possède, du reste, plusieurs excellents blés durs bien acclimatés. Le *blé Trimenia de Sicile*, le *blé de Pologne*, le *blé de Xérès* sont aussi de bonnes variétés dans les milieux qui leur conviennent.

Les *épeautres* ou *blés vêtus* se divisent en trois groupes :

1° Les *épeautres proprement dits;*
2° Les *amidonniers;*
3° Les *engrains.*

Les *épeautres proprement dits* possèdent des variétés barbues et sans barbe, ainsi que des variétés d'hiver et de printemps. Leur épi, long, mince et lâche, porte des épillets droits espacés. Paille très creuse.

Les *amidonniers* sont barbus. Il existe des variétés d'hiver et de printemps. Ils se différencient des épeautres par leurs épillets serrés sur l'axe.

Les *engrains* ont la paille très dressée, raide et mince. Leurs épis, très plats, se composent d'épillets très étroits, régulièrement imbriqués. Les barbes sont faibles et courtes. Le développement est tardif. Il existe des races d'hiver et de printemps.

Choix et préparation du terrain et des semences. — Le *froment* est une plante rustique. Il aime surtout les sols argilo-calcaires profonds, assez compacts et frais, très propres, ameublis par plusieurs labours, mais bien assis, c'est-à-dire fermes. Dans tous les cas, le dernier labour doit être exécuté au minimum quinze jours avant les semis, afin que la terre ait le temps de se « rasseoir ».

Tous les cultivateurs savent bien que le parfait ameublissement du sol, suivi d'un *plombage* énergique au rouleau, est un gage sérieux de succès pour la culture du froment.

Le *choix de la semence* est d'une haute importance, car quelles que soient les variétés adoptées il permet d'en élever la productivité. La semence doit être de la dernière ou de l'avant-dernière récolte.

Sélection. — Pour sélectionner méthodiquement un blé, il faut choisir les plantes vigoureuses et saines qui ont poussé deux ou trois tiges égales, fortes, portant de beaux épis. De ces épis, récoltés à maturité parfaite, on ne conservera que les grains de la partie médiane, qui sont toujours mieux nourris.

Dix litres de grains ainsi recueillis permettent de semer un terrain *bien préparé*, qui fournira pour la deuxième année de quoi semer 1 hectare. En renouvelant cette opération chaque année sur le petit champ sélectionné, on arrive à d'excellents résultats.

Nous ne saurions trop recommander la sélection méthodique, mais il ne faut pas négliger cependant d'avoir recours à la *sélection méca-nique* des semences à l'aide du *trieur à alvéoles* (*fig.* 168). Celui-ci éli-mine les graines étrangères (seigle, orge, etc.) et les grains mal venus.

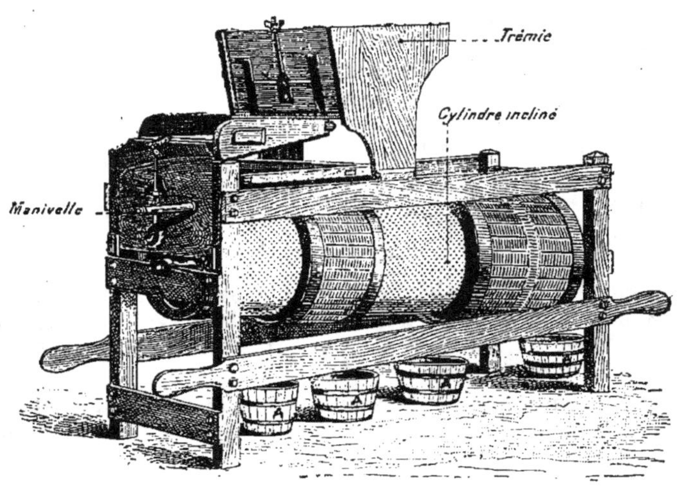

Fig. 168. — Trieur à alvéoles.

Le travail du trieur complète celui du *tarare*. Il accomplit un travail de séparation des différentes graines suivant leur forme et leur volume. Un trieur de 1ᵐ,90 de lon-gueur et 0ᵐ,65 de largeur débite environ 2 hectolitres de grains à l'heure.

Blés mélangés. — L'expérience a prouvé que le mélange de deux variétés distinctes de blé donne presque constamment un rendement en grain plus considérable que celui qu'on aurait obtenu de l'une ou de l'autre de ces variétés cultivées séparément. On obtient en géné-ral un grain de plus belle apparence, surtout lorsqu'on a mélangé un blé à grain rouge avec un blé à grain jaune ou blanc, ou bien une variété à grain tendre avec une autre à grain corné ou glacé; c'est le *blé panaché* du commerce. Dans les terres argilo-calcaires de la Haute-Garonne et du Sud-Est, le *blé rouge de Bordeaux*, mélangé par tiers avec le *blé de Puylaurens* et le *blé du Roussillon* donne — toutes choses égales — de meilleurs rendements que la plupart des variétés de blé les plus recommandables.

On ne doit pas se servir comme semence du *blé mélangé* qu'on a récolté, car l'une des variétés arrive promptement à dominer et les résultats ne sont plus bons.

Un blé donne une *bonne semence* et il est dit *marchand* quand il est sec, régulier, propre, coulant dans la main, lourd, qu'il a de la finesse et ne dégage aucune mauvaise odeur. L'absence d'odeur prouve qu'il a été bien conservé, c'est-à-dire qu'il n'a pas fermenté en tas, qu'il ne s'est pas échauffé.

On peut s'assurer expérimentalement de la *faculté germinative* des graines en les soumettant à l'influence de *l'humidité* et *d'une douce chaleur*. Le procédé le plus simple a été indiqué par Mathieu de Dombasle. On garnit le fond d'une soucoupe de deux morceaux de flanelle humectés à l'avance et placés l'un sur l'autre, on répand par-dessus un nombre déterminé de graines prises au hasard, en évitant qu'elles ne se touchent, et on les recouvre avec un troisième morceau de flanelle humide. On entretient une légère humidité en versant de temps en temps un peu d'eau sur la flanelle supérieure, de manière à ce que les graines ne baignent point dans l'eau. On évite ce danger en maintenant la soucoupe légèrement inclinée pour faire écouler l'eau en excès. Il est facile de suivre les progrès de la germination en soulevant la flanelle couverture et d'en déduire la valeur du lot de semences.

Sulfatage des semences. — Le triage des semences ne débarrasse pas les grains des spores microscopiques de certains champignons qui occasionnent souvent des pertes considérables. La destruction de ces germes dangereux — *carie* et *charbon* — est assurée par le *sulfatage*. Pour 1 hectolitre de grain, on fait dissoudre 150 à 175 grammes de vitriol bleu ou sulfate de cuivre dans 10 à 15 litres environ d'eau chaude. On place le grain sur un carrelage et on arrose peu à peu le tas à l'aide de cette solution tiède, en le brassant avec une pelle en bois jusqu'à ce que tous les grains du tas soient imbibés. On recouvre ensuite le tas avec des sacs et le lendemain on peut procéder à la semaille. Il est recommandé de vitrioler le grain au fur et à mesure des besoins.

Semailles. — La quantité de *semences* et l'époque des *semailles*, varient suivant les circonstances locales : le climat, la nature du sol. Ordinairement on emploie 160 à 235 kilog. à la volée et 80 à 120 kilog. au semoir, en lignes.

Les terres argileuses doivent être ensemencées avant les terres sableuses et calcaires ou pauvres.

Dans les pays à température douce et humide, il faut semer moins dru que dans les contrées à climat sec et froid. De même, on emploiera moins de semence dans le premier cas que dans le second.

On doit semer plus épais lorsqu'on sème tard et d'autant plus que le sol est moins bien préparé et qu'il est plus pauvre, surtout en acide phosphorique.

Naturellement, il faut augmenter la proportion des semences

maigres, douées d'une faculté germinative médiocre. Tout cela prouve qu'il est sage de tenir compte des coutumes locales, mais qu'il convient cependant de les soumettre à l'observation et au raisonnement pour les modifier au besoin.

Dans un sol convenablement aéré et humide, le grain de blé ne germe pas au-dessous de $+ 6$ degrés centigrades; il est donc indispensable de tenir compte de la température pour assurer la réussite des semis.

Pour le semis d'automne, il y a lieu de se rappeler que le blé doit avoir un certain développement avant l'arrivée des grands froids.

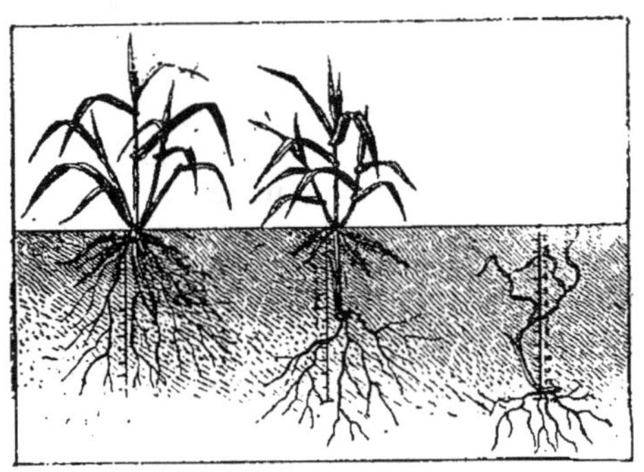

Fig. 169. — La graine à diverses profondeurs en terrain argileux.

A 1 ou 2 centimètres, bonne croissance, plante vigoureuse. — A 6 ou 7 centimètres, croissance difficile, plante faible. — A 12 ou 13 centimètres la plante s'étiole et meurt avant d'atteindre la surface du sol.

Profondeur du semis. — La graine a besoin d'être enfouie à une certaine profondeur pour jouir des conditions de chaleur, d'humidité et d'oxygénation nécessaires à sa *germination*.

D'après les expériences faites (*fig.* 169), il ne faudrait pas dépasser la profondeur de 6 centimètres et atteindre au moins celle de 2 centimètres sous les climats humides.

D'une façon générale, plus le terrain est argileux, moins la semence doit être enterrée profondément. Dans les terres légères et sablonneuses, on peut aller jusqu'à 7 ou 8 centimètres. La graine doit être enterrée plus profondément au printemps qu'en automne et d'autant mieux que le climat et la saison sont plus chauds.

Exécution des semailles. — Les *semailles à la main* et *à la volée* sont très usitées en France (*fig.* 170). Elles sont d'une exécution rapide puisqu'un bon semeur peut couvrir 5 à 6 hectares de blé par jour. La réussite de l'opération

Fig. 170. — Semoir à bretelles pour tous grains, graines et engrais.

dépend uniquement de l'habileté de l'ouvrier, car, comme dit le proverbe : « Bonne semaille vaut bonne grenaille. » .

La rareté des bons semeurs tend à vulgariser le *semoir mécanique à la volée* (*fig.* 171, 172). Le modèle à cuillers répand régulièrement la graine à la surface de tous les terrains, sans que cette répartition puisse être contrariée par le vent, comme il advient souvent lorsqu'on

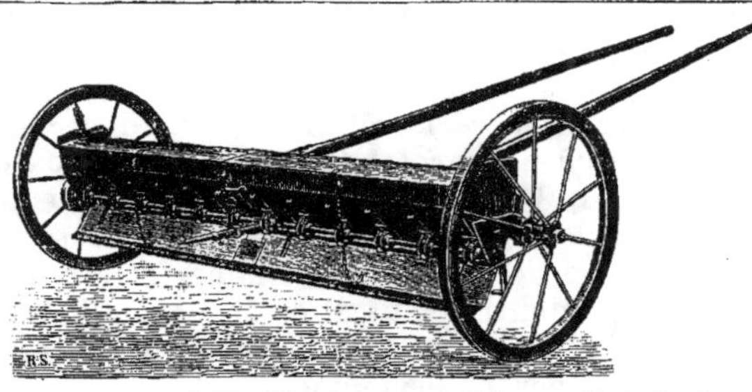

Fig. 171. — Semoir à la volée universel, avec cylindres cannelés et caisse fixe.

Largeur : 3 mètres ou 3^m,75. Un essieu transversal permet de le transporter en long dans les passages étroits.

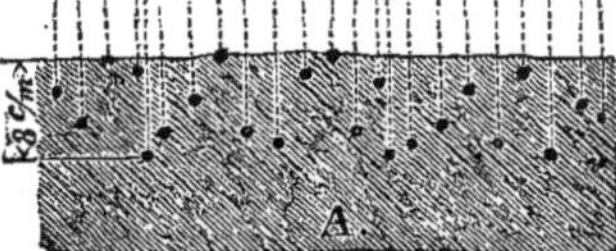

Fig. 172. — Tableau à l'échelle de 1/10 montrant, en coupe, la répartition de la semence par un habile semeur ou un semoir mécanique à la volée.

Les grains tombent souvent dans les creux, etc., et se trouvent placés à diverses profondeurs, surtout après le passage de la herse ou de l'extirpateur.

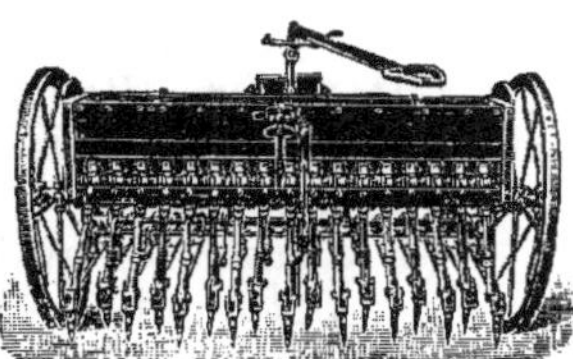

Fig. 173.
Semoir au rayon, avec direction à l'arrière.

Le modèle de 2^m,50 de largeur, traîné par deux forts chevaux, sème 5 à 6 hectares par jour. Poids environ 650 kilogr.

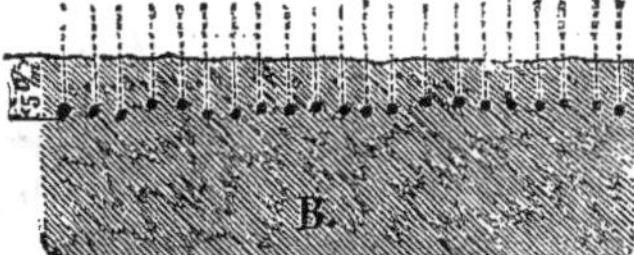

Fig. 174. — Tableau, à l'échelle de 1/10, montrant, en coupe, la répartition de la semence dans le sol à l'aide d'un semoir au rayon qui enterre d'une façon régulière et à une profondeur déterminée.

sème à la main. En outre, grâce à la régularité de la distribution, le semoir à la volée économise du quart au tiers de la semence et permet d'opérer sur 8 à 10 hectares par jour (semoir d'une largeur de 3m,60 attelé d'un seul cheval).

La semaille à la volée faite à la main ou au semoir doit être recouverte par deux traits de herse croisés. Dans les terres légères, sèches ou gélives, on a recours au scarificateur ou à la charrue, et de préférence à la charrue polysoc.

Quand la semence est enterrée à la charrue, on la dit *semée sous raie*. Quand on répand la semence sur le labour, dont les arêtes sont restées intactes, et qu'on l'enterre ensuite par le hersage, on la dit *semée sur raie*.

Pour obtenir une meilleure répartition de la semence, il est préférable de faire précéder la semaille d'un coup de herse ou d'un tour de rouleau et de recouvrir la graine avec le scarificateur.

L'emploi des semoirs en lignes à cuillers ou à alvéoles (*fig.* 173, 174) permet de distribuer le grain avec régularité non seulement dans le plan horizontal, mais encore à une profondeur uniforme que l'on peut régler d'avance, de même qu'on règle l'écartement des lignes et la quantité de grains répandus dans ces dernières par mètre courant.

Cette double régularité se rapproche le plus de la perfection dans les semailles. L'économie de semences peut aller du tiers à la moitié. Les lignes espacées de 10 à 15 centimètres donnent une grande facilité pour exécuter les sarclages et les binages, soit à la herse, puis à la main, soit à l'aide des houes à cheval, qui travaillent plus économiquement dès que l'écartement atteint 18 centimètres.

Soins à donner au blé. — Pour éviter les eaux croupissantes pendant la saison hivernale, aussitôt la semaille terminée on ouvre, avec le butteur, des raies d'écoulement dirigées suivant les pentes naturelles du sol et en ayant soin de niveler la terre rejetée sur les bords; cette dernière précaution empêche la formation de petites digues qui s'opposeraient à l'écoulement des eaux.

Les blés souffreteux et jaunâtres au printemps seront relevés par l'apport de 150 kilogrammes de nitrate de soude à l'hectare.

Lorsque, sous l'influence des vents desséchants, la surface de certaines terres forme une croûte dure, il est bon de donner un hersage très énergique aux blés d'hiver, dès le mois de mars, aussitôt que la terre est suffisamment ressuyée. Cette façon favorise beaucoup le *tallage* (1).

Les terres soulevées et les blés déchaussés par l'hiver ont besoin d'un roulage en mars. Les blés de mars sont roulés en avril. Dans tous les cas, le roulage doit avoir lieu avant que le blé ait dépassé 8 à 10 centimètres de hauteur.

---

(1) *Talle* vient du mot latin *talea* qui signifie « bouture ». Les talles sont constituées par les tiges qui proviennent du développement de bourgeons adventifs nés du collet d'une plante et formant des touffes.

Parfois le blé se montre en avril d'une vigueur exubérante. A peine haut de 20 centimètres, il couvre le sol d'un tapis vert bleuâtre. La *verse* est à craindre. Pour la prévenir, il faut couper immédiatement à la faux ou à la faucille le tiers supérieur des feuilles et des tiges. Cela s'appelle l'*effanage* ou l'*effoliage*.

Quelquefois on choisit un temps doux pour faire manger toutes les sommités par un troupeau de moutons.

On défend les blés contre l'envahissement des mauvaises herbes par des hersages suivis d'un sarclage à la main, que l'on pratique lorsque le blé est devenu trop haut pour tolérer le binage, c'est-à-dire vers la fin d'avril ou dans les premiers jours de mai. Bien entendu, on remplace la herse par la houe (*fig.* 175) dès que la largeur des interlignes le permet (18 centimètres).

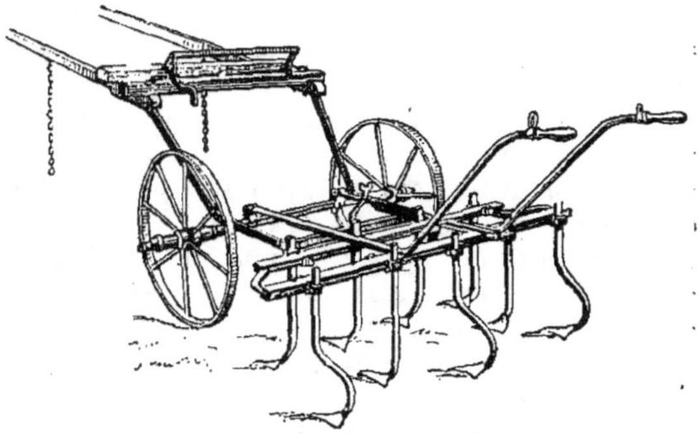

L'irrigation des blés est une opération très avantageuse dans les pays chauds et tempérés, mais à condition que le terrain soit assez profond et perméable pour que l'eau ne séjourne pas autour des racines.

Fig. 175. — Houe à céréales.

Les parties travaillantes se déplacent à volonté suivant l'écartement des semis.

La première façon se fait avec des rasettes à taillant renversé qui ne soulèvent pas les croûtes de terre protégeant les semis naissants. Le deuxième binage par temps sec se pratique avec la garniture de pics ou de dents d'extirpateur.

Accidents et maladies. — Pendant son développement, le blé est sujet à un certain nombre d'accidents et de maladies, sans parler de la grêle, dont l'assurance est encore le meilleur palliatif à défaut de protection efficace par le tir, dont on expliquera plus loin la pratique, à propos de la vigne.

Les principales maladies du blé sont : la *coulure*, la *verse*, la *rouille*, l'*échaudage*, la *carie*, le *charbon*, la *nielle*.

La *coulure* se produit assez souvent lorsque la floraison a lieu pendant une période de brouillards ou de pluies, et a pour conséquence la stérilité des épillets. Le cultivateur doit se résigner à subir la coulure, car il ne dispose d'aucun moyen pratique pour l'empêcher.

La *verse* est autrement redoutable; elle peut dériver de trois causes principales :

1° Le semis trop épais a amené l'étiolement de la base des tiges;

2º Une trop grande richesse du sol en azote en provoquant une exubérance de végétation, un développement trop rapide des tiges foliacées a entraîné l'étiolement du pied;

. 3º Le développement de la maladie du pied ou *piétain* occasionnée par un champignon parasite, l'*ophiobolus graminis*, affaiblit la tige vers sa base.

Il est aisé de comprendre que, sous l'influence de l'une ou l'autre de ces causes, qui d'ailleurs peuvent se combiner, les tiges dévient facilement de la direction verticale pour s'incliner et même se coucher sur le sol; elles *versent*. Les pluies prolongées, les orages, les vents violents, augmentent naturellement l'intensité de la verse.

La verse produit des effets d'autant plus désastreux qu'elle advient plus près de la floraison et que les tiges sont plus couchées sur le sol.

On combat la verse par l'emploi d'engrais appropriés, tels que les engrais phosphatés; par le semis en lignes et par le choix de variétés plus résistantes, comme, par exemple, le *shirrif's square head* ou blé d'hiver à épi carré, le *dattel*, le *blé bleu* ou *de Noé*, le *blé rouge de Bordeaux*, le *blé gris de Saumur*, le *blé Bordier*, etc. Ce dernier particulièrement recommandable pour son grain blanc, d'une grosseur et d'une beauté remarquables, sa paille blanche.

On combat l'étiolement de la base des tiges et les ravages du piétin en obtenant des blés plus vigoureux au moyen de semis moins épais et d'une bonne fumure phosphatée.

La *rouille* est causée par plusieurs variétés de champignons microscopiques du genre *puccinia*. Elle se manifeste par des taches ou pustules d'abord rougeâtres, puis noirâtres, disséminées sur les tiges, les feuilles et les épis. Non seulement le grain se développe mal, mais encore la paille est très endommagée et devient nuisible à la santé des animaux en provoquant des irritations d'intestins.

. . . Le champignon de la *rouille rouge*, qui devient ensuite *rouille noire*, subit sa première évolution sur les feuilles d'épine-vinette ou vinettier (*berberis vulgaris*). Conséquemment, cet arbuste doit être détruit dans toutes les régions à céréales.

La *rouille linéaire*, ainsi appelée parce qu'elle forme des lignes étroites et parallèles aux nervures des feuilles, attaque le blé, le seigle, l'avoine et l'orge; elle fait son premier développement sur les plantes de la famille des borraginées, telles que la bourrache officinale, la buglosse, le lycopode, la consoude, le grémil, la vipérine, la pulmonaire, la cynoglosse, la cerinthe, etc. Il faut donc s'appliquer à détruire ces plantes avec autant de soin que l'épine-vinette. Éviter d'employer comme litières les pailles rouillées, car les spores des champignons parasites conservent leur vitalité dans le tas de fumier.

Les blés les plus résistants à la rouille sont le *rieti*, le *dattel*, le *rouge d'Écosse,* tandis que le gris de Saumur, le blé de Bordeaux, le blé de Noé rouillent généralement beaucoup.

L'*échaudage* est provoqué par une élévation excessive de température, par des coups de soleil qui arrêtent en quelque sorte le grain en pleine formation et le mûrissent prématurément en le desséchant. Le grain, arrêté dans son développement, ne peut concentrer la quantité d'amidon qu'il aurait accumulée en temps normal : il est *échaudé.*

Dans les pays où l'échaudage est fréquent, il faut rechercher les variétés de froment à maturité hâtive et restreindre autant que possible le tallage à deux épis par plante, car le tallage diminue la précocité de la maturation; en effet, la végétation des rejets est en retard sur celle du brin principal. Augmenter la dose des engrais phosphatés, qui favorisent le départ de la végétation et la précocité; ménager les engrais azotés, qui développent la végétation herbacée et retardent l'époque de la moisson.

La *carie* (*fig.* 176) est due à l'invasion de l'ovaire du blé par un champignon parasite, le *tilletia caries,* qui n'attaque pas l'orge, l'avoine, le seigle, mais que l'on a observé parfois sur le maïs et le millet. Ses spores forment une poussière noire dont l'odeur est fétide. Le grain est détruit.

Le pain fait avec la farine d'un blé en partie carié a un goût et une odeur désagréables.

Il est prudent d'écarter des litières les pailles auxquelles s'attachent les spores de la carie, mais c'est surtout par les grains de semences que se propage la maladie. On les détruit par le *sulfatage,* comme nous l'avons déjà dit.

Fig. 176.
Carie du blé.

C'est encore un champignon, l'*ustilago carbo,* qui cause le *charbon;* il attaque particulièrement l'orge et l'avoine; on le trouve néanmoins sur le blé, le maïs, le millet, le sorgho. La poussière noirâtre de ses spores ne dégage pas de mauvaise odeur comme celle de la carie.

Les grains de *blé niellés* sont des grains envahis par une multitude de vers microscopiques appelés *anguillules* (*tylinchus*). Ces grains sont déformés, petits, arrondis et durs, avec une teinte noirâtre.

Les anguillules sont dans le grain à l'état de *vie latente,* mais lorsque ce dernier se trouve pénétré par l'humidité, elles ressuscitent pour ainsi dire, s'échappent de leur prison et vont envahir les grains encore laiteux où elles deviennent adultes et se reproduisent. Ni le chaulage ni le vitriolage ne sont efficaces contre ces parasites.

Insectes qui attaquent le blé. — Plusieurs insectes attaquent le blé pendant le cours de sa végétation. Nous citerons les larves du *taupin,* de la *cécidomyie du froment,* de la *cécidomyie destructrice* ou *mouche de*

Hesse, du *saperde* ou *calamobie*, du *chlorops tœniopus*, du *cèphe pygmée*, du *thrips* (*fig.* 177-180). Les champs de blé de l'Afrique sont souvent ravagés par des bandes énormes de sauterelles (*stauronotus perigrinus* et *marocanus*). Tous ces ennemis de nos moissons sont très difficiles à vaincre; les oiseaux insectivores sont les meilleurs auxiliaires de

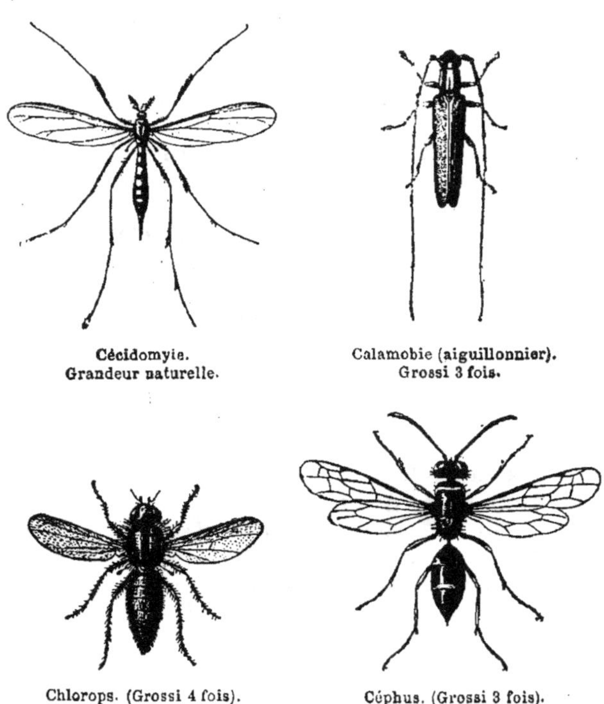

Fig. 177-180. — Quelques insectes ennemis du blé
pendant sa végétation.

l'homme et c'est pour ce motif qu'il faut veiller avec soin à la protection des nids.

Parfois quelques petits rongeurs, *mulots* et *campagnols*, se multiplient assez pour occasionner des dégâts considérables, surtout au moment du semis. On réussit à les détruire en les empoisonnant avec du blé arseniqué. Après entente générale entre les cultivateurs du pays ravagé, on constitue des équipes d'ouvriers consciencieux qui sont chargés de déposer dans chaque trou habité quelques grains empoisonnés; le trou est ensuite bouché d'un coup de talon.

La Moisson. — *Moisson* vient du mot latin *messis;* cette expression désigne l'ensemble des travaux nécessités par la récolte des céréales.

Le cultivateur prévoyant surveille la marche de la maturité et se prépare d'avance à la moisson. Il vérifie et répare au besoin ses outils, ses machines, ses véhicules, etc., et met les chemins en état. Enfin, il s'assure le concours d'un personnel de moissonneurs suffisant pour mener la besogne aussi rapidement que possible dès que le moment favorable est arrivé. Un retard de quelques jours peut être très préjudiciable. Les épis s'égrènent sous l'action du vent, sans compter les oiseaux, la pluie, la grêle, etc.

L'expérience a confirmé l'opinion de Mathieu de Dombasle au sujet de l'époque la plus propice à la récolte du froment. Cette époque, dit l'illustre agronome lorrain, *est celle où la paille a presque complètement perdu sa teinte verdâtre et où les grains de la majeure partie des épis ont acquis assez de fermeté pour que, lorsqu'on les presse entre les doigts, l'ongle s'imprime dans leur substance comme dans un morceau de cire, sans les écraser aussi facilement que lorsqu'ils étaient encore laiteux ou pâteux.*

Coupe des céréales. — La *coupe* des céréales se fait soit avec des instruments à main, tels que la *faucille* (*fig.* 181, 182), la *faux* (*fig.* 183), la *sape* (*fig.* 184), soit avec des machines actionnées par des animaux.

Moissonnage avec les instruments à main. — La moisson à la *faucille* à tranchant rebattu, ou à dentelure est longue et pénible. Un bon ouvrier ne coupe guère plus de 18 à 20 ares par jour. Avec la faucille bretonne, dite faucille à saper, un homme fait 30 à 35 ares par jour.

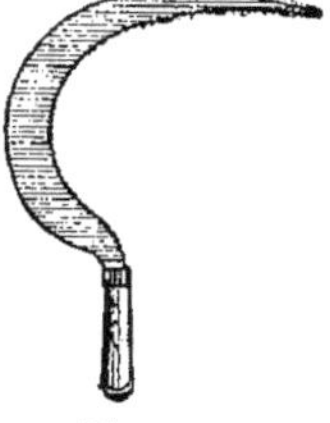

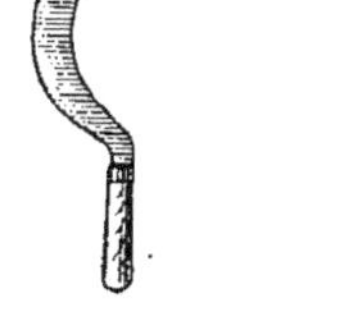

Fig. 181.
Faucille à dents.

Fig. 182.
Faucille à tranchant rebattu.

La *sape*, bien plus économique que la faucille, est surtout employée en Belgique, en Picardie et dans les Flandres. Elle fait le travail plus rapidement et avec moins de fatigue; en outre, elle offre l'avantage de faciliter la coupe des céréales versées et tourbillonnées. Un bon ouvrier, sans servant, coupe de 30 à 40 ares par jour.

La *faux* est presque partout l'instrument de la moyenne et de la petite culture. Elle coupe aussi bas que la sape, mais son maniement est plus difficile que celui des instruments précédents et exige la force d'un homme solide. Un bon faucheur peut couper journellement 40 ares d'orge, 50 ares de blé et 60 ares d'avoine. Il est suivi d'un aide, femme ou enfant, qui met en javelles le blé coupé. La faux fait un mauvais travail dans les blés versés et roulés, qu'il faut prendre à rebours, c'est-à-dire par le côté opposé à celui vers lequel penchent les épis.

La faux est armée d'une sorte de petit râteau appelé *playon*, ou bien d'un *râteau* en bois léger lorsque la récolte est un peu forte. Cet accessoire a pour but de réunir la céréale coupée en andain.

On fauche *en dedans* ou *en dehors*.

Faucher en dedans, c'est rabattre les tiges coupées sur celles qui ne le sont pas encore. Le faucheur tranche de droite à gauche, la récolte debout étant à sa gauche.

Faucher en dehors, c'est engager la faux dans la céréale et rejeter le grain coupé sur le terrain déjà moissonné, ainsi que cela se pratique dans le fauchage de l'herbe. L'ouvrier laisse à sa droite la récolte

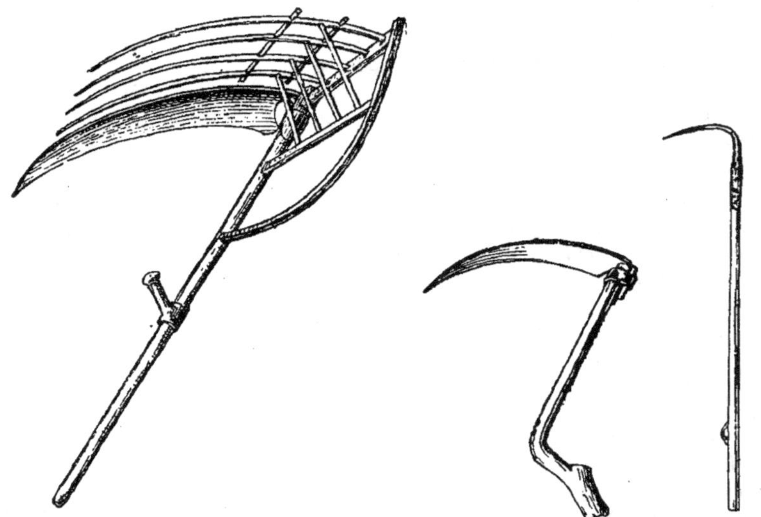

Fig. 183. — Faux avec râteau.　　　　Fig. 184. — Sape ét son crochet.

encore debout. Le premier mode convient pour les céréales touffues, telles que le froment et le seigle, tandis que le second procédé est avantageux pour les récoltes courtes et clairsemées.

Moissonnage mécanique. — L'organisation des sociétés coopératives contribuera à l'extension de l'emploi des *moissonneuses*, qui ne sont encore que l'instrument de la grande propriété. Elles permettent d'opérer la récolte plus vite et à moins de frais. Sauf dans les blés versés, elles exécutent la coupe et la javelle ou le liage beaucoup mieux que la moyenne des faucheurs.

Les machines à moissonner peuvent fonctionner sur les terrains en pente, mais moins bien cependant que sur les terrains plats. Ce qu'il faut avant tout, c'est la régularité de la surface, l'absence de grosses pierres, de creux et de monticules, de troncs d'arbre; en outre, la céréale ne doit pas être mouillée. Dans ces conditions, elle coupe très bas et ne perd pas d'épis.

Une *moissonneuse simple* (*fig.* 185) (moissonneuse ne liant pas) coupe facilement par jour, lorsqu'elle est bien conduite et bien entretenue :

Blé, seigle ou forte avoine . . . . .   4 hectares.
Avoine ou orge . . . .   4 hectares 500.

Pour assurer le service de cette machine, il faut deux chevaux de

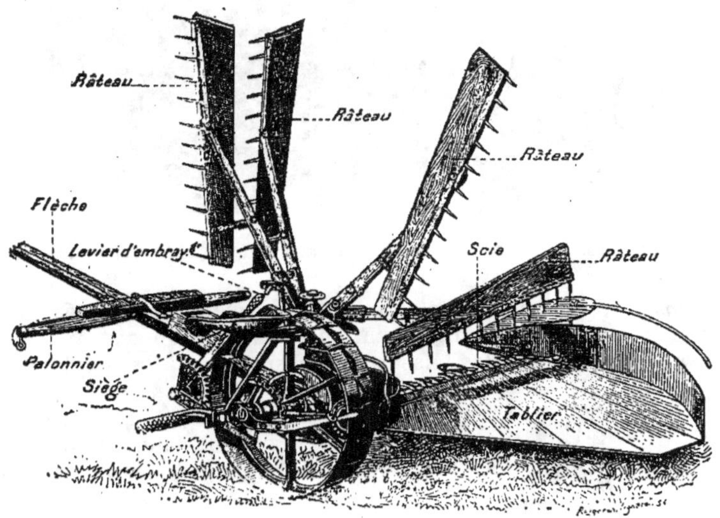

Fig. 185. — Moissonneuse simple.

relai et deux hommes : l'un conduit la machine, l'autre prépare les scies de rechange, etc. Il existe des modèles à un cheval dont le travail journalier est de 2 à 3 hectares environ.

La *moissonneuse-lieuse* (*fig.* 186), plus lourde, nécessite l'emploi de trois chevaux attelés de front, soit six chevaux avec le relais. Elle peut couper et lier 5 hectares de blé par journée de dix heures de travail effectif.

L'emploi des machines, surtout de la moissonneuse-lieuse, présente de très grands avantages sous tous les rapports. Elle supprime l'engagement des lieurs, qui souvent profitent de l'embarras du cultivateur pour demander des prix exagérés.

Ces machines réclament certains soins de surveillance et d'entretien qu'il est absolument nécessaire de leur donner si on veut que leur fonctionnement soit irréprochable. Tous les détails du mécanisme, son montage et son démontage doivent être bien étudiés.

Après la moisson, la machine doit être sérieusement abritée contre les intempéries, complètement nettoyée, graissée et repeinte au besoin.

Fig. 186. — Moissonneuse-lieuse à élévateur ouvert, à deux chevaux.

Soins à donner aux céréales après la coupe. — Les céréales coupées exigent certains soins avant le battage. Trop souvent on a la mauvaise coutume de les laisser sécher sur le sol et compléter leur maturité. Cette pratique, qui porte le nom de *javelage*, doit être abandonnée, surtout dans les années pluvieuses. La *méthode des moyettes* donne de meilleurs résultats, non seulement pour la conservation des céréales en temps de pluie, mais encore pour leur maturation parfaite.

Fig. 187. — Moyette flamande.

Il y a plusieurs moyens de faire les moyettes. La *moyette flamande* (*fig.* 187) est la plus simple. Dès que le blé est abattu et sans attendre que le soleil ait flétri les herbes vertes qu'il peut contenir, on prend une forte javelle qu'on dresse verticalement. Pendant qu'un ouvrier tient cette javelle debout, un autre ouvrier vient disposer d'autres javelles autour de la première, en leur donnant du pied afin qu'elles aient plus de stabilité et que la circulation de l'air soit rendue aussi facile que possible.

On forme ainsi un cône de céréales solide, constitué par huit grosses javelles ayant 50 à 60 centimètres de diamètre au sommet et 1 mètre à 1^m,50 à la base. Le sommet de la moyette est alors lié à 25 centimètres au-dessous des épis. Puis on prend une gerbe moyenne qu'on lie fortement à la base et dont on écarte les tiges au-dessus du lien, de façon à faire un capuchon assez analogue à celui dont on recouvre les ruches d'abeilles. On coiffe la moyette. Tous les épis réunis au centre de la gerbe-chapeau sont bien garantis contre les pluies. Il est bon de visiter les moyettes après de fortes averses. Si l'eau a pénétré sous le chapeau, on le place à terre sur son pied pour qu'il puisse bien sécher à l'intérieur ainsi que le sommet de la moyette. On replace le chapeau si le temps menace et, dans tous les cas, avant la nuit.

Rentrée des céréales. — Dès que les moyettes sont suffisamment sèches, on se hâte de rentrer les récoltes, car la moindre négligence peut compromettre le travail de toute l'année.

La rentrée des céréales comprend trois opérations : le chargement, le transport et le déchargement, qu'on pratique simultanément avec l'entassage. Il appartient au cultivateur d'adopter la meilleure organisation pratique afin d'éviter les fausses manœuvres.

La bonne conservation des meules ou des gerbes dans les granges dépend beaucoup du soin avec lequel on les entasse : elles doivent être arrangées méthodiquement, une à une, de manière à ce qu'il n'existe *aucun vide* entre elles.

Préparation des céréales pour la vente.

Maintenant, il faut séparer le grain de la paille et le nettoyer de toutes les impuretés qui l'accompagnent pour le loger dans les greniers jusqu'au moment de la vente.

Le battage ou égrenage des céréales peut être effectué :

1° Au moyen du fléau ;
2° Au moyen du rouleau en bois ou en pierre ;
3° Par le piétinement des animaux (dépiquage) ;
4° Au moyen des machines à battre.

Battage. — Le *battage au fléau* (*fig.* 188) est très usité chez les petits cultivateurs, qui consacrent à cette opération une grande partie de l'hiver. C'est un rude travail, car l'ouvrier donne de trente-cinq à quarante coups de batte par minute au milieu d'une poussière intense pour obtenir un mince résultat. Un bon batteur ne produit guère

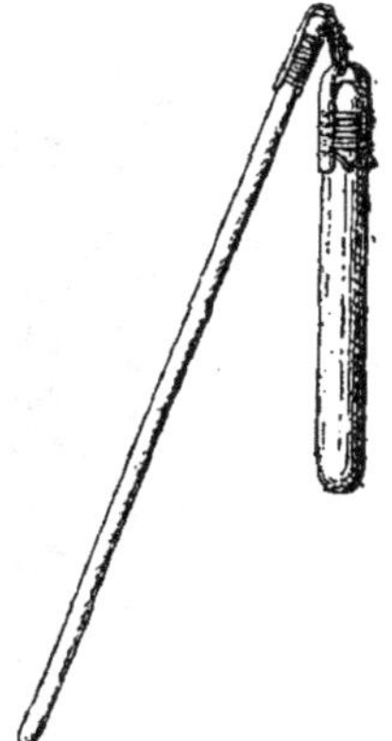

Fig. 188. — Fléau.

plus de 1 hectolitre et demi de blé, ou 3 hectolitres d'orge, ou 4 hectolitres d'avoine par journée de huit heures de travail effectif. Ajoutons à cela qu'il laisse 7 à 8 pour 100 de grains dans les épis. L'avantage qu'a ce battage de conserver la paille intacte et de s'effectuer pendant la morte saison ne compense pas son imperfection et son insalubrité.

Le *dépiquage à l'aide de rouleaux* un peu coniques ou *par le piétine-ment des animaux* ne sont usités que dans les régions qui jouissent

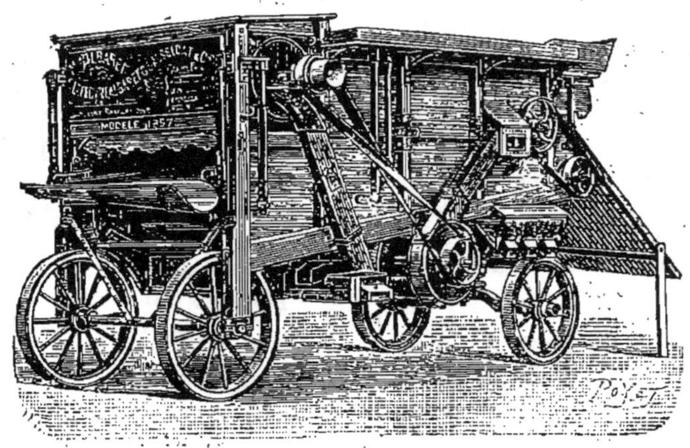

Fig. 189.
Batteuse portative avec double nettoyage indépendant de la trémie.
Force : 6 chevaux.

d'un bon soleil après la moisson. Par ces procédés, on expédie plus de besogne qu'avec le fléau ; d'autre part le piétinement brise la paille

Fig. 190. — Batteuse à pétrole à double nettoyage.

et les animaux la consomment mieux, ce qui est un point important pour les pays méridionaux. Quoi qu'il en soit, tous ces antiques pro-cédés sont de jour en jour supplantés par les *machines en bout*, véritables dépiqueuses qui reçoivent les épis en avant et les égrènent par percussion, ou les *machines en travers* ou *en biais*, qui agissent sur les

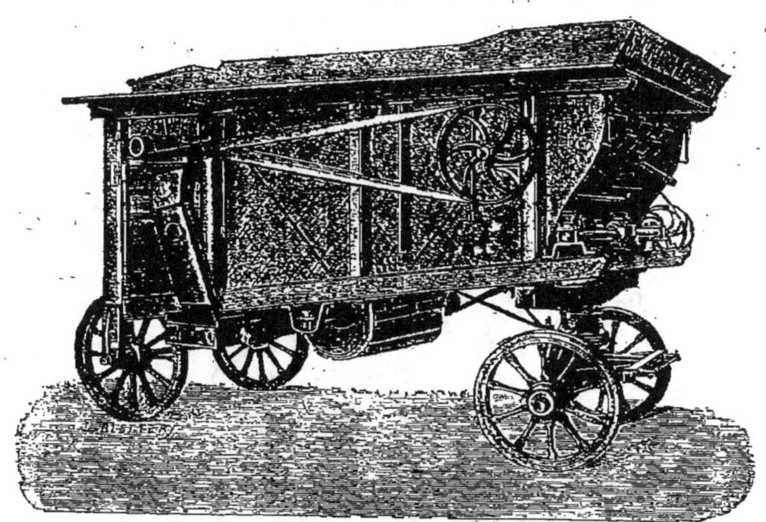

Fig. 191. — Batteuse de blé pour moyenne culture pouvant être pourvue d'un élévateur et d'un double nettoyage.

Les courtes pailles tombent à l'avant et au milieu, les balles à l'arrière.

épis par frottement (*fig.* 189-191). Les batteuses sont tantôt à bras, tantôt à manège, tantôt mues par l'eau, par la vapeur, par le pétrole;

Fig. 192. — Batteuse à plan incliné ou trépigneuse.

rien ne s'oppose à ce que la force motrice provienne aussi de l'alcool ou de l'électricité.

Les petites machines à bras peuvent battre environ 5 hectolitres de blé par jour, en admettant comme moyenne 225 kilogrammes de gerbes pour produire 1 hectolitre de grain.

Une bonne batteuse en bout, à manège, peut battre, sans vanner ni secouer, 535 kilogrammes de gerbes par heure et par cheval vivant, ce qui correspond à 228 litres environ de grain. Avec le cheval-vapeur comme moteur, on peut battre 800 kilogrammes de gerbes, soit 340 litres de grain.

A signaler les *trépigneuses* (*fig*. 192), machines à battre mues par un manège à plan incliné, faisant corps avec elles, actionné par un cheval en marche. Sans effort, l'animal rend ici un effet utile considérable.

Les batteuses à eau sont très économiques, mais elles ne peuvent

Fig. 193. — Machine à vapeur locomobile à retour de flamme.

s'établir que là où il existe une chute d'eau utilisée par une roue hydraulique ou par une turbine. Leur principal inconvénient est d'obliger les cultivateurs à transporter leur récolte à la machine et de la ramener chez eux après le battage.

Il y a grand avantage, au point de vue économique, à employer les *batteuses en travers*, secouant la paille et vannant le grain. La récolte passe entre un tambour animé d'une grande vitesse, appelé *batteur*, portant à sa circonférence des tringles en fer nommées *battes*, et les parois d'un tambour concave ou contre-batteur, toujours mobile, soutenu par des vis de rappel et des ressorts qui cèdent plus ou moins, selon l'épaisseur de la paille. Les épis sont constamment froissés avec la même force et débarrassés de tous leurs grains, qui ne peuvent être brisés. La paille passée en travers est conservée à peu près intacte.

Les petites machines de ce genre, actionnées par un moteur de la force de 3 chevaux (*fig*. 193), égrènent environ 5 000 kilogrammes de gerbes par jour.

Avec toutes ces machines, la rapidité et la qualité du travail dépendent de l'engrenage, qui doit être constant et régulier. Pour ce motif, l'adaptation, à l'avant du batteur, d'un engreneur automatique se recommande d'autant plus qu'il s'agit d'appareils plus puissants, munis d'accessoires pour le nettoyage du grain : secoueurs de paille et tarare.

Les progrès de la mécanique ont réalisé des perfectionnements admirables. Il existe aujourd'hui des appareils qui ne laissent plus à la main-d'œuvre que le travail insignifiant de charger les gerbes et de les conduire près de la batteuse. La gerbe est déliée dans la machine et celle-ci rend le *blé* nettoyé et marchand en sacs, la *menue paille* en balles, la *paille* liée et pesée.

Mais toutes les batteuses ne livrent pas le grain vanné et criblé; il en est même qui ne séparent point les balles du grain.

Vannage. — Dans quelques pays pauvres, on exécute encore le *vannage* à l'aide de procédés très primitifs et on recourt aux bons offices du vent. Sur une aire élevée, exposée aux courants d'air, on jette le blé contre le vent, aussi loin et aussi haut que possible, à l'aide de pelles en bois. Les petits corps soulevés par la pelle se séparent suivant leur pesanteur

Fig. 194. — Van.

spécifique et tombent plus ou moins loin en formant des tas distincts.

Dans les pays du Nord, l'opération s'exécute avec un *van*, récipient en osier à deux anses, ayant une vague ressemblance avec une coquille d'huître (*fig.* 194). Il faut beaucoup d'exercice pour arriver à manier convenablement le van, aussi le nettoyage des céréales par ce moyen laisse-t-il à désirer; de plus, il est extrêmement long.

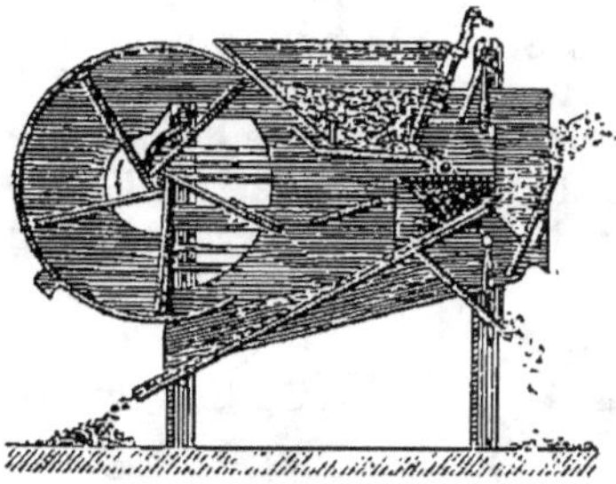

Ces anciens procédés sont très avantageusement remplacés par les *machines à vanner* connues sous le nom de *tarares* (*fig.* 195). Les grains déposés dans une trémie tombent sur deux ou trois grilles en fil de fer superposées et à mailles variables qu'anime un mouvement latéral de va-et-vient saccadé. En passant d'une toile à l'autre, les grains sont soumis à un courant d'air énergique produit par un ventilateur qui entraîne tous les corps moins denses que les grains.

Fig. 195. — Tarare (coupe), destiné à opérer le nettoyage des grains en mettant à profit les différences de densité.

Un ventilateur à ailettes chasse l'air à travers le mélange à nettoyer pendant son passage sur le *crible émotteur* formé par des grilles animées d'un mouvement de trépidation.

Le passage des grains au tarare, même à plusieurs reprises, ne parvient pas à les purifier complètement; il est indispensable de faire agir le *trieur* ou *cylindreur* (*fig.* 196).

Fig. 196. — Trieur ou cylindre.

Les appareils désignés sous le nom de *sasseurs*, de *cribles-trieurs*, notamment le *trieur alvéolaire*, purifient et sélectionnent les grains d'une manière parfaite. Les céréales étrangères, les graines rondes, la nielle sont séparées du blé.

Conservation des grains. Mouture. — Les grains battus ne doivent pas séjourner dans des sacs, même pendant quelques jours seulement; il faut les étaler en couches minces de 15 à 20 centimètres de hauteur au plus et les remuer tous les jours.

Lorsqu'ils sont bien secs, on peut élever le tas jusqu'à 1 mètre de hauteur et se contenter de le remuer une fois par semaine ou tous les quinze jours. On admet qu'une masse de blé ayant 50 centimètres d'épaisseur charge le plancher d'un poids de 400 kilogrammes environ par mètre carré. Il faut donner au tas une épaisseur appropriée à la résistance du plancher.

Les greniers doivent être planchéiés ou carrelés avec soin, les murs bien crépis, la ventilation suffisante pour écarter toute humidité ou excès de chaleur; les ouvertures doivent être munies de volets et de grillages métalliques, afin d'interdire l'accès aux rats et aux oiseaux. Enfin, les grains ne doivent pas toucher aux murs.

Par la mouture, on retire du *blé* la *farine* et le *son*, que l'on sépare par le *blutage*. La farine, qui provient de l'embryon et de l'albumen, contient de l'*amidon*, du *gluten* et des *matières sucrées*; le son provient des enveloppes du grain : il renferme des *substances azotées*.

Insectes parasites. — Les principaux insectes dont les larves s'attaquent au blé sont :

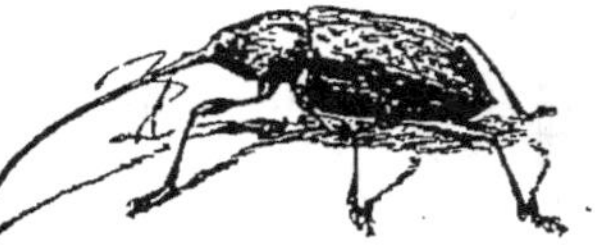

Charançon (grossi 6 fois).   Alucite (grossie 3 fois).

Fig. 197, 198.

Deux insectes dont les larves attaquent le blé.

le *charançon* (*fig.* 197), l'*alucite* ou *teigne* (*fig.* 198), la *fausse teigne* et la *cadelle* ou *trogosite mauritanique*; d'après certains observateurs la larve de ce coléoptère dévorerait les larves du charançon ou calandre sans toucher au blé; par conséquent elle serait utile.

On peut combattre ces parasites à l'aide de l'acide sulfureux anhydre ou bien par la combustion d'une mèche soufrée qui dégage de l'acide sulfureux. Le sulfure de carbone donne aussi de bons résultats. Si le grenier ne peut se fermer hermétiquement, il est bon de recouvrir le tas d'une toile goudronnée imperméable et d'injecter au-dessous, sur divers points, une quantité déterminée de sulfure de carbone ou d'acide sulfureux anhydre : 2 grammes par hectolitre de grains n'altèrent pas ces derniers et détruisent bien les parasites. On peut aussi introduire le grain dans des tonneaux et, après avoir bondé, laisser agir le toxique pendant deux heures.

Le cultivateur n'a pas toujours profit à prolonger la conservation des grains au delà d'une certaine limite, car non seulement les grains subissent des pertes par oxydations, combustions intérieures, etc., mais encore ils exigent des manipulations coûteuses, sans parler de l'intérêt du capital immobilisé.

La conservation des blés dans des silos en maçonnerie ou creusés en terre sèche, hermétiquement clos, est recommandée.

Le Seigle.

Le *seigle* (*secale cereale*) est (*fig.* 199), après le froment, la céréale la plus importante pour la nourriture des habitants de l'Europe. Il est doué d'une grande rusticité et peut croître dans une terre pauvre et presque aride. Son rendement est plus assuré que celui du blé parce qu'il est moins sujet que ce dernier aux accidents et aux maladies.

La farine de seigle est moins blanche et moins nourrissante que celle du froment. Néanmoins, le pain qu'elle donne est sain et savoureux; il se conserve longtemps frais et jouit de propriétés rafraîchissantes. C'est avec la farine de seigle et le miel que l'on fabrique le *pain d'épice*.

Dans les pays du nord et du centre de l'Europe, le seigle alimente l'industrie importante de la *distillerie de grains*. Cuit ou gonflé dans l'eau, il constitue une excellente nourriture pour l'engraissement des bœufs.

La *paille de seigle* est la plus belle, la plus résistante et la plus estimée de toutes les pailles; elle sert à la fabrication des paillassons, des couvertures de meules, de chaumières, de ruches; on l'utilise aussi pour l'empaillage des chaises, pour la fabrication des chapeaux.

Fig. 199.
Seigle.

Comme fourrage, comme litière, elle est inférieure à la paille de froment, qui est moins dure et plus favorable à l'absorption des liquides.

Semailles. — Le seigle réussit dans tous les terrains qui ne sont pas trop humides; il demande à être semé dans une terre en poussière, aussi les sols sablonneux lui conviennent particulièrement. On le sème de bonne heure, avant le froment, car il souffre beaucoup et périt même s'il est surpris par les fortes gelées avant d'avoir pu développer ses racines superficielles et ses talles. Il faut 140 à 200 kilogrammes de semence à l'hectare.

Soins de culture. — Les soins sont les mêmes que pour le blé. On herse le seigle et on le roule au printemps, quand il a poussé sa quatrième feuille, pour favoriser le tallage et raffermir le terrain. Il mûrit avant le froment.

Comme le blé, le seigle est sujet à la rouille, mais la maladie la plus redoutable est l'*ergot* (*fig.* 200), dû à un champignon, le *claviceps purpurea*, qui remplace le grain par une excroissance longue et recourbée, analogue à un ergot de coq et contenant une substance toxique. Le pain de seigle ergoté produit chez l'homme une maladie gangreneuse et spasmodique appelée *ergotisme*.

Pour empêcher la multiplication de l'ergot, il faut, en principe, cribler et trier convenablement les semences du seigle. Les seigles de choix sont ceux qui ont une belle couleur blond verdâtre, sans taches brunes. L'hectolitre pèse de 70 à 75 kilogrammes.

On ne cultive qu'une seule espèce de seigle, le seigle commun, qui a donné naissance à quelques variétés, parmi lesquelles nous distinguerons :

Le *seigle commun d'hiver;*

Le *seigle de Schlansted;*

Le *seigle grand de Russie;*

Le *seigle des Alpes;*

et comme variétés à semer au printemps :

Le *seigle de mars* ou *trémois;*

Le *seigle d'été de Saxe.*

Fig. 200.
Ergot
de seigle.

Le Méteil.

Le *méteil* est un mélange de froment et de seigle. On met tantôt 1 de seigle pour 1 de froment et tantôt 2 de seigle pour 1 de froment. On met d'autant plus de blé que la terre et le climat lui conviennent mieux.

La surface attribuée au méteil diminue de plus en plus — comme celle du seigle — à mesure qu'une culture perfectionnée améliore les terres.

On sème le méteil en même temps que le seigle et on récolte quand le froment est mûr, car le seigle ne souffre pas d'un excès de maturité. Dans le Midi, on sème parfois au printemps des mélanges d'*orge* et de *blé*.

L'Avoine.

L'*avoine* (*avena sativa*) est, après le froment, la céréale la plus cultivée en France.

La distribution géographique de l'avoine est comparable à celle du froment, avec cette différence qu'elle brave mieux l'humidité et la sécheresse que ce dernier.

Elle est moins difficile que les autres céréales sur la préparation du sol. On peut la semer sur les bois défrichés, les marais desséchés, les prairies rompues et les argiles peu compactes.

L'avoine est employée à la nourriture des chevaux.

Le *gruau d'avoine* n'est autre chose que l'avoine dépouillée de son péricarpe et concassée par une espèce de mouture; on l'utilise pour l'alimentation humaine en Écosse, en Irlande et aussi en Bretagne.

Les variétés d'avoine sont nombreuses; elles dérivent de quatre espèces principales :

1º L'*avoine commune*, à fleurs disposées en panicules lâches, à grain allongé, lisse et de couleur variable;

2º L'*avoine de Hongrie* (*fig.* 201), avoine d'Orient ou de Russie, avoine orientale à panicule serré qui penche d'un seul côté de la tige, et que l'on appelle pour ce motif *avoine unilatérale;*

3º L'*avoine courte*, à panicule lâche. Elle se distingue par ses fleurs munies de deux barbes persistantes;

4º L'*avoine nue* ou de Tartarie, dont les grains sont nus au lieu d'être attachés à la balle, comme dans les espèces précédentes.

Les deux premières espèces sont les plus importantes au point de vue agricole.

Fig. 201.
Avoine noire de
Hongrie.

L'avoine commune a donné des *avoines d'hiver* et *de printemps*. Les premières supportent mal l'excès d'humidité et ne peuvent être cultivées avec succès que dans les pays où l'hiver est doux et les terres saines. Elles sont plus précoces que les avoines de printemps et supportent aussi mieux la sécheresse.

Parmi ces avoines, on distingue les sous-variétés à grains noirs ou noir grisâtre, jaunes ou blancs. Nous citerons, comme avoines d'hiver, l'*avoine grise d'hiver* ou *de Provence*. Parmi les avoines de printemps, nous signalerons : l'*avoine grise de Houdan*, très rustique et très accommodante sous le rapport du sol ; l'*avoine hâtive d'Étampes*, recommandable pour les terres chaudes et sèches ; l'*avoine jaune de Flandre* et l'*avoine hâtive de Sibérie*, qui demandent des terres de bonne qualité, surtout la première.

Parmi les avoines de Hongrie, l'avoine *noire*, rustique et productive, et l'avoine *blanche*, qui se plaisent dans les sols argileux, les étangs desséchés, sont à mentionner.

Le poids de l'hectolitre d'avoine varie de 44 à 57 kilogrammes, suivant espèce et qualité. On peut obtenir 50 à 70 hectolitres à l'hectare dans les *sols fertiles*.

Ce ne sont pas toujours les avoines les plus lourdes qui sont les plus nutritives quand on les distribue *à poids égaux*. Ainsi, l'avoine grise de Houdan, qui pèse 50 kilogrammes à l'hectolitre, livre la matière nutritive à meilleur compte que l'avoine blanche du Canada, pesant 57 kilogrammes.

Préparation du sol. Assolement. — L'avoine d'automne est semée sur un seul labour si elle succède à une plante sarclée, mais il faut deux labours si elle vient après une céréale.

La véritable place de l'avoine dans l'assolement est après une plante sarclée, et mieux encore après le trèfle.

Semailles. — Le choix des semences d'avoine doit être fait avec les mêmes soins que celui des semences du blé.

Un procédé de sélection fort simple et efficace consiste à agiter les graines dans un bac rempli d'eau claire et à éliminer toutes celles qui surnagent. Ce trempage offre en outre l'avantage de hâter la germination.

On sème l'avoine d'hiver en septembre et octobre. Dans la Provence et le bas Languedoc, on retarde le semis jusqu'en novembre et décembre.

L'avoine de printemps ou avoine de mars doit être semée le plus tôt possible, c'est-à-dire dès que le temps et les circonstances le permettent. Semer à la volée à raison de 125 à 175 kilogrammes à l'hectare, et semer 75 à 100 kilogrammes pour le semis en lignes, au semoir.

On avance d'autant plus le semis que le sol est plus perméable, plus léger et exposé à la sécheresse, car l'avoine a relativement besoin de beaucoup d'humidité pour lever.

Lorsqu'on fait le semis à la volée, on l'enterre par un hersage énergique à deux traits croisés. On emploie souvent le scarificateur dans les sols légers. Après l'enfouissement de la semence, il est bon de passer le rouleau dans les terres légères, qui ne sont pas exposées à s'encroûter.

Soins d'entretien. — Quand les plantes présentent trois ou quatre feuilles, au printemps, il convient de les herser avec une herse légère à dents courtes. On les roule un peu avant ou au commencement du tallage.

Le hersage est remplacé par le binage à la houe dans les avoines en lignes. Lorsque ces façons sont insuffisantes, on les complète très avantageusement par un sarclage à la main.

Accidents et maladies. — L'avoine est sujette à l'*échaudage* comme le blé, mais elle est encore plus sujette au *charbon* (*fig.* 202).

La *rouille des graminées* et la *rouille linéaire* l'atteignent, ainsi que la *rouille couronnée*, qui respecte le blé et l'orge. Cette rouille, caractérisée par les protubérances en couronnes de ses spores, fait son premier développement, au printemps, sur la *bourdaine* et le *nerprun*.

L'Orge.

L'*orge* (*hordeum*) est, de toutes les céréales, celle qui a l'aire de culture la plus étendue. Elle résiste au climat des contrées tropicales et remonte vers le nord plus loin que le blé et l'avoine.

Le développement de plus en plus grand de la consommation de la bière mérite que l'on attire l'attention des agriculteurs français sur cette culture dans les pays où la

Fig. 202.
Charbon
de l'avoine.

vigne et le froment ne réussissent pas. Toutes les orges cultivées appartiennent au genre *hordeum*, de la famille des graminées.

Dans l'orge, les épillets sont implantés trois à trois à chaque articulation de l'axe de l'épi, ce qui les fait paraître sur six rangs, mais ils ne comptent chacun qu'une fleur. Certaines espèces ont leurs épillets latéraux stériles et ne présentent par conséquent que deux rangs de grains.

Cette particularité permet de classer les orges en deux groupes :

1º Orges à six rangs;

2º Orges à deux rangs ou orges plates.

Parmi les orges à six rangs, nous signalerons : 1º l'*orge commune*, à grains vêtus, que l'on appelle aussi *orge carrée* parce que son épi montre quatre arêtes.

Cette orge nous a donné deux variétés :

a) L'*escourgeon d'hiver ;*

b) L'*escourgeon de printemps*, dont l'*orge d'Algérie* constitue une sous-variété;

2º L'*orge hexagonale*, dont l'épi présente six arêtes distinctes, séparées par de profonds sillons. Elle a une variété d'automne et une variété de printemps;

3º L'*orge céleste* ou *orge nue à six rangs*. Les glumelles ne sont pas adhérentes au grain, qui reste nu après le battage.

Parmi les *orges à deux rangs*, nous pouvons distinguer quatre espèces :

1° L'*orge à deux rangs commune*, dont l'*orge Chevalier* (*fig.* 203), si prisée par la brasserie, est une belle sous-variété, ainsi que l'*orge d'Italie* et l'*orge impériale;*

2° L'*orge éventail*, *orge riz* ou *orge pyramidale* est une orge de printemps, très rustique, ayant un épi aplati, à barbes étalées en éventail, à grains vêtus, petits et renflés, de très bonne qualité.

Dans les pays chauds, notamment en Algérie, on préfère l'orge à l'avoine pour la nourriture des chevaux. Sa valeur nutritive est comparable à celle de l'avoine et du maïs. On concasse l'orge pour les chevaux vieux dont les dents sont en mauvais état ou pour les jeunes chevaux qui font leur dentition. En Angleterre, ce grain est fréquemment donné bouilli ou macéré; dans ce cas, on l'appelle *maschs d'orge*.

La *paille* de l'orge est plus courte que celle du blé; elle est molle et de couleur jaune; on peut l'employer comme aliment, principalement pour les vaches laitières.

Fig. 203.
Orge
Chevalier.

Choix et préparation du sol. Semailles. — L'orge exige une terre bien ameublie et bien travaillée; il faut la semer en quelque sorte dans la poussière. On emploie 130 à 145 kilogrammes de semence à l'hectare.

L'escourgeon d'hiver ou orge carrée se sème à l'automne, de manière à ce qu'il puisse taller avant le mois de décembre.

L'orge de printemps est moins productive. Son aire d'adaptation étant très étendue, on la sème, suivant les pays, depuis novembre jusqu'en juin. Dans le midi de la France, on sème l'*orge à deux rangs* en janvier-février; dans les autres régions, en mars-avril et jusqu'au commencement de mai.

D'une façon générale, on retarde d'autant plus le semis que la terre est plus argileuse et plus difficile à s'échauffer.

Nous ajouterons quelques détails précis pour l'*orge Chevalier*, l'*orge Hamma*, l'*orge Goldthorpe*, particulièrement estimées par la grande brasserie.

L'*orge Chevalier* se plaît dans les terres marneuses; elle ne convient ni aux terres légères ni aux terres lourdes.

L'*orge Hamma* vient bien sur les terrains légers. Sa période de végétation est de cinq à six jours plus courte que celle de l'orge Chevalier; sa paille est moins volumineuse, ce qui la rend sans doute moins exigeante sur le degré d'humidité.

L'*orge Goldthorpe* est la seule variété cultivable sur les terres fortes et lourdes. Ses grains ont le défaut de se détacher promptement. Il faut donc la moissonner avant maturité complète. D'ailleurs, toutes les orges qui restent sur place trop mûres restent exposées à perdre leurs grains au moindre coup de vent.

Le rendement de l'orge du Hamma est sensiblement supérieur, mais son grain est inférieur comme forme, grosseur et régularité; sa couleur est plus terne; il est plus farineux; néanmoins, ses qualités pour la brasserie sont réelles et de plus en plus appréciées. On sait qu'il est admis qu'une orge de première qualité doit avoir une couleur uniforme blanc jaunâtre.

Le *poids moyen* des orges est :

Pour l'escourgeon, de 58 à 63 kilogrammes;

Pour l'orge plate, de 65 à 69 kilogrammes;

Pour l'orge nue, de 70 à 75 kilogrammes.

La graine de l'orge doit être enfouie à 6 ou 8 centimètres de profondeur, à l'aide d'un hersage croisé suivi d'un coup de rouleau. Le semoir en lignes rend possibles les binages à la houe très favorables à la bonne venue de l'orge.

Les soins d'entretien sont les mêmes que ceux que nous avons indiqués pour l'avoine.

Engrais. — L'orge est une plante exigeante en potasse, surtout l'orge Chevalier, qui fournit une forte proportion de paille. La potasse donne une orge *pauvre en azote, riche en amidon*, et plus abondamment pourvue de *matériaux solubles;* enfin, la quantité d'*extrait* est augmentée, toutes choses recherchées par la brasserie.

En général, l'orge n'est pas favorisée par l'engrais chimique azoté sous forme très active, comme les nitrates; elle préfère le sulfate d'ammoniaque, qui est moins rapidement assimilable. Ceci résulte de nos expériences personnelles.

Maladies. — L'orge est assez sujette au charbon et à la rouille, beaucoup moins à l'ergot.

Battage de l'orge. — Quand on bat l'orge, il faut éviter de faire faire à la machine un battage trop serré dans le but de rendre les grains plus courts et plus renflés par suite de l'enlèvement plus parfait des barbes.

Cette opération exagérée brise beaucoup de grains. Indépendamment de la perte au criblage que cela entraîne, ces grains deviennent un excellent terrain de culture pour les moisissures et les bactéries si redoutées des brasseurs.

Soins à donner à l'orge après la coupe. — Pour finir de mûrir le grain, il faut proscrire rigoureusement le *javelage* et adopter la mise en *moyettes de javelles.*

Le Sarrasin.

Le *sarrasin* ou *blé noir* (*polygonum esculentum*) [*fig*. 204], de même que le seigle, est une culture des terres pauvres et des pays où l'agriculture est peu avancée. Sa production n'a quelque importance qu'en Bretagne, dans la Bresse et dans les pays de landes : Sologne, Brenne, Gascogne, etc. Il n'occupe guère que 2,5 pour 100 des terres labourables de la France.

En Bretagne, son grain, converti en farine grisâtre, rude et sèche, donne des galettes qui entrent pour une assez large part dans l'alimentation de l'homme. Cette farine est très estimée pour l'engraissement des volailles et des porcs.

Fig. 204.
Sarrasin gris
ou argenté.

Le sarrasin est aussi cultivé comme fourrage vert et comme engrais vert.

L'espèce la plus estimée pour la production du grain destiné à la nourriture de l'homme est le *sarrasin gris* ou *argenté;* on l'emploie parfois comme engrais vert et comme fourrage.

Le *sarrasin de Tartarie*, plus rustique, n'est cultivé que comme fourrage. Son grain, à farine légèrement amère, ne peut être consommé que par les animaux. Le testa dur qui protège l'amande le rend difficile à digérer; il faut donc le concasser.

La conservation du sarrasin est difficile; il s'avarie facilement en magasin.

Sol. — Le sarrasin n'est pas très exigeant sous le rapport de la fertilité du sol; il réussit bien sur les défrichements de landes et de bruyères, mais demande un sol sain et parfaitement ameubli. Cette plante, à la tige dressée, aux fleurs blanches ou rosées, aux fruits trigones et lisses avec un abondant albumen amylacé, est une précieuse ressource pour les terres pauvres, froides, siliceuses ou granitiques.

Semailles. — Le sarrasin doit être semé lorsque les gelées tardives ne sont plus à craindre. L'enterrage des semences se fait à la herse. Semer à la volée 35 à 55 kilogrammes à l'hectare pour grains, et 70 kilogrammes pour fourrage.

Récolte. — Le sarrasin mûrit ses graines successivement : il faut donc le couper dès que la plus grande partie des graines a pris une teinte foncée, c'est-à-dire généralement fin août ou en septembre.

On coupe à la faucille bretonne ou à la faux armée. La récolte est ensuite liée en petites gerbes, que l'on dresse deux à deux, l'une contre l'autre, et qui sèchent, suivant la température, en quinze ou vingt jours. Aussitôt que le sarrasin est sec, on doit le battre au fléau. Son grain, mis en grenier en couche peu épaisse, y reçoit les soins prescrits pour le blé.

Le Maïs.

Pour atteindre sa maturité, le *maïs* (*zea mais*) [*fig*. 205] exige une plus grande somme de chaleur que le blé ou le seigle ; en outre, comme il faut attendre pour le semer que les gelées blanches printanières ne soient plus à craindre, il doit évoluer dans un temps relativement très court, ce qui rend sa culture impossible en de nombreuses régions.

Nous avons délimité la zone culturale du *maïs* envisagé comme *producteur de grains* (page 16) ; en dehors de cette zone il n'est plus possible de le cultiver que comme *plante fourragère*.

Le maïs, riche en matières albuminoïdes et grasses, peut suffire à l'alimentation de l'homme et des animaux. On le place en tête des aliments succédanés de l'homme.

Sa farine, mélangée avec la farine de blé, donne un excellent pain. Comme elle ne renferme pas de

Fig. 205.—Maïs.

gluten, elle ne se prête pas, seule, à la panification. On la consomme beaucoup sous forme de pâte bouillie (*polenta*), de galettes cuites au four (*milias*) et de bouillie (*gaudes*).

La farine des grains de maïs attaqués par la moisissure (*verdet*) occasionne une maladie cutanée très grave nommée *pellagre*, assez commune en Italie. Ce mot « pellagre » vient du latin *pellis ægra*, qui signifie « peau malade ».

En dehors de son rôle alimentaire, le maïs doit être considéré comme une plante industrielle de premier ordre à cause de l'*amidon* estimé et du bon *alcool* que l'on peut extraire de ses grains. Ses germes donnent une *huile* que l'industrie utilise. Les *drêches* et *tourteaux*, résidus de ces diverses fabrications, sont consommés par le bétail. Les *spathes* du maïs, sortes de feuilles modifiées (*bractée*) qui enveloppent l'épi, servent à la fabrication d'un excellent papier.

Il existe un grand nombre de variétés de maïs, que l'on range en trois classes, d'après la coloration de leurs graines :

1° Maïs à grains jaunes ;

2° Maïs à grains blancs ;

3° Maïs colorés de brun ou de rougeâtre plus ou moins foncé.

Dans la première classe, nous distinguerons :

a) Le *maïs quarantain*, maïs précoce ou petit jaune, qui, en moyenne, atteint sa maturité au bout de soixante-quinze à quatre-vingts jours ;

b) Le *maïs jaune hâtif d'Auxonne*, très cultivé dans la Bourgogne, la Bresse, la Franche-Comté, plus productif que le précédent, mais moins précoce. Il mûrit à la fin d'août ou en septembre ;

c) Le *maïs jaune des Landes*, à gros grains arrondis, répandu dans les Landes et tout le Sud-Ouest ;

d) Le *maïs gros jaune*, très cultivé dans la vallée de la Loire. Son très gros grain, jaune orangé vif, n'atteint sa maturité qu'en automne.

Parmi les *variétés à grains blancs*, nous signalerons :

a) Le *king Philipp blanc*, à grain moyen très blanc ; variété précoce et productive qui mûrit sous le climat de Paris ;

b) Le *maïs blanc des Landes*, très cultivé dans le Sud-Ouest ; grain moyen, blanc, mi-corné. Cette variété, demi-hâtive, mûrit avant le maïs gros jaune. Sa farine est celle dont la saveur est la plus distinguée.

Parmi les *maïs colorés*, nous devons distinguer :

Le *king Philipp*, qui est aussi précoce que le maïs d'Auxonne. Cette variété, très productive, à grains légers, aplatis, de couleur brun foncé, est recommandable pour la région centrale.

Les rendements du maïs varient suivant les contrées, les variétés cultivées et les soins culturaux. En France, le *maïs gros jaune* est le plus productif : il donne, en moyenne, 25 à 30 hectolitres de grain par hectare. Dans les terres arrosées de la Carinthie (*Illyrie-Autriche*), il donne jusqu'à 75 à 80 hectolitres à l'hectare.

Le *maïs blanc*, moins productif, fournit environ 20 à 24 hectolitres. Le *quarantain* rend à peu près comme le maïs gros jaune.

Le *maïs dent de cheval* et le *maïs perle* sont principalement cultivés comme fourrage, car ils ne mûrissent facilement leur grain que dans les parties les plus chaudes de la France.

Fig. 206. — Semoir à brouette ouvrant la raie, semant à plat ou en ados, et recouvrant.
Ce semoir à un rang peut être traîné par un petit cheval.

Semailles. — On confie le maïs au sol lorsque la température tend à dépasser 12 degrés centigrades. Semé trop tôt, il risquerait d'être détruit par les gelées blanches ou de pourrir en terre ; semé trop tard, il risquerait de ne pas atteindre sa complète maturité.

Dans le midi de la France, les semis se font du 15 avril au 15 mai, suivant la variété, la nature du sol et l'exposition.

Le maïs est semé au plantoir ou au semoir (*fig.* 206), car le semis à la volée rend les binages et l'éclaircissage peu pratiques. La graine doit être enfoncée entre 3 et 5 centimètres. On emploie 60 à 70 litres par hectare seulement, la plantation ayant besoin d'être claire pour mûrir ses épis.

Il importe au plus haut degré de choisir, au moment de la récolte, les épis les plus beaux et, après les avoir dépouillés de leurs spathes, de les faire sécher soigneusement en lieu sec et bien aéré. On les

égrène au printemps en ne conservant pour la semence que les grains du milieu, généralement plus lourds et mieux constitués.

Culture et façons d'entretien. — Quatre ou cinq semaines après la levée, lorsque le maïs a atteint une hauteur de 10 à 15 centimètres, on donne un premier binage (*fig.* 207), puis on comble les manquants en repiquant des plants

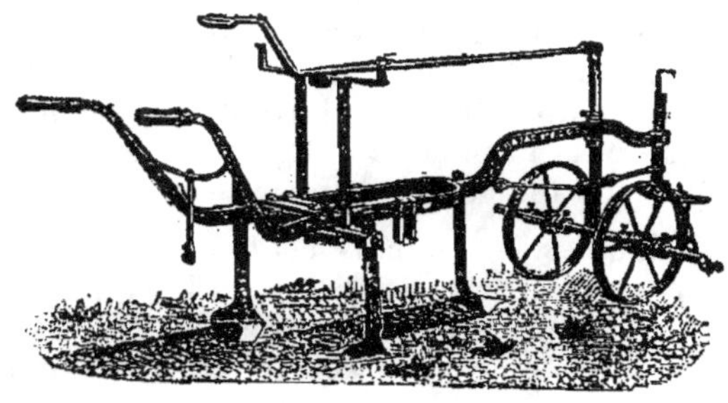

Fig. 207. — Planteuse de pommes de terre (type Bajac) transformée en houe à un rayon pour le sarclage des plants de pommes de terre, maïs, betteraves.

Les rasettes arrière, montées sur barres transversales coulissantes sont à écartement variable.

de maïs pris sur les points où ils sont trop nombreux. Certains préfèrent semer alors du maïs quarantain, plus hâtif.

Un deuxième binage, plus profond, se donne lorsque les plants ont 25 centimètres de hauteur.

On exécute le premier buttage quand les tiges mesurent environ 30 à 35 centimètres de hauteur et quinze jours après on exécute le second.

Quand la fécondation est terminée, on supprime les rejets émis par les nœuds inférieurs, ainsi que toutes les tiges qui n'ont pas d'épis, et on ne laisse sur les autres qu'un nombre d'épis convenable, soit un ou deux.

Généralement on fait coïncider ces opérations avec l'*écimage,* pour gagner du temps. L'écimage se pratique lorsque les barbes des épis commencent à s'étioler et à perdre leur lustre. On coupe alors toute la partie supérieure de la plante, à une feuille au-dessus du dernier épi. Cette suppression du panache des fleurs mâles avec sa houppe accélère la maturité.

Fig. 208. — Hache-maïs.

Les rejets et les produits de l'écimage, passés au hache-paille ou au hache-maïs (*fig.* 208) constituent un bon fourrage vert.

L'irrigation accroît notablement la production du maïs, mais elle ne doit pas être exagérée, sous peine d'influencer défavorablement la grenaison.

Récolte. — On détache les épis à la main quand les tiges deviennent jaunâtres, que les spathes ont blanchi et que le grain résiste à la pression de l'ongle.

On ne récolte chaque jour que la quantité d'épis qu'on peut dépouiller des spathes pendant la soirée, afin d'éviter des échauffements nuisibles aux grains des épis mis en tas.

Les grains de maïs doivent être séchés avec soin. Dans la Bourgogne et la Franche-Comté, on termine la dessiccation au four ou à l'étuve de tous les épis qui ne sont pas destinés à la semence.

Maladies. — Le maïs est assez sujet au *charbon* (*ustilago maydis*). Le cultivateur s'empressera de détruire par le feu tous les épis sur lesquels apparaîtront ces grosses excroissances remplies d'une poussière noire de spores, germes du champignon parasite.

C'est le *sporisorium maydis*, champignon verdâtre, qui attaque le grain et occasionne le *verdet*, cause de la *pellagre*.

Insectes nuisibles. — Parmi les insectes nuisibles, nous signalerons : le ver blanc du hanneton, la courtilière, qui rongent les racines; la grosse chenille grisâtre de la noctuelle du maïs, qui attaque les épis.

Le Mil ou Millet. Le Sorgho. Le Riz.

Le *millet* (*panicum miliaceum*) [*fig*. 209] est, de toutes les céréales, celle qui supporte le mieux la sécheresse. Sa végétation rapide exige une température assez élevée, comme le maïs. Il demande un sol riche, propre et bien ameubli.

On exécute le semis soit au rayonneur, soit au semoir, en lignes espacées de 30 à 60 centimètres, à la dose de 14 à 16 litres environ par hectare. Les binages se font à la houe à cheval et on les complète par un ameublissement à la main entre les plants, qui ne doivent pas être trop serrés lorsqu'on les cultive pour leurs graines. Un léger buttage est à recommander.

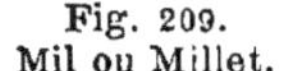

Fig. 209.
Mil ou Millet.

La cueillette des panicules ou épis se fait à deux ou trois reprises différentes, au fur et à mesure de la maturité, signalée par le jaunissement des feuilles et des tiges, ainsi que par la coloration des glumelles.

Dans certaines contrées, on coupe la récolte à la faucille, dès qu'une bonne partie des panicules a atteint une maturité suffisante. Les épis encore verts achèvent de mûrir en moyettes.

Le battage a lieu avec des fléaux légers et on nettoie les grains au tarare.

Le millet est utilisé pour la nourriture de la volaille et des oiseaux.

Sa culture en France est peu importante; c'est à peine s'il y occupe 0,06 pour 100 de la superficie du territoire.

Nous ne parlerons du *sorgho* (*sorghum*) [*fig*. 210] que pour mémoire. Cette graminée, dont la culture se rapproche de celle du maïs, est à la fois alimentaire et industrielle. La graine du *sorgho à balais*, cultivé en France, sert à la nourriture des volailles; avec sa panicule on fabrique les *balais blancs*. On emploie 10 kilogrammes de graines en ligne et 35 kilogrammes à la volée.

Fig. 210.
Sorgho sucré hâtif
du Minnesota.

En Algérie, on cultive le *sorgho penché*, à graines blanches, ou *bechena*, qui joue un rôle important chez l'indigène. Les Arabes s'en nourrissent sous forme de galettes; ils en font aussi du *couscous* et de la semoule. Sa valeur alimentaire est grande. Le sorgho ne réussit bien que dans les terres riches, profondes, ayant la propriété de ne jamais sécher complètement en été.

Le *riz* (*oriza sativa*) [*fig*. 211] est une graminée annuelle dont la culture tend à disparaître du bassin méditerranéen, car elle nécessite la création de véritables marais (rizières), nuisibles à la santé publique. D'ailleurs, le Japon, la Chine et l'Inde le produisent plus économiquement et en quantité considérable.

Fig. 211. — Épi de riz.

L'importance du riz au point de vue alimentaire est plus grande que celle du blé et du seigle réunis. La majeure partie de la population du globe, notamment celle de l'Asie, vit de riz.

LÉGUMINEUSES FARINEUSES.

Les *graines alimentaires* autres que les céréales appartiennent à la famille des légumineuses; ce sont : les *haricots*, les *lentilles*, les *pois*, les *fèves* et les *féveroles*, le *pois chiche*, les *vesces*, les *lentillons* ou *gesses cultivées*.

Les graines des légumineuses sont riches en azote et en acide phosphorique ; aussi peuvent-elles remplacer la viande, toujours rare dans les campagnes.

Ces graines, ordinairement désignées sous le nom de *légumes secs*, servent soit à l'alimentation de l'homme (haricots, pois, lentilles, pois chiche), soit à la nourriture des animaux et des volailles (vesces, gesses, féveroles, etc.).

Dans les jardins potagers et maraîchers, on ne cultive guère les pois, les fèves et les haricots que pour leurs produits à l'état vert.

Le Haricot.

On distingue les *variétés naines* et les *variétés grimpantes* ou à *rames*. Le climat de la France centrale lui permet généralement de mûrir

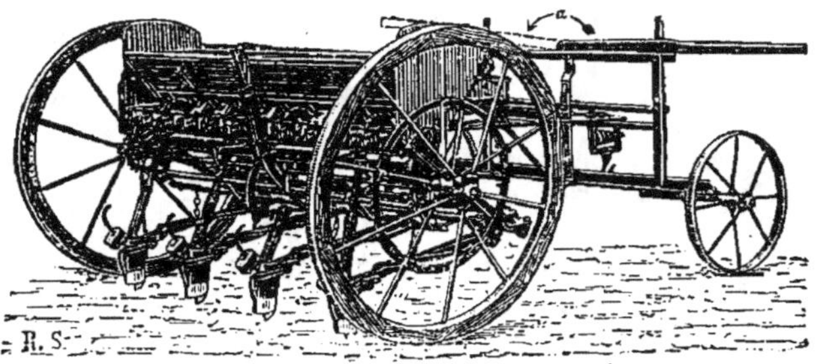

Fig. 212. — Semoir de 2 mètres muni de l'appareil à clapets pour semer par poquets, et d'un avant-train se dirigeant de l'avant.

Le semoir se construit aussi avec direction à l'arrière.

ses fruits, mais dans les régions sujettes aux gelées printanières et aux gelées précoces d'automne il ne peut être cultivé sur bien des points que dans les vallées chaudes et abritées.

Semis. — Le *haricot* (*phaseolus vulgaris*) aime une terre légère, perméable et fertile, exposée au soleil, mais conservant cependant une certaine fraîcheur. Les longues sécheresses et les pluies persistantes lui sont également défavorables.

Les semis ont lieu en avril ou mai, suivant les contrées, lorsque la température a atteint 10 à 12 degrés. Les haricots destinés à être récoltés en sec peuvent être semés jusqu'au 15 juillet.

On sème sur une terre bien ameublie, vers la première quinzaine de mars dans la région méridionale. Le semis a lieu en *lignes* ou en *touffes-poquets* (*fig.* 212). Ce dernier procédé est de rigueur si on veut consommer les haricots avec leurs cosses.

Les poquets assez épais mettent les gousses à l'abri du soleil, qui les durcit. La distance entre chaque poquet est de 40 à 50 centimètres.

Le semis en lignes se fait à la charrue, en laissant entre chaque graine une distance de 30 à 60 centimètres, suivant que la variété est naine (*fig*. 213) ou rameuse (*fig*. 214). On laisse un espacement de 80 centimètres entre les lignes.

On recouvre les grains de 2 ou 3 centimètres de terre bien meuble à l'aide de la houe.

Soins culturaux. — Ils consistent dans un hersage suivi d'un ou deux binages quand les haricots ont deux ou trois feuilles,

Fig. 213. — Haricot nain.

puis on pratique un léger buttage, vers le mois de juin, afin de procurer plus de fraîcheur aux touffes pendant les fortes chaleurs. Ne jamais travailler le sol avec la rosée, car cela détermine l'altération des feuilles.

Fig. 214.
Haricot à rames.

On récolte les gousses en deux ou trois fois, à mesure qu'elles mûrissent. On termine par un arrachage général.

Les haricots qui doivent être vendus secs sont mis en bottes et suspendus à l'air sous un hangar ou dans un grenier non humide. On les écosse soit à la main, soit en les battant légèrement avec une petite gaule quelques jours avant de les porter au marché.

Certaines variétés sont plus particulièrement cultivées pour le *grain*, ou pour le *filet* ou comme haricots *mange-tout*.

Parmi les haricots nains, nous distinguerons :

Le *haricot bagnolet* ou suisse gris (filet);

Le *haricot flageolet* ou nain hâtif de Laon (filet);

Le *haricot Soissons nain* (grain);

Le *haricot d'Alger noir nain* (mange-tout);

Le *haricot flageolet Chevrier vert* (grain);

et parmi les haricots à rames :

Le *haricot de Prague marbré* (mange-tout);

Le *haricot de Soissons à rames blanc* et *rouge* (grain;

Le *haricot beurre blanc* (mange-tout);

Le *haricot Sophie* ou coco blanc;

Le *haricot de Liancourt* (grain);

Le *haricot blanc extra-hâtif* (filet).

La Lentille.

La *lentille* (*ervum lens*) est cultivée pour son grain, qu'on mange à l'état sec.

On cultive principalement en France trois variétés de lentilles :

La *lentille commune*, de Beauce, de Bourgogne ou de Gallardon. Les gousses ne contiennent que deux graines d'un beau jaune blond. C'est la variété cultivée dans le Centre et le Nord ;

La *petite lentille*, lentille à la reine ou lentille rouge, dont le grain est estimé. On la rencontre surtout dans le Midi ;

La *lentille du Puy* (*fig*. 215), très estimée, à petit grain vert ou d'un vert finement ponctué de noir ; elle est cultivée dans les terres volcaniques du Centre.

Fig. 215.
Lentille verte du Puy.

Semis. Soins de culture — La lentille redoute plutôt l'humidité que le froid ; elle réussit bien dans les terres légères, dans les sols argilo-calcaires et dans les terres basaltiques très meubles.

On prépare le sol par deux labours, l'un à l'automne, l'autre au printemps, ce dernier suivi d'un vigoureux hersage.

On sème en février ou mars et jusqu'au commencement d'avril, en lignes distantes de 30 à 40 centimètres ; on recouvre les graines de 2 ou 3 centimètres de terre. On espace les plantes dans les lignes de 20 centimètres environ. Sélectionner la semence en la mettant dans l'eau et en rejetant tous les grains qui surnagent.

Les *soins culturaux* consistent en un premier binage quand la lentille a 8 ou 10 centimètres de hauteur ; le second binage se donne lorsque la floraison commence. Ensuite, on butte légèrement.

Insectes nuisibles. — Un petit charançon noir, connu sous le nom de *bruche*, pond dans les jeunes graines de lentilles ; sa larve s'y développe pendant l'hiver, se convertit en nymphe et sort au printemps.

On a préconisé l'emploi du sulfure de carbone pour détruire les bruches, mais les larves, protégées par la pellicule du grain, ne sont pas toujours faciles à atteindre par les vapeurs toxiques. La chaleur à 55-60 degrés tue les larves ; ce procédé n'est pas applicable aux semences.

Récolte. Usages. — La récolte a lieu en juillet, lorsque les feuilles inférieures tombent et que les gousses sont roussâtres.

Les pieds coupés à la faux sèchent en javelles et sont conservés en bottes jusqu'au moment du battage.

Le rendement moyen est de 18 à 20 hectolitres par hectare. Le poids de l'hectolitre varie de 80 à 82 kilogrammes. Les tiges constituent un bon fourrage.

La farine de lentille entre dans la *revalescière*.

Le Pois.

Les *pois cultivés* (*pisum sativum*) appartiennent à deux espèces distinctes :

Le *pois des champs*, vulgairement appelé *pois gris*, *pois de brebis*, *pois de pigeon*, *bisaille* ou *pisaille*, etc., à fleurs d'un rouge violet, à graines anguleuses, déformées et tachetées de brun ;

Le *pois cultivé* (*fig.* 216, 217), qui a donné naissance à un très grand nombre de variétés, que l'on groupe pratiquement en :

Pois à écosser ;

Pois sans parchemin ou *mange-tout.*

Chaque groupe comprend des pois grimpants ou à rames et des pois nains.

Les principales variétés sont :

Fig. 216.
Pois cultivé.

Fig. 217. — Pois à rames.

Le *pois Albert*, à grain rond, très précoce, tige haute, cultivé pour la production des primeurs ;

Le *pois Michaux de Paris,* rustique, tige haute ;

Le *pois de Clamart*, à grain rond, tige haute, de seconde saison ;

Le *pois sans parchemin à demi-rame ;*

Le *pois nain de Hollande ;*

Le *pois serpette nain vert*, à grain ridé ;

Le *pois ridé nain blanc*, hâtif. .

Le pois est exigeant : il demande une bonne terre argilo-calcaire ou argilo-siliceuse, bien ameublie par un labour profond suivi d'un vigoureux hersage et d'un roulage.

Dans le Midi de la France, on sème les *pois gourmands* ou *mange-tout* vers le milieu d'octobre ; leur cosse, plus développée, très charnue et succulente, peut se manger tout entière quand le grain est à peine formé. Pour les variétés Michaux, le semis a lieu vers la fin d'octobre ou les premiers jours de novembre. La variété prince-Albert ne se sème que fin décembre ou commencement de janvier, de même que le pois demi-nain *caractacus.*

La forte teneur des *cosses des pois* en matières azotées permet de les utiliser comme fourrage pour les bêtes à l'engrais.

Semis. — Le semis s'exécute en lignes distantes de 30 à 40 centimètres. Suivant la fertilité du sol, chaque plante doit être espacée de 6 à 12 centimètres. L'écartement est augmenté pour le prince-Albert qui végète vigoureusement.

On recouvre immédiatement les graines au râteau ou à la charrue.

Soins d'entretien. — Si le sol vient à se durcir après le semis, il faut rompre la croûte à l'aide d'un hersage. On donne un premier binage lorsque les plantes ont atteint 12 centimètres. Plus tard, on fait un deuxième binage ou un sarclage suivi d'un buttage léger.

On rame les variétés grimpantes dès le mois de février et, aussitôt que les pois commencent à produire, on pince les bourgeons terminaux afin d'activer la formation des grains et leur maturité.

La cueillette débute vers la seconde quinzaine d'avril et se renouvelle tous les sept ou huit jours. Éviter de cueillir par la pluie, car les gousses brunissent une fois mises en sacs ou en paniers pour l'expédition.

Les plantes destinées à fournir la semence sont choisies parmi les plus belles. On les soumet au pincement des bourgeons terminaux et on y laisse mûrir les pois. Lorsque les cosses sont mûres, on les fait sécher sur une bâche ou sur le plancher d'un grenier bien aéré, puis on les égrène à l'aide du fléau.

Insectes nuisibles. — Les pois sont attaqués par une *bruche* qui a des mœurs semblables à la bruche de la lentille et que l'on combat par les mêmes moyens. La chenille de la *teigne* pénètre dans les gousses, surtout aux mois de juillet et d'août.

Maladies cryptogamiques. — Les pois sont atteints par divers champignons (*peronospora*, *rouille* et *oïdium*). Des pulvérisations de solutions cupriques (*bouillie bordelaise*) sont très efficaces contre les deux premiers parasites. Le soufre donne d'excellents résultats contre l'oïdium.

La Fève.

Fig. 218. — Fève julienne.

On distingue deux variétés de fèves :
La *fève des marais* ou *grosse fève* (*faba vulgaris*) [*fig.* 218], cultivée dans les jardins et les champs pour la nourriture de l'homme soit en graine verte crue ou cuite, soit en graine sèche;

La *féverole* ou *fève à cheval* (*fig.* 219), cultivée pour l'alimentation des animaux.

La fève réussit partout en France; elle se plaît dans les terres argileuses et fortes et accepte les copieuses fumures.

La fève est semée, dans le Nord, de février à mars et dans, le Midi, d'octobre à janvier. En Algérie, on la sème courant décembre; la floraison a lieu en mars; ce mois sous le ciel africain est ordinairement printanier.

On sème en lignes distantes de 30 à 40 centimètres et les pieds à 6 ou 8 centimètres les uns des autres.

Soins culturaux. — Les soins culturaux consistent en un hersage donné au moment de la levée des graines et en binages.

Lorsque la floraison est dans son plein, on passe rapidement entre les rangs et on écime avec la faucille. Cette pratique a pour but

Fig. 219. — Féverole.

d'obliger les fleurs à nouer et de prévenir l'affolement de la végétation en hauteur et par suite la verse. L'écimage a aussi l'avantage d'entraver l'envahissement du *puceron noir*, qui se multiplie avec rapidité et se réfugie dans les bouquets de jeunes feuilles des extrémités.

On récolte les gousses vertes de la fève au fur et à mesure de leur développement ou bien en pleine maturité, quand les tiges, les feuilles et les gousses situées au bas de la tige ont pris une teinte noirâtre.

On coupe à la faucille, puis on met en moyettes.

La *féverole* a à peu près les mêmes exigences culturales que la fève; elle aime les terrains argileux frais et de bonne qualité.

Les semailles se font en lignes espacées de 35 à 40 centimètres. Les semences, à cause de leur grosseur, sont enterrées à 8 ou 9 centimètres, et on les espace dans la ligne d'une douzaine de centimètres environ.

Usages. — La féverole est un aliment riche en matières azotées qui, en Angleterre, entre souvent dans la ration de grains du cheval de course ou de chasse. On la donne concassée ou macérée, mais il n'y a aucun inconvénient à la donner entière.

La farine de féverole ajoutée à la farine de froment dans la proportion de 6 à 12 pour 100 donne un pain excellent.

On associe souvent la féverole à l'avoine ou à la vesce de printemps pour obtenir un bon fourrage vert, que l'on fauche en juillet-août, lorsque les gousses sont bien formées.

La féverole, cultivée seule ou associée à la vesce, au lupin blanc, etc., constitue un bon *engrais vert*.

Le Pois chiche.

Le *pois chiche* ou *garvance* (*cicer arietinum*) [*fig.* 220] fournit un grain comestible très estimé de certaines populations méridionales.

Fig. 220. — Pois chiche.

En France, on le cultive dans les régions les plus chaudes de la Provence et du Languedoc.

Le pois chiche demande des terrains graveleux profonds, riches en engrais consommés, et surtout en phosphates, meubles et égouttés. Il résiste bien aux grandes chaleurs.

On le sème en février ou mars sur un ou deux labours. Le semis doit être fait de préférence en lignes distantes de 45 à 60 centimètres; on espace les plantes dans la ligne de 20 centimètres environ.

On bine peu après la levée; ensuite on sarcle une ou deux fois, suivant l'état de propreté du sol. La récolte a lieu lorsque la plus grande partie des gousses sont sèches, en juillet dans le midi de la France, où il est semé en automne.

Le pois chiche est attaqué par une sorte d'oïdium nommé vulgairement *blanquet*.

La Vesce.

La *vesce* (*vicia sativa*) [*fig.* 221] est une légumineuse grimpante, à vrilles, qu'il faut soutenir sous peine de la voir s'affaisser sur elle-même, et entretenir à son pied une humidité qui amène la pourriture des feuilles et des tiges basses. On associe ordinairement la *vesce de printemps* à des plantes à tiges droites et fermes, telles que l'orge ou l'avoine, qui forment également un assez bon fourrage.

Fig. 221. — Vesce.

La *vesce d'hiver* est cultivée en mélange avec le seigle, l'escourgeon ou l'avoine d'hiver (70 kilogrammes de vesce et 20 kilogrammes d'avoine à l'hectare).

On sème sur un labour. Quand la plante a levé on lui donne un sarclage.

Il ne faut pas laisser pâturer le champ de vesce. On fauche dès que la vesce commence à passer fleur, sans se préoccuper de l'avoine ou de l'orge qui y est mêlée. Le fanage est assez long. On retourne de temps en temps les andains que forment les tiges sur le sol, puis on les réunit en meulons. Quand on veut faire consommer en vert, on coupe en pleine floraison.

La vesce « *fourrage sec* » n'est pas recommandée pour les vaches laitières, mais elle fournit une excellente nourriture pour les bœufs, les moutons et les chevaux. C'est peut-être le fourrage artificiel le plus avantageux pour l'Algérie.

Les vesces sont attaquées par les *pucerons*.

Lorsqu'on cultive pour les graines, on doit couper quand les cosses de la base des tiges sont mûres. On obtient 15 à 20 hectolitres par hectare. Ces graines sont consommées par les poules et les pigeons.

La Gesse.

La *gesse* (*fig.* 222), *jarosse* ou *jarande*, *pois cornu*, *pois carré*, est la *gesse chiche* (*lathyrus cicer*), qui peut réussir sous tous les climats de l'Europe. Annuelle.

La *gesse cultivée* (*lathyrus sativus*) est désignée vulgairement sous le nom de *lentille d'Espagne*, *lentillon*, *pois breton* ; moins rustique que la précédente. Annuelle.

Cette plante doit être rejetée de l'alimentation soit à l'état de grain, soit à l'état de fourrage. Sa nocivité est certaine lorsqu'elle est régulièrement consommée. Le poison que renferme la gesse chiche attaque la moelle épinière et provoque des désordres graves dans la locomotion, la respiration et la circulation du sang. Ces phénomènes morbides appelés *lathyrisme* ont été observés sur l'homme, le cheval, l'âne, le mulet, le bœuf, le mouton, le porc, le chien, les oiseaux de basse-cour, le lapin.

Fig. 222.
Gesse cultivée.

PLANTES A TUBERCULES ET A RACINES CHARNUES

La Pomme de terre.

Les *tubercules* sont d'origine *caulinaire* chez la pomme de terre comme chez le topinambour, c'est-à-dire qu'ils naissent de la tige.

On confond sous le nom générique de tubercules des parties fort différentes quant à leur nature. Ainsi, par exemple, les tubercules du dahlia ne sont en réalité que des racines hypertrophiés comparables au pivot unique d'un radis ou d'un navet.

Sans doute, les tubercules du dahlia sont utiles à la reproduction, mais à la condition d'être attenants à une portion de la base de la tige pourvue de bourgeons, lesquels puiseront dans la réserve alimentaire du tubercule les substances nécessaires à leur développement jusqu'au moment où de nouvelles racines se seront formées.

Les *vrais tubercules* isolés de la *plante mère* et mis en terre sont seuls capables de multiplier cette plante qui les a produits.

La *pomme de terre (solanum tuberosum)* [*fig.* 223] est originaire de l'Amérique du Sud. C'est Parmentier qui, vers la fin du xviiie siècle, contribua à sa propagation en France en la cultivant dans la plaine de Grenelle et aux Sablons (Seine).

La pomme de terre est aujourd'hui une des plantes les plus utiles à l'alimentation et les plus précieuses pour l'agriculture. On la cultive à la fois comme plante potagère et comme plante de grande culture.

La grande culture occupe environ 1 400 000 hectares, produisant plus de *100 millions* de quintaux métriques de tubercules.

Les variétés de pommes de terre sont extrêmement nombreuses. Nous citerons, parmi les variétés recommandables

Fig. 223. — Pied de pomme de terre.

pour la *grande culture* dans la région centrale et septentrionale de la France :

Athènes. Très fort rendement; riche en fécule (18 à 20 pour 100); richesse constante, mais paraît un peu plus riche en terre argileuse. Très résistante à la maladie;

Blanc Riesen. Très fort rendement; riche en fécule (17 à 19 pour 100); richesse constante. Très résistante;

Reichskanzler. Fort rendement; très riche (18 à 21 pour 100); richesse assez constante. Très résistante;

Simson. Très fort rendement; très riche (plus de 20 pour 100); richesse constante. Très résistante;

Toutes choses égales, dans l'expérience comparative faite à Gembloux (Belgique).

Canada. A donné de très forts rendements et fait preuve d'une grande résistance, mais sa richesse en fécule n'atteint que 13 à 15 pour 100;

Chardon. A eu un rendement moyen et, pour le reste, des qualités égales à la précédente;

Imperator (*fig.* 224). Avec un rendement et une résistance analogues à ceux du Canada, a montré une richesse moyenne en fécule (15 à 17 pour 100);

L'*Institut Beauvais* donne de bons résultats dans le bassin de la Garonne; il faut avoir soin de choisir les tubercules munis de gros germes charnus, car les germes filiformes sont infertiles.

Le rendement de l'*Institut Beauvais* est également fort, mais la richesse en fécule oscille entre 13 et 15 pour 100 et la résistance à la maladie est moins accentuée;

Magnum bonum. Très résistante au *peronospora*; rendement moyen et richesse en fécule de 14 à 17 pour 100.

Dans les années *chaudes et sèches*, on constate chez la pomme de terre une plus grande richesse en amidon : 28 et 29 pour 100.

Parmi les *variétés potagères*, on distingue :

Belle de Fontenay. Excellente variété. Fanes courtes; tubercule jaune, lisse, oblong, à chair jaune. Très hâtive;

Chave ou *Shaw*. Tubercules arrondis, un peu bosselés, à germe violet et à chair jaune ferme de bonne qualité.

Fig. 224.
Pomme de terre imperator.

Assez productive et demi-hâtive. Se cultive beaucoup en grande culture;

Segonzac ou *Saint-Jean*. Se rapproche beaucoup de la Chave. Sa maturité est un peu moins hâtive; chair jaune ronde;

Victor, extra-hâtive. Tubercule jaune, oblong, méplat, à peau lisse; chair jaune. La première des pommes de terre primeurs;

Marjolin-têtard, à fleurs blanches. Tubercules aplatis et allongés en forme d'amande, chair d'un beau jaune très fine. Plus grosse et plus productive que la *marjolin*, mais un peu moins hâtive;

Princesse, à fleurs violettes. Tubercules presque cylindriques, d'un jaune vif. Chair jaune ferme. Demi-hâtive;

Early rose. Oblongue, peau rosée et chair blanche. Très hâtive et productive;

Royale ou *royal Kidney*. Germes pointillés de violet brun ou presque noirs. Excellente et vigoureuse pomme de terre de première saison. Jaune demi-longue; aussi hâtive que la marjolaine, mais plus productive. Convient mieux pour la pleine terre.

Dans le Midi, les pommes de terre de primeur les plus répandues sont les variétés dites « parisiennes », telles que les *brantales* et les *marjolaines*. Puis l'*early rose* ou *rose hâtive*; la *royale*; la *feuille d'ortie*; cette dernière, moins productive que la précédente, mais plus précoce ; convient pour la pleine terre : demi-longue, peau et chair jaunes. En Algérie, les variétés cultivées pour la production des primeurs sont la variété dite *de Hollande* (*fig.* 225), particulièrement la

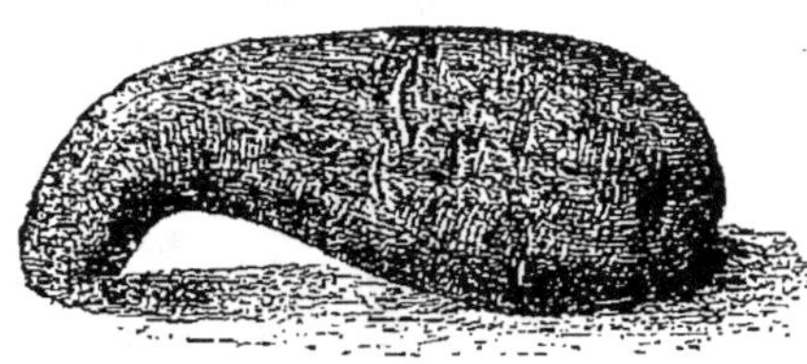

Fig. 225.
Pomme de terre longue rouge de Hollande.

royal Kidney, et, en seconde ligne, la *quarantaine*. Ce sont des pommes de terre allongées, à peau jaune et à chair blanche, recherchées par la consommation et le commerce.

Les primeurs d'Afrique étant plus précoces que celles du midi de la France, il conviendrait, pour les agriculteurs de cette dernière région, de combiner leur production de façon à arriver sur le marché au moment du déclin des primeurs d'Algérie et d'Espagne.

Sur le littoral algérien, on obtient une maturité relative suffisante en quatre-vingt-dix à cent jours de végétation. On plante en janvier si on veut profiter des cours les plus élevés.

Dans le midi de la France, la plantation se fait du 10 au 25 février, suivant la température, pour les pommes de terre primeurs, brantales, marjolaines (*fig.* 226), que l'on arrache généralement dans le courant de mai.

La *marjolin* ou *marjolaine* à chair jaune, demi-longue, est une excellente variété pour forcer.

Cette pomme de terre pousse assez difficilement si on la plante avant le développement des germes. Il est donc utile, avant la plantation, de l'exposer à l'air et à la lumière dans un lieu tempéré jusqu'à ce que les germes soient sortis.

On plante d'autres variétés, telle que la rose hâtive, pendant la première quinzaine de mars, et on arrache courant de juin si les prix sont assez rémunérateurs ; dans le

Fig. 226.
Pomme de terre marjolaine germée.

cas contraire, on laisse mûrir complètement pour récolter dans le courant de juillet, époque où le rendement atteint son maximum.

Climat et sol. — La pomme de terre aime un climat tempéré, ni trop sec ni trop humide. Tous les terrains légers, sablonneux, granitiques et meubles, lui conviennent particulièrement. Elle ne réussit pas dans les terres humides ou compactes, parce que le tubercule ne doit pas être comprimé pour se développer à son aise.

Place dans l'assolement. — Ordinairement on cultive la pomme de terre après une céréale. Sa culture nettoie le sol.

Labours préparatoires. — On donne un premier labour profond avant ou pendant l'hiver et un autre, léger, au moment de planter. On peut profiter de ce labour pour enfouir l'engrais, qui doit être répandu à la volée uniformément sur le sol.

Les *tubercules moyens* constituent la meilleure semence. Si les tubercules sont très gros, on les coupe en deux morceaux dans le sens de la longueur.

Plantation. — Le mode de plantation le plus rapide et le moins coûteux se pratique à l'aide de la charrue. On plante de trois en trois raies ou de deux en deux, selon l'écartement que l'on désire. Cet écartement dépend des dimensions qu'atteignent les fanes de la plante. Des femmes munies de paniers suivent le laboureur et placent les tubercules au fond du sillon et sur le côté pour que les attelages ne les dérangent pas. C'est la plantation dite *sous raies.*

Dans la culture en plein champ, on peut aussi rayonner en long et en travers, après avoir labouré et hersé la terre. On plante les

Fig. 227. — Planteuse de pommes de terre (type Bajac), pouvant se transformer en houe, en butteur et en arracheuse de pommes de terre.

tubercules à l'intersection des lignes tracées par le rayonneur, qui se coupent à angle droit. On les recouvre à la binette. Cela donne une plantation en carrés à intervalles réguliers, qui présente le grand avantage de permettre la façon dans les deux sens. Dans les grandes exploitations on se sert d'une planteuse traînée par un cheval (*fig.* 227).

Quel que soit le mode de plantation adopté, il faut ménager un écartement de 50 centimètres au moins entre les touffes de pommes de terre si l'on veut biner à la houe à cheval.

On plante les pommes de terre, selon les climats, depuis le mois de mars jusqu'à la fin de mai. Les premiers jours d'avril sont généralement préférés.

Soins de culture. — La pomme de terre commence à lever au bout de trois semaines environ. Dès que la levée est complète, on ameublit et on nettoie la surface du sol par un hersage.

Le buttage, indispensable dans les pays chauds, a lieu lorsque les tiges mesurent 10 à 15 centimètres. (D'ailleurs la tubérisation ne se produit que sur des rameaux souterrains bien enterrés.) Il rend l'arrachage un peu plus facile. On ne doit jamais butter quand la terre est séchée et échauffée par les rayons du soleil; mieux vaut profiter du moment où elle est encore humide de la rosée de la nuit.

Pour la culture des primeurs, le buttage est une opération importante. S'il est fait trop tard, il abîme les racines et porte un grave préjudice aux plantes. Il faut, en outre, tenir compte de la nature du sol, afin de donner plus ou moins de profondeur à la raie et faciliter ainsi l'écoulement des eaux d'arrosage.

L'arrosage mérite la plus sérieuse attention de la part du cultivateur. En principe, l'arrosage par submersion est mauvais, car l'eau ne doit arriver aux racines que par infiltration. Ne jamais arroser aux heures les plus chaudes de la journée sous peine d'engendrer la pourriture des tubercules. Arroser modérément et lorsque la plante en a réellement besoin, ce que l'on reconnaît lorsque les feuilles deviennent d'un vert foncé violacé.

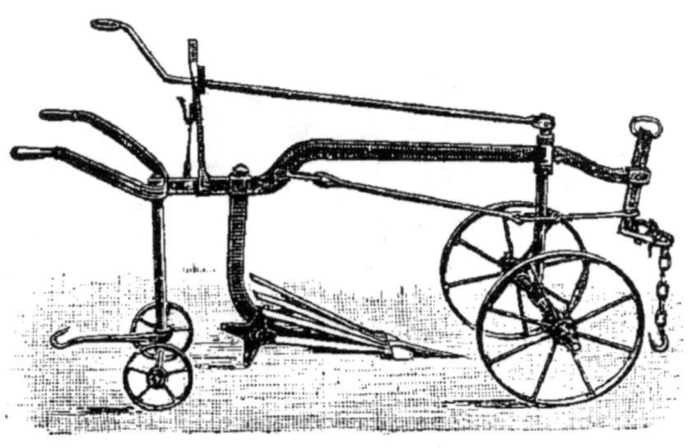

Fig. 228. — Arracheur de pommes de terre à grille articulée (type Bajac).

Cet appareil, qui peut s'adapter sur le bâti de l'arracheur de betteraves, se compose d'une grille articulée formée de trois éléments qui se soulèvent pendant la marche et découvrent tous les tubercules.

Récolte. Conservation. — L'arrachage des tubercules et des racines se fait avec des charrues ou des buttoirs ou à l'aide d'instruments à bras, houes et fourches; mais il existe des machines spéciales qui exécutent très bien ce travail (*fig.* 228).

La pomme de terre peut être conservée en sac ou en silo.

Maladies. — La pomme de terre est attaquée par un *champignon* (*peronospora infestans*) analogue au mildiou de la vigne. Les feuilles et les tiges sont marquées de taches jaunâtres et livides; ensuite elles brunissent, se recroquevillent et meurent. La plante ne donne alors que peu de tubercules, plus ou moins rachitiques et gâtés.

Les remèdes contre cette maladie sont préventifs. Ils consistent à ne planter que des tubercules sains; à brûler sur place les plantes malades. On obtient des résultats très efficaces par des pulvérisations de solutions cupriques, notamment avec la « bouillie bordelaise V. Sébastian », fabriquée à l'usine Sébastian, Port-Vieux, 26, à Béziers (Hérault).

Voici une formule de bouillie bordelaise :

Sulfate de cuivre.	2 kilogrammes.
Chaux grasse en pierre de bonne qualité et de fabrication très récente . . .	800 grammes.
Eau	100 litres.

Le lait de chaux est mélangé au sulfate de cuivre dissous dans 80 à 85 litres d'eau. Agiter constamment pendant l'opération.

On fait un premier traitement avant le buttage et un deuxième avant la floraison.

Après la floraison, on appliquera un troisième traitement. En cas d'invasion grave, un quatrième traitement suivra quand la plante aura atteint son plein développement.

Le Topinambour.

Le *topinambour* (*helianthus tuberosus*) [*fig.* 229], de la famille des *composées*, est cultivé pour ses tubercules alimentaires qui servent surtout à la nourriture des bestiaux, juments poulinières et poulains (bêtes de travail et à l'engraissement). On le donne cru ou cuit après l'avoir bien lavé et divisé en petits fragments. Il renferme de l'*inuline*, matière amylacée qui se transforme en *lévulose* ou sucre de fruit.

Cette plante exige autant d'azote et d'acide phosphorique qu'une bonne récolte de blé, mais elle est plus particulièrement avide de potasse. Les terres d'origine granitique lui conviennent donc spécialement; dans les pays secs et en Algérie, elle ne réussit qu'à l'arrosage.

La culture du topinambour est analogue à celle de la pomme de terre. Les petits tubercules qui restent dans le sol donnent naissance, l'année suivante, à une nouvelle récolte. Il est difficile d'en débarrasser complètement le sol après une première culture.

Les tubercules irréguliers, difficiles à nettoyer, sont mûrs vers septembre et octobre. Ils ne se conservent pas en silo ni en cave. On les arrache au moyen de la charrue, au fur et à mesure des besoins. Ils se conservent mieux en place que partout ailleurs, même pendant les plus fortes gelées. Cette faculté peut offrir quelques avantages dans plusieurs cas.

Certains fauchent les fanes en juillet et obtiennent ainsi 3 000 kilogrammes environ par hectare d'un fourrage que le bétail consomme frais ou fané.

Fig. 229.
Topinambour.

La Betterave.

La *betterave* (*beta vulgaris*) est une plante -bisannuelle (sa tige ne se développe que la deuxième année) de la famille des *chénopodées*, à racine renflée et charnue.

Les diverses variétés se divisent en trois classes :

1° Les betteraves cultivées pour la nourriture de l'homme ;

2° Les betteraves à sucre ;

3° Les betteraves fourragères.

Parmi les *betteraves potagères*, les types à chair rouge sont les plus estimés ; nous citerons :

La *betterave crapaudine* (*fig*. 230), à chair très rouge et très sucrée ; la *betterave de Castelnaudary* (*fig*. 231), à racine petite et d'un rouge noir ; la *betterave rouge grosse*, la plus volumineuse des variétés potagères.

Ces racines se consomment cuites ou confites dans le vinaigre.

Culture. Récolte. — On sème depuis janvier jusqu'au printemps, suivant le climat, en terre meuble bien fumée, dans des raies tracées avec le rayonneur ou bien avec le cordeau. Lorsque le plant est levé, on l'éclaircit en ménageant entre les pieds un espace plus ou moins grand, suivant leur force.

Fig. 230.
Betterave rouge, crapaudine, ou betterave écorce.

Demi-longue à écorce rugueuse; chair rouge foncé, sucrée (variété potagère).

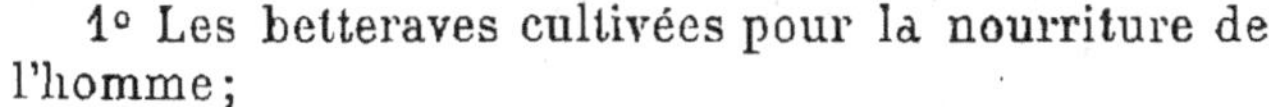

Fig, 231.
Betterave de Castelnaudary, à chair rouge foncé.

Petite variété potagère d'excellente qualité.

On bine autant que cela est nécessaire et on arrose, au moins pendant les fortes chaleurs de l'été.

On arrache les betteraves légumières depuis le mois d'août jusqu'à la fin de l'automne, suivant l'époque du semis. Après avoir supprimé le collet, c'est-à-dire la tige courte et trapue, on peut les conserver jusqu'en février ou mars dans une cave bien saine.

Parmi les *betteraves à sucre,* nous distinguerons :

1° La *betterave blanche à sucre, à collet rose*, sélectionnée, dont la richesse moyenne en sucre atteint 15 à 18 pour 100 ; très productive (betterave Vilmorin) ;

2° La *betterave blanche à collet rose de Silésie* (*fig*. 232) ;

3° La *betterave blanche à sucre, française, riche* (*fig*. 233), race Fouquier d'Hérouel. Convient surtout pour les terres meubles riches ayant du fond ;

4° La *betterave à sucre de Klein-Wanzleben*, près Magdebourg. Peau blanche fortement plissée ; feuillage abondant et vigoureux. Chair dure, plus blanche que celle de la Vilmorin. Moins riche en sucre que cette dernière, mais généralement d'un rendement plus élevé.

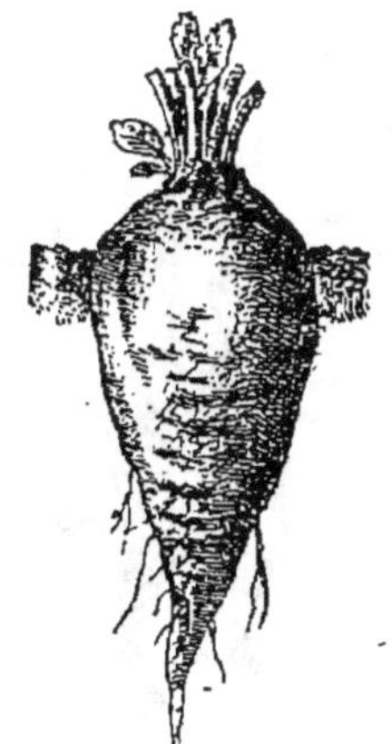

Fig. 232.
Betterave blanche de
Silésie, à sucre.

Fig. 233.
Betterave blanche à sucre,
française, riche.

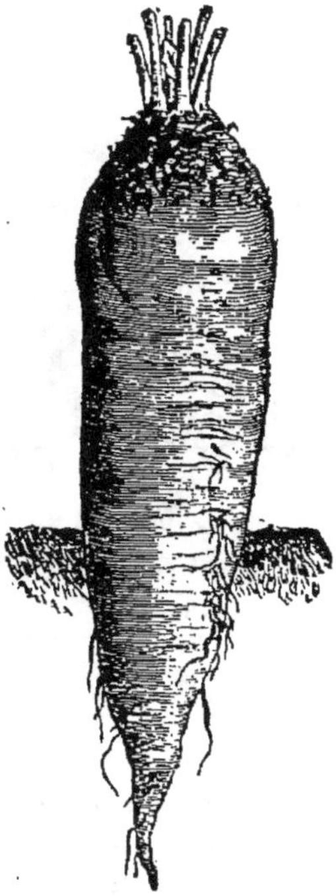

Fig. 235.
Betterave jaune ovoïde
des Barres.

Soins culturaux. — La betterave à sucre exige un sol profond et relativement léger, tel que les terres d'alluvion de richesse moyenne ou les bons limons de plateaux.

Les terres les plus favorables à la betterave à sucre sont argilo-calcaires ou argilo-sablonneuses riches. Elles doivent être profondément ameublies, au besoin par l'action de la fouilleuse, à 40 et 50 centimètres. On enfouit le fumier consommé en septembre par un bon labour de 20 à 25 centimètres. En février ou mars, on donne un labour superficiel, puis un hersage et un roulage.

Les *betteraves fourragères* les plus estimées sont :

La *betterave disette* ou *champêtre*, à racine volumineuse (*fig.* 234);

La *betterave jaune géante de Vauriac*, plus volumineuse que la betterave jaune ovoïde des Barres. Belle forme, arrachage facile, gros rendement. Bonne conservation;

La *betterave jaune ovoïde des Barres* (*fig.* 235), plus grosse et plus riche en sucre. Demi-longue, très productive et de bonne conservation;

Fig. 234.
Betterave disette.

La *betterave jaune globe* (*fig.* 236), à racine presque sphérique.
Propre aux sols peu profonds;

Fig. 236.
Betterave jaune globe.
Productive et de bonne
conservation.

Fig. 237.
Betterave disette
corne-de-bœuf.

Bonne variété s'arrachant
facilement, très nutritive.

Fig. 238.
Betterave disette
mammouth.

Variété grosse peu enter-
rée, à très grand produit
dans les bonnes terres.

La *betterave disette mammouth* (*fig.* 238). Très productive, dans les
bonnes terres;
La *betterave rouge ovoïde*, à racine plus effilée que la précédente.

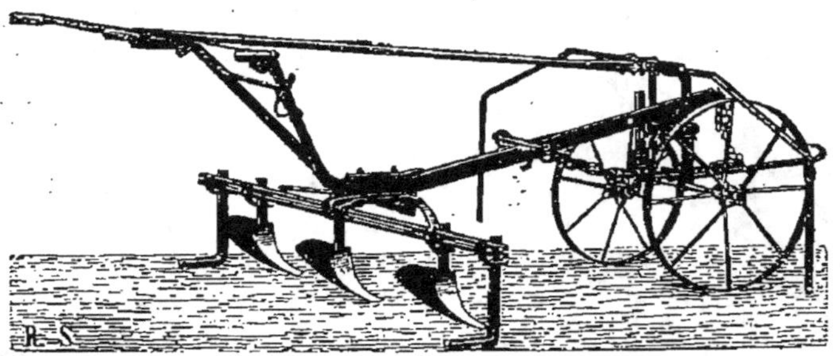

Fig. 239. — Charrue rayonneuse (transformation de la charrue
et du bâti de la houe).

Les trois corps de buttoirs sont réglables en largeur et en profondeur. Le terrain
doit être plat et bien préparé. Poids : 125 kilogr.

La betterave craint la sécheresse.
Les betteraves à sucre exigent une moindre quantité de fumures
azotées, car l'azote en excès nuit à la richesse saccharine et à l'extraction du sucre.

Semis. Soins de culture. — Le *semis* a lieu fin mars ou au commencement de mai. On le fait en lignes de 30 à 45 centimètres (*fig.* 239, 240),

Fig. 240. — Semoir au rayon pour 5 à 10 rangs.

Largeur : 2m,50. Fait 5 à 6 hectares par jour avec deux forts chevaux. Avant-train se dirigeant de l'arrière. Roues : 1m,20 de diamètre. Poids total : 700 kilogr. environ.

suivant qu'on doit biner à la main ou avec la houe à cheval (*fig.* 241). La graine n'est enterrée qu'à 1 ou 2 centimètres de profondeur. On

Fig. 241. — Houe à cheval simple, travaillant quatre rangs de betteraves d'un semoir de 1m,75.

Largeur modifiable à volonté suivant l'écartement des rangs. Au moyen de l'engrenage avec mancherons, on dirige sûrement la houe, qui peut être soulevée hors de terre instantanément.

sème dru en employant 20 à 25 kilogrammes de graine de bonne qualité par hectare. On roule après la semaille.

Lorsque les betteraves ont levé, on commence les binages, qui se renouvellent de quinzaine en quinzaine jusqu'au mois de juin.

On procède à l'*éclaircissement* et au *démariage* dès que les plantes ont poussé de deux à quatre feuilles. On laisse 10 à 12 pieds par mètre carré. Le démariage se fait à la main ou au moyen d'une petite binette. Pour la grande culture, il existe des instruments spéciaux appelés « éclaircisseuses ». S'il y a des vides, on les regarnit en ayant soin d'arroser les jeunes sujets *repiqués*.

L'excès de fumures azotées, nuisible à la betterave à sucre, fait au contraire de la betterave fourragère un aliment plus riche.

Les semailles se pratiquent à la main ou au semoir, mais toujours en lignes, sur un terrain profondément ameubli et disposé en larges planches bombées; s'il manque de profondeur, on fait des billons.

Les soins culturaux sont analogues à ceux que nous avons décrits pour la betterave à sucre.

Lorsqu'on bine à la main, un écartement entre les lignes de 35 à 40 centimètres est suffisant.

C'est une mauvaise habitude que d'enlever une

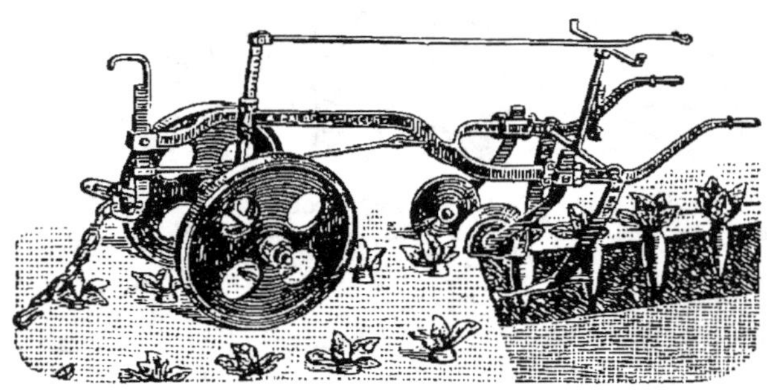

Fig. 242. — Arracheur de betteraves à double griffe, pénétrant dans le sol à 10 ou 11 centimètres et soulevant la betterave (petite ou grosse), sans la froisser ni la casser, pour la laisser ensuite retomber dans l'alvéole.

Modèle à un rang. Coutres circulaires à l'arrière et roues lourdes à l'avant. Fonctionne par tous les temps et dans tous les terrains.

partie des feuilles de la betterave vers la fin de l'été pour nourrir le bétail. Semblable opération entraîne une forte diminution de la récolte et donne d'ailleurs un fourrage médiocre. On ne peut pratiquer l'effeuillage que dix ou douze jours avant l'arrachage, lorsque les feuilles sont moins aqueuses et que la racine a acquis tout son développement; encore est-il préférable de s'en abstenir, ainsi que nous le disons plus haut.

On récolte à la veille des premiers froids de l'automne, vers fin octobre.

Récolte. — La *maturité* des betteraves est signalée par le jaunissement des feuilles et leur affaissement; elle a lieu fin août ou en septembre. On pratique l'*arrachage* soit avec des outils à main, soit avec des outils spéciaux qui ne blessent pas les racines (*fig.* 242). Il existe aussi des *coupe-collets* qui précèdent l'arracheur.

Les racines doivent être débarrassées de la terre qui les entoure; ensuite, on coupe le collet avec une serpe et on les met en tas, qu'on recouvre de feuilles jusqu'au moment prochain de la mise en cave ou en silo (*fig.* 243) ou de la livraison aux sucreries.

A défaut d'instruments attelés, l'arrachage se fait à la main pour les variétés poussant hors de terre, à la fourche pour les autres.

Ennemis de la betterave. — Les principaux ennemis de la betterave sont, parmi les insectes : la *larve du hanneton* (ver blanc), l'*atomaria linéaire*, la *noctuelle gamma*, une *anguillule*, qui attaque les radicelles de la plante et arrête la végétation. C'est un champignon qui occasionne la maladie dite *pourriture noire du cœur de la betterave* (*pleospora*).

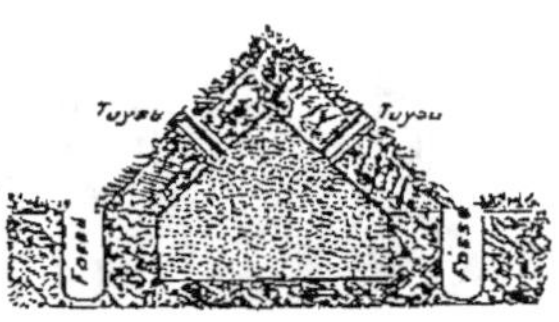

Fig. 243.
Coupe d'un silo à betteraves.

Couverture de terre battue protégée par une couche de paille : on place ordinairement un pot à fleurs renversé sur les tuyaux qui assurent l'aération des racines. Des petits fossés transversaux, creusés au préalable sur le sol que doit occuper le silo, sont garnis de fagots et s'ouvrent en dehors pour compléter le système d'aération.

La Carotte.

La *carotte* (*daucus carota*) appartient à la famille des *ombellifères*. C'est une plante bisannuelle de la culture légumière, mais que l'on cultive aussi en plein champ pour l'alimentation du bétail et plus particulièrement pour la nourriture des chevaux. Coupée par tranches, puis mélangée avec de la paille hachée, elle forme une excellente nourriture pour les moutons. C'est un bon aliment pour les bovidés ; mais il faut le leur donner avec mesure et mélangé avec d'autres substances. La carotte a une importance réelle à cause de sa valeur nutritive et de son action rafraîchissante sur l'organisme.

Culture potagère. — Dans les potagers, on cultive surtout les variétés à racines rouges, telles que *carotte grelot, carotte de Crécy, carotte demi-longue nantaise.* Dans le midi de la France, on cultive comme potagères quelques variétés de carottes jaunes, telles que la *carotte longue de Toulouse* et la *jaune longue* (*fig.* 247).

La carotte demande un climat tempéré, plutôt humide que sec; elle supporte mieux le froid que la chaleur et se plaît dans les terrains profonds, frais et légers, bien ameublis et roulés avant le semis.

On sème les carottes potagères dès le mois de février, quand on dispose d'un terrain abrité et convenablement exposé. Avant de semer à la volée, on frotte les graines dans un petit sac pour qu'elles ne restent pas en paquets. On répand 50 grammes à l'are et on recouvre par un léger coup de râteau; souvent on apporte une mince couche de terreau.

Les carottes demi-longues, qui servent aux provisions d'hiver, se sèment en juin et juillet. Beaucoup de cultivateurs sèment en lignes distantes de 20 centimètres. Dans le Midi, on les sème en automne et elles arrivent à point au premier printemps.

Quand les plantes ont développé trois ou quatre feuilles, on les éclaircit pour qu'un intervalle de 12 à 15 centimètres les sépare. Ce n'est qu'à la condition d'arroser assez fréquemment que l'on obtient des produits tendres et volumineux.

Culture fourragère. — En grande culture, on ne cultive guère que la *carotte blanche à collet vert*

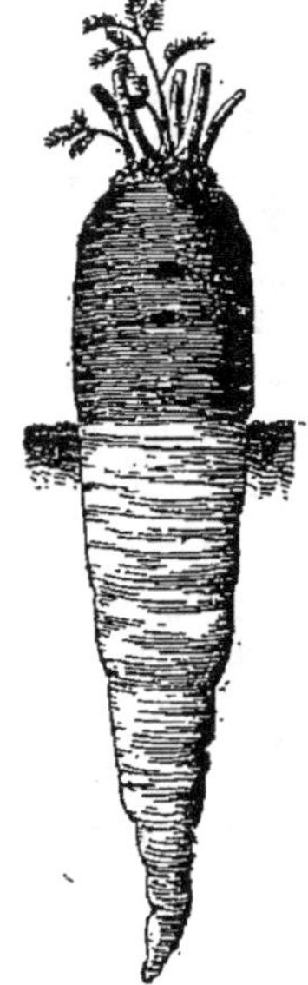

Fig. 244.
Carotte blanche à collet vert (hors terre).

Longue, très grosse, productive, d'arrachage facile et de bonne conservation. Excellente carotte fourragère.

Fig. 245.
Carotte blanche des Vosges.

Racine demi-longue, conique, pointue, très grosse. Variété fourragère recommandable pour les terres peu profondes.

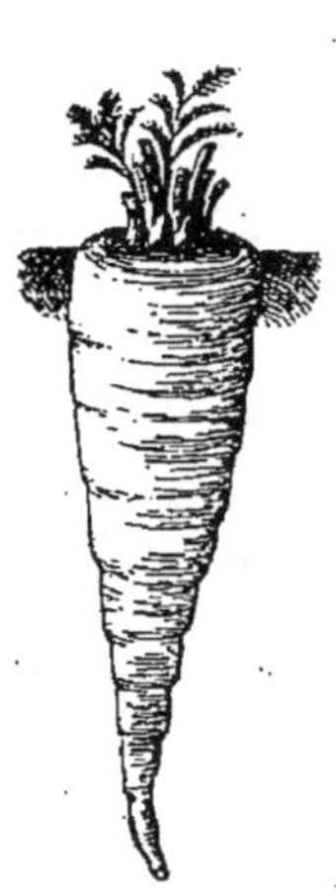

Fig. 246.
Carotte rouge pâle de Flandre.

Demi-longue, demi-hâtive, productive et de bonne conservation.

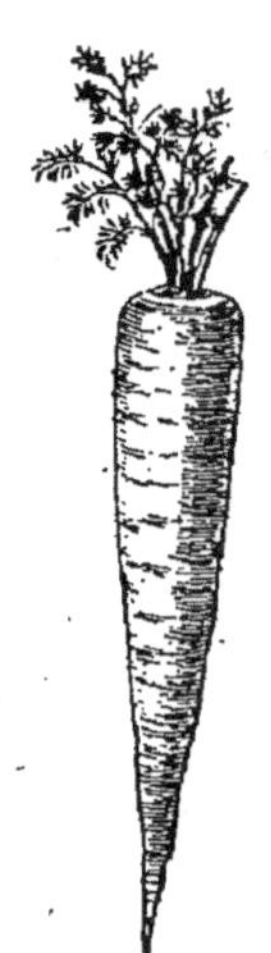

Fig. 247.
Carotte jaune longue.

Bonne variété de grande culture, à semer tardivement pour la conserver l'hiver.

(*fig.* 244), très longue et émergeant au-dessus du sol à mesure qu'elle se développe; la *carotte blanche des Vosges* (*fig.* 245), plus courte mais plus large; la *carotte rouge pâle de Flandre* (*fig.* 246); la *carotte jaune longue* (*fig.* 247).

On sème dans les champs, vers la fin d'avril, en lignes distantes de 40 à 50 centimètres. Les soins culturaux sont analogues à ceux que l'on donne à la betterave.

On récolte en novembre, avant les fortes gelées. L'arrachage se pratique au crochet ou à la fourche à dents plates, en évitant de briser les racines, qui sont assez fragiles. Les feuilles sont coupées un peu au-dessus du collet et les fanes servent d'aliment pour les bovidés.

Les carottes sont conservées en cave ou en silo, à l'abri d'une trop grande humidité qui les ferait pourrir.

Le Navet. La Rave.

On confond en général les raves et les navets sous une même appellation. Les raves ne sont, en somme, que des navets à racines rondes et aplaties. La culture des deux espèces est la même.

Le *navet* (*brassica napus*) [*fig.* 248-250] appartient à la famille des *crucifères;* il est bisannuel. Nous citerons les variétés suivantes parmi les plus estimées :

Navet de Meaux, de très longue conservation. Se sème du 25 juin au 25 juillet. Récolte en automne et en hiver ;

Navet de Freneuse, très prisé comme navet sec ;

Navet Marteau (fig. 250), à racine allongée, renflée

Fig. 248.
Navet jaune boule d'or.

Belle racine sphérique, à peau jaune, très lisse, chair jaune. Variété demi-hâtive.

Fig. 249.
Navet blanc plat hâtif.

Chair blanche, tendre et de bonne qualité.

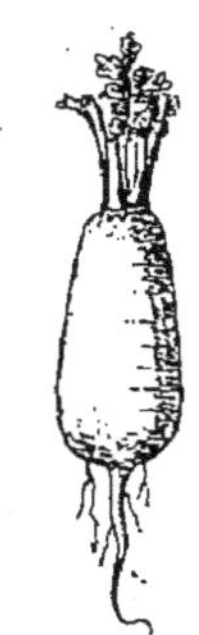

Fig. 250.
Navet des vertus, race Marteau.

Blanc, bout arrondi, lisse et très tendre. Excellente variété potagère.

et obtuse. Se sème en pleine terre à partir du 15 mars et successivement de mois en mois. Récolte de mai en août ;

Navet rose du Palatinat, très cultivé en Europe, dont la chair est blanche.

Dans le Centre, on cultive beaucoup le *navet-rave d'Auvergne* et le *navet-rave du Limousin*, à chair blanche, tendre et sucrée. On les utilise comme légumes ou comme racines fourragères.

Turneps vient du mot anglais *turnip*, qui signifie navet : il désigne des variétés anglaises.

Le navet aime un climat tempéré, humide et brumeux pendant l'été. La sécheresse et la chaleur lui sont défavorables. Les terres fraîches, saines et légères lui conviennent particulièrement : elles doivent être bien ameublies par deux labours suivis de hersages.

On le cultive soit en récolte principale et dans ce cas il remplace la jachère, soit en culture dérobée ou bien encore associé à une autre récolte (sarrasin ou trèfle), comme cela se pratique parfois dans l'Ouest et les environs de Paris. Dans la Provence, on le soumet à l'arrosage.

Les semis se font à la volée et un peu clairs à raison de 3 à 6 kilogrammes de graines à l'hectare, en profitant autant que possible des jours pluvieux. On recouvre la semence par un coup de herse. Le semis en rayons rend plus facile l'éclaircissage et le binage.

Quand le navet a 5 ou 6 centimètres de hauteur, on éclaircit et on sarcle. On arrache à la main ou à la fourche, vers octobre ou novembre, avant l'arrivée des grands froids. Dans le Midi, on les laisse souvent en terre. Les navets se conservent en silo, après qu'on leur a coupé les feuilles avec le collet et qu'ils ont été simplement débarrassés de l'excès de terre sans lavage. On se trouvera bien de les recouvrir de sable fin, sec.

Diverses *altises* attaquent les cultures de navets. Les arrosages éloignent ces insectes, car leurs larves évoluent dans le sol.

Le Rutabaga.

Le *rutabaga*, *chou-navet* ou *chou-rave* (*brassica napo-brassica*) [*fig.* 251, 252] appartient à la famille des *crucifères*. Il produit, sous terre, une protubérance volumineuse remplie de moelle.

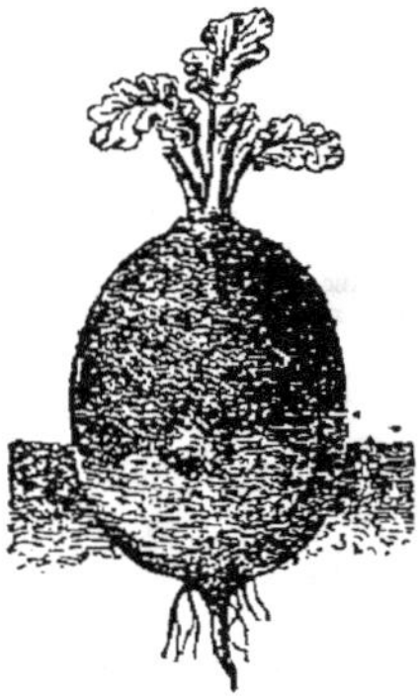

Cette plante ne vient bien que dans les pays à climat assez humide. Elle résiste mieux que le navet et la rave aux hivers rigoureux. On la cultive avec succès dans la Lorraine, dans la Bretagne et le Limousin.

Les terres légères lui conviennent particulièrement. Elle réussit bien sur les défrichements de bruyères, les prairies rompues, les terres volcaniques du Plateau central.

On prépare le sol par un labour en automne et un autre au printemps, huit jours avant de semer. Sous les climats humides, on sème d'abord en pépinière, puis on transplante soit à la charrue, soit au plantoir. Quelquefois on sème à demeure en lignes ou à la volée, vers fin mai, à raison de 3 kilogr. 500 de graines à l'hectare.

Fig. 251.
Rutabaga ovale
à collet rouge.

Fig. 252.
Chou-rave blanc
sur terre.

Boule ou pomme d'un
blanc verdâtre.

Les soins culturaux consistent en binages pratiqués à la binette ou à la houe à cheval. On arrache à la main ou à la fourche pendant le mois d'octobre. On coupe les feuilles un peu au-dessus du collet et on conserve en cave ou en silo.

Le Panais.

Avec le *panais (peucedanum pastinaca)*, ombellifère, semé dans de bonnes conditions dès la fin de
l'hiver, on a déjà des racines assez développées
pour être utilisées vers fin juin. Cependant il vaut
mieux les réserver pour l'hiver. On cultive le panais
comme les carottes.

On distingue :

1° Le *panais long* ou pastenade, à racine fusi-
forme, qui demande une terre profonde, fraîche
et fertile ;

2° Le *panais rond hâtif (fig.* 253), ou panais de
Metz, qui se contente d'une terre moins profonde
et convient mieux à la culture potagère ;

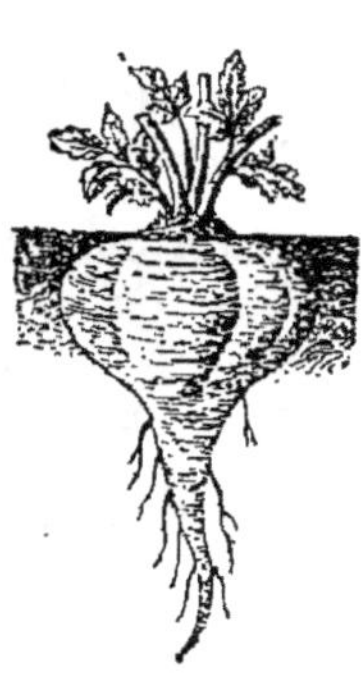
Fig. 253.
Panais rond hâtif.

3° Le *panais demi-long*, de *Guernesey*, très productif, intermédiaire aux deux précédents pour la précocité et la forme.

PLANTES INDUSTRIELLES.

Parmi les plantes dites « industrielles » qui fournissent des matières premières à l'industrie, la *betterave*, dont il est question au
chapitre précédent, « Plantes à tubercules », doit sans contredit
figurer au premier rang.

La culture de la betterave à sucre joue un rôle prépondérant dans
l'exploitation des plaines fertiles de la région du Nord, où elle alimente l'industrie sucrière, qui est une des plus grandes industries du
pays et, en même temps, une des gloires de la France, car c'est dans
notre pays qu'elle a été créée (1812). La région méridionale, surtout
celle du bassin de la Méditerranée, est la plus pauvre au point de vue
des cultures industrielles, mais elle rachète cette infériorité par la
production du *vin*, de l'*olive*, de l'*orange*, de la *soie* et, sur certains
points privilégiés, par la culture des *plantes à parfums*.

Le *tabac*, le *houblon*, la *chicorée*, le *chardon à foulon*, la *gaude*, le
pastel, le *safran* sont aussi des cultures industrielles, mais elles occupent une étendue relativement faible.

Le *colza* est la plante oléagineuse la plus répandue. L'*œillette* vient
ensuite, suivie à distance par la *navette* et la *cameline*.

L'agriculture européenne ne produit pas assez de grains ou de
fruits oléagineux pour sa consommation. La France tire chaque année
des Indes et de l'Afrique des quantités considérables de *sésame*, d'*arachide*, etc. L'agriculture bénéficie de la plus grande partie des tourteaux laissés en résidus par ces produits.

La Betterave.

Les betteraves les plus riches en sucre sont réservées aux sucreries. Le sucre qui en résulte est du *saccharose* ou sucre de canne.

Détermination de la richesse en sucre des betteraves. — La betterave saccharifère se vend naturellement d'après sa « richesse en sucre ».

On prélève un échantillon représenté par trente ou quarante betteraves; on les lave avec une brosse en chiendent pour enlever toutes les matières terreuses. On les essuie, puis on supprime le collet en coupant perpendiculairement à la naissance des dernières folioles.

On pèse les betteraves et, en divisant par le nombre des betteraves, on a le poids moyen; si l'échantillon de six betteraves pèse 5 kilogr. 600, le poids moyen sera : $\dfrac{5{,}600}{6} = 0{,}933$.

On râpe l'échantillon à l'aide d'instruments spéciaux; on presse la pulpe et on recueille le jus. Il ne faut pas prendre la densité tout de suite, parce que le jus contient beaucoup d'air émulsionné. On filtre le liquide à travers un linge pour l'éclaircir et on le verse dans une éprouvette assez large jusqu'à 1 ou 2 centimètres du bord supérieur.

La méthode de détermination de la richesse en sucre par la *densité du jus* n'est qu'approximative. On admet que la densité à 15 degrés centigrades multiplié par 2,2 donne la richesse en sucre du volume du jus. Si la mousse gêne la lecture du densimètre, l'abattre avec quelques gouttes d'éther.

Supposons que le densimètre officiel marque une densité de 1,060, le suc donnera 6 degrés et le sucre contenu par litre sera : $6 \times 2{,}20 = 13{,}20$, si la température est sensiblement égale à 15 degrés. Pour faire la correction, on ajoute ou on retranche de la densité 1/10 par 3 degrés au-dessus ou au-dessous.

Le dosage du sucre se fait plus exactement à l'aide du *polarimètre*.

On verse 100 centimètres cubes de jus dans un flacon jaugé et on ajoute 10 centimètres cubes de sous-acétate de plomb à 30 degrés Baumé. On mêle en retournant plusieurs fois le ballon; on filtre et on examine le liquide dans le tube de 22 centimètres; le degré obtenu ne subit aucune correction. Il n'en serait pas de même si on avait employé le tube de 20, car, à cause de l'addition du sous-acétate, il faudrait augmenter de 1/10 le chiffre obtenu. Si, par exemple, on obtient 78 degrés saccharimétriques, comme chaque degré vaut 0,1619 de sucre, il suffit de multiplier : $78 \times 0{,}1619 = 12{,}628$ de sucre pour 100 centimètres cubes.

A titre d'indication, on peut employer la méthode empirique suivante pour l'*essai* de la betterave :

On entame légèrement une betterave au-dessous du collet; au bout de deux ou trois minutes, on voit apparaître une coloration rouge ; cette coloration est d'autant plus accentuée que la betterave est plus riche ; *rouge sang* correspond à une grande richesse.

Alcool de betterave. — Les betteraves destinées à la fabrication de l'alcool sont traitées par macération ou par diffusion. Les racines, divisées en cossettes de forme et de dimensions très régulières, sont plongées dans un liquide acide (3 pour 100 d'acide sulfurique à 60-66 degrés Baumé) chaud. La diffusion se fait en vase clos et sous pression. Les jus soumis à la fermentation doivent avoir une *acidité totale* évaluée à 2 gr. 4ou2 gr. 5 par litre en *acide sulfurique*. On ensemence avec des levures sélectionnées qui se trouvent facilement dans le commerce et au laboratoire des fermentations de l'Institut Pasteur. Lorsque la fermentation alcoolique a pris fin, on distille. Le rendement est habituellement de 5 à 5 litres et demi d'alcool pur par hectolitre de jus. On obtient 47 lit. 3 d'alcool par 100 kilogrammes de sucre. Une betterave à 10 pour 100 de sucre donne par conséquent 4,8 pour 100 d'alcool. Une tonne de betteraves traitée industriellement fournit 700 à 750 kilogrammes de pulpes bonnes pour l'alimentation des animaux.

La Pomme de terre.

La *pomme de terre*, dont nous avons parlé précédemment (*page* 203), peut être considérée comme une plante industrielle. Indépendamment de la *fécule* qu'elle donne, elle sert à la production de l'*alcool*. On cuit la pomme de terre dans un autoclave (135-140 degrés), puis on fait macérer avec du *malt* dont la *diastase* saccharifie l'amidon, c'est-à-dire le convertit en glucose que la levure fait fermenter. L'Allemagne fabrique des quantités considérables d'alcool de pomme de terre, environ 2 400 000 hectolitres.

Les Plantes à parfums.

Les principales plantes à parfums cultivées en France ou dans les départements algériens sont :

Labiées. — La *lavande aspic* (*lavendula spica*).

La *lavande officinale* (*lavendula officinalis*).

Les lavandes sont des plantes essentiellement sylvicoles : on en récolte les tiges de juin à juillet, avant le développement complet de toute l'inflorescence.

La *mélisse officinale* ou *mélisse citronnelle* (*melissa officinalis*), qui donne deux coupes par an, la première en mai-juin, la seconde vers fin juillet. Dans les bons fonds, on obtient parfois une troisième coupe au commencement d'octobre.

La *menthe poivrée*, le « peppermint » des Anglais (*mentha piperita*).

Cette labiée est en plein rapport la deuxième ou troisième année; à ce moment elle donne deux coupes, la première en juillet-août, la seconde en septembre. La plantation doit être renouvelée au bout de trois à quatre ans.

Le *basilic (ocymum basilicum)* [*fig.* 254]. Les fleurs de cette plante annuelle s'ouvrent en juillet-août.

Fig. 254. — Basilic.

Le *romarin (rosmarinus officinalis)*, sous-arbrisseau dont les fleurs bleu pâle s'épanouissent presque toute l'année dans la région méridionale, mais principalement en hiver et au printemps. On le rencontre sur les collines sèches et arides du Midi.

La *sauge commune (salvia officinalis)*, aux belles fleurs violettes en épis qui s'ouvrent de mai à juillet, est un sous-arbrisseau touffu qui vient dans les terrains calcaires les plus secs.

Le *thym commun (thymus vulgaris)* à fleurs roses ou blanches épanouies en avril-mai. On le récolte lorsqu'il est en pleine floraison. Le *serpolet* ou *thym sauvage*, croit spontanément dans les lieux secs et stériles. Son essence est moins appréciée. Fleurit de juillet à septembre.

Légumineuses. — Le *cassier* ou *acacia de Farnèse (mimosa Farnesiana)* aux fleurs globuleuses, jaune doré, que l'on cueille depuis fin août jusqu'à fin novembre.

Oléacées (se distinguent des *primulacées* par leurs fleurs tétramères et les deux étamines que contient chaque fleur). — Le *jasmin d'Espagne* ou *à grandes fleurs (jasminum grandiflorum)*, qui peut durer dix à douze ans, mais ne donne une récolte riche en fleurs qu'à la quatrième année de plantation. En France, il fleurit de juillet à fin septembre; en Algérie, de juin à novembre.

Le *jasmin commun* ou *jasmin blanc (J. officinale)*.

Le *jasmin d'Arabie* ou *Mogori Sambac (J. sambac)*.

Le *jasmin odorant, jasmin jonquille (J. odoratissimum)*.

Verbénacées, famille très voisine des labiées. — La *citronnelle, verveine citronnelle* ou *verveine odorante (lippia citriodora)* à petites fleurs paniculées d'un blanc violacé qui s'ouvrent de juillet à novembre.

Myrtacées. — Le *myrte commun (myrtus communis)*, dont on voit apparaître les fleurs blanches en mai et juin.

Amaryllidées. — La *jonquille (narcissus jonquilla)*, herbe bulbeuse qui fleurit en mars-avril.

Géraniacées. — Le *géranium rosat, mauve, rose, pelargonium rosat (pelargonium capitatum)*. Sur le littoral méditerranéen on fauche les tiges depuis le 15 avril jusqu'en septembre.

Rosacées. — La *rose cent feuilles*, ou *rose commune* (*rosa centifolia*) à fleurs roses volumineuses, et ses diverses variétés connues sous les noms de rose de Provins, rosier mousseux, rosier pompon.

La *rose de Damas*, *rose des quatre saisons* (*rosa damascena*), à fleurs roses, se succédant pendant tout l'été.

La *rose musquée* (*rosa moschata*), dont les fleurs blanches s'ouvrent de juillet à septembre.

Liliacées. — La *tubéreuse* (*polyanthes tuberosa*), herbe vivace pourvue d'un bulbe dont les fleurs se développent de fin juillet à fin octobre.

Résédacées. — Le *réséda* (*reseda odorata*). Ses tiges fleuries se récoltent en juin et juillet.

Violariées. — La *violette odorante commune* (*viola odorata*) est le type le plus estimé avec la *violette de Parme* ou *violette double* qui, dans les localités privilégiées, commence à étaler ses fleurs dès le mois de décembre.

Au point de vue de la floriculture appliquée à la parfumerie, la rose occupe le premier rang et le jasmin le second, parmi les plantes que nous venons d'énumérer ; mais leur importance est cependant moins grande que celle de l'*oranger*. Les fleurs de cet arbre de la famille des *rutacées-aurantiacées*, récoltées en mai-juin, fournissent par distillation l'eau de fleurs d'oranger et le néroli, essence pénétrante et suave ; on estime davantage les fleurs du *bigaradier* ou *oranger amer* (*citrus vulgaris*),« l'arancio forte » des Italiens.

Le Tabac.

Les pays de production du *tabac* (*nicotiana tabacum*) [*fig.* 255] les plus renommés sont l'île de Cuba, les îles Philippines, les États de l'est des États-Unis, les îles de la Sonde et la Hongrie. En Algérie et dans la plupart des autres pays du monde, la culture est libre ; mais en France elle est soumise au régime de la régie, par conséquent elle est entièrement sous la direction de l'État, qui a le monopole de la fabrication et de la vente : l'administration fournit les graines aux agriculteurs autorisés à planter du tabac.

Vingt-deux départements cultivent le tabac. Dans la région du Sud-Ouest, la Dordogne, le Lot-et-Garonne, la Gironde sont ceux qui s'y adonnent avec le plus de succès. Dans la région du Nord, le centre de production est formé par les départements du Pas-de-Calais et du Nord. Au Sud-Est, l'Isère est un des départements où la culture du tabac est la plus répandue.

Le tabac est rarement cultivé sur les terres légères ; on lui réserve de préférence les sols fertiles et sains, argilo-calcaires ou argilo-siliceux.

Les façons culturales doivent être assez nombreuses pour que le terrain soit bien ameubli et très propre au moment de la plantation. On profite d'un labour profond pour enterrer le fumier de ferme pendant l'hiver ; vers fin décembre on enfouit les engrais complémentaires à l'aide d'un labour moyen.

Le tabac réclame un sol abondamment pourvu de matières nutritives rapidement assimilables, car son évolution végétative s'accomplit en 90 ou 100 jours. C'est une plante exigeante en azote et en potasse.

Les feuilles seules sont exportées du domaine. D'après Schlœsing, leur teneur en azote est en moyenne de 50 pour 100, ce qui représente pour une récolte de 1 500 kilogrammes par hectare un approvisionnement annuel de :

Fig. 255. — Tabac de Virginie.

	kilogr.
Azote	75 »
Acide phosphorique	6 7
Potasse	27 »
Chaux	113 »
Magnésie	13 »

Fumer à la dose de 35 à 40 mètres cubes avec du fumier de ferme fait, principalement dans les terres légères, est toujours la meilleure règle à observer.

Les purins et les matières fécales, ainsi que le guano et les engrais de basse-cour, doivent être appliqués avec ménagement, sous peine de donner des tabacs forts et brûlant mal. Les tourteaux sont d'excellents engrais pour le tabac, surtout en terres un peu légères.

Comme engrais azoté, le nitrate de soude est à recommander. On l'emploie à la dose de 200 à 300 kilogrammes par hectare, mais on a soin de l'épandre en deux fois : une moitié quelques jours avant la plantation et le reste lors du buttage.

Les exigences du tabac en acide phosphorique sont très réduites. Du reste, un excès d'engrais phosphatés pourrait avoir une influence défavorable sur la combustibilité des feuilles.

Comme le tabac est un grand consommateur de chaux, il y aurait intérêt à lui donner — surtout dans les terres franches ou un peu fortes — 250 à 350 kilogrammes de scories de déphosphoration enfouies pendant l'hiver avec le fumier de ferme.

Le sulfate de potasse à dose modérée (200 à 300 kilogrammes par hectare) est l'engrais potassique le plus avantageux.

Le tabac doit être semé en pépinière depuis la mi-février jusqu'à fin mars. Suivant les régions, cette pépinière est établie en pleine terre, à une exposition chaude abritée contre les mauvais vents, ou bien sur couches demi-chaudes.

La quantité de graine employée est ordinairement de 2 grammes environ par mètre carré.

La graine du tabac germe assez lentement; aussi lui fait-on subir fréquemment un commencement de germination avant de la confier à la terre.

Le procédé de germination artificielle qui paraît le plus pratique consiste à mélanger la graine avec de la sciure fine de bois blanc et à l'introduire dans un sachet de laine que l'on met à tremper pendant quelques heures dans l'eau tiède. Ensuite on le suspend dans une chambre chauffée entre 20 et 30 degrés centigrades, en ayant soin de l'humecter matin et soir avec de l'eau tiède. Au bout de 8 à 10 jours, la radicule blanchâtre apparaît; à ce moment on retire les semences du sachet et on les dispose sur une flanelle ou un feutre maintenu constamment humide.

Semis. Repiquage. — L'ensemencement se fait par une belle journée et avec autant de régularité que possible. La veille du jour où le semis doit avoir lieu, on humecte la pépinière avec un arrosoir très fin. Le lendemain, on nivelle doucement au moyen d'une planche, puis on répand au crible une légère couche de cendres.

Le semeur pose les pieds sur deux planches qu'il déplace au fur et à mesure des progrès de son travail; il sème à l'aide d'un tamis les graines mélangées à 9/10 de sable. Les graines, recouvertes à la main ou au tamis d'une couche de terreau fin de 4 à 5 millimètres d'épaisseur, sont tassées avec une pelle, une planche ou un rouleau.

Les jeunes plants sous châssis ou en plein champ doivent être abrités contre le froid et les coups de soleil.

Bassiner de temps en temps et maintenir la pépinière très propre. Lorsque les plants ont émis quelques feuilles on procède à l'*éclaircissage*, de façon à ce que chaque pied ait un espacement de 2 à 3 centimètres dans tous les sens. En Russie et en Belgique, l'éclaircissage est accompagné d'une transplantation provisoire dite *picotage*, que l'on exécute quand les plantes ont quatre feuilles.

Le *repiquage* et la *mise en place* doivent se faire avec le plus grand soin. La plantation s'exécute en lignes; le nombre de pieds à l'hectare dépend des prescriptions préfectorales; l'opération doit être terminée à l'époque fixée par l'administration. Il est bon d'effectuer le repiquage par un temps couvert et de ne lever les plants en pépinière qu'au fur et à mesure de l'avancement du travail.

Soins culturaux. Récolte. — Les soins culturaux se composent ordinairement de trois binages dont le dernier se confond avec un buttage. Dès que le troisième binage est terminé, on procède à l'*épamprage*, qui a pour but de supprimer les feuilles impropres à la végétation, entre autres les feuilles séminales.

- L'écimage ou pincement du bourgeon terminal a lieu lorsque la plante a de sept à douze feuilles.

Épamprage et écimage sont soumis à la réglementation administrative. La régie exige la suppression des bourgeons qui se développent à l'aisselle des feuilles.

En général, la récolte se fait dès que la maturité de toutes les feuilles est à peu près complète. Les pieds coupés sont transportés avec précaution dans des séchoirs appropriés.

Lorsque la dessiccation est terminée, les feuilles sont triées et réunies en nombre déterminé et par catégories sous forme de paquets appelés *manoques*.

Le Houblon.

Le *houblon* (*humulus lupulus*) [*fig.* 256, 257] est une plante vivace de la famille des *urticacées*, dont les *cônes* ou fleurs femelles jouent un rôle prépondérant dans la fabrication de la bière.

Fleurs mâles.

Sa culture tend à prendre de l'extension; malheureusement elle est soumise à de nombreux risques et la vente des produits est sujette à des fluctuations assez considérables.

Fleurs femelles.

Fig. 256-257.
Le houblon.

Le houblon demande, pour réussir, des climats doux et tempérés, plutôt humides que secs, des terres fertiles, très profondes, fraîches, saines, argilo-calcaires, et mieux encore, argilo-siliceuses pas trop fortes. Il ne se propage pas par graines, mais à l'aide de *pousses* qu'on détache des pieds femelles à la fin de l'hiver (février-mars), lorsqu'on exécute la taille des vieilles souches, avant leur entrée en végétation, qui est hâtive. Ces pousses sont de véritables boutures herbacées; on les met aussitôt en place. A cet effet, le champ a été piqueté au préalable suivant des lignes régulières tracées au cordeau et autant que possible orientées nord-sud. On plante en carré, en rectangle ou en quinconce : cette dernière disposition est la plus favorable, car elle facilite la pénétration de la lumière solaire, l'aération et les travaux culturaux dans tous les sens. L'écartement varie d'après les coutumes locales, le climat, l'état de fertilité du sol et la vigueur de la variété cultivée. Les pieds de houblon peuvent être espacés de 1^m,65 à 1^m,90 environ.

Plantation. Soins culturaux. — On fait à la bêche un trou de 25 à 30 centimètres de profondeur, au fond duquel on dépose une couche de fumier bien décomposé ou de terreau que l'on recouvre de 3 ou 4 centimètres de terre bien pulvérisée. La bouture est placée au milieu du trou, à 4 ou 5 centimètres au-dessous de la surface du sol; on l'appuie assez fortement et on l'enterre en formant une petite butte.

Si on plante des *provins*, c'est-à-dire des boutures mises en pépinière l'année précédente, il faut avoir soin de les arracher avec précaution et d'étaler leurs racines après les avoir légèrement raccourcies au couteau.

Dans les terres très fertiles, les cultivateurs sèment parfois entre les lignes des pommes de terre, des betteraves, des choux, etc., afin de mieux utiliser le sol et de couvrir une partie des frais de premier établissement. A part de rares exceptions, cette pratique n'est pas recommandable, car elle contribue à épuiser le sol et à gêner les travaux culturaux. Il ne faut pas oublier que le houblon est assez exigeant, surtout en azote ; 1 000 kilogrammes de cônes exportent environ : azote, 25 kil. ; acide phosphorique, 8 kil. ; potasse, 12 kil. ; magnésie, 5 kil.

Après la plantation, si les provins sont chétifs, on les réconforte à l'aide de quelques arrosages additionnés de jus de fumier. Quand les pousses ont atteint une longueur suffisante, on les attache à des échalas ou gaulettes de 3 à 4 mètres de longueur. Les tiges volubiles ne tardent pas à s'enrouler autour de ces tuteurs en tournant dans le sens des aiguilles d'une montre. (Le *liseron* tourne en sens inverse.)

Les travaux d'entretien se terminent à l'automne par le buttage des pieds, qui sont ainsi abrités contre les grands froids.

Au mois d'octobre, on coupe les tiges à 30 centimètres environ au-dessus du sol. Les tiges ramollies par macération font de bons liens : on peut aussi les utiliser comme combustible.

Chaque année, en mars et au plus tard dans les premiers jours d'avril, on exécute la *taille* ou *châtrage*, qui consiste à supprimer toutes les pousses inutiles après avoir mis la couche à nu à l'aide de la binette et des mains. Ensuite, les racines latérales ayant été enlevées, on recouvre la couche de fumier décomposé et de bonne terre. Généralement on ne laisse sur chaque pied que les deux ou trois pousses les plus belles.

C'est au commencement de la troisième année qu'on plante les perches de 8 à 12 mètres qui doivent soutenir les longues tiges du houblon. Ces perches sont mises en place un mois ou six semaines après la taille de houblon. Au fur et à mesure de leur développement, les pousses du houblon sont accolées aux perches à l'aide d'un brin de paille de seigle. Au commencement de mai, après le premier accolage et pendant que l'on exécute le premier binage, il est d'usage de supprimer toutes les pousses supplémentaires.

Le buttage doit toujours accompagner le binage. En tout temps des façons convenables maintiennent le sol de la houblonnière propre et meuble.

Les tiges, en s'élevant, émettent des bourgeons, qu'il faut couper délicatement avec un outil tranchant, et cela jusqu'à 2 ou 3 mètres de hauteur. A ce point, on laisse se développer les branches fruitières.

Récolte. — La récolte des *cônes* s'exécute de la fin d'août à la fin de septembre, lorsqu'ils ont pris une couleur jaunâtre, rougeâtre, vert doré ou verdâtre, indice de la maturité, suivant la variété cultivée.

Après avoir coupé les tiges à 30 centimètres environ du sol, on opère le *déperchage*. Les perches sont arrachées et couchées doucement sur le sol. Alors les femmes et les enfants récoltent les fruits en laissant à chaque cône une queue de 2 centimètres environ. On procède ensuite à la dessiccation des cônes disposés en couches minces dans des séchoirs très aérés où le soleil ne pénètre pas. On les remue souvent pour empêcher l'échauffement, mais sans violence. On reconnaît que l'opération est terminée quand les écailles des cônes crépitent sous les doigts. Dans les circonstances ordinaires la dessiccation dure de six semaines à deux mois.

La dessiccation artificielle se pratique dans des séchoirs spéciaux appelés *touraittes ;* elle est plus rapide et présente de nombreux avantages, à condition d'être faite avec soin. En principe, les cônes doivent être intacts. Les procédés de séchage défectueux entraînent des pertes considérables de résine. L'emploi de températures relativement basses (90 à 110 degrés) est préférable à celui des températures trop élevées que l'on utilise souvent.

Le houblon sain et bien préparé dégage une odeur fine, fraîche et franche. Les cônes roulés entre les doigts abandonnent une poussière jaunâtre, très brillante, constituée par la *lupuline*, dont l'importance est grande.

La Chicorée. Le Chardon à foulon.

La grosse racine de certaines variétés de la *chicorée sauvage* (*cichorium intybus*) acquiert par la torréfaction une saveur amère et un arome qui se rapproche de celui du sucre caramélisé.

Les racines, découpées en morceaux de 5 à 8 centimètres et séchées dans des étuves ou tourailles, sont ensuite torréfiées dans des cylindres en tôle analogues aux brûloirs à café. Les cossettes réduites en poudre forment le *café-chicorée* ou *chicorée torréfiée.* 100 kilogrammes de racines donnent 80 kilogrammes de poudre environ.

La poudre brun noirâtre de cette *synanthérée* ne jouit d'aucune des propriétés excitantes du café (*coffea*) qui appartient à la famille des *rubiacées*. Quoi qu'il en soit, la consommation du café-chicorée est très répandue par mesure d'économie ou essai de sophistication.

Les meilleures variétés pour la fabrication de la chicorée torréfiée sont la *chicorée Brunswick* à racine courte et grosse, à feuilles entaillées et étalées ; ou, mieux encore, la *chicorée Magdebourg*, à racine longue et lisse, à feuilles entières, droites, qui passe pour être plus productive.

On n'obtient de beaux résultats que dans les terres saines, douces, profondes, meubles, fraîches. Ordinairement le semis a lieu en place pendant le mois d'avril ou au commencement de mai, suivant les régions. On sème de préférence en lignes, un peu plus clair que lorsqu'on sème pour fourrages.

Cette culture est d'un bon rapport, et cependant on ne la trouve que dans quelques départements, parmi lesquels le Nord tient le premier rang. La surface totale réservée à la chicorée à café ne dépasse pas 1 millier d'hectares, tandis que l'Allemagne et la Belgique lui consacrent 10 000 hectares.

Le *chardon à foulon* (*dipsacus fullonum*), appelé *cardère*, *chardon à bonnetier*, *chardon à carder*, donne lieu à une culture assez étendue dans quelques départements, surtout dans les Bouches-du-Rhône. Les têtes ou capitules floraux de cette *composée*, garnis de crochets nombreux et fermes, servent à peigner les draps. Le chardon de **Mézières** (Seine-et-Oise) est réputé pour la fabrication des draps fins ; il se plaît dans les terres de fertilité moyenne, profondes et saines. Dans le Nord on sème, de préférence en place et en lignes, pendant le mois d'avril. Dans le Midi on sème en septembre-octobre et quelquefois en février-mars, à raison de 10 à 12 kilogrammes de graines par hectare.

La Gaude. Le Pastel. L'Indigo. Le Safran.

La *gaude* (*reseda luteola*) [*fig.* 258], *vaude* ou *herbe à jaunir*, appartient à la famille des *résédacées*. Cette plante donne une couleur jaune très estimée pour son brillant et sa solidité.

Le *pastel* (*isatis tinctoria*) [*fig.* 259] est une plante bisannuelle de la famille des *crucifères* qui fournit un fourrage vert très rustique résistant à la gelée et très précoce. Il s'accommode de terres sèches, médiocres, sablonneuses, caillouteuses ou même très calcaires et constitue une bonne pâture d'hiver et de printemps pour les moutons. On extrait de ses feuilles une matière tinctoriale bleue qui jouissait d'une grande vogue en Europe avant l'introduction des couleurs de l'*indigo* (*indigofera tinctoria*) [*fig.* 260], arbuste de la famille des papilionacées, originaire de l'Inde où il est cultivé.

Fig. 258.
Gaude
ou vaude.

Fig. 259.
Pastel, vouède
ou guède.

D'ailleurs, les *couleurs végétales* ont été supplantées par les *matières colorantes artificielles* tirées des produits de la « série aromatique ». Tous ces carbures chromogènes qui ont enrichi l'industrie de la teinture dérivent du *goudron de houille*, véritable mine à couleurs.

Le *safran cultivé* (*crocus sativus*), qu'il ne faut pas confondre avec le *safran bâtard* (*carthamus*) de la famille des composées, est une plante bulbeuse de la famille des *iridées* (*fig.* 261). Les stigmates très développés de ses fleurs, d'un coloris presque violet, constituent le *safran du commerce*, à odeur aromatique caractéristique. Ces stigmates sont rapidement extraits des fleurs fraîchement épanouies en septembre-octobre.

La dessiccation des stigmates a une importance extrême pour la qualité du produit; elle exige une certaine pratique. On dépose les stigmates sur une toile métallique que l'on promène au-dessus d'une braise incandescente et sans fumée obtenue par la combustion parfaite des sarments de vigne. Le safran est préparé lorsqu'il a pris une couleur plus sombre et que les stigmates se brisent quand on les presse entre les doigts. Le *safran du Gâtinais*, d'un beau rouge safrané foncé, est la sorte la plus estimée.

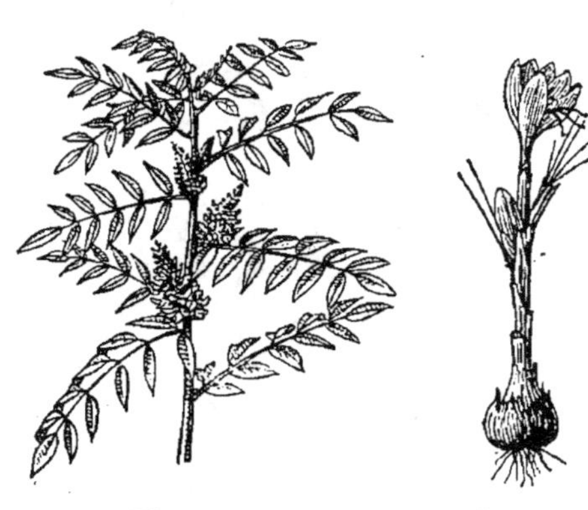

Fig. 260.
Indigotier.

Fig. 261.
Safran.

Le safran ne produisant pas de graines, on le multiplie exclusivement au moyen de ses bulbes, que l'on plante de juin en août dans les sols plutôt légers et secs que compacts et humides, mais assez profonds et fertiles. La plantation se fait en lignes distantes de 15 à 16 centimètres, chaque plante étant séparée sur la ligne par un intervalle de 5 ou 6 centimètres.

Le Colza.

Le *colza* (*brassica campestris oleifera*) [*fig.* 262] est une plante oléagineuse de la famille des *crucifères*, vulgairement appelée *chou-colza*; annuel, bisannuel.

C'est la plante oléagineuse qui produit le plus et qui s'adapte le mieux aux nécessités de la grande et de la petite culture, mais son importance a beaucoup diminué par suite de l'emploi du pétrole et de l'importation des graines oléagineuses exotiques, telles que *sésame, arachide, ravison* ou *moutarde sauvage* (*sinapis sinensis, S. toria*, etc.).

On connaît deux variétés principales de colza :

1° Le *colza d'hiver*, bisannuel, à fleurs jaunes, d'où est sorti le *colza parapluie*, dont les siliques inclinées vers le sol sont moins sujettes à s'égrener; cette dernière variété est un peu tardive, mais plus productive ;

Le *colza de mars* ou *de printemps*, annuel, à fleurs blanches, qui est moins productif, plus hâtif et plus exigeant que les précédents, qu'il remplace en cas de non réussite. On le sème en place de mars à mai.

Le colza demande un climat doux et frais, une terre un peu argileuse et fortement fumée. Il appartient à l'agriculture de l'Europe septentrionale.

Semis. Soins culturaux. — Le colza aime un sol bien meuble. On le sème sur place ou par transplantation.

En place, on sème à la volée pendant les mois de juillet et d'août; il faut 5 à 7 kilogrammes de graine par hectare. Dans les pays froids, on peut commencer à semer en mars-avril, en augmentant un peu la quantité de semence.

Lorsqu'on procède par transplantation, on sème en pépinière dans un sol très riche et propre. Le semis se fait à la volée ou en lignes espacées de 20 à 25 centimètres. Un hectare de pépinière demande, dans ce dernier cas, 5 à 6 litres de semence; il fournit les plants nécessaires à 5 ou 6 hectares.

La transplantation a lieu depuis septembre jusqu'au 20 octobre. L'arrachage des plants se fait de grand matin et, autant que possible, après une pluie, qui facilite beaucoup l'opération. Les pieds sont plantés à la charrue, au plantoir ou à la béquille, sorte de plantoir muni

Fig. 262. — Le colza.

d'un long manche. Les intervalles sont de 50 à 60 centimètres et l'intervalle entre les pieds, sur les lignes, varie de 30 à 40 centimètres.

Les soins culturaux consistent en un premier binage donné avant l'hiver. On bine une seconde fois en mars, puis on pince la tige principale avant la floraison pour la forcer à se ramifier.

Récolte. — La récolte du colza commence quand les deux tiers des siliques sont jaunes, ce qui arrive vers fin juin ou dans les premiers jours de juillet.

On coupe à la faucille à lame unie et bien affûtée, de préférence le matin et le soir. Il faut éviter de secouer fortement les tiges, pour prévenir l'égrenage. Ces tiges, disposées en javelles, sont ensuite mises en meulons que l'on couvre d'un peu de paille battue.

Lorsque la maturité est achevée, on entreprend le battage au fléau. Comme le transport en grange fait toujours perdre de la graine, il est préférable de battre dans les champs, sur une grande bâche. Après le battage, on passe au tarare et on conserve au grenier en couches minces que l'on remue souvent.

Le rendement atteint de 20 à 30 hectolitres à l'hectare. 100 kilogrammes de grain donnent 40 kilogrammes d'huile.

Le tourteau de colza est un bon engrais, mais il est surtout employé pour la nourriture des bovidés.

L'huile de colza est d'une couleur jaune pâle ; c'est la plus estimée des huiles à brûler. Elle sert à l'éclairage, à la fabrication des savons verts, dans le foulage des étoffes de laine et la préparation des cuirs.

La Navette.

Fig. 263.
Navette.

La *navette* (*brassica napus sylvestris*) [*fig.* 263] est un navet à racine grêle. Ses graines sont plus petites, moins nombreuses et moins riches en huile que celles du colza, mais elle est moins exigeante sous le rapport du terrain et lui est supérieure dans les sols secs et sous les climats rigoureux. On sème en place et à la volée fin août et septembre, à raison de 4 ou 5 kilogrammes de graine par hectare.

Les soins culturaux sont analogues à ceux du colza. On récolte en mai ou juin quand les feuilles se dessèchent et que les tiges et les siliques inférieures jaunissent.

L'huile de navette est jaune et visqueuse, d'une saveur agréable et douce. On l'emploie aux mêmes usages que l'huile de colza.

Les tourteaux de navette servent à l'alimentation du bétail.

L'Œillette.

On désigne sous le nom d'*œillette* (*papaver somniferum*) [*fig.* 264] les variétés de pavot somnifère (à graines grisâtres) cultivées pour leurs semences comme plantes oléagineuses.

L'*opium* n'est autre chose que le suc épaissi du pavot blanc. Ce suc découle de plaies faites aux capsules peu avant leur maturation.

La culture de l'œillette, en France, est principalement établie dans le Nord. Elle ne réussit bien que sur les terres substantielles, meubles, propres et profondes, à sous-sol perméable.

La graine de pavot est très fine et, pour l'épandre plus aisément, on la mélange parfois avec du sable fin. La meilleure époque pour le semis, dans la région du Nord, est la première quinzaine de mars.

Fig. 264. — Œillette.

On sème à la volée (3 kilogr.) ou en lignes (2 kilogr.), en recouvrant très peu la graine. On donne un premier binage soigné, accompagné d'éclaircissement, dès que la plante a émis quelques feuilles. Il faut surtout éviter de la soulever ou de la toucher avec le fer de la binette.

Plus tard, on pratique un deuxième binage et, lorsque le semis est en lignes, on remplace le troisième binage par un léger buttage.

Vers la fin du mois d'août ou au commencement de septembre, la tige est jaune en partie et les premières capsules sont entièrement desséchées. On arrache ou on casse. Les pieds sont placés en faisceaux, appuyés par leurs sommités; huit ou dix jours après, on vide les capsules dans un cuveau ou baquet. En moyenne, le rendement est de 20 hectolitres à l'hectare. L'hectolitre pèse 60 à 65 kilogrammes. On retire environ de 30 à 35 kilogrammes d'huile par 100 kilogrammes de graines.

Cette huile, nommée « huile blanche », quoiqu'elle soit parfois rousse, suivant la nature des graines ou suivant qu'elle est de première ou de deuxième expression, possède une saveur et une odeur douces et agréables. Elle est très siccative (elle s'épaissit à l'air), tandis que les huiles de colza et de navette ne le sont point. Aussi l'emploie-t-on pour la peinture. Elle entre dans l'alimentation directement ou en mélange avec les huiles d'olive.

L'huile d'œillette, qui a toujours une valeur commerciale moins élevée que les huiles de colza et de navette, est employée pour l'éclairage, soit seule, soit mélangée avec l'huile de colza.

Les tourteaux servent à l'alimentation des ovidés et des bovidés.

La Cameline.

La *cameline* (*camelina sativa*) [*fig.* 265] appartient à la famille des *crucifères;* elle est annuelle et principalement cultivée dans le Nord, où elle remplace souvent les colzas d'hiver détruits par les froids. Le semis se fait en avril ou en mai.

La cameline réussit bien sur les terres de consistance moyenne et de qualité secondaire. Elle résiste convenablement aux fortes chaleurs et à la sécheresse. On la sème à raison de 5 kilogrammes de graine par hectare; sa végétation s'accomplit en quatre-vingt-dix à cent jours. La récolte a lieu lorsque les tiges présentent une teinte jaunâtre et que les siliques qui proviennent des premières fleurs renferment des graines mûres.

Fig. 265.
Cameline.

On les laisse en javelles jusqu'à ce que toute nuance verdâtre ait disparu, puis on les bat sur une bâche ou sur l'aire, en ayant soin de ne pas briser les tiges, avec lesquelles on confectionne des balais à main.

Le rendement est en moyenne de 15 à 16 hectolitres de graine du poids de 68 à 70 kilogrammes par hectare.

100 kilogrammes de graines donnent 28 à 30 kilogrammes d'une huile jaune d'or, à odeur particulière et à saveur alliacée. Elle est peu siccative et possède la propriété de ne se congeler qu'à 18 degrés au-dessous de zéro centigrade, tandis que le point de congélation de l'*huile d'olive*, par exemple, est compris entre + 2 degrés et + 6 degrés.

Le tourteau est rouge jaunâtre. Il communique à la graisse des bestiaux une couleur jaunâtre peu appréciée.

Le Chanvre.

La culture du *chanvre (cannabis sativa)* [*fig.* 266, 267] de la famille des *cannabinées*, est aujourd'hui plus importante que celle du lin, quoique la filasse et la graine de ce dernier soient de qualité supérieure.

Tige mâle.   Tige femelle.
c, fleur mâle; d, fleur femelle.

Fig. 266, 267. — Chanvre.

L'huile de lin a moins de valeur que l'huile de chanvre, mais son tourteau est très estimé pour l'engraissement des animaux.

Le chanvre est une plante annuelle exigeante. Elle ne donne de bons produits que sur les terres de consistance moyenne, profondes, fraîches et fertiles. La terre destinée au chanvre doit être bien ameublie et bien nivelée. On doit la fumer abondamment avec un fumier à demi consommé et parfaitement enfoui.

Semis. Soins culturaux. — Les semis se font à la volée ou en lignes très rapprochées, en mars, avril ou mai, lorsque les gelées tardives, auxquelles le chanvre est très sensible, ne sont plus à craindre. On répand 100 à 300 litres par hectare, suivant la grosseur des tiges qu'on désire récolter. Plus le semis est épais, plus les tiges sont longues, minces, flexibles et propres à la fabrication des toiles dites«de ménage».Il faut choisir les graines grosses et légères, de couleur grisâtre, rayées de noir, lisses et brillantes; elles ne doivent pas avoir plus de deux années d'existence.

Le chanvre exige peu de soins culturaux, à cause de sa végétation rapide qui étouffe les herbes adventices. Tout au plus lui donne-t-on un sarclage lorsqu'il émet sa quatrième feuille. Les ouvriers qui exécutent ce travail marchent pieds nus ou revêtus de chaussons afin de ne pas endommager les jeunes plantes.

Dans le Midi, il est bon d'arroser les *chènevières* quand le sol est sec. Ces irrigations par infiltration à l'aide de petites rigoles doivent cesser une vingtaine de jours avant l'arrachage, car elles diminueraient la ténacité des fibres.

Le chanvre étant une plante *dioïque*, on voit apparaître dans toutes les cultures des pieds portant des *fleurs mâles* et des pieds portant des *fleurs femelles*. Les premières sont disposées au sommet des tiges en grappes lâches d'un jaune pâle, tandis que les secondes se trouvent à l'insertion des feuilles.

Récolte. — On arrache les *pieds mâles* quand les fleurs mâles sont entièrement épanouies et commencent à se faner, c'est-à-dire lorsque la fécondation a eu lieu. Cette opération doit être faite avec précaution, afin de ne pas endommager les *pieds femelles*. Plus tard, vingt ou vingt-cinq jours après, lorsque les graines sont presque mûres, on arrache les pieds femelles.

Au fur et à mesure de l'arrachage, les tiges mâles ou femelles sont réunies en petites bottes et dressées sur le sol.

Quand le chanvre femelle a perdu une partie de ses feuilles desséchées, on procède à la récolte des graines en battant légèrement le sommet des tiges sur une bâche ou en engageant leurs extrémités dans un fort *séran* ou peigne. Les semences nettoyées constituent le *chènevis*, qui est utilisé pour la nourriture des oiseaux et des volailles.

L'huile extraite du chènevis est jaune verdâtre lorsqu'elle est récente, mais avec le temps elle s'oxyde au contact de l'air et devient jaune. Son odeur est désagréable, sa saveur fade. Elle est siccative. On l'emploie dans la peinture et surtout pour la fabrication du savon vert et des vernis. Le tourteau de chanvre renferme 5 pour 100 d'azote et 1,90 pour 100 d'acide phosphorique.

Rouissage. — Le *rouissage* a pour but de faire dissoudre les principes gommeux qui agglutinent les fibres primaires ainsi que les fibres libériennes et les fixent à la *chènevotte* ou partie ligneuse de la tige du chanvre. Il est le résultat de l'action d'un microbe (*bacillus amylobacter*) qui détruit d'abord la substance gommeuse. Cette fermentation spéciale doit être surveillée avec soin, car ces microscopiques ennemis, poursuivant leur travail, finiraient par attaquer et altérer la fibre elle-même qu'il convient de séparer intacte.

Les différents procédés de rouissage rural sont : le *rouissage sur terrain engazonné*, le *rouissage à eau courante* et le *rouissage à eau dormante*.

Le premier procédé est quelquefois imposé par la situation, mais il n'est pas à recommander; sans doute, il demande peu de main-d'œuvre et permet de retirer des tiges un poids relativement élevé de filasse, mais cette filasse produit beaucoup d'étoupes.

Le rouissage à l'eau donne de bons résultats quand il est bien conduit. Le rouissage à eau dormante est plus rapide, mais le rouissage à eau courante et limpide laisse une filasse plus nerveuse et d'une belle couleur blonde.

La durée du rouissage varie suivant la température de l'air et de l'eau ; elle diminue par un temps chaud. L'opération est plus longue avec le chanvre femelle qu'avec le chanvre mâle, qui exige environ six à dix jours. Le rouissage est terminé quand, en froissant quelques tiges entre les mains, on détache aisément les fibres de la partie ligneuse ou chènevotte. Les bottes sont alors retirées de l'eau, et lavées, si cela est nécessaire, pour les débarrasser des parties terreuses adhérentes. On les délie et on les met à sécher contre un mur, une haie, ou contre des perches placées horizontalement à 1 mètre au-dessus du sol. Quand elles sont sèches on les rentre dans un local non humide.

Broyage. Teillage. — C'est pendant la morte-saison que l'on procède à l'extraction de la filasse. Le *broyage* ou séparation des fibres de la chènevotte se fait soit à la main, soit à l'aide de la *macque* ou *broie*. Le *teillage* est exécuté à l'aide du poisset et de l'écangue.

Le chanvre subit au préalable la *torréfaction*, qui a pour but de le dessécher complètement. Les tiges introduites dans un four, après la cuisson du pain, y séjournent environ vingt-quatre heures. Ensuite on les écrase sur un billot à l'aide d'un maillet en bois dur ou d'un brisoir mécanique, puis on les broie afin de séparer la chènevotte de la partie filamenteuse. Les *broyeuses* et *teilleuses mécaniques* remplacent aujourd'hui les outils à main, qui sont d'un maniement lent et pénible.

La filasse que donne le teillage est soumise, dans les manufactures, au peignage, qui fournit le *peigné* et l'*étoupe*. Les filasses bien peignées ont un aspect soyeux et brillant et sont exemptes de chènevottes et d'étoupes.

Généralement 1 hectare, bien cultivé et très fertile, produit environ 1 000 à 1 200 kilogrammes de filasse et de 9 à 12 hectolitres de graine. Les plus beaux chanvres sont ceux de Picardie et d'Anjou.

EXPÉRIENCE. — Pour distinguer le *chanvre* des autres fibres végétales on le traite par l'iode et l'acide sulfurique, qui le colorent en bleu verdâtre.

Le *lin*, dont il va être question, se colore en bleu avec le même réactif.

On opère de la manière suivante : mettre les filaments à examiner dans un peu d'alcool 95°, laisser sécher légèrement, ajouter une goutte d'eau iodée ; après quelques instants de contact, absorber le réactif iodé avec du papier buvard et le remplacer par une goutte d'acide sulfurique au 1/3. La réaction caractéristique apparaît.

Le Lin.

Le *lin* (*linum usitatissimum*) [*fig.* 268], plante annuelle, appartient à la famille des *linées;* ses fleurs sont hermaphrodites, elles s'épanouissent vers cinq ou six heures du matin et sont flétries avant midi.

Dès la plus haute antiquité l'homme a utilisé les fibres textiles du lin pour confectionner des tissus. Les bandelettes qui entourent les momies d'Égypte depuis plus de quatre mille ans sont en lin.

Les variétés qu'on rencontre en France se divisent en *lin d'hiver* et *lin de printemps;* ces derniers, connus sous le nom de *lins froids*, sont de beaucoup les plus cultivés; leur filasse peut acquérir une très grande finesse. La variété *à fleurs blanches* est relativement plus rustique.

Le *lin d'hiver* ou lin chaud redoute les intempéries du nord et du centre; on ne le cultive que dans la zone océanienne où les hivers sont tempérés. Il se sème en septembre, tandis que les *lins de printemps* se sèment en mars, avril ou mai, suivant les régions et les terrains.

Le lin est exigeant. Il ne réussit bien que sur des terres de consistance moyenne, plutôt un peu légères, fertiles, fraîches et profondément ameublies, car sa racine est très pivotante.

Les graines de Riga sont appréciées; il faut choisir celles qui ont une teinte jaune ou brune, avec reflets verdâtres, et comme vernissées; de longueur et de grosseur régulières, munies d'une pointe recourbée en crochet. Nettoyer les graines avant de procéder au semis.

Fig. 268. — Lin.

Semis. — Le semis doit avoir lieu sur un sol ressuyé dont la surface a été bien émiettée par le passage d''une herse spéciale munie d'un grand nombre de dents et appelé *herse linière.*

On sème clair, soit 1 hecto. 80 à 2 hectolitres par hectare, pour la production de *lins gros* dans lesquels on recherche à la fois la filasse et la semence. On sème plus serré, soit 2 hectol. 50 à 3 hectolitres par hectare, lorsqu'on désire obtenir des *lins fins* donnant une filasse abondante et estimée, mais très peu de graine. Le semis s'exécute à la volée. On recouvre par deux hersages croisés et légers suivis d'un roulage.

Si les mauvaises herbes apparaissent, il faut recourir au sarclage à la main dès que les jeunes plantes ont 6 à 8 centimètres de hauteur, en évitant de les écraser.

Récolte. — L'arrachage du lin gros a lieu peu après la floraison, quand la tige est devenue cassante et que les capsules sont grises, sèches et renferment des semences brunes. Le jaunissement des feuilles et la formation des capsules indiquent l'opportunité de l'arrachage du lin fin.

L'époque de l'arrachage exerce une grande influence sur la qualité de la récolte. Un arrachage trop tardif donne une meilleure graine, mais de moins bonnes fibres. Un arrachage trop hâtif donne de la filasse très fine, soyeuse, mais peu résistante et laissant un déchet considérable en étoupes.

On arrache le lin à la main. Les bottillons, qui se composent de plusieurs poignées, ne doivent pas être javelés. On les dresse sur le sol pour les faire sécher et les soustraire rapidement à l'action des pluies.

Quand les tiges sont bien sèches et que leurs capsules ont été égrenées soit au *peigne*, soit au *battoir* ou à *l'égreneuse mécanique*, on procède au *rouissage*. Cette opération a lieu comme pour le chanvre. Il en est de même des opérations suivantes : *teillage, torréfaction, broyage*, etc.

Les *fibres de lin* sont formées de cellulose aussi pure que possible.

L'*huile de lin*, extraite des graines, est jaune clair ou brunâtre, assez épaisse, d'odeur et de saveur particulières. Elle est surtout employée en peinture à cause de sa prompte solidification, car elle est essentiellement siccative. Le tourteau de lin contient 5 pour 100 d'azote et 2 pour 100 d'acide phosphorique.

Un hectare bien cultivé produit en moyenne 7 à 800 kilogrammes de filasse et 7 hectolitres de graine.

La grande Ortie.

La *grande ortie* (*urtica dioica*) renferme des fibres libériennes textiles. Excellent fourrage vert précoce pour les vaches laitières et pour les dindonneaux.

Fig. 269. — Ortie de Chine ou ramie blanche.

Cultivable sous les climats tempérés. La *ramie verte* exige un climat chaud.

On désigne sous le nom de *ramie* deux espèces d'orties, mais surtout l'*urtica nivea, ortie blanche* ou *china-grass* (*fig.* 269).

Cette ramie blanche possède des tiges caduques sur des souches vivaces, c'est-à-dire que les tiges annuelles disparaissent à la fin de l'automne après avoir fructifié.

D'après les observations de M. C. Rivière, directeur du jardin d'essai du Hamma à Alger, cette plante, si intéressante au point de vue économique, n'exige pas pour croître de fortes chaleurs au printemps et à l'automne : elle peut supporter des abaissements de température un peu au-dessous de zéro centigrade, puisqu'elle est privée de végétation aérienne pendant l'hiver.

D'où il résulte que l'*urtica nivea* ne donnera des produits rémunérateurs que dans la zone tempérée, qui est la dernière limite de la végétation encore pratique de la canne à sucre et du bananier. Elle exige des terres fertiles et profondes où l'eau ne séjourne pas.

A l'état frais, les tiges de ramie sont facilement décorticables, et ce travail est industriellement plus aisé qu'à l'état sec.

Dans les pays chauds, la ramie, convenablement irriguée, peut produire, entre trente-cinq et quarante-cinq jours, des tiges de 1ᵐ,50 à 1ᵐ,60 de hauteur. Elle peut donner environ 4 000 kilogrammes par hectare de filasse à peu près dégommée et de qualité supérieure.

La ramie se plante dans des raies peu profondes, sur un terrain bien ameubli et plat. Les rhizomes ou les plants sont placés à 25 ou 30 centimètres les uns des autres sur des lignes distantes de 30 centimètres. On recouvre et on arrose. L'entretien annuel se borne à la fertilisation du sol et à l'irrigation. C'est une plante de culture intensive qui n'a aucune place indiquée en Europe.

Dans le nord de l'Afrique, quelques points offriraient des emplacements avantageux là où les irrigations seraient assurées pendant la période estivale.

Parmi les colonies françaises, celles qui semblent offrir de bonnes conditions pour la culture de la ramie sont : l'Indo-Chine, puis nos possessions équatoriales à grandes pluies de la côte occidentale d'Afrique : Dahomey, Guinée, Côte d'Ivoire, Gabon. Dans les régions où le climat est tantôt pluvieux, tantôt très sec, comme au Congo, la ramie ne pourra y être implantée sans irrigations.

La *ramie verte* (*urtica tenacissima*), de nature arbustive, ne doit être cultivée que dans les *régions chaudes*, soumises à des pluies abondantes ou pouvant être arrosées pendant les périodes de sécheresse. Elle est originaire de l'archipel indien. Sa filasse est abondante, résistante et d'excellente qualité ; en outre, elle est plus facile à traiter que celle de l'ortie blanche, dont les fibres sont agglutinées par une résine tenace.

FOURRAGES.

Sous la rubrique *Fourrages* on peut comprendre les plantes fourragères annuelles, les prairies artificielles, les prés temporaires, les prés naturels permanents et les herbages pâturés, enfin les racines servant à l'alimentation des animaux.

Les départements les plus riches en ressources fourragères sont les départements de la Normandie, de la Vendée, du Maine, des Charentes, ensuite les départements du Puy-de-Dôme, du Cantal, de l'Allier, de la Nièvre, du Cher, etc., Saône-et-Loire, Creuse, Doubs, etc. Les départements du bassin de la Garonne et du Rhône sont beaucoup moins riches. Le climat sec et chaud des départements méditerranéens, la rareté des pluies d'été, le manque d'eaux courantes, ne leur permettent pas de faire des prairies artificielles, des racines fourragères ni même de bonnes pâtures. Sans irrigations ces cultures leur sont interdites. Mais quand on a des eaux d'arrosage dans ces contrées ensoleillées, il est plus avantageux de s'en servir pour la culture intensive de la vigne et pour la production des légumes.

Fourrages annuels. — Nous comprendrons sous ce titre toutes les plantes qui servent à l'alimentation des animaux et qui n'occupent le sol qu'un temps relativement court, jamais plus de huit à dix mois.

Les plus importants des fourrages annuels sont : le *trèfle incarnat* et les *vesces* ou *dravières*, dont nous avons parlé dans le chapitre consacré aux *légumineuses farineuses*, puis viennent les *choux fourrage*, le *maïs fourrage* (page 247), le *seigle en vert*, le *moha*, le *panais*, ombellifère à racine pivotante et charnue, principalement cultivé dans les départements de la Bretagne et de la Normandie. (Voir page 219.)

Cette racine, qui se conserve en plein champ pendant les hivers les plus rigoureux, est excellente pour le bétail. S'abstenir d'en donner beaucoup aux vaches laitières, car elle communique une odeur particulière au lait.

Par opposition aux *prairies naturelles*, on appelle *prairies artificielles* celles que l'on est obligé de semer, et qui ne durent qu'un certain laps de temps après lequel la prairie redevient champ.

La prairie artificielle n'offre pas aux animaux une nourriture aussi variée que la prairie naturelle composée de plusieurs espèces de plantes, mais, par contre, elle possède d'autres avantages.

L'agriculteur peut choisir parmi les plantes qui donnent le fourrage dit artificiel celle qui convient le mieux au climat, à la nature du sol et aux animaux qu'il entretient. — En outre, les fourrages artificiels peuvent se faucher de bonne heure et être consommés en vert. Cette nourriture fraîche produit de bons effets sur le bétail. — Ces plantes réussissent sur des terrains impropres à l'établissement des prairies naturelles. N'oublions pas que la plupart d'entre elles appartiennent à la famille des légumineuses et sont *améliorantes*, car, comme nous l'avons vu, elles puisent l'*azote* dans l'atmosphère par l'intermédiaire des bactéries qui peuplent les nodosités de leurs racines.

Les plantes les plus estimées comme fourrages artificiels sont : le *trèfle*, la *luzerne*, le *sainfoin*. La *serradelle* mérite une mention.

Le trèfle couvre à peu près les 3/5 de la superficie totale des prairies artificielles proprement dites. Viennent ensuite, par ordre d'étendue, la luzerne, le sainfoin et les mélanges de légumineuses.

Le Trèfle.

Le *trèfle* (*trifolium*) comprend plusieurs espèces. Les plus répandues sont :

1° Le *trèfle violet* ou *trèfle des prés* (*fig.* 270), qui est l'espèce la plus cultivée. Fleurs purpurines ou blanches ;

2° Le *trèfle hybride*, à fleurs globuleuses panachées de blanc et de rose. Ce trèfle renferme un toxique et sa consommation entraîne des lésions du tube digestif : graine très fine et d'un vert olive foncé ;

3° Le *trèfle incarnat* ou *farouch* ou *trèfle du Roussillon* (*fig.* 271), à fleurs d'un rouge brillant très vif, disposées en épis oblongs ;

4° Le *trèfle blanc* ou *trèfle rampant* (*fig.* 272) à fleurs globuleuses blanches et parfois rosées. Cette espèce couvre bien le sol avec sa souche à stolons traçants ; aussi l'utilise-t-on dans la création des gazons, des pâturages, des prairies, d'autant plus qu'il résiste bien à la dent du bétail.

C'est le *trèfle violet* et le *trèfle incarnat* qui sont les plus cultivés comme fourrages artificiels.

Le premier est répandu dans la région septentrionale ; le second réussit partout en France, mais mieux dans le Midi qu'ailleurs.

Le trèfle violet est une plante vivace qui se plaît dans les terres

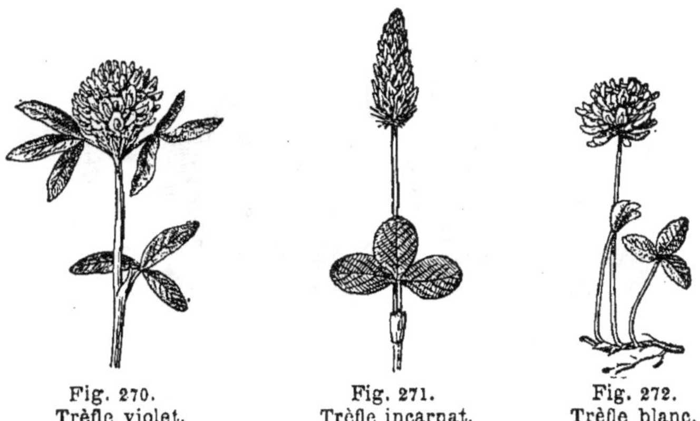

Fig. 270.   Fig. 271.   Fig. 272.
Trèfle violet.   Trèfle incarnat.   Trèfle blanc.

de consistance moyenne, profondes, reposant sur un sous-sol perméable, en un mot, sur les bonnes terres à blé. Il redoute les sols humides, les terrains acides. Là où l'élément calcaire fait complètement défaut, comme dans les sols granitiques, le trèfle ne réussit qu'après chaulage.

Semis. — On le sème, en mars ou avril, sur une terre occupée par une céréale d'automne ou de printemps. On donne d'abord un hersage ou un ratelage, puis on répand à la volée environ 15 à 18 kilogrammes de semence par hectare. Un hersage léger, ou simplement un roulage, suffit pour enterrer la graine.

Il est prescrit de semer d'assez bonne heure pour que les travaux d'ensemencement ne nuisent pas à la céréale et que les graines de trèfle ne soient pas étouffées dès leur germination par la graminée.

Lorsque la céréale a été moissonnée, le trèfle pousse rapidement. En général, le froment est mûr à la fin de mai dans les parties les plus méridionales de l'Europe, à la fin de juin dans le midi de la France, et de la fin de juillet au 15 août dans le nord. A ce moment le trèfle pourrait être pâturé et même fauché, mais le pâturage, surtout par les moutons, le fait périr ; le fauchage l'épuise. Le mieux est de le laisser pourrir sur place ; il se fume ainsi lui-même.

Vers la fin de mars ou au commencement d'avril, c'est-à-dire à la reprise de la végétation, on répand 6 à 700 kilogrammes de plâtre cuit par hectare.

Récolte. — Le trèfle est souvent consommé à l'état vert. Lorsqu'on veut le convertir en foin, on le fauche quand la plupart des fleurs rougeâtres sont épanouies. La faucheuse (*fig.* 273) peut être

Fig. 273. — Faucheuse à un cheval.
Roues en acier et coussinets à rouleaux.

employée à cet effet. Pendant le fanage, il faut éviter de le secouer ou de l'agiter en plein soleil, car il perd facilement ses feuilles. Dans le but de prévenir cette perte importante, on renonce parfois au fanage. Les tiges fauchées sont dressées sur le sol sous forme de *poupées* et laissées en repos jusqu'à parfaite dessiccation.

Le foin de trèfle est brunâtre. Il est préférable de le rentrer *botLelé* pour bien conserver les feuilles.

Le trèfle fournit deux coupes, l'une en juin, l'autre en août, et un pâturage d'arrière-saison. Le rendement moyen est de 5 000 à 6 000 kilogrammes de *foin* par hectare. On peut compter que 100 kilogrammes de trèfle vert donnent 25 kilogrammes de fourrage sec.

La deuxième pousse est moins élevée que la première ; mais ordinairement elle est plus riche en fleurs, aussi lui demande-t-on souvent des *graines*. On fauche, dans ce cas, dès que les têtes florales globuleuses du trèfle ont pris une nuance roussâtre et que les graines sont mûres. L'égrenage des gousses a lieu après dessiccation parfaite et à l'aide de machines spéciales (*fig.* 274).

Le *trèfle incarnat* ou *farouch* est annuel. Son fourrage est précoce, abondant et de bonne qualité. Il aime une terre fertile, plutôt légère que forte, exempte d'humidité. Il végète mal sur les sols tourbeux, crayeux ou sablonneux. On doit semer sur un *sol tassé*. Si le labour de

Fig. 274. — Batteuse complète à trèfle, ébourrant, égrenant et nettoyant.
Un double nettoyage avec second ventilateur permet d'obtenir de la graine absolument marchande.

déchaumage est ancien, on ameublit superficiellement la couche arable par un coup de herse, ou mieux encore avec le scarificateur (*fig.* 275).

Fig. 275. — Cultivateur-scarificateur relevé pour le transport.
Cet instrument sert surtout pour désagréger le sol au printemps lorsque les terres labourées se sont trop tassées. Les deux dents des extrémités munies de talons rendent la marche sûre.

Semis. Soins de culture. — On sème en août dans le Centre et le Nord, et au commencement de septembre dans le Sud-Ouest et le Sud. La semence est enterrée à la herse. On répand 50 kilogrammes de graines en gousses ou en bourre et 18 à 20 kilogrammes de graines mondées.

Le plâtre produit de bons effets sur ce trèfle. On fauche le trèfle incarnat en avril ou mai, suivant les régions, lorsque la plupart de ses fleurs sont épanouies. Il ne faut pas attendre que tous ses épis soient fleuris, car il a le défaut de sécher et blanchir rapidement quand sa graine commence à se former.

Généralement le trèfle incarnat est consommé en vert. Son foin est accepté assez difficilement par le bétail. C'est un excellent fourrage, comme le trèfle violet; mais il est prudent de les distribuer l'un et l'autre modérément, car les chevaux qui consomment pendant quelques jours ces légumineuses émettent une urine rouge foncé. Le farouch donne 20 000 à 25 000 kilogrammes de fourrage vert par hectare.

Si on a le soin de labourer et de fumer le terrain dès qu'il est récolté, on peut lui faire succéder une plante fourragère estivale : vesce, maïs, etc.

La Luzerne.

La *luzerne* (*medicago sativa*) [*fig.* 276] est une plante vivace de la famille des *légumineuses*. C'est avec raison qu'on la considère comme une plante fourragère précieuse pour les contrées du midi et du centre de la France. Son système radiculaire puissant lui permet de résister aux sécheresses estivales. Elle est bien à sa place dans la région du maïs; cependant, en Algérie elle demande des sols fertiles, susceptibles d'être irrigués tous les huit jours en été; dans ces conditions la luzerne fournit facilement sept coupes dans l'année donnant chacune environ 35 quintaux de fourrage frais par hectare.

Il faut à la luzerne un terrain profond ou bien défoncé au scarificateur, mais cependant raffermi, de consistance moyenne, à sous-sol perméable, un peu calcaire, exempt de mauvaises herbes et d'humidité. Les fumiers consommés, les composts à base de chaux lui conviennent.

Fig. 276. — Luzerne.

Semis. Soins culturaux. — On la sème à la volée ou en lignes distantes de 15 à 20 centimètres; 15 à 25 kilogrammes de graines suffisent, suivant le cas.

Le sol destiné à la luzerne doit être profondément ameubli. Comme pour le trèfle, et dans la région septentrionale, on fait le semis en mars-avril, sur les champs occupés par une céréale de printemps. Dans le Midi, on sème en septembre sur un sol nu. La graine de luzerne n'a pas besoin d'être beaucoup recouverte : un roulage suffit à son enfouissement. En Algérie, on sème en janvier dans une orge ou une avoine assez claires; de la sorte, la luzerne est protégée contre les oiseaux et les rayons du soleil au moment de la sortie ; elle se développe après la moisson, et, l'irrigation aidant, elle peut donner à l'automne un peu de foin.

En France, il est préférable que la céréale, dans laquelle on sème la luzerne, soit fauchée en vert comme fourrage, car si on la laisse mûrir elle finit souvent par étouffer les jeunes plants de la légumineuse.

Généralement on ne fauche pas la luzerne l'année du semis. On donne un hersage au printemps pour rompre la surface du sol et détruire les mauvaises herbes. Cette opération doit être faite avec grand soin, surtout en Algérie, où les chardons, oignons, etc., envahissent rapidement le champ et anéantissent la plante fourragère.

Le plâtre active la végétation de la luzerne dans presque toutes les terres. En mars-avril, on répand 2 ou 3 hectolitres de plâtre à l'hectare.

Le pâturage de la luzerne par les moutons doit être interdit.

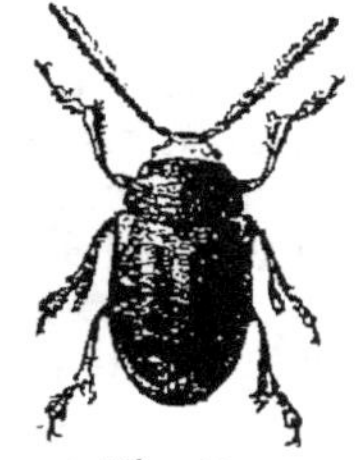

Fig. 277.
Colaspidème
(gr. 2 fois).

Ennemis de la luzerne. — La luzerne a deux redoutables ennemis : un insecte coléoptère, le *colaspidema atrum* (*fig.* 277), vulgairement appelé *babotte* ou *négril* (sa larve apparaît vers l'époque de la pousse de la seconde coupe), et une plante de la famille des convolvulacées, la *cuscute* (*fig.* 278), dont les crampons, qui forment de véritables racines nourricières, s'implantent sur les tiges de luzerne et y puisent leur nourriture. Les cultivateurs connaissent bien les longs filaments rougeâtres de cette herbe parasite, qu'il faut détruire avec soin, car chaque fragment de cuscute qui tombe sur la luzerne est une bouture qui sert à la propager.

Fig. 278.
Cuscute d'Europe.
a, coupe de la fleur grossie.

La cuscute peut être amenée par le fumier, mais c'est ordinairement en employant des graines mal décuscutées que l'on introduit ce dangereux parasite. Donc le choix des graines s'impose. Les bonnes semences sont réniformes, lourdes, bien jaunes et luisantes ; les plus belles appartiennent à la catégorie dite *de Provence.*

Pour combattre le *colaspe noir*, le moyen le plus pratique consiste à faucher la première coupe en laissant subsister quelques bandes que l'on ne coupe qu'une quinzaine de jours plus tard. Les larves trouvant les pousses de la luzerne trop développées et trop dures se jettent sur la luzerne tendre des bandes, où il est possible de les détruire avec les dindons et mieux encore avec les appareils spéciaux connus.

Un champignon parasite, le *rhizoctone*, suit les racines de la luzerne jusqu'à de grandes profondeurs. On reconnaît extérieurement sa présence aux vides circulaires appelés *lunes*, qu'il fait dans la luzernière et qui vont toujours en s'étendant. Les racines sont revêtues d'une couche violacée qui n'est autre chose que le rhizoctone. Le seul bon procédé de défense consiste à remettre en culture pendant quatre ou cinq ans les luzernières trop infestées.

Récolte. — On fauche la luzerne quand ses fleurs bleu violacé s'épanouissent, c'est-à-dire en mai dans le Midi, et en juin dans les contrées moins chaudes. Elle est tantôt consommée en vert, sur place ou à l'étable, tantôt transformée en foin. Le Nord n'obtient guère que trois coupes, tandis que le Midi, grâce aux arrosages, réussit à prendre cinq coupes et même davantage.

On procède pour le *fanage* et la *conservation* de la luzerne comme il a été dit pour le trèfle.

La *graine de luzerne* est un produit qui n'est point à dédaigner, surtout celle du Midi, dont les graines sont prisées. On les prend ordinairement sur les vieilles luzernières, parce que cette récolte fatigue les autres et hâte leur disparition. La troisième coupe est réservée dans ce but, parfois la deuxième. On fauche quand les gousses sont complètement noires, l'égrenage naturel n'étant pas à craindre, au contraire, les semences se conservant très bien dans les gousses où il convient de les laisser aussi longtemps que possible. Dans la petite culture on égrène au fléau, mais dans la grande culture on utilise les batteuses spéciales.

Le Sainfoin. La Serradelle.

Le *sainfoin commun* (*onobrychis sativa*) ou *esparcette* [*fig.* 279] est une plante herbacée vivace de la famille des légumineuses qui réussit même sur les coteaux calcaires et secs peu favorables à la luzerne. Les animaux en sont avides à l'état vert ou à l'état de fourrage sec.

Dans les terrains assez frais, le sainfoin donne une seconde coupe assez abondante, mais dans les terrains secs cette seconde coupe est maigre et toujours tardive.

Il existe une variété appelée *sainfoin chaud*, plus vigoureuse, qui fournit régulièrement deux bonnes coupes et que l'on doit préférer pour ce motif.

Les bonnes graines de sainfoin sont grises, à reflet bleuâtre ou d'un brun luisant, avec l'intérieur vert. Il faut rejeter les graines blanches ou pâles qui ont été récoltées avant leur maturité. On sème 120 à 150 kilogrammes par hectare.

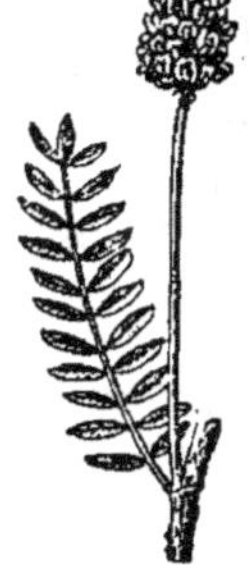

Fig. 279.
Sainfoin.

La culture du sainfoin est analogue à celle de la luzerne. A partir de la deuxième année, on herse et on plâtre tous les ans au printemps. Ne jamais faire pâturer par les moutons. Le regain peut être pâturé par les bêtes bovines.

Le sainfoin donne une pleine récolte dès la seconde année. On le fauche lorsque la floraison est complète afin d'obtenir le maximum de rendement. En moyenne deux coupes produisent 4 500 à 5 000 kilogrammes de foin par hectare. Le *fanage* se fait comme pour la luzerne et le trèfle. Le sainfoin porte-graines doit être fauché quand la plupart des gousses ont pris une teinte brun clair. Cette opération se pratique à la rosée, car la graine, arrivée à son point de maturité, tombe assez facilement.

La *serradelle* (*ornithopus sativus*) ou pied-d'oiseau est une légumineuse qui se plaît dans les terrains légers, sablonneux, à sous-sol perméable. Très résistante à la sécheresse, elle peut rendre des services là où la réussite d'autres fourrages de la même famille est impossible.

On sème de 30 à 40 kilogrammes de graines à l'hectare, et d'autant plus que le pays est plus sec. Les semailles se font à l'automne dans le Midi et au printemps dans le Nord, de préférence à la suite d'une récolte sarclée. On recouvre très peu la graine. Le fourrage est fin et de bonne qualité.

Si on cultive la serradelle pour la faire consommer à l'état de fourrage vert ou de foin, on la coupe d'août à octobre, suivant son développement. Une première coupe hâtive permet d'en obtenir une seconde à l'automne. Le rendement varie de 2 500 à 4 000 kilogrammes de foin par hectare.

La serradelle constitue un bon pâturage pour les moutons. Lorsqu'on veut l'utiliser dans ce but, on la sème au printemps dans une céréale d'hiver, froment ou seigle ; le pâturage est bon vers les mois d'août et septembre. En espaçant les semis jusqu'au commencement de juin, il est possible d'obtenir une continuité de pâturage.

Comme cette plante ne cesse de fleurir jusqu'aux premières gelées, elle porte toujours vers la fin de son évolution des fleurs et des gousses à divers états de développement.

Après fauchage on met en moyettes, et lorsque le foin est sec quelques coups de gaule provoquent l'égrenage des gousses. Les graines brunissent et perdent leur faculté germinative au bout d'un an.

Le Maïs fourrage.

Variétés. Culture. — Les meilleures variétés de maïs en vue de la production fourragère sont celles qui atteignent les plus grandes dimensions. Elles exigent une très forte fumure et des engrais assimilables, comme le fumier décomposé, appuyé au besoin par du nitrate de soude, du superphosphate et du sulfate de potasse.

Parmi les variétés dites françaises, nous citerons : le *maïs précoce à larges feuilles de la Breille*, le *maïs jaune gros*, le *maïs blanc des Landes*, demi hâtif, dont le rendement s'élève à 50 000 kilogrammes de fourrage vert de qualité relativement supérieure.

Mais la variété américaine appelée *caragua* ou *dent de cheval* (*fig*. 280) tient le premier rang ; elle peut donner, en bonne culture, 60 000 kilogrammes de fourrage vert qui enlèvent au sol environ : 133 kilogrammes d'azote, 55 kilogrammes d'acide phosphorique, 140 kilogrammes de potasse. Ses tiges mesurent jusqu'à 4 mètres de hauteur. Ce maïs est peut-être un peu tardif pour la petite culture. Il faut, pour mûrir ses grains, des étés plus longs et plus chauds que ceux de la France.

Fig. 280.
Maïs dent de cheval.

Récolte. Conservation. — Le maïs fourrage demande à être coupé dès que les panicules de fleurs mâles se montrent. Plus tôt il est moins nourrissant, et plus tard le bétail le mange avec moins d'avidité. On le récolte au fur et à mesure des besoins, depuis commencement août jusqu'à fin septembre, selon la variété cultivée, l'époque du semis et le climat.

Le maïs nécessaire à la consommation en vert à l'étable doit être semé tous les mois, depuis la fin d'avril jusqu'en août. Celui que l'on destine à l'ensilage est généralement semé dans le courant de mai.

En semant un peu serré, on n'obtient pas un rendement supérieur ; mais les tiges, moins fortes et moins dures, donnent un fourrage meilleur.

Le maïs vert est un fourrage pauvre en matière azotée : il convient par conséquent de compléter la ration avec la luzerne, le trèfle ou bien les tourteaux.

Les tissus herbacés du maïs, gorgés d'eau, redoutent les gelées qui les rendent impropres à la nourriture du bétail. On prévient cet accident irréparable au moyen du séchage et de l'ensilage.

La première opération consiste, comme son nom l'indique, à faire sécher le maïs ; elle est assez difficile, car elle demande des conditions climatériques spéciales, non seulement à cause de la quantité du liquide à évaporer, mais encore parce qu'elle s'exécute à une époque de l'année où les jours sont courts, la chaleur faible et les rosées souvent abondantes.

On coupe le maïs lorsque la rosée a disparu ; puis on fait de grosses gerbes que l'on a soin de lier, avec un lien de paille, le plus près possible du sommet. On les dresse les unes contre les autres en les écartant du pied de façon à établir une sorte de moyette flamande (voir page 176). Dans cet état, le maïs ne souffre pas de la pluie et peut rester sur place jusqu'à dessiccation.

Sans doute, ce fourrage n'a pas la valeur d'un bon foin, mais il est consommé sans difficulté par les bovidés et constitue une provision d'hiver.

La conservation en silo est assurément préférable. Le type classique du silo est la fosse cimentée de 2 mètres à 2^m,50 de profondeur qu'on remplit de tiges de maïs hachées, en tassant très énergiquement au fur et à mesure. On élève le tas à une hauteur totale de 3 mètres à 3^m,50 environ, et on le charge fortement, soit en le recouvrant d'un paillis et d'une épaisseur de 75 centimètres de terre battue, soit avec un lit de vieilles planches, de madriers, sur lesquels on met 800 à 1 000 kilogrammes de pierres par mètre carré. Mais on peut aussi entasser le maïs dans une tranchée pratiquée directement en terre sèche, ou bien entre deux murs en maçonnerie ou en planches solidement étançonnés, et même à l'air libre au-dessus du sol. L'essentiel est que l'emplacement réservé au silo soit très sain et que le tas supporte une charge suffisante.

Pour que l'ensilage donne toujours à coup sûr un résultat convenable, il est prudent d'arrêter la fermentation de bonne heure, c'est-à-dire au bout de trois jours environ. Il suffit à ce moment de mettre la masse à l'abri de la pénétration de l'air à l'aide d'un chargement puissant. On obtient ainsi, il est vrai, un ensilage légèrement acide; mais cela vaut mieux que d'attendre trop et d'obtenir une mauvaise fermentation, comme il arrive parfois à ceux qui ne connaissent pas exactement la pratique de l'opération. Après fermentation, le tas s'affaisse : il faut veiller à l'entretien de la charge qui le recouvre.

L'ensilage acide est fort bien accepté par les animaux, cependant il est indispensable de ne pas le distribuer trop abondamment. On ne doit en donner qu'une fois par jour en alternant avec des fourrages secs, et le réserver, autant que possible, aux bêtes de trait ou à l'engrais.

Quand on attaque le tas, il est bon de l'entamer par une de ses extrémités et, après avoir rejeté les bords avariés, on coupe par tranches verticales la quantité strictement nécessaire au repas du bétail. La surface mise au contact de l'air n'a pas le temps de s'altérer d'un jour à l'autre.

Dans le **Midi** et en **Algérie**, le maïs fourrage ne donne des résultats qu'en terre irrigable.

On reproche aux fleurs mâles du maïs, consommées à l'état frais par les bêtes à cornes, de provoquer des accidents du côté de l'appareil urinaire.

Le Moha. Le Millet.

Le *moha de Hongrie (panicum germanicum)* et le *moha vert de Californie* sont des *graminées* fourragères susceptibles de donner un très bon fourrage d'été. A cause de leur résistance à la sécheresse, ils peuvent être utilisés sur les sols légers, secs, siliceux ou calcaires dans lesquels le maïs végéterait mal.

Les mohas redoutent les vents violents et froids, ainsi que l'humidité. Il leur faut des terres abondamment fumées et bien pourvues de substances rapidement assimilables, car leur végétation est de courte durée : ils épient en deux mois. Semés d'avril à juillet, à raison de 20 à 25 kilogrammes de graines par hectare, ils fournissent du fourrage vert entre le trèfle incarnat et le maïs. Le sulfatage des semences est nécessaire, les mohas étant sujets à la carie.

Le moha de Hongrie est caractérisé par la couleur brune de ses épis, tandis que le moha de Californie a les épis verts.

On fauche ces graminées d'août à octobre, suivant l'époque du semis, et aussitôt que les inflorescences apparaissent. Le fanage est plus facile que celui du maïs, cependant il n'est guère à conseiller : l'ensilage est préférable.

D'après de nombreuses analyses exécutées dans notre laboratoire, les mohas donnent un fourrage très nutritif. Le rendement par hectare ne dépasse qu'exceptionnellement 24 000 kilogrammes, mais hâtons-nous d'ajouter que la richesse en matières azotées assimilables y est au moins deux fois plus forte que dans le maïs fourrage.

Le *millet blanc* (*panicum miliaceum*), qui a la propriété de réussir même semé très tard — à raison de 20 à 30 kilogrammes de graines sulfatées par hectare — peut aussi être utilisé comme fourrage vert, soit seul, soit associé à d'autres plantes. On fauche à l'apparition des épis. Cette graminée appartient à la région du maïs : elle se plaît dans les terres légères, surtout après une culture sarclée, bien fumée.

Les Choux fourragers.

Les *choux fourragers* (*brassica oleracea acephala*) appartiennent à la classe des choux non pommés. Les variétés les plus cultivées sont :

Fig 281.
Chou moellier.

Le *chou cavalier* ou *chou arbre*, dont la tige atteint souvent plus de 2 mètres de hauteur. Très rustique. Commun en Bretagne et en Normandie ;

Le *chou caulet* ou *chou de Flandre*, à tige et à pétioles violacés. Très rustique et plus résistant aux gelées. Répandu dans le Nord et la Picardie ;

Le *chou branchu* ou *chou du Poitou*. Très ramifié et en buisson. Feuilles bien développées. Productif. Résiste assez bien aux froids et à l'humidité. Cultivé dans la région de l'Ouest ;

Le *chou moellier* ou *chou à moelle* (*fig.* 281), dont la tige renflée dans sa partie médiane contient une moelle abondante et nutritive. Belles feuilles. Ce chou ne résiste pas aux froids, aussi ses tiges sont-elles consommées généralement en décembre et janvier. On coupe les tiges à 10 centimètres au-dessus du sol, et on les divise en lanières, à la ferme, avant de les livrer aux animaux.

Les choux réussissent dans tous les terrains bien fumés, pourvu qu'ils soient frais, mais ils préfèrent les bonnes terres un peu argileuses ou argilo-calcaires. La culture du chou exige des labours profonds. Ils viennent bien après une céréale.

On sème en pépinière vers les mois de mars et d'avril. Après avoir enterré les graines à l'aide d'un rateau, on recouvre avec du fumier pulvérulent ou très divisé. Il faut environ 250 grammes de graines pour planter 1 hectare. On repique au plantoir en mai ou juin lorsque les plantes ont 20 centimètres de longueur.

Pendant les mois de juillet et d'août, on pratique des binages répétés. A la fin de l'été on butte. La cueillette des feuilles, dans la région de l'Ouest, commence vers la mi-septembre. On détache une ou deux feuilles basses en ayant soin de casser leur pétiole à 2 ou 3 centimètres de la tige, qu'il est nécessaire de ne pas endommager. La récolte se continue jusqu'aux premières gelées ; elle représente 15 000 à 20 000 kilogrammes de feuilles.

En février, lorsque la végétation repart, on effeuille une ou deux fois, sans meurtrir les jeunes pousses qui pointent à la place des anciennes feuilles.

Les choux branchus (Caulet) atteignent leur développement maximum en mars et avril. On les coupe au pied quand les premiers boutons floraux ou les premières fleurs apparaissent.

Les feuilles de chou sont aqueuses et on doit les faire alterner pendant le repas avec du foin.

Les pieds choisis pour la semence mûrissent leurs graines durant la première quinzaine de juillet.

Le Colza. La Navette. La Moutarde.

On peut cultiver comme fourrage le *colza*, la *navette*, la *moutarde blanche*. Cette dernière peut rendre des services à l'arrière-saison avant les grands froids. Elle est du reste assez résistante à la gelée. Semée sur déchaumage à raison de 12 à 15 kilogrammes de graine par hectare, elle donne un fourrage qui est consommé en vert, soit sur pied, soit à l'étable, pendant les mois de novembre et de décembre. Ce fourrage n'est pas de première qualité et il fait contracter un mauvais goût au lait et au beurre si on l'utilise trop copieusement ; néanmoins, il est appelé souvent à faciliter l'affouragement du bétail.

Ces plantes se sèment en juillet-août ; elles ont le mérite de croître rapidement et de pouvoir être fauchées ou consommées sur place dès la fin de l'été.

La *moutarde des champs* (*sinapis arvensis*) *sanve* ou *sénevé*, qui couvre les guérets argileux d'un tapis d'or quand vient le printemps, doit être rigoureusement détruite, car elle détermine souvent des accidents sérieux sur les bestiaux qui la consomment (inflammations internes, toux convulsives, émission par le nez de liquide spumeux, mort par asphyxie dans un accès de toux).

PRAIRIES TEMPORAIRES. PRAIRIES NATURELLES ET PATURAGES.

Les *prairies temporaires* sont constituées par des mélanges de plantes d'une composition plus ou moins rapprochée de celle qui forme le fonds des *prairies naturelles*, c'est-à-dire graminées et légumineuses.

Elles diffèrent des prairies naturelles en ce qu'elles n'occupent le sol que pendant un temps limité quoi qu'on fasse pour obtenir leur permanence. Cela vient de ce que le terrain ne remplit pas les conditions essentielles pour la durée de la prairie. La prairie permanente ne subsiste pas en terre siliceuse ou argilo-siliceuse, pauvre en calcaire et peu fertile. Il en est de même sur certaines terres argileuses et schisteuses ou calcaires pierreuses. Au bout de deux ou trois ans, les bonnes plantes y disparaissent et sont remplacées par des espèces spontanées de valeur trop souvent médiocre.

On appelle *pré* et *prairie naturelle* une surface fauchable et productrice de foin qui ne nécessite pas l'intervention continuelle de l'homme.

L'*herbage* représente, ainsi que la *pâture* et le *pâturage*, des surfaces d'une bonne fertilité que le bétail pâture. Les *embouches* du Nivernais sont de riches herbages généralement consacrés à l'engraissement des bovidés et des moutons. La présence de quelques arbres n'y est pas sans utilité; c'est à l'ombre que les animaux viennent se reposer, et ruminer paisiblement.

Les *alpages* sont des pâturages en montagne que la neige recouvre pendant l'hiver et que le bétail broute pendant la bonne saison.

Les *pacages* désignent des surfaces herbeuses, comme par exemple les causses du Languedoc, les cailloutis roulés de la Crau, les calcaires du Berry, etc., dont le mouton est seul capable de mettre à profit l'herbe fine et rare.

Dans le choix des plantes à adopter, on tient compte des aptitudes spéciales du sol et du but que l'on poursuit.

En choisissant parmi les neuf graminées suivantes : *pâturin commun, pâturin des prés, vulpin des prés, fléole, ray-grass vivace, fromental* ou *avoine élevée, avoine jaunâtre, dactyle, fétuque des prés*, et parmi les six légumineuses que voici : *trèfle blanc, trèfle des prés* ou *trèfle ordinaire, luzerne, minette, sainfoin, anthyllide* ou *trèfle jaune des sables*, on peut établir d'excellentes formules qui s'adaptent convenablement à la plupart des situations.

Le *pâturin commun* et le *pâturin des prés* (*fig.* 282), plus hâtif, occupent le premier rang parmi les bonnes espèces des prairies et des herbages en terres profondes et perméables; prospèrent moins dans les sols argileux. La racine rampante du pâturin commun ne convient pas aux prairies temporaires. Herbe courte mais gazon très dense.

Le *vulpin des prés* est vivace, il se plaît dans les terres argileuses, fraîches et même humides. Cette graminée est d'aussi bonne qualité que les pâturins, mais elle est moins rustique. Mûrit un peu avant le pâturin commun. Il forme un gazon serré qui acquiert tout son développement la deuxième ou la troisième année.

Fig. 282.
Pâturin des prés.

La *fléole des prés* ou *timothy* aime les sols lourds, frais et fertiles. Plante de première qualité qui gazonne en petites touffes unies et assez denses. C'est la plus tardive des bonnes graminées. Elle est mieux à sa place dans les herbages que dans les prés à faucher. Souvent on la cultive dans une terre forte mélangée au trèfle rouge, cela pour une durée de deux ou trois ans.

Le *ray-grass vivace* (*fig.* 283) est introduit avantageusement dans la composition des prairies et des pâturages. Les terres sablonneuses sèches et les sols très calcaires ne lui sont pas favorables; il préfère les terres de consistance moyenne, profondes et un peu fraîches.

Fig. 283.
Ray-grass.

Le *fromental* ou *avoine élevée* (*fig.* 284) n'est pas difficile sur le choix du terrain, cependant il préfère les terres fraîches. C'est une des plus fortes graminées qui croissent dans les prairies naturelles. Quand elle est trop dominante, le foin long et pailleux qu'elle donne est moins estimé que le foin court.

L'*avoine jaunâtre* est une bonne graminée vivace, de moyenne force; elle vient bien sur les terrains calcaires plus ou moins secs et se distingue par sa facilité à repousser. Son foin est très fin.

Fig. 284.
Fromental.

Le *dactyle pelotonné* ou *aggloméré* est une plante rustique, forte et vigoureuse, propre à fournir une herbe abondante. Ses tiges vertes ou desséchées plaisent aux animaux à condition qu'un excès de maturité ne les ait pas trop durcies. Sa maturité s'accorde avec celle du pâturin commun, du fromental, du ray-grass, qui comptent parmi les graminées hâtives. On doit l'adopter, non point pour les herbages, mais pour les prairies permanentes à faucher, car il est vivace.

La *fétuque des prés* ou *fétuque élevée* (*fig.* 285) est une graminée vivace qui aime les terrains frais, fertiles, assez calcaires. Elle est assez tardive, ce qui est un inconvénient pour les prés à faucher, mais plutôt un avantage pour les prés à pâturer. Son foin, de bonne qualité, est parfois un peu dur.

Nous ne reviendrons point sur le *trèfle des prés*, la *luzerne* et le *sainfoin*, dont il a déjà été question. Nous parlerons simplement des légumineuses que nous ne connaissons pas encore.

Le trèfle blanc. — Les prés à pâturer et à faucher ne possèdent jamais trop de *trèfle blanc*; mais, comme il s'élève moins que le trèfle des prés, son importance est inférieure à celle de ce dernier pour les prés à faucher. Ses produits sont d'excellente qualité et il n'expose pas les ruminants aux dangers de la *météorisation*. Il s'accommode des situations les plus diverses, néanmoins ses terres d'élection sont les alluvions calcaires et fraîches.

Fig. 285.
Fétuque.

La *minette* (*fig.* 286) est une espèce de luzerne petite et rampante, susceptible d'atteindre une vingtaine de centimètres de hauteur et de devenir fauchable lorsqu'elle est placée en des sols qui lui conviennent bien. Dans ce cas, la minette fournit un foin très fin et très délicat que les agneaux consomment volontiers. Cette plante annuelle végète partout, en terrain sec ou humide, calcaire ou non calcaire, dans la vallée ou sur la montagne; mais, naturellement, elle donne les meilleurs résultats en bon terrain. C'est par sa graine lisse, réniforme, jaune verdâtre (semblable à la luzerne), mûre à l'époque de la fenaison, et qui se conserve en terre, que la minette se reproduit spontanément dans la prairie naturelle.

Fig. 286. — Luzerne lupuline
ou minette.

L'*anthyllide* ou *trèfle jaune des sables* est une légumineuse *calcicole* qui cependant végète convenablement sur un sol peu riche en chaux. Bien qu'elle soit vivace, sa repousse est faible; aussi, lorsqu'on l'utilise pour la création d'une prairie artificielle sur une terre fatiguée de porter du trèfle, il est bon de rompre dès que la première coupe a été enlevée. Son foin, récolté en juin, n'est pas très fin.

La place de l'anthyllide est indiquée dans les prairies naturelles établies sur les terrains calcaires et pierreux. Sa racine pivotante lui permet de résister à la sécheresse mieux que le trèfle et les graminées.

Voici quelques formules pour la création des prairies permanentes :

1° Sols d'alluvions riches plus ou moins calcaires, frais, du Nivernais, de la Normandie, de la Flandre :

Pâturin des prés (*poa pratensis*)	12 kilogr.
Ray-grass vivace (*lolium perenne*)	10 —
Fétuque des prés (*festuca elatior*)	10 —
Trèfle blanc (*trifolium repens*)	10 —
Fléole (*phleum pratense*)	8 —

2° Alluvions fraîches et fertiles des vallées :

Pâturin commun (*poa trivialis*)	12 kilogr.
Ray-grass vivace	10 —
Fromental (*avena elatior*)	4 —
Dactyle (*dactylis glomerata*)	5 —
Fléole	6 —
Fétuque des prés	6 —
Trèfle violet (*trifolium pratense*)	6 —
Trèfle blanc	3 —
Minette (*medicago lupulina*)	2 —

3° Sols moins frais que les précédents, mais fertiles, en coteau ou en plateau :

Pâturin commun	10 kilogr.
Ray-grass vivace	11 —
Fromental	8 —
Dactyle	8 —
Trèfle ordinaire	6 —
Trèfle blanc	4 —
Luzerne	2 —
Minette	2 —
Sainfoin	9 —

4° Sols calcaires, de bonne qualité, profondes et perméables, en coteau ou en plateau :

Pâturin commun	11 kilogr.
Ray-grass vivace	10 —
Fromental	5 —
Avoine jaunâtre (*avena flavescens*)	10 —
Dactyle	6 —
Trèfle blanc	2 —
Trèfle ordinaire	4 —
Luzerne	3 —
Minette	4 —
Sainfoin	18 —

5° Terres moyennement fertiles en sol calcaire pierreux très perméable :

Ray-grass vivace	11 kilogr.
Fromental	10 —
Avoine jaunâtre	10 —
Dactyle	6 —
Trèfle blanc	3 —
Trèfle ordinaire	4 —
Minette	4 —
Sainfoin	28 —
Anthyllide (*anthyllis vulneraria*)	4 —

« *On ne récolte que ce qu'on a semé* », dit le proverbe ; par conséquent, lorsqu'on veut avoir une bonne prairie, il faut avoir soin d'acheter de la graine *épurée*. Les graines qui proviennent des greniers à foin constituent un mélange trop souvent contaminé par de mauvaises semences.

La flore des meilleures prairies comporte toujours quelques mauvaises herbes ou tout au moins des plantes de qualité inférieure qu'il y a intérêt à écarter.

Suivant l'époque à laquelle la prairie a été fauchée, les fleurs de foin ou *fenasse* donnent les semences des espèces précoces ou bien celles des espèces tardives. Il est à remarquer que les semences des *graminées* tombent facilement dès qu'elles ont atteint leur maturité, tandis que celles des mauvaises herbes — renoncules, rhinanthes, plantains, colchiques, etc. — demeurent opiniâtrément fixées à la plante mère même desséchée.

Il faut donc substituer les semences du commerce « garanties » à celles des fonds de grenier.

Le mieux est d'acheter de la graine à un marchand grainetier sérieux duquel on exige la garantie de « *tant pour 100 de graines* PURES *et capables de* GERMER ». Ces deux qualités s'expriment par le chiffre qui indique tant pour 100 de bonnes graines. Une semence à 75 pour 100 ; 86 pour 100 ; 91 pour 100, sera une semence qui pour 100 kilogrammes contiendra respectivement 75 kilogrammes, 86 kilogrammes, 91 kilogrammes de bonnes graines.

Il faut se prémunir contre les fraudes sur les graines, qui sont aussi faciles et aussi fréquentes que celles sur les engrais. Plusieurs semences présentent la même apparence, ce qui permet aux sophisticateurs de se livrer à des mélanges fructueux pour leur bourse , mais très onéreux pour celles des cultivateurs. A la *luzerne* réputée de Provence ou du Poitou on ajoute la *minette*, qui vaut environ trois fois moins.

L'avoine jaunâtre ou petit fromental laineux, qui donne un foin fin et de bonne qualité, est mélangée de *canche flexueuse* dont le fourrage gros, dur, à feuilles coupantes, n'appète point les animaux. Aux graines de *chou* on associe parfois du *colza torréfié*, qui n'a aucune valeur.

La graine noire du *lotier corniculé*, si difficile à récolter, est additionnée de graine de *minette dorée* ou luzerne lupuline teinte en noir.

La *gesse pourpre*, qui a des propriétés toxiques, se substitue quelquefois aux *vesces*.

L'acheteur est souvent trompé sur la quantité de la marchandise

Fig. 287. — Charrue dégazonneuse,
pour transformer des prairies en terres labourées.

Le gazon, après avoir été découpé en tranches carrées et à la profondeur de 8 à 10 centimètres au moyen du scarificateur, est soulevé par la rasette de la charrue et versé au fond de la raie où il est recouvert par la terre que retourne le corps de charrue.

vendue au moyen d'une addition de matières inertes : sables, terres colorées pour les légumineuses et balles pour les graminées.

Nons ne parlerons que pour mémoire des semences souillées par la *cuscute* ou autres plantes parasites.

Les stations du contrôle des semences qui existent à l'Insti-

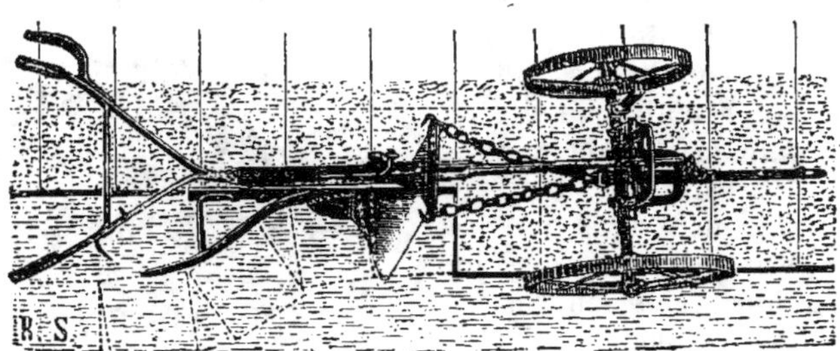

Fig. 288. — Charrue dégazonneuse vue en dessus.

tut agronomique de Paris, à l'Ecole nationale d'agriculture de Montpellier, etc., renseignent exactement le cultivateur à ce sujet.

Établissement d'une prairie. Soins culturaux. — Lorsqu'une prairie est fatiguée et envahie par les mauvaises herbes, il faut la retourner et la mettre en culture pendent deux ou trois ans avant de la convertir de nouveau en prairie (*fig.* 287 et 288).

On commence par bien régulariser la surface du sol pour faire disparaître les dépressions où l'eau séjournerait; puis on entreprend des cultures sarclées et fumées, telles que pommes de terre, betteraves, etc., qui constituent une bonne préparation en vue de la prairie.

L'ensemencement peut avoir lieu à l'automne ou au printemps. Dans les régions froides, il est préférable de semer au printemps, tandis qu'il vaut mieux semer en automne dans les pays tempérés ou chauds. L'humidité de cette saison y assure la levée des graines, qui ont le temps de se développer suffisamment pour résister aux intempéries de l'hiver.

La graine de foin est semée seule ou associée à une céréale. Il est toujours préférable de la semer seule ; dans ce cas, on donne un labour, suivi d'un hersage, huit jours avant l'ensemencement. Ensuite on répand les graines les plus grosses appartenant aux lé-

Fig. 289. — Régénérateur de prairies.

Cet instrument est composé d'une série de lames tranchantes qui coupent le gazon en bandes étroites et facilitent la pénétration de l'air, etc.

gumineuses et on les enterre à la herse; les graines légères des graminées sont semées les dernières et enfouies par un coup de rouleau si le sol est meuble et frais, ou bien avec la *herse à ramilles* ou un *fagot d'épines*. On passe le rouleau sur le tout. Ces semis se font d'avril à août.

La répartition des diverses semences doit être faite aussi régulièrement que possible afin qu'il y ait la même variété de plantes sur tous les points de la prairie.

Lorsqu'on sème dans une céréale, on sème d'abord celle-ci, puis on sème la prairie comme il vient d'être dit. Le semis se fait de préférence dans une *céréale de printemps* qu'on sème clair et qu'on fauche en vert au moment de l'épiage; de cette façon, on donne plus tôt de l'air

Fig. 290. — Étaupinière
ou rabot universel à lames et à coutres.

au jeune pied et on assure son développement parfait à l'automne.

On ne fauche pas la prairie l'année de l'ensemencement; il est aussi mauvais pour elle de la laisser pâturer. Mais, dès la seconde année l'herbe est bien enracinée, on peut faucher et faire pâturer quand le terrain est sec. Un léger pâturage par les moutons favorise le tallement de l'herbe; leurs déjections stimulent la végétation.

Il n'y a que les sols doués d'une bonne fertilité qui soient aptes à être convertis en prairies permanentes et à fournir une série d'abondantes récoltes fourragères, à la condition cependant de réparer par des fumures appropriées ou par des irrigations les pertes occasionnées par l'enlèvement des récoltes.

Les légumineuses aiment les engrais calcaires et phosphatés, mais les engrais azotés ne leur sont d'aucune utilité puisqu'elles ont la propriété de fixer l'azote atmosphérique par l'intermédiaire des *bactéries* qui vivent dans les nodosités de leurs racines. Les graminées, au contraire, se trouvent bien d'un apport d'engrais azoté.

L'aspect de la végétation et la nature des plantes sont deux indications importantes pour le choix des engrais. Lorsque les *joncs* et les *carex* envahissent les prairies mouillées, une fumure à la cendre

Fig. 291. — Faucheuse à deux chevaux ou à deux bœufs.

Roues d'un grand diamètre à rayons en fer forgé. Le mouvement des engrenages actionnant la lame, est pris sur une grande roue droite fixée sur l'essieu et protégée par une garde métallique. Le point de traction se trouve au centre de la machine et en contre-bas du timon.

lessivée ou charrée produit d'excellents effets. On peut également fumer avec du phosphate de chaux ou des composts.

L'irrigation, sauf les cas où l'on additionne l'eau de purin, ou lorsqu'on se sert d'eaux d'égout, ne dispense pas de la fumure.

Le temps et l'importance de l'irrigation des prairies dépendent du climat, de la saison, de la nature du sol, de l'état de la végétation. D'une façon générale, la prairie exige des irrigations d'autant plus répétées que le sol est plus léger et le climat plus sec. On arrose quand l'herbe est en voie de développement ; l'irrigation est nécessaire après chaque coupe pour stimuler la pousse du regain. On cesse les arrosages vers la fin de l'automne, avant les gelées, à moins que la douceur du climat ne mette l'herbe à l'abri des grands froids.

En dehors de l'irrigation et des fumures, les prairies exigent des soins d'entretien (aération, épandage des taupinières), qui se pratiquent à l'aide d'instruments spéciaux (*fig.* 289, 290).

Récolte du foin. Fauchage. — On doit faucher les prairies au moment où le plus grand nombre des plantes sont en fleur. C'est pour ce motif qu'il importe d'assortir judicieusement les différentes plantes qui entrent dans la composition de la prairie. Un fauchage prématuré donne un foin plus tendre et plus nutritif qu'un fauchage tardif, mais le fanage en est plus difficile.

On fauche à *la faux* ou à *la faucheuse* (*fig.* 291), qui fonctionne bien à peu près partout, même sur les sols ondulés.

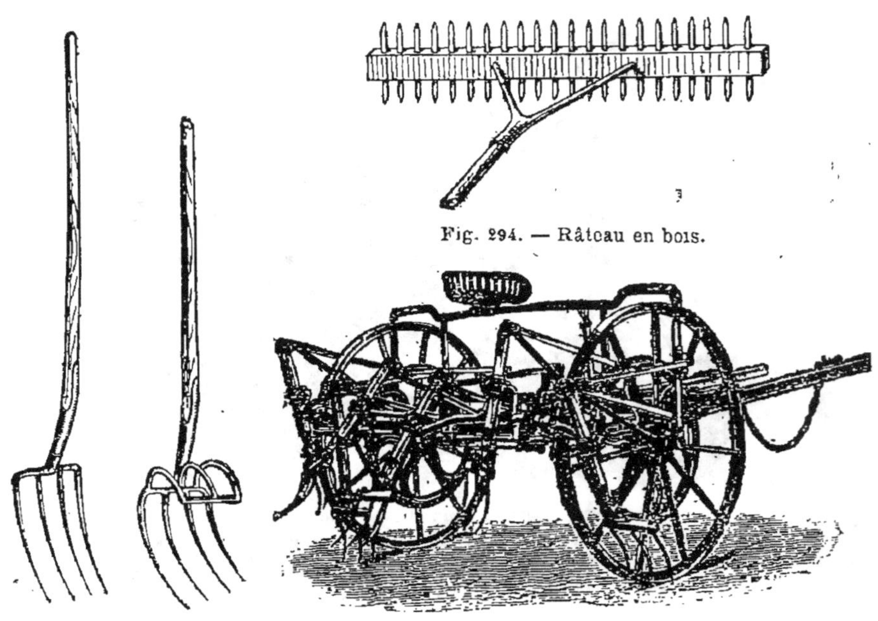

Fig. 294. — Râteau en bois.

Fig. 292. Fig. 293.
Fourche   Fourche
américaine. vosgienne.

Fig. 295. — Faneuse à fourches
imitant les mouvements d'un faneur.
Travaille sur une largeur de 2m,20. Poids 380 kilogrammes.

Fanage. — Dans la petite culture, on exécute le fanage à la fourche. Pour ce travail, la *fourche en acier*, à deux, trois ou quatre dents (*fig.* 292, 293), légère et solide, doit être préférée à la fourche en bois. La petite propriété emploie encore le *râteau* (*fig.* 294).

La moyenne et la grande propriété fanent leurs foins à l'aide de la *faneuse* (*fig.* 295), instrument attelé qui fait le travail de quinze à dix-huit faneurs.

Une faneuse mécanique suffit au travail d'une faucheuse ; mais si l'on a deux faucheuses en service, il est nécessaire d'avoir trois faneuses, surtout lorsque le temps n'est pas favorable à la récolte.

L'introduction des faucheuses et des faneuses mécaniques exige l'emploi du *râteau à cheval* (*fig.* 296), .car il faut mettre rapidement à l'abri la récolte fanée. Il est essentiel, en effet, que cette récolte se mouille le moins possible, parce que le foin renferme des matières nutritives solubles que la pluie ou la rosée fait disparaître. De plus, le foin mouillé perd sa couleur et son arome, et il est de moins bonne qualité.

Conservation du foin. — On conserve le foin en meules sous des

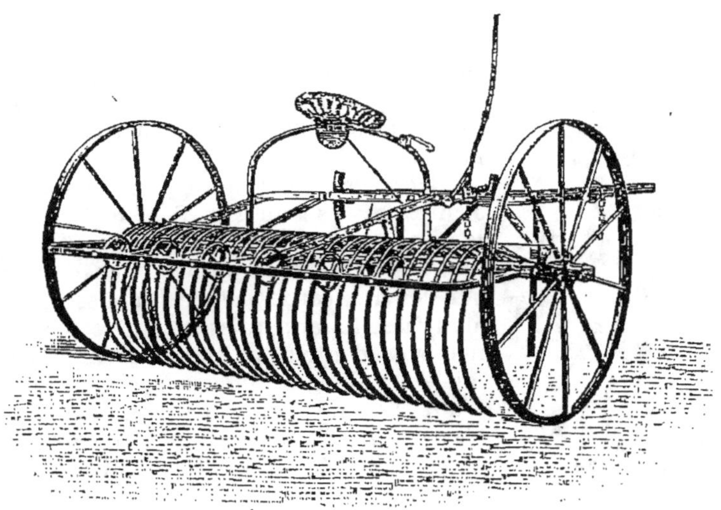

Fig. 296. — Râteau à cheval.

hangars bien aérés ou dans des greniers qui ne reçoivent pas les émanations des étables. Il faut éviter de rentrer du foin humide, car il fermente, noircit, perd sa saveur et son odeur agréables. La chaleur dégagée par la fermentation occasionne parfois des incendies.

Un foin convenablement fané est sec et se casse sous les doigts.

CULTURES ARBORESCENTES OU ARBUSTIVES

Nous étudierons d'abord les *cultures arborescentes oléagineuses* (*olivier, noyer, amandier, hêtre, noisetier*); ensuite, après avoir examiné les autres cultures arborescentes (*pommiers, pêchers, abricotiers, pruniers, cerisiers, figuiers, cognassiers, cédratiers, châtaigniers, mûriers, orangers*, etc.), nous aborderons la culture de la *vigne*, la fabrication et les soins à donner aux *vins, cidres*, etc.

L'Olivier.

Culture. — La culture de l'*olivier* (*olea europæa*) [*fig*. 297] appartient à la région méditerranéenne, mais c'est dans les Bouches-du-
Rhône, le Var et les Alpes-Maritimes qu'elle a pris son plus grand
développement. En Algérie, l'olivier prospère sur le littoral et dans
toute la région tellienne; il en est de même en Tunisie, où il atteint
jusqu'à 8 et 9 mètres de circonférence.

L'olivier n'est pas difficile sur la nature du
sol, à condition qu'il ne soit point humide;
mais il préfère cependant les sols argilo-calcaires, très sains et bien éclairés, même caillouteux.

Cet arbre croît lentement et devient plusieurs fois séculaire. Ses feuilles, fermes,
lancéolées, vert gris en dessus, blanches en
dessous, persistent un peu plus de deux ans
sur les rameaux. Les fruits, lisses, à noyau
aigu, osseux, apparaissent sur le bois de l'année précédente et ne se montrent jamais deux
fois sur le même rameau. Très verts dans leur
jeune âge, ils sont noirs à maturité parfaite,
c'est-à-dire d'octobre à avril, époque de la récolte. Cette récolte n'est satisfaisante que tous
les deux ans. Les olives sont cueillies à la
main ou bien on les gaule : la première méthode est meilleure mais beaucoup plus longue.
Les oliveraies exigent un bon labour en
janvier-février et des binages en mai-juin et
en septembre-octobre.

Fig. 297.
Olivier (rameau et fruits).

On fume les oliviers tous les quatre ou cinq ans, avec des engrais
à décomposition lente que l'on enfouit au commencement de l'hiver
par un labour profond. L'emploi des engrais verts (fèves, lupins, vesces)
donne de bons résultats.

Taille. — L'opération de la taille présente une grande importance;
elle doit être dirigée de façon à faire produire à l'olivier des récoltes
bisannuelles. On l'exécute soit immédiatement après la récolte, soit
après les grands froids.

Une taille pratiquée avec discernement rejette la végétation au
dehors pour augmenter la surface du feuillage tout en dégageant l'intérieur, et arrête l'expansion des sommités trop élevées en ayant soin
que ces sommités se terminent par des brindilles latérales projetées
vers l'extérieur autant que possible. On se souviendra que les branches les plus inférieures et les plus tombantes sont les plus fructifères.

L'arbre bien taillé est évasé à sa partie supérieure de manière à former un gobelet; il ne présente ni chicots, ni tronçons, mais des amputations lisses et perpendiculaires, enduites avec du goudron lorsqu'elles sont grandes. Cet enduit s'oppose à la pénétration des spores de certains champignons parasites, notamment du *polypurus oleæ*.

En août, on supprime les rejets qui poussent en abondance au pied de l'arbre.

Reproduction. — L'olivier se reproduit par graines, par boutures, par rejetons, et enfin par le greffage sur sauvageon de trois ou quatre ans. On *greffe en écusson* quand les plants ont atteint l'épaisseur du doigt, et on greffe en flûte quand les sujets sont plus forts. Ces deux greffes s'exécutent à œil poussant en avril-mai. Lorsque les arbres sont gros, on greffe en couronne pendant l'automne.

La méthode par boutures faites avec des branches moyennes est la plus usitée. La plantation s'opère de décembre à mars et sans passer par la pépinière si le terrain est frais.

Récolte. Conservation. — Les olives récoltées sont conservées en tas dans un local bien aéré et retournées soir et matin avec une pelle pour éviter une fermentation trop échauffante. Il est préférable de les porter immédiatement au moulin, car les olives échauffées produisent une huile forte et désagréable.

Le commerce distingue plusieurs qualités d'huile d'olive : l'huile fine ou vierge, l'huile commune ou mangeable, l'huile de ressence et l'huile d'enfer. L'huile de ressence sert à la fabrication du savon; l'huile d'enfer, d'une odeur insupportable, est destinée à l'éclairage. Les meilleures variétés d'olives cultivées pour l'huile, sont : les cayone ou bécude, rouget, olivière, cailletier, blanquetier, angladaou ou cayone, sayern.

La récolte des *fruits à confire* se fait à l'état vert, d'août à septembre, excepté les fruits à confire dans l'huile, qui sont cueillis à un état de maturité très avancée, de janvier à mars. On opère ces cueillettes à la main et en plusieurs fois. Dans le Sud-Est, le Roussillon et le bas Languedoc, les fruits pour l'huile sont récoltés en décembre ou janvier.

Pour confire les *olives vertes* cueillies à la main, d'août à septembre, on les met à macérer dès leur récolte dans une lessive faible de potasse ou de soude additionnée d'une petite quantité de chaux. Lorsque leur âcreté est à peu près disparue, on les fait tremper pendant deux ou trois jours dans de l'eau potable souvent renouvelée, puis on les recouvre d'une forte saumure et d'une infusion de plantes aromatiques (laurier, coriandre, menthe, etc.).

On confit également l'*olive mûre* dans la saumure et l'huile.

Les meilleures variétés d'oliviers dont les fruits sont recherchés pour confire s'appellent : luques, saurin ou picholine, redondale, verdale, amello ou amellinco.

Maladies. — Le plus redoutable ennemi de l'olivier est la *mouche de l'olive*, dont le ver ou larve, de 5 à 6 millimètres de longueur, vit aux dépens du fruit. Une première génération a lieu en août, une seconde en septembre, et une troisième en octobre et novembre qui passe l'hiver dans les fruits, si la température devient un peu froide.

L'olive attaquée cesse de grossir et tombe en automne avant maturité.

Après la mouche ou *keiroun* (ciron), l'insecte le plus nuisible à l'olivier est le *neiroun*, petit coléoptère long de 2 millimètres, semblable au charançon, dont la larve perce et ronge l'écorce tendre des jeunes pousses et détruit les bourgeons, espoir de la récolte future.

La *fumagine* ou *noir* apparaît sur les feuilles et les rameaux sous forme d'une matière pulvérulente noire ; c'est le mycélium d'un champignon qui vit soit des matières sécrétées par l'épiderme des feuilles piquées par les *kermès* (cochenilles), soit de la liqueur sucrée que projettent ces derniers. Il est, en effet, d'observation courante que les oliviers attaqués par la fumagine sont toujours attaqués par le kermès. Contre cette cochenille, et, par ricochet, contre la fumagine, on emploie avantageusement l'eau vinaigrée, les pulvérisations d'huile lourde et de chaux vive (10 kilogrammes huile lourde, 20 kilogrammes chaux vive, eau nécessaire pour former un lait clair) ou de savon noir et de pétrole (1 kilogramme savon noir, 2 litres de pétrole, 60 litres d'eau) qui détruisent aussi les *pucerons*. On dissout le savon noir dans 15 litres d'eau chaude, puis on l'ajoute au pétrole ; il se forme une espèce de crème que l'on mélange avec la proportion d'eau prescrite.

On obtient un bon résultat contre les pucerons, cochenilles, etc., avec les solutions de crésyle, de lysol, etc., et aussi avec le mélange suivant : 12 litres d'eau ; 250 grammes de savon noir ; un demi-litre d'alcool méthylique ; un demi-litre de jus de tabac sirupeux.

Le Noyer.

Le *noyer* (*juglans regia*) [*fig.* 298] est un grand arbre monoïque des climats doux et tempérés qui végète bien dans les sols argileux siliceux, profonds et frais. Les fleurs mâles ou femelles sont disposées en chaton. Son écorce blanchâtre est plus ou moins gercée suivant l'âge. On le multiplie par semis.

Les noix récoltées en octobre sont conservées stratifiées dans du sable frais. En mars on les sème en pépinière sous une épaisseur de 4 à 5 centimètres de bonne terre. On les place debout, l'embryon étant situé au-dessous de la pointe. La germination a lieu dans le courant d'avril. La végétation du jeune noyer est assez lente au début, mais ensuite elle devient rapide et se soutient longtemps.

Le noyer est donc d'une grande longévité : il fructifie vers l'âge de quinze à vingt ans et donne alors un couvert épais.

Lorsque le plant sauvageon venu de semis a atteint 3 mètres à 3ᵐ,50 sous branches, on greffe les meilleures variétés sur les trois ou quatre branches principales. Il faut éviter de greffer un noyer à végétation précoce sur un noyer à végétation tardive.

Autant que possible, on choisit le greffon du noyer sur un bois d'un an de grosseur moyenne. Le greffage en tête donne des troncs dont le bois est de qualité supérieure.

Le noyer étant de reprise assez difficile, il faut le soigner au moment de l'arrachage et de la transplantation.

Pendant son existence, il ne demande qu'à être débarrassé des branches sèches et à avoir sa cime bien équilibrée.

Récolte. Conservation. — Lorsque les noix sont mûres (septembre ou octobre, suivant les régions), des hommes montent dans la cime des arbres et font tomber les fruits en secouant les branches ou bien en gaulant légèrement.

Après avoir débarrassé les noix récoltées de leur *brou*, on les étale en couches de 8 à 10 centimètres d'épaisseur sur une aire bien aérée et exposée au soleil. Il est utile de bouleverser les couches de temps

Fig. 298.
Noyer (rameau et fruits.)

en temps afin d'obtenir une bonne dessiccation. Si la température n'est pas favorable on peut passer les noix au four chauffé à 40-45 degrés centigrades. Les noix bien desséchées ne moisissent pas et se conservent facilement sept à huit mois.

Les *noix fraiches* ou *cerneaux*, destinées à la consommation de table, sont cueillies un peu avant la déhiscence du brou.

Les *noix vertes* sont dites *morveuses* lorsqu'on les traverse sans aucune difficulté avec une grosse épingle : elles fournissent alors le meilleur brou pour la préparation de l'*alcoolature de noix*.

On pile les noix et on les expose à l'air jusqu'à ce qu'elles aient pris une coloration brune prononcée; puis on les met dans l'alcool (100 litres d'alcool bon goût à 60 degrés pour 100 kilogrammes de noix vertes) et on laisse macérer pendant trois mois.

Variétés. — Les variétés de noix qui offrent le plus d'intérêt pour l'agriculteur sont, pour le dessert :

Noix franquette de l'Isère, grosse ou surmoyenne, ovale, allongée, un peu pointue et un peu comprimée;

Noix mayette de Tullins, elliptique, surmoyenne, un peu comprimée;

Noix parisienne, intermédiaire comme forme entre la noix franquette et la noix mayette;

Noix mésange à coque tendre, moyenne, elliptique, pointue;

Pour la fabrication de l'huile, la *noix commune* et la *noix à coque dure*, petite, aussi large que haute.

Le noyer doit être proscrit du verger; il donne trop d'ombre et affame les autres arbres à l'aide de son système radiculaire traçant. Il faut le planter au bout des champs et au bord des chemins.

Le fruit est une *drupe* dont l'enveloppe charnue, fibreuse, constitue le *brou*. Le noyau, très dur, est composé de deux valves; il renferme une graine revêtue d'un tégument d'abórd blanchâtre, puis jaunâtre et très inégalement bosselée. Ce sont les cotylédons qui forment la partie comestible de la *noix;* on en extrait à froid une huile bonne à manger, imprégnée du goût du fruit et connue sous le nom d'*huile blanche;* elle se consomme sur place. A chaud, on obtient une huile à brûler appelée parfois *huile noire*, car sa couleur est accentuée.

Les *tourteaux de noix* concassés et mélangés avec de l'avoine constituent une nourriture excellente pour les chevaux. Le bois du noyer est très recherché dans l'ébénisterie à cause de ses belles veines brunâtres, de son grain serré et dur, susceptible d'un beau poli. Il est aussi utilisé par les tabletiers, les armuriers, etc. Les magnifiques noyers de la France tombent rapidement sous la cognée des bûcherons pour satisfaire les besoins de l'industrie.

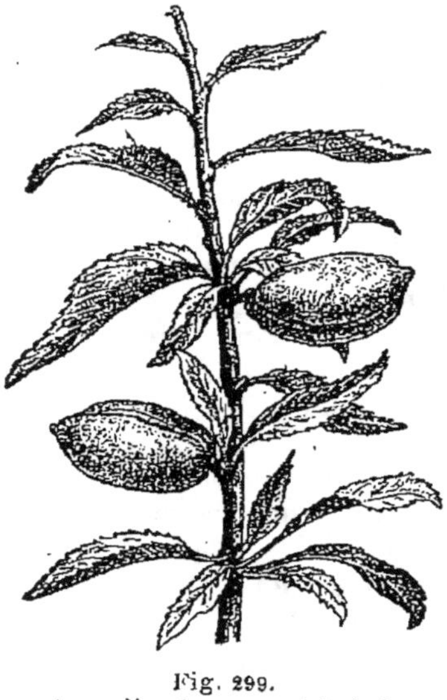

L'Amandier.

L'*amandier* (*amygdalus*) [*fig.* 299] est un arbre méridional qui prospère sur les collines pierreuses calcaires et sèches, pourvu que la terre soit assez profonde; son fruit, qui est une drupe à chair fibreuse, renferme un noyau rugueux contenant une graine comestible chez les variétés à *amandes douces*, telles que les amandes *princesse, des dames, à flots*, etc.

L'amande est un fruit sec qui se conserve avec la plus grande facilité.

La multiplication de l'amandier se fait par graines, par boutures ou par greffes lorsqu'on veut reproduire exactement les variétés. On greffe ordinairement en écusson en pied sur franc. Le jeune plant venu de graine stratifiée peut être greffé à la fin de la première année s'il n'a pas été mis en place directement, on le transplante pendant l'automne de la deuxième année avec tout son chevelu. Les soins d'entretien consistent à travailler le sol, à le fumer et à enlever les branches mortes.

Fig. 299.
Amandier (rameau et fruits).

L'*huile d'amandes douces* s'extrait par expression des amandes douces mondées et des amandes amères non mondées. Elle est très fluide, jaune pâle, inodore, d'une saveur douce et agréable. Cette huile s'emploie en médecine pour l'usage interne comme adoucissant. Elle fait partie d'émulsions, du savon amygdalin, etc.

Le Hêtre.

Le *hêtre* (*fagus sylvatica*) est un bel arbre de la zone tempérée et des climats humides et frais. Sa tige, droite, cylindrique, s'élève souvent jusqu'à 20 et 30 mètres. Son fruit, qui mûrit en septembre, porte le nom de *faîne;* c'est un gland trigone donnant une huile comestible et bonne pour l'éclairage. Comme la floraison a lieu en avril ou mai, la faîne est sujette aux gelées printanières : pour ce motif, les faînées sont souvent peu abondantes.

Le bois, lourd, dur, homogène, d'un grain assez fin, est excellent pour le chauffage. Son charbon est estimé. Comme bois de travail, le hêtre a de nombreux emplois notamment dans la charronnerie, la menuiserie, la fabrication des sabots, etc.

Le meilleur « amadou » est fourni par l'amadouvier du hêtre, qui affecte la forme d'un sabot de cheval. Ce champignon, désigné botaniquement sous le nom de *polyporus fomentarius*, a le chapeau très développé, tendre et souple, de couleur blanchâtre ou grisâtre : sa face inférieure devient roussâtre en vieillissant.

Le Coudrier.

Le *coudrier* (*corylus avellana*) [*fig.* 300] est un arbrisseau monoïque, commun dans les forêts, dont il occupe ordinairement la lisière. Il se plaît dans les sols légers et frais et croît dans les montagnes jusqu'aux altitudes de 1 600 mètres. Cet arbrisseau à bois blanc se reproduit facilement de souche et drageonne beaucoup. Ses rejets droits et flexibles sont employés pour la fabrication des paniers, des corbeilles, des hottes, des cercles. Son fruit, excellent pour

Fig. 300.
Coudrier (rameau et fruits).

la table, est connu sous le nom de *noisette* ou *aveline;* on en tire une huile douce utilisée par les parfumeurs et les pharmaciens.

Les variétés cultivées du *noisetier* appartiennent à la culture forestière dans la Provence et le Roussillon. Les meilleures sont : *aveline de*

Provence, aveline de Piémont, aveline d'Espagne, noisette franche de Céret.

Ces arbustes se multiplient de semences, de marcottes enracinées et de drageons de un ou deux ans; ces deux derniers modes sont préférés. Ils aiment les terres argilo-siliceuses, silico-calcaires ou schisteuses profondes et un peu fraîches, exposées au nord, à l'ouest ou à l'est. A défaut de défoncement, il faut au moins que les trous de plantation soient larges et profonds. Le noisetier exige de temps en temps un peu d'engrais pour être productif. On se contente de l'émonder, car ses plaies se recouvrent difficilement. La récolte se fait à la main; elle a lieu vers fin août ou commencement de septembre lorsque l'involucre change de couleur, se flétrit, et surtout se détache aisément de la noisette. On les met à dessécher sur l'aire.

Ces arbres fruitiers sont nombreux dans les champs; ils sont souvent une source de revenus appréciables et leurs fruits améliorent l'ordinaire du cultivateur.

Le. Poirier.

Le *poirier* (*pirus communis*) est plutôt un arbre de jardin qu'un arbre de plein champ. Il existe de nombreuses variétés : *beurrés, doyennés, bon-chrétien*, etc.

Le poirier est *greffé sur franc* quand on doit le planter en plein vent dans les champs, ou lorsqu'il est destiné à des terrains secs. On le greffe sur cognassier quand on le plante en terrain frais ; c'est dans ce terrain qu'il pousse le mieux.

Les fruits, coniques ou globuleux, ont une chair sucrée, juteuse et parfumée.

Parmi les poires de table (*fig.* 301 à 306) et à cuire recommandables, nous citerons :

Beurré d'Amanlis, grosse, fondante, mi-rustique ; vergers (abriter des vents) ; mûrit en été ;

Beurré Giffard, moyenne, fondante, mi-rustique ; vergers ; mûrit en été ;

Petit Rousselet, fondante, très rustique ; vergers, champs ; mûrit en été ;

Rousselet de Reims, petite, fondante, rustique ; vergers, champs ; mûrit en été ;

Comme poires mûrissant en automne :

Bergamote crassane, moyenne ou grosse, fondante, mi-rustique ; mûrit en octobre ;

Baronne de Mello, moyenne, fondante, rustique ; vergers ;

Beurré d'Albret, moyenne, mi-rustique ; vergers ;

Beurré Diel, grosse, exquise, mi-rustique ; vergers abrités ;

Beurré Hardy, moyenne, fondante, mi-rustique ; vergers ; mûrit en septembre dans le Sud-Ouest ;

Beurré des urbanistes, moyenne, à cuire, rustique ; vergers ;

Duchesse d'Angoulême, très grosse, fondante, mi-rustique ; vergers abrités ; mûrit en septembre dans le Sud-Ouest ;

<table>
<tr><td>Beurré Giffard.</td><td>Doyenné d'hiver.</td><td>Duchesse d'Angoulême.</td></tr>
<tr><td>Saint-Germain d'hiver.</td><td>Louise-bonne.</td><td>Beurré d'Arenberg.</td></tr>
</table>

Fig. 301 à 306. — Quelques bonnes variétés de poires.

Fondante des bois, très grosse, fondante, mi-rustique ; vergers abrités, assez hâtive.

Comme poires d'hiver :

Saint-Germain d'hiver, moyenne ou grosse, fondante, mi-rustique ; vergers abrités ; mûrit en décembre ;

Tardive de Toulouse, mûrit en janvier ;

Curé, grosse, fondante ; mi-rustique ; vergers ; mûrit en novembre ;

Doyenné d'Alençon, *Louise-bonne*, mûrissent en décembre et janvier ;

Beurré Bretonneau, *tardive de Mons*, *orange d'hiver*, mûrissent en février.

Taille du poirier dans le verger. — On doit tailler les branches du poirier comme celles du cerisier, à 30 centimètres environ de longueur, sur un bouton en dehors afin de provoquer l'écartement des branches. Ces deux arbres fruitiers ayant une tendance à s'élever en *pyramide* (*fig.* 307 à 309), on leur conservera la flèche, qu'on taillera à 50 centimètres des premières branches, sur un bouton perpendicu-

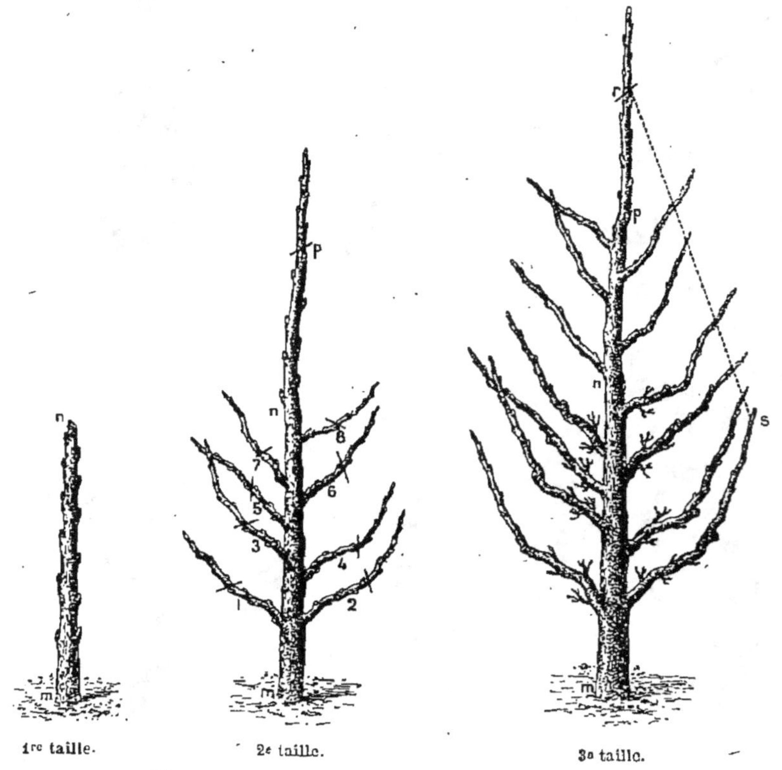

Fig. 307 à 309. — Taille du poirier, en pyramide.

laire à la tige de façon à ce que cette dernière continue à s'élever droite. Il faut s'appliquer à obtenir chaque année un nouvel étage de branches, en ayant soin de les faire écarter le plus possible les unes des autres afin que l'intérieur de l'arbre soit bien pénétré de lumière et d'air. Au besoin on supprime quelques menues branches. On peut aussi donner au poirier la forme en *gobelet* (*fig.* 310 à 312).

Les soins se bornent ensuite à l'élagage des bois morts et des branches qui entre-croisent (*branches chiffonnes*). Les *gourmands* seront supprimés, car ils croissent verticalement avec rapidité et absorbent la sève sans donner aucun profit.

Maladies. — Les poiriers, comme les pommiers et les autres arbres, sont attaqués par divers champignons qui provoquent des chancres et des nécroses. Ces parasites saprophytes appartiennent principalement au genre *nectria*. Sur le point atteint, l'écorce s'altère, brunit et meurt en se déprimant. Le mal grandit sur les bords, surtout dans le sens de la longueur de la branche, et se creuse de plus en plus.

Il convient d'enlever soigneusement, à l'aide d'un instrument tranchant, toutes les parties du bois qui sont colorées en brun

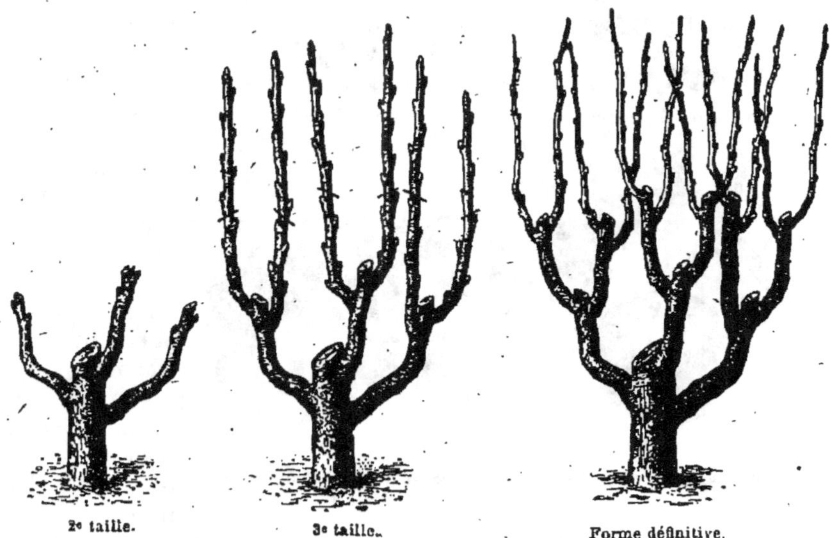

Fig. 310 à 312. — Taille du poirier, en gobelet.

au-dessous et autour du chancre, de façon à atteindre le bois sain. Sur ce bois mis à vif, on passe au pinceau une solution à 30 pour 100 de sulfate de fer et on laisse sécher quelques jours ; puis on badigeonne avec du goudron de houille ou bien on recouvre avec un simple mastic.

Les branches qui portent des chancres doivent être autant que possible élaguées et brûlées.

Poiré. — Le jus des poires fermenté donne une boisson connue sous le nom de *poiré*, qui est un peu plus douce que le *cidre*. Certaines variétés de poiriers, telles que : *blanc, chêne, quenette, grisette, fer, huchet, nérousse, gros-blanc* sont spécialement recommandées comme poiriers à boisson.

Nous consacrons plus loin (page 290) un paragraphe spécial à l'installation du verger.

Le Pommier.

Le *pommier* (*pirus malus*) s'élève, en général, moins haut que le poirier. Son tronc droit émet de nombreux rameaux. Sa fleur, d'un blanc rosé éclatant, est une des plus belles parmi celles des espèces fruitières.

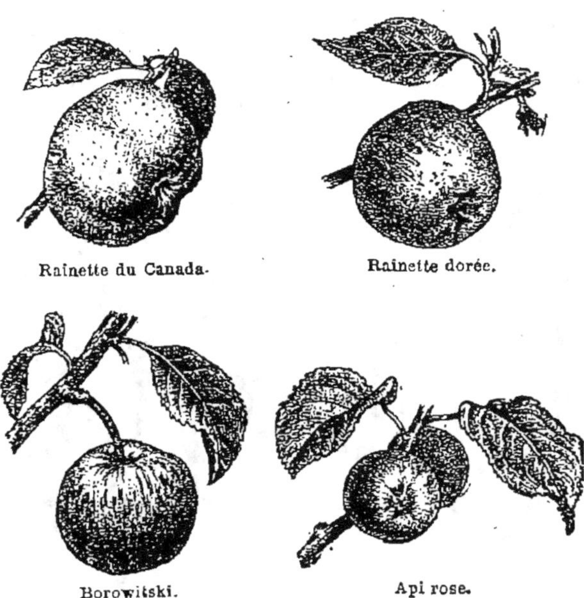

Rainette du Canada.

Rainette dorée.

Borowitski.

Api rose.

Fig. 313 à 316. — Quelques bonnes variétés de pommes.

Le fruit (*pomme*), ordinairement globuleux, à chair ferme, cassante, de saveur sucrée ou acidule, est excellent pour la table. Son jus fermenté fournit le *cidre*, boisson alcoolique de couleur ambrée qui se fabrique plus particulièrement en Normandie, en Bretagne et en Picardie. Dans ces contrées, les variétés de pommiers à cidre sont plantées soit en vergers, soit dans les terres de culture. On les reproduit par le semis, mais le bouturage avec des plançons de trois à quatre ans réussit

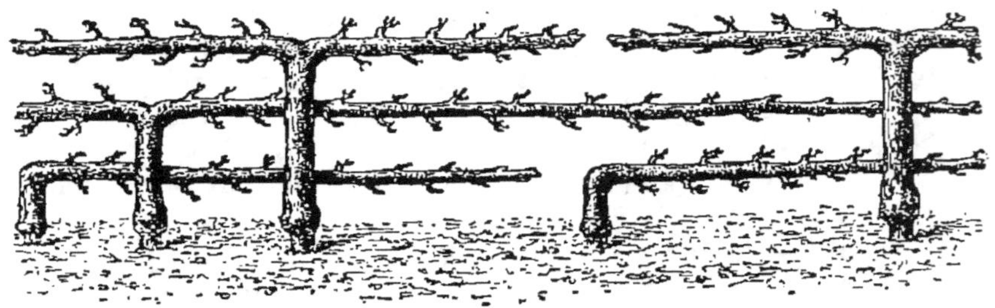

Fig. 317. — Cordons de pommiers superposés.

en sol meuble et assez humide. Le pommier doit être planté dans un bon terrain conservant une certaine fraîcheur quoique à sous-sol perméable. Il affectionne surtout les terrains siliceux, mais il se refuse à croître dans ceux qui sont tout à fait calcaires ou siliceux.

On multiplie le pommier cultivé par graines lorsqu'il s'agit d'obtenir une variété nouvelle ou bien des *sujets francs* pour recevoir la *greffe* des types de plein vent à haute tige. Dans les jardins, on doit greffer sur *paradis* toutes les fois que les circonstances le permettent.

Les variétés sont très nombreuses (*fig.* 313 à 316); comme pommes d'été, nous citerons : *Borowitski, rambour, astrakan rouge;* comme pommes d'automne : *grand Alexandre, reine des reinettes, belle-Joséphine, calville Saint-Sauveur, rambour d'automne*; comme pommes d'hiver : *calville blanc, reinette dorée, reinette de Canada, reinette grise d'hiver, reinette franche, court pendu, fenouillet grise, api rose.* (Voir *Installation du verger*, page 290.)

Taille du pommier dans le verger. — Le pommier n'étant pas un arbre pyramidal, mais, au contraire, un arbre à tête arrondie, il faut le tailler de façon à l'aider à se former régulièrement.

A cet effet on ne lui laisse que trois ou quatre branches taillées à 20 ou 25 centimètres de la tige sur un bouton de côté afin d'obtenir les bifurcations horizontales.

Deux ans après, ces branches nouvelles sont taillées à 50 centimètres de longueur et on enlève celles qui encombrent trop le centre de l'arbre.

L'arbre est ordinairement formé dès la quatrième ou cinquième année. Il réclame alors les mêmes soins d'entretien que le poirier.

Fabrication du cidre. — Les meilleures pommes à cidre sont :

Première saison. Maturité, première quinzaine d'octobre : *d'Août, bon ordre, blanc mollet, Girard, petit doucet;*

Deuxième saison. Maturité, deuxième quinzaine d'octobre : *bisquet, domaines, cimetière de Blangy, fréquin rouge, gros matois rouge, herbage sec, joly rouge, longuet, Orpolin, Saint-Philibert;*

Troisième saison. Maturité, première quinzaine de novembre : *auf-riche, bédan, binet, bouteille, citron de Pont-l'Évêque, meaugris, moulin à vent, or Milcent, rousse Latour, Saint-Martin.*

La maturité se reconnaît surtout à la facilité avec laquelle les fruits se détachent de l'arbre.

Une récolte effectuée prématurément donne des fruits de qualité inférieure, d'une mauvaise conservation, et dont la cueillette difficile est plus préjudiciable aux arbres.

La récolte des pommes doit s'accomplir, autant que possible, par un temps sec. Les fruits mouillés risquent de fermenter en tas et de perdre, par osmose, une partie de leur sucre. Si la saison est pluvieuse et humide, il faut les mettre à l'abri dans un local très aéré, les étendre et les faire sécher rapidement en formant des couches de 0^m,12 à 0^m,15 d'épaisseur.

Il vaut mieux secouer les arbres que les gauler, car le gaulage cause toujours des dégâts préjudiciables à la fructification suivante.

Les pommes sont ensuite groupées en plusieurs tas, suivant leur époque de maturité, et classées en pommes acides, pommes amères et pommes douces. Celles qui sont « véreuses » sont mises à part.

En sortant du verger, les fruits ne sont pas propres à la fabrication immédiate du cidre. Ils doivent subir un travail intérieur, un complément de maturation qui augmente leur richesse en sucre par suite de la transformation de l'amidon. C'est pour ce motif qu'on les conserve en tas de faibles dimensions, dans un local sec et bien aéré, avant d'en opérer le broyage. La durée de la maturation complémen-

Fig. 318. — Broyeur de pommes à caisse.

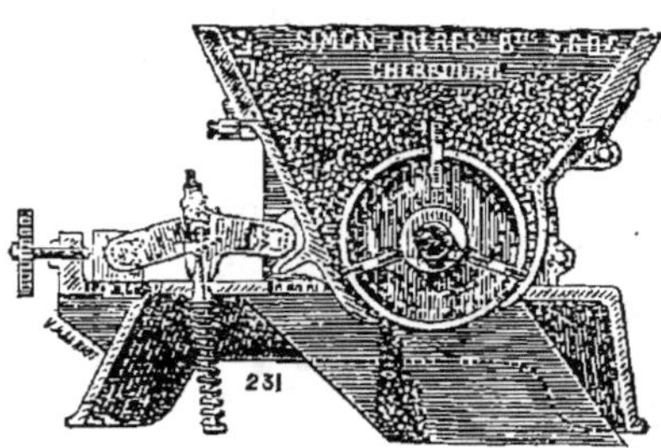

Fig. 319. — Coupe du broyeur Simon.

taire est de deux ou trois semaines. Cependant certaines variétés se conservent plus longtemps sans perdre de leurs qualités.

Il est utile de connaître si le jus de pommes destiné à la production du cidre contient une quantité suffisante de sucre, car on peut le remonter par une addition de saccharose. D'après la moyenne de nombreuses analyses, la densité d'un bon moût normal varierait de 1,061 à 1,068. L'acidité serait comprise entre 1 gr. 40 et 2 gr. 94 par litre de jus; la proportion du tanin oscillerait entre 1 gr. 60 et 2 gr. 10, celle du sucre entre 125 et 145 grammes, ce qui correspond à une richesse de 7 degrés 5 à 8 degrés environ. Le poids des matières mucilagineuses est compris entre 3 gr. 45 et 6 grammes.

Pour apprécier la quantité de sucre — élément essentiel — que renferme le jus de pommes, on emploie l'aréomètre ou densimètre. Cet instrument fournit des indications approximatives suffisantes pour la pratique. On lit le degré indiqué par le densimètre, en notant le point d'affleurement de l'instrument, sans tenir compte du liquide qui se soulève le long de la tige de verre (ménisque).

Les fabricants de densimètres vendent des tables sur lesquelles en regard de la densité trouvée on lit le poids du sucre par litre et le titre alcoolique que donnera la fermentation de ce sucre.

Broyage et macération. — Les pommes sont broyées à l'aide du *moulin broyeur* (*fig.* 318, 319). On les laisse macérer dans des cuves pendant douze ou quinze heures et, pour faciliter les phénomènes d'aération (oxydation) qui augmentent leur coloration, on a soin de les remuer de temps en temps avec une pelle de bois. Un léger commencement de fermentation liquéfie la masse et facilite l'extraction du jus.

Pressurage. — Le marc est alors transporté sur le *pressoir* (*fig.* 320). Chaque couche de 10 à 12 centimètres d'épaisseur est séparée par des toiles de crin ou de chanvre, de la paille, des claies en osier ou en liteaux, des branches vertes de chêne ou de hêtre. On presse graduellement et très lentement de façon à ce que le cidre ait le temps de s'écouler.

Rémiage. — On défait le marc pressé, on le repasse au broyeur et on le met à macérer dans une cuve pendant douze à quinze heures après l'avoir additionné d'eau pure. Pour le cidre de consommation — petit cidre ou cidre de ménage — on ajoute 25 à 30 litres d'eau pure par

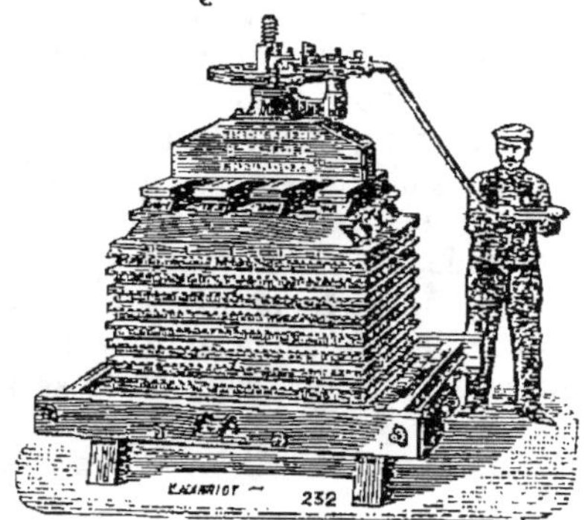

Fig. 320. — Pressoir à pommes.

hectolitre de pomme. Ensuite on passe le tout au pressoir et le liquide de cette seconde pressée est mélangé avec celui de la première.

Ordinairement deux marcs pressés une fois forment un seul marc pour le second pressurage.

Mise en fûts. Fermentation. — Le jus qui coule du pressoir est mis dans des tonneaux en parfait état de propreté, c'est-à-dire soigneusement lavés avec une solution bouillante de carbonate de soude à 6 pour 100, suivie d'un rinçage énergique à l'eau claire.

On laisse un vide suffisant pour éviter les pertes pendant la fermentation. Le trou de bonde est recouvert avec un morceau de toile ou de brique, de façon à ce que le gaz acide carbonique produit par la fermentation puisse se dégager assez librement.

Au bout de cinq à six semaines, la fermentation est terminée : on soutire alors pour séparer le cidre de ses grosses lies et on le met dans des tonneaux bien propres et soufrés. La combustion d'une petite mèche soufrée donne naissance à de l'acide sulfureux, gaz qui jouit de propriétés très favorables à la conservation du cidre.

Le cidre est sujet à un certain nombre d'altérations, entre autres : l'*aigre* ou *acidité*, le *trouble*, le *noircissement*, la *graisse*.

Une bonne fermentation alcoolique, suivie de soutirages, ouillages et autres soins appropriés, s'oppose souvent au développement de ces maladies. Il faut surtout éviter de laisser les récipients en *vidange*.

L'emploi de l'acide sulfureux, à la dose de 2 à 6 centigrammes par litre, est un excellent préservatif contre le brunissement, qui est une véritable *casse* ou oxydation des pigments colorés par une *diastase*. Il prévient aussi, dans une large mesure, la prolifération des microbes parasites, agents de l'aigre, de la graisse, etc.

L'addition de 5 à 6 grammes de bon tanin à l'alcool et de 4 à 5 grammes d'acide citrique par hectolitre est à recommander.

Cidre mousseux. — Le *cidre mousseux* ou *cidre crémant* est fabriqué avec du cidre pur provenant de la première pressée. Dès que la fermentation tumultueuse est à peu près terminée, et lorsque le cidre renferme encore 21 à 24 grammes de sucre par litre d'après l'aréomètre Baumé (au besoin, on ajoute la quantité de sucre nécessaire dissous dans du cidre), on soutire, on filtre et on met en bouteilles solides (bouteilles à champagne) bien bouchées et ficelées que l'on conserve couchées en cave tempérée (12 et 15 degrés centigrades).

Quand la fermentation est amorcée, il est bon de descendre les bouteilles en cave plus fraîche, de manière à la rendre aussi lente que possible, car cela favorise la prise de mousse.

Le Pêcher.

Le *pêcher* (*prunus persica*) est un arbre méridional plutôt que septentrional; aussi demande-t-il à être abrité par des murs dans le centre et le nord de la France; on le conduit alors en *espalier*.

Le pêcher n'est pas difficile sur le sol, mais il préfère les terres argilo-calcaires et argilo-siliceuses constituant un milieu substantiel, de moyenne consistance et un peu frais.

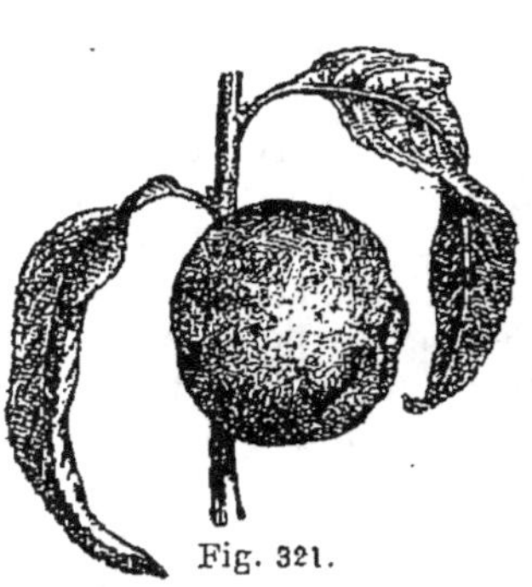

Fig. 321.

Pêche grosse mignonne.

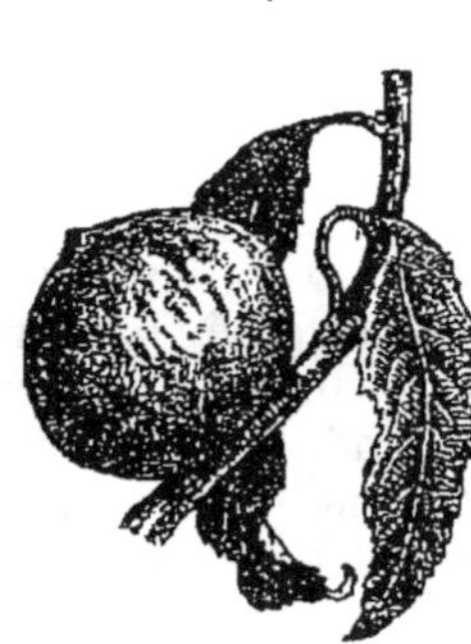

Fig. 322. — Brugnon.

Le fruit (*fig.* 321, 322) est une grosse drupe à chair épaisse succulente dont la peau, suivant l'espèce, est recouverte d'un duvet velouté (*pavies, pêches proprement dites*), ou bien est lisse et non duvetée (*brugnons, pêche violette*). La chair de la pêche proprement dite n'est pas adhérente au noyau.

La multiplication se fait par greffage, par semis et par bouturage. Ce dernier mode est fort peu employé, à cause de ses résultats incertains.

On greffe : sur *pêcher franc*, c'est-à-dire sur un pêcher venu de noyau (courant août) ; sur *amandier* à coque dure et à amande tendre qui est le plus usité (fin août au 15 septembre) ; sur *prunier de Damas* ou *de Saint-Julien*, dans les régions et les sous-sols humides (mi-juillet à mi-août) ; sur l'*abricotier commun*, dans les terrains maigres et arides (1er au 15 août).

Le greffage se pratique en écusson, à *œil dormant* ou à *œil poussant* ou en demi-fente. La greffe en écusson la plus répandue est celle à œil dormant. On choisit les *yeux simples* bien conformés sur un rameau vigoureux, bien aoûté, et on opère l'écussonnage vers le déclin de la sève, à 10 centimètres environ au-dessus du sol.

Taille. — Le mois de février est la bonne époque pour la *taille* du pêcher. Un rameau qui a produit du fruit n'en produit plus, conséquemment cette taille est « l'art du remplacement ». Il existe deux sortes d'*yeux* : l'*œil à bois* et l'*œil à fruit* ou *bouton* qui s'épanouit avant l'apparition des feuilles et ne se trouve que sur le bois qui s'est formé pendant le cours de la végétation précédente.

Le pêcher en plein vent est simplement écimé et débarrassé des branches mortes ou mal placées ; il forme sa tête en boule et porte ses fruits à l'extrémité des branches.

Maladies. — La *cloque* du pêcher (*fig.* 323) due à un champignon ascomycète (*taphrina*

Fig. 323.
Cloque du pêcher.

deformans) se combat préventivement, dès l'épanouissement des bourgeons, par des pulvérisations de bouillie bordelaise à 1 kilogr. 5 de sulfate de cuivre et 750 grammes de chaux vive.

Le *blanc* des pêchers, dû également à un champignon, qui couvre les feuilles et les jeunes fruits d'une moisissure blanche, est traité par le *soufrage*.

Les *pucerons*, qui attaquent fréquemment le pêcher, doivent être combattus avec des pulvérisations de jus de tabac étendu de cent fois son volume d'eau. Diriger le jet du pulvérisateur contre la face inférieure des feuilles.

Productions fruitières du pêcher (*fig.* 324). — Les *bourgeons à bois* produisent des rameaux stériles.

Les *bourgeons à fruit* donnent lieu à des productions fruitières.

Le *bouquet de mai* ou *cochonnet* mesure généralement 5 à 6 centimètres; il présente un amas de petits bourgeons à fruit, en nombre variable, d'où sortiront les plus beaux fruits. Il ne doit recevoir aucune taille. Il existe des bouquets de mai, de 10 à 12 centimètres, couverts de boutons à fleur sur presque toute leur longueur, excepté vers la base, où l'on remarque deux ou trois bourgeons à bois. On les appelle *rameaux à fruit proprement dits*. Ces rameaux sont taillés de façon à donner l'année suivante un rameau à fruit bien placé,

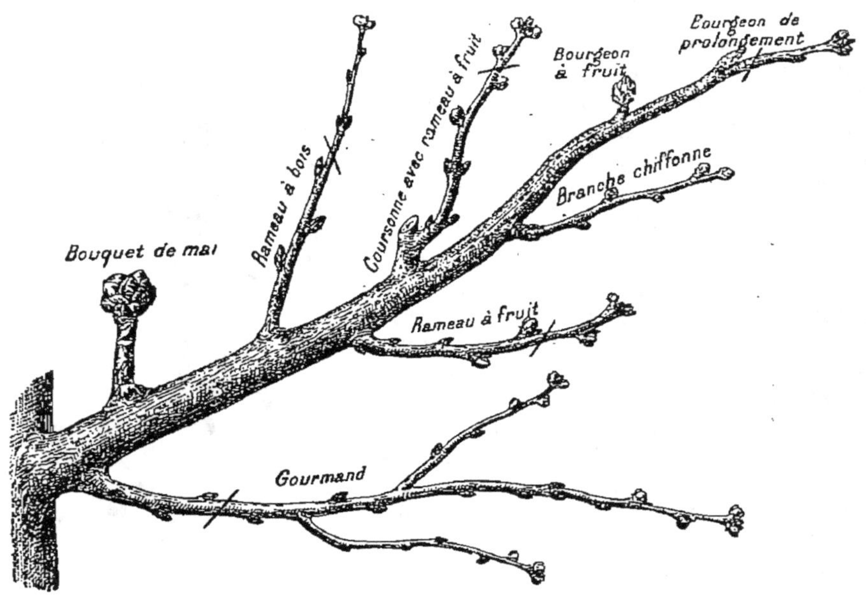

Fig. 324. — Productions fruitières du pêcher.

mais en ayant soin de leur conserver quelques fleurs pour assurer la fructification présente.

Le *rameau à fruit* ou *mixte* ne porte que des boutons à bois depuis la base jusqu'à 10 ou 12 centimètres de hauteur. Plus haut, les bourgeons à bois sont accompagnés de bourgeons à fruit. On les coupe au-dessus de la seconde fleur.

Le *rameau à bois* provient d'un bourgeon très vigoureux et ne produit que des bourgeons à bois sur toute sa longueur. On le taille au-dessus des deux bourgeons à bois les plus rapprochés de la base.

Le *rameau chiffon* ou *branche chiffonne*, long d'une trentaine de centimètres, d'aspect chétif, est dépourvu de boutons à bois, excepté vers la base, où il en existe quelquefois un ou deux à peine visibles. Ce rameau doit être taillé à 18 ou 12 centimètres de sa naissance.

La *coursonne* est un tronçon d'une branche de l'année précédente qui supporte des rameaux à fruit.

Le *rameau gourmand* est un rameau de belle venue, mais stérile, qui provient souvent du pincement trop tardif de certains bourgeons vigoureux. Ces bourgeons se transforment en bourgeons gourmands d'où sortent des *rameaux gourmands*.

Le Prunier.

Le *prunier* cultivé (*prunus domestica*) est un arbre de moyenne grandeur; certaines variétés restent même à l'état d'arbrisseau.

Il est assez rustique; sa fleur supporte assez bien les petites gelées du printemps, ce qui le rend précieux dans les régions qui y sont sujettes. Les sols qu'il affectionne particulièrement

Reine-Claude.   Mirabelle.   Prune d'Agen.

Fig. 325 à 327. — Quelques bonnes espèces de prunes.

sont argilo-calcaires un peu frais, mais non humides, situés dans les vallées largement ouvertes et sur les coteaux.

On multiplie les pruniers par le semis, par la greffe, de préférence sur le prunier de Saint-Julien, ou avec les drageons qui poussent de leurs racines.

On recommande la *prune reine-Claude*, la *prune d'Agen*, la *prune mirabelle* (*fig.* 325 à 327).

Récolte. Conservation. — La récolte des prunes se fait avant leur complète maturité si elles doivent être expédiées. Le fruit mûr se détache facilement lorsqu'on secoue l'arbre; il joue un rôle important dans l'économie domestique : compotes, marmelades, confitures, prunes sèches.

Le jus fermenté des prunes donne par distillation une bonne eau-de-vie appelée *quetsch*.

Pour faire de bons *pruneaux*, on récolte les prunes à maturité parfaite. Une légère secousse imprimée à l'arbre fait alors détacher la prune de son pédoncule flétri. On reçoit les fruits sur une toile tendue au-dessous des arbres, car il importe que leur enveloppe soit garantie de toute meurtrissure. La récolte s'opère au fur et à mesure que les fruits mûrissent.

Le séchage au soleil donne d'excellents pruneaux, mais il est long; il exige en outre un matériel de claies considérable et une main-d'œuvre dispendieuse pour les sortir le matin et les rentrer le soir. Aussi pratique-t-on de plus en plus, surtout pour les fortes quantités, le séchage au four ou à l'étuve.

La chaleur du four doit être modérée, car un séchage trop rapide donne de mauvais résultats. A différentes reprises, on sort du four les claies garnies de pruneaux pour permettre à la vapeur d'eau de s'échapper au dehors. Les étuves sont basées sur l'introduction continue d'air chaud et sec dans un local approprié. Cet air est expulsé par une cheminée d'appel tandis que les eaux de condensation recueillies par un tuyau inférieur vont se perdre dans un puits, etc. L'étuvage ne doit pas être poussé trop vite et il faut le surveiller attentivement.

Nous décrirons succinctement les procédés perfectionnés de « séchage des fruits » qui ont pris en Amérique un grand essor industriel (voir page 299).

L'Abricotier.

L'*abricotier* (*prunus armeniaca*) [*fig.* 328] est un arbre de grandeur moyenne, au port étalé, que l'on cultive soit à haute tige en plein vent soit en espalier.

Fig. 328.
Abricotier (rameau et fruits).

Il est peu exigeant sur la nature du sol pourvu qu'il soit ameubli, profond, assez calcaire, et qu'il ne présente point un excès d'humidité.

Sa floraison est précoce et elle craint les gelées printanières; en outre, son fruit ne développe toutes ses qualités qu'à la condition de recevoir une assez grande quantité de chaleur. Pour ces motifs, il redoute le climat de la région du nord-est et se trouve bien dans le sud et le sud-ouest.

L'abricotier se propage par semis, greffes ou boutons. La greffe peut être pratiquée sur abricotier franc, mais ordinairement on greffe sur prunier Saint-Julien ou damas et sur l'amandier. Sur prunier, il est moins vigoureux que sur amandier. On le conduit suivant les méthodes indiquées pour le pêcher. Surveiller les *gourmands*, car il en pousse beaucoup.

Les greffons de grosseur moyenne, récoltés en plein vent, sont greffés en tête ou en pied selon que l'on désire un arbre de plein vent ou un arbre d'espalier.

Les sujets francs de pied sont plus vigoureux et vivent plus longtemps que les sujets greffés.

La cueillette des abricots doit être faite avec soin, car ils mûrissent rapidement et commencent à se décomposer, même sur l'arbre, dès qu'ils sont mûrs. Le fruit de l'abricotier est consommé à l'état frais ou après avoir été desséché au four.

On en fait d'excellentes confitures, marmelades, compotes, pâtes, et aussi des sirops, ratafias, etc.

Le Cognassier.

Le *cognassier* (*pirus cydonia*) appartient à la famille des *rosacées*. C'est un arbre rustique, peu élevé, à grandes fleurs solitaires de couleur blanche ou d'un blanc rosé. Ses fruits, appelés *coings*, sont piriformes, jaunes, couverts d'un duvet cotonneux à l'extérieur. Leur odeur est forte et agréable; leur chair, ferme a une saveur âcre particulière.

Les coings s'emploient pour la préparation des marmelades, confitures pâtes, sirops.

Le cognassier est souvent utilisé comme porte-greffe d'autres espèces fruitières. Il végète bien dans tous les terrains, excepté dans ceux qui sont trop secs. Ses racines traçantes aiment les sols meubles. La variété qui donne les meilleurs fruits est le *cognassier de Portugal* (*fig.* 329), que l'on multiplie par le greffage sur cognassier piriforme ou sur aubépine blanche.

Fig. 329. — Cognassier de Portugal (fruit).

On propage facilement le cognassier par bouture avec talon. On le cultive à haute tige en pratiquant simplement une *taille de dégagement :* avoir soin d'enlever les rejets qui partent du pied et de tenir le terrain propre. Le fruit vient sur le bourgeon de l'année.

Les *coings* sont récoltés après les poires et les pommes, soit en octobre sous un climat tempéré ; dans tous les cas, avant les gelées. On les conserve sur un lit de paille de seigle dans une pièce aérée mais pas trop sèche.

Le Cerisier. Le Griottier.

Le *cerisier* (*prunus cerasus*) est un arbre très rustique ; son aire d'adaptation est étendue, car il résiste assez bien au froid. Les terrains qui lui conviennent le mieux sont les terrains argilo-calcaires et ensuite les terrains argilo-siliceux sains et à sous-sol perméable.

Le cerisier se multiplie par trois procédés : le *semis*, la *greffe*, et, pour certaines variétés seulement, le *drageon*. La greffe est la méthode la plus usitée. Elle se pratique en écusson, en fente et rarement en couronne, le cerisier voulant être greffé sur sujet jeune.

Le porte-greffe le plus estimé pour la culture en haute tige est le *merisier* tandis qu'on préfère le *mahaleb* ou cerisier de Sainte-Lucie pour la culture en demi-tige ou en basse tige. Ce dernier est moins exigeant sur la nature du sol.

Pendant le jeune âge, on fait prendre à l'arbre une forme évasée sur quatre branches que l'on maintient écartées, au besoin, à l'aide d'un cerceau placé à l'intérieur. Après la deuxième ou troisième année, l'arbre a pris une bonne direction et on peut le laisser croître librement.

La branche fruitière se trouve sur le vieux bois, c'est-à-dire sur des branches de charpente ou sur des ramifications ayant au moins un an.

D'après de Candolle, on distingue quatre espèces principales de cerisiers : 1° *merisier* ; 2° *bigarreautier* ; 3° *guignier* ; 4° *griottier* ou *cerisier commun*.

Voici quelques variétés de cerisiers à fruits doux, recommandables pour le verger :

Cerise hâtive de Saint-Médard, du Soissonnais, globuleuse, à chair acidulée très sucrée, à peau rouge foncé. Hâtive, mûrit de fin mai au 10 juillet, suivant les conditions climatériques, l'exposition et la nature du sol. Cette cerise est d'aussi bonne qualité que l'anglaise hâtive, mais elle est sensiblement plus précoce et plus volumineuse. Excellent fruit de table et de confiserie. Arbre de bonne tenue, de vigueur modérée ;

Cerise anglaise hâtive, un peu moins hâtive que la précédente. Fruit de bonne qualité, moyen, rouge vif, assez rustique ;

Impératrice Eugénie, gros fruit rouge foncé, excellent. Mûrit vers le 10 juin et courant juillet. Fertile et rustique. Plus précoce de trois ou quatre jours que l'anglaise hâtive ;

Royale d'Angleterre, fruit un peu plus gros que le précédent et de première qualité ; moins précoce que l'anglaise hâtive. Mûrit après le 15 juin ;

Reine Hortense, gros fruit rouge vif, très bon. Mûrit en juillet. Rustique ;

Grosse noire ou *noir gros*, douce, fruit très gros de bonne qualité. Mûrit en juillet. Rustique ;

Bigarreau gros rouge, gros fruit cordiforme à chair ferme agréable ; maturité fin juin et courant juillet. Arbre robuste et fertile. Le fruit se conserve assez longtemps en bon état de fraîcheur ;

La *noire du Jura vaudois* et la *péquegnette de Vaud*, qui vient même dans les terrains glaiseux, sont d'excellentes variétés pour la distillation. Très rustiques, elles mûrissent en juillet.

La récolte des cerises a lieu au fur et à mesure de leur maturité. La durée de la cueillette se prolonge d'ailleurs d'autant plus facilement que le fruit se conserve bien sur l'arbre pendant plusieurs semaines. A l'état frais, la cerise est un fruit de grande consommation.

On en fait aussi d'excellentes conserves par la dessiccation ou par l'emploi du sucre et de l'alcool.

Le jus de cerise fermenté donne par distillation la liqueur connue sous le nom de *kirsch* (kirschenwasser) et de *marasquin*. C'est le *merisier* à gros fruit noir et le *guignier* à fruit noir (*fig.* 330) qui fournissent le meilleur kirsch. On tire le marasquin du *cerisier* ou *griottier marasca*.

Le *griottier (cerasus caproniana)* est une espèce de cerisier peu élevé dont

Fig. 330.
Guigne grosse noire, luisante.

le fruit globuleux, rouge clair, luisant, a une chair juteuse fortement acidulée. On distingue : la *griotte commune* à courte queue, recherchée pour la confiserie ; la *griotte d'Espagne* et la *griotte de Montmorency*.

Le griottier se greffe comme le cerisier, mais son développement différent nécessite un autre mode de taille.

Les branches se ramifient beaucoup et ont une tendance à s'infléchir vers la terre. Pour remédier, autant que possible, à ces défauts, il faut, au moment de la plantation, tailler les branches à 40 centimètres de longueur sur un bouton en dessus, et les redresser convenablement. La taille annuelle éclaircira l'intérieur de l'arbre pour l'empêcher de croître en buisson et l'obliger à fructifier normalement.

Le Figuier.

Le *figuier (ficus carica)* [*fig.* 331] est un arbre de la région méditerranéenne. En France, on ne le trouve guère en dehors des jardins que dans les régions du Sud et du Sud-Ouest. Vers le nord et dans les environs de Paris, il lui faut des expositions favorables et des soins particuliers pour supporter les froids de l'hiver. Sa culture est très répandue en Algérie. Son fruit, sucré, très nourrissant et de facile digestion, entre pour une large part dans l'alimentation méridionale soit à l'état frais, soit à l'état sec.

Il existe un très grand nombre de variétés dont les fruits se distinguent par leur forme, leur couleur et l'époque de leur maturité. Quelques types donnent dans le Midi deux récoltes de fruits par an : 1° les *figues-fleurs*, qui mûrissent en juin-juillet et naissent sur le bois de l'année précédente; 2° les *figues ordinaires* ou *tardives*, qui mûrissent d'août à novembre et naissent sur le bois de l'année. Elles sont plus nombreuses et meilleures.

Les principales variétés cultivées les plus estimées sont :

Marseillaise ou *figue d'Athènes*, petite, ronde, vert tendre extérieurement, rouge à l'intérieur; une des meilleures figues qu'on fait sécher dans la zone maritime ;

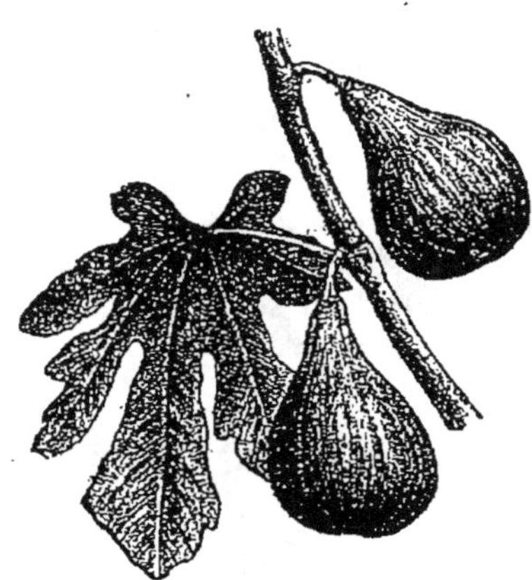

Fig. 331.
Figuier (rameau et fruits).

Barnissotte blanche, globuleuse, grosse. Excellente qualité à manger fraîche ;

Barnissotte noire, figue exquise à l'état frais lorsqu'elle est bien mûre. Ne réussit que dans la région chaude ;

Col des dames, recherchée pour la confiserie ; excellente, fraîche et sèche ;

Aubique blanche, très bonne, fraîche et sèche ;

Mouissonne ou *dauphine violette*, grosse et arrondie; mûrit sous le climat de Paris, ainsi que la *figue de Versailles* ou *d'Argenteuil* à peau verte.

L'époque de la maturité des fruits est indiquée par la formation de petites crevasses longitudinales sur la peau de la figue, qui devient très molle au toucher.

Les figues destinées à être séchées sont cueillies au fur et à mesure de la maturité complète. La cueillette est très longue. On place les figues sur des claies en roseaux soutenues par des piquets et établies dans un endroit ensoleillé et bien découvert. Lorsque les pluies d'automne sont précoces et rendent la dessiccation impossible, on a recours à des étuves ou à des fours peu chauffés. Les figues une fois bien séchées, sont pressées, aplaties et enfermées dans des corbeilles ou des caisses garnies de feuilles de papier. On y entremêle quelques feuilles de pêcher ou de laurier franc dit laurier-sauce pour les parfumer.

Les figues sèches, principalement celles de l'Algérie, sont attaquées par le *ver;* certaines années, aucun fruit n'est sain. On se débarrasse de cette larve parasite en plongeant les figues dans l'eau bouillante ou en mouillant légèrement chaque couche de figues avec de l'eau-de-vie, au moment de les mettre en caisse.

Le figuier n'est pas exigeant sur le choix du terrain ; il s'accommode de tous les sols, même de ceux qui sont secs et arides, mais ses racines traçantes n'aiment pas le voisinage des autres arbres.

Le meilleur mode de plantation est le *bouturage* en février-mars. Les boutures seront choisies sur des arbres sains et vigoureux, avec des nœuds rapprochés sans ramules latéraux. Ces rameaux, âgés de deux ou trois ans, longs de 40 à 50 centimètres, sont plantés de façon à ce que le bouton terminal dépasse la surface du sol de 3 à 4 centimètres. Pendant les deux premières années on laisse le jeune figuier se développer librement. Il produit vers l'âge de quatre ou cinq ans et donne plein rapport vers la douzième année.

La taille pratiquée en automne ou en hiver consiste à retrancher le bois mort et les rameaux gourmands inutiles. On ne conserve que trois ou quatre bourgeons fructifères à l'extrémité des rameaux. Le figuier aime les labours.

Le Châtaignier.

Le *châtaignier* (*castanea vulgaris*) [*fig.* 332] est un bel arbre, à végétation rapide et d'une grande longévité. Il peut atteindre une hauteur de 30 mètres et une circonférence énorme. Ses fleurs sont unisexuées.

L'enveloppe ou involucre du fruit est épaisse, coriace, garnie en dehors d'épines acérées. Elle recouvre les semences appelées *châtaignes*. Ce sont les cotylédons de la graine qui sont farineux et comestibles. Les châtaignes se mangent communément bouillies et rôties ; on en fait aussi des galettes, des polentas, etc.

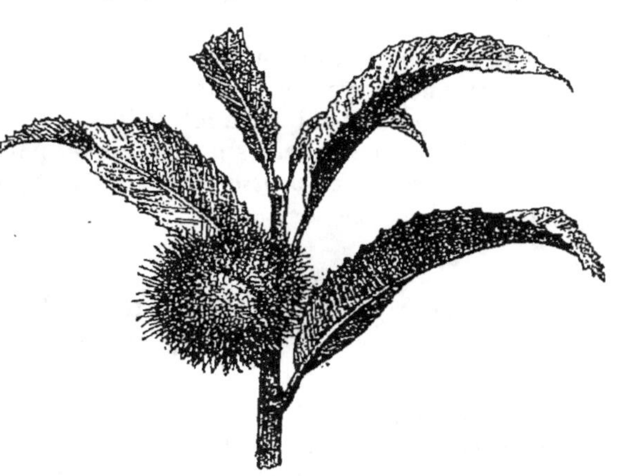

Fig. 332. — Châtaignier (rameau et fruit).

Le châtaignier amélioré par la culture a donné les variétés supérieures d'où l'on tire *marron de Lyon, marron de Périgord, marron de Luc* et *de Saint-Tropez*. La récolte a lieu vers fin novembre, sauf dans les pays chauds.

Les châtaigniers sont les arbres des terrains siliceux ; ils ne réussissent pas dans les terrains calcaires ou argileux et ne fructifient guère avant vingt-cinq à trente ans. Le climat de la vigne leur est très favorable ; cependant la nature du sol et la douceur du climat leur permettent de prospérer en Bretagne. Nous avons vu le châtaignier croître spontanément en Algérie, dans les montagnes de l'Edough, et dans le voisinage de la frontière tunisienne. Il y fleurit en juin et ses fruits mûrissent en octobre.

Le bois du châtaignier est dur, élastique, tenace et durable, susceptible d'un beau poli. Avec les jeunes branches, on fait des échalas, des cerceaux, des treillages. Comme bois de chauffage, il est peu recherché, car il pétille beaucoup en projetant des étincelles.

Le Mûrier.

Le *mûrier* (*morus*) est un arbre important parce que ses feuilles servent de nourriture au *ver à soie*. Un mûrier ordinaire fournit environ 3 000 kilogrammes de feuilles fraîches, dont la récolte commence vers la deuxième quinzaine d'avril dans le midi de la France.

Il existe trois espèces principales de mûrier : le *mûrier rouge*, le *mûrier noir*, le *mûrier blanc* ; c'est ce dernier que l'on cultive en vue de l'élevage du ver à soie. Les variétés connues sous le nom de *colombasse* ou *colombassette* sont préférées.

Le mûrier est un arbre très rustique qui vient bien dans les terres de consistance moyenne ; il languit dans les sols marécageux et froids. La taille en gobelet lui est appliquée.

On multiplie les mûriers par semis ou par bouture et aussi par la greffe en *écusson à œil poussant* et la *greffe en tête en flûte*. On peut récourir au *marcottage par cépée*.

L'Oranger. Le Citronnier. Le Mandarinier.
Le Cédratier.

On comprend sous le nom d'*orangers* ou *agrumes* (*fig.* 333) plusieurs espèces cultivées dans l'extrême midi de la France, en Corse et en Algérie, etc. Ces espèces appartiennent au genre *citrus*, de la famille des *rutacées*.

Les orangers s'accommodent des terres profondes perméables, légères, bien exposées et arrosables, argilo-calcaires. Ils ne résistent pas à des froids continus de 4 à 5 degrés au-dessous de zéro et ne peuvent être cultivés au-dessus de 400 mètres d'altitude.

On multiplie les orangers par semis, par boutures, par marcottes et par la greffe. On plante à demeure et on greffe après la troisième ou quatrième année les plants venus de semis.

En France, c'est la greffe en écusson à œil dormant qui est la plus usitée. On la pratique vers la fin de l'été. Dans les contrées plus chaudes, on préfère greffer à œil poussant en mai-juin. L'opération a toujours lieu sur les rameaux d'un an. Les gros orangers sont greffés en couronne avec plusieurs greffons.

L'*oranger franc* et le *bigaradier* ou *oranger amer* se multiplient le plus souvent par semis. Les graines les plus belles des fruits bien mûrs sont conservées dans le sable frais et mises en terre au printemps, à une exposition chaude.

Le *limonier* ou *citronnier* (*citrus limonum*) (*fig.* 334), le *cédratier* ou *citronnier vrai* et le *bergamotier* ou *lime bergamote*, petit arbre considéré comme un hybride de l'oranger et du citronnier dont l'écorce donne l'essence de bergamote, se multiplient généralement par boutures.

On coupe des boutures de 40 centimètres environ sur des rameaux sains et vigoureux ; après les avoir débarrassées des piquants et des feuilles, on les plante immédiatement en lignes à 30 centimètres de distance

Fig. 333.
Oranger (rameau et fruit).

les unes des autres, et on ne laisse émerger que deux ou trois boutons au-dessus du sol.

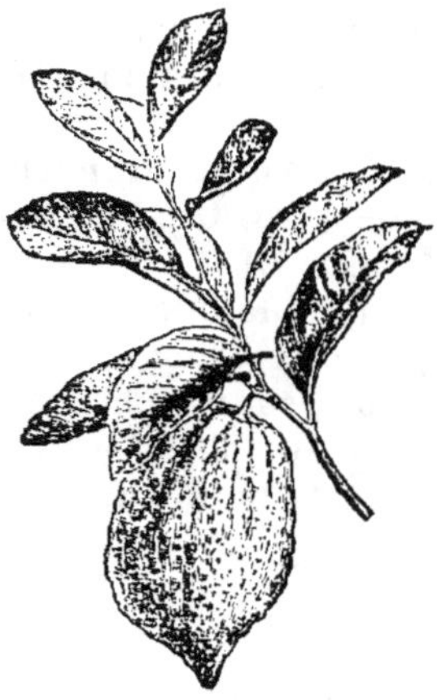

Le *marcottage en l'air* s'obtient en introduisant une tige dans un vase ouvert latéralement et rempli de terre légère. La tige reçoit au préalable une forte ligature à la partie qui se trouve à peu près au milieu du vase : cela la force à émettre des racines adventives. On sépare la marcotte du pied mère lorsque l'enracinement est parfait. Inutile d'ajouter qu'il faut avoir soin de fixer solidement le vase contre un tuteur et d'entretenir la terre humide.

La plantation des orangers s'exécute en automne sur un terrain profondément défoncé et au besoin déchiré dans le sous-sol par la charrue fouilleuse. Chaque sujet est placé dans un trou de 80 à 90 centimètres de diamètre et

Fig. 334.
Citronnier (rameau et fruit).

de profondeur, rempli de terreau ou de bonne terre additionnée d'un peu d'engrais (sang desséché, tourteaux, guanos).

Les arbres à tige basse, tels que les mandariniers, sont espacés de de 2^m,50 à 3^m,50 environ. Les espèces à haute tige comme les orangers et les bigaradiers, sont plantées avec écartement de 5 à 8 mètres en tous sens si le sol est fertile.

Les soins culturaux annuels consistent en un labour de printemps et un labour d'automne. Durant l'été on bine et on arrose suivant les besoins.

La taille, qui n'est en somme qu'un simple émondage, s'effectue en automne ou bien en mai-juin, après la floraison. Les orangers aiment l'air et la lumière, il est donc nécessaire de les former en tête arrondie, vide au centre, et de les débarrasser des bois morts et des gourmands. Sous l'influence des pincements herbacés, le limonier donne en abondance des boutons floraux et des fruits. Il faut veiller à ce que l'arbre ne s'épuise pas. La fumagine est provoquée par les piqûres des cochenilles et des pucerons noirs ou verts qui infestent souvent les orangers. On les combat par des pulvérisations d'une solution composée de : pétrole, 2 litres; savon noir, 1 kilogr.; alcool amylique, 1 litre ; eau, 100 litres. Le savon noir se dissout séparément dans l'eau chaude ; on le mélange ensuite avec le pétrole et l'alcool, puis avec l'eau.

Le *mandarinier* (*citrus deliciosa*) est plus rustique et d'une fertilité plus régulière que l'oranger commun. Sa culture est à recommander en Algérie et sur le littoral de la Provence. Son fruit, globuleux, aplati, d'une belle couleur orangé foncé, de la grosseur d'une pomme d'api, possède une pulpe sucrée et parfumée que protège une écorce mince facile à détacher.

Le mandarinier se greffe sur bigaradier ou sur oranger franc. Sur le premier il est plus vigoureux, mais ses fruits sont d'un goût plus fin sur le second.

Le limonier ou citronnier est plus sensible au froid que l'oranger : il souffre beaucoup à 3 ou 4 degrés au-dessous de zéro. On le greffe en écusson sur lui-même ou sur bigaradier.

Le *cédratier* (*citrus medica*) est un peu moins rustique que le limonier. On le multiplie par boutures ou par marcottes. Ses fruits, à écorce épaisse, verruqueuse, tendre et aromatique, sont recherchés par les confiseurs. En Corse on les récolte de la mi-octobre à la mi-novembre et on les expédie sur le continent dans des tonneaux remplis d'eau de mer, où ils se conservent très bien.

Le Néflier. Le Grenadier. Le Jujubier.

Le *néflier du Japon* (*eriobotrya*) est un petit arbre toujours vert, plus rustique que l'oranger. Ses fruits à gros pépins, à chair juteuse, acidulée, sucrée, rafraîchissante, ont l'avantage de mûrir fin mars en Algérie, et d'avril à juin en Provence et dans les Alpes-Maritimes.

Le néflier ou *bibassier* vient bien de semis : on le propage aussi par la greffe, en août-septembre, sur franc, sur aubépine ou sur cognassier. Les fruits les plus parfumés sont produits par les sujets greffés sur aubépine. Le sol qui lui convient est une terre grasse et humide; il demande une exposition au nord et résiste très bien au froid.

Cet arbre fructifie bien vers la cinquième année. Élaguer après la floraison pour éviter l'enchevêtrement excessif des rameaux, et retrancher quelques fruits sur la grappe afin que ceux qui restent deviennent plus gros.

Le fruit du *mespilus germanica* (*rosacée*), appelé *nèfle* (*fig.* 335), a une saveur âpre et désagréable avant la maturité; on ne le laisse pas mûrir sur l'arbre, mais sur la paille (blétissement).

Le *grenadier* (*punica granatum*) se multiplie par graines, par boutures, par marcottes et par la greffe. Il aime les sols un peu frais et les expositions ensoleillées.

Les sujets provenant des graines récoltées sur des arbres à fruits acides sont plus rustiques.

Vers la troisième année on met en place et on greffe en écusson à œil dormant.

Les boutures et les drageons se plantent en pépinières en février-mars. Pendant le développement de

Fig. 335. — Néflier (rameau et fruit).

l'arbre, il convient de favoriser les rameaux de vigueur moyenne qui sont fructifères et de couper les gourmands et les drageons.

La récolte des grenades a lieu de septembre à octobre; on peut les maintenir fraîches pendant tout l'hiver en les conservant soit sur des planches dans un local sec et aéré, soit dans le sable bien lavé.

Les meilleures variétés sont : le *grenadier de Provence* à fruits doux; le *grenadier d'Espagne* à gros grains rouge vineux; le *grenadier de Jaffa* précoce.

Le *jujubier* (*ziziphus vulgaris*) est un arbre épineux, d'un joli aspect qui exige une exposition chaude et aérée, une terre substantielle, légère et fraîche mais non humide. Fleurit en juin-juillet.

La maturité des fruits, rougeâtres, lisses, de la grosseur d'une olive, s'effectue en automne.

On multiplie le jujubier par les rejetons ou par les noyaux qui ne germent que la deuxième année si on n'a pas le soin de casser le noyau avec précaution et de confier à la terre l'amande seule.

LE VERGER.

Création du verger. — Le *verger* (du latin *viridarium*) est l'endroit consacré à la production des fruits. Ce sont ordinairement des arbres à haute tige et en plein vent que l'on cultive dans le verger. Il n'est pas douteux que la création de vergers en plein champ pour la vente des fruits constituerait, en bien des régions, une excellente spéculation agricole, surtout si on avait le soin d'utiliser les méthodes de conservation et de séchage qui ont pris tant d'extension dans l'Amérique du Nord.

L'utilité d'une *pépinière* dans les fermes d'une certaine importance n'a pas besoin d'être démontrée. Sans doute, il existe de nombreux horticulteurs pépiniéristes d'une probité et d'une compétence reconnues, auxquels on peut avoir confiance ; mais il n'en est pas moins vrai que la possession d'une pépinière constitue pour l'agriculteur un précieux avantage, car elle lui permet de planter au moment opportun l'espèce qu'il désire.

Un arbre que l'on extrait de la pépinière et que l'on replante immédiatement a plus de chances de reprise que celui qu'un long voyage a fatigué et dont le système radiculaire est plus ou moins contusionné et altéré.

Dans la région septentrionale, la pépinière peut être exposée au soleil : les jeunes arbres y deviennent plus robustes ; au besoin on forme des abris avec le thuya du Canada, les ifs, le cèdre de Virginie. Dans la région méridionale, surtout en Provence et en Languedoc, les brise-vents sont nécessaires. Les plantations de cyprès, surtout le cyprès de Lambert (*cupressus macrocarpa*) et le cyprès commun (*C. sempervirens*), ainsi que le laurier-cerise (*prunus lauro-cerasus*) et la viorne laurier-tin (*viburnum tinus*) peuvent être employés dans ce but. Les abris artificiels, formés à l'aide de claies en roseaux solidement fixées au sol, rendent souvent de grands services.

On établit la pépinière sur un terrain sain et de bonne nature, légèrement orienté vers le midi ou vers l'ouest. On laboure profondément en mettant entre deux terres une bonne couche de fumier décomposé.

Vers fin octobre, les pépins mûrs et bien conformés des poires, ainsi que ceux des pommiers et des cognassiers, sont semés en lignes distantes de 40 centimètres avec un intervalle de 2 à 3 centimètres sur la ligne.

Les noyaux à enveloppe dure et ligneuse des pruniers, pêchers, abricotiers, amandiers, demandent à être stratifiés, de même que les semences des néfliers, noisetiers, noyers, etc.

On met alternativement dans des pots à fleurs un lit de sable frais et un lit de noyaux jusqu'à ce qu'ils soient pleins. Puis on conserve ces pots en cave, ni trop sèche ni trop humide, jusqu'au mois de mars, époque à laquelle on sème en lignes, comme il vient d'être dit pour les poiriers et les pommiers.

Les semis exigent, pendant le courant de l'année, de fréquents binages et sarclages. Quand les plants ont atteint 6 centimètres de hauteur on procède à l'éclaircissement de façon à ce que chaque sujet soit à 15 ou 20 centimètres de son voisin.

Le *repiquage* ou transplantation a pour but de donner plus d'espace aux jeunes plants et de favoriser le développement des racines secondaires et du chevelu par la suppression d'une partie du pivot. La meilleure époque pour le repiquage des arbres fruitiers et de toutes les espèces à feuilles caduques, est sans contredit l'automne, aussitôt que les feuilles commencent à tomber.

La terre étant convenablement préparée et ressuyée, on choisit un temps doux pour procéder au repiquage en lignes. Le pommier et le cerisier se plantent à 50 ou 60 centimètres sur les lignes espacées de 80-90 centimètres environ. L'espacement peut être réduit au minimum pour le premier : quant au poirier, on doit le repiquer à 30 centimètres sur les lignes distantes de 60 centimètres; mais l'année suivante il faut renouveler l'opération en lui donnant cette fois 60 centimètres sur les lignes séparées par un intervalle de 90 centimètres à 1 mètre. De cette façon on obtiendra une émission plus abondante du chevelu des racines que cet arbre forme assez péniblement : lors de la mise en place, la reprise sera mieux assurée.

Avant la plantation, chaque sujet est « habillé ». L'*habillage* consiste à couper toutes les radicelles à 7 ou 8 centimètres de longueur, et le pivot à 8 ou 10 centimètres suivant ses dimensions, puis à rabattre la tige à 30 centimètres du collet. Pendant qu'un ouvrier soigneux habille ainsi les plants, d'autres préparent le terrain : ils font les trous à la distance voulue pour y introduire les arbres en se guidant sur un cordeau tendu dans la direction de l'est à l'ouest. Dès que le jeune arbre est en place, on coule du terreau dans le trou et on tasse fortement la terre sur les racines ; ensuite on bine pour niveler le sol et l'ameublir.

Les sauvageons pris dans les bois ou dans les haies sont ordinairement trop vieux ; les bons semis d'un an leur sont préférables.

Jusqu'au mois de juillet, la pépinière ne réclame que des soins de propreté : sarclages et binages. Il faut éviter de la laisser envahir par les mauvaises herbes.

Vers fin juillet, la pépinière étant en parfait état de culture, on peut commencer le greffage. Dans ce but, on s'occupe d'abord de la préparation des sujets. Les pousses du haut de l'arbre sont liées ensemble et on enlève tous les autres bourgeons avec une serpette bien aiguisée. On greffe d'abord le poirier, puis le prunier, ensuite le cerisier et en dernier lieu le pommier. Il est nécessaire que le greffage soit terminé vers le 15 août dans les régions tempérées, car après cette date il court de nombreux risques.

Il est prescrit de ne jamais greffer quand il pleut, ni immédiatement après la pluie, parce que les greffes noircissent et ne reprennent point.

C'est la greffe en écusson qui est la meilleure de toutes les greffes, celle qui s'exécute le plus rapidement et qui donne les meilleures pousses (voir page 40).

Arrachage des arbres en pépinière. — Une bonne et forte bêche, pas trop large, est encore le meilleur outil pour opérer convenablement l'arrachage d'un arbre en pépinière. On ouvre tout autour du sujet, et à 50 centimètres de distance, un petit fossé plus large que le fer de la bêche (*fig.* 336) : suivant la position des racines, on

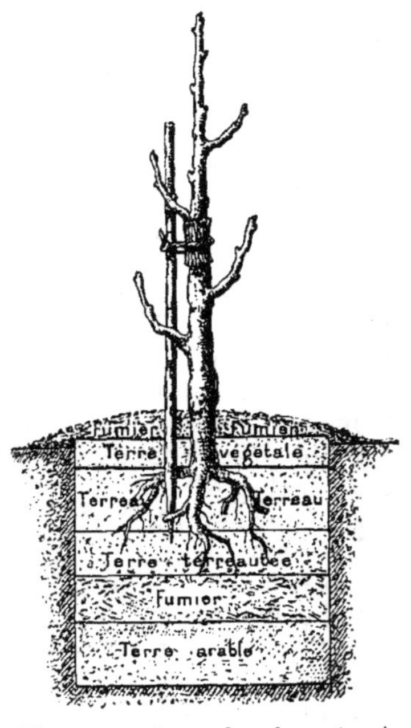

Fig. 336. — Déplantation par soulevements progressifs.

creuse plus ou moins profondément. Tout en poursuivant ce travail, on tire légèrement l'arbre par la tige afin de reconnaître la direction des principales racines et de bêcher en conséquence pour éviter de les blesser.

Lorsqu'on a dégarni les racines, on saisit l'arbre par la tige, au-dessous de la greffe et le plus près possible du collet, puis on tire progressivement. Si on éprouve une trop grande résistance, il est prudent de reprendre le bêchage jusqu'à ce que les racines mieux dégarnies puissent enfin céder sans grand effort.

Quand on arrache une ligne entière d'arbres, cette méthode d'arrachage peut-être modifiée pour devenir plus prompte. On établit un fossé de 60 centimètres de profondeur devant la ligne à arracher ; deux hommes munis de fortes bêches les enfoncent vigoureusement du côté opposé, derrière et à

Fig. 337. — Coupe du sol montrant les diverses couches après la mise en place de l'arbre fruitier.

40 centimètres des arbres qu'ils renversent dans le fossé avec la motte de terre qui entoure leurs racines. Il ne reste plus qu'à les enlever, en suivant les indications précitées, et à les mettre en place dans le verger (*fig.* 337).

Formation des tiges. — Le jeune arbre possède sa pousse ou tige principale d'une année, qui mesure généralement de 1ᵐ,20 à 1ᵐ,80 de longueur. Si cette tige n'est pas droite, on l'attache à un tuteur et on la laisse pousser jusqu'en juin. L'arbre se garnit alors, de la base au sommet, de pousses plus ou moins longues. Il faut les conserver pour que le tronc grossisse, mais en ayant soin de les pincer à six feuilles, excepté celle qui prolonge la tige qu'on laisse se dévelop-

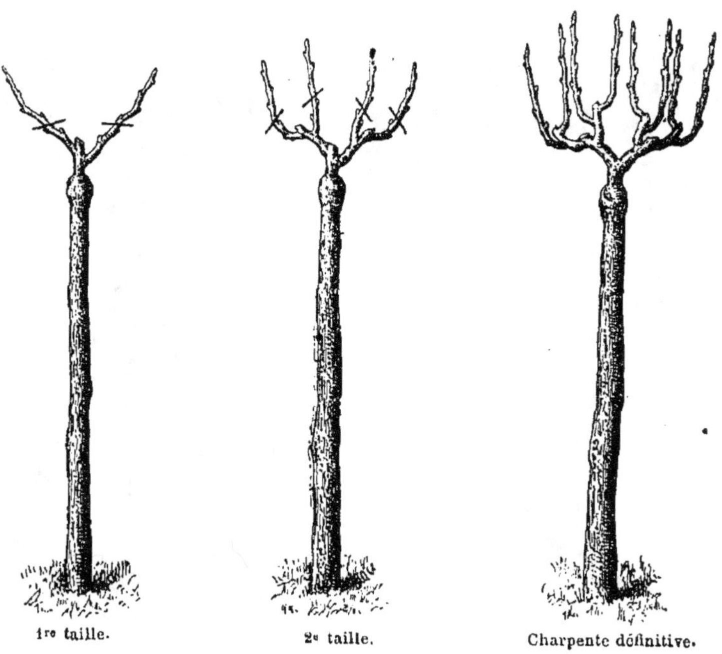

Fig. 338 à 340. — Formation d'un arbre de haut vent.

per librement. Au printemps suivant, la tige de l'arbre aura deux ans d'âge et atteindra 2 à 3 mètres de hauteur.

Au mois de mars, et même un peu avant dans les contrées chaudes, on supprime avec la serpette tous les bourgeons latéraux, si la tige a acquis un diamètre suffisant. Dans le cas où elle est trop faible, on en supprime les deux tiers seulement : la flèche est ensuite taillée à la hauteur voulue pour former le couronnement de l'arbre.

La formation d'un arbre de haut vent s'obtient comme l'indiquent les trois figures ci-dessus (*fig.* 338 à 340).

Lorsqu'il s'agit du poirier et du cerisier on s'efforce d'obtenir aussi l'élongation directe de la tige afin d'aider ces arbres à prendre la forme pyramidale qui leur est naturelle. Nous recommandons de ne laisser que quatre branches, cinq au plus, non compris celle qui prolonge la flèche de l'arbre. Au mois de septembre suivant, tous les bourgeons latéraux pincés sur la tige doivent être radicalement supprimés, et au mois de novembre l'arbre fruitier est prêt à être planté à demeure.

Exposition. — Le verger doit être exposé au sud, au sud-est ou au sud-ouest ; jamais au nord, au nord-est ou au nord-ouest, car les arbres

Fig. 341.
Bourgeon à bois.

Fig. 342.
Bourgeon à fruit.

Fig. 343.
Bonne taille.

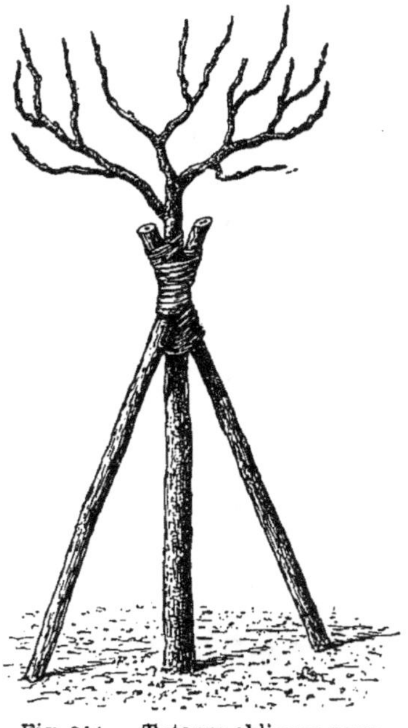

Fig. 344. — Tuteurs obliques pour arbres fruitiers de haut vent.

fruitiers redoutent les vents froids et aiment à être baignés de chaleur et de lumière.

Le sol du verger sera sain, fertile et profondément ameubli. Il est bon de le préparer par un labour profond et une culture sarclée.

Après que la récolte a été enlevée, on exécute un fort labour à la charrue en enfouissant un peu d'engrais et l'on procède à la plantation. Dans les terres riches on laisse 11 à 12 mètres de distance entre les lignes et entre les arbres, mais dans les sols de qualité moyenne on réduit la distance à 9 ou 10 mètres. Les poiriers et les cerisiers qui se développent en hauteur, se plantent au centre du verger.

Après la mise en place des jeunes arbres, on a soin de les munir de tuteurs (*fig.* 344).

Les lignes sont orientées nord-sud et les arbres sont plantés en quinconce. On réserve le bout des lignes qui n'arrivent pas à la hauteur des autres à des espèces d'un développement médiocre, comme le griottier et le cognassier. Ces arbres peuvent être plantés à l'alignement dans le cas où la surface du verger aurait la forme d'un carré. Tous les trous seront faits quelques jours à l'avance ; on porte sur les lieux l'engrais et les tuteurs, et la planta-

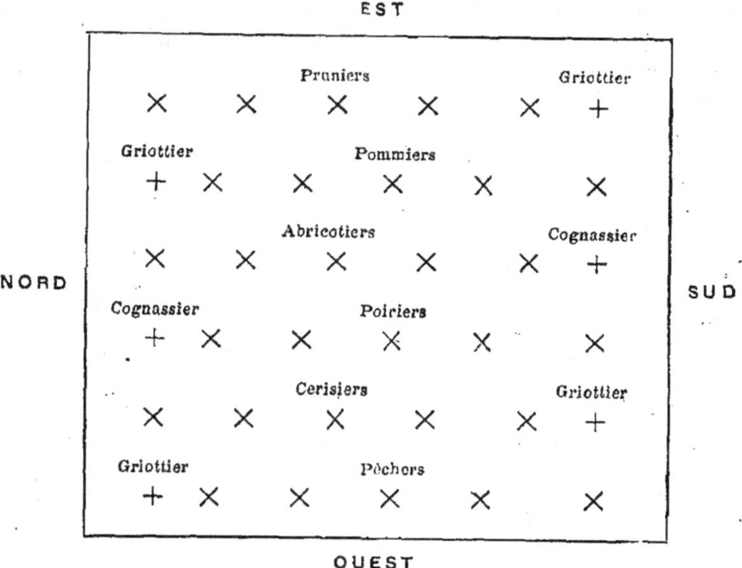

Fig. 345. — Plan de verger.

tion s'effectue avec soin suivant les indications que donne la figure ci-dessus (*fig.* 345).

Dans la plupart des cas, notamment dans les pays où les vents sont à craindre, une tige de 1^m,80 est suffisante pour les pommiers, pruniers, pêchers, griottiers, cognassiers, et une tige de 2^m,30 pour les poiriers et les cerisiers.

Le sol du verger peut être utilisé pendant deux ou trois années à la culture des céréales, des pommes de terre ou des légumes en laissant une place nette de 2 mètres de diamètre autour de chaque arbre.

L'arrosage donne les meilleurs résultats pendant l'été lorsque le sol en a réellement besoin. Un arrosage intempestif provoque la chlorose et fatigue les arbres. Le meilleur liquide est un mélange d'eau et de purin distribué à raison de 40 litres par pied.

Récolte et conservation des fruits de table. — La manière dont les fruits sont cueillis, ainsi que l'époque de la cueillette, influent sur leur qualité et leur conservation. En principe, on ne cueillera jamais les fruits avant la disparition de la rosée. Il faut toujours opérer par un temps sec et pendant les plus belles heures du jour.

Il est indispensable aussi de ne pas meurtrir les fruits. Les gens habiles détachent le fruit en le penchant de côté et en le tournant légèrement sur son pédoncule, car il faut le séparer sans secousse de la branche nourricière. On le place délicatement dans un panier doublé à l'intérieur d'un tissu épais ou d'un morceau de peau souple.

Lorsque les fruits sont cueillis, on les laisse séjourner pendant une ou deux semaines dans une pièce aérée pour qu'ils se *ressuyent* avant d'entrer au fruitier. On peut les poser simplement sur un lit de paille étendu sur le plancher, en ayant soin de ne pas les entasser ni les appuyer l'un contre l'autre. Tous les fruits entamés ou gâtés par une cause quelconque doivent être éloignés des fruits sains.

Les fruits d'été ou d'automne seront cueillis un peu avant leur complète maturité, afin qu'ils puissent mûrir au fruitier : ils acquerront ainsi plus de saveur et d'arome. Au contraire, il est indispensable de laisser les fruits d'hiver sur l'arbre le plus longtemps possible, au moins jusqu'à la fin d'octobre dans les régions du Centre et du Nord ; sans cette précaution ils se rident bientôt et n'ont aucune saveur.

Si l'on se donne la peine de cueillir les fruits avec l'attention et les soins voulus, on les conserve très longtemps au fruitier.

Fruitier. — Le *fruitier* est l'endroit où l'on conserve les fruits.

Il est indispensable que le local destiné à cet usage remplisse certaines conditions ; nous allons les examiner rapidement.

Un bon fruitier sera situé dans une pièce saine, exposée au nord mais absolument exempte d'humidité. La température devra y être maintenue, aussi constante que possible, entre 5 et 10 degrés centigrades. L'action de l'air et de la lumière est à redouter ; il est bon que l'atmosphère intérieure soit chargée de l'acide carbonique qui se dégage des fruits.

Le lieu le plus favorable à un fruitier serait sans contredit une cave très saine, assez froide et peu profonde ou un sous-sol parqueté. Des murs très épais, et mieux encore deux murs laissant un espace vide entre eux avec vestibule à deux portes, maintiendraient à l'intérieur une température sensiblement égale. Il faut qu'on puisse refermer la première porte derrière soi avant d'ouvrir la seconde.

Les murs intérieurs seront boisés et garnis de tablettes formées de lattes en bois dur, espacées de 2 centimètres environ afin d'assurer la libre circulation de l'air.

Pour éviter la chute des fruits, les tablettes, superposées à la distance de 30 à 40 centimètres les unes des autres, porteront un rebord

du côté libre. Ordinairement on élève la première tablette à 50 centimètres au-dessus du parquet.

Une grande table munie de rebords sera placée au milieu du fruitier. Cette table, ainsi que les tablettes, est recouverte d'un lit de
paille saine ou de mousse très sèche. Les fruits, placés debout et côte
à côte, ne doivent pas se toucher.

La visite du fruitier doit se faire régulièrement tous les cinq ou
six jours, afin d'enlever les fruits gâtés ou blets, qui contamineraient
les autres.

Lorsque le gel est à craindre, il faut installer un réchaud ou un

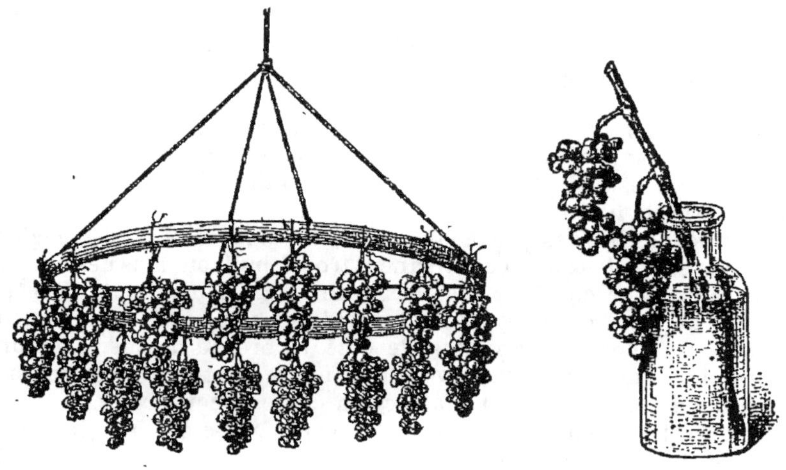

Grappes suspendues à un cercle de tonneau.   Procédé Thomery.

Fig. 346 et 347. — Conservation du raisin.

poêle dans le fruitier pour maintenir la température à quelques degrés au-dessus de zéro.

Si l'humidité devient trop persistante on peut introduire dans le
fruitier quelques vases plats garnis de *chlorure de calcium* — l'ancien
muriate de chaux — qui est un excellent agent de dessiccation à
cause de son extrême avidité pour l'eau.

Les raisins peuvent se conserver à rafle sèche ou à rafle verte.
Dans le premier cas, on les étend sur des tablettes garnies de paille,
de fougère très sèches, ou bien on les suspend à des cercles (*fig.* 346).
Dans le second cas, on coupe le sarment qui les porte à un œil au-
dessus de la grappe et à deux ou trois au-dessous suivant la longueur
des mérithalles. Après avoir débarrassé le sarment des feuilles et
vrilles, on l'introduit dans un petit flacon rempli d'eau additionnée
d'une pincée de charbon de bois en poudre qui, à cause de son pouvoir absorbant, maintient l'eau inodore (*fig.* 347). Ces petits flacons

sont adaptés par leur goulot à des échancrures pratiquées dans les tablettes, ou suspendus à des clous au moyen d'un fil de fer.

Les fruits peuvent d'ailleurs être conservés à l'état frais par des procédés tout différents de ceux que nous venons de décrire. Ces procédés consistent à les maintenir à l'abri du contact de l'air.

Les pommes et les poires entourées de papier de soie et emballées dans la poussière de tourbe, dans les « bourres » de sarrasin (qui sont peu hygroscopiques et moins sujettes à la moisissure que les « balles » de céréales), dans la sciure de liège, etc., se conservent jusqu'au printemps suivant.

Les sciures sèches des bois (les moins odorantes) mélangées avec 1/8 de charbon de bois finement pulvérisé constituent aussi une bonne protection. Les boîtes sont recouvertes de papier gris collé sur les bords et enfermées dans une armoire.

Emballage des fruits primeurs. — Les pêches du Midi (pêches de Perpignan) sont expédiées vers la mi-juin en caisses ou en grands paniers à étages sur lesquels elles sont placées au milieu de feuilles de vigne et de fibres de bois.

Les pêches hâtives provenant de cultures forcées sont expédiées dans des caissettes qui en contiennent trois à huit, ou dans des paniers plats sans couvercle, faits avec des lamelles de bois minces et entrelacées. Le fond du récipient est garni de sciure et d'une couche d'ouate. On dépose les pêches, le côté coloré en dessus, dans une dépression que l'on forme avec le pouce; ensuite on recouvre tous les fruits d'une épaisseur d'ouate et on cloue le couvercle.

Les cerises primeurs s'expédient par vingt-cinq ou cinquante environ dans des caissettes protégées chacune par une feuille de hêtre et entre deux lits de mousse humide.

Vers fin mai, on emploie des caisses plates de $0^m,50 \times 0^m,30$ dont les fonds sont tapissés de deux bandes de papier qui dépassent les bords de façon à pouvoir être rabattues sur le dessus de l'emballage. Les cerises sont déposées sur un lit de mousse humectée et protégées entre elles par des feuilles souples. Un lit de feuilles est ensuite placé sur les fruits et les bandes de papier sont rabattues sur la surface unie ainsi formée.

Bientôt l'abondance des fraises ne permet plus des soins aussi attentifs et les expéditions se font alors en paniers ovales, ronds ou carrés, munis d'un couvercle. Les fonds et les côtés sont tapissés de feuilles de vigne, etc., et les fruits s'étagent régulièrement en tas.

Les abricots de choix, qui arrivent à Paris vers la mi-juin, sont emballés dans des caisses plates avec des copeaux très fins, des feuilles et du papier coloré; les fruits sont déposés sur un ou deux étages.

Les abricots de qualité courante voyagent dans des paniers de 80 à 100 kilogrammes.

Les figues sont placées par huit à dix dans des caisses garnies de très fins copeaux disposés en dos d'âne de manière à ce que les figues charnues et plus ou moins piriformes, alignées de chaque côté, appuient leur pédoncule sur cette partie centrale plus élevée. Chaque fruit est enveloppé d'un papier fin.

Les prunes, qui apparaissent en mai sur le marché parisien, sont disposées dans des petites caisses analogues à celles que l'on emploie pour l'emballage des cerises. Les prunes reposent sur un lit de papier léger que protège un matelas de fines frisures.

Les pommes et les poires primeurs, munies de leurs pédoncules, sont cueillies avant maturité complète, enveloppées de papier et placées au milieu de foin fin, sec, dans de grands paniers à couvercle ou bien fermés simplement par un carton assujetti à l'aide de ficelles.

Les amandes, d'une consistance très solide, sont expédiées en paniers de 10 à 15 kilogrammes revêtus de feuilles.

Les mandarines sont logées dans des boîtes carrées qui en contiennent ordinairement seize. Une enveloppe de papier fin ou de papier d'étain les protège de toute part.

Les bananes, dont la culture s'étend en Algérie, sont disposées dans des caisses à claire-voie, avec de la paille. Lorsqu'elles viennent de loin, la sciure de liège est le meilleur agent de protection.

Les bananiers (*musa paradisiaca*), de la famille des *scitaminées-musacées*, sont des arbres gigantesques d'une belle tenue, vivaces par leur souche, à tiges monocarpiques, c'est-à-dire mourant après avoir fleuri et fructifié une seule fois. Il en existe de nombreuses espèces. La tige et les feuilles de cette plante ornementale fournissent des fibres textiles de 1 à 2 mètres de longueur (faisceau libéro-ligneux) : c'est le *chanvre de Manille* qui sert à faire des cordages, des toiles grossières. Les fruits ou bananes, très riches en fécule sucrée, sont très nourrissants. C'est la fécule de la banane qui s'appelle *arrow-root* en Guyane.

On propage le bananier par les rejetons qu'il émet autour du pied.

Nous parlerons de l'emballage des fraises, melons, asperges, etc., lorsqu'il sera question de leur culture.

Séchage des fruits. — La culture des arbres fruitiers est bien loin d'avoir atteint en France tout le développement auquel elle peut prétendre. L'abondante consommation des fruits, soit à l'état frais, soit sous forme de conserves, de confitures, de fruits secs, etc., mérite de fixer l'attention des agriculteurs.

Les succès de la culture fruitière en Amérique, soutenue par la préparation des fruits secs, prouve assez que cette culture est appelée à devenir un facteur très important de la production agricole.

La fabrication des conserves, des marmelades, des pâtes de fruits ne se fait pas à la ferme, car elle est du ressort d'une industrie spéciale ; mais la dessiccation, au contraire, qui se pratique sur place, dans les meilleures conditions, est une opération essentiellement agricole. Nous ne saurions trop insister à ce sujet : le séchage des fruits est appelé à devenir une source importante de revenus, tout en enlevant au commerce des fruits frais les incertitudes et les risques qui l'accompagnent.

A côté des fruits secs que nos pères ont connus, raisins, figues, prunes, on voit les pommes, les pêches, les abricots, les cerises, etc., prendre place, car tous les fruits sont susceptibles d'une conservation parfaite, facile et peu coûteuse, grâce à la dessiccation.

La dessiccation s'obtient à l'aide de trois méthodes principales :

1º Le séchage des fruits au soleil ;

2º La dessiccation au four et à l'étuve ;

3º La chaleur artificielle d'appareils spéciaux appelés *évaporateurs*.

Le *séchage des fruits au soleil* est connu depuis les temps les plus reculés ; c'est un procédé long et pénible, d'autant plus que, dans nos pays tempérés, le temps est généralement pluvieux vers l'automne. C'est pour atténuer ces inconvénients que l'on a fini par lui associer la *dessiccation au four* ou *à l'étuve*.

Le séchage de la prune d'Agen, dont les pruneaux sont si renommés, est basé sur cette deuxième méthode. Nous allons le décrire succinctement. Les prunes destinées à la dessiccation doivent être cueillies à maturité complète. Dans le Lot-et-Garonne, la prune d'ente est mûre au commencement du mois de septembre. Assez souvent, on laisse les fruits tomber naturellement de l'arbre et, afin d'éviter qu'ils ne se blessent en tombant sur un sol durci, on ameublit la terre sous l'arbre et, au besoin, on la recouvre d'un lit de paille. La chute des derniers fruits est provoquée par ébranlement de l'arbre.

Il est utile de ramasser les prunes sans retard et de les soumettre au *flétrissage* avant leur mise au four. Cette opération consiste à les exposer au soleil pendant un ou deux jours ; elle rend la peau plus ferme.

Le four de boulanger est encore l'appareil de dessiccation artificielle le plus usité chez les petits producteurs, et ce détail montre bien que le morcellement de la propriété n'est pas toujours, quoi qu'on ait pu dire, une cause de progrès social et de prospérité. Il est bien certain que « l'association » seule est capable de donner, avec le minimum d'efforts, le maximum de développement moral et matériel nécessaire à l'exploitation scientifique du sol et à la création de la richesse.

Les prunes dites d'Agen subissent trois cuissons. Les deux premières ont pour but de faire évaporer lentement l'eau que renferme le fruit. Pendant la première exposition, la température ne dépasse pas 45 à 50 degrés centigrades. La seconde opération atteint 65 à 66 degrés et la troisième s'élève jusqu'à 85-90 degrés.

Après chaque chauffage, d'une durée de six heures environ, on expose les prunes à l'air libre, et lorsqu'elles sont refroidies on les retourne sur place.

Il est prescrit de soumettre les prunes à une chaleur douce que l'on élève progressivement. Les cultivateurs tiennent compte de la température du four pour remplacer une fournée de fruits, ayant déjà acquis un certain degré de cuisson, par une autre fournée de prunes vertes ou simplement flétries au soleil.

Toutes les ouvertures du four sont fermées pendant les deux premières chauffes afin que l'atmosphère intérieure soit saturée de vapeur d'eau, tandis qu'on ménage une issue pendant la troisième opération pour que cette même vapeur puisse s'échapper au dehors.

La vapeur d'eau provoque des oxydations qui donnent à la prune cette couleur noire recherchée par les consommateurs.

En moyenne, la prune de belle qualité perd, par la dessiccation, environ les deux tiers de son poids. Conséquemment : 50 kilogrammes de pruneaux représentent 150 kilogrammes de prunes fraîches et une évaporation de 100 kilogrammes d'eau.

La prune reine-Claude et la mirabelle sont les variétés préférées pour la consommation à l'état frais ; mais d'autres prunes paraissent mieux appropriées au travail du séchage : à Agen on cultive à cet effet la prune d'ente ; la Sainte-Catherine donne les *pruneaux de Tours* ou *pruneaux fleuris ;* la quetsche donne les *pruneaux de Lorraine ;* un prunier voisin du perdrigon blanc donne la *prune de Brignoles ;* enfin, c'est le perdrigon violet et aussi la reine-Claude qui fournissent les *prunes fleuries* de la Provence et du Dauphiné. Ces prunes, placées dans des paniers en fil de fer galvanisé, sont plongées un instant dans l'eau bouillante. On les met sur des claies et à l'ombre sous des hangars très aérés jusqu'à commencement de dessiccation. Ensuite on termine le séchage au soleil en ayant soin de rentrer les claies chaque soir. Le sucre des fruits vient s'effleurir à la surface et le pruneau enrobé d'une poussière blanche mérite son nom de « fleuri ».

Tous ces procédés exigent de nombreuses manipulations.

Le meilleur moyen de dessiccation est assurément réalisé par l'emploi de *la chaleur artificielle* obtenue dans des appareils spéciaux appelés *évaporateurs.*

L'industrie française en construit plusieurs bons modèles qui peuvent fonctionner au besoin comme les étuves à prunes, c'est-à-dire cuire dans l'air saturé d'humidité.

La dessiccation des fruits par les nouveaux procédés ne demande ni connaissances spéciales, ni une grande pratique, ni un outillage encombrant.

Il suffit d'avoir vu fonctionner l'atelier de séchage des fruits installé dans la section américaine de l'alimentation à l'Exposition universelle de 1900 (Champ-de-Mars) pour être complètement édifié à cet égard.

Voici le détail de l'opération appliquée à des poires :

Un garçonnet pèle les poires avec une machine à peler. Une femme les coupe en quatre à l'aide d'une machine spéciale et les place sur les claies. Ces deux employés peuvent peler, couper et ranger sur claies plus de 2 hectolitres de fruits à l'heure.

L'évaporateur se compose d'un calorifère qui a pour but de chauffer et de créer un rapide courant d'air chaud. Le calorifère est surmonté d'une caisse en bois parallélogrammique, inclinée en pente douce (20 à 30 degrés) sur l'appareil de chauffage. C'est le courant d'air chaud qui, en traversant cette sorte de chambre, amène une prompte et bonne dessiccation.

Au fur et à mesure les claies sont poussées de haut en bas : elles terminent par conséquent leur évaporation près du calorifère. Un ouvrier retire la série de claies dont les fruits sont à point, et après avoir refermé la porte il va à l'autre extrémité de l'appareil pousser en avant les claies déjà installées dans la chambre, puis il en introduit une nouvelle série.

L'appareil est simple et facilement transportable, mais il donne une dessiccation irrégulière et utilise mal la plus grande partie du calorique. Un homme, une femme et un enfant peuvent peler, couper et dessécher 1 000 à 1 200 kilogrammes de fruits en vingt-quatre heures.

Hâtons-nous d'ajouter que l'évaporateur « le Français » de Tritschler ne présente pas les défauts de l'appareil américain précité et réunit les qualités que l'on trouve éparses dans les divers autres modèles.

Les prunes, les cerises, les figues et les raisins sont généralement desséchés sans subir aucun traitement préalable. Quelquefois les prunes sont dénoyautées et pelées.

Les cerises à chair ferme sont les meilleures pour être converties en cerises sèches; nous recommanderons à cet effet: parmi les guignes noires, la guigne de Tartarie, la guigne noire ancienne, la grosse guigne noire luisante, l'aigle noir — parmi les cerises noires : la cerise commune, la cerise de Portugal, la cerise de Prusse — parmi les griottes noires : la grosse morelle, la griotte du nord, surtout la griotte de Kleparow, d'un goût acide très prisé.

100 kilogrammes de cerises fraîches donnent environ 18 kilogrammes de cerises sèches.

Les pommes et les poires sont toujours pelées. Les pommes sont parfois séchées entières ou coupées en quartiers, mais le plus souvent elles sont divisées en tranches. Il y a des machines qui pèlent, coupent en tranches et enlèvent le cœur dur de la pomme dans une même opération.

Parmi les meilleures pommes pour la dessiccation il convient de citer la reinette du Canada, la reinette d'Angleterre, la reinette du Vigan, et la pomme de pailler du Saumurois.

Le rendement en fruits secs est évalué à 20 pour 100.

Parmi les meilleures poires nous citerons : Louise-bonne, duchesse d'Angoulême, beurré Clairgeau, beurré Diel, colman d'Arenberg, beurré d'Angleterre.

Le rendement des poires en fruits secs est de 16 à 17 pour 100; celui des abricots est de 20 pour 100.

Les plus beaux fruits constituent les fruits fins pour la consommation de table. On les conserve à l'état frais comme il a été dit. Chaque fruit doit occuper dans la caisse un compartiment séparé fait en carton : on le cale soigneusement afin d'éviter les heurts.

En Amérique, les fruits de deuxième choix sont livrés en tonneaux. Le fond du tonneau est garni d'une couche de coton ou de rognures de papier; on place une couche de fruits puis une couche de coton ou de papier, et ainsi de suite jusqu'à ce que le récipient soit plein. Une dernière couche de coton termine l'emballage avant la mise en place du fond.

Les fruits de troisième choix sont envoyés à la dessiccation.

Ce qui reste après le triage est employé à la fabrication du cidre pour les pommes, à la distillation pour les autres fruits.

La Vigne.

Historique. — Le *vin* est la boisson des deux tiers de la population française; aussi la France est-elle le centre principal de la production du vin dans le monde, et, en même temps, le centre le plus important de la consommation.

On attribue l'introduction de la *vigne* en Gaule, ainsi que celle de l'olivier, aux *Grecs Phocéens* qui, d'après la tradition, fondèrent Marseille vers l'an 600 de notre ère. Mais la tradition est fort obscure, et rien ne prouve qu'un pareil fait n'ait pu se produire antérieurement.

Nous savons qu'avant l'arrivée des Phocéens les Phéniciens étaient déjà établis autour du *Lacydon* (vieux port). Ceux-ci, venus de la côte occidentale de Syrie riche en oliviers (villes principales : *Arad, Byblos, Sidon, Tyr*) étaient de grands consommateurs d'huile et connaissaient la vigne. La Bible nous montre Noé plantant la vigne après le déluge dans une région très voisine de la Phénicie, ce qui indique bien, en tout cas, que la culture de la vigne est appréciée, depuis 4 ou 5 000 ans, sur les côtes de la Syrie.

Après la conquête romaine, la culture de la vigne se répandit dans notre pays et les *vins des Gaules* ne tardèrent pas à jouir d'une bonne réputation en Italie. Pline l'Ancien, qui écrivait vers l'an 50, cite plusieurs crus de la Gaule et apprécie favorablement les vins de Béziers (*Bitterea*).

A diverses reprises la culture de la vigne fut entravée. Ce n'est guère que depuis la fin du xviii° siècle qu'elle n'est plus l'objet d'édits restrictifs. Sous prétexte de prévenir la famine, l'empereur romain Domitien (81 à 96 de notre ère), trouvant que la vigne occupait des surfaces trop étendues au détriment des céréales, ordonna l'arrachage de la moitié du vignoble de la Gaule et de l'Espagne. Pour le même motif, les rois de France restreignirent souvent la culture de la vigne. On peut citer à ce propos les édits de 1563 (Charles IX) et 1783 (Louis XVI) qui furent lancés contre la précieuse ampélidée.

En 1789, au moment de la Révolution, notre pays possédait cependant 1 500 000 hectares de vignes. On évaluait à 2 400 000 hectares l'étendue du vignoble français avant la crise phylloxérique (1863 à 1890). A l'heure actuelle le vignoble français est à peu près reconstitué, grâce aux travaux des savants et à l'admirable énergie, au persistant labeur des viticulteurs.

Importance de la viticulture. — La valeur des vendanges françaises dépasse un milliard de francs, et dans les années favorisées atteint *un milliard et demi.*

Mais nous ne devons pas méconnaître cependant les remarquables progrès accomplis par la viticulture étrangère. Pendant ces derniers temps, de nouveaux vignobles, dont l'importance tend à s'accroître, ont été créés dans le sud de la Russie, dans la Turquie d'Asie, au cap de Bonne-Espérance, en Algérie, en Tunisie, dans la Nouvelle-Calédonie, en Australie, dans la République Argentine et aux États-Unis. Nous devons compter avec cette concurrence et travailler sans relâche à l'amélioration de nos procédés de culture, de vinification, etc., afin de maintenir l'antique suprématie de nos produits et de rester maîtres de notre marché national tout en conservant nos débouchés à l'étranger.

Malgré les sacrifices considérables que la vigne exige pendant plusieurs années avant de donner des produits suffisants, sa culture est en grande faveur partout où la situation permet de la propager avec succès.

L'importance exceptionnelle que prend la viticulture s'explique par le riche revenu qu'elle donne dans des conditions favorables. Ce système de culture est celui qui fait acquérir au sol agricole la plus grande valeur foncière. Tandis que dans les riches plaines du nord de la France, consacrées aux cultures industrielles, la valeur du sol en corps de ferme atteint de 5 à 7 500 francs l'hectare, les vignes se vendent dans le Midi jusqu'à 10 et 12 000 francs l'hectare, et lorsqu'il s'agit de parcelles fertiles disputées par la petite culture ces prix sont largement dépassés. Il faut dire que, pendant que la culture industrielle du Nord crée à peine 600 à 700 francs de valeurs par hectare, le produit brut des vignobles favorisés dépasse souvent 2 000 francs par hectare.

Phylloxera. — Le *phylloxera* (*fig.* 348, 349) est un microscopique insecte, d'origine américaine, qui suce les racines de la vigne, provoque leur mort et entraîne ainsi la perte de la plante par inanition. Il fut introduit accidentellement en France avant 1863 et étendit peu à peu ses ravages. En 1890, plus d'un million d'hectares avaient succombé sous ses attaques. L'œuvre de dévastation se poursuit encore sur quelques points ; mais, heureusement pour notre pays, la lutte contre l'insecte par des traitements spéciaux (sulfure de carbone, sulfocarbonate de potassium, submersion) et la replantation de nouveaux vignobles à l'aide des *cépages américains greffés*

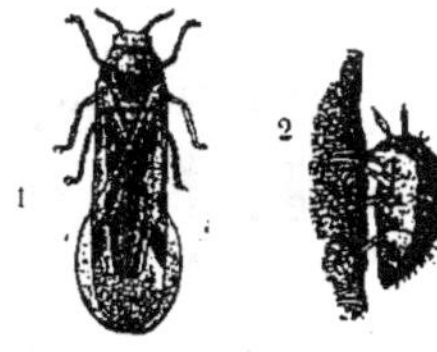

Fig. 348, 349.
Phylloxera (très grossi).
1, P. ailé; 2, P. des racines.

sont entrées de bonne heure dans une voie sûre. Les plantations dans les *sables* jouissent d'une immunité absolue.

Le phylloxera ne s'est pas localisé dans le vignoble français ; il a étendu son œuvre de dévastation à travers le monde entier, grâce à sa puissance de reproduction, aux phylloxeras ailés et aux nombreux moyens de transport rapides qui sillonnent aujourd'hui les terres et les mers.

La *submersion hivernale* des vignes est un moyen de conserver les anciennes plantations malgré la présence du phylloxera, mais elle exige une quantité d'eau suffisante obtenue économiquement, une terre susceptible de recevoir et de retenir convenablement l'eau, enfin des cépages supportant bien la submersion, tels que : aramon, syrah, chasselas. Pour atteindre un bon résultat, le vignoble doit rester pendant quarante jours sous une couche d'eau de 20 à 30 centimètres d'épaisseur.

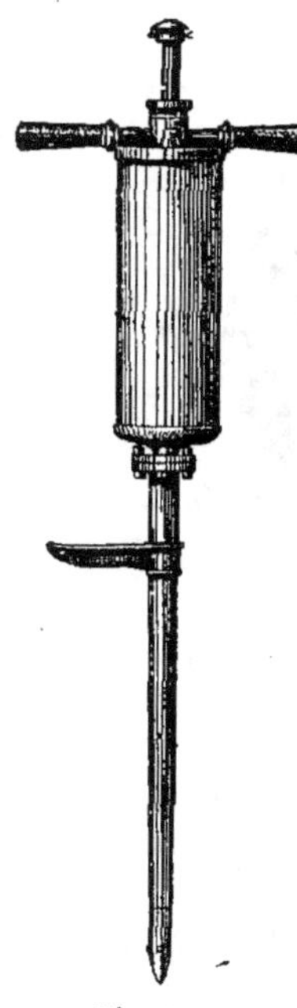

Fig. 350.
Pal injecteur Gastine.

Le *sulfure de carbone* s'évapore à l'air libre en donnant des vapeurs dangereuses dont les propriétés insecticides sont connues. On l'injecte à 30 ou 40 centimètres dans le sol à l'aide d'un *pal injecteur* (*fig.* 350). Il faut employer 200 à 250 kilogrammes par hectare, répartis en 25 ou 30 000 trous. Ce traitement occasionne une dépense de 225 à 300 francs par hectare. Les vapeurs sulfureuses se diffusent dans le sol et détruisent une plus ou moins grande quantité d'insectes, ce qui permet de maintenir la vigne — au moins pendant quelque temps — en assez bonne production. Les sols argileux compacts, ceux qui sont peu profonds ou trop humides ne conviennent pas au traitement.

Le sulfure de carbone, combiné avec un sulfure alcalin comme le sulfure de potassium, forme un composé appelé *sulfocarbonate de potassium* que l'on emploie dilué dans l'eau. Cet insecticide agit par les vapeurs sulfureuses qu'il dégage ; le carbonate de potasse qu'il renferme est un excellent engrais. On creuse une cuvette au pied de chaque souche et on y verse la solution préparée à raison de 35 à 50 grammes de sulfocarbonate par 15 à 16 litres d'eau. La dose est d'autant plus forte que les ceps sont plus espacés. Le prix de revient de ce traitement atteint 300 à 450 francs par hectare et il nécessite 100 à 150 mètres cubes d'eau.

Culture de la vigne dans les principales régions viticoles de la

Fig. 351. — Culture en gobelet
avec deux sarments fructifères.

Fig. 352. — Culture en gobelet
avec longs bois.

France. — Il existe plusieurs modes de culture de la vigne. Ces différences sont motivées par les habitudes locales, par la nature du cépage et surtout par les conditions climatériques.

Dans le *Midi*, la *vigne basse* réussit partout ; dans les régions moins privilégiées, la *vigne moyenne* ou *haute* se substitue à la vigne basse dans les plaines et les vallées ; enfin, dans les contrées les plus froides, la vigne n'est cultivable qu'en coteaux bien exposés.

Dans le *bas Languedoc*, c'est-à-dire dans le *Narbonnais* et le département de l'*Hérault*, où la culture intensive de la vigne est poussée au plus haut degré, on effectue la plantation *à plein* — sans cultures intercalaires — et généralement en carré à 1ᵐ,50-1ᵐ,75. Les ceps sont formés en gobelet à quatre, cinq ou huit bras, suivant leur vigueur (*fig.* 351, 352). Chaque bras porte un courson taillé à deux yeux francs. Le gobelet est situé à 20 ou 25 centimètres du sol, mais on l'élève davantage dans les terres basses exposées aux gelées et aux inondations.

Dans les *Pyrénées-Orientales*, la conduite des vignes se fait d'une manière analogue. Il en est de même dans la *Provence;* seulement, la vigne y est cultivée en lignes simples, doubles ou triples, parfois avec cultures intercalaires. La souche forme un gobelet à pied très court; c'est presque à ras de terre que les deux ou trois bras se divisent.

Les vignobles des *Charentes*, de la *Dordogne*, du *Lot*, du *Lot-et-Garonne* se rapprochent du type méditerranéen par la forme des ceps, le mode de taille et l'absence d'échalas.

Dans le *Beaujolais*, les ceps sont espacés de 65 à 80 centi-

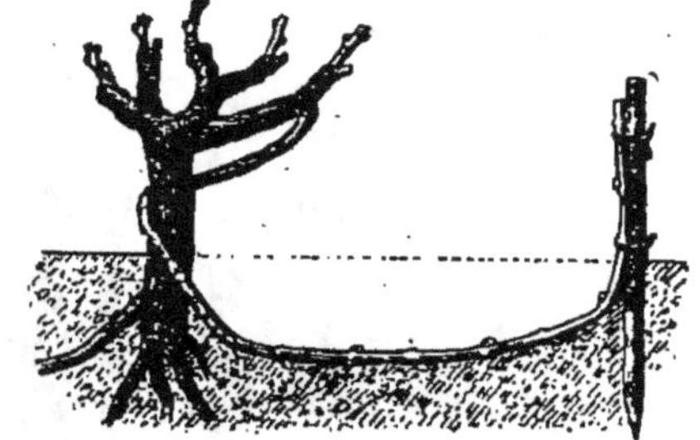

Fig. 353. — Provignage par marcotte simple.

mètres en quinconce ou en carré. On les conduit en gobelet à trois ou quatre branches portant un courson à deux yeux francs. Les vignes sont échalassées dès la troisième année; plus tard, lorsqu'elles ont acquis leur entier développement, on enlace simplement les extrémités des rameaux de deux souches voisines, qui se tiennent ainsi érigés.

Dans la *Côte-d'Or* (Bourgogne), le nombre des ceps dépasse 20 000 à l'hectare ; le *provignage* par couchage de la souche (*fig.* 353), qui est une opération culturale régulière, ainsi que dans la *Champagne* et le *Saumurois*, finit par donner 40 000 à 60 000 pieds.

Chaque cep, accolé à un échalas (*fig.* 354), est formé par une seule tige

Fig. 354. — Vigne de la Côte-d'Or.

terminée par un courson à deux, trois ou quatre yeux, suivant qu'il s'agit d'un gamay ou d'un pinot.

En *Champagne*, on réserve sur chaque cep à raisins noirs deux *broches* ou *pousses* (*fig.* 355) que l'on rabat sur trois yeux francs. On ne garde qu'une broche à quatre yeux sur les cépages blancs; puis, au moment du béchage, qui se donne à la houe courant mars, on enterre le bois ancien de chaque cep en ne laissant sortir que les trois ou quatre yeux de la broche. Ces couchages successifs finissent par garnir la couche arable d'un réseau de tiges souterraines racinées.

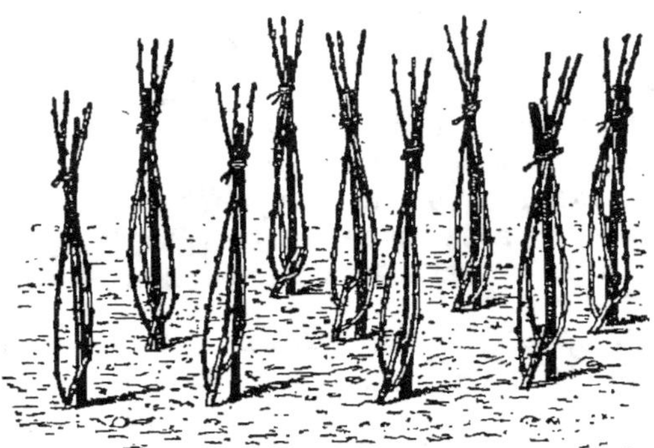

Fig. 355. — Vigne provignée de la Champagne,
avant la taille.

Dans les vignobles de la *région de Chablis*, la souche porte trois ou quatre bras qui traînent sur le sol en éventail ; chaque bras est accolé à un échalas vers son extrémité (*fig.* 356).

Dans la *Gironde*, les vignes à vin rouge sont conduites en souches basses ou moyennes, suivant les contrées. Elles sont ordinairement

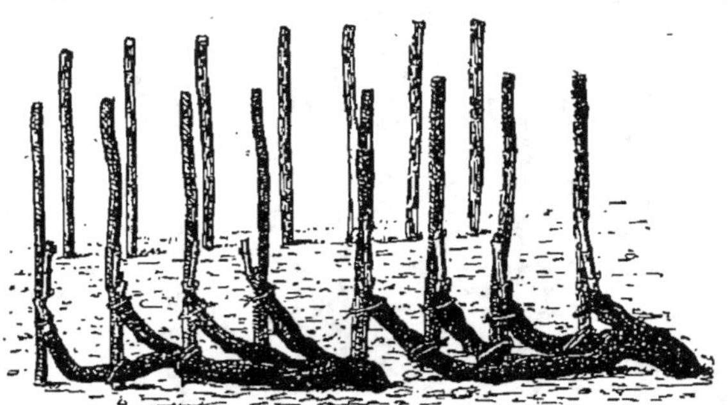

Fig. 356. — Vigne de Chablis.

établies en espalier à deux bras symétriques terminés par des *astes* ou longs bois (*fig.* 357). Dans le *Médoc*, l'espacement entre les ceps est de 90 centimètres à 1 mètre, sur 1 mètre à 1^m,20 ; dans le *pays de Sauternes*, les lignes sont distantes de 1^m,30 à 2 mètres et les souches sont espacées sur la ligne de 80 centimètres environ.

Dans la *Savoie*, l'*Isère*, le *Bugey*, les vignes sont cultivées en treillards ou en espaliers. Les *crosses* d'Évian sont constituées par des arbres morts et écorcés supportant des vignes en treille.

Ces exemples, pris de tous les côtés, montrent assez combien les systèmes de culture sont profondément différenciés. Ajoutons que les replantations qui se sont faites ou qui se font à la suite de l'invasion phylloxérique tendent à donner à la culture de la vigne une certaine uniformité. Le greffage sur les cépages

Fig. 357. — Vigne du Médoc avec deux astes et cots ou coursons de retour.

américains résistants au phylloxera doit, nécessairement, modifier quelques pratiques, telles que le marcottage ou provignage, par exemple, et contribuer à faire disparaître cette grande diversité de systèmes cultu-

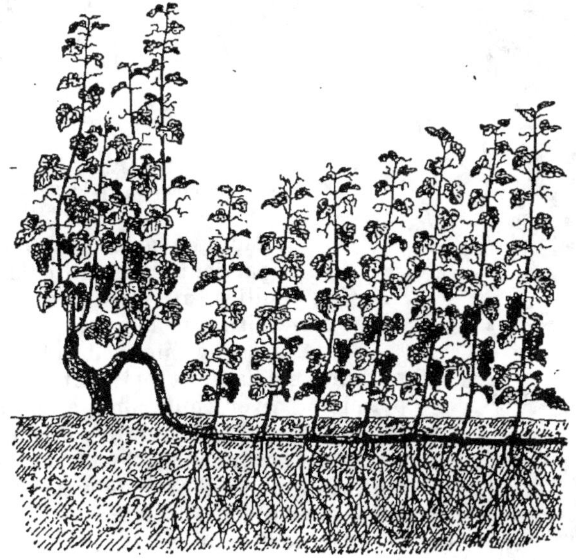

Fig. 358. — Provignage chinois dit multiple.

raux. Grâce à la vigueur relative des porte-greffes américains judicieusement choisis, et à de bonnes fumures, *le provignage est évité*. Les vignerons bourguignons, champenois, saumurois, etc., peuvent abandonner cette vieille pratique; ils n'ont qu'à se préoccuper d'empêcher l'allongement excessif de la souche au moyen de tailles soignées et appropriées.

Le *provignage chinois* (*fig.* 358), qui a pour but de faire produire aux ceps un grand nombre de plants enracinés, est un procédé précieux, facile à utiliser. La figure ci-dessus l'explique clairement.

VITICULTURE GÉNÉRALE.

La *vigne* (*vitis vinifera*) est un arbrisseau sarmenteux dont le tronc, généralement grêle et plus ou moins noueux, est revêtu d'une

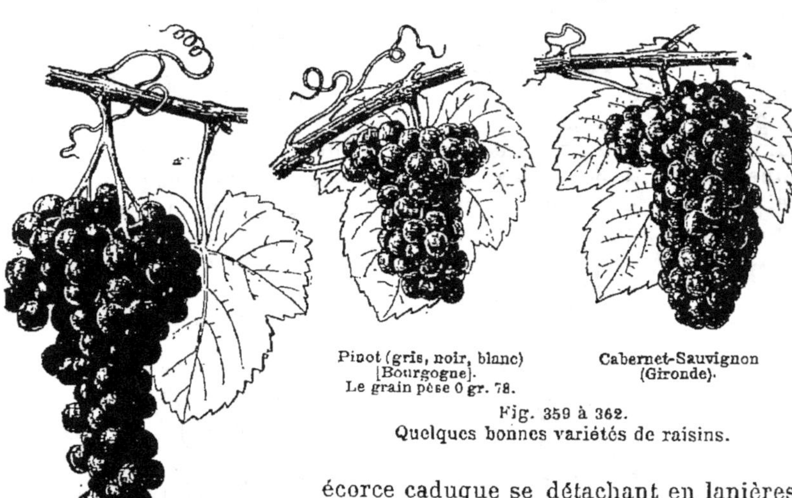

Pinot (gris, noir, blanc)
[Bourgogne].
Le grain pèse 0 gr. 78.

Cabernet-Sauvignon
(Gironde).

Fig. 359 à 362.
Quelques bonnes variétés de raisins.

Aramon noir (Languedoc).
Le grain pèse 3 gr. 65.

Muscat de Rivesaltes
(Pyrénées-Orientales).

écorce caduque se détachant en lanières. Elle appartient à la famille des *ampélidées*. Les feuilles alternes sont *palminervées*, c'est-à-dire que les nervures secondaires sont presque aussi développées que la nervure médiane et naissent du sommet du pétiole en divergeant comme les doigts d'une main. Suivant les variétés, ces feuilles, plus ou moins cordiformes, lobées et dentées, portent aussi un tomentum (duvet) plus ou moins épais sur la face inférieure (*fig.* 359 à 362).

a) La feuille du *pinot*, le célèbre plant de la Bourgogne, est presque orbiculaire, à dents obtuses et peu profondes, tandis que celle du *chasselas à feuilles de persil* est très profondément découpée et dentelée, comme son nom l'indique.

b) La feuille du *grenache* ou *alicante* est glabre sur les deux faces, tandis que celle de *l'espar* ou *mourvèdre* est couverte à la face inférieure d'un épais duvet blanchâtre.

La vigne se cramponne aux objets le long desquels elle grimpe, à l'aide de *vrilles* (*fig.* 363) qui sont des inflorescences avortées. Les

inflorescences naissent des rameaux, juste en face du point où sont
insérées les feuilles ; conséquemment elles sont *opposées* aux feuilles.
Sur les cépages d'Europe, sans exception, les vrilles sont *discontinues*,
car si nous examinons un rameau nous remarquons que, d'un même
côté, une feuille succède à une vrille et ainsi de suite.

Les formes du *vitis labrusca* (*Concord, Isabelle*, etc.), à fruits d'un
goût très foxé et à faible résistance phylloxérique, sont caractérisées
par des vrilles continues.

Les *fleurs* de la vigne sont disposées en un *panicule* multiflore qui
se développe sur les rameaux de l'année.

Quand la fleur est encore à l'état de bouton, tous ses organes
sont recouverts par cinq pétales cohérents au sommet. Au moment
de la floraison, les étamines s'allongent et soulèvent les pétales
qui se détachent du calice par le bas, tout d'une pièce, comme
un petit capuchon. A ces cinq pétales sont opposées cinq étamines à

Fig. 363. — Développement d'un bourgeon fructifère de la vigne.

filets libres, qui portent à leurs extrémités une anthère à deux loges.
Au centre de la fleur se dresse un ovaire libre, entouré à sa base par
un disque glanduleux et surmonté d'un stigmate aplati. Chaque ovaire,
fécondé par le pollen des étamines, devient une baie globuleuse qui
est le *grain de raisin*.

Il arrive parfois, chez certains cépages, que les fleurs, soit par suite
de dégénérescence des organes de la reproduction, soit par toute
autre anomalie, n'arrivent point à nouer leurs fruits. Ces fleurs sont
dites *coulardes*. On doit supprimer ces cépages-là, et, dans tous les cas,
éviter de les propager par le bouturage.

La vigne est une plante à feuilles caduques, et par conséquent à
végétation interrompue pendant l'hiver. Sous l'influence des premiers
effluves printaniers, le réveil de la végétation se manifeste par le phénomène des *pleurs*. On voit apparaître des gouttes d'eau sur les sections faites par la taille jusqu'au moment où le développement des
bourgeons donne naissance à de jeunes rameaux munis de feuilles
qui, par leur *transpiration*, évacuent cet excès de liquide.

L'acte important de la floraison se produit à différentes époques
suivant le climat, le cépage, l'exposition et les conditions atmosphériques. Dans les collections *ampélographiques* de l'École nationale
d'agriculture et de viticulture de Montpellier (Hérault), l'*aramon* fleurit

généralement du 24 mai au 7 juin, tandis que le *chasselas*, plus hâtif, fleurit du 20 mai au 3 juin.

. Après la *fécondation*, et lorsque le fruit est *noué*, le développement foliacé de la vigne se ralentit peu à peu. La plante travaille à l'élaboration du raisin. Trente ou quarante jours environ avant la *maturité*, les fruits des cépages noirs perdent leur couleur verte, et prennent une teinte violacée, tandis que les raisins blancs deviennent plus blonds et plus clairs ou transparents.

Le raisin grossit, son acidité diminue et la proportion des matières sucrées augmente ; enfin, il atteint sa parfaite maturité et *peut être vendangé*. A ce moment, les sarments mûrissent à leur tour ; ils deviennent ligneux. Puis les feuilles jaunissent, se dessèchent et tombent ; celles de plusieurs cépages, notamment de la carignane, du petit-bouschet, de l'alicante bouschet, du merlot, etc., se parent d'une teinte pourprée vers l'arrière-saison.

Le *vitis vinifera* ou *vigne cultivée* n'est pas difficile sur la nature du sol. D'une manière générale, on peut dire que toutes les terres lui conviennent, excepté celles qui sont acides ou trop humides. On trouve des vignobles productifs dans les terres les plus siliceuses et dans les terres les plus calcaires. Cependant la vigne se *chlorose* passagèrement, surtout les années à printemps humide, lorsqu'on la cultive dans les sols blancs, crayeux, tendres. La sensibilité de la vigne cultivée à la chlorose ou jaunisse est insignifiante si on la compare à celle des *espèces américaines* à l'exception du *vitis Berlandieri* et de certains *hybrides*, notamment 1202 et 157-11 de *Couderc*.

Au point de vue de la résistance au phylloxera, toutes les formes du *vitis vinifera* sont d'une résistance nulle.

Influence du climat. — Le climat a une action considérable sur la production de la vigne. Les climats septentrionaux froids et humides ne lui sont pas favorables. Elle se plaît dans les *climats tempérés* dont les régions les moins chaudes fournissent, à bonne exposition et avec des cépages choisis, les vins les plus estimés : *bourgogne, champagne, bordeaux, ermitage.*

Le Midi produit en abondance des vins de consommation courante ; il possède néanmoins quelques crus estimés, tels que les muscats de Frontignan, Maraussan, Lunel, Puisserguier, Cazouls-lez-Béziers, Rivesaltes et les vins de Langlade, Tavel, Saint-Georges d'Orques, Banyuls, etc.

Culture. — Comme la plupart des plantes, la vigne exige un sol profondément ameubli. Sa végétation est beaucoup plus vigoureuse en terrain défoncé qu'en terrain compact et elle s'y met aussi plus rapidement à fruit.

On exécute le défoncement à la main ou à la charrue en ayant. soin de ramener le sous-sol à la surface lorsqu'il n'est pas trop calcaire. Le carbonate de chaux est l'agent principal de la chlorose des

vignes; par conséquent, en le mélangeant avec une bonne terre végétale, on ne pourrait que gâter celle-ci. Il est plus rationnel de déchirer les sous-sols calcaires avec une fouilléuse, qui les laisse en
place tout en les rendant plus perméables.

Irrigation des vignes. — Dans le Midi, l'été est souvent très sec;
aussi doit-on y considérer l'arrosage comme un adjuvant précieux
pour la culture de la vigne.

On peut considérer comme un arrosage léger la distribution de
2,200 mètres cubes d'eau par hectare, ce qui correspond à une pluie
de 220 millimètres.

Le poids des grains pris dans les vignes arrosées, comparé à celui
des grains de vignes non arrosées, accuse en moyenne une augmentation de plus de 25 pour 100.

Les remarquables expériences de M. Muntz démontrent que la
quantité d'eau ainsi introduite dans les organes de la vigne dilue les
liquides qui gorgent les cellules, mais qu'il n'en existe pas moins en
réalité une augmentation de matières sucrées et d'acides végétaux
qui se traduit pratiquement par la réalisation d'un bénéfice plus élevé.

Il est bien démontré aujourd'hui que la sécheresse retarde la maturité des fruits et ne donne jamais des grappes à gros grains juteux
chargés de sucre.

Défoncement. Plantation. — Il est bon de fumer quand on exécute
le *défoncement*, soit avec des fumiers de ferme, soit avec des composts,
des terreaux, etc., en observant seulement de ne pas apporter des
éléments calcaires sur les sols déjà pourvus en chaux.

On ne peut que recommander de réserver un peu d'*engrais organiques* pour fumer encore au moment de la *plantation*. Les plants qui
poussent mal pendant les premières années de leur existence restent
généralement malingres, il y a donc un très grand intérêt à les fortifier
le plus possible.

La plantation s'effectue de différentes manières suivant que l'on
opère avec des boutures, avec des plants greffés soudés ou
simplement avec des plants enracinés.

Boutures. — Le choix des *boutures* est d'une haute importance (*fig.* 364). Il faut prendre les sarments bien mûrs
sur les pieds les plus fertiles dont les fleurs ne *coulent*
pas habituellement. On doit éviter l'emploi de boutures
provenant des vignes ravagées par les maladies cryptogamiques, telles que l'oïdium, l'anthracnose, le mildiou ou peronospora et le black-rot.

Fig. 364.
Bouture.

Les meilleures boutures sont celles qui, étant bien
.aoûtées (mûres), saines et vigoureuses, sans être cependant d'un trop
gros diamètre, présentent des nœuds peu écartés. Il est préférable de
les tailler dans la partie moyenne ou à la base du sarment.

Par une sélection (*selectio*, choix, triage) intelligente, basée sur une observation attentive, le vigneron améliorera notablement la quantité et la qualité de la production.

Lorsqu'on se trouve dans la nécessité de garder les boutures un certain temps avant de les planter, le meilleur moyen de les conserver consiste à les enterrer dans un tas de sable ou une couche de terre légère de 0^m,40 d'épaisseur. Quarante-huit heures environ avant de les employer, on les met à tremper dans l'eau claire.

Les boutures ou *porte-greffes* sont pris sur des *cépages américains* dont les racines résistent aux attaques du phylloxera; on les plante ordinairement en plein champ et plus ou moins profondément suivant le climat et la nature du sol. Ainsi, par exemple,

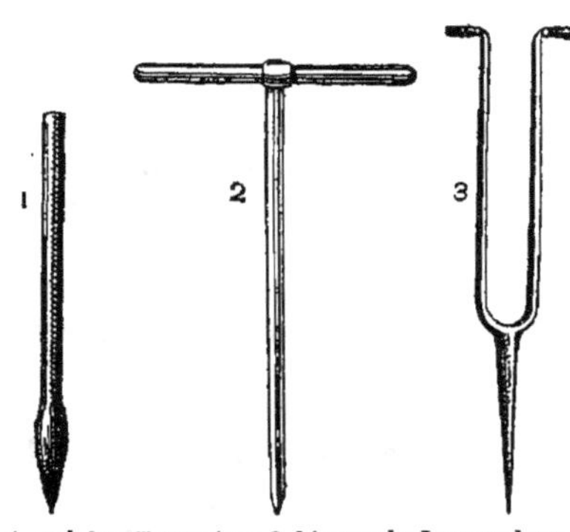

1, pal des Charentes; 2, birone du Languedoc; 3, haque de la Gironde.

Fig. 365 à 367.

dans l'Yonne, la bouture est parfois couchée obliquement sous une faible couche de terre soulevée d'un coup de houe, de telle sorte que la partie souterraine du sarment et les racines qu'il émet vivent près de la surface où la température est plus favorable à leur activité. Dans le Midi, au contraire, où la terre est souvent sujette à la sécheresse et où elle s'échauffe profondément, il est plus avantageux de planter les boutures verticalement jusqu'à une trentaine de centimètres de la surface du sol.

La mise en place des boutures la plus pratique et la moins coûteuse consiste à les enterrer dans des trous ouverts au pal, ou à l'aide d'instruments analogues (*fig.* 365 à 367), lorsque la terre ameublie est suffisamment rassise. Il importe que la terre soit bien tassée autour du plant légèrement décortiqué à la base.

Racinés. Plants greffés soudés. — La plantation des *racinés* (*fig.* 368) ou des *plants greffés soudés* se fait après défoncement, en trous assez larges, en leur

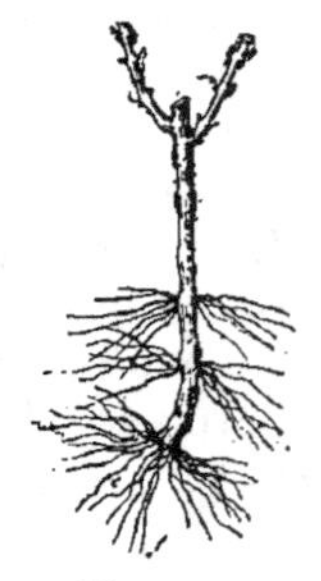

Fig. 368.
Plant raciné.

conservant toutes leurs racines, qu'il est inutile de rafraîchir, même aux extrémités, si elles sont fraîches et vivantes. La méthode qui consiste à réduire ces plants à l'état de bouture, en coupant leurs racines presque à ras de tige afin de les planter au pal, doit être évitée autant que possible.

Au-dessus des racines bien étalées, on met 7 ou 8 centimètres de terre fine; puis, après avoir déposé le fumier, on achève de combler le trou. Le point de soudure doit se trouver à 2 ou 3 centimètres au-dessus du sol dans les pays chauds et un peu au-dessous de la surface dans les régions froides. On butte fortement de manière à recouvrir tout le vieux bois du greffon, qui est taillé au niveau du sommet de la butte, soit entre le deuxième et le troisième œil.

Il est préférable de planter les plants racinés vers le commencement de l'hiver, dès qu'ils ont perdu leurs feuilles, tandis qu'il est bon de mettre les boutures en place peu de temps avant l'époque où elles sont susceptibles de se développer. Chaque plant raciné est accolé à un petit piquet avec un lien d'osier ou de raphia.

Courant juillet, on enlève la butte et on supprime les racines qui

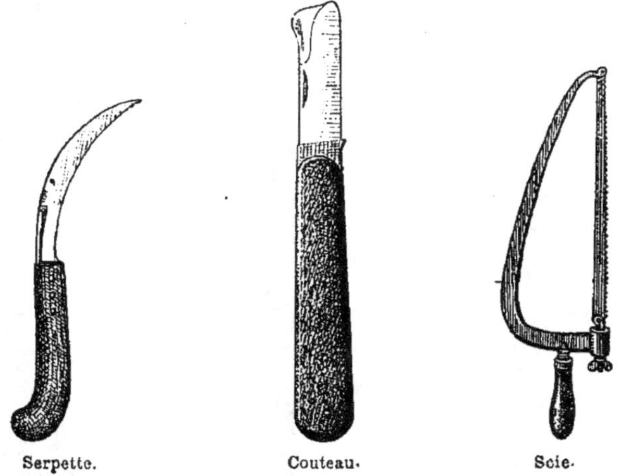

Fig. 369 à 371. — Outils à greffer.

se sont développées sur le greffon; on rebute légèrement, et, vers la fin du mois d'août, on laisse la soudure complètement exposée à l'air pour amener le durcissement des tissus cicatriciels.

Les années suivantes, le point de soudure est mis hors de terre par le déchaussage du printemps, et, par suite, il ne s'y développe point de racines. A l'automne, on remplace les manquants avec des boutures greffées élevées en pépinière.

Greffage. — Le *greffage* des vignes sur *cépages américains* est aujourd'hui une opération courante, que l'on pratique à l'aide d'instruments spéciaux (*fig.* 369 à 371). C'est d'ailleurs le seul moyen pratique de mettre nos plants indigènes à l'abri des atteintes mortelles du phylloxera. Nous savons que la qualité d'un vin tient en grande partie à la nature du plant, et une expérience séculaire a fait connaître les cépages les mieux appropriés à chaque région viticole. Ces cépages précieux doivent être sauvegardés afin de conserver aux vins de France leur supériorité incontestable et leurs caractères distinctifs.

Les cépages américains qualifiés de *producteurs directs* ou les *hybrides* de vitis vinifera et d'américains, n'ont qu'une valeur relative pour la reconstitution de notre vignoble, car leurs vins à goût plus ou moins particulier ne peuvent être comparés à ceux de nos vieux plants français auxquels le consommateur est habitué.

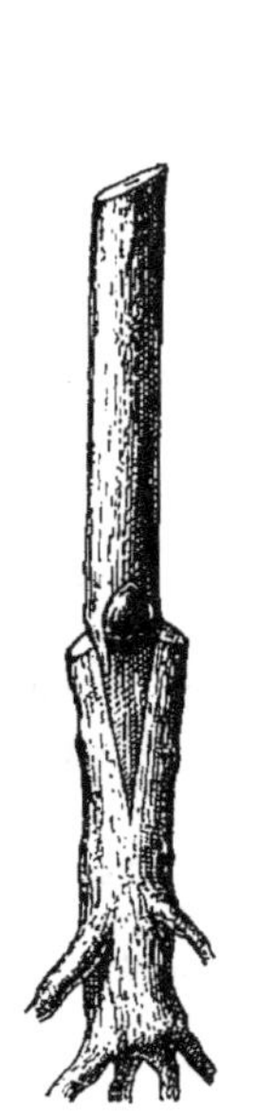

Fig. 372.
Greffe en fente
pleine.

Fig. 373.
Greffon pour la
greffe en fente
ordinaire.

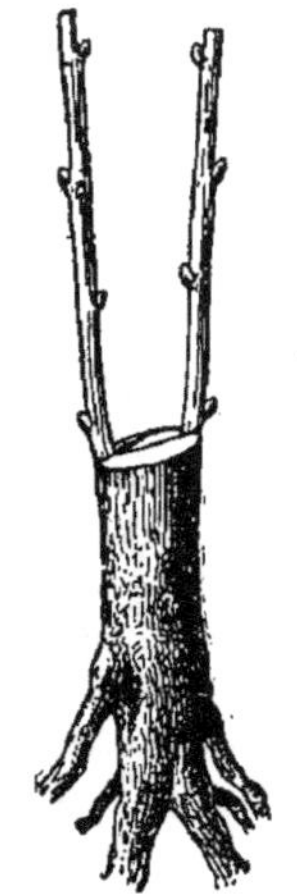

Fig. 374.
Greffe en fente
avec deux gref-
fons.

La *greffe en fente pleine* (*fig.* 372) est généralement adoptée : elle s'applique à des sujets de un ou deux ans et de même diamètre ou un peu plus petits que les greffons. Pour que le tissu de soudure se forme convenablement, il est bon de pratiquer le greffage en dehors de la période où les *pleurs de la vigne* sont abondants : cette eau séveuse s'oppose à la formation du tissu cicatriciel. Les greffes qui réussissent le mieux sont faites lorsque le sujet n'émet pas encore de pleurs, c'est-à-dire en février-mars dans la région méridionale.

Si on se trouve dans l'obligation d'opérer au moment des pleurs abondants de la vigne, il faut avoir soin de décapiter les *sujets* quelques jours avant la mise en place du *greffon* (*fig.* 373). Dans ce cas, l'ouvrier greffeur rafraîchit la coupe du sujet avant de le fendre pour y introduire le greffon.

Le sujet est sectionné horizontalement, suivant l'axe, et jusqu'à une profondeur de 2 ou 3 centimètres.

Le greffon est habituellement coupé à trois bourgeons et choisi à la base ou au milieu du sarment. On le taille en coin aminci de manière à former deux sections latérales qui partent de l'œil inférieur et se rencontrent sur l'axe. Les deux biseaux ne doivent pas avoir exactement la même obliquité par rapport à l'axe, de façon

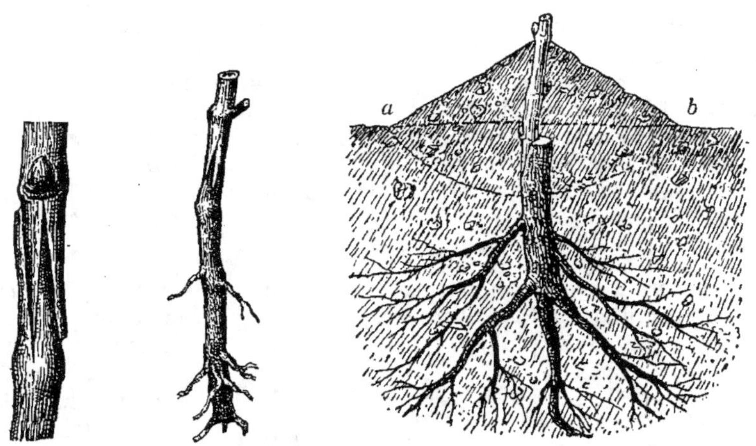

Fig. 375, 376. — Greffe en fente anglaise.   Fig. 377. — Greffe en place buttée.

à éviter de mettre la moelle à nu des deux côtés et à obtenir une lame de bois plus solide.

Le greffon est enfoncé verticalement dans la fente du sujet (*fig.* 372), de manière à mettre en contact les écorces et les couches génératrices des deux bois, car le tissu cicatriciel, et par suite la soudure intime, ne peuvent se produire que dans cette région.

La *greffe anglaise* (*fig.* 375, 376) est celle qui donne les meilleures soudures, mais elle est moins simple; elle exige que le greffon et le sujet taillés pareillement soient aussi de même diamètre et pas trop forts.

Dès que le greffon est bien en place sur le porte-greffe, on ligature avec précaution avec un lien en *raphia* sulfaté. Cette ligature a pour but de maintenir réunies les deux parties assemblées jusqu'au moment où les tissus sont parfaitement soudés.

Le raphia non sulfaté se pourrit trop tôt dans les régions pluvieuses. On assure sa durée en l'immergeant dans une solution à 2 ou 3 grammes de sulfate de cuivre par litre d'eau, mais la causticité du sulfate de cuivre entrave parfois la formation de la soudure si on n'a pas le soin de laver légèrement le raphia sulfaté pour enlever l'excès de cuivre. Il est toujours facile de couper les liens au moment de l'enlèvement des racines qui se sont développées sur le greffon,ainsi que les rejets émis par les sujets (juillet-août).

On commence à ligaturer par le haut. Les tours ne doivent pas se toucher. On attache au-dessous de la greffe. Les engluements à la terre glaise ou au mastic sont plutôt nuisibles et doivent être abandonnés.

Immédiatement après le greffage, on comble le trou de déchaussement et on butte avec de la *terre fine*. Il importe que la butte (*fig.* 377), large de 45 centimètres à la base, recouvre complètement — mais sans excès — l'œil supérieur du greffon, même après tassement.

Certains viticulteurs préfèrent mettre en place des racinés greffés venus en pépinière, afin d'éviter les incertitudes du greffage et d'obtenir des vignes plus régulières. Ces racinés proviennent du *greffage sur bouture* dit *à l'atelier* ou *sur table*. On greffe en fente pleine après avoir *coupé* sur leur empâtement *tous les yeux* du porte-greffe, même celui de la base. Le greffon à un seul œil est suffisant lorsque la pépinière est établie dans un terrain frais.

Si les circonstances y obligent,les greffes boutures peuvent être plantées à demeure vers fin mars.

Labours (1). — Les **vignes** exigent un labour d'aération (*déchaussage*) assez profond (12 à 15 centimètres) suivi d'une série de labours superficiels ou binages donnés avec des houes à cheval.

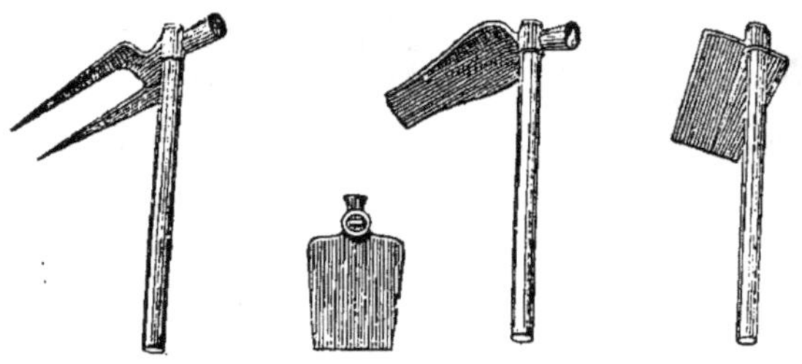

Les labours profonds du printemps, surtout en sols calcaires, font fréquemment jaunir (chlorose) la vigne ; ils amènent la coulure lorsqu'ils sont pratiqués au moment de la floraison.

Quand le mode de plantation facilite l'introduction des instruments attelés, on doit employer les charrues dites *vigneronnes* qui permettent d'approcher de très près du pied de la souche sans risquer d'en abîmer les bras ou les coursons. A ce propos, nous devons ajouter qu'il n'y a rien à changer aux an-

Bigot ou **croc.**   Sape pour binages.   Trinque.   Rabassié.

Fig. 378 à 381.
Outils à bras usités pour le travail de la vigne dans le Midi.

(1) M. Ravaz, l'éminent professeur de viticulture de l'école de Montpellier, poursuit depuis plusieurs années des expériences concluantes sur les bons effets de la *suppression des labours dans les vignes*. M. Rousset a répété ces expériences à La Gourgasse, près Béziers. Les vignes qui n'ont reçu que des raclages très superficiels contre les herbes adventices sont vigoureuses; certains cas de rabougrissement, tels que le court-noué, ont disparu. Ces faits très intéressants à retenir ne comportent point cependant une généralisation trop hâtive.

ciennes coutumes en ce qui concerne l'*écartement* à donner aux vignes.

Les façons à bras d'homme à l'aide de houes pleines ou fourchues (*fig.* 378 à 381), suivant la nature du sol, donnent un excellent résultat; mais, à cause de leur lenteur et de leur prix élevé, on les remplace par le travail des instruments attelés partout où la disposition des vignes ne

Fig. 382. — Charrue vigneronne Arbieu attelée.

Fig. 383. — Talon mobile de la charrue Arbieu.

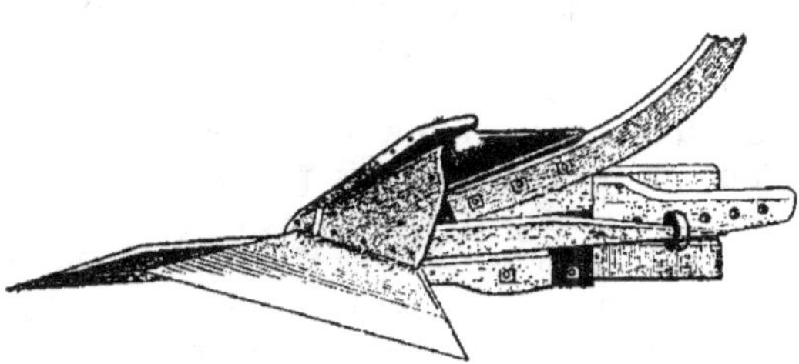

Fig. 384. — Pointe mobile de la charrue Arbieu adaptée au piton mobile.

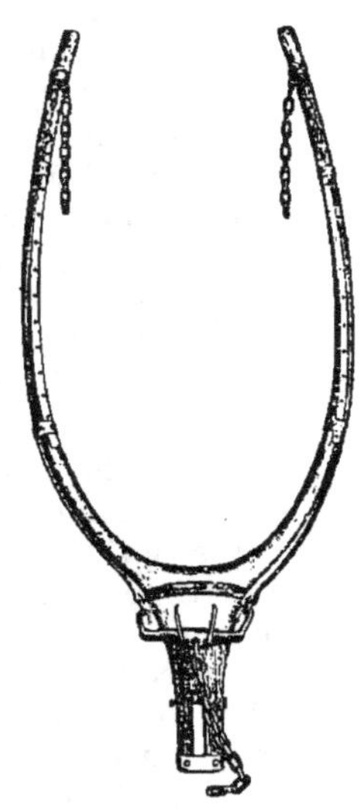

Fig. 385. — Brancards de la charrue Arbieu.

Le palonnier (au centre duquel est fixée la chaîne d'attelage de la charrue, qui s'adapte au-dessus du coutre) est accroché par ses deux extrémités aux tringles d'attelage maintenues le long des brancards et reliées aux traits de collier.

s'y oppose pas. Quel que soit le procédé adopté, le sol des vignes doit être dépourvu d'*herbes*, de *mottes* et de *crevasses*; c'est-à-dire qu'il doit être parfaitement ameubli en tout temps dans sa couche superficielle.

Les charrues vigneronnes de Saturnin ou de Vernette, de Béziers, sont renommées. Il convient de signaler les perfectionnements ingénieux que M. Arbieu, propriétaire à Béziers, vient de faire subir à la charrue vigneronne à brancard (*fig.* 382 à 385), dont l'usage est si répandu dans le Languedoc et tout le Midi. Ces perfectionnements portent : 1° sur l'adhérence entre la pointe mobile et l'aile de la charrue, obtenue à l'aide d'un piton à vis mobile; 2° sur l'adoption d'un talon mobile en acier fixé contre le sep au moyen de vis; 3° sur le mode d'attelage.

M. Arbieu a combiné très heureusement le brancard avec le palonnier de façon à obtenir directement sur la charrue l'effort de la traction, de telle sorte que le col de cygne ne peut être forcé : la charrue n'a plus de tendance à l'entrure et aux ressauts que provoquaient les fléchissements des brancards particulièrement fréquents dans les sols compacts ou trop secs.

La charrue vigneronne de M. Arbieu a une marche plus régulière et elle fatigue moins le moteur que l'ancien instrument (*Fourcat*).

Application des fumures. — Sous l'appât d'une production intensive, on tend à multiplier les *fumures*. D'un autre côté, les vignes greffées, plus avides que les anciennes vignes françaises, se montrent sensibles à l'apport de substances fertilisantes.

Il y a lieu de distinguer entre les fumiers de ferme à décomposition lente et les engrais chimiques. Lorsqu'on emploie exclusivement les premiers, on peut adopter la fumure bisannuelle; mais il est préférable de fumer chaque année quand on emploie des engrais azotés solubles ou à décomposition rapide, tels que nitrates, sang desséché, guanos, tourteaux, etc., d'autant plus que ces engrais concentrés sont peu volumineux et ne demandent que bien peu de main-d'œuvre pour leur épandage. L'accumulation en terre de très fortes fumures destinées à alimenter toute une série de récoltes est une grave erreur économique qui a fait son temps.

La *fumure annuelle*, pour la vigne en particulier, est assurément la meilleure façon de tirer bon parti des dépenses que l'on consacre à maintenir ou à augmenter sa fertilité.

L'époque la plus convenable pour l'application des fumiers et des amendements est pendant l'hiver. Les engrais peu solubles doivent être employés le plus tard possible.

Les engrais peuvent être distribués de trois manières différentes : 1º sur toute la surface du champ; 2º dans des fossés creusés dans l'intervalle des lignes; 3º dans des petites fosses coniques ou déchaussements en godets pratiqués aux pieds des ceps. Ce dernier procédé est bon, mais il est préférable de fumer dans les intervalles ou en couverture dès que la vigne prend sa quatrième feuille. Après l'épandage, pratiquer le labour d'aération d'hiver qui devient en même temps labour d'enfouissement.

Fig. 386. — Cep déchaussé.

Le *déchaussement* (*fig.* 386) s'opère au moyen d'une houe ou de la charrue vigneronne dite *déchausseuse*, qui permet de s'approcher très près du pied de la souche, tout en laissant cependant une bande de terre non remuée qu'il faut ensuite piocher à la houe. Avec la fumure en couverture, ce déchaussement, qu'on peut faire en mars, serait aussi léger que possible. De la sorte toutes les cultures pourraient être terminées avant la période critique des gelées.

Les *godets* ont une profondeur de 15 à 20 centimètres ; on les creuse jusqu'à la naissance des premières racines en leur donnant un diamètre aussi large que possible. Les circonférences de base sont tangentes entre elles. On estime qu'une « façon » ainsi exécutée équivaut à la culture complète de la moitié de la surface du sol.

On déchausse tardivement dans les contrées où les hivers sont rigoureux, afin d'éviter que l'action des gelées ne s'étende trop au-dessous du niveau normal du sol au détriment des racines et de la soudure de la greffe.

Taille. — Quel que soit le plant considéré, le développement de la végétation est plus considérable dans un sol riche, profond et frais, que dans un terrain pauvre et sec.

Selon le *climat*, la *vigueur du cep*, la *nature du cépage*, on adoptera telle ou telle autre disposition permettant de tirer le meilleur parti possible — économiquement parlant — des conditions du milieu. Chez quelques cépages, les *bourgeons* aptes à donner des rameaux fertiles se trouvent à une certaine distance de la base des bois de l'année précédente, tandis que d'autres portent leurs raisins sur les pousses de la base des sarments aoûtés ; ceux-ci doivent être *taillés à court bois* pendant que les premiers reçoivent la *taille à long bois*. Les cépages dont les rameaux ont une région fructifère étendue et qui donnent des grappes sur la plupart de leurs bourgeons acceptent l'une ou l'autre taille.

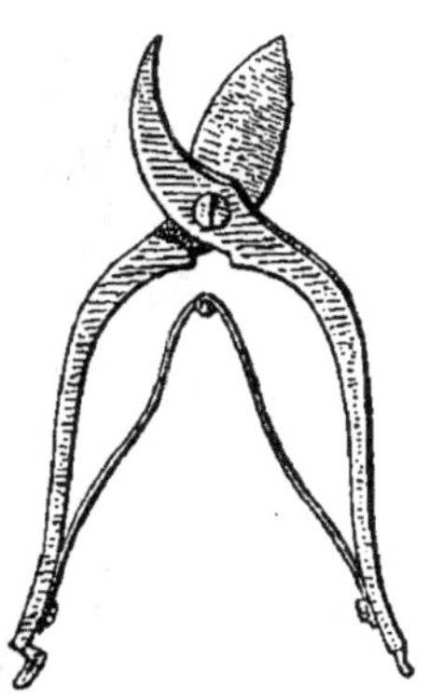

Fig. 387. — Sécateur.

Les modifications que le mode de plantation et la taille apportent au développement normal de la vigne ont pour but d'augmenter : 1° la quantité des produits ; 2° la régularité des récoltes ; 3° le nombre de plantes que l'on peut loger sur une surface donnée.

On sait que plus les raisins sont près de terre, plus ils profitent des rayons calorifiques réfléchis, et, par conséquent, plus parfaites sont la qualité et la maturité. Mais il y a lieu de tenir compte de l'action de ce même rayonnement pendant l'hiver et au printemps, car il se manifeste alors par un refroidissement très intense. Dans les régions où les *gelées printanières* sont à craindre, les souches devront donc atteindre une hauteur suffisante leur permettant d'échapper, autant que possible, à l'action funeste du rayonnement. C'est pour ce motif que les vignes *moyennes* ou *hautes*, qui donnent des moûts moins bons, sont utilisées dans les pays froids et dans les bas-fonds humides où l'on a à craindre les gelées.

Toutes les fois que les circonstances le permettent, les *vignes basses* doivent être préférées à cause de la supériorité de leurs produits.

La forme en *gobelet* est adoptée dans tout le midi de la France, car elle s'adapte bien aux conditions du milieu. Les rameaux non relevés abritent les pampres contre l'action directe des rayons solaires qui provoqueraient le *grillage*, et, en même temps, ils ombragent le sol et le protègent contre une dessiccation trop rapide. Cette forme se passe facilement d'échalas et se prête au croisement des labours par les instruments attelés.

Dans les terrains frais ou arrosables, bon nombre de viticulteurs méridionaux ont adopté, durant ces dernières années, les formes en *cordon sur fil de fer* avec lesquelles ils réalisent une culture encore plus

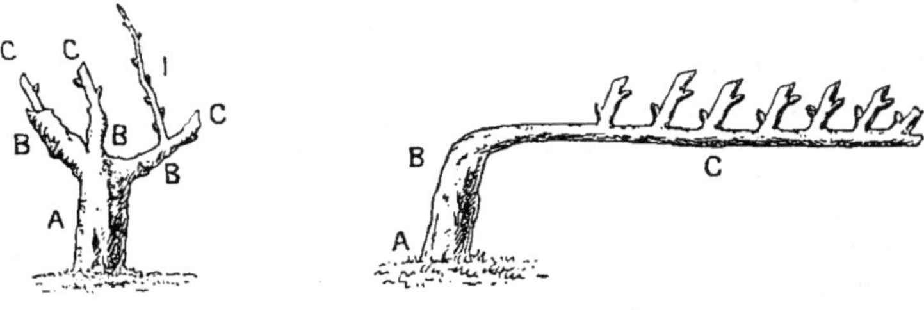

Fig. 388.

Fig. 389.

intensive. La qualité du vin est sensiblement inférieure, mais la quantité est beaucoup plus considérable. On ne doit pas oublier à ce sujet que l'*eau* est le facteur essentiel des gros rendements et que l'on ne saurait accroître la production, quel que soit le mode de taille suivi et la fertilité du sol, si la vigne est exposée à la sécheresse.

Une souche en gobelet (*fig.* 388) est composée, après la taille d'hiver, d'un *tronc* ou *pied* A, de *bras* B le moins longs possible afin que la vigne ne s'étale pas trop et ne gêne pas les labours ; de *coursons* C (bois de l'année) taillés sur un ou deux yeux francs, trois au plus. On laisse parfois une branche à fruit ou pisse-vin I, sarment de l'année, que l'on recourbe en l'attachant à un bras voisin et qui est destiné à augmenter la production lorsque le cep est très vigoureux.

Une souche conduite à la *taille de Royat simple* est composée, au départ de la végétation, d'un *tronc* AB (*fig.* 389) et d'une *branche* C garnie de *bras* terminés par des *coursons* taillés généralement à deux yeux.

La *taille double de Royat* ne diffère de la précédente que par la présence d'une seconde branche partant du point B pareille à la branche C et dirigée dans le sens opposé. Dans ce cas, on ne doit laisser subsister sur chacune des branches que la moitié des coursons qu'on laisserait sur la branche unique de la taille simple.

Quand on pratique la *taille de Royat mixte*, on conserve sur les bras du cordon, ou des cordons, une ou plusieurs flèches destinées à être remplacées tous les ans.

Une souche conduite d'après la *méthode Guyot* (*fig.* 390) est composée, au départ de la végétation, d'un *tronc* A, d'un *courson* B destiné à fournir le bois de remplacement, d'une branche à fruit C que l'on

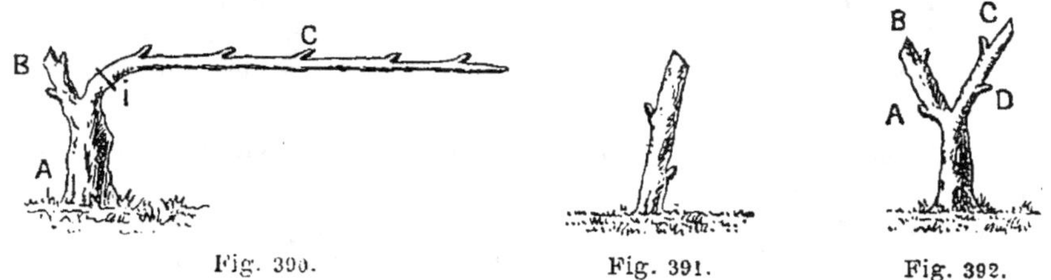

Fig. 390.   Fig. 391.   Fig. 392.

coupe à la taille au point I; dans certains pays on conserve deux coursons et deux branches à fruit.

Les tailles du Médoc, la taille en espalier des Hautes et des Basses-Pyrénées, la taille en tonnelle de l'Allier, la taille avec deux arquets du Puy-de-Dôme, la taille à courgées du Jura, la taille en quenouille d'Alsace, etc., dérivent, à quelques détails près, de la taille Guyot.

La *taille de Quarante* ne diffère de la taille Guyot que par le croisement des branches à fruit, que l'on remplace également tous les ans. A part de très rares exceptions, cette taille doit être proscrite, car, au point de vue viticole et œnologique, elle est loin de constituer un réel progrès.

La première année, on conserve deux bourgeons (*fig.* 391). A la deuxième taille on conserve deux coursons à deux yeux A B et D C, (*fig.* 392). A la troisième taille on garde deux coursons de retour A et B à

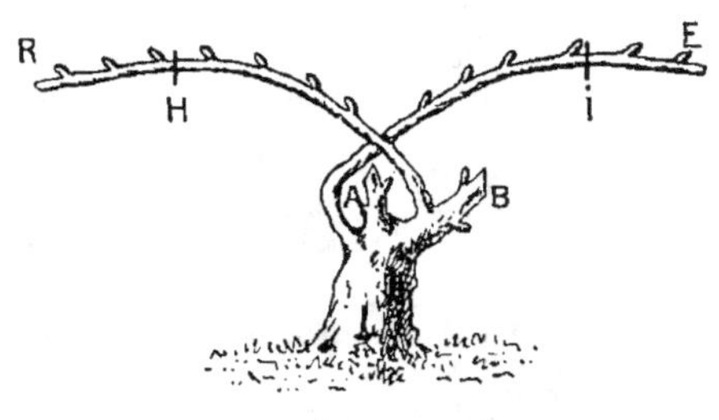

Fig. 393.

deux yeux, et deux branches à fruit très courtes que l'on coupe aux points H, I (*fig.* 393). La quatrième année on laisse deux longues branches à fruit terminées aux points R et E, et deux coursons A et B, à deux yeux, destinés à fournir les bois de remplacement.

La taille de Quarante est celle qui permet de récolter la plus grande quantité de raisins, mais de qualité relativement médiocre. Les souches qui la subissent sont par suite exposées à un affaiblissement rapide si le terrain est trop sec et si on néglige de les soutenir à l'aide de fortes fumures.

Dans le cas d'affaiblissement, on réduit la taille ou bien on établit la taille à gobelet en ne laissant que quatre coursons à deux yeux. On reprend la taille de Quarante lorsque la souche est redevenue belle.

Gelées. — Dans le cas d'une vigne gelée, la taille à appliquer de préférence est la *taille en vert* opérée deux ou trois jours après sur le nœud le plus rapproché du courson, afin de favoriser le développement du bourgeon dit *bourillon*. L'ébourgeonnage est une opération complémentaire indispensable pour la réussite de la taille qui peut s'appliquer indifféremment à n'importe quel mode de conduite de la vigne.

Maladies de la vigne. — Dans les terrains calcaires, les *vignes américaines* souffrent de la *chlorose* beaucoup plus que les vignes françaises. Il n'y a guère d'exception à ce sujet que pour le *vitis Berlandieri* — porte-greffes américain connu comme étant le moins calcifuge.

Le carbonate calcaire, en se solubilisant dans les eaux du sol, qui renferment généralement des traces de gaz carbonique, devient absorbable et nuit à la vigne en la *chlorosant*. Les feuilles jaunissent et prennent une même teinte blanchâtre. La chlorophylle étant détruite, la nutrition de la plante est entravée et la mort peut être la conséquence de ces désordres. Le traitement préconisé par le Dr Rassiguier est peu coûteux et d'une application facile. C'est à l'automne qu'il doit être appliqué. Si la saison est trop prématurée pour la taille définitive, on se contente de rabattre le bois jeune et d'enlever les gourmands. Immédiatement après l'opération, on applique sur les plaies, à l'aide d'un pinceau grossier, une solution de sulfate de fer à 25 ou 30 pour 100. L'année suivante, la souche repousse verdoyante ou moins jaune. La guérison est complète au deuxième ou troisième traitement.

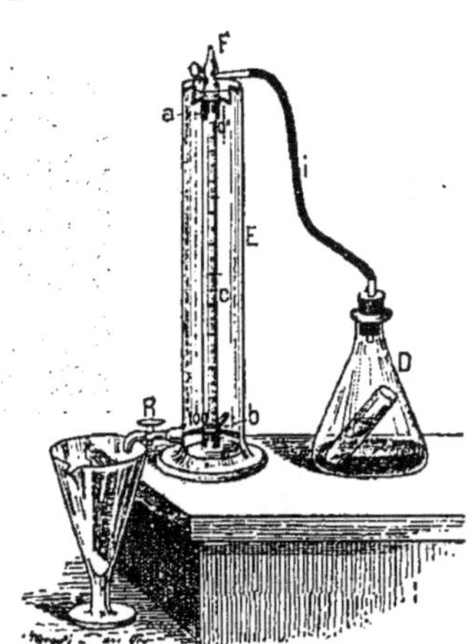

Fig. 394. — Calcimètre Sébastian,

Pouvant être utilisé pour le dosage de l'acidité des vins, du lait, etc.

EXPÉRIENCE. — **Dosage du calcaire.** Le dosage du calcaire présente donc un réel intérêt pour les viticulteurs.

La méthode volumétrique est sans contredit la plus facile et la plus rapide pour l'analyse des calcaires. Notre appareil (*fig.* 394) la rend d'ailleurs très pratique, même pour les personnes complètement étrangères aux manipulations chimiques.

Il se compose d'un flacon à réaction (D) de 100^{cc} fermé par un bouchon de caoutchouc à un trou qui livre passage à un tube en verre. Ce tube met le flacon en communication par un tube en caoutchouc (I) avec la tubulure d'affluence (F) d'une cloche graduée (C).

Cette cloche est analogue à une burette à robinet à graduation renversée :

elle est maintenue dans l'axe de l'éprouvette à pied (E) par un support à crochet en fer galvanisé (*a*).

Le robinet de la cloche étant ouvert, on introduit d'abord la terre tamisée et sèche à essayer dans le flacon à réaction (D), puis un petit tube contenant de l'acide chlorhydrique dilué (15° Baumé). On bouche le flacon et, à l'aide du robinet (R) de l'éprouvette à pied (E), on règle le niveau de l'eau de façon à ce qu'il affleure le zéro de la graduation de la cloche (*c*); ensuite on ferme le robinet de cette dernière.

Le flacon (D) est alors saisi avec des pinces à matras, pour éviter l'échauffement des doigts, et incliné de manière à amener l'écoulement de l'acide chlorhydrique qui est renfermé dans le petit tube.

Les carbonates que contient la terre sont attaqués par l'acide et laissent dégager l'*anhydride carbonique*. Sous l'influence de la pression exercée par ce gaz, le niveau de l'eau baisse aussitôt dans la cloche. On agite le flacon pour que la réaction soit complète.

Lorsque le volume du gaz n'augmente plus, on ouvre le robinet (R) de l'éprouvette (E) et on recueille dans un verre l'eau qui s'écoule jusqu'à ce que le niveau soit le même dans la cloche et dans l'éprouvette qui représentent en somme deux vases communicants. On lit le volume d'acide carbonique, d'où l'on déduit la quantité de calcaire contenue dans la terre en expérience.

Il suffit d'ouvrir le robinet et de verser dans l'éprouvette l'eau recueillie pour que l'expérience puisse être recommencée.

100 parties de calcaire dégagent 44 parties de gaz carbonique : par conséquent 1 gramme de calcaire dégage 44 centigrammes de gaz qui occuperont à 0 degré 222^{cc},5 et à la température ordinaire des expériences (20° centigrades) 239 centimètres cubes. Inversement chaque centimètre cube de gaz dégagé et recueilli à cette température et sous la pression normale correspondra à $\frac{100}{239}$ centigrammes ou à 0^{cg}, 418 de calcaire pur.

Mais ce facteur n'est pas constant, car le volume d'un gaz recueilli dans les conditions précitées dépend de la température, de la tension de la vapeur d'eau, de la pression atmosphérique.

Dans la pratique, on peut admettre 0,4 comme coefficient et multiplier par ce chiffre le nombre de centimètres cubes qu'occupe le gaz dégagé pour avoir le poids du calcaire attaqué.

Si on veut opérer avec plus d'exactitude, on n'a qu'à procéder au préalable à un tarage. On fait l'analyse précédente en agissant sur une quantité déterminée de carbonate de chaux ou de bicarbonate de soude pur qui dégage un volume connu de gaz carbonique. Les résultats obtenus ensuite sur les échantillons de terre sont rapportés à cette première opération.

Parasites végétaux de la vigne. — L'*oïdium* de la vigne (*fig.* 395) est un champignon qui recouvre les feuilles et toutes les parties vertes d'une poussière grisâtre, terne, exhalant une odeur caractéristique de moisi. Il entraîne la *coulure* ou avortement des fleurs.

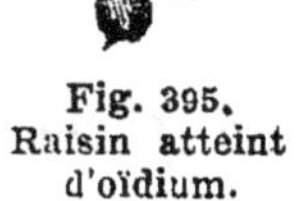

Fig. 395.
Raisin atteint
d'oïdium.

Sur les grains déjà gros, il provoque souvent leur éclatement et leur perte par suite de dessiccation ou de pourriture.

Le soufre détruit rapidement ce parasite quand le temps est chaud ; cependant si le soleil est trop ardent, on peut *échauder* la vigne. Réglementairement on applique un premier soufrage lorsque les sarments ont 15 centimètres de longueur ; 2° à la floraison ; 3° à la véraison. Opérer par un temps calme et sec avant les grandes chaleurs de la journée. On emploie indifféremment le soufre sublimé ou le soufre trituré très actifs contre tous les *blancs*, dus à des érysiphes, que l'on voit.apparaître sur les rosiers, les melons, le houblon, etc. Un soufflet spécial (*fig.* 396) est employé à cet effet. Il en existe plusieurs modèles.

Anthracnose. — L'*anthracnose* (*fig.* 397), charbon, rouille noire, est un champignon qui revêt trois formes : *anthracnose ponctuée*, *anthracnose déformante*, *anthracnose maculée*. Cette dernière forme est la plus. grave ; elle produit des chancres plus ou moins profonds sur les sarments, qui s'atrophient, deviennent cassants et mûrissent mal. Les rafles, les pédoncules et les pédicelles sont également rongés, ce qui entraîne souvent la dessiccation des grappes. On prévient l'anthracnose par des badigeonnages au sulfate de fer en solution sulfurique. On fait dissoudre 38 à 40 kilogrammes de sulfate de fer dans 100 litres d'eau chaude, puis on ajoute très lentement 1 litre d'acide sulfurique et on barbouille entièrement la souche avec un pinceau trempé dans cette solution.

Ce traitement fait périr beaucoup d'insectes ; en outre, comme il est appliqué vers la fin de février ou le commencement de mars, la végétation de la souche s'en trouve retardée, ce qui parfois est un avantage en vue des gelées.

Comme traitement curatif, on recommande le mélange de chaux et de soufre à 50 pour 100 qui est en même temps actif contre l'oïdium.

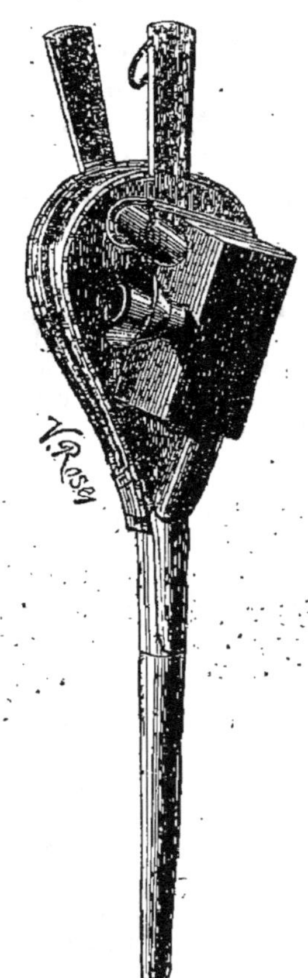

Fig. 396. — Soufflet régulateur de M. Malbec (Béziers).

Mildiou. — Ainsi que le *phytophtora infestans* ou *peronospora de la pomme de terre*, le *peronospora de la vigne*, vulgairement appelé *mildiou* (*fig.* 398), est un champignon d'origine américaine qui a été introduit avec les cépages américains destinés à servir de porte-greffes aux vignes françaises détruites par le phylloxera.

Le mildiou attaque surtout les feuilles, mais il envahit aussi les jeunes rameaux, les grappes, les fleurs, et, plus tard, les grains de raisin.

C'est sur les feuilles que l'invasion se manifeste tout d'abord ;

elles se couvrent de taches jaunissantes, puis brun roux ou brunâtres, à contours irréguliers. Les tissus finissent par se dessécher et la feuille

Fig. 397. — Feuille de vigne atteinte d'anthracnose.

tombe. Les ceps privés de feuilles ne peuvent mûrir leurs fruits.

Sur la face inférieure des feuilles, aux points correspondant aux décolorations précitées, on voit apparaître des efflorescences blanchâtres qui disparaissent facilement sous le frottement des doigts. Ces efflorescences sont les fructifications du mildiou, dont le mycélium, pourvu de suçoirs,

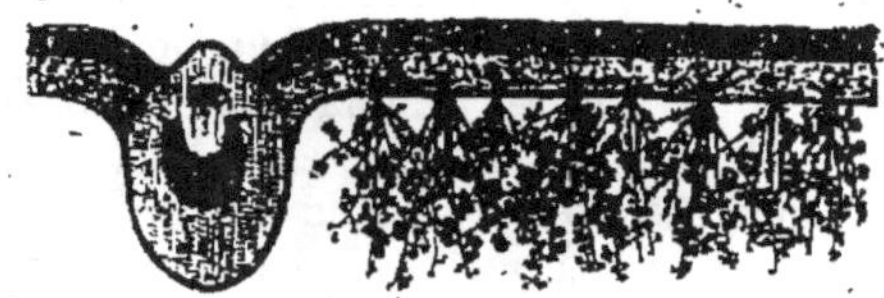

Fig. 398.
Coupe (grossie) d'une feuille de vigne attaquée par le mildiou (*peronospora*).

vit dans le parenchyme de la feuille entre les cellules qu'il épuise et tue. L'air humide et une température de 20 à 25° lui sont favorables.

Les traitements cupriques protègent la vigne contre les atteintes de ce parasite redoutable, mais ils n'exercent qu'une *action préventive*.

Le meilleur procédé pour la préparation de la bouillie cuprique dite *bouillie bordelaise* consiste à faire dissoudre 2 kilogrammes de *sulfate de cuivre* cristallisé dans 50 litres d'eau, et à faire un lait de chaux de 750 litres avec 700 grammes de *chaux grasse* de bonne qualité. Ensuite on opère le mélange en versant *en même temps,* dans le cuvier où se fabrique la bouillie, des quantités égales des deux liquides. On termine l'opération en brassant énergiquement. Ce procédé donne des bouillies plus légères.

La bouillie bordelaise est répandue sur tous les organes verts de la

Fig. 399. — Pulvérisateur en travail.

vigne à l'aide de pulvérisateurs (*fig.* 399). On exécute un premier traitement dès que les bourgeons atteignent une vingtaine de centimètres de longueur; le deuxième traitement, quinze ou vingt jours plus tard. Aussitôt après la floraison, on applique avec soin un troisième traitement. Si les circonstances favorisent la maladie, un quatrième traitement suivra quand la vigne aura atteint son plein développement.

Black-rot. — Ce champignon parasite a soulevé un moment de très vives appréhensions, car il ravage fortement les vignes et semble assez résistant aux sels de cuivre; il est aussi plus difficile à traiter à cause de ses périodes d'attaques ou *poussées périodiques.*

Le *black-rot* se montre d'abord sur les feuilles (*fig.* 400). On voit apparaître sur les deux faces des taches fauves peu étendues (2 à 3^{mm}), à contours arrêtés, parfois confluantes, criblées de petits points noirs qui sont les fruits du parasite.

L'invasion continuant, les *grains* se marquent de taches livides vers mi-juillet, se flétrissent et se dessèchent en prenant une teinte noire violacée pareille à celle des pruneaux (*fig.* 401). La peau du grain se colore de petites granulations globuleuses, saillantes et noires, qui sont encore des fruits du parasite.

Les *grains* sont attaqués isolément, mais le mal se propage vite de l'un à l'autre. Le black-rot forme des taches comparables à celle des feuilles — mais de forme allongée — sur l'extrémité verte et tendre des pousses, sur la rafle des grappes, sur les pétioles des feuilles.

Fig. 400. — Feuille de vigne atteinte du black-rot.

On limite la propagation du black-rot en détruisant par le feu les grappes desséchées, les feuilles et les sarments — surtout en enlevant les feuilles attaquées lors de la première invasion en mai. Pour le *traitement du black-rot*, il est préférable de traiter avec des bouillies neutres ou très légèrement acides, dont l'action plus immédiate assure une meilleure préservation. A cet effet, on prépare une bouillie cuprique d'après la formule suivante : *3 kilogrammes de sulfate de cuivre cristallisé, 1 kilogr. 150 gr. de carbonate de soude Solvay.*

Il faut à peu près 425 grammes de carbonate Solvay pour précipiter 1 kilogramme de sulfate de cuivre; conséquemment la formule ci-dessus laisse environ 293 grammes de sulfate de cuivre à l'état libre. Cette *bouillie* dite *bourguignonne* se prépare comme la bouillie bordelaise.

La *bouillie bordelaise Sébastian* s'est montrée d'une efficacité supérieure et, par son adhérence parfaite, résiste bien aux pluies (1).

On ne traite convenablement le black-rot qu'à la condition d'appliquer un nombre de traitements suffisants pour ne pas laisser l'arbuste sans protection pendant un trop grand laps de temps; ce nombre ne descend pas sans danger au-dessous de cinq, ainsi répartis : 1º quand

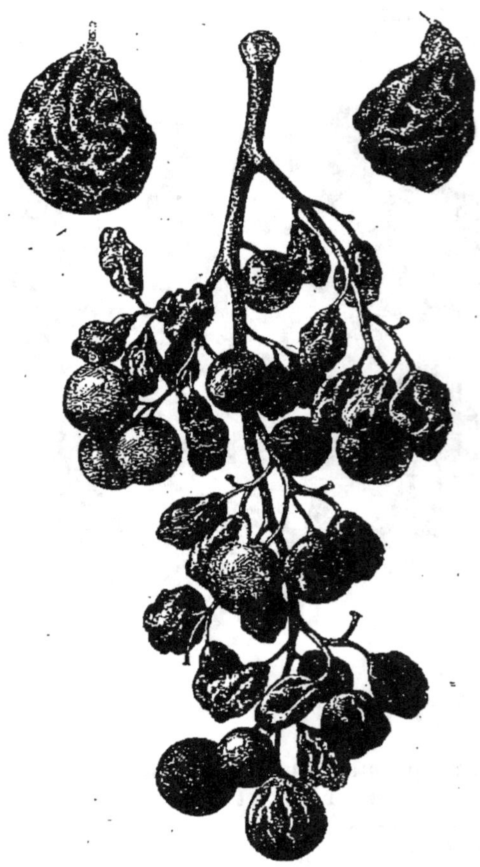

Fig. 401. — Grappe attaquée par le black-rot.

les pousses ont de 5 à 10 centimètres; 2º quinze à vingt jours après le premier traitement; 3º à la fin de la floraison; 4º quinze à vingt jours après la floraison; 5º dix à quinze jours avant la véraison. Un sixième traitement vers le 10 août est utile dans les années humides

(1) L'usine Sébastian, Port-Vieux, 26, à Béziers, fabrique seule la bouillie *cupro-sulfureuse Sébastian*, qui combine le soufrage et le sulfatage, et permet ainsi de traiter en même temps le *mildiou* et l'*oïdium*.

ou en cas de grande invasion tardive. En somme, il faut traiter régulièrement tous les quinze ou vingt jours depuis le moment où les pampres ont 10 centimètres jusqu'à la mi-août. Avec les cépages très sensibles, il convient de traiter chaque 10 jours.

Le *coniothyrium* (*fig.* 402), rot pâle ou rot blanc, fructifie, d'une manière analogue à celle du black-rot, dans la peau des grains desséchés, mais la peau et les granulations sont fauves, ocreuses et non pas noires. Ce parasite est moins redoutable que le mildiou et le black-rot.

Fig. 402. — Grain de raisin atteint de coniothyrium.

Pourridié. — La pourriture des racines est due à un champignon, le *dematophora necatrix* (*fig.* 403), qui se développe presque toujours à l'état de rhizoctone sur les parties souterraines de la vigne, dans les sols bas et humides, imperméables; les dépressions qu'il provoque dans les vignes forment des taches rondes assez comparables à celles qui marquent la présence du phylloxera. Les racines présentent un revêtement floconneux d'aspect ouaté blanc, gris fauve ou brunâtre, qui est le mycélium du champignon. Peu à peu les rameaux se rabougrissent et la souche affaiblie prend l'aspect « tête de chou ».

On ne connaît pas de remède. Les précautions à prendre contre la maladie sont les suivantes : 1° arracher tous les ceps atteints avec leurs racines et les brûler sur place; 2° assainir le terrain et ne pas planter de vigne au même endroit pendant trois ou quatre ans.

Fig. 403.
Racine de vigne atteinte de pourridié.

Insectes parasites ennemis de la vigne. — Parmi les insectes ennemis de la vigne nous distinguerons : l'*erinose*, l'*altise*, la *cochylis*, les *charançons*, le *gribouri*, la *pyrale*, les *agrotis* et le *bombyx écaille*, qui sont les plus répandus (*fig.* 405 à 415). Nous ne parlerons pas du *phylloxera*, dont il a été question page 305. Les larves de plusieurs espèces de *scarabées*, connues sous le nom de *vers blancs* ou *mans*, rongent les racines et font parfois beaucoup de mal aux jeunes plantiers et aux greffes.

Plusieurs espèces différentes se cachent sous le nom vulgaire de *vers blancs*. Dans le Nord, c'est la larve du hanneton commun (*melolontha vul-*

garis) que l'on rencontre le plus fréquemment. Dans le Midi, et surtout dans les sables, c'est le petit hanneton vert brillant (*melolontha vitis*) qui, comme son nom l'indique, attaque les vignes. On se débarrasse de toutes ces larves en appliquant un traitement au sulfure de carbone à la dose de 200 kilogrammes par hectare, pendant le mois de février, époque à laquelle ces ennemis des racines sont enfouis plus profondément.

L'*érinose* ou *erineum* (*fig.* 404), ainsi appelé du nom d'un genre

Fig. 404. — Feuille de vigne atteinte d'érinose.

de champignon auquel on l'avait rapporté à tort, est une affection occasionnée par un petit *acarien* ou *mite*. Les piqûres de ce microscopique insecte, de la classe des arachnides, provoquent des cloques sur les feuilles. Contrairement à ce qui se passe avec le mildiou, la partie atteinte reste verte ; le feutrage blanc, puis roussâtre, qui lui correspond en dessous, ne disparaît pas facilement sous le frottement des doigts. Cette maladie, d'ailleurs peu dangereuse, se combat par le soufrage.

L'*altise* est un petit coléoptère d'un vert bleuâtre métallique qui saute avec vivacité. Il se montre dès le début de la végétation, car il passe l'hiver à l'état d'insecte parfait. La femelle dépose ses œufs sous les feuilles ; les larves qui en sortent deviennent bientôt noires; elles rongent les feuilles et se métamorphosent sous terre.

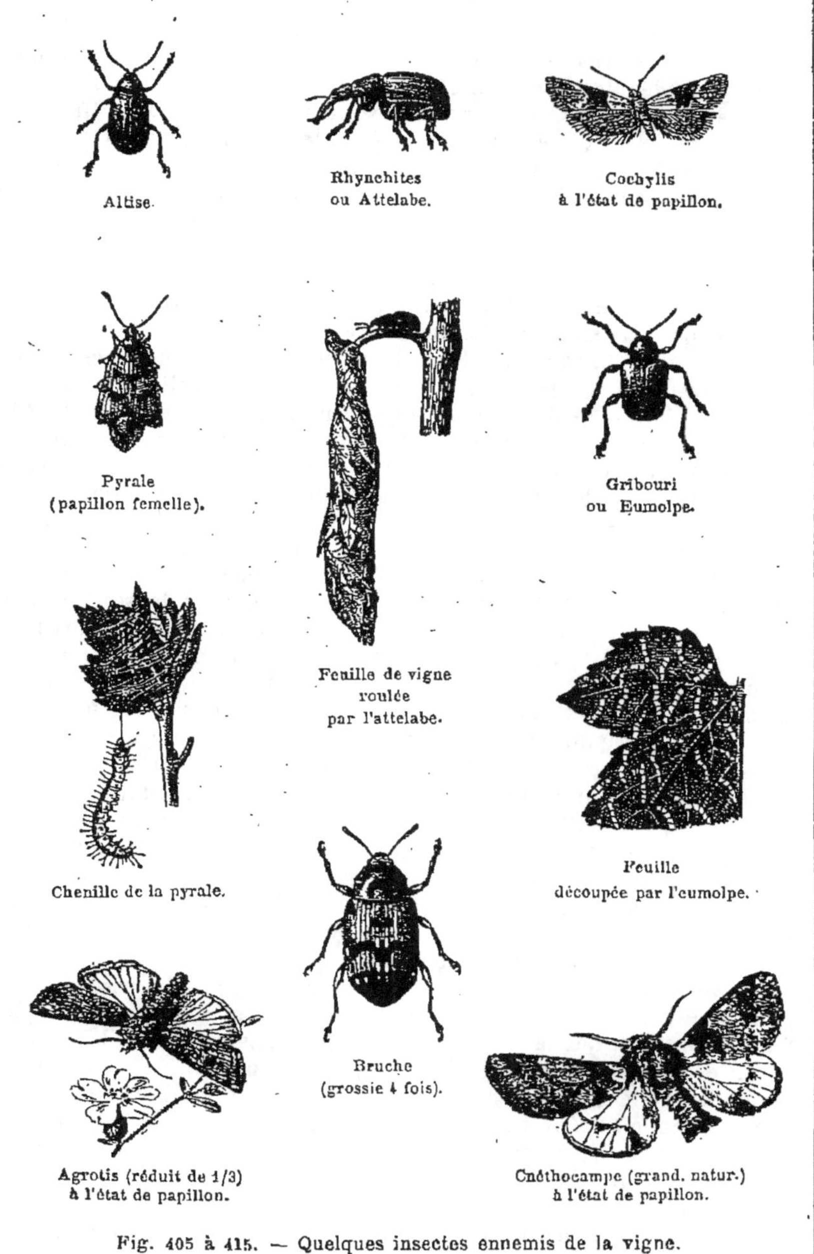

Fig. 405 à 415. — Quelques insectes ennemis de la vigne.

L'altise est particulièrement abondante en Algérie, mais elle n'est pas rare dans les vignobles du midi de la France. Un des meilleurs procédés de lutte consiste à établir des abris (herbes sèches, tas de broussailles, etc.) sous lesquels l'altise va se réfugier à l'approche de l'hiver et où il est aisé de la détruire par le feu.

La *cochylis* est un petit papillon qui appartient à la famille des *teignes*. La chenille de la première génération vit dans les grappes de fleurs qu'elle réunit par quelques fils pour les dévorer à l'abri. La chenille de la deuxième génération s'attaque aux grains de raisin qu'elle perce pour en manger le contenu.

En présence d'une invasion imprévue, il faut se livrer à la chasse directe, ce qui exige une main-d'œuvre assez habile. Mais le vrai remède contre la cochylis, c'est l'ébouillantage des souches en automne avant qu'elle ne se soit transformée en chrysalide.

Curculionides. — On désigne sous ce nom une nombreuse famille de coléoptères dont la tête est prolongée en une sorte de bec plus ou moins long au bout duquel sont les mâchoires (*calandra granaria*, charançon ou calandre du blé). Les *vers* qu'il est si fréquent de rencontrer dans les pois, les fèves, les lentilles, etc., sont des larves de curculionides (*bruches*). Les espèces nuisibles à la vigne sont les *coupes-bourgeons* (*peritelus* et *othiorhynchus*), insectes nocturnes qui se cachent pendant le jour et se laissent tomber lorsqu'on s'approche d'eux. Le *rhynchites betuleti*, d'une belle couleur vert brillant, à bec plus effilé, roule les feuilles en spirale, et en forme une sorte de cigare dans lequel il cache ses œufs ; cette pratique lui a valu le nom de *cigareur*. La larve se métamorphose en terre. On se débarrasse de ce parasite en brûlant toutes les feuilles roulées.

Gribouri, eumolpe ou *écrivain.* — C'est un petit coléoptère chrysomélide d'un brun marron (*eumolpus vitis*) qui vit à l'état parfait sur les feuilles ; les petits parallélogrammes qu'il découpe dans leur parenchyme ressemblent vaguement à des caractères cunéiformes et c'est là ce qui lui a valu le nom d'écrivain.

Sa larve, petit ver blanc à tête brune, vit sous les racines dans lesquelles elle se creuse un réduit. Cet insecte est très nuisible quand il abonde dans un vignoble.

Pyrale. — La pyrale de la vigne est, comme la cochylis, un petit papillon de nuit. Ce papillon dépose ses œufs, en juillet, sur les feuilles de la vigne ; la petite chenille qui en sort passe l'hiver sous l'écorce des ceps entourée d'un mince cocon. Dès le réveil de la végétation, elle quitte sa retraite et se rend dans les bourgeons dont elle enveloppe et réunit les feuilles naissantes à l'aide de fils de soie qu'elle tisse. Puis, ainsi abritée, elle dévore tout ce qui pousse et détruit la récolte.

L'ébouillantage pendant l'automne ou vers la fin de l'hiver est le meilleur procédé pour détruire la pyrale. On le pratique soit à l'aide de cafetières, soit à l'aide de tuyaux de caoutchouc fixés directement à la chaudière. Le tuyau de caoutchouc a l'avantage de moins refroidir l'eau que la cafetière ; or il est reconnu que l'opération est plus efficace lorsque la température de l'eau atteint 100 degrés. L'industrie livre des ébouillanteuses munies de caoutchoucs desquelles l'eau ne peut sortir qu'à la température d'ébullition. Cette disposition supprime la principale cause d'échec du traitement à l'eau chaude.

L'ébouillantage détruit la pyrale, les cochenilles et tous les insectes qui se cachent sous les écorces du cep.

Agrotis. — C'est un genre de papillon nocturne (*noctuelles*) dont la chenille d'un gris livide, d'aspect huileux, appelée vulgairement *ver gris*, se tient cachée pendant le jour sous les mottes de terre, etc., auprès du cep ; mais la nuit elle grimpe sur les souches et dévore les jeunes pousses, en avril et mai, surtout lorsque les binages ont nettoyé le sol et fait disparaître les herbes adventices. Il existe de nombreuses espèces (*crassa aquilina; noctua triphœna*) plus ou moins abondantes selon les pays.

Le procédé de lutte le plus pratique est peut-être encore la recherche au pied des souches. On a préconisé l'emploi de bandes de toile cirée ou d'étoffe revêtue d'un enduit poisseux entourant le pied de la souche et s'opposant au passage de la larve.

Bombycides. — Ce nom s'applique à un groupe de gros et pesants papillons de nuit, qui est incontestablement le plus intéressant de l'ordre des lépidoptères, car il renferme le *ver à soie*, chenille du *bombyx du mûrier* (*sericaria mori*).

D'autres bombyx, en revanche, jouissent d'une triste célébrité auprès des cultivateurs : il suffit de citer le *bombyx processionnaire* ou *cnéthocampe* qui parfois dévaste des forêts et des vergers entiers. Si on touche la chenille de ce bombyx, les poils dont elle est hérissée pénètrent dans la peau et provoquent une sorte d'urtication fort désagréable. Ce sont les espèces *caja, villica, lubricipeda, mendica*, etc., qui, étant polyphages, s'attaquent à la vigne. Leurs chenilles, velues et très agiles, sont extrêmement voraces. En 1898, la chenille du *bombyx caja* — vulgairement appelée *porquet* — commit de grands dégâts dans le vignoble méridional. Les vignerons, munis de lanternes, les chassaient pendant la nuit.

Les *liparis* ou zigzag (*L. dispar; L. salicis; L. chrysorrhea*) sont très nuisibles : leurs chenilles dévorent les feuilles des arbres.

VENDANGE. VINIFICATION.

Vendange. — La vendange s'effectue ordinairement quand la maturité du raisin est atteinte. Nous disons « ordinairement », car il arrive assez souvent que les circonstances ou les coutumes locales forcent à devancer ou à retarder cette opération. D'une façon générale, on reconnaît que le raisin est mûr quand son pédoncule prend une teinte brun rougeâtre, que la peau s'attendrit et que le jus que contiennent les grains devient sucré, puis visqueux. Les indications suivantes éclaireront d'ailleurs le viticulteur à ce sujet.

Le poids de la grappe va rapidement en augmentant du *nouage* à la *véraison;* plus lentement pendant la véraison et jusqu'à la maturité parfaite. La maturité dépassée, le poids diminue.

L'*acidité totale* du raisin atteint son maximum à la véraison, puis elle diminue rapidement jusqu'à la maturité. A ce moment les phénomènes biologiques subissent de notables modifications. A *maturité parfaite*, l'acide tartique a totalement disparu engagé dans des combinaisons salines, principalement dans des combinaisons potassiques.

Pendant la première période, la proportion du *bitartrate de potasse* croît lentement. Elle augmente avec plus d'activité à partir de la véraison pour atteindre son maximum à maturité complète.

La *matière colorante* augmente jusqu'à maturité, ensuite elle diminue.

La proportion du *tanin* atteint son maximum au moment de la véraison ; elle reste à peu près constante pendant toute la seconde période et diminue lentement après la maturité complète. La richesse des pépins en tanin est au plus haut degré à la maturité.

La proportion de *sucre* est presque nulle jusqu'à la véraison, ensuite elle augmente promptement pour atteindre son maximum à maturité. A partir de ce moment les sucres diminuent lentement.

L'intensité de la lumière et l'élévation de la température jouent un grand rôle dans l'activité biologique de la vigne, notamment sur les phénomènes de désacidification et la formation des sucres.

Pour obtenir les vins de liqueur (muscats, malvoisie, etc.) on cueille le raisin *passerillé*, c'est-à-dire très mûr et un peu desséché, conséquemment moins *aqueux* et plus riche en *sucres*. Le passerillage se fait sur souche après que l'on a tordu le pédoncule des grappes mûres, ou bien en exposant les raisins au soleil sur des claies. Le premier procédé donne de meilleurs résultats.

Dans certains vignobles, à Sauternes, par exemple, on ne détache le raisin que lorsqu'il est à un état particulier de *blessissement*. On récolte au fur et à mesure les grappes arrivées au point voulu. La présence de la *pourriture noble*, due à des végétations cryptogamiques, (*botrytis cinerea*) y est considérée comme un bienfait.

Acidité des moûts. — L'acidité des moûts exerce une grande influence sur la marche de la fermentation alcoolique et sur la bonne constitution du vin. Or, il arrive parfois que des vendanges trop tardives, à la suite de certaines circonstances météorologiques (principalement dans les années pluvieuses — *moisissures*, etc.), donnent des raisins pauvres en acides. Une addition d'acide tartrique à la cuve s'impose. Il existe plusieurs moyens de mesurer l'acidité des moûts. On peut utiliser le calcimètre Bernard, ou bien le calcimètre Sébastian, instruments commodes pour l'analyse volumétrique gazeuse des calcaires, ainsi que celui — très précis — de M. Gastine, ou bien encore l'excellent calcimètre-acidimètre à manomètre métallique de M. Houdaille. Le petit tube acidimétrique Dujardin-Salleron est d'un emploi très facile pour un dosage approximatif, suffisant dans la pratique. Tous ces appareils sont accompagnés d'une notice détaillant les opérations, fort simples à exécuter.

La saveur aigre des raisins verts et la saveur aigrelette des raisins mûrs sont dues principalement à la présence des deux acides organiques : l'*acide malique* et l'*acide tartrique*, très voisins au point de vue chimique, et associés dans la plupart des fruits. L'acide tartrique est beaucoup plus abondant chez le raisin : il passe à l'état de bitartrate de potasse.

Pour fixer les idées, on exprime l'*acidité totale* d'un moût ou d'un vin comme si elle dérivait d'un seul acide. Lorsqu'on dit qu'un moût a *7 grammes d'acidité en acide tartrique par litre*, cela signifie que les divers acides qui sont contenus dans ce litre de moût possèdent une acidité égale à celle que l'on obtiendrait en faisant dissoudre un pareil nombre de grammes d'acide tartrique dans un litre d'eau pure.

On admet, par exemple, que les vins du Midi et de l'Algérie, de consommation courante, doivent renfermer au minimum 8 grammes d'acidité par litre. Toutes les fois que le dosage indiquera un titre acide plus faible, il conviendra d'ajouter la quantité d'acide tartrique nécessaire pour le relever au titre minimum précité.

L'addition d'acide tartrique à la vendange a pour effet d'enlever de la potasse au vin, et conséquemment de rehausser son acidité par la mise en liberté des acides combinés avec la potasse. Si la proportion d'acide tartrique ajouté ne dépasse pas les besoins des combinaisons neutres que renferme le vin, on ne trouve pas d'acide tartrique libre dans le vin fait provenant d'une vendange additionnée d'acide tartrique. Cet acide se retrouve dans la formation d'un supplément de tartre.

L'acidité d'un vin est un élément important de sa qualité et de sa solidité, mais le taux de cette acidité ne suffit pas seul à assurer sa bonne constitution. Il est à souhaiter que l'acidité soit due aux acides qui existent normalement dans la vendange. Les vins dont l'acidité est formée en majeure partie par de l'acide tartrique libre ne deviennent jamais des vins distingués. Il n'en est pas moins vrai, comme nous l'avons dit plus haut, qu'une addition d'acide tartrique aux vins communs des pays chauds, à acidité faible, les améliore notablement. L'addition d'acide tartrique à la vendange produit toujours un effet beaucoup plus favorable qu'une addition au vin fait. Dans ce dernier cas, l'acide ne trouve que de très faibles quantités de combinaisons neutres sur lesquelles il peut réagir, et, à moins qu'il n'ait été introduit en proportion infinitésimale, il en reste à l'état libre : le vin acquiert une saveur acerbe particulière qui contracte les muscles de la mâchoire, agace les dents et agit défavorablement sur l'organisme.

Foulage. — Dans certains pays, on *égrappe* la vendange afin d'obtenir des vins plus fins et plus moelleux (*fig.* 416, 417). Cette opération a pour but de séparer les *grains* d'avec les grappes ou rafles. Ces grappes, plus ou moins herbacées, renferment des principes acerbes, âpres, astringents, qui participent de la nature des tanins et qui

Fig. 416. — Fouloir-égrappoir.

donnent au vin une dureté souvent trop désagréable à la bouche.

L'égrappage se pratique notamment dans le Médoc. La pellicule du grain de raisin des cépages de ce pays (*cabernet*, *malbec*, *merlot*) est assez riche en principes tanniques pour assurer la bonne tenue des vins égrappés.

L'égrappage n'est pas universellement adopté en Bourgogne, et dans le Midi on ne l'emploie qu'exceptionnellement, car avec un cépage d'abondance comme l'aramon il donne des vins trop tendres.

Le *foulage* de la vendange est indispensable : 1° parce qu'il met en liberté tout le *moût* des raisins, le mélange et le rend plus facilement attaquable par les ferments dont les germes existent sur les pellicules et les grappes; 2° parce qu'il permet à ce moût d'absorber de l'air. La présence de l'oxygène est utile pour provoquer le développement rapide des *bons ferments alcooliques*. Le meilleur fouloir est celui qui, sans écraser les pépins, déchire les pellicules, ouvre bien les grains et n'en laisse pas d'entiers.

Si les dispositions de la cave ne permettent pas de faire tomber la

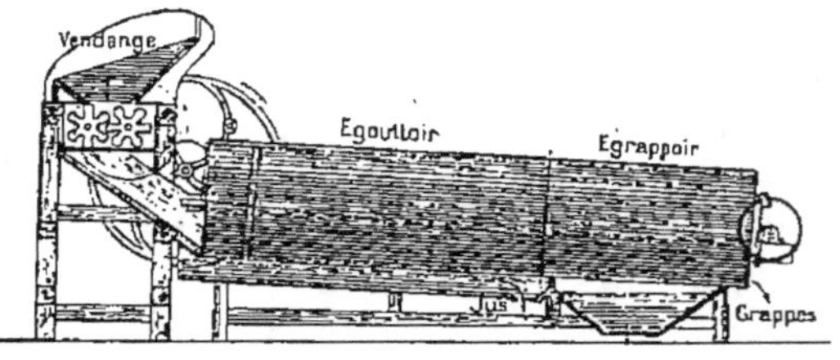

Fig. 417. — Compresseur de raisins à cylindres engrenants et à bluterie rotative (M. Blaquière, de Béziers), avec son égrappoir.

vendange foulée d'un peu haut (1^m,50 à 2 mètres) dans la cuve, on aérera par *remontage du moût* avant le départ de la fermentation. Il suffit de soutirer le moût dans un cuvier et, après l'avoir agité, de le remonter au haut de la cuve à l'aide d'une pompe à jet brisé.

Le *foulage à pieds d'hommes* donne des résultats supérieurs à ceux que l'on obtient avec le fouloir mécanique, précisément parce qu'il facilite davantage le large contact de l'air avec le moût, dilacère mieux les pellicules et répand les pigments colorés dans la masse. Ne pas oublier cependant qu'une aération trop accentuée amènerait l'oxydation de la matière colorante et la rendrait insoluble.

Cuverie. Matériel vinaire. — Le local dans lequel se trouvent les cuves (*fig.* 418) où s'accomplit la fermentation constitue la *cuverie;* il faut pouvoir l'aérer aisément nuit et jour. Le plus souvent il sert en même temps de *cave de garde.*

Ce local, frais, mais non humide, doit toujours être très propre, car les vins sont délicats et sujets à contracter de nombreuses maladies qui modifient leur composition normale et abaissent souvent dans des proportions énormes leur qualité et leur valeur marchande.

Les endroits où les marcs ont séjourné, où du moût, du vin, des lies ont été répandus, seront soigneusement lavés avec une solution de chlorure de chaux à 1 pour 100. Une solution plus concentrée serait moins active.

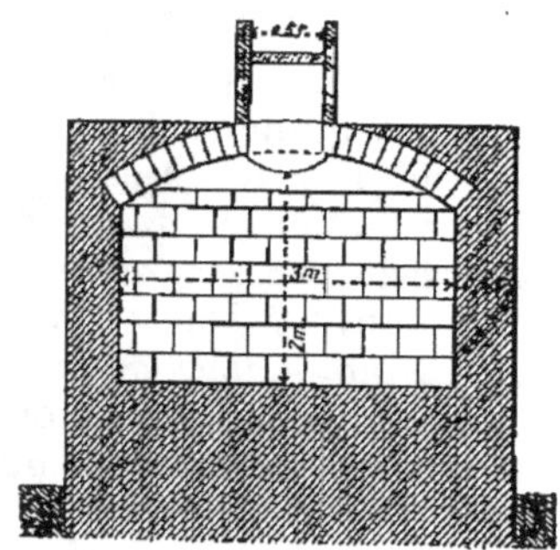

Fig. 418. — Cuve à vin en pierre, revêtue de dalles en verre et surmontée d'une tubulure.

Un regard disposé à 0ᵐ,60 de la sole facilite l'extraction des moûts.

Les murs ont besoin d'être blanchis à la chaux de temps en temps. Les liquides résiduaires, de même que les eaux de lavage, doivent être évacués rapidement au dehors.

La *désinfection* des cuves, foudres, tonneaux, etc., exige un soin méticuleux. Le lavage des parois des récipients vinaires avec une solution chaude de carbonate de soude à 6 ou 8 pour 100, suivi d'un rinçage à l'eau pure, constitue un excellent moyen de désinfection.

Les conduites, tuyaux, pompes, siphons, etc., en métal ou en caoutchouc employés aux transvasements des vins doivent être lavés de la même façon, car le vin s'infecte souvent en traversant des ustensiles malpropres.

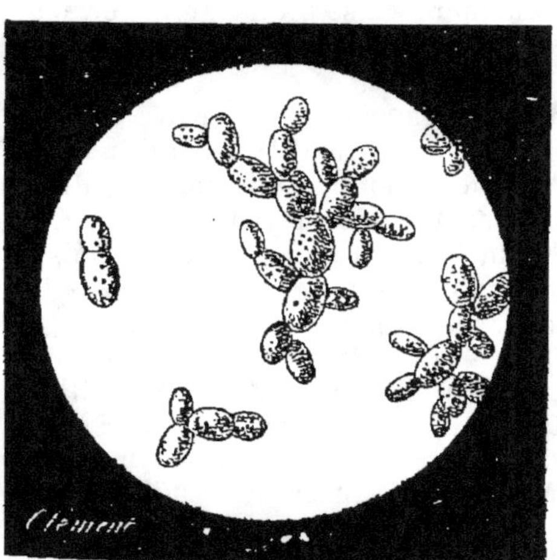

Fig. 419. — Saccharomyces ellipsoideus.

Ferment de vin (grossi 600 fois).

Fermentation. Vinification. — Une multitude de *microbes* d'espèces différentes sont apportés à la cuve par la vendange. C'est un microbe (*saccharomyces ellipsoideus*) [*fig.* 419], la *levure,* qui transforme le sucre du raisin en *alcool* et *acide carbonique.* Celui-ci, qui est à l'état gazeux, s'exhale au dehors, tandis que l'alcool, qui est liquide, reste dans le vin. Il y a, en outre, formation de produits secondaires : *glycérine, acides divers*, etc.

Si le moût n'est pas suffisamment acide, si la température est trop élevée, d'autres *ferments* s'emparent du milieu au détriment de la levure, et donnent des vins défectueux (*vins mannités, vins acides*, etc.). Plus tard, si le vin est abandonné en vidange et sans soins, il devient généralement la proie des ferments de maladies connues sous les noms de *fleur, aigre, tourne, pousse, graisse, amer*, qui le décomposent et le convertissent en un liquide souvent imbuvable.

Le mot *fermentation* dérive du latin *fervere* qui signifie *bouillir*. En effet, quand on a foulé le moût et qu'on l'a introduit dans la cuve, soit séparé du marc (*vins blancs*), soit mélangé aux pellicules et à tout ou partie de la rafle (*vins rouges*), il se produit au bout de quelques heures — la température étant à 24-26 degrés centigrades — un travail interne qui donne naissance à un dégagement gazeux, lequel soulève et divise la masse liquide à la façon de l'ébullition.

La cause première de ce phénomène est insaisissable à l'œil nu, mais si nous plaçons sous le microscope une goutte du liquide en pleine fermentation, nous verrons qu'elle est peuplée par une multitude de *cellules*, généralement rondes, ovales ou elliptiques, incolores et hyalines. Ces cellules, qui mesurent environ 6 à 10 millièmes de millimètre dans leur plus grand diamètre, sont des *champignons*. Elles se multiplient par bourgeonnement au sein du liquide fermentescible, et leur prolifération est prodigieusement active lorsque les conditions du milieu leur sont favorables.

Comme toutes les cellules vivantes, les cellules de levure, ou ferment du vin, ont des exigences nutritives particulières; elles ne peuvent se développer que dans des milieux remplissant des conditions physiques et chimiques déterminées. Au point de vue chimique, le sucre, contenu dans le moût, est un élément indispensable, mais il doit être associé à quelques principes minéraux et azotés dont le jus de raisin est d'ordinaire assez pourvu. Au point de vue physique, la température exerce une action tout à fait prépondérante. Trop basse ou trop élevée, elle s'oppose à la fermentation dans le meilleur des moûts. Au-dessus de 32 degrés et au-dessous de 11 à 12 degrés la plupart des levures de vin souffrent et fonctionnent mal. Les levures de la bière fermentent à 6 degrés : question de milieu et de race.

En vinification, la température de 24 à 26 degrés est éminemment favorable.

La chaleur dégagée pendant la fermentation provient de la décomposition du sucre; pour 180 grammes de sucre susceptibles de fournir environ 10 degrés 6 d'alcool, on l'évalue *expérimentalement* à 11 degrés calories, soit, sans perte de chaleur, une élévation de température de 20 degrés centigrades. Fort heureusement que le refroidissement du liquide par l'air, les parois des cuves, etc., tend à réduire

sans cesse l'intensité du phénomène calorifique. Une température de
50 à 60 degrés est mortelle pour la levure.

Parfois la fermentation languit et s'arrête avant la décomposition
complète du sucre, bien que la température soit favorable et que le
milieu ne renferme pas une proportion d'alcool incompatible avec la
vie de la levure (15 pour 100). Cet accident provient de l'absence de
l'oxygène de l'air au sein du liquide qui fermente. Dans un pareil milieu, la levure s'épuise, vieillit, et au bout de peu de temps cesse de
se reproduire. Pour lui rendre son activité, pour la rajeunir en quelque sorte, il suffit de lui fournir de l'oxygène libre en la mettant au
contact de l'air. On aère donc comme il a été dit au sujet de l'aération
du moût. Un robinet-trompe analogue à celui qui a été imaginé par
Pasteur pour l'aération de la bière trouverait ici son emploi.

C'est aux recherches géniales de l'illustre Pasteur que nous devons
la connaissance de tous les faits importants qui se rattachent aux
fermentations.

Cuvaison. — On entend par *cuvaison* le temps pendant lequel on
laisse le marc en contact avec le moût; c'est donc le temps compris
entre le *remplissage* de la cuve et le *décuvage*.

Il est plus convenable de faire cuver à *chapeau submergé*, c'est-à-dire
d'empêcher la remontée du marc par un artifice quelconque : claie,
filet, etc., qui évite le foulage journalier, et prévient l'envahissement
du *chapeau* (marc soulevé) par les ferments acétiques.

Lorsqu'on n'a pas les moyens de maintenir le chapeau submergé,
il faut prendre la précaution de couvrir les cuves ou les trappes des
foudres à l'aide de quelques planches. Cette fermeture laisse passer
les gaz de la fermentation, mais elle empêche les courants d'air d'atteindre la surface du chapeau et maintient à la partie supérieure du
récipient une atmosphère d'acide carbonique qui s'oppose au développement du *mycoderma aceti* ou microbe de l'aigre. Ce dernier a besoin
d'avoir de l'oxygène à sa disposition pour oxyder l'alcool et le convertir en acide acétique, lequel transforme le vin en *vinaigre*.

En général, les cuvaisons longues donnent des vins plus rudes,
plus riches en couleur, mais d'une constitution moins solide; les cuvaisons courtes donnent des vins fins et de bonne tenue.

Avec une vendange saine et mûre à point, il est avantageux de prolonger la cuvaison pendant six ou sept jours pour les vins légers et dix
ou douze jours pour les beaux vins colorés ; avec une vendange tant soit
peu altérée, il faut la réduire à 36 ou 48 heures, et dans certains cas il est
même nécessaire de supprimer le cuvage, c'est-à-dire de vinifier en blanc.

Décuvage. — On appelle *décuvage* l'opération qui consiste à séparer
du marc, ou partie solide de la vendange, le vin qui peut s'en écouler
librement. Le vin ainsi soutiré doit être envoyé immédiatement dans
un foudre ou tonneau très propre dans lequel il subit la fermentation
lente, dite *fermentation complémentaire*, et où s'opère ensuite la *clarifi-*

cation (défécation) par le repos et la précipitation naturelle des matières solides en suspension.

Soins à donner aux vins après décuvage. — Dans le Midi, la fermentation complémentaire est terminée vingt à vingt-cinq jours après le décuvage. On procède alors au *premier soutirage,* car il est dangereux de laisser le vin sur ses lies épaisses, riches en substances fermentescibles et en ferments de maladies. Le soutirage consiste dans la séparation du vin clair d'avec la *lie* ou *dépôt* qu'il a laissé déposer.

Cette opération doit se faire par un beau temps sec, c'est-à-dire quand le baromètre est élevé. On entonne les vins soutirés dans des récipients rigoureusement propres et dans lesquels on a brûlé, avant le remplissage, 1 à 2 grammes de soufre par hectolitre de contenance. Ce léger soufrage est favorable aux vins rouges; non seulement il les rend plus résistants à la *casse*, mais encore il leur fait acquérir la vivacité et le brillant si recherchés par le commerce et les consommateurs.

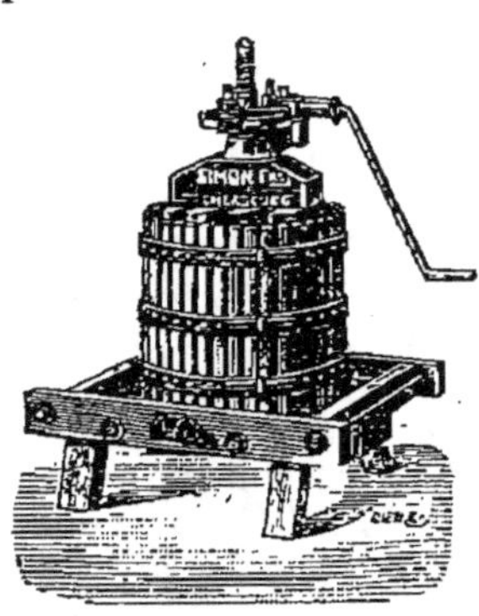

Fig. 420. — Pressoir à claie circulaire avec appareil de serrage à deux bielles et à deux vitesses.

Il convient de remplir les récipients, pleins de vapeurs sulfureuses, en faisant arriver le vin par le haut, et en brisant le jet, afin d'assurer autant que possible l'absorption de l'acide sulfureux.

Le soutirage des *vins de presse* s'opère de même, mais on élève la quantité de soufre à brûler jusqu'à 3 grammes par hectolitre, soit 6 grammes d'acide sulfureux, parce qu'ils sont d'un dépouillement plus difficile.

Le *pressurage,* ou séparation mécanique du vin retenu naturellement par le marc, est l'opération complémentaire du décuvage; elle se pratique à l'aide du *pressoir* (*fig.* 420, 421).

Les pressoirs que l'on emploie aujourd'hui ont pour organe principal une vis fixe et un écrou mobile auquel on communique un mouvement de rotation par divers moyens mécaniques — systèmes de leviers, etc. — qui multiplient la force.

La pression ne permet pas cependant une extraction complète, et l'expérience démontre qu'avec les meilleurs pressoirs on laisse encore dans les marcs une quantité de vin évaluée à 50 pour 100 du poids des marcs pressés. C'est à cause de cela que l'on peut utiliser les marcs à la fabrication de piquette ou d'eau-de-vie.

Le déplacement mécanique presque intégral est possible au moyen d'un appareil spécial et de l'eau, ainsi que l'a montré M. Roos. Le vin obtenu est supérieur à celui du pressoir.

Quelque temps après le premier soutirage, le vin se montre

parfaitement clair et d'autant plus rapidement que le temps est plus vif. Il convient alors de le laisser en repos sans autre soin que l'ouillage régulier et une bonne fermeture des récipients. Du 15 janvier au 15 février, un peu plus tard dans les pays froids, on exécutera un deuxième soutirage comme il a été dit pour le premier. Le vin se trouvera alors dans d'excellentes conditions pour supporter les chaleurs de l'été.

Dans le cas d'un vin à constitution faible ou provenant d'une vendange plus ou moins altérée, il est utile de faire deux soutirages supplémentaires, l'un en décembre et l'autre vers la fin d'avril.

Fig. 421. — Pressoir à levier multiple monté sur chariot.

L'*ouillage*, connu en Bourgogne sous le nom de *remplissage*, est l'opération qui consiste à faire exactement le plein d'un fût dont une partie du contenu a été absorbée par le bois, par l'évaporation, ou par toute autre cause. Elle est très importante, car elle s'oppose au développement des *microbes* de l'*aigre* et de la *fleur* qui vivent au contact de l'air à la surface du vin.

Vinification des vins blancs. — Une différence capitale distingue la vinification des vins blancs de la vinification des vins rouges. Le moût de la vendange fraîchement cueillie, au lieu de fermenter en présence des pellicules et des rafles, est mis en fûts aussitôt qu'il sort du pressoir.

La fermentation des vins blancs est toujours plus lente. On les sépare de leurs bourres ou premières lies avant les grands froids. La fermentation complémentaire dure longtemps surtout chez les vins liquoreux tels que les sauternes.

On peut obtenir des vins blancs avec le moût de cépages colorés, à condition de ne pas s'adresser à des *teinturiers*, c'est-à-dire aux raisins à jus coloré tels que les hybrides Bouschet, etc.

Si l'on foule un raisin noir non teinturier, on en extrait d'abord un jus presque incolore, semblable à celui que donnerait un raisin blanc ou gris. Mais lorsqu'on accentue trop la pression, les pigments colorés localisés sur la face intérieure de la pellicule sont entraînés par le moût, qui prend alors une teinte rosée et fournit un vin de même couleur.

Cette remarque indique qu'il faut presser modérément et n'extraire qu'une certaine proportion de jus des raisins noirs quand on veut obtenir un vin blanc sans employer de procédé particulier. Si la vendange est égrappée, il n'y a aucun inconvénient à envoyer dans les cuves à vins rouges tout ce qui reste sur le pressoir après pressurage réduit.

Pour *faire en blanc* toute la quantité de moût de cépages colorés que peut donner le pressoir le plus énergique, soit plus de 80 pour 100 de la vendange, il faut soumettre le moût à un criblage grossier et oxyder les *matières colorantes* qu'il tient en suspension à l'aide d'une injection d'air (comme l'a indiqué M. Martinand), cela avant toute trace de fermentation alcoolique. Cette injection, qui s'opère à la pompe marchant à vide, dure un quart d'heure environ. On évite toute recoloration par l'addition immédiate de 10 à 15 grammes, par hectolitre de noir chimiquement pur spécialement préparé pour la décoloration des vins (1). En augmentant un peu la dose du noir on peut se priver de l'aération qui fait *vieillarder* le vin si elle dépasse une certaine mesure.

Mutage-antiferments. — L'alcool à 40 degrés tue immédiatement la levure. Certains types de levures (saccharomyces) poussent la fermentation du milieu jusqu'à produire 16 degrés à 16 degrés 5 d'alcool.

Dans la pratique, le moût de raisin porté à 12 ou 13 degrés par addition directe d'alcool, avant le départ de la fermentation, reste *muet*, c'est-à-dire qu'il ne fermente pas et conserve ainsi tout son sucre. S'il est additionné peu à peu d'alcool, la fermentation étant déjà en marche, il faut alors atteindre 15 degrés pour obtenir le *mutage* ou arrêt de la fermentation. Il est à noter que les diverses races de levures présentent une résistance différente à l'action des *antiferments*.

La combustion du *soufre* à l'air donne le double de son poids d'anhydride sulfureux (acide sulfureux). Cet acide est toxique instantanément à la dose de 0 gr. 4 par litre. La fermentation est enrayée à des doses plus faibles, 0 gr. 03 à 0 gr. 05, suivant la race de la levure et son degré d'accoutumance à cet agent.

L'acide sulfureux est très précieux pour la vinification en blanc. En faisant absorber au moût une quantité déterminée de ce gaz on

(1) *Conservateur et Préservateur des vins; Noir spécial;* préparés par V. Sébastian. Chez Salle, 4, rue Elzévir, à Paris.

peut s'opposer au départ de la fermentation. Pendant le repos qui en résulte, les matières échappées au crible (pellicules, pépins, etc.) se déposent en grande partie. Un soutirage (*débourbage*) permet de séparer le jus de ses dépôts ou bourbes riches en matières colorantes, et en même temps il le débarrasse de l'excès d'acide sulfureux, ce qui provoque rapidement son entrée en fermentation.

A noter qu'un débourbage trop complet donne des vins fluets et manquant de bouche. Cet arrêt momentané de la fermentation par l'acide sulfureux se nomme *soufrage* ou *mutage au soufre* (*fig.* 422).

L'acide sulfureux employé en trop forte proportion rend le moût inactif pendant plusieurs semaines; nous avons dit que l'aération corrigeait cette faute; nous devons ajouter que cet antiferment se combine peu à peu à d'autres corps et perd ainsi son pouvoir toxique. De même, la *décoloration* par l'acide sulfureux n'est que passagère, car ce gaz ne détruit point les matières colorantes à la façon du chlore; au contraire, les vins traités reprennent bientôt, au contact de l'air, une couleur plus vive et plus solide.

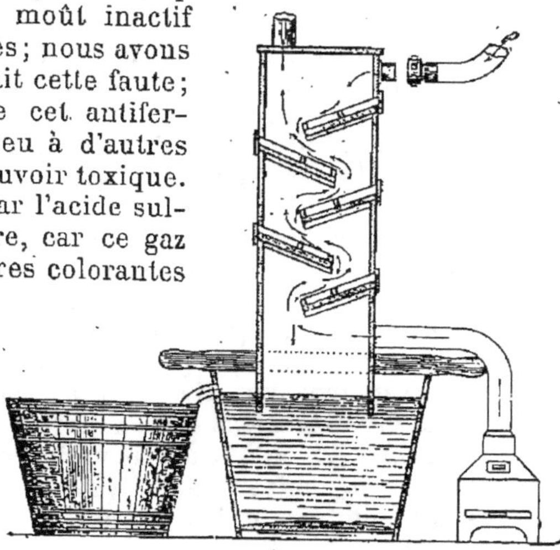

Vins liquoreux de dessert (1). — Si la fermentation du moût a lieu en présence des pellicules ou peaux des grains de raisin colorés, le vin sera rouge. Si nous séparons

Fig. 422. — Muteuse P. Paul.

Le moût arrivant à la partie supérieure se répand en lame mince sur une série de cloisons obliques, formant chicanes. Il est ainsi exposé en large surface au contact des vapeurs sulfureuses, produites par la combustion du soufre, qui s'élèvent en sens contraire.

la majeure partie de ces pellicules, le vin sera plus ou moins rosé, enfin si nous laissons fermenter le moût seul nous obtiendrons un vin plus ou moins ambré ou même presque blanc.

A ce propos, nous ne devons pas oublier que la pellicule cède au vin non seulement des matières colorantes, mais encore des substances aromatiques particulières et caractéristiques suivant la nature du cépage. Chez les muscats, ces aromes spéciaux possèdent le maximum d'intensité.

Le titre alcoolique des vins liquoreux doit s'élever au-dessus de 15 degrés pour empêcher toute fermentation secondaire de décomposer le sucre.

(1) Voir *Fabrication des vins de luxe*, par Victor Sébastian. (Masson, éditeur, 120, boulevard Saint-Germain, Paris.)

Pour atteindre un pareil degré, il faut avoir recours soit au passerillage du raisin, soit à l'alcoolisation directe ou au sucrage du moût dans des proportions déterminées.

On vendange le raisin extrêmement mûr. Le passerillage représente une simple concentration des sucs du raisin par évaporation de l'eau qu'il renferme. Quelques jours avant la vendange, on tord le pédoncule des grappes ou bien on l'écrase avec une pince spéciale. Cette opération entraîne le passerillage.

Il est préférable de passeriller ainsi sur souches que par exposition au soleil après cueillette, ou dans des chambres aérées. La chaleur brutale d'un four donne de médiocres résultats.

La durée du passerillage ne saurait être précise : elle dépend de la température, de la qualité du raisin et du vin que l'on désire obtenir ; sa durée moyenne est d'une huitaine de jours. Lorsque le temps est trop humide ou pluvieux, et qu'il y a lieu de redouter la moisissure, on se trouve dans l'obligation de faire passeriller sous un hangar largement aéré.

Le raisin passerillé est soigneusement foulé après égrappage et enlèvement des grains verts ou gâtés. Ensuite on le porte sur le pressoir.

On détermine alors la richesse saccharine du moût à l'aide du mustimètre de Salleron (1) ou du densimètre thermo-correcteur de Pellet (2). Des tables accompagnent ces instruments pratiques et permettent de fixer approximativement la quantité de sucre contenue dans le moût grossièrement filtré à travers un linge.

Connaissant la richesse saccharine initiale, l'opérateur peut obtenir un vin plus ou moins doux suivant le goût du consommateur.

Après fermentation, le vin doit renfermer au minimum 15 pour 100 d'alcool en volume.

Admettons que la densité du moût corresponde à 1,124 degrés Gay-Lussac ou 15°,9 Baumé, ce qui représente, d'après les tables, une richesse saccharine de 300 grammes par litre. Il est évident que les levures alcooliques n'utiliseront pas plus de 273 grammes de sucre pour produire 16 pour 100 d'alcool (dans la plupart des cas elles n'atteindront point ce maximum), car elles ne peuvent vivre dans un milieu plus richement alcoolisé : dans ces conditions, 27 grammes de sucre, au moins, resteront en solution à l'état nature, c'est-à-dire non décomposés par les ferments.

Sachant que la fermentation de 1,700 grammes de sucre environ donne 1 degré d'alcool par hectolitre, si l'on veut que le vin conserve 100 grammes de sucre indécomposé par litre, il faudra l'additionner de la quantité d'alcool que représentent 100 grammes de sucre moins 27 grammes par litre : 100 — 27 = 73.

Or, 73 grammes de sucre fournissent à peu près 4,2 pour 100 d'alcool.

(1) Chez Dujardin-Salleron, 24, rue Pavée, à Paris. — (2) Chez Langlet, 51, rue de la Harpe, à Paris.

Pour enrichir un milieu liquide de 4 degrés d'alcool, il faut y verser par hectolitre 5 lit. 06 d'alcool très bon goût à 95 degrés. En ajoutant à notre moût 5 lit. 06 d'alcool à 95 degrés, peu après le départ de la fermentation, nous sommes sûrs de trouver dans le vin fait 100 grammes environ de sucre indécomposé par litre.

Inversement, on peut calculer combien de sucre doit recevoir un moût trop faible en matière sucrée pour que la fermentation puisse atteindre 15 pour 100 d'alcool tout en laissant une certaine quantité de sucre indécomposé dans le vin.

Par exemple, admettons que le moût ne renferme que 223 grammes de sucre par litre. Ce moût abandonné à lui-même ne pourra donner, après fermentation complète, qu'un vin de 13 degrés. Or, nous voulons qu'il atteigne 15 degrés au moins et qu'il garde en solution 50 grammes de sucre.

Sachant que chaque degré d'alcool équivaut à 17 grammes de sucre fermenté par litre, nous devons donc, a priori, pour atteindre les 15 degrés d'alcool nécessaires à la stabilité du vin doux, ajouter deux fois 17 grammes de sucre par litre : $17 \times 2 = 34$. Avec 34 grammes de sucre en plus, c'est-à-dire avec un total de 257 grammes de sucre par litre, le moût, fermentant librement pourra, produire 15 degrés d'alcool.

Mais nous désirons avoir, en outre, 50 grammes de sucre indécomposé. Nous ajouterons donc : $34 + 50 = 84$, soit 84 grammes de sucre candi par litre de moût. La richesse initiale de ce moût se trouvera ainsi élevée à 341 grammes par litre.

Il est préférable de préparer les vins doux par la méthode d'alcoolisation afin de leur conserver le sucre naturel qui contribue à l'arome du fruit.

Vins forcés mousseux. — La fabrication du *vin forcé mousseux*, qui fait la joie et l'orgueil du vigneron, est d'une simplicité patriarcale.

Il suffit, en effet, de faire fermenter le moût dans une futaille *hermétiquement* bondée et close, pleine ou presque pleine. Dans le premier cas, la fermentation est plus lente. Les robustes fûts de bière, cerclés en fer, sont bien appropriés à ce genre de vinification.

Les vins forcés pétillent au moment du tirage parce qu'ils renferment en dissolution du gaz carbonique : ce gaz les protège contre les maladies.

Maladies des vins. — On peut diviser les altérations des vins en deux classes :

1° Les altérations ordinaires ou physiologiques;

2° Les altérations accidentelles.

Celles de la première classe sont dues au développement de parasites microscopiques dont le rôle néfaste a été découvert par Pasteur. Les uns agissent au contact de l'air, les autres accomplissent leur mauvaise besogne au sein même du vin.

Les *altérations* qui se produisent en présence de l'air sont faciles à éviter en préservant le vin de son contact, condition que l'*ouillage* ou remplissage absolu réalise dans la pratique. Mais cette opération n'entrave en rien le travail des microbes qui vivent à l'abri de l'air.

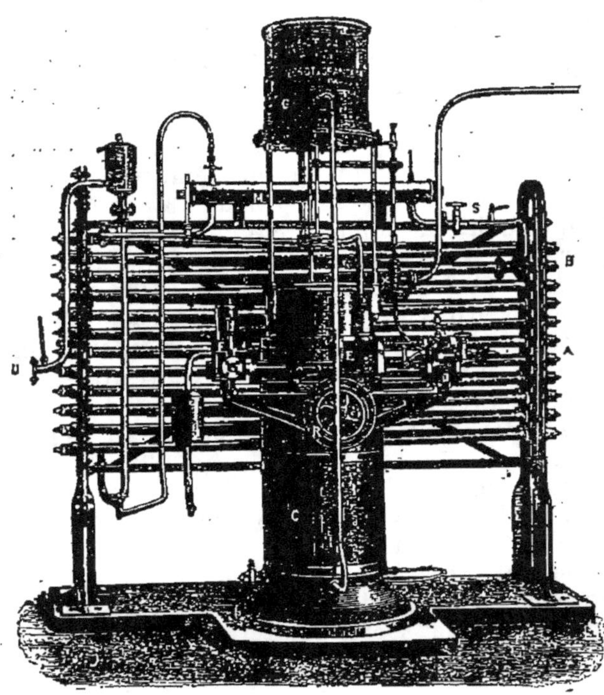

Fig. 423. — Pasteurisateur Houdart.

A. Récupérateur (faisceaux tubulaires) dans lequel le vin entrant s'échauffe au contact du vin sortant; — B. Caléfacteur (faisceaux tubulaires) où une circulation d'eau porte le vin à la température de pasteurisation (62 à 68 degrés); — C. Cuve à eau chaude; — D. Cylindre moteur à vapeur; — E. Pompe à eau; — F. Pompe à vin; — G. Cuve du régulateur automatique; — M. Récipient de stationnement; — R. Volant de réglage de l'eau chaude; — S. Robinet de fermeture des circuits; — U. Sortie du vin pasteurisé; — V. Tube d'aspiration du vin; — X. Valve de réglage de la vapeur.
Ce pasteurisateur automatique permet d'aspirer ou de refouler le vin où on veut. Une modification permet de le transformer promptement en un puissant réfrigérant. La pompe à vin devient alors pompe à eau froide et la pompe à eau chaude devient pompe à moût. Suivant le numéro, le débit de l'appareil varie de 1,000 à 6 000 litres à l'heure. La longueur correspondante est de 2 mètres à 3m.25.

Si le vin est bien constitué et bien soigné, s'il est placé dans une cave fraîche, loin des trépidations et des bruits, ces êtres microscopiques s'éliminent peu à peu dans les lies que les soutirages séparent. Il en est tout autrement si le vin mal constitué leur offre un champ favorable. D'ailleurs, leur première évolution s'accomplit parfois pendant la fermentation alcoolique du moût. A ce moment une température élevée (+ 33-35 degrés) paralyse la levure et stimule le développement des parasites d'autant plus que le milieu est moins acide. Dans les pays chauds, le refroidissement de la vendange et du moût est le seul remède radical à ce danger. Dans les pays tempérés, on obtient un résultat assez satisfaisant par un simple soutirage à l'air suivi d'un remontage à la cuve.

Pour éviter une trop grande élévation de température dans la cuve, il est bon de proscrire les énormes vaisseaux qui mettent en jeu des masses considérables de vendanges.

Lorsque les microbes ont pris le pas sur la levure, une plus ou moins grande quantité de sucre que cette dernière aurait converti en alcool est utilisée par eux à former des produits défectueux tels que mannite, acides fixes et volatils, etc., qui impriment au vin les caractères d'un vin aigre ou aigre-doux.

Inutile d'ajouter que, dans ces conditions, le vin décuvé devient bientôt imbuvable. Les microbes de la tourne, de l'amertume, s'attaquent à d'autres éléments du vin, crème de tartre, acide tartrique, glycérine, etc.

Un vin gravement altéré est un vin perdu; il faut donc agir préventivement contre les organismes auteurs du mal. La *pasteurisation* ou *chauffage par la vapeur* est la méthode la plus rationnelle pour prévenir le développement des maladies dans les vins.

Le principe de la pasteurisation est d'une extrême simplicité. En portant le vin à une température convenable, on tue tous les ferments qu'il contient; par conséquent, si on a le soin de lui éviter une nouvelle contamination, on le met à l'abri des causes d'altération et le *vieillissement* s'opère dans des conditions régulières.

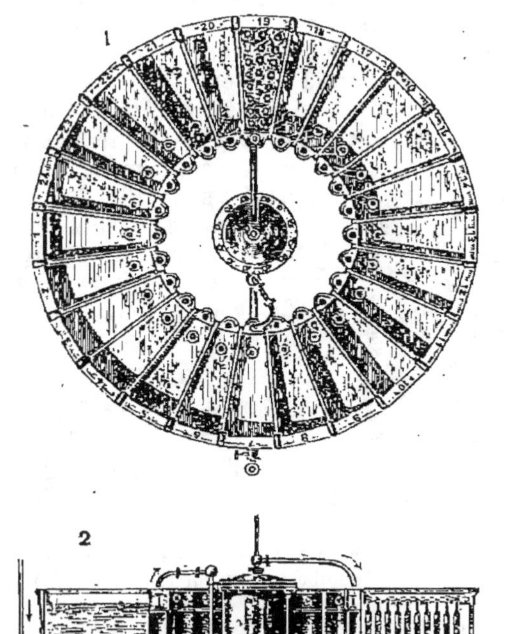
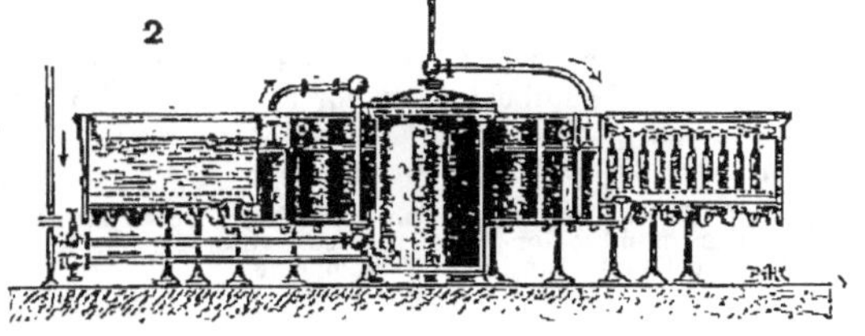

Fig. 424.
Appareil Gasquet pour chauffer les vins en bouteille.
I. Vue en plan. — 2. Vue en coupe.

Les vins faibles en alcool et en acidité sont chauffés à 64-65 degrés centigrades, tandis que 54-56 degrés suffisent pour les vins riches en alcool et en acide.

On peut chauffer le vin, *bien limpide*, dès les premiers mois qui suivent la récolte. Pour éviter le *vieillissement artificiel*, on doit chauffer et refroidir en *vase clos*, de manière à éviter le contact de l'air et, par suite, l'absorption de l'oxygène gazeux durant l'opération. L'industrie française livre des appareils spéciaux parfaitement adaptés au chauffage des vins suivant les données scientifiques établies par Pasteur, les meilleurs sont ceux de Frantz-Malvezin, Deroy, Houdart (*fig.* 423).

A défaut de fûts neufs, le vin pasteurisé sera reçu dans des récipients stérilisés par l'eau bouillante additionnée de 4 à 5 pour 100 de carbonate de soude ou par un jet de vapeur surchauffée.

Le chauffage en bouteilles est facile à réaliser; mais pour opérer en grand il faut des appareils spéciaux à circulation continue dont on possède aujourd'hui plusieurs modèles perfectionnés. Dans l'appareil Gasquet (*fig.* 424), la circulation de l'eau et le chauffage sont obtenus par la vapeur. Les bouteilles atteignent la température de pasteurisation en 50 minutes et elles y stationnent 20 minutes. Le refroidissement a lieu en 45 minutes. Lorsque l'appareil est en train, il y a introduction et sortie de bouteilles toutes les 5 minutes.

L'altération accidentelle la plus fréquente est la *casse*. Les vins rouges exposés à l'air se couvrent d'une mince pellicule irisée, se troublent, se décolorent et jaunissent; les vins blancs prennent une coloration allant du jaunâtre au brun rougeâtre et au brun.

La casse est évitée par l'addition, au moyen d'un dispositif spécial (*fig.* 425), de quantités relativement assez faibles d'acide sulfureux libre ou combiné, c'est-à-dire à l'état de gaz produit par la combustion du soufre, ou à l'état de bisulfite de potasse qui fournit environ la moitié de son poids d'acide sulfureux. Il faut introduire au maximum 7 à 8 grammes d'acide sulfureux par hectolitre. Le léger goût de soufre et la décoloration qui s'ensuivent sont de peu de durée.

Fig. 425. — Dispositif pour envoyer les gaz produits par la combustion du soufre dans le moût ou le vin. 1 gramme de soufre dégage 2 grammes d'acide sulfureux.

Le soufre brûle dans une marmite en fonte placée sous un demi-muid défoncé. Les gaz sont refoulés, par le bas ou par le haut, à l'aide d'une pompe.

Il ne faut pas confondre la casse « diastasique » avec le *trouble* passager et le précipité noir bleuâtre que donnent certains vins manquant d'acidité. Une addition d'acide tartrique, qui ramène l'acidité au taux normal (7 à 8 grammes par litre), suffit alors pour fixer la couleur.

Utilisation des sous-produits de la vinification. — Les sous-produits de l'industrie vinicole sont : les *marcs sortant du pressoir*, les *lies* et les *tartres*.

Marcs. — On distingue les *marcs des vins rouges* et les *marcs des vins blancs*. Ces derniers sont quelquefois abandonnés à la fermentation tels qu'ils sortent du pressoir; on en fait ensuite des piquettes ou bien on les soumet à la distillation directe (*eau-de-vie de marc*). Il est préférable de traiter les marcs blancs par aspersion d'eau dès leur sortie du pressoir. Le liquide qui s'écoule au bas de la première

cuve sert à arroser la deuxième, et ainsi de suite. L'opération doit
être conduite assez vivement pour éviter une fermentation trop active
de la masse. On cesse d'arroser la première cuve quand on ne perçoit
plus de goût sucré dans l'eau de lavage. Cette cuve rechargée devient
cuve de queue, tandis que la deuxième cuve passe au premier
rang, etc. Après fermentation de la solution sucrée, on peut distiller.

Les marcs rouges sont souvent distillés directement pour la production de l'eau-de-vie de marc, mais on les utilise beaucoup à la fabrication des piquettes, qui sont consommées en nature ou distillées,
selon le cas. La distillation des piquettes donne un alcool analogue
à l'alcool de vin.

La fabrication des piquettes des *marcs rouges* peut se faire comme
il vient d'être dit pour les *marcs blancs*, c'est-à-dire par arrosage ou
aspersion, mais le déplacement méthodique de bas en haut est plus
rationnel, puisqu'il s'agit d'entraîner un liquide alcoolique d'une
densité inférieure à celle de l'eau.

Les cuves sont munies d'un faux fond, au-dessous duquel pénètre
l'eau de lavage ; la première cuve se déverse sous la seconde, celle-ci
sous la troisième et ainsi de suite. Quatre cuves suffisent pour une
très bonne marche.

Le marc doit être sain et frais, bien émietté, tassé régulièrement.
L'arrivée de l'eau doit être bien réglée, de façon à ce que la vitesse
ascensionnelle soit assez faible pour ne pas noyer le marc et convertir
le déplacement en macération. Le déplacement épuise bien les marcs
et donne des piquettes dont l'ensemble représente un liquide d'un degré peu éloigné de celui du vin. On arrête le lavage de la première cuve
lorsque la piquette est devenue très faible en couleur et en degré.

On conserve souvent les marcs pour les utiliser plus tard soit à la
préparation des piquettes, soit pour en extraire l'alcool par distillation, soit comme nourriture pour le bétail. Or, les marcs sont très
altérables, car divers mycodermes et moisissures les envahissent
rapidement. On les défend contre tous ces parasites en les mettant à
l'abri de l'oxygène de l'air. Il suffit de les conserver, très fortement
comprimés, dans des citernes, dans des cuves ou même simplement
en tas, sous un hangar, recouvert de bâches. On provoque un tassement parfait en roulant un demi-muid plein d'eau sur le tas au fur et
à mesure de sa formation.

Lies et tartres. — Les *lies de débourbage* que l'on obtient dans la
vinification en blanc ne sont bonnes que pour le fumier. Mais les lies
déposées par les vins rouges et blancs, pendant le temps qui sépare le
décuvage du premier soutirage, renferment de la *crème de tartre*, et,
pour ce motif, ont une réelle valeur.

Avant d'être vendues comme tartre, les lies doivent abandonner
le vin qu'elles contiennent. Les lies les plus épaisses retiennent plus
de 75 pour 100 de leur poids de vin.

La méthode la plus simple pour extraire le vin des lies consiste à les introduire dans des sacs en forte toile qu'on empile sur le pressoir et qu'on soumet à une pression continue très modérée.

Les vins ainsi recueillis sont loin de valoir les vins de goutte, mais cependant ils sont susceptibles d'être consommés après collage et filtration ; dans tous les cas, on peut les distiller.

Une bonne lie, à l'état sec, ne renferme guère plus de 25 pour 100 de tartre. Les acheteurs ne tiennent compte que de la richesse en tartre ; or, les 75 kilogrammes de matières diverses restantes possèdent environ 4 pour 100 d'azote ; ils ont donc une valeur de 4 fr. 50, au cours ordinaire (1 fr. 50) de l'unité d'azote.

Il y a intérêt pour le propriétaire à retirer lui-même le tartre brut de ses lies. Ce tartre, qu'il obtiendra facilement à 76-80 pour 100 de richesse réelle, lui sera payé avec une plus-value de 25 à 30 centimes l'unité ; cela suffit à couvrir les frais de l'opération, et, en outre, il conservera pour ses terres un excellent engrais.

Le matériel d'extraction se compose d'une chaudière et de fûts. On traite quelquefois les *lies vertes*, c'est-à-dire les lies fraîches, mais l'expérience a montré qu'après dessiccation complète elles cèdent plus facilement leur tartre et ce tartre est moins coloré.

Quand la matière a perdu toute son eau, on la broie et on la garde en magasin dans des sacs. Cette manière d'opérer permet d'accumuler les lies et de les traiter tous les deux ou trois ans seulement. Il faut avoir grand soin d'éviter les locaux humides et tièdes, qui favorisent le développement d'un microbe particulier capable de transformer la crème de tartre ou bitartrate de potasse en produit sans valeur. Certains raffineurs-tartriers se mettent à l'abri de ces accidents en desséchant les lies, à la température de 125 à 160 degrés, dans un cylindre analogue à un grand brûloir.

Les lies broyées, après dessiccation, sont mises à bouillir légèrement avec l'eau. On brasse la masse et on filtre le liquide sur une toile tendue au-dessus d'un cuvier ou d'un fût. Un litre d'eau, à 80-85 degrés, dissout environ 50 grammes de tartre et n'en retient plus que 3 grammes à 5-6 degrés ; il se dépose donc 47 grammes de bitartrate par litre.

L'eau de cristallisation ou *eau mère*, qui reste saturée, sert à l'épuisement des lies neuves.

Pour extraire le tartre des marcs, on opère de la même manière sur le marc pressé. On écoule le liquide bouillant par le robinet inférieur et on laisse refroidir pendant vingt-quatre heures.

Détermination des tartres bruts et des lies. — Il faut avoir une *solution alcaline* (soude caustique pure, 40 grammes par litre) dite *normale*, dont 1 centimètre cube est capable de neutraliser 0 gr. 049 d'acide sulfurique (acide sulfurique pur, 49 gr. par litre). Sachant que 1 d'acide sulfurique équivaut à 1,53 d'acide tartrique et que 1 de ce dernier correspond à 2,506 de *crème de tartre*, l'équivalence en tartre de la solution alcaline sera établie comme suit :

0 gr. 049 $\times$ 1,53 $\times$ 2,506 = 0 gr. 188 en crème de tartre.

On prélève un échantillon de tartre ou de lies à titrer, et, après l'avoir pulvérisé finement au mortier, on opère sur 5 grammes *exactement pesés*. Il est indispensable d'avoir une balance sensible à 1 ou 2 centigrammes (balance Collot). Tous les pharmaciens peuvent faire cette pesée qui est un des éléments les plus importants de l'opération.

Ces 5 grammes de poudre très fine sont introduits dans un matras avec 300 à 400 centimètres cubes d'eau, puis l'on porte à l'ébullition pendant quatre à cinq minutes. Sans se préoccuper du dépôt insoluble, on additionne le liquide sortant du feu de quelques gouttes de *phénol-phtaléine* et on y laisse tomber, goutte à goutte, la liqueur alcaline placée dans une éprouvette graduée — agiter de temps en temps —. L'apparition d'une couleur rouge indique la fin de l'opération. En effet, la phtaléine, qui reste incolore en liqueur neutre ou acide, passe au rouge sous l'influence d'une trace d'alcali.

Avec les *tartres rouges*, la phtaléine est remplacée par la touche au papier de tournesol rouge qui bleuit dès que la saturation est atteinte. La teinte brune, assez accentuée, que prend le liquide à l'approche de la neutralité avertit l'opérateur.

S'il a fallu 21 centimètres cubes de liqueur alcaline pour amener les changements précités dans la solution bouillante de 5 grammes de tartre brut, cela prouve que ce tartre contient :

Pour 5 grammes : 0 gr. 188 $\times$ 21 = 3 gr. 94;

Et pour 100 grammes : 3 gr. 94 $\times$ 20 = 77 gr. 08 ou 77°,8.

Par ce procédé, on ne titre que la crème de tartre ou *bitartrate de potasse* et non le *tartrate de chaux*, qui est neutre, mais les achats à la propriété portent toujours sur le titre en crème de tartre. Cependant il est bon d'ajouter que les tartriers savent convertir le tartrate de chaux en bitartrate de potasse à l'aide du bisulfate de potasse; ce sel a par conséquent une valeur marchande.

Le tartrate de chaux existe en quantité variable dans les tartres bruts; il est plus abondant dans ceux qui proviennent de raisins récoltés en terrain calcaire et peut atteindre la proportion de 75 pour 100 dans les lies et tartres des *vins plâtrés* (1). On peut évaluer à 35-40 centimes par hectolitre de vin produit, le bénéfice que le viticulteur retire de la vente du tartre et de la conservation des matières fertilisantes restant du traitement des lies.

Distillation. — La *distillation* a pour but de séparer les substances inégalement volatiles. Le point d'ébullition de l'alcool est 78 degrés

______

(1) On peut doser la *totalité de l'acide tartrique* qui existe sous forme de bitartrate de potasse ou de tartrate de chaux par le *procédé à l'acétate de chaux* ou par le *procédé Goldemberg* qui exigent une dextérité chimique.

centigrades, tandis que celle de l'eau est à 100 degrés. Il est donc possible de séparer ces deux substances par la chaleur.

On peut dire que la distillation est une opération par laquelle on réduit les liquides en vapeur, à l'aide de la chaleur, pour les faire retourner ensuite à l'état liquide sous l'influence du refroidissement. Elle a généralement pour but la séparation, dans un composé donné, des produits volatils de ceux qui ne le sont pas, ou de ceux qui le sont moins dans les mêmes circonstances ; c'est ainsi qu'on retire l'alcool du vin, de la bière, des cidres et poirés et qu'on en sépare les essences des différentes substances aromatiques où elles sont contenues.

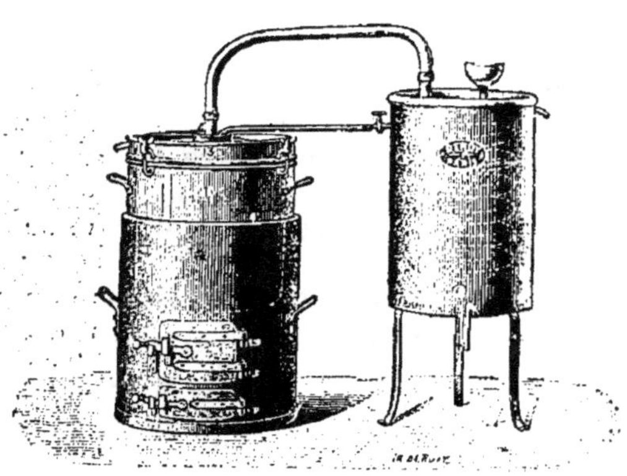

Fig. 426. — Petit alambic brûleur donnant de l'eau-de-vie rectifiée, sans repasse ou par repasse, à volonté.

1. Chaudière ; — 3. Chapiteau rectificateur ; — 4. Collerette dans laquelle coule l'eau qui vient du réfrigérant et qui sert à régler le fourneau ; — 14. Fourneau en tôle.

Le propriétaire a parfois intérêt à tirer parti de vins avariés, de lies, de piquettes, en les distillant. Dans quelques régions privilégiées, telles que les Charentes et l'Armagnac, la distillation des vins pour la préparation des eaux-de-vie de luxe (cognac, fine champagne) constitue le but final du propriétaire qui cultive la vigne.

La distillation se fait dans un appareil spécial appelé *alambic* (*fig.* 426).

Les alambics se rattachent à deux types principaux : tantôt, chargés au préalable, ils ne fonctionnent que jusqu'à épuisement en alcool du produit enfermé dans leur chaudière ; tantôt ils sont susceptibles de recevoir un courant continu de liquide spiritueux, réglé sur leur puissance, et de le séparer en *eau-de-vie*, qui s'écoule d'une part pendant que la *vinasse* s'élimine d'autre part. Le premier type est dit « intermittent » ; le second type est dit « continu ».

Les fanatiques du *bon cognac* disent que la meilleure eau-de-vie s'obtient à l'aide de l'ancienne chaudière du paysan où elle mijote en quelque sorte à petit feu.

L'appareil simple ou *intermittent* se compose d'une *chaudière*, d'un *chapiteau* et d'un *réfrigérant*. Quelquefois avant de se rendre au réfrigérant le tuyau qui termine le chapiteau passe dans un *chauffe-vin*, récipient en cuivre de même capacité que la chaudière. Les partisans intransigeants des vieilles coutumes réprouvent cette adjonction et lui reprochent de prolonger trop longtemps le contact du vin chaud avec le cuivre, ce qui accentue, disent-ils, « le goût de chaudière » de l'eau-de-vie.

Avec la disposition simple, le distillateur charentais se trouve obligé d'opter entre deux inconvénients : ou perdre une proportion de l'alcool du liquide à distiller, ou le recueillir tout entier, mais dilué dans une grande quantité d'eau. Il est évidemment préférable de se résigner à ce dernier inconvénient, quitte à redistiller ou « repasser » ensuite le produit trop aqueux.

L'industrie livre des appareils simples perfectionnés (*fig.* 427) munis de pièces qui fonctionnent comme *rectificateurs* ou *déphlegmateurs* et permettent alors de recueillir directement l'eau-de-vie à un titre assez élevé; la « repasse » est supprimée.

Lorsqu'on distille les *marcs*, un panier ou plateau métallique empêche les matières solides de se brûler au contact des parois (*rimage*) et de faire contracter à l'eau-de-vie un goût désagréable.

Il est recommandé de régler le feu avec grand soin, de façon à éviter les *coups de feu* et à obtenir une ébullition lente et régulière.

La première eau-de-vie recueillie renferme les impuretés légères constituant les *produits*

Fig. 427. — Alambic brûleur à bascule, monté sur roues, produisant du premier jet, sans repasse, l'eau-de-vie rectifiée à 60-70 degrés.

Peut être muni d'une grille pour les marcs, d'un panier pour les fruits et les plantes, etc., d'un chapiteau pour les lies.
A. Chaudière de l'alambic; — B. Fourneau de l'alambic; — U. Rectificateur; — K, Chauffe-vin; — N. Réfrigérant.

de tête, parmi lesquels se trouvent la plupart des *éthers*. On sépare empiriquement ces produits en proportion de 1 pour 100 du contenu de la chaudière. Ce qui distille ensuite représente le bon goût ou *cœur*.

Lorsque l'alcoomètre de l'éprouvette qui reçoit l'eau-de-vie marque 50 degrés, les *produits de queue* arrivent; on les reçoit à part, et on continue la distillation jusqu'à ce que l'alcoomètre flotteur marque 0 degré. Parmi les impuretés des produits de queue se trouvent des huiles à odeur tenace qui enlèvent beaucoup de finesse et de valeur au produit. Les produits de tête et les produits de queue réunis sont redistillés avec du vin.

Il ne faut pas cependant isoler trop sévèrement les produits de tête et de queue d'une eau-de-vie de prix, car on lui ferait perdre son bouquet; on la rendrait assez semblable aux *alcools industriels rectifiés.*

Distillation des vins altérés. — Les *vins piqués* produisent des eaux-de-vie acides peu agréables. Pour en tirer un bon parti et en obtenir des alcools de coupage ayant le goût de l'alcool de vin, sans piqûre, il est indispensable de neutraliser l'excès d'acide avant distillation, par addition de lait de chaux, de tartrate neutre de potasse, de carbonate de potasse ou de soude. Il faut éviter de saturer complètement les acides libres, car sous l'influence des alcalis il y aurait des transformations ammoniacales et production d'autres bases à saveur désagréable. On doit donc verser la solution alcaline avec précaution, de manière à laisser toujours une légère acidité, visible au papier bleu de tournesol — acidité modérée, parce que les acides libres, à chaud, tendent à s'éthérifier aux dépens de l'alcool et augmentent la proportion des produits de tête. Certains praticiens préfèrent cependant opérer la neutralisation des acides sur les eaux-de-vie de première distillation, au lieu de neutraliser directement le vin.

En général, avec les vins piqués ou malades, il est préférable d'obtenir l'eau-de-vie de premier jet; les produits du commencement et de la fin de la distillation sont mis à part, le *cœur* seul est conservé. Les liquides séparés au début et à la fin sont ramenés à 10 degrés par addition d'eau et redistillés. Cet abaissement de degré met en liberté une partie des huiles essentielles, insolubles dans l'eau; ces huiles à odeurs fortes restent dans la chaudière, tandis qu'elles seraient entraînées si elles étaient dissoutes dans l'eau-de-vie. Bien entendu, malgré l'abaissement du titre alcoolique, il ne faut pas négliger de mettre à nouveau de côté le commencement et la fin de la distillation.

Fig. 428.
Alambic brûleur à bascule pour la distillation
des marcs, lies, etc.

Distillation des lies et des marcs. — Les *lies des vins* retiennent jusqu'à 60 pour 100 environ de liquide. On pourrait les passer au filtre-presse, mais ordinairement on les recueille dans des fûts pour les distiller aussi vite que possible, afin d'éviter les fermentations acétiques et putrides qui les envahissent rapidement si on oublie de les alcooliser à 16 ou 18 degrés environ.

Les lies, rendues fluides par une addition d'eau, peuvent être distillées dans l'alambic employé pour les vins. On observe de ne pas trop remplir la chaudière et de chauffer modérément, à cause de la mousse abondante que produit l'ébullition. Cet inconvénient est atténué par l'adjonction d'un peu de beurre ou d'huile.

Comme les matières solides en suspension viennent facilement se coller au fond de la chaudière et s'y brûler, en donnant un goût désagréable connu sous le nom de *rimage*, on a soin de tenir la masse en mouvement, à l'aide d'une raclette en bois, jusqu'aux approches de l'ébullition. Il existe des appareils à agitateur mécanique. En tout cas, il faut conduire la chauffe avec un feu très doux et séparer les queues, qui entraînent des huiles fortement odorantes.

On peut opérer avantageusement la distillation des lies dans les *calandres* utilisées pour la *distillation des marcs à la vapeur*. La vapeur sous pression, introduite dans le fond de ces récipients, soulève les lies et évite ainsi le rimage.

Lorsqu'on distille les *marcs* à feu nu dans l'appareil simple, on dispose une grille en cuivre ou une claie d'osier, de paille, au fond de la chaudière et, après avoir ajouté au marc le quart de son volume d'eau, on distille doucement en éliminant les produits de tête et de queue.

Vinaigre. — Pasteur a démontré que la *fermentation acétique* des boissons alcooliques (vins, bières, cidres, etc.) est due à un petit microbe formé de chapelets d'articles étranglés vers le milieu de manière à figurer un 8; leur diamètre est d'environ 1 millième 5 de millimètre.

Le développement du voile du *mycoderma aceti* à la surface des liquides appropriés est très rapide. Ce microscopique parasite oxyde l'alcool et le convertit en acide acétique. Ce phénomène *d'oxydation* ne peut avoir lieu qu'en présence de l'oxygène de l'air — c'est pour ce motif qu'il est dangereux de conserver le bon vin en vidange.

La base du liquide fermentescible est, naturellement, l'alcool étendu d'eau. Mais pour éviter l'envahissement par des ferments étrangers (entre autres le *mycoderma vini* ou *fleur du vin*, qui brûle complètement l'alcool en donnant de l'eau et de l'acide carbonique) il convient d'ajouter de l'acide acétique ou du vinaigre. La proportion de 2 pour 100 d'acide acétique est la meilleure.

Le ferment acétique ne commence à agir qu'à 10 ou 12 degrés centigrades. Au-dessus de 18 degrés jusqu'à 30 degrés, il agit énergiquement. Une trop grande acidité le gêne. Il n'agit plus lorsque le milieu renferme 10 à 13 pour 100 d'acide acétique.

Réduite à ses parties essentielles, la fabrication du vinaigre revient à déposer à la surface du vin acidulé un peu de ferment acétique. Le tonneau reste ouvert pour que l'air puisse y pénétrer. On ajoute de temps en temps de petites quantités de vin qu'on fait arriver par le fond du tonneau et on retire une quantité égale de vinaigre.

Le bon vinaigre de vin est limpide, d'une couleur jaunâtre ou rougeâtre suivant la couleur du vin employé ; son odeur caractéristique est pénétrante et agréable ; sa saveur est franche, piquante sans âcreté. Son acidité totale est d'environ 60 à 80 grammes par litre exprimés en acide acétique monohydraté.

CULTURE DE LA VIGNE
POUR LA PRODUCTION DES RAISINS DE TABLE.

Le raisin est un fruit agréable et hygiénique, doué d'un arome plus ou moins caractéristique suivant la variété à laquelle il appartient. Sa saveur, constituée par deux goûts distincts qui se superposent — l'un sucré, l'autre acidulé — stimule favorablement les sensations gustatives et les fonctions digestives.

Il existe un grand nombre de cépages producteurs de raisins de table ; par un choix judicieux de ces cépages, et en combinant la culture en plein air avec la culture sous châssis ou en serre, on peut livrer des raisins frais à la consommation durant toute l'année.

Mais avant d'énumérer les cépages distingués dont nous conseillons la culture, il nous paraît utile d'indiquer les moyens d'en augmenter la précocité et de donner aux grappes la plus belle apparence.

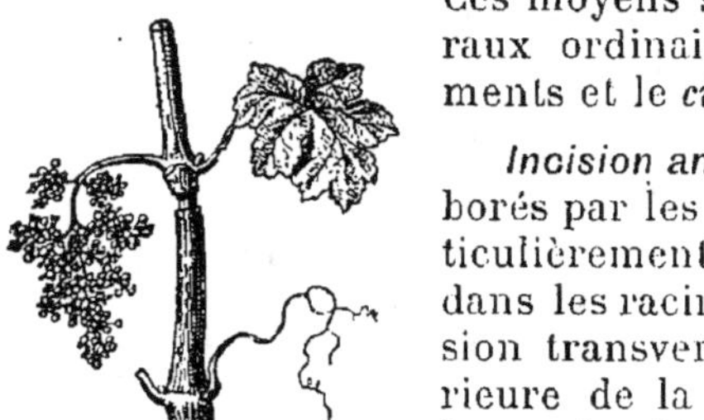

Fig. 429. — Rameau sur lequel on a pratiqué l'incision annulaire.

Ces moyens sont, en dehors des soins culturaux ordinaires, l'*incision annulaire* des sarments et le *ciselage* des grappes.

Incision annulaire. — Les sucs séveux, élaborés par les feuilles, suivent l'écorce, et particulièrement le liber mou, pour se rendre dans les racines. Lorsqu'on pratique une incision transversale sur l'écorce, la lèvre supérieure de la plaie ne tarde pas à former un bourrelet dû à l'accumulation de la *sève descendante* qui n'a pu continuer sa route vers les racines.

Il est rationnel de déduire de ce fait que pour faire affluer dans les fruits les sucs élaborés, il suffit de leur barrer le chemin à l'aide d'une incision qui supprime l'écorce à la base du rameau qui les porte. L'*incision annulaire* n'a point d'autre but (*fig.* 429).

La *sève ascendante*, c'est-à-dire l'eau du sol chargée de substances alibiles, s'élève à travers les cellules du bois pour arriver jusqu'aux feuilles. Or le bois reste bien avec ses dimensions primitives au niveau de l'incision, mais il s'accroît au-dessus et au-dessous de cette dernière, d'où il résulte qu'au bout de quelque temps la montée de l'eau du sol, à travers les nouvelles couches du bois, se trouve à son tour gênée. Cette gêne se traduit par la formation d'un bourrelet sur la lèvre inférieure de la plaie. Ce bourrelet reste toujours

moins volumineux que celui de la lèvre supérieure, car la sève ascendante a plus d'issue que la sève descendante puisqu'elle a à sa disposition le bois respecté par l'incision.

Dans ces conditions, le barrage constitué par l'incision annulaire
favorise les fruits en leur assurant la plus grande quantité possible
de matières élaborées ; mais, par contre, il peut leur devenir nuisible
s'il les prive trop de sève ascendante riche en eau. Pour parer à cet
inconvénient, la largeur de l'incision ne doit pas être livrée au
hasard ; elle doit, au contraire, être assez exactement déterminée
suivant le but que l'on poursuit : empêcher la *coulure des fleurs* ou
bien activer la *maturation des fruits*. D'autre part,
lorsque l'incision est trop étroite, les lèvres se
rapprochent rapidement l'une de l'autre, et finissent par se souder comme dans la greffe.

Une incision très faible (1 ou 2 millimètres) est
efficace pour prévenir la coulure quand elle est
appliquée peu avant la floraison ou mieux encore à son début, tandis qu'elle doit mesurer au
moins 2 à 5 millimètres de largeur si l'on veut
agir sur la maturation, et dans ce cas, être appliquée lorsque le raisin a acquis le tiers environ de
son développement (vers le 15 juin dans l'Hérault). L'incision devra être d'autant plus large
qu'elle sera faite plus tôt et que la plante sera
plus vigoureuse. Dans certaines circonstances défavorables au développement normal du végétal,
on pourra la combiner avantageusement avec le
pincement.

L'incision annulaire peut s'exécuter avec un
canif : ordinairement on la fait avec des pinces

Fig. 430. — Entailles
ou crans pratiqués
pour modifier la
vigueur des rami-
fications.

A et B augmentent la
vigueur et poussent
au bois ; — C diminue
la vigueur et pousse
aux fruits.

spéciales. Elle se pratique soit sur les rameaux herbacés, soit sur
les coursons, au-dessus du sarment le plus bas destiné à fournir le
bois de taille pour l'année suivante ; ce dernier mode est de beaucoup préférable. Mais c'est assurément sur les vignes taillées à long
bois que l'incision annulaire trouve ses meilleures applications ; on
la forme alors à la base des *longs bois*.

Les *entailles* qu'exécutent les arboriculteurs pour augmenter ou
pour diminuer la vigueur des ramifications ne sont en réalité que
des incisions annulaires réduites.

Lorsque certains rameaux se sont développés trop faiblement
pendant l'été, on les taille plus longs que les autres et souvent
même on les laisse entiers ; puis on pratique sur la tige, immédiatement au-dessus de leur point d'insertion, une entaille A semblable
à celle que montre la figure 430. Cette entaille supprime toute l'é-
corce et atteint le bois. La sève ascendante, trouvant la route barrée
sur ce point, se détourne vers le rameau qui, sous l'influence de

cet afflux séveux plus abondant, se développe avec vigueur, en bois, mais non en fruit.

Lorsqu'on se trouve en présence d'un rameau trop puissant malgré les pincements auquel il a été soumis, il faut, au contraire, le tailler plus court que les autres et lui faire une entaille semblable à la précédente, mais placée immédiatement au-dessous de son point d'attache sur la tige. L'entaille a pour résultat de diminuer l'afflux de la sève ascendante et d'augmenter celui de la sève descendante élaborée. L'élongation de la branche opérée s'arrête et ses *yeux* tour-

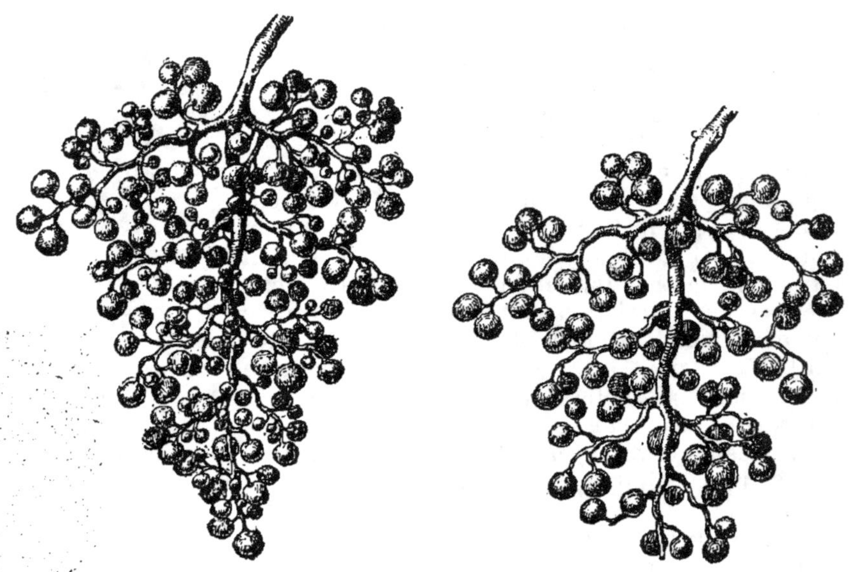

Fig. 431. — Grappe avant le cisellement.   Fig. 432. — Grappe après le cisellement.

nent à fruit. C'est ainsi que l'on utilise quelquefois le *cran* ou entaille de 2 ou 3 millimètres de largeur pour convertir des bourgeons à bois en bourgeons à fruit. Il est à remarquer que ce traitement adjuvant est moins nécessaire sur le poirier greffé sur cognassier parce que le bourrelet de la greffe remplit un peu le rôle d'incision annulaire. Cette observation nous explique pourquoi les vignes porte-greffes qui donnent les bourrelets les plus volumineux au point de soudure sont celles qui ont le plus de tendance à la fructification.

Éclaircissage. — Lorsque les grains ont atteint la grosseur d'un petit pois, on enlève les vrilles, qui absorbent inutilement la sève, et l'on procéde à l'*éclaircissage* des grappes (*fig.* 431, 432). Cette méthode est fort usitée à Thomery, où la culture de la vigne sous verre est très habilement faite. Des femmes exercées à ce travail enlèvent, avec des ciseaux effilés à pointe émoussée, les grains trop nombreux et trop serrés sur la grappe de manière à conserver à chacun d'eux un espacement suffisant pour leur développement parfait.

Le nombre de grains à supprimer varie naturellement suivant la variété cultivée, la forme et la compacité de la grappe, ainsi que la grosseur normale des grains.

On retranche d'abord tous les grains atrophiés pour une cause quelconque et ceux qui sont situés à l'intérieur des grappes, puis on enlève l'extrémité de celles qui, étant trop longues, mûriraient mal leurs fruits, tout en s'efforçant de donner à l'ensemble une forme convenable. Il faut éviter de couper les pédicelles près de l'insertion sur la ramification dont ils sont issus; une bonne taille sectionne le pédicelle en son milieu.

Pendant le ciselage, on maintient la grappe à l'aide d'un petit crochet en bois afin d'éviter de meurtrir les grains réservés. Ceux-ci grossissent rapidement et comblent bientôt les vides, de telle sorte que l'on obtient finalement une grappe bien conformée et portant des grains magnifiques qui augmentent la valeur du raisin.

Au moment de la maturité, un *effeuillage* habile et modéré doit, au besoin, dégager les grappes et les exposer à l'air et à la lumière pour affermir la peau du grain, la parer de sa couleur caractéristique et rehausser son éclat. L'effeuillage exige une main expérimentée, car s'il est maladroitement pratiqué, surtout dans le Midi, il risque d'entraver les phénomènes de la maturation et de provoquer le *grillage* ou tout au moins le durcissement de la pellicule des grains.

Lorsque la maturité arrive, il faut éviter avec soin de toucher ou de mouiller les grappes afin de ne pas les déflorer en enlevant la pruine qui les embellit et leur donne un cachet si remarquable de fraîcheur appétissante. Inutile d'ajouter que, pour le même motif, la cueillette doit être faite avec grand soin.

Culture forcée de la vigne. — Il existe différents modes de culture de la vigne sous verre. Les trois manières principales sont :

1° La culture sous abri vitré sans chauffage artificiel;

2° La culture forcée en serre (*fig.* 433 et 434);

3° La culture retardée en serre.

Ces trois sortes de cultures marchent souvent ensemble et se complètent parfois. Elles comportent d'abondantes fumures, de préférence avec : tourteaux, cornailles, sang et viandes desséchés, fiente de poule et de pigeon, etc., qui sont moins rapidement entraînés par les arrosages que les engrais chimiques. Cependant ceux-ci, mis en couverture, constituent souvent un adjuvant précieux.

La *culture sans chauffage artificiel* se pratique soit sous simple châssis, soit sous serre adossée, soit dans des serres doubles. Les plantes sont chauffées par la chaleur solaire concentrée sous les vitres. Ces abris les protègent contre les gelées et permettent de gagner facilement plusieurs semaines sur l'époque de la maturité normale, ce qui est très avantageux pour la vente. Dans le midi de la France, on peut obtenir ainsi des chasselas mûrs vers le 25 juin. Dans les environs de Paris, la maturité arrive vers la fin de juillet.

La *culture forcée* a lieu dans des serres chauffées artificiellement au moyen d'un *thermosiphon*, c'est-à-dire par circulation d'eau chaude à basse pression. La température de cette eau, qui ne dépasse

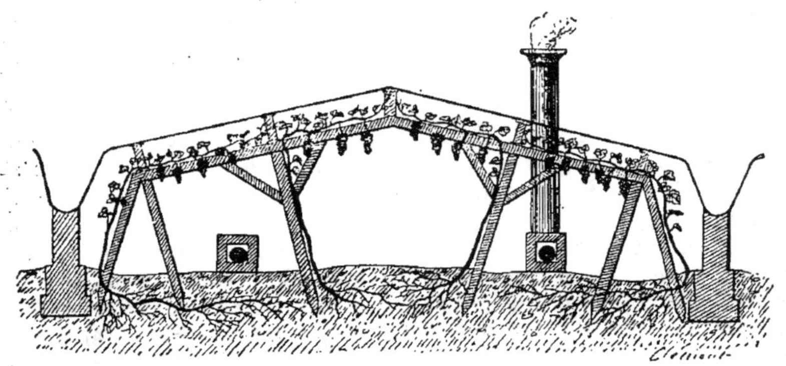

Fig. 433. — Coupe d'une serre à vigne en Belgique.

pas généralement 72 à 75 degrés, communique à la serre une chaleur douce analogue à la chaleur naturelle.

Le raisin dit de *première saison* mûrit de mars à avril, celui de *deuxième saison* mûrit en mai, celui de *troisième saison* mûrit en juin-juillet.

L'année avant le forçage, la souche est taillée de manière à avoir des sarments robustes pour la taille de la récolte forcée. Ensuite on ne lui laisse porter que très peu de grappes. Tous les efforts tendent à ménager ses forces, de façon à les concentrer, en quelque sorte, sur la production suivante. Des pincements pratiqués dans le courant de l'été favorisent l'aoûtement du bois. Pendant le mois de septembre, on effeuille peu à peu, jusqu'en octobre.

Les sarments étant vigoureux, on taillera assez long, quitte, plus tard, s'ils sont trop chargés, à les débarrasser des grappes florales les moins bien venues.

Il est préférable d'attendre, pour commencer le forçage, que la vigne soit en plein repos et ait perdu totalement ses feuilles. Cependant, en Belgique on commence à forcer vers le 15 novembre, c'est-à-dire dès le début de la période de repos. En France, on ne commence guère avant le mois de décembre. Le forçage dure plus ou moins, suivant la variété à laquelle il est appliqué. Le chasselas peut être forcé en quatre mois à quatre mois et demi; le frankenthal exige quatre mois et demi; il faut compter six mois pour le gros colman ou le muscat d'Alexandrie.

Lorsque tout est prêt pour la mise en végétation, on commence à chauffer lentement, de façon à éveiller l'activité physiologique du système radiculaire en même temps que celle du système aérien. On chauffe donc à 10 ou 12 degrés, sans dépasser 16 à 17 degrés, jusqu'à ce que les bourgeons se gonflent; ensuite on élève la température progressivement et de 1 degré environ par semaine.

Pendant les grands froids, quand la condensation est forte, il faut s'appliquer à combattre la sécheresse atmosphérique de la serre en pulvérisant de l'eau sur les murs et les allées, en plaçant des vases remplis d'eau sur les tuyaux du thermosiphon, etc. Chaque nuit la serre est recouverte de paillassons. On ne donne de l'air par les ventilateurs que s'il se produit des moisissures sur les rameaux de la vigne : dans le cas d'aération, il est indispensable de prévenir le refroidissement en augmentant convenablement la température.

Au début du chauffage, un arrosage copieux avec du purin additionné de son volume d'eau chaude, ou bien avec une dissolution d'engrais chimiques appropriés, donne les meilleurs résultats. Cet arrosage est renouvelé après l'épanouissement des bourgeons. Puis on ébourgeonne graduellement, au fur et à mesure du développement de la vigne, en conservant à chaque courson une seule pousse fructifère vigoureuse ; ce n'est qu'exceptionnellement qu'on en laisse deux. Vers le milieu de cette période qui s'étend du bourgeonnement à la floraison, on donne le premier soufrage.

Au moment de la floraison, la température doit s'élever entre 25 et 28 degrés pendant le jour, entre 18 et 22 degrés pendant la nuit. Il faut entretenir une humidité suffisante, mais éviter de pulvériser de l'eau, surtout sur les plantes. Les pulvérisations seront reprises lorsque la fleur aura noué.

A partir de l'épanouissement des fleurs, il est nécessaire de commencer à ventiler soit avec un ventilateur à air chaud, soit en ouvrant progressivement les évents du haut de la serre, et cela à mesure que la température du jour s'élève. Il faut fermer dès que le soleil baisse en prévision de la perte de chaleur qu'entraîne la nuit.

Dès la fin de la floraison, qu'il est bon d'abriter contre un soleil trop ardent, on donne le deuxième soufrage et le premier traitement au sulfate de cuivre contre le mildiou. Après la floraison, on maintient encore la température à 25-28 degrés pendant quelque temps, puis on la diminue peu à peu jusqu'à descendre à 23 degrés. Une ventilation ménagée facilite cette opération.

Lorsque toute la récolte a été cueillie, on prend les dispositions nécessaires pour placer la vigne dans les conditions normales. Les châssis mobiles sont enlevés par un temps doux et humide; s'il s'agit d'une serre, on ouvre largement les ventilateurs et les évents du haut. La vigne aoûte ses bois pendant l'été et elle est prête à subir un nouveau forçage quand vient l'automne. Il est cependant préférable d'alterner la culture forcée avec la culture normale. On peut aussi faire reposer la vigne en changeant ses époques de production; par exemple, on lui fait donner en première année des fruits de première saison et la deuxième année des fruits de deuxième ou de troisième saison. Les fruits de quatrième saison s'obtiennent naturellement par la culture sans abris.

Le chasselas de Fontainebleau, le muscat d'Alexandrie, le muscat Hambourg, le gros colman, le cinsaut sont des cépages qui conviennent bien pour le forçage.

La *culture retardée*, comme son nom l'indique, consiste à provoquer un retard, aussi prolongé que possible, dans la maturation des raisins. Elle se pratique aisément dans les régions septentrionales peu favorables à la culture de la vigne en plein air.

Au commencement d'avril, on ferme les panneaux de la serre après avoir exécuté les travaux culturaux, fumures, etc. Sous l'influence des rayons solaires, la température s'élève à une

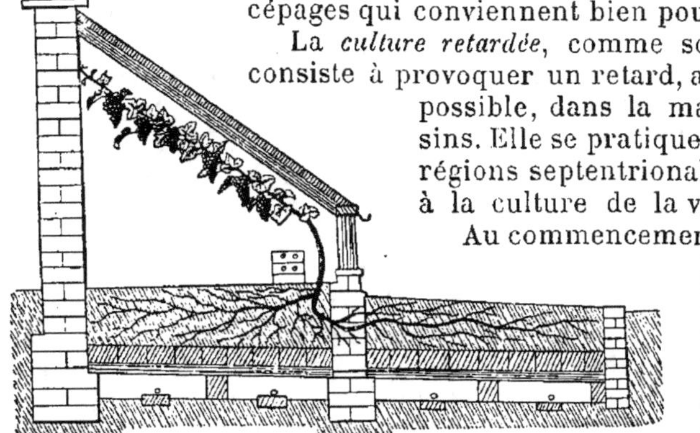

Fig. 434. — Serre à vigne en Angleterre.

trentaine de degrés sans qu'il soit nécessaire d'aérer. Ce n'est qu'à la fin de la fécondation qu'on ouvre progressivement les ventilateurs et les châssis. Lorsque la vigne est habituée à l'air, on enlève les panneaux par un temps doux et brumeux, et on ne les replace qu'en octobre, avant les pluies persistantes et les jours froids.

A partir d'octobre, on maintient dans la serre une température diurne qui oscille entre 22 et 30 degrés, suivant la transparence de l'atmosphère. Le thermomètre ne dépasse guère 18 degrés pendant la nuit. Aux approches de la maturité, on aère toute la journée en maintenant 20 à 22 degrés centigrades. Durant la nuit, 17 degrés sont suffisants. Lorsque la maturité est atteinte, on laisse descendre la température à 15 degrés pendant le jour et à 12 ou 13 pendant la nuit. Il faut avoir soin d'aérer et d'éviter rigoureusement l'humidité, qui pourrait amener le développement des moisissures.

C'est ainsi que l'on obtient la maturation en décembre ou janvier d'un cépage tel que le frankenthal notamment, qui est un cépage de deuxième époque.

Pendant la période de conservation, on protège la vigne contre les froids en maintenant la température de la serre entre 3 degrés et 8 degrés, après avoir badigeonné les vitres à la chaux et disposé les paillassons pour éviter les coups de soleil.

Les cépages qui se prêtent le mieux à la culture retardée sont, parmi les cépages noirs : le frankenthal, le gros guillaume, le ribier du Maroc et surtout le gros colman. Parmi les cépages blancs, nous citerons : le chasselas de Fontainebleau ou doré et le muscat d'Alexandrie. Les Anglais prisent beaucoup foster's white seedling, qui dérive du chasselas. Sa grappe, plus forte et plus serrée, porte des grains assez gros, ellipsoïdes, blanc jaunâtre à maturité, qui est de deuxième époque. Chair sucrée, agréable.

Culture des raisins de table dans le Midi. — Dans le Midi, on cultive généralement la vigne en plein air (*fig.* 435, 436), mais la culture en serre ou sous châssis y donnerait certainement des résultats appréciables.

Le forçage du chasselas et du jouannec sous simple abri, formé d'un côté par une palissade en roseaux et de l'autre par un châssis vitré, nous a permis de récolter des raisins mûrs dès le 15 juin. En culture ordinaire, le chasselas mûrit au commencement d'août. Le jouannec mûrit vers fin juillet.

Fig. 435. — Cordons bilatéraux.

Voici un certain nombre de cépages que le viticulteur devra adopter de préférence. Nous les donnons par ordre de précocité. Il est bien entendu que l'époque de maturité s'applique à la culture à l'air libre dans la région du Midi.

Blanc précoce de Malingre. — Maturité du 16 au 20 juillet dans l'Hérault. Grappe conique, ailée, lâche, assez grosse, bien garnie de grains ovoïdes d'un *jaune clair* transparent et veiné. La peau est très fine, le jus abondant d'un goût délicat mais peu relevé. Les guêpes et les abeilles se montrent très friandes de ces raisins précoces, à tel point qu'il est parfois nécessaire de les abriter dans des sacs de gaze.

Jouannec ou *lignan*. — Grappe grande, conique, ailée, lâche; à grains franchement ovales assez gros, de couleur *jaune ambré*, légèrement teintés de brun à maturité. Chair ferme, croquante, juteuse et relevée. Cet excellent raisin de table mûrit dès la fin de juillet et se conserve bien.

Muscat de Saumur ou *précoce musqué de Courtiller*. — Grappe petite, cylindrique, serrée, grains ronds, à peau assez épaisse, de couleur *blanc doré verdâtre* à maturité, et recouverts d'une pruine abondante. Chair ferme et juteuse possédant une saveur muscatée agréable.

Ce cépage fertile, mais peu productif à cause de la petitesse des grappes, débourre en même temps que le chasselas doré. Il porte les grappes à la base des sarments et mûrit vers le 20 juillet.

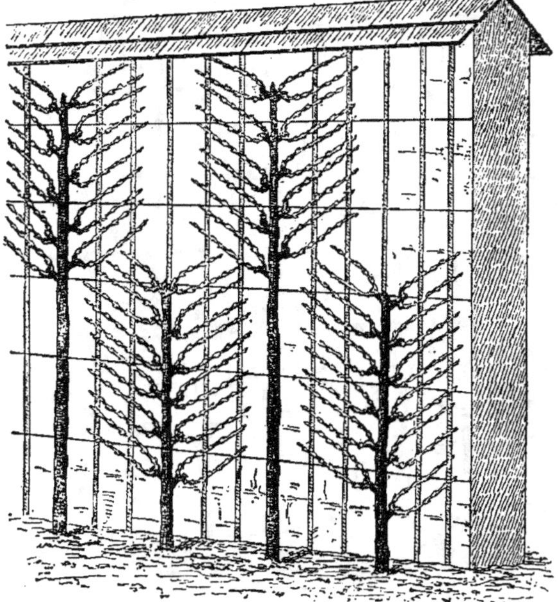

Fig. 436. — Cordons alternes.

Chasselas doré ou *chasselas de Fontainebleau*. — Débourre vers fin mars dans l'Hérault et mûrit son raisin au commencement du mois d'août. Grappes de belle apparence, coniques, ailées, lâches, à grains moyens sphériques, qui se dorent et brunissent légèrement à maturité du côté du soleil. Peau fine, chair ferme se prêtant parfaitement au transport. Jus sucré, de saveur agréable.

D'après la classification de Pulliat, la maturité du chasselas doré prise comme base, détermine la *première époque*. Les deuxième, troisième et quatrième époques s'échelonnent de quinze jours en quinze jours. Les raisins très précoces mûrissent avant la première époque et les raisins très tardifs viennent après la quatrième époque.

Chasselas violet ou *chasselas royal*. — Immédiatement après la floraison les grains prennent une *couleur violette*. Grappe grande, lâche et ailée, avec des grains de couleur rose vif à maturité parfaite. Sa saveur est un peu plus relevée que celle du chasselas doré dont il égale au moins la précocité.

Chasselas de Négrepont. — Sa grappe, moyenne, cylindrique, ressemble assez à celle du chasselas violet, mais elle est moins ample et plus serrée. Grains moyens, sphériques; peau assez ferme, de couleur *rose violacé*, souvent verdâtre à l'ombre; pruine abondante. Chair juteuse à saveur franche agréable. Supporte également la taille courte ou la taille longue.

Portugais bleu. — Souche vigoureuse, fertile. Grappes moyennes, ailées, généralement assez serrées. Grains moyens, ovalaires, d'un *noir bleuâtre*, pruinés, à peau mince. Chair juteuse à goût vineux peu relevé, saveur simple.

Ce cépage paraît assez sensible aux hivers rigoureux. Il veut des terrains très sains à l'abri des gelées.

Vient bien à la taille courte. Maturité à la première époque.

La *rousselle* porte les raisins à la base des sarments. La grappe est assez forte, conique, serrée, à grains moyens ovoïdes, très fermes, quoique ayant une pellicule assez fine; *blanc doré* à maturité; pruine abondante. Chair juteuse, sucrée, saveur agréable.

Ce cépage fertile n'est pas sujet à la coulure et donne un excellent raisin d'expédition. Son débourrement a lieu en même temps que celui du chasselas doré; il mûrit une quinzaine de jours après ce dernier.

Le *calabrèse* donne une belle grappe, grosse, ailée, assez serrée, à gros grains sphériques de couleur *blanc doré*, à chair ferme, croquante, de saveur franche agréable.

Ce cépage à feuilles moyennes quinquelobées, de couleur vert mat glabre, débourre quatre ou cinq jours après le chasselas doré et mûrit environ quinze jours plus tard. Il supporte bien toutes les tailles; mais, à cause de sa grande vigueur, la taille Guyot doit avoir la préférence, d'autant plus que les grappes sont réparties sur une assez grande longueur.

Cinsaut ou *boudalès*. — Belle grappe pyramidale, assez lâche, à grains ellipsoïdes ou olivoïdes protégés par une peau résistante d'un beau *noir bleuté*, agréablement pruinée à maturité et imprégnée d'un parfum fruité délicat. Chair ferme, croquante, sucrée, savoureuse.

Il débourre après l'aramon. Sa maturité arrive vers le 20 août dans l'Hérault. Le cinsaut se plaît à la taille courte et affectionne les terrains siliceux.

Frankenthal. — La grappe est grosse, cylindro-conique, très serrée. Elle a besoin d'être ciselée pour devenir parfaite.

Grains assez gros, ronds, fermes, à peau fine, de couleur *noir foncé*, et couverte d'une pruine abondante. Chair très juteuse, sucrée, de saveur simple.

Le bourgeonnement du frankenthal a lieu environ deux jours après celui du chasselas doré. Sa maturité est de deuxième époque.

Il existe une variété dite « de Bruxelles », qui mûrit huit jours plus tôt.

Santa-paula bianca. — Grande grappe, ailée, conique, lâche et irrégulière. Grains très gros, allongés et incurvés à la façon des grains du « cornichon ». Peau épaisse de couleur *blanc ambré*, pruine abondante. Chair ferme à jus incolore, sucré, de saveur agréable.

Il demande la taille à long bois — Guyot ou Royat — et exige une bonne exposition en terrain sain.

La santa-paula débourre à peu près vers la même époque que le chasselas doré, mais sa maturité est plus tardive.

Muscat Hambourg. — Grappe assez grosse, cylindro-conique, un peu lâche et pendante. Grains sur-moyens, ellipsoïdes, à peau assez ferme d'un beau *noir pruiné*. Chair juteuse à saveur muscatée pas trop exaltée; raisin de table délicieux.

Ce raisin, de conservation assez difficile, doit être consommé sans trop tarder. Sa maturité est de deuxième époque tardive : elle rejoint presque les cépages de troisième époque que nous allons décrire.

Ribier du Maroc. — Belle grappe grosse, assez près de la base du sarment, plus ou moins serrée, irrégulière, à grains gros, ovoïdes; peau épaisse, de couleur *noir foncé violacé*, avec pruine abondante. Chair très ferm ; jus sucré agréable.

Ce cépage s'accommode de toutes les tailles. Il débourre deux ou trois jours après le chasselas doré : sa maturité a lieu vers le 15 septembre dans l'Hérault.

Gros colman ou drodelabi. — Grappe tout à fait à la base du sarment, grosse, cylindro-conique, rameuse — toujours bifurquée vers le sommet — à gros grains sphériques, *noirs* et *pruinés*. Chair tendre, abondante, sucrée, de saveur peu relevée mais agréable.

Ce cépage se plaît en taille courte dans les terres saines et à exposition chaude, aérée. Lorsqu'il est cultivé dans un milieu trop frais, les grains éclatent souvent au moment de la maturité. Il faut lui ménager les engrais azotés qui, en donnant trop peu de consistance aux tissus, favorisent ce phénomène.

Le gros colman débourre deux ou trois jours après le chasselas doré. La maturité a lieu vers le 15 septembre dans l'Hérault.

Le *muscat d'Alexandrie* ou *panse musquée* de Provence convient principalement à la zone méditerranéenne, car il lui faut une bonne terre, à exposition chaude et sèche, pour bien mûrir ses fruits.

On lui reproche avec raison d'être coulard. Ce défaut est atténué par la sélection attentive des boutures et surtout par la fécondation croisée artificielle à l'aide d'inflorescences cueillies sur des riparias ou des rupestris mâles dont le pollen conserve longtemps son pouvoir fécondant. On entrelace l'inflorescence avec la grappe à féconder lorsque les fleurs de celle-ci commencent à se décapuchonner. L'expérience a prouvé que l'individualité du pollen exerçait une influence marquée sur le développement ultérieur du fruit.

La grappe du muscat d'Alexandrie est grande, ailée, assez lâche. Grains ellipsoïdes, gros, à peau assez fine quoique résistante, de couleur *jaune verdâtre* plus ou moins dorée à maturité. Chair juteuse, d'excellente qualité et agréablement muscatée.

Maturité entre la troisième et la quatrième époque. Dans l'Hérault elle a lieu pendant la deuxième quinzaine de septembre.

Le *gros-guillaume* donne souvent des grappes qui pèsent plusieurs kilogrammes. C'est un cépage très vigoureux, mais d'une production incertaine et paresseuse. Pour ce motif, il faut lui appliquer la taille longue et la fécondation croisée artificielle comme il a été dit plus haut.

Grappe très grosse, ailée, à très gros grains ronds à peau épaisse *noir pruiné*. Chair ferme, juteuse ; saveur simple, agréable.

Les tailles à grand développement lui conviennent bien, à cause de sa grande vigueur, surtout lorsqu'il est planté en sol fertile.

Débourrement quatre ou cinq jours après le chasselas. Maturité quatrième époque.

Molinera gorda d'Espagne. — Les raisins sortent vers la base des sarments.

Grappe très longue, conique, lâche, à grains gros, ronds, très fermes, d'un beau *rose pruiné* à maturité. Chair juteuse, de saveur agréable.

La molinera donne un superbe raisin d'expédition qui a la précieuse faculté de se conserver facilement sur souche. Son débourrement a lieu environ quatre jours après celui du chasselas. Maturité moyennement tardive.

Bermestia bianca. — Grappe assez grande, conique, lâche, à grains moyens, de forme franchement olivoïde, durs et à peau épaisse, couleur *blanc ambré* à maturité, avec pruine abondante. Chair fine et sucrée, jus incolore, de saveur agréable.

Ce cépage accepte toutes les tailles, mais de préférence la taille Guyot ou de Royat. Débourre huit ou dix jours après le chasselas doré. Maturité tardive.

Servant tardif ou *plant vert*. — Les grappes situées vers la base des sarments sont grandes, très ailées, à gros grains fermes vaguement elliptiques. La pellicule, assez épaisse, est *verdâtre* et couverte d'une pruine abondante. Jus de saveur agréable.

Débourrement tardif, ainsi que la maturité. Son raisin supporte aisément le transport et est recherché par les consommateurs.

Le *colorado d'Almeria* porte généralement les raisins au-dessus du troisième ou quatrième bourgeon. Grappe moyenne, très lâche, à grains moyens, irréguliers, mais le plus souvent ovoïdes. Peau épaisse, de couleur *rose tendre*, avec pruine abondante. Chair très ferme, à jus sucré de saveur agréable.

La véraison de ce cépage, fertile et non coulard, se produit tardivement : ce n'est guère qu'en octobre que les raisins prennent la teinte rosée dans les départements du Gard, de Vaucluse, de l'Hérault. Sa maturité est très tardive. Le raisin se conserve bien sur souche.

Emballage des raisins. — Les raisins destinés à être conservés au fruitier ou expédiés au dehors doivent être cueillis après la disparition de la rosée, mais cependant avant les heures les plus chaudes de la journée. Après les avoir purgés des grains avariés, on les emballe avec soin dans des paniers ou des caisses de 500 grammes à 1 kilogramme. Les franges de papier dentelé s'entrecroisent sur le fond des caissettes, car ces dernières sont ouvertes à l'arrivée par le côté qui était le fond au moment de l'emballage. Les plus belles grappes y sont placées la face colorée en dessous, cette face devant subir le premier coup d'œil de l'acheteur ; on tasse sans excès et on comble adroitement les vides avec les ramifications ou ailes proéminentes détachées d'autres grappes. Lorsque le récipient est plein, on étend sur le raisin une feuille de papier fin, on rabat les bandes, et on cloue le couvercle qui, dès lors, constitue le fond.

Dans les paniers, les grappes de raisin sont attachées sur les côtés et recouvertes d'une épaisseur de ouate. Les petits paniers sont assortis par six dans de plus grands paniers, eux-mêmes réunis par six dans des cageots.

Les raisins du Midi sont expédiés dans de grandes corbeilles ou paniers carrés ou ronds qui en renferment plusieurs kilogrammes. Ils sont protégés contre les fatigues du voyage par des rognures de papier, des fibres de bois, des feuilles de vigne ou de figuier.

Le meilleur mode d'emballage est appliqué à Malaga (Espagne) pour l'expédition des muscats romains, etc., dans les pays du nord. Dès le mois d'août, aussitôt qu'apparaissent des grappes assez mûres, les raisins sont placés dans des petits barils et enlisés dans la sciure de liège provenant de la fabrication des bouchons. L'emploi de la sciure de bois a été rejeté parce qu'elle communique aux fruits son odeur plus ou moins désagréable et pénétrante ; en outre, elle est très sujette à la moisissure. Chaque baril pèse, en moyenne, de 10 à 12 kilogrammes.

Les Forêts.

Les *forêts* sont des terrains peuplés d'arbres dont la destination principale est de produire du bois.

Fig. 437. — Bouleau.

a. Rameau. — *b.* Fleur mâle. — *c.* Fleur femelle. — *d.* Fruit.

Certains types de *conifères* fournissent la *résine (épicéa :* duché de Bade ; *pin maritime :* Landes ; *pin laricio :* Autriche) dont on facilite l'écoulement au dehors par le *gemmage*. L'ouvrier résinier pratique une incision dans l'écorce et la rafraîchit tout les cinq à six jours à la partie supérieure.

La *térébenthine brute* est le suc épaissi qui s'écoule par les incisions. Soumise à la distillation, cette substance donne l'*essence de térébenthine* volatile, et un résidu de composition très variable appelé *colophane*. Les résines et les essences brûlées dans des chambres spéciales donnent le *noir de fumée*.

L'étendue du domaine forestier de la France est de 9 400 000 hectares environ donnant lieu à une production totale de 25 millions de mètres cubes de bois de feu et d'œuvre par an, insuffisante pour les besoins de notre population. La France est tributaire, sous ce rapport, des pays exportateurs de bois tels que la Russie, l'Autriche-Hongrie, la Suède, la Norvège et le Canada.

Les bois et les forêts ne sont pas uniformément répartis sur le territoire de la France. Les plus grandes étendues sont dans le Sud-Ouest (régions des landes de Gascogne ; Dordogne),

Fig. 438. — Chêne.

a. Fleur mâle. — *b.* Fruit. — *c.* Fleur femelle.

dans le Nord-Est (Ardennes et Vosges), au Centre (Bourgogne), au Sud (monts de l'Esterel, des Maures).

La région la plus froide est peuplée par le *pin cimbro* et le *mélèze*, puis viennent le *sapin*, l'*épicéa*, le *pin laricio*, le *hêtre*, le *pin sylvestre*, le *frêne*, le *bouleau* (*fig.* 437), dont l'écorce sert au tannage (1) des cuirs de Russie ; le *sorbier des oiseleurs*, etc., qui descendent parfois jusque dans les plaines tempérées.

La région tempérée est le pays des *chênes* (*fig.* 438) [leur écorce réduite en poudre sous le nom de *tan* sert au tannage des peaux], du *charme*, du *châtaignier*, des *trembles*, des *saules* et *peupliers*.

Dans la région chaude, on remarque : le *pin maritime*, le *chêne-yeuse*, le *chêne-liège*, le *chêne-rouvre*, le *pin pinier*, le *pin d'Alep*, le *micocoulier* au bois élastique servant à fabriquer des manches de fouets etc., et dans les parties les plus ensoleillées, l'*olivier*, le *grenadier*, l'*arbousier*, le *caroubier*.

Bois. — La *tige des arbres* présente trois parties essentielles, qui sont, en allant de dedans en dehors : la *moelle*, le *bois* et l'*écorce* (*fig.* 439).

La moelle forme une sorte de colonne au centre de l'axe ligneux. Son diamètre est relativement petit. Elle est constituée par des cellules qui ne tardent pas à être frappées d'atonie.

Entre la moelle et l'écorce se trouvent des zones ou assises concentriques, qui portent le nom de *couches ligneuses* et dont l'ensemble forme ce qu'on appelle le *bois*. On connaît l'âge d'un arbre par le nombre de couches ligneuses.

Fig. 439.
Coupe d'une tige.

Si on examine la section d'une tige de chêne âgé de sept ans, par exemple, on voit que le bois est formé de sept assises, plus ou moins épaisses, d'autant plus foncées et plus épaissies qu'elles occupent une partie plus centrale.

La division du bois, en un nombre de couches égal au nombre de périodes végétatives qu'a traversées l'arbre, provient de la cause suivante : au printemps la *sève*, circulant avec activité, exige de larges vaisseaux qui s'organisent dans le méristème (gr. *meristos* : divisible) ou tissu cellulaire nouvellement formé. Le jeune bois ou bois de printemps renferme donc de larges vaisseaux. Mais, à mesure que s'avance la saison hivernale ou de repos végétatif, la circulation se ralentit et le bois qui se forme se compose de vaisseaux de plus en plus étroits et peu nombreux. Au printemps suivant, les larges vaisseaux réapparaissent sans transition, et tracent une démarcation nette autour des couches qui s'étaient formées l'année précédente.

On donne le nom de *cœur* ou *duramen* aux couches les plus intérieures tandis qu'on réserve le nom d'*aubier* au bois tendre, blanchâtre ou peu coloré, qui représente l'ensemble des couches extérieures, plus récemment formées.

Les bons ouvrages en bois sont faits avec le cœur du bois, car l'aubier offre moins de solidité et de durée. Chez le peuplier, le saule, le marronnier, etc., la différenciation entre la couleur du bois et celle de l'aubier est peu nette, mais elle est très sensible chez le chêne, le

(1) La *peau fraîche* de bouleau forme avec le *tanin* un composé imputrescible.

poirier, le pommier, le cerisier, etc., et surtout dans l'ébène,qui a le cœur noir et l'aubier blanc. L'arbre de Judée ou gainier a le cœur jaune et l'aubier blanc.

Répartition des forêts. — Les bois et les forêts de la France se répartissent en trois grandes divisions, savoir :

1° Les bois appartenant à l'État ;

2° Les bois qui sont la propriété des communes, des départements ou des établissements publics ;

3° Les bois appartenant à des particuliers et constituant des propriétés privées.

Les deux premières divisions sont soumises au *régime forestier* et administrées par les agents de l'État, à l'exception d'une faible fraction des bois appartenant aux communes, aux départements, à des hospices et autres établissements publics, qui échappent au contrôle administratif.

Le bon aménagement des forêts intéresse l'agriculteur.

Il y a une place pour les pâturages vers les sommets des montagnes ; au-dessous, les forêts ont la leur, et rien ne saurait les remplacer au point de vue agricole et économique. Les champs viennent plus bas et dans les vallées.

Des faits scientifiques bien établis montrent l'heureuse influence des forêts sur le régime des eaux et les conditions climatériques. Vouloir les méconnaître, c'est consommer le dépeuplement et la ruine des hautes vallées, c'est livrer les plaines aux ravages des inondations et rendre le climat plus sec.

LE JARDIN POTAGER

L'*horticulture* ou *culture des jardins* est l'ensemble des règles prescrites pour produire économiquement les *légumes*, les *fruits* et les *fleurs*. Les différentes parties de l'horticulture peuvent se classer comme suit : culture potagère ; arboriculture ; floriculture.

Comme son nom l'indique, la *floriculture* s'occupe de la culture des fleurs : roses, violettes, jonquilles, géraniums, réséda, etc., qui fournissent des fleurs coupées et aussi des essences à parfum (voir page 221). La floriculture s'occupe également de la production des plantes dites « vertes », telles que les palmiers, dracæna ou cordiline, phormium, etc., recherchées pour l'ornementation des appartements.

L'*arboriculture* s'occupe de la culture des arbres, arbustes et arbrisseaux, tant d'utilité que d'ornement. L'arboriculture fruitière proprement dite a une importance considérable, car les fruits entrent de plus en plus dans la consommation courante (voir page 261).

La *culture potagère* s'occupe spécialement de la production légumière ; elle présente donc un très grand intérêt au point de vue agricole. Les légumes entrent pour une large part dans l'alimentation publique et constituent la base de la nourriture des populations rurales.

Culture potagère.

Dans toute exploitation rurale bien conduite le jardin potager doit être l'objet de soins éclairés.

On désigne sous le nom de *jardin potager* la portion de terre consacrée à la culture des légumes.

Toutes les terres franches peuvent être utilisées à la culture des légumes ; les terres riches en humus sont les meilleures. L'essentiel c'est que la terre soit saine ; on la rend apte à recevoir toute culture en la fumant convenablement.

Il faut éviter de planter un trop grand nombre d'arbres dans les potagers parce qu'ils privent les légumes d'une grande quantité de lumière et qu'ils interceptent la libre circulation de l'air.

On doit bannir du jardin potager tout ce qui peut gêner les opérations culturales, notamment les plates-bandes et bordures de fleurs. Lorsqu'on veut avoir des fleurs, il est préférable de leur réserver quelques « planches ». Les plantations en bordure de plantes potagères diverses : oseille, fraisiers, etc., ne sont pas à recommander, car, ainsi placées, ces plantes ne peuvent recevoir les soins qu'elles demandent.

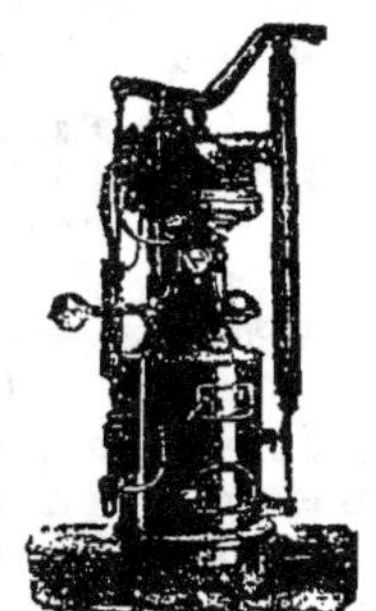

Fig. 440.
Pompe-colibri aspirante et refoulante.

Le jardin potager s'établit, autant que possible, à proximité de la ferme. On le clôture, non pas avec des haies vives, véritables repaires d'insectes et d'animaux nuisibles, mais bien avec un mur de 2 mètres de haut, crépi et propre à la culture des espaliers. Le point essentiel dans l'établissement d'un potager est la question d'eau. Les légumes ne poussent à souhait qu'à la condition d'être arrosés. Conséquemment, l'eau doit être assez abondante pour que sa distribution ne laisse rien à désirer.

La transmission de la force s'effectue directement de la chaudière, sans le secours d'aucun moteur. On emploie comme combustible le pétrole, le charbon, etc. Avec une consommation de 2 kil., 100 de charbon à l'heure, on peut élever dans ce laps de temps 2 490 à 2 500 litres d'eau à une hauteur totale de 27 mètres (l'aspiration étant de 5 mètres).

Les eaux de rivière, de ruisseau et de citerne sont généralement bonnes. Les eaux de puits, ordinairement trop froides, doivent être exposées pendant quelque temps à l'action de l'air et du soleil avant d'être employées. Dans les grandes exploitations maraîchères, où il est indispensable d'avoir toujours l'eau sous la main avec une certaine pression, on crée des réservoirs à une hauteur déterminée. L'eau est amenée à ces réservoirs au moyen de pompes élévatoires diverses (*fig.* 440), à moins qu'elle n'y vienne naturellement.

Lorsqu'on n'a pas l'eau en abondance, on la répand à l'aide d'un arrosoir-pompe ou d'un simple arrosoir à pomme, qui permettent de ne donner aux plantes qu'une quantité mesurée.

En tous cas, il faut donner l'arrosage avec art; éviter les ravinements que produirait un courant ou un jet trop fort, et opérer le soir durant l'été. Pendant les autres saisons, il est préférable d'arroser le matin.

Pour faire les semis, on choisit des graines bien mûres, récoltées sur de belles plantes, et en pleine possession de leurs *propriétés germinatives.*

Fig. 441. — Rayonneur-traceur, à dents mobiles, permettant de faire bien parallèlement et régulièrement les semis ou plantations en lignes.

Propriétés germinatives des graines. — Ces propriétés germinatives n'ont point la même durée chez toutes les plantes. Les graines de melon, de citrouille, de cornichon, bien conservées, gardent leurs propriétés germinatives pendant six ans environ. Celles de chicorée, de chou subsistent pendant quatre à cinq ans; celles de radis et de carotte, pendant trois à quatre ans; celles d'épinard, de céleri, de laitue, de mâche, pendant deux à trois ans; celles de navet, d'oignon, de fève, de pois, de persil, de cerfeuil, de poireau, de haricot, pendant deux ans; celles de salsifis ne sont bonnes que pendant un an. Les graines de la plupart des ombellifères, des composées, des rubiacées ne germent bien qu'à la condition

Fig. 442. — Semoir à bras pour un rang.
Poids 18 kilogrammes.
A. Vue du côté droit; — B. Vue du côté gauche; — a, roues à alvéoles pour semer par poquets; — b, roue à alvéoles pour semer les graines fines; — c, roue à alvéoles pour semer le seigle, le froment et similaires; — d, roue à alvéoles pour semer les pois, l'avoine et similaires; — e, roue à alvéoles pour semer les fèves, le maïs. Une griffe mobile recouvre la semence déposée dans le sillon que trace la roue de transport tranchante. Un traceur réglable jusqu'à 45 centimètres marque le rang suivant.

d'être semées peu de temps après leur récolte. Comme on le voit, il
existe une grande diversité dans la durée de la faculté germinative.

Certaines conditions peuvent prolonger beaucoup la durée de la
faculté germinative ; l'expérience a
montré que les conditions les plus
favorables sont réalisées par un milieu sec, peu éclairé et à température
uniforme plutôt froide que tempérée.
Quoi qu'il en soit, le cultivateur a
intérêt à ne pas accepter des graines

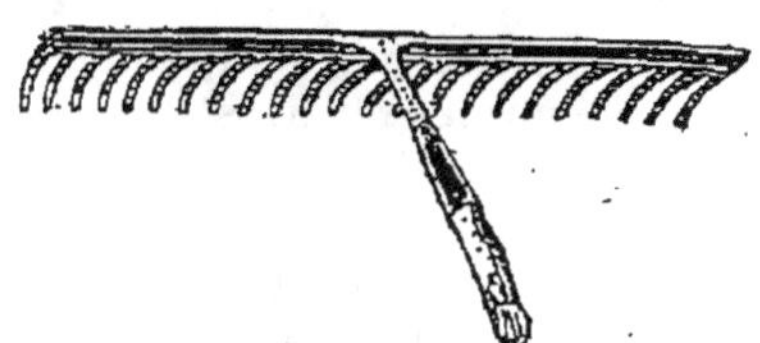

Fig. 443. — Râteau à dents de fer.

vieilles, et, dans tous les cas, il ne doit les prendre qu'avec garantie
du vendeur. (Voir page 256.)

Semis. Plantations. Soins. — Les travaux de jardinage s'exécutent
en général à bras d'hommes. En France, ils commencent vers les
premiers jours du printemps, c'est-à-dire au mois de mars,
un peu plus tôt ou un peu plus tard, suivant les régions ;
de même, l'époque précise des semis, ainsi que celle des
récoltes, varie suivant qu'il s'agit du Nord ou du Midi.

Les semis étant susceptibles d'être renouvelés plusieurs
fois pour beaucoup de plantes, il suffit que le semis soit fait
à une époque qui permette de faire la récolte avant l'hiver,
à moins que la plante ne puisse passer l'hiver en terre.

On sème en *ligne* ou à la *volée*. Pour les semis en ligne,
on trace dans la terre des sillons parallèles en s'aidant du
cordeau et d'un rayonneur (*fig.* 441, 442) ; on dépose les
graines au fond de ces sillons ; on recouvre ensuite.

Pour le semis à la volée, on répand les graines avec la
main et on les enterre par un léger coup de rateau
(*fig.* 443), ou bien on tasse doucement le sol avec le plat
de la bêche (*fig.* 444) : si l'on opère avec de toutes petites graines, cela simule un roulage.

Les plantes provenant des semis restent parfois en place
jusqu'à la récolte ; dans ce cas, on se contente d'*éclaircir*,
c'est-à-dire d'arracher les plants les moins vigoureux
pour faciliter le complet développement des autres.

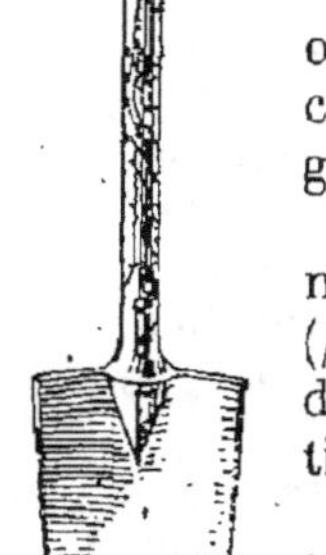

Fig. 444.
Bêche
ordinaire.

Cependant, le plus souvent les semis fournissent une
pépinière de jeunes plants qu'on repique ailleurs, en
terrain préparé, et à distance régulière. Pour repiquer, on fait un
trou dans le sol avec un *plantoir*, on y introduit le jeune plant arraché
avec précaution et on tasse la terre autour de ses racines.

Dans l'un et l'autre système, il est indispensable de donner aux
plantes des binages et des sarclages multipliés. Naturellement ces
deux opérations culturales s'effectuent plus commodément quand on
a repiqué ou semé en lignes.

Assolement. — La culture des plantes du jardin potager doit être, autant que possible, soumise aux règles d'un *assolement rationnel;* il est bon, en effet, de remplacer les légumes cultivés pour leurs feuilles par des légumes cultivés pour leurs racines; de faire succéder une plante pourvue de petites racines à une plante à racines profondes; de remplacer les plantes qui demandent d'abondantes fumures, comme la citrouille, le chou, par des plantes qui ne veulent pas être cultivées sur un sol fraîchement fumé comme les plantes à cosses et les carottes.

Voici un exemple d'assolement pour le jardin potager. Une partie du jardin peut être consacré aux légumes qui occupent le sol pendant toute l'année, comme par exemple, les *choux pommés* ou *cabus,* les *artichauts,* les *oignons rouges, poireaux, échalotes, carottes* et *panais,* etc.

Sur les autres carrés, on cultive les plantes qui peuvent se succéder dans la même année sur le même sol.

Carré 1 : *ail* suivi de *chicorées.* — Carré 2 : *céleri* et *citrouilles* suivis de *pommes de terre.* — Carré 3 : *fèves* suivies de *navets.* — Carré 4 : *laitues* et *romaines* suivies de *choux-fleurs.* — Carré 5 : *pommes de terre hâtives* suivies de *choux de Milan.* — Carré 6 : *pois nains* suivis de *choux frisés.* — Carré 7 : *choux hâtifs* suivis de *céleri.* — Carré 8 : *carottes hâtives* suivies de *laitues.* — Carré 9 : *haricots nains* suivis de *mâche.* — Carré 10 : *choux-fleurs* suivis de *raiponce.* — Carré 11 : *melons* et divers : *tomates, radis, estragon, cresson alénois.* — Carré 12 : semis divers et *salsifis.* — Carré 13 : *mâche* suivie d'*oignons.* — Carrés permanents : *fraisiers, asperges, oseille, persil,* etc.

On établit l'assolement de façon à ce que toutes les plantes potagères figurent dans l'ensemble des carrés.

La *culture maraîchère,* qui s'occupe de la production industrielle des légumes de choix, dispose de plusieurs moyens pour obtenir avant leur saison les légumes et les fruits. Ces moyens, que l'on peut mettre à profit dans le jardin potager, sont : les abris, les cloches, les couches, les châssis et le thermosiphon. Ils varient suivant le climat du lieu.

C'est ainsi que dans le Nord on est obligé de recourir aux couches sous châssis et à la chaleur artificielle du *thermosiphon,* tandis que dans le Midi on n'a besoin que des couches sous châssis jusqu'au moment du repiquage. Les *abris* peuvent y jouer un très grand rôle dans le forçage des plantes; aussi accompagnent-ils généralement la culture sous châssis dans les départements méridionaux qui se livrent à la culture des primeurs. Ces abris, formés de palissades en roseaux, protègent les plantes contre la violence des vents et constituent des sortes d'espaliers où se concentrent les rayons solaires.

La construction des *couches* doit se faire toujours derrière un abri quelconque, en un terrain perméable. On trace d'abord sur le sol un rectangle d'une longueur déterminée par la quantité de semence dont on dispose, et on lui donne la largeur des châssis de couverture, soit environ 1^m,30 à 1^m,50 (*fig.* 445).

On creuse ensuite ce rectangle jusqu'à une profondeur de 35 à 40 centimètres et on enlève la terre, que l'on remplace par du fumier de cheval non décomposé répandu dans le fond et fortement tassé. Cette couche de fumier, de 20 à 30 centimètres d'épaisseur est alors recouverte d'une couche de terreau bien décomposé, de 10 à 20 centimètres d'épaisseur, à laquelle on donne une inclinaison suffisante pour

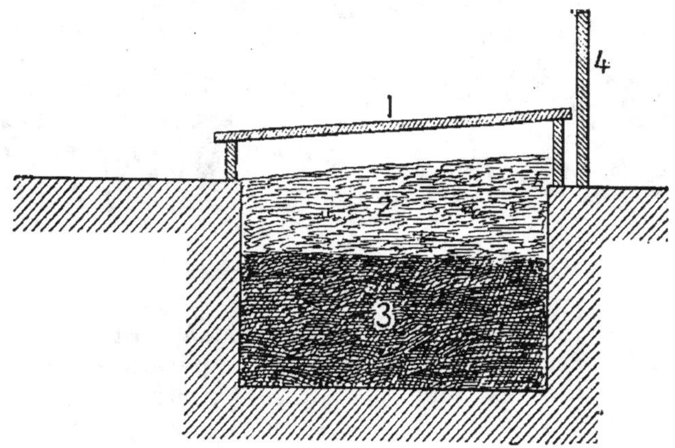

Fig. 445. — Coupe d'une couche de jardin.
1. Châssis vitré ; — 2. Terreau ; — 3. Fumier reposant sur le sol ;
4. Mur abri.

qu'elle soit parallèle au châssis. On obtient ce résultat en l'élevant du côté de l'abri et en établissant une pente douce jusqu'au côté opposé.

Le terreau employé est parfaitement ameubli et mélangé avec de la *colombine* ou excréments de pigeons, qui sont plus estimés que ceux des poules, des canards et des oies, parce qu'ils sont en général plus concentrés.

On peut remplacer la colombine par le mélange suivant incorporé intimement au terreau :

Nitrate de potasse.	200 grammes.
Superphosphate de chaux	100 —
Plâtre	500 —

par 100 kilogrammes de terreau.

La couche ainsi préparée est environnée de planches maintenues par des piquets. Les planches situées du côté de l'abri atteignent une plus grande hauteur afin de donner aux châssis une légère inclinaison ce qui augmente la perpendicularité des rayons solaires et, conséquemment, leur puissance calorifique. Chez quelques jardiniers le coffre en bois est remplacé par un coffre en maçonnerie.

L'ensemencement des graines ou le repiquage des jeunes plants ne doit pas avoir lieu aussitôt la couche terminée, car on les exposerait à être desséchés sous l'influence de la forte élévation de température que produit la fermentation du fumier. On peut

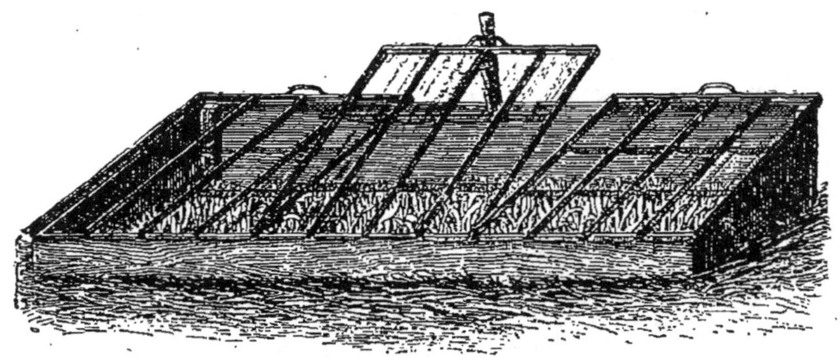

Fig. 446. — Châssis vitré.

se livrer à ces opérations au bout de six à huit jours, lorsque la fermentation s'est apaisée, et que la température est descendue à 30 degrés centigrades. Elle se maintient pendant plusieurs mois à une moyenne de 16 degrés.

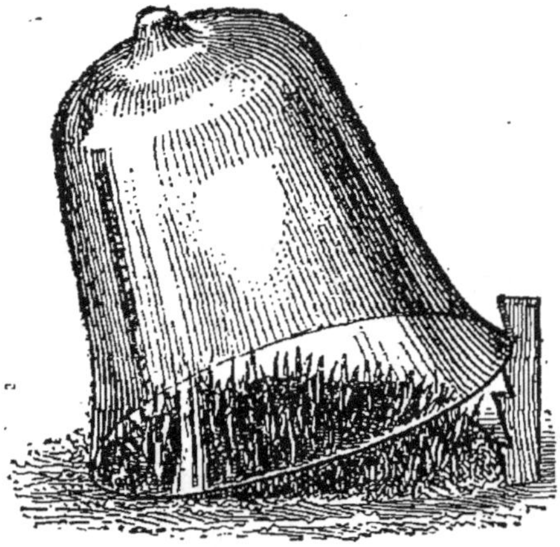

Les couches sont recouvertes d'un *châssis vitré* (*fig.* 446), comme nous l'avons déjà dit. On ouvre le châssis quand il fait trop chaud dans la couche ; on peut même le recouvrir d'un *paillasson* en paille de seigle tressée, lorsque le soleil devient trop brûlant. Le paillasson sert aussi à protéger les plantes pendant les nuits trop froides.

L'emploi des *cloches* (*fig.* 447) est assez fréquent. On appelle ainsi des vases en verre de 40 à 50 centimètres de diamètre, en forme de cloche, à l'aide desquels on abrite les plantes délicates contre le froid. Elles servent aussi à concentrer la chaleur du soleil et des couches autour de ces plantes.

Fig. 447.
Cloche maraîchère et crémaillère.

La *crémaillère* (*fig.* 447) est une latte en bois dans laquelle on a pratiqué un certain nombre de crans ; elle sert à soutenir le bord de la cloche au-dessus du sol afin de permettre la pénétration de l'air jusqu'à la plante.

Légumes herbacés.

Les *légumes herbacés* sont ceux qui sont cultivés pour leurs tiges, leurs feuilles ou leurs fleurs consommées avant l'époque de la maturité.

Le chou. — Le chou (*brassica*) est une plante bisannuelle qui donne ses fleurs et ses graines pendant la deuxième année de sa végétation. On fait le semis en pépinière, en sol bien exposé et terreauté, puis on repique en pépinière. Ils réussissent dans tous les terrains qui présentent une fraîcheur convenable et demandent des arrosages fréquents.

Fig. 448.
Chou cœur-de-bœuf moyen.

Les semis d'automne se mettent en place au printemps suivant; les autres semis, vers la fin de juin.

Les deux époques principales auxquelles on sème les choux sont août et septembre.

Fig. 449. — Chou de Milan gros des Vertus.

1° En août ou pendant la première quinzaine de septembre, on sème le *chou gros d'York*, hâtif, à grosse pomme oblongue; le *chou cœur-de-bœuf* (*fig.* 448), rustique et vigoureux, prompt à pommer; le *chou Milan d'hiver*, qui seront consommés l'année suivante au début de la belle saison;

2° Au printemps, on sème le *chou Joanet* à pomme arrondie, à pied très court, qui convient aux climats doux de l'Ouest; le *chou Milan des Vertus* (*fig.* 449), haut sur pied, à pomme grosse et serrée peu cloquée; le *chou Milan hâtif d'Ulm* (*fig.* 450), très précoce, petite pomme ronde à cloques saillantes; le *chou de Vaugirard*, à pomme colorée de rouge violacé, très rustique et se conservant bien en terre l'hiver; le *chou de Bonneuil* ou *de Saint-Denis* (*fig.* 451), à

Fig. 450 — Chou de Milan petit hâtif.

Fig. 451.
Chou de Bonneuil ou de Saint-Denis.

pomme ronde, aplatie, très dure, colorée de rouge au sommet; le *chou d'Allemagne* ou *gros chou cabus;* les *choux-raves*, qui seront consommés à l'automne.

On sème en mai, pour être consommés pendant l'hiver, les choux verts d'hiver, les variétés tardives de chou-fleur et le chou de Bruxelles, qui porte à l'aisselle des feuilles de petits choux pommés que l'on détache au fur et à mesure de leur arrivée à point. Le développement de ces choux minuscules, qui sont en réalité des bourgeons, est provoqué par un pincement de l'extrémité de la grande tige lorsqu'elle a atteint une quarantaine de centimètres de hauteur.

Les choux de Bruxelles les plus estimés sont : le *chou de Bruxelles ordinaire*, tige 80 centimètres de haut, pommes un peu allongées, fermes ; le *chou de Bruxelles demi-nain de la Halle* (*fig.* 452), rustique, à pommes nombreuses et bien rondes.

Fig. 452.
Chou de Bruxelles demi-nain.

La *choucroute* se fait avec les choux d'Allemagne coupés en tranches minces, salés, poivrés, pressés dans des tonneaux et abandonnés à la fermentation. Le *chou quintal d'Alsace*, rustique et productif, à pomme très grosse et ferme, est particulièrement réputé.

Pour conserver les chous cabus, c'est-à-dire pommés (variétés *quintal* et de *Vaugirard*), en vue de la consommation pendant l'hiver, on les arrache avant les gelées et on les replante les uns à côté des autres dans un coin du jardin de manière à ce que la tige soit enterrée tout entière jusqu'à la naissance de la pomme. On les met à l'abri des gelées et de la neige en les recouvrant de paillassons ou d'une épaisse couche de paille.

Les jardiniers désireux de conserver la pomme des *choux-fleurs* bien blanche ont la précaution de recouvrir à l'aide d'une feuille de chou, et dès son apparition, la masse florale globuleuse qui se forme au centre des feuilles.

Les choux-fleurs les plus recommandables sont : le *nain très hâtif d'Erfurt*, qui convient surtout pour châssis ; le *demi-dur de Paris*, à grosse pomme, de bonne conservation : estimé pour produire au printemps et au commencement de l'été ; le *lenormant à pied court*,

Fig. 453. — Chou-fleur
Lenormand à pied court.

(*fig.* 453) d'été, à grosse pomme blanche, très serrée et volumineuse, se conservant longtemps ; le *chou-fleur d'Alger*, excellente variété de pleine terre, pour produire en septembre-octobre ; le *dur de Hollande*, à pomme serrée, demi-tardif ; le *géant d'automne*, à pomme énorme, ferme, qu'il faut semer au printemps, dans les bons terrains de la région méridionale, pour récolter en octobre-novembre.

Les choux ont pour ennemi la chenille ou larve verte d'un assez joli papillon blanc avec taches noires, appelé *piéride*.

Le crambé. — Le *crambé* ou *chou marin* (*cramba maritima*) [*fig.* 454], dont la culture s'est répandue à partir du xviiie siècle, est un excellent légume encore trop peu cultivé. C'est une plante qui appartient à la famille des *crucifères* comme les choux, mais elle se classe dans la tribu des cakilées et non point dans celle des brassicées.

Sa racine longue, charnue, vivace, peut reproduire des tiges et des feuilles nouvelles pendant une dizaine d'années. Ces pousses annuelles, blanchies au moment de leur premier développement, par le moyen que nous indiquerons, constituent son produit.

Le crambé se plaît dans le voisinage de l'Océan et croît naturellement dans les sables maritimes. Sa culture demande une terre légère, un peu argileuse, saine, profonde et fertile. Les fumiers bien décomposés, additionnés de sels azotés et potassiques, provoquent son développement d'une manière remarquable ; du reste tous les choux enlèvent au sol des quantités importantes d'azote et de potasse.

On multiplie le crambé par semis ou par boutures de racines. Il est préférable de semer d'abord en pépinière bien fumée courant mars ou avril. On éclaircit, afin que les plants soient espacés de 15 centimètres

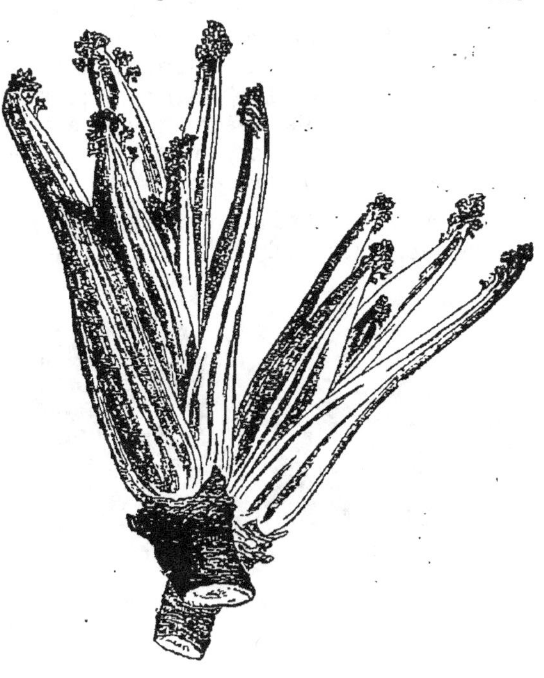

Fig. 454. — Crambé.

environ, et après avoir enlevé toutes les feuilles, en novembre, on épand une couche de 4 à 5 centimètres de terreau sur toute la pépinière.

La mise en place s'effectue l'année suivante, de fin février à fin avril, sur un sol bien défoncé et en lignes espacées de 65 à 70 centimètres, les plants étant distants de 40 à 50 centimètres sur la ligne.

Pendant l'été, on exécute les façons culturales nécessaires pour maintenir le sol propre et bien ameubli.

Lorsqu'on multiplie le crambé à l'aide de boutures de racines, on donne, aux jeunes plants qui en sont issus, des binages et des arrosages pendant leur première année de végétation, comme pour le semis.

Ce n'est qu'à la troisième année qu'il est possible d'utiliser les pétioles des feuilles du crambé pour la table.

On les fait blanchir en emprisonnant chaque pied sous un grand pot de jardin,que l'on couvre ensuite de feuilles sèches ou de fumier pailleux afin que la plante soit totalement privée de lumière. En Angleterre, on a pour cet usage des pots à couvercle, très commodes, surtout lorsqu'on chauffe le crambé à l'aide d'une couche de fumier pour forcer son développement au milieu de l'hiver.

Les pousses blanches et tendres sont récoltées lorsqu'elles ont environ 15 à 16 centimètres de longueur; trop développées elles contracteraient un léger goût amer. On les coupe à 1 ou 2 centimètres au-dessus du collet. Les parties blanches du crambé se consomment bouillies, puis assaisonnées au beurre ou à la sauce blanche, comme le chou-fleur, l'asperge, etc. Leur saveur participe de celles de l'asperge et du chou brocoli.

Les salades. — Nous comprendrons dans la catégorie des *salades* tous les légumes herbacés dont les feuilles se mangent fraîches, à

Fig. 455. — Laitue Passion
variété d'hiver.
Rustique.

Fig. 456.
Laitue romaine rouge
d'hiver.
Feuilles longues, teintées
de rouge brun. Rustique.

Fig. 457.—Laitue palatine
ou laitue rousse.
Très rustique ; se forme vite
et garde bien la pomme.

l'huile et au vinaigre, ainsi qu'un certain nombre de feuilles qui entrent dans les assaisonnements. Dans le premier groupe se rangent les *laitues* et les *chicorées;* dans le second, le *cresson de fontaine*, le *céleri*, le *persil*, le *cerfeuil*, l'*estragon*, le *cresson alénois*, la *ciboulette*, l'*épinard* et l'*oseille*.

Les laitues. Les chicorées. — Les *laitues* (*lactuca sativa*) et les *romaines* ou chicons se sèment en pépinière; on les repique ensuite en lignes, à une distance de 25 à 30 centimètres.

Le semis se fait à deux époques principales : 1° en août et septembre pour la *laitue de Versailles*, la *laitue de la Passion* (*fig.* 455), la *laitue romaine rouge* ou *verte* (*fig.* 456). On repique en octobre à bonne exposition ; 2° au printemps et pendant une partie de la belle saison pour la *laitue palatine rousse* (*fig.* 457), la *laitue du Trocadéro*, la *romaine verte maraîchère*, la *romaine blonde maraîchère*, moins volumineuse mais un peu plus précoce que la précédente.

Les laitues ordinaires se consomment quand elles sont *pommées* ou quand elles ont atteint leur développement normal. Pour faire blanchir les feuilles des *romaines* ainsi que des *chicorées*, on profite d'un temps sec et on lie les feuilles par le sommet de façon à les mettre à l'abri de la lumière. Quelques praticiens retardent la montée à graine des laitues ou des choux complètement développés en fendant la base de la tige et en introduisant dans la fente un petit coin de bois.

Parmi les meilleures variétés de *chicorée endive*, nous citerons la *chicorée fine d'Italie* (*fig.* 458), préférée pour les semis du printemps à faire sur couche, et la *chicorée de Meaux* employée

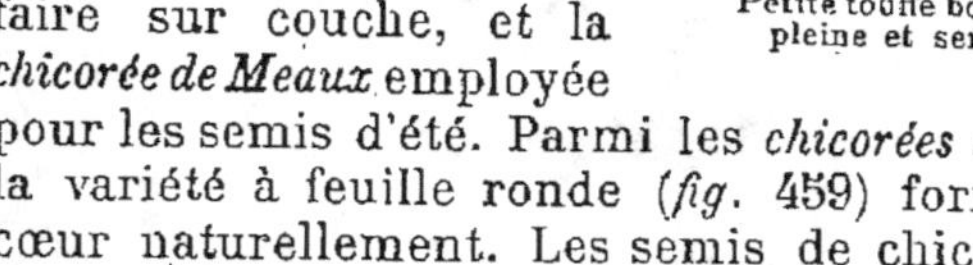

Fig. 458.
Chicorée frisée fine.
Petite touffe bombée, pleine et serrée.

Fig. 459. — Chicorée-scarole blonde ou chicorée à feuille de laitue.

pour les semis d'été. Parmi les *chicorées scaroles*, la variété à feuille ronde (*fig.* 459) forme son cœur naturellement. Les semis de chicorée se font d'avril en août. La graine doit germer en trente-six heures pour que le plant soit bon.

On sarcle, on éclaircit le semis et plus tard on repique à 30 centimètres environ en tous sens.

C'est avec la *chicorée sauvage* ou amère que l'on obtient la salade désignée sous le nom de *barbe de capucin*. On la cultive comme il suit : on établit dans une cave très peu éclairée, presque obscure, un lit de terre ou de sable sur lequel on couche, la tête en dehors, des racines de chicorées sauvages. On recouvre ces racines d'un lit de terre sablonneuse qui reçoit un

Fig. 460.
Mâches à feuilles rondes.
Productive et à développement rapide. Bonne salade d'hiver.

nouveau rang de racines et ainsi de suite. Au bout de peu de temps, ces racines émettent des feuilles blanchâtres et longues, véritables feuilles chlorotiques et étiolées parce qu'elles ont poussé à l'abri de la lumière; on les consomme en cet état.

La mâche. — La *mâche* ou *doucette* (*valerianella*) [*fig.* 460] se sème dès le mois d'août. Ce premier semis fournit ses produits depuis octobre jusqu'au milieu de l'hiver. D'autres semis, pratiqués en septembre et octobre, permettent de soutenir la production pendant l'hiver et le printemps suivant.

Le céleri. — Le *céleri* (*apium graveolens*) se sème en pépinière, au printemps, à une exposition chaude ou sur couche. On éclaircit au besoin et on repique en juin ou juillet dans une fosse de 10 à 15 centimètres de profondeur. Quand il a acquis son complet développement, on lie ses feuilles et on comble la fosse pour le faire blanchir. En hiver on le couvre de paille après avoir butté fortement, ou bien on le conserve à la cave, enterré dans du sable. On

Fig. 461.
Céleri plein blanc.

Fig. 462.
Céleri-rave ou céleri-navet.

cultive ainsi le *céleri à côtes* (*fig.* 461), de même que le *céleri-rave* (*fig.* 462), variété tuberculeuse du céleri ordinaire, dont on mange les racines cuites.

Le cresson. — Le *cresson de fontaine* (*nasturtium*) est une plante aquatique de la famille des *crucifères* qui a des propriétés stimulantes et antiscorbutiques. Sa culture est très facile lorsqu'on dispose d'une eau courante, douce, vive et limpide, et d'un sol peu perméable. On creuse des fosses réunies par de petits ruisseaux, et sur le fond recouvert d'une bonne couche de terre végétale on plante en quinconce, au plantoir, des tiges de cresson vigoureuses et enracinées. L'opération se fait en mars et sur terre humide. Cinq ou six jours après, on submerge la cressonnière de manière à ce que le niveau de l'eau ne recouvre que de 5 centimètres environ la couche terreuse dans laquelle le cresson a été planté : il ne doit jamais s'élever au-dessus de 10 centimètres.

On commence la récolte quand les pousses ont 16 à 20 centimètres de longueur, et on coupe à 10 ou 12 centimètres du fond de la cressonnière afin de ne pas déraciner les pieds.

Le *cresson alénois* est le *passerage cultivé* (*lepidium sativum*), plante annuelle de la famille des crucifères. Sa saveur un peu âcre et piquante rappelle celle du cresson, et c'est là ce qui lui a valu son nom vulgaire.

La ciboulette. — La *ciboulette* (*allium schœnoprasum*) vulgairement appelée *civette* ou *appétit,* est de la famille des *liliacées*, genre ail. Ses feuilles sont employées comme condiment au même

Fig. 463.
Ciboule commune.

Fig. 464.
Persil nain,
très frisé.

Fig. 465. — Cerfeuil
frisé ou cerfeuil
double.

titre que celles de la *ciboule* (*allium fistulosum*) [*fig.* 463], sa proche parente.

Le persil. Le cerfeuil. — Le *persil* (*petroselinum*) [*fig.* 464] de la famille des *ombellifères*, émet des feuilles aromatiques qu'on emploie comme assaisonnement. Le *cerfeuil cultivé* (*scandix cerefolium*) [*fig.* 465] appartient aussi à la même famille et est cultivé comme aromate. Il demande une exposition ombragée pendant les chaleurs.

L'estragon. — L'*estragon* (*artemisia dracunculus*) [*fig.* 466], de la famille des *composées*, est une herbe vivace par son rhizome; elle porte des feuilles à odeur aromatique qui servent de condiment. On le multiplie au moyen d'*éclats*. Il exige une terre riche en engrais, des arrosages fréquents, et redoute les grands froids.

Fig. 466. — Estragon.

Toutes ces plantes, d'importance secondaire, tiennent peu de place dans le jardin potager.

L'asperge. — L'*asperge* (*asparagus*) est une plante vivace dont on mange les tiges lorsqu'elles n'ont encore que 20 à 30 centimètres de hauteur.

Les diverses variétés dérivent de deux races principales : l'*asperge verte* ou *commune* et l'*asperge violette de Hollande*. L'*asperge d'Argenteuil* (*fig.* 467), plus grosse que l'asperge de Hollande, est une belle race hâtive très recherchée sur les marchés.

La récolte des baies ou fruits a lieu d'octobre à novembre. On les met à macérer pendant quelque temps pour faire détacher la graine, que l'on sépare de la pulpe par des lavages; puis on la fait sécher.

On sème les graines d'asperges à l'automne ou en février-mars dans une pépinière fumée abondamment avec du fumier d'étable.

Le terrain étant bien ameubli, on le divise en planches et on exécute le semis en répandant simplement la graine sur le sol. Il vaudrait mieux ensemencer en lignes distantes de 8 à 10 centimètres avec un intervalle de 4 à 5 centimètres entre les graines. Celles-ci sont ensuite enterrées sous quelques centimètres de terre bien pulvérisée.

Les jeunes plantes ne nécessitent que des sarclages et des arrosages. On les arrache au printemps, au bout d'un an ou de dix-huit mois, et on les transplante dans l'*aspergerie*.

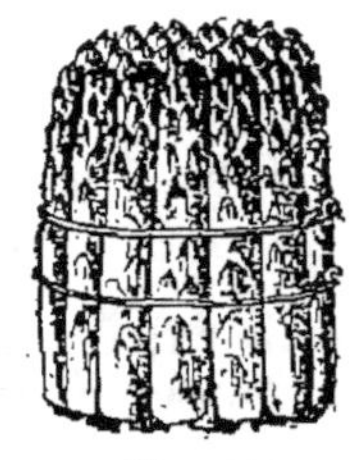
Fig. 467.
Asperges d'Argenteuil
en botte.

Le terrain qu'on destine aux asperges doit être de bonne qualité, sablonneux, pas humide et assez éloigné des arbres. On l'ameublit parfaitement en y incorporant du fumier ou du tourteau. Puis on ouvre des tranchées parallèles de 40 centimètres de longueur sur 20 centimètres de profondeur. Ces tranchées sont séparées par des intervalles de 80 centimètres sur lesquels la terre est disposée en ados à deux versants. Sur le fond de chaque tranchée, on dépose un peu de fumier décomposé que l'on recouvre d'une mince couche de terre.

Les *griffes* sont arrachées de la pépinière au fur et à mesure des besoins de la plantation. L'arrachage se fait avec précaution, à la fourche, de manière à ne pas endommager les racines; si certaines d'entre elles sont meurtries, on les enlève totalement par une coupe bien nette faite à la serpette.

La plantation a lieu dans le mois de mars. Les griffes sont disposées sur une petite butte de terrain, les racines étant étalées de chaque côté. On recouvre aussitôt, avec la terre des ados, en mince couche.

Pendant les deux années suivantes, les soins culturaux consistent en binages et sarclages fréquents. A l'automne, on coupe les tiges sèches et on répand du fumier décomposé sur le sol en le mélangeant avec un rateau. La troisième année, on butte la plante dès la fin de février et, autant que possible, avec des terres sablonneuses. Ces buttes coniques et continues mesurent une hauteur de 30 à 35 centimètres.

La récolte commence au printemps suivant, qui est le troisième depuis la plantation. Il faut avoir soin de couper les plus grosses asperges et de laisser les petites pour favoriser le développement des griffes. Ce n'est qu'à la quatrième année que l'on peut couper toutes les asperges — de bon matin — jusqu'à la fin du mois de mai. A partir de ce moment, on cesse généralement — dans le Midi — pour ne pas fatiguer la plante, qu'on laisse alors croître à volonté.

Une aspergière bien tenue donne des produits pendant une vingtaine d'années.

Les *limaces* attaquent les semis d'asperges ; les larves des *criocères*, coléoptères à corselet rouge et à élytres marqués de taches, rongent les feuilles et les tiges des plants.

L'artichaut. — L'*artichaut* (*cynara scolimus*), dont on mange les feuilles écailleuses et charnues (bractées) qui protègent les fleurs, appartient à la famille des *composées*.

L'artichaut aime les terrains argileux, profonds, frais et substantiels ; il végète mal dans les terres marécageuses et dans les sols calcaires ou sablonneux peu profonds ou peu fertiles. Le sol est préparé au moyen d'un bon labour fait quelque temps avant la plantation et suivi d'un hersage et d'un roulage. L'artichaut étant une plante épuisante, on profite du labour pour incorporer au sol une forte fumure au fumier de ferme auquel on associe des engrais chimiques suivant les besoins.

La plantation se fait par *œilletons*, c'est-à-dire par *rejets* détachés des plants en végétation. Un œilleton est bon lorsqu'il provient d'un pied très productif, que son talon ou portion de racine semi-ligneuse est développé, et quand il a trois à cinq feuilles.

Avant la plantation on donne à l'œilleton une longueur de 25 à 30 centimètres.

La mise en place se fait en automne, avec un plantoir à bout arrondi ; il ne faut pas les enterrer trop profondément, car ils seraient exposés à pourrir. On les enfonce à 7 ou 8 centimètres en laissant une distance de 65 à 75 centimètres entre chaque pied, les rangées étant séparées par un intervalle de 1 mètre à 1^m,25.

Les soins d'entretien consistent à arroser après la plantation. On butte à l'approche de l'hiver et on nivelle le sol dès qu'arrive le printemps. Pendant l'été on supprime les tiges privées de leur tête en les coupant aussi près que possible du sol. En automne on ne laisse subsister sur chaque plante que les deux ou trois plus beaux œilletons. A la suite de cette opération, qui s'appelle l'*œilletonnage*, on applique une copieuse fumure au fumier de ferme et on butte les plantes. Généralement on commence la replantation à la fin de la deuxième année.

Dans les pays ou les hivers rigoureux détruisent les carrés d'artichauts le procédé suivant est recommandable : à l'automne, on œilletonne dés artichauts et on les met en pots remplis de bonne terre. Ces pots sont mis à l'étouffée pour faciliter la reprise, puis hivernés sous des châssis à froid. De cette façon le remplacement des pieds morts peut se faire au printemps dans de bonnes conditions.

Dans le Midi, et aux endroits bien abrités, la récolte des artichauts commence en mars; mais en pleine terre ce n'est guère que vers la fin mars ou au commencement d'avril.

A signaler l'*artichaut gros vert de Laon* (*fig.* 468), l'*artichaut violet* (*fig.* 469), l'*artichaut gris du Midi*, l'*artichaut vert de Provence*.

Fig. 468.
Artichaut gros vert
de Laon.
Écailles très charnues.

Fig. 469.
Artichaut violet
hâtif.
Variété du Midi, à
consommer sur-
tout en fruits
jeunes.

L'épinard. — L'épinard (*spinacia*) se plait dans les terres fraîches bien fumées. Il réussit mal en été, car il craint la chaleur; aussi les semis d'automne sont-ils plus rémunérateurs que ceux du printemps.

Les variétés les plus cultivées sont : l'*épinard à feuilles droites*, l'*épinard à larges feuilles*, l'*épinard monstrueux de Viroflay* (*fig.* 470), le plus vigoureux et le plus large des épinards, l'*épinard lent à monter*, à production prolongée, excellente variété d'automne et de printemps, l'*épinard d'été* ou *tétragone de la Nouvelle-Zélande*, ainsi appelé par les Anglais parce qu'il fut rapporté

Fig. 470. — Épinard de Viroflay gros,
ou oreille d'éléphant.

Fig. 471.
Oseille large de Belleville.

de ce pays lors de l'expédition de Cook. Ce légume annuel possède un goût analogue à celui de l'épinard ; il vient dans les terrains secs et ne monte pas.

L'oseille. — L'*oseille* (*rumex*) est moins difficile que l'épinard ; on la multiplie soit par éclat des pieds, soit par semis, ce qui est préférable.

En été l'oseille devient très acide. Pour l'avoir plus douce, il suffit d'avoir un plant exposé au nord.

L'*oseille large de Belleville* (*fig.* 471) à feuilles très amples, d'un vert franc, est la variété la plus cultivée.

L'*épinard patience* est une espèce à feuilles allongées et pointues, moins acide que la précédente.

Plantes bulbeuses et à racines charnues.

Chez les plantes bulbeuses, les feuilles se groupent et se pressent à la naissance des racines, pour former le corps charnu appelé *bulbe*. Les principales plantes bulbeuses du jardin potager sont : l'*oignon*, l'*ail*, l'*échalote* et le *poireau*.

Toutes ces plantes doivent être cultivées dans un sol largement fumé l'année précédente, car elles n'aiment pas le fumier frais.

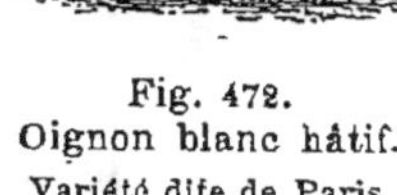

Fig. 472.
Oignon blanc hâtif.
Variété dite de Paris.

Elles préfèrent les terres légères, quoique substantielles, et ne demandent à être arrosées qu'au moment de la sécheresse, à l'exception du poireau, qui se plaît dans les terrains frais et exige de nombreux arrosages.

Fig. 473. — Petits oignons de Mulhouse, jaunes.

Plantés au printemps, ils forment rapidement de belles bulbes.

L'oignon. — Suivant les régions, l'*oignon* (*allium cepa*) [*fig.* 472, 473] se sème d'août à septembre ou de février à avril. On repique pendant les mois d'avril et de mai.

Pour hâter la maturité des bulbes, on rabat leurs feuilles avec le dos du rateau lorsqu'ils sont assez développés.

Fig. 474. — Ail blanc.
Se plante à la fin de l'hiver.

L'ail. L'échalote. — L'*ail* (*allium*) [*fig.* 474] et l'*échalote* (*allium ascalonicum*) [*fig.* 475] produisent des bulbes, appelées « têtes », qui se composent de *gousses* ou *caïeux*. Ils se reproduisent par caïeux plantés la pointe en haut pendant le mois de novembre ou bien en février ou mars.

Fig. 475.
Échalote.

L'ail, une fois arraché, reste sur le terrain durant cinq ou six jours pour achever de mûrir. Quand il est sec on le met en *bottillon* ou en *tresses* que l'on suspend dans un local sain et aéré.

Le poireau. — Le *poireau (allium porrum)* [*fig.* 476, 477] se sème depuis la fin de février jusqu'au commencement de mai. On repique lorsque le plant est suffisamment fort, après avoir raccourci les racines et rogné les feuilles. Au lieu de le conserver dans un endroit sec, comme l'ail et l'échalote, il faut le mettre dans des fosses et le recouvrir de terre jusqu'aux feuilles.

Fig. 476.
Poireau long d'hiver.

Convient pour plantations tardives.

Fig. 477.
Poireau monstrueux de Carantan.

Rustique, très estimé.

La pomme de terre. Les carottes. Les navets, etc. — Nous ne parlons pas de la *pomme de terre* dont il a été question plus haut (voir page 204). Nous rappellerons seulement que les pommes de terre primeurs, les plus hâtives, sont par ordre de précocité : 1° *Victor ;* 2° *Marjolin ;* 3° *royale ;* 4° *belle de Fontenay ;* 5° *early rose.*

Ces pommes de terre préfèrent les terres légères, chaudes, fertiles, susceptibles d'être irriguées.

De même, nous passerons sous silence les « *légumes cultivés pour leurs racines* », tels que *betteraves, carottes, navets, panais,* qui ont déjà été l'objet de notices spéciales (voir page 210 et suivantes), car ils sont cultivés en grand en dehors du jardin potager.

Nous dirons un mot des *radis, scorsonère* et *salsifis.*

Le radis. — Les *radis (raphanus)* [*fig.* 478 à 481] appartiennent à la famille des *crucifères.* Ce sont des plantes annuelles ou bisannuelles, à racines pivotantes, charnues, que l'on divise, dans la pratique horticole, en *radis de tous les mois* et *radis d'hiver.*

La culture des premiers est d'une grande simplicité ; il suffit de semer les graines à la volée et de les recouvrir par un léger coup de rateau ou un peu de paillis. En pleine saison, la récolte a lieu vingt à vingt-cinq jours après le semis. Pendant l'hiver cette culture peut se faire sous châssis.

Les *radis noirs d'hiver* et les *radis blancs* japonais se sèment en juin et juillet et se récoltent avant l'hiver.

La scorsonère. — La *scorsonère* ou *salsifis noir (scorzonera)* [*fig.* 482] est de la famille des *composées.* C'est une plante vivace cultivée comme bisannuelle, qui fournit à l'alimentation sa racine pivotante, charnue, à écorce noirâtre, et aussi quelquefois ses feuilles oblongues que l'on soumet à l'étiolement.

Elle demande un sol abondamment pourvu d'engrais décomposés et ne craint pas le froid.

La scorsonère se sème en mars et en lignes espacées d'une ving-

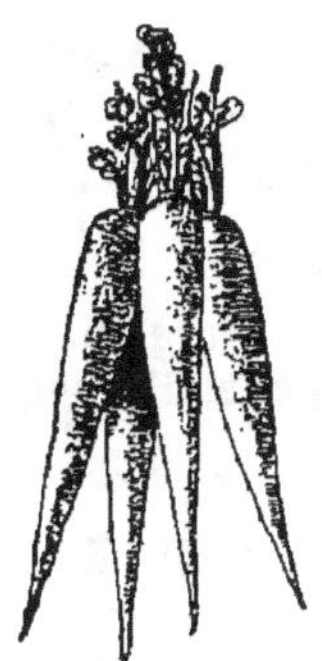

Fig. 478. — Radis long, blanc, rave de Vienne ou de mai.

Racine blanche, très lisse, chair bien tendre. Précoce.

Fig. 479. — Radis demi-long rose (en forme d'olive).

Hâtif et bon pour la pleine terre.

Fig. 480. — Radis blanc rond d'été.

Racine de 5 cent. de diamètre légèrement piquante.

Fig. 481. — Gros radis d'hiver, radis blanc de Russie.

Gros comme une betterave et se conservant bien.

taine de centimètres. Après la levée, on bine et on éclaircit un peu.

Beaucoup de plants montent à fleur pendant l'été, mais les racines n'en restent pas moins bonnes pour la consommation. On peut récolter la scorsonère en place durant l'hiver ou bien la conserver en jauge.

Le salsifis. — Le *salsifis blanc* (*tragopogon*) [*fig.* 483], qu'Olivier de Serres écrivait « sercifi », appartient à la famille des *composées*. C'est une plante bisannuelle dont la racine est comestible, mais moins estimée que celle de la scorsonère; elle se cultive comme cette dernière, mais les plants qui montent à fleur pen-

Fig. 482.
Scorsonère
ou salsifis noir.

Fig. 483.
Salsifis blanc.

dant l'été doivent être arrachés, car ils sont devenus impropres à la consommation.

On récolte les racines en automne et on les conserve en jauge.

Ces racines craignent les fortes gelées; il est donc prudent de les couvrir de litière si la température devient trop rigoureuse.

Plantes cultivées pour leurs fruits.

Les plantes cultivées pour leurs fruits, dans le jardin potager, sont : les *pois*, les *fèves* et les *haricots*, la *tomate*, l'*aubergine*, le *piment*, le *melon*, la *courge* ou *citrouille*, le *concombre*; on peut y joindre le *fraisier*.

Nous avons exposé la culture des pois, des fèves et des haricots en passant en revue les *légumineuses de la grande culture*, par conséquent nous n'avons pas à y revenir ici (voir page 195 et suivantes).

La tomate. — La *tomate* (*lycopersicum*) [*fig.* 484], de la famille des *solanées*, vulgairement appelée *pomme d'amour*, est une plante sar-

Fig. 484.
Tomate rouge naine hâtive.

menteuse annuelle, originaire d'Amérique, dont les fruits sont de grosses baies colorées en rouge ou en orangé, divisées en loges de nombre variable, déprimées, plus ou moins arrondies ou côtelées, suivant les variétés.

Cette plante délicate est cultivée dans la France méridionale et en Italie, en Espagne, en Algérie, où elle occupe de grandes surfaces.

Les variétés recommandées sont : *tomate rouge grosse hâtive*, variété côtelée, de pleine terre ; *tomate très hâtive* ou *tomate champagne*, très estimée pour l'exportation ; *tomate perfection* à gros fruit rond, rouge très vif, lisse, demi hâtive ; *tomate rouge naine hâtive*, remarquablement hâtive et productive, bonne variété pour forcer ; *tomate merveille des marchés* ou *de Vilmorin*, à fruits d'un beau rouge, très lisses et ne se fendant pas, rustique et productive.

Semée en novembre et cultivée sous châssis et sur couche, la tomate commence à donner des fruits vers la première quinzaine de mai. Ces primeurs sont bien payées sur le marché. Généralement on pratique la culture mi-partie forcée sous châssis, mi-partie en pleine terre dans les pays où le climat est favorable.

Pendant les premiers jours de janvier, on sème sur couche et à la volée ; puis on place les châssis en ayant soin d'arroser de temps en temps et d'aérer quand la chaleur se fait trop sentir.

On repique en mars, à la cheville, sur une autre couche protégée par des châssis, mais ne contenant pas de fumier. Les plantes sont séparées par un intervalle de 12 à 14 centimètres, afin de pouvoir les enlever avec une petite motte de terre au moment de la transplantation.

La mise en pleine terre a lieu vers le milieu d'avril. La distance entre les lignes est de 1 mètre et de 40 centimètres entre chaque pied. Le terrain, bien ameubli et fumé, a été préalablement divisé en planches de 10 mètres par des abris en roseaux.

Les soins d'entretien consistent à pincer les plantes de façon à ne leur laisser que cinq à six bouquets de fleurs. Tous les bourgeons qui naissent sous l'aisselle des feuilles sont enlevés. Chaque pied est muni d'un tuteur contre lequel la plante est accolée au besoin. On arrose aussi souvent que les conditions ambiantes l'exigent.

La récolte commence vers le milieu du mois de juin. Chaque plante peut donner 4 kilogrammes de tomates. Le bénéfice net par hectare est très élevé. On doit avoir soin de sélectionner attentivement les fruits, qu'on laisse bien mûrir sur la plante pour en retirer les graines que l'on fait sécher à l'ombre.

Les tomates, de même que les melons et les pommes de terre, sont sujettes à des maladies cryptogamiques qu'il est facile de combattre à l'aide de la bouillie bordelaise et autres préparations cupriques employées contre le peronospora ou mildiou de la vigne.

L'aubergine. — L'aubergine (*solanum melongena*) [*fig.* 485] appartient aussi à la famille des *solanées*. C'est une plante annuelle, à tige demi-ligneuse et dressée, qui atteint dans certaines variétés une hauteur de 60 centimètres. Les fruits sont des baies oblongues diversement colorées selon les variétés; à l'état cru, elles sont âcres et malfaisantes.

Les meilleurs types sont : *l'aubergine violette longue*, recommandable pour le Midi; la *violette longue hâtive* qui s'adapte assez bien au climat parisien; *l'aubergine très hâtive de Barbentane;* la *violette naine très hâtive*, qui mûrit avant toutes les autres et convient bien pour châssis.

Fig. 485. — Aubergine.

La culture de l'aubergine suit à peu près les mêmes règles que celle de la tomate. Le semis a lieu au commencement de janvier, le repiquage fin mars et la mise en pleine terre fin avril ou pendant les premiers jours de mai.

Les soins que réclame l'aubergine consistent à enlever les œilletons autour du pied, qui forme ordinairement deux ou trois bras, et à donner des arrosages copieux.

La récolte des plantes entièrement cultivées sous châssis a lieu vers la fin mai; celle des cultures mi-partie forcées (châssis et pleine terre) commence à la fin de juin.

On doit choisir des fruits bien conformés comme producteurs de grains; on les laisse mûrir au nombre de deux ou trois par plante en supprimant, sur cette dernière, tous les autres produits. Aussitôt que la maturité est indiquée par le ramollissement, on ouvre ces fruits, et, après avoir débarrassé les graines de leur pulpe par un lavage, on les fait sécher à l'ombre.

Le piment. — Le *piment* ou *poivron* (*capsicum*) [*fig.* 486] est une plante annuelle de la famille des *solanées* qui se cultive comme l'aubergine.

Fig. 486. — Piment.

Il existe des *piments forts* et des *piments doux*. Les premiers donnent des fruits, à saveur âcre et brûlante, qui servent de succédané au poivre. Les piments doux sont cultivés comme légumes et consommés à l'état frais, quand ils sont jeunes, c'est-à-dire encore verts.

Les piments craignent beaucoup le froid et il est indispensable de les abriter tant que les gelées sont à craindre.

Le melon. — Le *melon* (*cucumis melo*) est une plante annuelle sarmenteuse et traînante, de la famille des *cucurbitacées*. Les fleurs sont jaunes, monoïques. Les fleurs mâles portent trois étamines libres à filets courts; les fleurs femelles, solitaires, ont un ovaire globu-

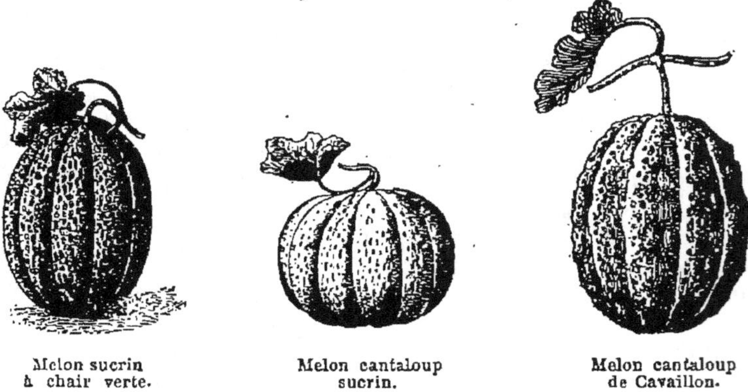

Melon sucrin
à chair verte.

Melon cantaloup
sucrin.

Melon cantaloup
de Cavaillon.

Fig. 487 à 489. — Quelques bonnes espèces de melons.

leux muni d'un style court à trois stigmates obtus. Floraison de mai à juillet.

Le fruit est une baie dont la paroi externe est dure, les cloisons et les placentas transformés en une pulpe juteuse.

Les variétés recommandées parmi les *melons brodés* sont :

Le *melon de Cavaillon* à chair rouge; le *melon sucrin de Tours* à chair rouge orangé, très productif, excellent pour la culture en pleine terre; le *melon vert grimpant* ou *melon à rames* (*fig.* 487), petite variété précoce, à chair verte, juteuse et sucrée.

Parmi les *melons cantaloups* : le *cantaloup d'Alger*, très rustique; le *cantaloup noir des Carmes*, à écorce mince et à chair rouge, très hâtif; le *cantaloup Prescott fond blanc*, à gros fruit, déprimé, marqué de larges côtes, chair orangée; le *cantaloup Prescott hâtif*, un des meilleurs pour la culture forcée; le *cantaloup de Cavaillon* (*fig.* 488), précoce et fertile, bonne variété pour la pleine terre dans la région méridionale; le *cantaloup sucrin* (*fig.* 489), rustique et de bonne qualité.

Dans la région méridionale, on pratique la *culture sous châssis* en semant sur couche vers la fin du mois de février. On repique en avril. Dans ces conditions, la récolte du melon cantaloup orange commence vers le milieu de juin, tandis que ceux obtenus en pleine terre ne sont récoltés que vers la fin de juillet.

La culture mi-partie forcée se pratique de la manière suivante : En janvier, la terre est bien ameublie et fumée au fumier de ferme. On construit des abris en roseaux, espacés de 10 mètres, entre lesquels on sème quatre rangées de melons. Le semis a lieu vers le 20 mars. On place les graines à 0^m,90 l'une de l'autre, contre des ados dirigés de l'est à l'ouest, formés par la charrue qui laisse le sillon ouvert pour faciliter les arrosages. Une fois les plantes sorties, il est bon de les recouvrir avec des vitrages ou des paillassons.

Lorsque le melon a poussé la cinquième feuille, on pince au-dessus de la quatrième, de manière à faire développer les *bour-geons* qui apparaissent à l'aisselle des deux premières feuilles. Les bourgeons des deux autres feuilles (3° et 4°) sont délicatement enlevés, mais on laisse subsister ces feuilles, qui servent de tire-sève et protègent les bourgeons conservés contre les ardeurs du soleil. Lorsque les branches latérales ont émis dix à douze feuilles, elles sont pincées à leur tour de manière à faire développer des branches transversales que l'on arrête au-dessus du fruit conservé sur chaque branche.

Le nombre des fruits laissés varie suivant les races de melons : pour les melons tranchés dits *cavaillonnais à chair rouge*, il est de deux; pour les petits cantaloups, de quatre ou cinq. On peut aider à la venue d'une seconde récolte en laissant quelques fleurs nouer leurs fruits avant la maturité des premiers.

Les sarclages, binages et arrosages par infiltration sont appliqués suivant les besoins. De temps en temps on peut ajouter un peu de purin aux eaux d'arrosage ou bien répandre des engrais chimiques appropriés. — La récolte commence vers le 20 juillet au plus tard.

Les melons s'hybridant très facilement, il faut choisir de préfé-rence les porte-graines dans les carrés où il n'existe qu'une seule variété. Naturellement on choisira les meilleurs fruits.

Le plus redoutable ennemi du melon est la *grise*, insecte d'autant plus dangereux qu'il n'existe aucun moyen de le combattre. Une maladie qui sévit parfois dans les melonnières est le *chancre*, qui s'attaque aux ramifications. On la combat en supprimant les rameaux atteints.

La courge. — La *courge (cucurbita)* [*fig.* 490 à 492] appartient à la famille des *cucurbitacées.* Ses ramifications, souvent fort longues, rampent sur le sol ou grimpent au moyen de vrilles.

Il existe plusieurs variétés à gros fruits connues sous le nom de *potirons* et *citrouilles* qui se cultivent toutes de la même façon. Sous le climat du Midi, on peut semer sur place, cependant il est préférable de semer sous châssis vers le mois d'avril. On pique au doigt les graines, une à une, dans le terreau de la couche. Dès que le plant a émis une feuille, on le repique sous châssis. La mise en place a lieu dès que les gelées ne sont plus à craindre. On plante dans des trous remplis de fumier, en ayant soin d'enfoncer le pied de courge jusqu'aux feuilles.

Fig. 490.
Gros potiron rouge vif d'Étampes.

A écorce plus fine, à chair plus épaisse et aussi volumineuse que le potiron jaune gros.

Lorsque le plant se met à pousser, on coupe la tige au-dessus de la seconde feuille. Plus tard, les branches latérales seront coupées au-dessus de la cinquième ou de la sixième feuille. Les fleurs se montrent sur les branches de la troisième génération. On laisse un

Fig. 491.
Citrouille de Touraine.
Ordinairement cultivée pour le bétail.

Fig. 492.
Courge olive.
Chair jaune d'or d'excellente qualité
Bonne conservation.

nombre variable de fruits, selon la grosseur que l'on désire leur voir atteindre. On pince au-dessus de la deuxième feuille après le *fruit.* Le marcottage des tiges favorise le développement de ce dernier.

On récolte avant les gelées et on conserve dans un local sec à l'abri du froid.

Le concombre. — Le *concombre (cucumis sativus)* [*fig.* 493, 494] est encore un représentant de la famille des *cucurbitacées,* à tiges sarmenteuses, anguleuses, rampantes au moyen de vrilles.

On consomme les concombres sous forme de salades. Cuits, ils peuvent être diversement accommodés. Cueillis à l'état jeune, ils sont confits dans le vinaigre sous le nom de *cornichons*.

La culture est analogue à celle de la courge. On maintient le sol

Fig. 493.
Concombre cornichon.
Jeunes fruits à confire.

Fig. 494. — Concombre
brodé de Russie ou
concombre Agourci.
Hâtif; fruit oblong, brun
veiné de blanc.

humide en le recouvrant de paillis. Lorsqu'on veut récolter de gros fruits, on n'en laisse qu'une dizaine par pied.

Le fraisier. — Le *fraisier* (*fragaria*) est une plante de la famille des *rosacées*. C'est le *réceptacle* de la fleur qui devient charnu, aromatique et comestible.

Les fraisiers sont des herbes vivaces par un rhizome court émettant des *stolons* ou *coulants*.

Les variétés cultivées appartiennent au groupe des *fraisiers à gros fruits* que l'on reproduit par stolons et jamais par semis, comme on le fait pour le fraisier des quatre saisons qui fleurit et fructifie presque toute l'année. Il y a en effet trop de variation dans les sujets provenant de semis.

Les variétés les plus recommandées parmi les plus hâtives sont : *capitaine*, à gros fruit conique, rouge vif vernissé, chair ferme de bonne qualité et résistant bien au transport; *Marguerite Lebreton* (*fig.* 495), à gros fruit allongé, rouge vif luisant, très fertile et très cultivée; *noble Laxton*, à gros fruit rouge, arrondi, fertile et vigoureuse, se prêtant bien comme la précédente à la culture forcée, en serre ou sous châssis; *vicomtesse Héricart de Thury* (*fig.* 497), à fruit moyen ou gros, excellent, rustique et fertile.

Parmi les variétés un peu moins hâtives, nous citerons : *Docteur Morère* (*fig.* 498), à fruit gros ou très gros, de couleur foncée, savoureux, supportant bien le transport; plante rustique, vigoureuse et fertile, convient également bien pour la pleine terre et pour la culture forcée; *sir Joseph Paxton*, à fruit gros ou très gros, d'un beau rouge cramoisi vif; fraise d'amateur et de première qualité;

Général Chanzy (*fig*. 499), à beau fruit long, rouge brun foncé, chair rouge, juteuse, sucrée.

Parmi les variétés demi-tardives ou de moyenne saison, la *jucunda* est une des meilleures. Son fruit gros, presque rond et de couleur rouge vermillonné est très recherché sur les marchés.

Comme fraisier tardif, la *wonderful* (*Myatt's prolific*), à gros fruit

Fig. 495 à 500. — Quelques bonnes variétés de fraises.

rouge intense, mérite d'être signalé. Cette variété rustique a une production prolongée.

Nous citerons encore le *fraisier des quatre saisons* (*fig*. 500), à fruit allongé, le *remontant à gros fruit Saint-Joseph* et le *Saint-Antoine de Padoue* qui est une notable amélioration du précédent. Ces trois variétés sont classées parmi les plus hâtives.

Les fraisiers ne sont généralement pas très difficiles sur la nature du sol, à condition qu'ils aient assez de chaleur, d'eau et d'engrais.

Les fortes chaleurs et surtout la sècheresse de l'atmosphère affectent en général tous les fraisiers. Certaines variétés, comme *royal sovereign*, *Saint-Joseph* et la plupart des fraisiers remontants, en souffrent plus particulièrement. Les arrosages ne parviennent pas à entretenir complètement leur végétation et la floraison se fait mal lorsque la chaleur est trop sèche.

Le terrain étant bien ameubli et fumé, on plante les fraisiers en lignes parallèles distantes de 45 à 50 centimètres. La plantation se fait de préférence fin juin ou fin septembre, en conservant autant que possible une petite motte de terre qui aide à l'enracinement. Chaque pied est placé à 30 centimètres de son voisin sur la ligne.

Les stolons utilisés pour la plantation ne sont pas enlevés au printemps, au contraire on favorise leur développement par un paillis et des arrosages répétés.

A l'entrée de l'hiver, on recouvre les fraisiers d'un peu de fumier de ferme pour les préserver du froid. En octobre et novembre, on les débarrasse de leurs rejetons, de façon à maintenir l'intervalle de 30 centimètres entre les plantes.

Les binages, très superficiels, sont répétés autant de fois que les circonstances l'exigent. Il en est de même pour les arrosages, qui doivent dans tous les cas être modérés.

Un paillis répandu sur le sol, dès la maturité, les préserve de toute souillure.

L'époque de la cueillette varie suivant la nature du sol, l'exposition et les soins culturaux. Dans le Midi, elle commence fin avril ou aux premiers jours de mai et se continue jusqu'à mi-juin.

Le forçage se pratique très avantageusement en déposant simplement les châssis, dès le mois de novembre, sur les plants nouvellement repiqués sur couche. On obtient ainsi des fraises à partir du mois de mars (Provence, bas Languedoc, Roussillon, etc.).

Ennemis du fraisier. — Les fruits du fraisier sont attaqués par les rats, les souris. Les fourmis, et surtout le ver blanc du hanneton, occasionnent parfois des dégâts importants. Le peronospora du fraisier est arrêté à l'aide d'aspersions de bouillies cupriques opérées avant la floraison.

Observations générales sur la culture du fraisier. — La précocité de la maturation n'est pas toujours en rapport avec celle de la floraison. De même la durée de la maturation présente des variations notables suivant le type. Chez certaines variétés, les fraises mûrissent toutes à la fois, tandis qu'il y en a d'autres, principalement celles à fruits moyens ou petits, dont la maturité se prolonge pendant une quinzaine de jours.

Les beaux filets de l'année précédente, qui se développent sur les jeunes plantes, fructifient ordinairement sur une seule hampe et leurs fruits sont un peu plus précoces que ceux des vieux pieds portant plusieurs hampes. Ces jeunes filets donnent les plus beaux fruits surtout lorsqu'on les a transplantés assez tôt, en automne, pour qu'ils aient bien pris racine. On obtiendra donc de plus gros fruits en cultivant de préférence les jeunes filets, les premiers développés au printemps. Du reste, ce sont ces filets que l'on réserve pour le forçage.

La longévité des fraisiers est très variable : les uns s'épuisent au bout de la deuxième ou troisième année, tandis que d'autres fournissent des produits suffisants pendant quatre ou cinq ans. Il semble que la deuxième récolte est la plus abondante et la plus belle : c'est à cause de cela que les praticiens replantent les fraisiers après la troisième année. L'observation précitée sur la production des jeunes filets prouve qu'il faut replanter d'autant plus fréquemment qu'on désire obtenir de plus beaux fruits.

Fumure. — L'apport d'engrais chimiques prolonge l'existence d'une fraiseraie au delà du temps où elle peut être en production normale, et, en outre, donne un excédent de récolte.

Voici une excellente formule :

Nitrate de soude	700 kilogr.	
Superphosphate	300 —	Par hectare.
Chlorure de potassium	425 —	

Le nitrate est répandu à partir d'avril et en trois fois, à raison de 230 kilogrammes environ. Un intervalle de quinze à vingt jours sépare chaque distribution. Le superphosphate et le sel de potasse mélangés sont répandus au printemps.

Emballage des fraises. — Les premières fraises, livrées à la consommation vers fin février, sont emballées dans des petites boîtes rectangulaires de $0^m,15 \times 0^m,10$. Plus tard, vers le 15 avril, lorsque la production augmente, les boîtes prennent des dimensions doubles. Après le 10 mai, on emploie des caisses plates mesurant $0^m,50 \times 0^m,30$.

Deux bandes de papier tapissent le fond et les côtés des boîtes qu'elles dépassent de façon à pouvoir être rabattues sur le dessus de l'emballage. Les fraises sont déposées sur un lit de mousse humectée, la plus belle face en dehors. Une feuille de fraisier ou de hêtre sépare chaque fraise de ses voisines. Quelques feuilles de vigne, lisses, sont placées sur le tout, puis on rabat les bandes de papier. La caisse est fermée par un couvercle plein ou seulement à l'aide de lattes ; dans ce cas, on assemble toujours par un lien six ou huit caisses.

Les fraises du Midi (fraises d'Hyères) arrivent aux halles de Paris en petits paniers ronds de 500 grammes. Les fraises des quatre saisons de la région rouennaise sont expédiées en paniers ronds munis d'une anse et de même contenance. Ces petits paniers sont associés dans des paniers longs que l'on réunit par six dans de grands cageots. Les expéditeurs algériens enveloppent chaque fraise dans du papier de soie et les mettent dans des cases (25 par boîte) faites avec des lames de carton.

Le choix de la variété cultivée pour l'expédition mérite de retenir l'attention des praticiens, car c'est de la consistance de la chair et de la fermeté de l'épiderme des fruits que dépend leur résistance aux manipulations, transports, etc.

Conservation des légumes.

Dessiccation. — La *conservation des légumes* est assurée par la *dessiccation.*Lorsqu'ils sont bien desséchés, ils gardent les propriétés des légumes frais, et, sous un faible volume, sont faciles à conserver.

On dessèche au soleil les haricots, les pois, les lentilles, les fèves, les féveroles; on opère plus rapidement, et en tout temps, à l'aide du chauffage artificiel dans des étuves analogues à celles dont il a été question pour la dessiccation des fruits. Leur séchage est beaucoup plus prompt que celui de ces derniers, mais il exige des soins attentifs, car une température supérieure à 76 ou 80 degrés les brûle et les rend impropres à la consommation.

Le goût et l'odeur de foin que contractent parfois les légumes desséchés proviennent de la décomposition de certaines matières albuminoïdes; on les évite en coagulant ces matières avant la dessiccation : il suffit de plonger les légumes dans l'eau bouillante. On peut utiliser à cet effet les chaudières qui servent à cuire les aliments destinés au bétail. Quand il s'agit de petites quantités, on introduit les légumes dans un panier à salade et on les soumet à la vapeur de l'eau bouillante. Dans l'industrie, on emploie la chaudière autoclave à double fond : la vapeur sous pression de 1 1/2 à 2 atmosphères donne le résultat désiré en quelques minutes.

Cette opération préparatoire est utile à tous les légumes, mais elle est particulièrement indispensable aux haricots, aux pois verts, aux choux, oignons, carottes, navets et panais.

Les légumes doivent être étalés les uns à côté des autres et non point en couches épaisses.

Les petits pois cueillis avant maturité, écossés et légèrement échaudés, sont placés sur des canevas étendus sur le fond des claies et desséchés entre 40 et 50 degrés centigrades. 30 à 35 kilogrammes de grains verts donnent 6 à 7 kilogrammes de pois desséchés.

Les pois secs sont cassés en deux parties égales dans des moulins spéciaux. La peau ou tégument étant enlevée, on rend leur surface brillante et verte au moyen d'une friction lente et douce.

100 kilogrammes de haricots verts lavés, effilés et mondés donnent 12 kilogrammes de haricots desséchés. On les plonge dans l'eau bouillante alcalinisée avec 5 pour 100 de carbonate de soude afin de leur conserver la couleur naturelle, puis on les passe à l'évaporateur.

Les choux-fleurs, pelés et émondés, sont coupés en petits morceaux et échaudés pendant cinq minutes. On les dessèche lentement à une température qui ne doit pas dépasser 56 à 60 degrés. 100 kilogrammes de choux-fleurs frais fournissent à peine 5 kilogrammes de produit sec.

Les pommes de terre, pelées et coupées en tranches, sont plongées dans un bain d'eau acidulée au centième avec de l'acide sulfurique afin de leur conserver la couleur naturelle; ensuite on les lave à grande eau. Après les avoir mises dans l'eau bouillante pendant quatre ou cinq minutes, on les introduit dans l'évaporateur.

Les carottes, pelées et découpées en tranches ou en lanières, sont échaudées à la vapeur ou à l'eau pendant cinq à six minutes, ensuite on les porte au séchage.

Les oignons, pelés et coupés en tranches sont échaudés pendant sept ou huit minutes avant d'être mis sur les claies et portés à l'évaporation. 100 kilogrammes d'oignons frais donnent 10 à 12 kilogrammes d'oignons secs.

Le persil, le cerfeuil, les poireaux, le céleri, ne doivent pas subir l'échaudage, qui ferait disparaître leur arome caractéristique. On les passe directement dans l'évaporateur et en couches minces.

La préparation des carottes, des raves, des navets, des choux, etc., pour potage dit « julienne » s'obtient en desséchant séparément chaque espèce suivant la méthode qui lui convient. Les légumes coupés en fines lanières sont exposés au courant d'air chaud et, après dessiccation, comprimés fortement pour empêcher une absorption de vapeur d'eau qui provoquerait leur altération. Une tablette de 20 à 25 grammes représente la ration d'un adulte.

Les champignons comestibles, même les plus charnus, subissent facilement la dessiccation artificielle.

Conserves. — Les antiseptiques les plus usités pour la conservation des légumes sont le *vinaigre* et le *sel.*

On emploie le vinaigre pour les légumes utilisés comme condiments tels que : cornichons, piments, câpres, petits oignons, haricots verts, choux-fleurs, choux rouges, etc.

Dans les ménages, le procédé ordinaire pour la conservation des épinards ou de l'oseille consiste à les mettre dans des pots de grès, après cuisson, et à les recouvrir de graisse ou de beurre salé. On conserve aussi ces deux plantes, en feuilles entières et crues, en les plaçant dans des pots et en alternant un lit de sel avec un lit de feuilles; une couche de beurre fondu, posée sur le tout, empêche l'accès de l'air.

Les champignons cuits en présence d'un peu d'acide citrique deviennent plus blancs. On les conserve dans l'eau salée additionnée d'acide citrique pour éviter leur noircissement.

La préparation des conserves de légumes par le procédé Appert perfectionné donne lieu à une industrie importante. Comme pour la dessiccation, la conduite de la cuisson varie avec chaque espèce de légume.

La cuisson à l'eau s'effectue rapidement dans des chaudières chauffées à la vapeur. On refroidit brusquement pour obtenir le *blanchiment* des légumes que l'on enferme dans des boîtes en fer-blanc soudées. Ces boîtes sont plongées dans l'eau bouillante pendant un moment. Le chauffage sous pression (autoclave) permet d'élever la température à un degré supérieur à celui que peut atteindre l'ébullition de l'eau à l'air libre et rend ainsi l'opération moins longue et plus parfaite.

Les conserves de tomates se préparent de la façon suivante : les fruits mûrs coupés en tranches sont chauffés dans les bassines ; on les réduit en bouillie à l'aide d'un pilon, puis on les passe à travers un tamis à mailles assez serrées pour retenir les graines et l'épicarpe. On sépare, autant que possible, la partie liquide, en déposant sur une toile la pulpe fine et homogène, de couleur rougeâtre, d'odeur franche et de saveur acidulée caractéristiques. La mise en boîtes ou en flacons se fait après évaporation jusqu'à consistance de sirop épais.

La stérilisation de la pulpe par la chaleur est, sans contredit, le meilleur mode de conservation. La tomate mal préparée est bientôt attaquée par les moisissures.

Nous citerons pour mémoire les *procédés de conservation par le froid* applicables principalement aux viandes, poissons, gibiers, beurres, fruits. Ces procédés se perfectionnent de plus en plus et sont appelés à rendre de grands services lorsque l'esprit d'association, mieux développé, saura les mettre à profit.

II

PRODUCTION ANIMALE

LE BÉTAIL.

On appelle *bétail* l'ensemble des animaux qui font partie de l'exploitation agricole. Sous ce titre général on comprend le *cheval*, l'*âne*, le *mulet*, le *bœuf*, le *mouton*, le *porc*, la *chèvre*. D'autres animaux en font aussi partie, mais ils ne sont pas ordinairement visés lorsqu'on parle du bétail en général : tels sont les lapins, les volailles, les abeilles, les vers à soie.

La culture du sol exige une extrême division des efforts à faire et c'est pour ce motif que l'animal est resté son principal moteur.

Dans la pratique, le bétail se divise en *bétail de trait* et *bétail de rente*. Le *bétail de trait* comprend tous les animaux que l'on attelle aux instruments culturaux ou qui aident aux travaux de l'exploitation, chevaux, bœufs, mulets, etc. Le *bétail de rente* est celui qui est entretenu pour fournir des produits directs et non du travail. Les races bovine, ovine et porcine sont destinées à la production de la viande ; la vache, la chèvre, et quelquefois la brebis, donnent leur lait ; la race ovine fournit la laine.

En réalité, cette classification en bétail de rente et bétail de trait manque un peu de précision, car chacun de nos *animaux domestiques* ne possède pas une fonction économique *unique*. Le bœuf, par exemple, produit du travail et de la viande. La vache produit du lait et de la viande et quelquefois aussi du travail, etc.

Le cultivateur, tenant compte des circonstances locales et du climat, doit entretenir les animaux qui utilisent de la manière la plus profitable les ressources du milieu. Il a des moutons pour utiliser les parcours et les jachères ; il engraisse des bœufs pour leur faire consommer les pulpes de betteraves à sucre ; il élève des porcs pour tirer parti des pommes de terre, du maïs, des châtaignes et du petit-lait.

Ce sont les ressources disponibles et le milieu qui déterminent encore le choix entre le bœuf ou le cheval comme bêtes de trait. Le bœuf a une allure moins rapide que le cheval, mais il est plus rustique, moins exigeant sous tous les rapports ; son principal avantage réside en ce qu'il est possible de le préparer pour la boucherie après un certain temps de service. Le prix que l'on en retire laisse souvent un bénéfice et, dans tous les cas, permet toujours de pourvoir à son remplacement sans grand sacrifice. Le cheval est plus actif, il peut faire face à un travail plus régulier, mais il est très exigeant pour sa conduite, sa ferrure, son harnachement, sa nourriture, et quand il arrive au terme de sa carrière il ne représente plus qu'une bien mince valeur. Enfin, dans les pays montagneux, le travail du bœuf est une nécessité, car le cheval ne pourrait gravir ni descendre les rampes sur lesquelles les bovins évoluent sans danger.

Le bétail de nos climats a des représentants dans plusieurs *ordres zoologiques* (1). On y trouve :

1° Des *solipèdes* ou jumentés : le *cheval*, l'*âne*; le produit du baudet avec la jument, c'est-à-dire le *mulet*; celui du cheval avec l'ânesse, connu sous le nom de *bardot*;

2° Des *ruminants* : le *bœuf*, le *mouton*, la *chèvre*, le *dromadaire*;

3° Un *pachyderme* : le *porc*.

Les oiseaux de basse-cour se rangent :

1° Dans l'ordre des *gallinacés* et *colombins* : genres *coq*, *pintade*, *dindon* et *pigeon*;

2° Dans l'ordre des *palmipèdes* : genres *oie* et *canard*;

3° Un *rongeur* : le *lapin*, animal domestique qui voisine avec la basse-cour;

4° Parmi les *mammifères domestiques*, il faut compter le *chien* et le *chat*, de l'ordre des *carnivores*.

Le corps des animaux renferme des *matières organiques solides* et *liquides*, auxquelles s'adjoignent des *gaz* et quelques *substances minérales*.

Les liquides sont très abondants dans l'économie animale; ils irriguent et imprègnent tous les tissus du corps. Leur importance est considérable, car sans eux les matières organiques solides seraient frappées de mort; un élément privé d'humidité est, par ce seul fait, privé de vie.

Les substances non organisées (*gaz* et *matières minérales*) sont habituellement en dissolution dans les liquides animaux.

Organes. — On appelle *organe* toute portion de l'animal qui a une forme déterminée et une fonction à remplir. Un os, un muscle, l'estomac, le foie, le cerveau, sont des organes.

Tous les organes des animaux sont disposés entre deux *membranes*, qui se confondent l'une avec l'autre au pourtour des ouvertures naturelles (bouche, anus). Ce sont la *peau* et les *muqueuses*.

Les organes protégés par ces membranes sont *pleins* ou *creux*.

Parmi les premiers, un certain nombre remplissent le rôle de

---

(1) La *zoologie* est la partie de l'histoire naturelle qui traite des *animaux*.

charpente ou support : tels sont les *cartilages* et les *os*. D'autres sont chargés de produire les mouvements : ce sont les *muscles*.

Les *organes nerveux centraux*, les *nerfs* proprement dits, appartiennent aussi au groupe des organes pleins. Ils tiennent sous leur dépendance l'*activité des muscles*, la *sensibilité des membranes limitantes*, l'*intelligence*.

Parmi les organes creux, nous signalerons : la *vessie*, l'*estomac*, les *vaisseaux* formés par des membranes élastiques et contractiles, disposées en canaux, où circulent le sang et la lymphe; les *glandes*, les *membranes séreuses*, etc.

Les *os* n'existent que chez les animaux *vertébrés*, dont ils constituent le principal caractère zoologique. Ils représentent dans le corps de l'animal une charpente intérieure qui en consolide l'édifice tout entier et lui donne sa forme générale et ses dimensions.

Du squelette. — L'ensemble des os placés dans leurs rapports naturels constituent le *squelette,*qui se divise en *tronc* et en *membres*.

Le tronc présente, sur la ligne médiane, la *colonne vertébrale* ou *rachis*, tige flexueuse qui mesure toute la longueur de l'animal et se compose d'une série de pièces distinctes articulées les unes à la suite des autres (*vertèbres*). Cette tige supporte antérieurement la tête ou *crâne*, sorte de renflement qui résulte de l'assemblage d'un grand nombre de petits os.

De chaque côté de la partie moyenne de la colonne vertébrale se détachent les *arcs osseux*, appelés *côtes*, qui viennent s'appuyer directement ou indirectement, par leur extrémité inférieure, sur un os unique, le *sternum*. Ces arcs osseux circonscrivent le *thorax*, cavité spacieuse dans laquelle s'abritent les principaux organes de la respiration et de la circulation.

Les *membres*, au nombre de quatre, sont les appendices qui supportent le tronc des mammifères. On les distingue habituellement en *antérieurs* et *postérieurs*, mais il est plus convenable de les appeler, d'après leurs rapports, *membres thoraciques* et *abdominaux*.

Les *membres antérieurs* sont décomposés chacun en quatre régions principales : l'*épaule*, appliquée contre la partie antérieure du thorax ; le *bras*, qui succède à l'épaule ; l'*avant-bras* et le *pied*.

Les *membres postérieurs* comprennent également quatre régions : la *hanche* ou le *bassin*, qui est articulé avec la partie postérieure du rachis ; la *cuisse*, la *jambe* et le *pied postérieur*.

Chez les oiseaux, les membres postérieurs ou abdominaux remplissent seuls le rôle de colonne de soutien. Les membres antérieurs ou thoraciques, conformés pour le vol, constituent les *ailes*.

Alimentation. — L'*aliment* est l'ensemble des matériaux de nutrition propres à entretenir et à assurer le développement normal de la *machine animale*. Les animaux doivent être considérés comme des machines auxquelles le combustible nécessaire est fourni par les végétaux et transformé en *valeurs*.

Il faut que l'aliment répare les *pertes* que le fonctionnement vital fait subir à l'organisme et qu'il lui apporte, en même temps, les éléments indispensables pour produire du travail, du lait, de la viande ou de la laine, suivant les conditions dans lesquelles on exploite le bétail.

L'importance de l'alimentation est considérable, puisqu'elle fournit la matière première de l'organisme animal. On peut la considérer comme étant la base sur laquelle repose l'*hygiène des animaux domestiques.*

Une bête mal nourrie consomme sa propre substance, maigrit et devient vite incapable de remplir sa fonction économique. Au contraire, une bête qui reçoit une quantité suffisante d'aliments judicieusement choisis a l'œil vif, le poil fin et brillant, les muscles fermes et vigoureux ; elle ne sue pas au moindre travail et donne la plus grande somme de rendement. On a donc raison de dire que « mal nourrir coûte plus cher que bien nourrir ».

L'action d'une alimentation intensive bien comprise, pendant la période de croissance, se fait sentir sur l'augmentation de la masse du corps et dans la hâtiveté du remplacement des dents de lait, indice de précocité.

La régularité dans les heures des repas influe sur les bonnes digestions. L'estomac, en sa qualité d'organe fonctionnant d'une manière intermittente, contracte facilement des habitudes ; c'est sous l'empire de ces habitudes que les animaux marquent tant d'impatience lorsqu'on laisse passer l'heure habituelle de la distribution des aliments.

Tant que la digestion gastrique n'est pas achevée, l'animal n'éprouve point le besoin de prendre des aliments. Chez le cheval, la digestion normale dure quatre heures lorsque l'estomac a été entièrement rempli.

La *ration* à déterminer dépend de la nature des aliments et des besoins de l'animal, sans oublier cependant qu'il faut nourrir le plus économiquement possible. Cette ration, composée d'éléments pouvant être facilement absorbés par l'animal, doit être *digestible* et *riche en substances nutritives.*

La *digestibilité* est la propriété des aliments en vertu de laquelle ils cèdent leurs principes alibiles (1) aux sucs digestifs, sécrétés par l'organisme.

D'une façon générale, les jeunes plantes sont plus digestibles que celles qui ont fleuri. Cela tient à ce que les tissus se lignifient en vieillissant; ils s'enrichissent en cellulose brute, principe peu assimilable. Les graines ou semences sont plus faciles à digérer que les plantes qui les ont produites.

(1) *Alibile,* du latin *alere,* nourrir. Ce mot signifie donc « propre à la nutrition ou assimilable ».

Les diverses préparations qu'au moyen d'instruments spéciaux
(*fig.* 501 à 506) on peut faire subir aux aliments, telles que : aplatis-

Fig. 501.
Laveur de racines métallique.

Fig. 502.
Concasseur de grains à bras.
Débit 100 litres à l'heure.

Fig. 503. — Concasseur de tourteaux, modèle à bras.

Fig. 504. — Hache-paille à bras.

sement, division, macération, fermentation ou cuisson, ont pour but
de multiplier les contacts avec les sucs digestifs, d'amollir les tissus
et de rendre ainsi l'assimilation plus parfaite.

Tous les aliments végétaux contiennent :

1° Des *matières azotées* (albuminoïdes, nucléine, albumine végétale, caséines végétales, gluten, etc.);

2° Des *matières grasses* (cire, beurre, suif végétaux ; huiles grasses des graines);

3° Des *matières hydrocarbonées* (dextrines, substances sucrées, gommes, amidon);

4° Des *matières minérales* (acide phosphorique, potasse, soude, chaux, chlore, magnésie, etc.).

Les matières azotées — albuminoïdes ou protéiques — concourent à la constitution de tous les tissus animaux, sang, substance musculaire, nerfs, etc.

Les matières grasses, émulsionnées par la bile et le suc pancréatique, passent dans le torrent circulatoire ; elles peuvent servir à la combustion respiratoire, ou s'accumuler dans les tissus comme *réserves*.

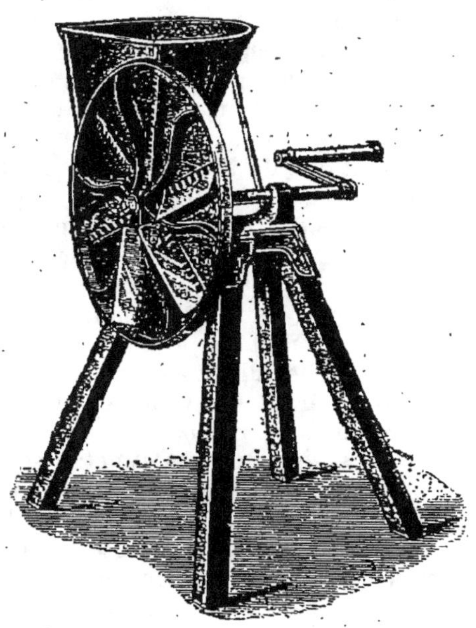

Fig. 505. — Coupe-racines à disque marchant à bras.

Les matières hydrocarbonées s'oxydent et sont brûlées par la respiration ; elles produisent de la *chaleur* et de la *force*.

Les matières salines, empruntées aux divers sels alcalins terreux et métalliques, à l'eau, sont utiles à la *formation des tissus* et aux *produits de sécrétion*.

Il est à remarquer que la majeure partie des aliments secs, solides, qui pénètrent dans le corps le quittent, tôt ou tard, sous la forme d'acide carbonique, d'eau, de produits azotés, de matières excrémentitielles, etc., provenant du fonctionnement vital.

Un cheval de 500 à 550 kilogrammes de poids vif et d'une taille de 1m,55 à 1m,65 peut accomplir le maximum de travail avec la ration journalière suivante :

Fig. 506.
Appareil à cuire
à bascule.

Grains	8 à 9 kilogr.
Foin	5 à 6 kilogr.
Paille.	5 à 6 kilogr.

Dans les 5 à 6 kilogrammes de paille se trouve celle qui, passant par le râtelier, doit ensuite fournir la litière. La paille a, d'ailleurs, une bien faible valeur alimentaire.

On appelle *équivalent nutritif* la quantité, en poids, sous laquelle un aliment peut se substituer à un autre. Une connaissance approfondie de la composition intime des substances alimentaires en matières azotées, grasses, hydrocarbonées et minérales a permis d'atteindre une certaine précision, en tenant compte de la digestibilité. En France, la ration classique du cheval est composée d'*avoine*, de *foin* et de *paille;* mais en Espagne et en Afrique les chevaux ne consomment que de l'*orge* et en Amérique, du *maïs;* ce dernier, d'après de nombreuses expériences pratiques, se place en tête des aliments succédanés de l'avoine. La composition de l'orge est presque la même que celle du maïs et de l'avoine.

La *féverole* est un aliment très riche en matières azotées, qui convient à tous les chevaux auxquels on demande un travail pénible. C'est un aliment facile à digérer et susceptible de donner une forte proportion de substance nutritive.

Les différentes enveloppes du blé, résidus de la mouture, s'appellent *remoulage, recoupes* et *sons* proprement dits, qui se divisent en gros sons, sons moyens et petits sons. Plus le son est grossier, plus il convient à l'alimentation des chevaux. Il constitue un aliment rafraîchissant et de valeur alimentaire plus élevée qu'on ne le croit.

Les *tourteaux*, qu'on obtient directement par la compression des graines ou des fruits, peuvent entrer dans la composition de la ration. On peut, sans danger aucun, mélanger les *tourteaux concassés* à l'avoine ou au maïs. Ceux de noix, de lin, sont particulièrement appétés, ainsi que les tourteaux de maïs provenant des amidonneries, les tourteaux de coco et de palmier. Il faut apporter la plus grande attention au mode de fabrication des tourteaux et rejeter ceux qui ont nécessité l'emploi du sulfure de carbone, de l'acide sulfurique, etc.

Les tourteaux, dont le degré d'humidité est un peu élevé, deviennent rapidement acides et, dans ces conditions, ils sont délaissés par les chevaux.

Le *foin* constitue une nourriture très variée et substantielle, plus tonique que l'herbe verte, qui contient beaucoup plus d'eau. Il doit être vieux d'un an, de couleur verte, plutôt foncée que claire. Ses tiges, flexibles et lourdes, ont un goût agréable, une saveur douceâtre et une légère odeur aromatique lorsqu'il est de bonne qualité. Il faut tenir grand compte de sa provenance, de sa composition en espèces de plantes, de la manière dont il a été récolté et conservé, car tout cela influe beaucoup sur sa valeur nutritive et sa digestibilité.

Il faut suivre une progression lente pour mettre les chevaux au vert et commencer par une ration de 4 kilogrammes environ, sans dépasser 20 à 25 kilogrammes. L'herbe doit être fauchée chaque jour et distribuée *fraîche*. Pendant le régime vert, que l'on réserve aux chevaux convalescents ou blessés, on maintiendra au moins le tiers de la ration d'avoine et on veillera à bien abreuver ; quinze jours à un mois de ce régime suffisent. Le cheval au vert devient mou et paresseux; il prend du ventre et sue à la moindre fatigue.

Les *caroubes* fraîches, broyées et mélangées avec de l'orge, du maïs concassés ou de l'avoine, sont mangées avec avidité par tout le bétail.

Les *pailles* ont une très faible valeur alimentaire. On les fait passer par le râtelier pour occuper les animaux pendant leur séjour à l'écurie. Il faut rechercher la paille récemment récoltée, de couleur jaune pâle, dorée, avec une odeur agréable.

Les *carottes* exercent une action rafraîchissante sur l'organisme et possèdent une très grande valeur comme supplément de ration. On les donne crues, lavées et coupées en tranches minces. 1 200 à 1 400 grammes de carottes remplacent 400 grammes de son.

Le *panais* est très estimé des éleveurs bretons. On en donne trois fois plus que du foin. Les *betteraves*, les *topinambours*, la *pomme de terre* cuite sont quelquefois utilisés. Il est bon d'administrer de temps en temps une quinzaine de grammes de sel au gros bétail, dissous et mélangés aux grains ou aux fourrages.

D'après les expériences de M. Crevat, praticien éminent, 100 kilogrammes de *bon foin ordinaire* équivalent à :

36 kilogrammes de tourteau de *lin*.
40 — — *colza*.
30 — — *noix*.
33 — — *sésame*.
28 — — *arachides décortiquées*.
42 — — *arachides non décortiquées*.
87 kilogrammes de *luzerne* sèche.
82 — *regain* sec.
87 — *sainfoin* sec.
91 — *trèfle violet*.
65 kilogrammes de son de *blé*.
62 — — *seigle*.
71 — — *maïs*.
64 — — *orge*.
50 kilogrammes de grains de *blé*.
59 — — *seigle*.
66 — — *orge*.
57 — — *avoine*.
50 — — *maïs*.
67 — — *sarrasin*.
42 — — *fèves*.
46 — — *féveroles*.
176 kilogrammes de paille de *blé*.
200 — — *seigle*.
155 — — *orge*.
160 — — *avoine*.

146 kilogrammes de *balles de blé*.
168   —   *siliques de colza*.
252   —   *drèches* de brasserie.
105   —   *marcs de raisin*.
294   —   *pulpes de betteraves* pressées.
469   —   *pulpes de betteraves* fraîches (turbinées).

241 kilogrammes de *pommes de terre*.
290   —   *topinambours*.
484   —   *betteraves*.
434   —   *carottes*.
485   —   *rutabagas*.
700   —   *raves*.

Les animaux sont friands du *marc de pommes*, qui convient parfaitement aux ruminants, porcs et animaux de basse-cour; toutefois, lorsqu'il est distribué en trop grande abondance, c'est-à-dire en quantité supérieure à 12 ou 14 kilogrammes par tête de gros bétail, il provoque la débilitation. Comme le *marc de raisin* et les *pulpes de betteraves*, il doit être associé à une matière sèche telle que tourteaux, foin, paille hachée, etc., et bien exempt de toute trace d'altération (blanchissement, moisissures).

Les marcs de raisin, après avoir été utilisés pour la fabrication des piquettes (lavage à l'eau), et par conséquent privés ainsi de leur alcool, sont conservés dans des cuves ou bien en silo saupoudrés de sel marin. Il faut avoir soin de les comprimer très fortement afin d'éviter la pénétration de l'air dans la masse, d'où résulterait leur perte.

Les pulpes de betteraves sont utilisées après simple pression, fraîches ou ensilées, ou bien après dessiccation.

Les pulpes aqueuses renferment naturellement beaucoup d'eau : elles constituent un aliment très incomplet, pauvre en matières protéiques et grasses; leur mélange avec des aliments moins aqueux s'impose. On exécute ce mélange, au moment de la mise en silo, avec des matières de faible valeur (silique, paille, balles, résidus végétaux divers, qui deviennent plus digestibles par leur séjour prolongé au contact des pulpes). Un peu avant la distribution, on complète la ration avec une certaine proportion d'aliments secs tels que tourteaux ou grains concassés, farines, sons.

Souvent aussi le mélange des pulpes ne s'opère qu'à l'heure du repas; il est préférable de l'exécuter la veille. On recoupe le tout à la pelle et on laisse fermenter : au besoin on réchauffe avec de l'eau tiède pour activer la fermentation.

Les pulpes desséchées constituent un excellent fourrage très sain. Avant distribution, on les sature d'eau additionnée d'un peu de mélasse ou de sel marin. Pour le cheval, il est bon de ne pas dépasser la quantité de 400 à 500 grammes, soit, en volume, 1 lit. 6 à 2 litres par tête et par repas. On peut donner 4 kil. 5 à 6 kilogrammes à **un** bœuf de poids moyen ; 4 kilogrammes à 5 kilogrammes à une vache laitière ; 25 à 30 grammes au mouton.

Inutile de dire qu'il est toujours recommandable d'ajouter à la pulpe d'autres aliments : avoine, carottes, graine de lin, farines, etc.

Entreprises zootechniques. — Les entreprises qui ont le bétail pour objet reposent : 1° sur les aptitudes personnelles du cultivateur ; 2° sur le milieu dans lequel on opère ; 3° sur la situation économique.

Aptitudes personnelles. — Celui qui connaît uniquement l'élevage et la vente du mouton commettrait une lourde faute en s'occupant de la production du cheval ou de l'industrie laitière sans éducation préalable.

Milieu. — Le *sol*, le *climat* et la *production fourragère* sont les facteurs prépondérants du succès d'une entreprise zootechnique.

Les plaines basses et marécageuses, qui peuvent se prêter à l'exploitation du bœuf et du porc, ne conviennent ni à l'élevage du cheval, ni à celui du mouton et de la chèvre ; tandis que moutons et chevaux réussissent bien sur les plateaux secs.

L'industrie laitière donne de bons résultats dans les régions granitiques, qui ne conviennent point à la spéculation de l'engraissement. Cette dernière trouve de meilleures conditions dans les pays calcaires, volcaniques et d'alluvions.

Les jeunes animaux de montagne introduits dans la plaine se développent très bien, tandis que les animaux de plaine s'implantent médiocrement en montagne.

Le climat se répercute sur la qualité des fourrages ; par conséquent il influe sur les spéculations animales. Les pays tempérés conviennent aux chevaux et aux bœufs, pendant que le Midi, pauvre en prairies, mais pourvu de pacages secs, brûlés par le soleil, n'est généralement propre qu'à l'entretien de l'âne, du mulet, du mouton et de la chèvre. La brebis tond l'herbe fine et rare des Causses, vaste plateau calcaire entre la montagne Noire et les Cévennes, où le cheval et le bœuf ne pourraient prospérer.

En somme, le climat n'oppose aux spéculations animales que les difficultés qui résultent de l'affouragement. Ces difficultés peuvent être largement réduites et même supprimées par des *améliorations foncières ;* la bonne *distribution des eaux* exerce, sans contredit, la plus heureuse influence sur la production fourragère. Le *chaulage* appliqué aux sols dépourvus de calcaire, notamment dans la Sarthe et la Mayenne, a transformé le bétail d'une façon remarquable.

Situation économique. — Le cultivateur ne produit des grains, du vin, de la viande, etc., que pour vendre et *réaliser de l'argent ;* par suite, en admettant que le milieu agricole permette de se livrer à une entreprise zootechnique déterminée, il faut encore que cette entreprise soit assurée de trouver des *débouchés.* Ainsi, par exemple, l'expédition du lait en nature, facilement réalisable dans le voisinage d'une gare et à proximité d'un grand centre, est remplacée dans les régions isolées par la transformation du lait en fromage et en beurre.

Renouvellement du capital-bétail. — Les *machines* et *instruments divers* dont se sert l'agriculture n'augmentent pas de valeur ; elles s'usent à partir du jour où elles commencent à fonctionner, et, pour ce motif, on porte chaque année à leur compte, lors de l'inventaire, une somme, dite *prime d'amortissement*, qui est destinée à en représenter le *prix d'achat* au bout d'un certain nombre d'années.

Il n'en est pas de même avec la machine animale ou bétail. Pendant la période de jeunesse, la valeur du bétail *s'élève*, mais cette période est relativement courte ; une autre lui succède pendant laquelle la valeur reste *stationnaire ;* ensuite arrive la vieillesse, qui entraîne la *baisse* de la valeur.

De ces faits découle un principe économique qui s'impose aux entreprises sur le bétail. L'agriculteur qui veut mettre à profit l'accroissement de la valeur ne doit jamais conserver d'animaux au delà de l'âge où ils atteignent le maximum de *plus-value*.

Il faut acheter une bête de trait pendant sa période de croissance, pour la vendre quand elle arrive au terme de son développement, après l'avoir fait travailler. Dans ces conditions, la force nécessaire aux travaux de culture est fournie pour ainsi dire gratuitement pendant cette période.

Le cheval, le mulet, l'âne et le bœuf croissent jusqu'à *5 ans* et conservent leur valeur maxima jusqu'à 7 *ans*.

Le mouton croît jusqu'à *4 ans* et conserve sa valeur maxima jusqu'à *6 ans*.

La chèvre croît jusqu'à *3 ans* et conserve sa valeur maxima jusqu'à *4 ans*.

Le porc croît jusqu'à *2 ans* et conserve sa valeur maxima jusqu'à *3 ans*.

Le lapin croît jusqu'à *1 an* et conserve sa valeur maxima jusqu'à *2 ans 1/2*.

Le coq croît jusqu'à *1 an* et conserve sa valeur maxima jusqu'à *2 ans 1/2*.

Choix des reproducteurs. — Les *reproducteurs* transmettent leurs formes et leurs qualités, ainsi que celles de leur *race*, à leurs descendants. Cette loi de l'hérédité oblige l'éleveur à les choisir avec le plus grand soin. Il les examinera quant à leur type, à leur âge, à leur conformation générale, à leurs particularités économiques, et recherchera les sujets représentant le plus fidèlement les caractères à fixer.

Pour l'*espèce chevaline,* sauf les cas exceptionnels, ce n'est guère que vers le dix-huitième mois que le poulain et la pouliche deviennent aptes à la reproduction.

Dans l'*espèce bovine*, on remarque de grandes variations qui tiennent à la race. Règle générale, le taurillon et la génisse peuvent se reproduire vers douze à treize mois.

Le jeune *bélier* et l'*agnelle* se reproduisent vers dix mois à un an. Le *verrat* et la *truie* sont aptes à se reproduire du sixième au septième mois ; le *lapin* et la *lapine*, vers le cinquième mois ; le *chien* et la *chienne*, du dixième au onzième mois.

La fécondation hâtive ne présente aucun inconvénient, surtout pour les espèces bovine, ovine et porcine, moyennant une nourriture convenable et riche.

Dans le groupe des *oiseaux de basse-cour*, la faculté reproductrice apparaît habituellement chez :

La *paonne* à 2 ans et chez le *paon* de 30 à 35 mois.

La *faisane* à 2 ans comme le *faisan*.

La *dinde* vers 11 à 12 mois et au même âge chez le *dindon*.

La *pintade* vers 11 à 12 mois et au même âge chez la *pintade mâle*.

L'*oie* vers 11 à 12 mois et au même âge chez le *jars*.

La *cane* vers 10 mois et au même âge chez le *canard*.

La *poule* vers 7 mois et au même âge chez le *coq*.

La *pigeonne* à 5 mois et au même âge chez le *pigeon*.

Le Cheval.

La France possède plusieurs types de chevaux très remarquables et peu de pays sont aussi heureusement dotés qu'elle sous ce rap-

Fig. 507. — Cheval boulonnais.

port. Comme cheval de gros trait, le *type boulonnais* (*fig.* 507), à la musculature très puissante, est hors de pair. Le *cheval perche-*

ron (*fig.* 508), vigoureux, robuste, d'allure vive, fournit d'excellents sujets de trait léger. Le *cheval breton*, moins élégant, est plus rus-

Fig. 508. — Cheval percheron.

tique. Le *cheval normand* (*fig.* 509), véritable cheval de course renforcé et pratique. Le *type tarbais* (*fig.* 510), très endurant et d'une remarquable élégance, fait un bon cheval de cavalerie légère. Le *cheval*

Fig. 509. — Cheval anglo-normand.

arabe (*fig.* 511) et le *cheval barbe* de l'Algérie ont la physionomie douce et fière, la plus noble que le type cheval puisse présenter. Ils constituent les meilleurs chevaux de selle et de guerre par leur énergie et leur endurance.

La race anglaise, dite *race de pur sang* (*fig.* 512, résulte de croisements suivis entre une race britannique locale et le cheval arabe et barbe.

Sans doute, lorsqu'on examine un cheval, il faut tenir compte de

Fig. 510. — Cheval de Tarbes.

la beauté de ses formes et de la pureté de ses lignes, mais le cultivateur qui apprécie le cheval comme un simple *moteur animé* doit considérer avant tout le fonctionnement et la solidité des organes.

Fig. 511. — Cheval arabe.

Examen du cheval. — Au premier rang des qualités absolues se place la bonne conformation des *sabots* ou des *pieds* (*fig.* 513). S'ils sont mal faits ou constitués par une enveloppe cornée (sabot) de mauvaise qualité, cela suffit pour rendre le cheval impropre au service.

Dans un pied bien conformé, le sabot, qui se compose de trois pièces, la *paroi*, la *sole* et la *fourchette*, est plutôt grand que petit.

Fig. 512. — Cheval anglais.

La *paroi* (*fig.* 513) ou muraille est lisse et luisante, d'aspect fibreux ; son inclinaison en *pince*, à la partie médiane ou antérieure, se rapproche autant que possible de 45 degrés. La *sole* (*fig.* 514), située à la partie inférieure du sabot, où elle constitue une plaque cornée remplissant le rôle de voûte et plus ou moins éloignée du sol, suivant la conformation générale du sabot. La *fourchette* (*fig.* 515), qui offre

Fig. 513. — Pied de cheval bien conformé. (Paroi.)

Fig. 514. — Sole.
Partie inférieure du sabot du cheval.

Fig. 515.
Fourchette.
Coin de corne logé entre les deux portions rentrantes de la paroi.

l'aspect d'un coin de corne placé horizontalement à la face inférieure du pied, dans l'espace triangulaire que circonscrivent les deux portions rentrantes de la paroi, doit offrir un volume assez considérable et s'élargir à sa partie postérieure. Elle se trouve à quelque distance du sol lorsque le pied est posé à terre, et la fente qui la sépare en deux ne se prolonge pas entre les deux talons.

En faisant lever les pieds, on s'assure d'abord si l'animal est docile et on voit ensuite s'il n'existe aucune lésion à la paroi (seimes, cercles), à la sole (contusions, bleimes), à la fourchette (encastelure, crapaud, fic ou poireau, etc.).

La *corne* blanche est ordinairement peu solide; la corne noire ou grise, de consistance moyenne, présente plus d'avantages pour résister à l'usure et supporter la ferrure.

Les pieds de devant sont plus évasés, ils ont les talons plus bas, la fourchette plus volumineuse, la sole moins concave que les pieds postérieurs, dont l'inclinaison de la paroi se rapproche de la verticale.

Chez l'âne et le mulet, le sabot, toujours plus étroit que celui du cheval, possède une paroi plus haute et plus épaisse, une sole plus concave, une fourchette plus petite et profondément enfoncée au fond de l'excavation formée par la sole; la corne est beaucoup plus dure et résistante.

Après l'examen des sabots vient celui de la *couronne* et des régions situées au-dessus : *paturon, boulet, canon*.

La *couronne* ou bordure surmonte le bord supérieur du sabot, qu'elle déborde très peu en le recouvrant de ses poils régulièrement rabattus. Observer si elle ne présente pas de *formes*, sortes de tumeurs qui occasionnent la boiterie. La partie antérieure de la couronne peut être ulcérée (*crapaudine*).

Le *paturon* doit présenter une certaine force et avoir une direction entre la ligne verticale et la ligne horizontale. Le paturon court se rapproche généralement de la verticale, tandis que le paturon long s'en écarte. Pour un service fatiguant, et surtout pour le trait, il est préférable que le paturon soit court. Vérifier si le pli du paturon est sain, exempt de crevasses, javarts, etc.

Le *boulet*, qui tire son nom de sa forme renflée, est constitué par une articulation; c'est à partir de cette région que le poids du corps cesse de tendre verticalement vers le sol et se trouve reporté en avant par l'obliquité du paturon. Une plaie ou l'usure du poil à la face interne du boulet indique que le cheval se coupe en marchant. Vérifier si ce n'est pas défaut d'aplomb (bouleture) ou de ferrure.

Le *canon*, entre le boulet et le genou ou membre antérieur, entre le boulet et le jarret ou membre postérieur, doit avoir une épaisseur en rapport avec la corpulence de l'animal. On rencontre quelquefois sur le canon des *suros*, sortes de tumeurs dures, d'autant plus dangereuses pour les glissements des tendons qu'elles se rapprochent davantage du genou ou du boulet (molettes).

Après avoir constaté la solide construction du *genou* et du *jarret* et passé la main avec soin sur toute l'étendue des cordes tendineuses, on doit rechercher une forte musculature de l'avant-bras et de la jambe. De robustes articulations inférieures accompagnent ordinairement de fortes articulations supérieures.

Examiner si l'*aplomb* du cheval est régulier, c'est-à-dire s'il assure un équilibre parfait dans la masse de son corps, qu'il soit en repos ou en mouvement. L'épreuve des *allures* termine l'étude du mécanisme moteur.

On s'occupe ensuite des appareils d'alimentation en commençant par juger l'état de la *dentition* au double point de vue de l'intégrité des organes de la mastication et de l'âge auquel le sujet est arrivé. L'usure du bord antérieur des incisives indique un cheval *tiqueur*. Le *tic* s'accompagne de déglutition et de régurgitation d'air. C'est un vice rédhibitoire.

Après avoir vérifié le *chanfrein*, qui a pour base les os du nez (altérations accidentelles, contusions, etc.) et l'état de la muqueuse nasale (morve), on passe à l'*examen des yeux* afin de s'assurer si la vision est intacte, si la cornée n'a point de taies, si les pupilles se dilatent et se contractent selon que l'intensité de la lumière diminue ou augmente.

L'*auge*, cavité circonscrite par les *ganaches* ou branches de l'os de la mâchoire inférieure, doit être large et bien évidée, car elle accuse alors une bonne capacité du larynx rendant la respiration facile. Dans l'état de santé, les ganglions lymphatiques situés dans l'auge sont petits, roulants et insensibles.

On explore la *trachée* en serrant ses premiers cerceaux (cou près du larynx) entre le pouce et les autres doigts jusqu'à ce qu'on ait provoqué la toux. Une toux forte et sonore, difficile à provoquer, est un bon indice sur l'état de la *poitrine;* faible, quinteuse et facile, elle est au contraire mauvais signe.

La largeur du *poitrail*, placé entre les deux angles des épaules, est en raison directe de la largeur de la poitrine et de l'arqûre des premières côtes au niveau de ce qu'on nomme *le passage des sangles.* Une forte capacité thoracique permet un bon fonctionnement des poumons et du cœur. L'activité circulatoire, véhicule d'énergie, est en rapport avec l'ampleur de ces organes.

L'examen de l'*abdomen* — qui renferme l'estomac, l'intestin et les organes annexes : foie, pancréas, rate — conduit à observer les mouvements respiratoires du *flanc* pour y constater, le cas échéant, les irrégularités provoquées par les troubles respiratoires, notamment par la pousse (*emphysème pulmonaire*), dont le *soubresaut* est caractéristique. Lorsque l'animal respire régulièrement, le flanc s'élève et s'abaisse alternativement, sans aucune interruption. On étudie d'abord le flanc dans l'état de repos, puis à l'allure accélérée du trot et du galop qui met en évidence un bruit particulier produit par la colonne d'air qui traverse les voies respiratoires. On appelle *gros haleine* le cheval chez lequel ce bruit est encore peu intense, et *corneur* celui qui produit un sifflement plus ou moins rauque.

Enfin, il y a lieu d'examiner la vivacité du regard et les mouvements des oreilles, qui fournissent des indications utiles sur l'excitabilité du système nerveux et le caractère du sujet. On tâche de reconnaître si les corps environnants (arbres, flaques d'eau, etc.) ne l'effrayent point, s'il n'est pas ombrageux soit en avançant, soit en reculant.

On soulève la queue pour s'assurer de l'état des parties qu'elle recouvre et reconnaître le degré d'énergie de l'animal. Un cheval mou se laisse soulever la queue sans résistance.

Signes fournis par les dents pour la connaissance de l'âge. — Les *dents* sont les agents passifs de la mastication. Parmi les dents, les unes, placées tout à fait en avant, à la partie moyenne des arcades dentaires, portent le nom d'*incisives* (*fig.* 516); les autres, situées en arrière des précédentes, et toujours au nombre de deux à chaque mâchoire, s'appellent *canines, crochets* ou *dents lanières*. On donne enfin le nom de *molaires* à celles qui occupent, dans le fond de la bouche, les parties latérales et les extrémités des arcades dentaires.

Les dents *incisives*, disposées en segments de cercle à l'extrémité antérieure de la mâchoire, sont ainsi appelées parce qu'elles servent à l'incision des aliments (de *incidere*, couper). On distingue les *pinces*, les *mitoyennes* et les *coins* : les *pinces* sont les deux dents du milieu, les *mitoyennes* touchent celles-ci en dehors ; les *coins* occupent les extrémités de l'arcade incisive ; ils terminent le demi-cercle.

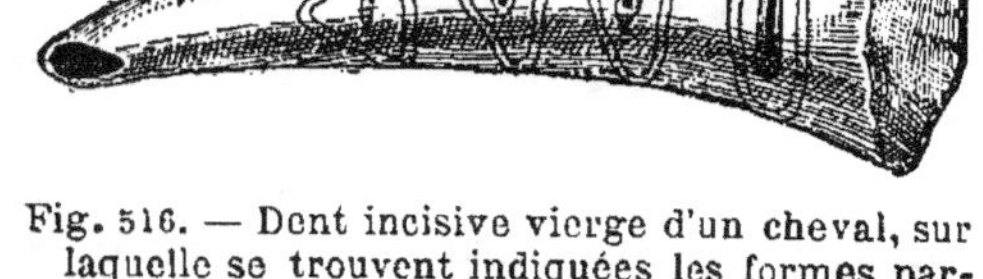

Fig. 516. — Dent incisive vierge d'un cheval, sur laquelle se trouvent indiquées les formes particulières que prend successivement la table dentaire par suite de l'usure et de la pousse continuelle de la dent.

Chez les *solipèdes* — c'est-à-dire chez les animaux dont le pied est conformé de la même façon que celui du cheval pris comme type de ce groupe de l'ordre des périssodactyles (du grec *perissos*, impair ; *daktulos*, doigt) — les *crochets* n'existent que dans le mâle. Ceux que la jument porte exceptionnellement sont rarement aussi forts que ceux du cheval.

Ces dents, au nombre de quatre, se trouvent placées un peu en arrière de l'arcade incisive sur chacune des mâchoires. Elles laissent entre elles et la première molaire un espace libre qui prend le nom de *barre* à la mâchoire inférieure.

Les *molaires* sont au nombre de vingt-quatre, six de chaque côté de chacune des mâchoires. Quelquefois il existe jusqu'à quatre molaires supplémentaires en avant des vraies molaires ; elles tombent le plus souvent avec la première molaire caduque pour ne plus être remplacées.

La *première dentition* des solipèdes comprend les incisives et les trois avant-molaires seulement, les crochets et les incisives étant persistants. L'adulte possède de trente-six à quarante dents, ainsi réparties sur chaque mâchoire: chez le mâle, six incisives, deux crochets, douze molaires.

Les dents de l'adulte offrent dans leur développement une particularité remarquable; elles poussent pendant toute la vie de l'animal, chassées qu'elles sont des alvéoles pour remplacer la partie usée par

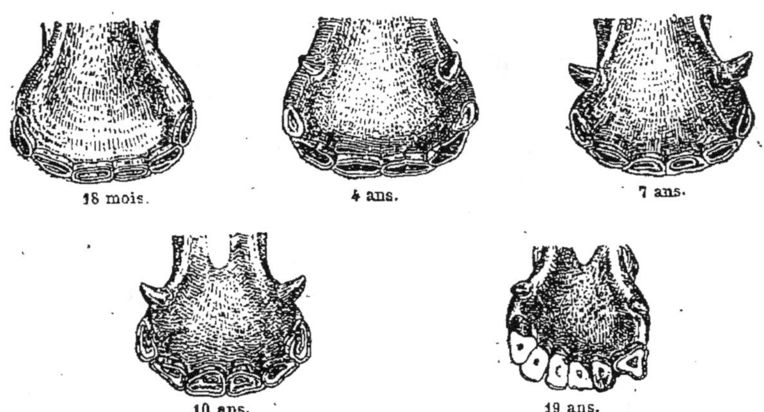

Fig. 517 à 521. — Age du cheval indiqué par les dents.

le frottement, en sorte que la couronne est successivement formée par les diverses parties de la racine qui sortent progressivement de la cavité alvéolaire. Ce phénomène détermine une série de conformations intermédiaires qu'on a utilisées comme caractères pour la connaissance de l'âge (*fig.* 517 à 521).

Le poulain naît presque toujours, en avril ou en mai, sans aucune incisive; mais les pinces ne tardent pas à se montrer. Les mitoyennes apparaissent du trentième au quarantième jour. L'éruption des coins est plus tardive; elle a lieu ordinairement du sixième au dixième mois. D'ailleurs, pendant cette période d'extrême jeunesse, les formes et la taille du poulain permettent d'apprécier son âge sans erreur grave.

L'examen porte principalement sur les dents de l'arcade inférieure.

Au moment de sa sortie, et jusqu'à ce qu'elle ait commencé à s'user par le frottement, chaque incisive, chez le cheval, présente deux bords tranchants, séparés par le *cornet dentaire* dont la profondeur est de 9 millimètres environ. Le bord antérieur est plus élevé que le bord postérieur (*fig.* 522).

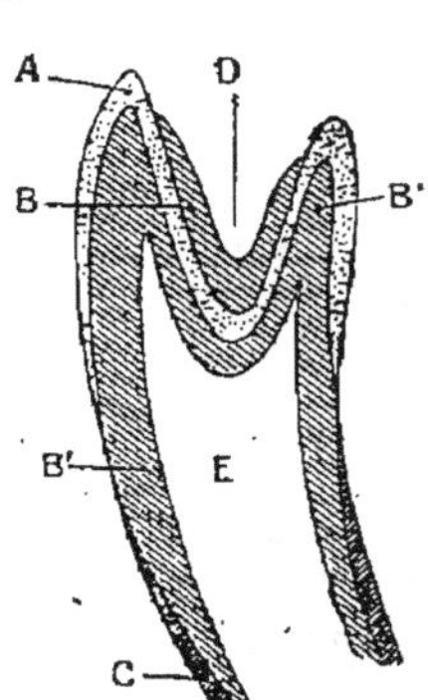

Fig. 522. — Coupe d'une incisive vierge de cheval.

A. Émail déposé sur l'ivoire; — B'. Ivoire; — B. Cément du cornet dentaire; — C. Cément; — D. Cornet dentaire; — E. Pulpe dentaire.

C'est par l'usure de ces bords que se forme la surface de frottement, surface au centre de laquelle persiste pendant un certain temps le cul-de-sac du cornet dentaire extérieur. On a établi que

l'usure normale, qui se produit dans le cours d'une année, détruit à
peu près 3 à 4 millimètres....

Il faut ordinairement une année pour que l'usure de la dent incisive persistante (deuxième dentition) ait abaissé le bord antérieur au
niveau du postérieur encore tranchant. L'*ivoire* est ainsi rendu
visible entre la couche d'émail antérieure et celle qui tapisse le
cornet. En outre, leur cavité intérieure est occupée par la *pulpe* qui
ne grandit pas, de telle sorte que, au fur et à mesure de la sortie de
la dent, un vide se produit vers le sommet de la cavité, et ce vide
est comblé par de l'ivoire de nouvelle formation, d'une teinte plus
jaune, plus claire, que celle de l'ivoire de première formation qui
l'entoure. C'est cet ivoire de remplissage qui
forme sur la table de la dent la marque connue
sous le nom d'*étoile dentaire* qui se montre sur les
incisives d'un cheval âgé de huit ans (*fig.* 523).

La *dent rasée* et le *rasement* de la dent sont des
expressions de la langue technique qui signifient
que leur cornet dentaire a disparu sous l'influence de l'usure. Les pinces sont complètement
rasées à six ans.

Examen pratique de la dentition du cheval. — On
observe d'abord si l'arcade incisive est complète
ou incomplète; si elle est composée de *dents caduques* (première dentition) ou de *dents permanentes*
(deuxième dentition) ou des deux types à la fois.

S'il n'y a que des dents caduques, le sujet est
à coup sûr âgé de moins de deux ans et demi,
puisque c'est à cet âge seulement que les pinces
caduques tombent et sont chassées par les pinces

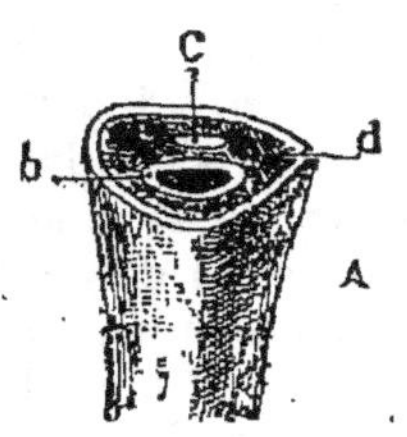

Fig. 523. — Coupe
transversale d'une
incisive rempla-
çante montrant le
rasement des pin-
ces et des mitoyen-
nes vers l'âge de
8 ans.

a. Émail d'encadre-
ment; — b. Émail
central; — c. Étoile
dentaire;—d. Ivoire.

de remplacement ou permanentes. Il sera d'autant plus rapproché
de cet âge que ses dents seront plus usées. Ainsi, par exemple, les
pinces sont rasées de dix mois à un an, suivant l'époque du sevrage.
Les mitoyennes sont rasées de quinze à dix-huit mois, et les coins à
deux ans.

S'il y a des dents permanentes et des dents caduques, les premières seront plus ou moins nombreuses, complètement ou incomplètement sorties.

Les pinces sortantes indiquent trente mois ou deux ans et demi.
A trois ans, elles ont atteint leur longueur normale, sans usure de
leur bord antérieur. Un commencement d'usure de ce bord, lorsque
le bord postérieur reste encore intact, marque trois ans et demi.

Les mitoyennes sortantes apparaissent à trois ans et demi et
deviennent de niveau à quatre ans.

Vers quatre ans (*fig.* 518) les coins caducs sortent. On fixe cet âge
par l'examen des mitoyennes dont le bord antérieur n'est que très
peu usé. Une usure plus accentuée indique quatre ans et demi. Les

coins deviennent de niveau à cinq ans. Chez certains sujets précoces la durée de la période de croissance n'est que de quatre ans au lieu de cinq ; conséquemment les observations précitées ont beaucoup d'importance.

A partir de cinq ans le cheval a atteint *l'âge adulte*, et ce n'est plus le remplacement des dents, mais leur degré d'usure, qui permet d'apprécier l'âge.

Comme nous l'avons déjà dit, les pinces sont rasées à six ans. Les tables des mitoyennes et des coins montrent une série d'ellipses formées par l'émail d'encadrement, l'émail du cornet et le cément intérieur à celui-ci.

A sept ans (*fig.* 519), les mitoyennes sont complètement rasées. Le cornet dentaire tend à s'effacer dans les coins. En outre, comme les coins de la mâchoire supérieure sont un peu plus larges que ceux de la mâchoire inférieure, l'usure y laisse une échancrure, saillie ou crochet, à leur bord externe ; cette échancrure commence à se produire à sept ans.

A huit ans, les coins sont, à leur tour, complètement rasés ; il n'existe plus aucune cavité apparente sur les incisives. L'émail central surgit seul et il est plus rapproché du bord postérieur de la dent. Entre le bord antérieur et l'émail des pinces se montre alors une bande jaune, allongée, qui n'est autre chose que l'ivoire de remplissage placé au fond du cul-de-sac interne de la dent. Si cette bande ou étoile dentaire existe sur les mitoyennes, l'animal est âgé de neuf ans ; lorsqu'elle existe sur les coins, il atteint sa dixième année.

A dix ou onze ans (*fig.* 520), l'émail du fond du cornet dentaire ne figure plus sur les pinces, tandis qu'il n'a pas encore disparu dans les mitoyennes, dont il approche le bord postérieur. Il s'efface sur les mitoyennes de onze à douze ans, et sur les coins entre douze et treize ans.

Vers l'âge de treize ou quatorze ans, le cercle plus ou moins régulier des pinces se transforme en triangle équilatéral sous l'influence de l'usure. Le sommet de ce triangle est dirigé vers l'intérieur de la bouche.

Quand les mitoyennes subissent la même déformation elles marquent l'âge de quatorze ou de quinze ans. Enfin lorsque les coins à leur tour prennent la forme triangulaire cela indique quinze ou seize ans. A ce moment le triangle équilatéral devient triangle isocèle sur les pinces, qui se rétrécissent dans la largeur. Cette figure marque seize ou dix-sept ans.

A dix-huit ans, les mitoyennes prennent le même aspect tandis que le bord antérieur des pinces se rétrécit davantage.

A dix-neuf ans (*fig.* 521) les coins affectent à leur tour la forme de triangle isocèle pendant que le rétrécissement des pinces et des mitoyennes se poursuit.

A partir de vingt ans, toutes les incisives ont à peu près la même forme, et les crochets s'émoussent et s'arrondissent de plus en plus.

Nous avons décrit méthodiquement les principaux caractères qu'offrent les incisives aux diverses époques de la vie du cheval, en vue de la détermination de l'âge; mais il convient d'ajouter que l'appréciation devient assez difficile, même pour les personnes exercées, après la huitième année. Les circonstances particulières qui peuvent influencer la marche de l'usure font alors sentir plus fortement leurs effets, nous citerons : la plus ou moins grande profondeur du cornet dentaire (faux bégus), entraînant la persistance de la cheville émailleuse qui lui fait suite; l'épaisseur de l'ivoire interne, du cément du cornet, etc., qui contribuent à rendre l'usure plus rapide ou plus lente. L'inclinaison des dents est aussi un facteur important. Les chevaux chez lesquels la cavité persiste dans les dents incisives à l'époque où la mâchoire devrait avoir rasé sont dits *bégus*. La nature des aliments est aussi un élément d'usure à considérer. Sous l'influence d'un régime alimentaire intensif le remplacement des incisives s'effectue dans un laps de temps plus court.

Le mulet et l'âne présentent beaucoup plus d'irrégularités que le cheval dans les divers changements de forme de leurs incisives. Passé l'époque de six à sept ans, l'âge devient difficile à apprécier chez ces animaux.

Écuries. — Trop souvent les *écuries* sont reléguées dans des locaux fort mal appropriés, c'est-à-dire trop petits, sombres et mal aérés. Pour que les animaux soient convenablement logés, il faut disposer l'écurie de façon à les mettre à l'abri de la chaleur et du froid.

Une bonne écurie est exempte de courants d'air et suffisamment éclairée, mais sans excès de lumière et encore moins de soleil, qui attire les mouches.

Dans les pays chauds, il est préférable d'orienter la façade principale vers le nord; on choisira l'exposition sud dans les pays froids. L'orientation vers l'est ou l'ouest convient aux pays tempérés, à moins que des circonstances locales ou certains vents désagréables ne s'y opposent.

L'emplacement sera choisi sur un terrain ferme, sec, imperméable et, autant que possible, plus élevé que les terrains environnants. Autant que faire se pourra, les différentes espèces animales seront séparées. Les vaches laitières sont les bêtes qui s'accommodent le mieux avec les chevaux.

Les *selleries* et les *magasins à fourrages* doivent être à l'abri des émanations ou vapeurs de l'écurie, car elles détériorent les harnais et altèrent les fourrages. Dans le cas où l'on se trouve dans l'obligation absolue de placer les greniers au-dessus des écuries, il est indispensable que les planchers, soigneusement faits, ne présentent aucune fente susceptible de laisser tomber des poussières sur les animaux.

Le sol doit être assez résistant et imperméable pour ne pas se laisser pénétrer par le purin. Le pavage en grès est recommandable. Chaque pavé, d'une quinzaine de centimètres de côté sur 8 à 10 d'épaisseur, est posé sur une forme de sable de 15 à 20 centimètres d'épaisseur et jointoyé avec du ciment.

Une légère inclinaison du sol facilitera l'écoulement des liquides, mais il ne faut pas trop l'accentuer. On peut admettre comme maximum une différence de 15 centimètres entre le devant de la

Fig. 524. — Fenêtre d'écurie
vue de l'intérieur.

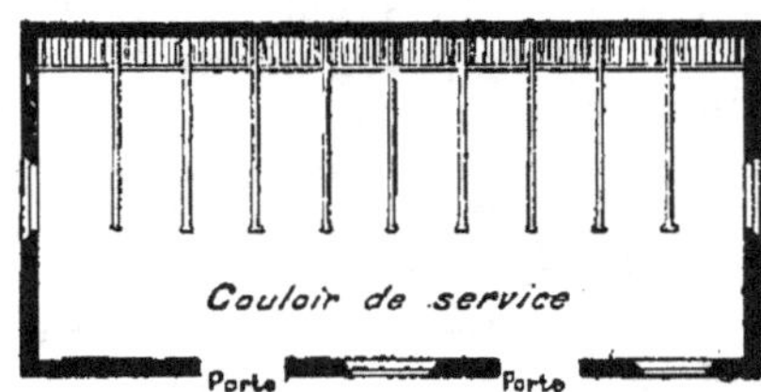

Fig. 525. — Plan d'une écurie simple
à un seul rang.

mangeoire et le ruisseau. L'épaisseur de la litière, sous les pieds d'arrière, corrige un peu ce que cette pente a d'exagéré. Il est bon de veiller à ce que le poids du corps soit réparti uniformément sur les quatre membres.

Pour les écuries ordinaires, les portes, à montants arrondis, doivent avoir 1ᵐ,30 à 1ᵐ,50 de largeur. Elles seront fermées par deux battants, l'un d'eux plus large afin de faciliter le service.

Les *fenêtres* (*fig.* 524) doivent être fixées inférieurement aux châssis par deux charnières, de manière à ce que l'air froid pénètre par le haut lorsqu'on les entr'ouvre. Elles sont disposées de telle sorte que les animaux ne souffrent point des courants d'air. Si la lumière est trop vive, on blanchit les carreaux ou on les protège par des paillassons, des volets à jour.

L'atmosphère des écuries est viciée non seulement par l'acide carbonique que dégagent les animaux, mais encore par le carbonate d'ammoniaque qui provient de la décomposition des urines ; il importe donc de renouveler l'air.

Une température trop basse ou trop élevée est préjudiciable aux animaux. La température de 15 à 20 degrés centigrades leur convient parfaitement.

Le cheval doit pouvoir se coucher avec les membres étendus ou à peu près : il faut par conséquent lui accorder un courant de mangeoire de 1^m,40 à 1^m,70 suivant sa taille.

Les écuries simples (*fig.* 525) auront 6 mètres à 6^m,50 de largeur, soit 4 mètres à 4^m,50 à partir du mur où est attaché l'animal jusqu'au couloir qui se trouve derrière lui. Ce dernier mesure 1^m,60 à 2 mètres. Pour les écuries doubles (*fig.* 526), les chevaux étant opposés par la croupe, il faudra donc 10 à 11 mètres de largeur.

Dans les campagnes, on fait généralement les mangeoires avec fond et devant en planches de bois dur posées sur des racineaux en bois. Les mangeoires en fonte avec coins arrondis à l'intérieur sont assurément préférables.

Les *râteliers* doivent avoir, autant que possible, des traverses en chêne dans lesquelles s'assemblent des barres de cornouiller ou d'acacia de 3 centimètres de diamètre, espacées de 10 à 15 centimètres d'axe à axe. Ils sont fixés contre

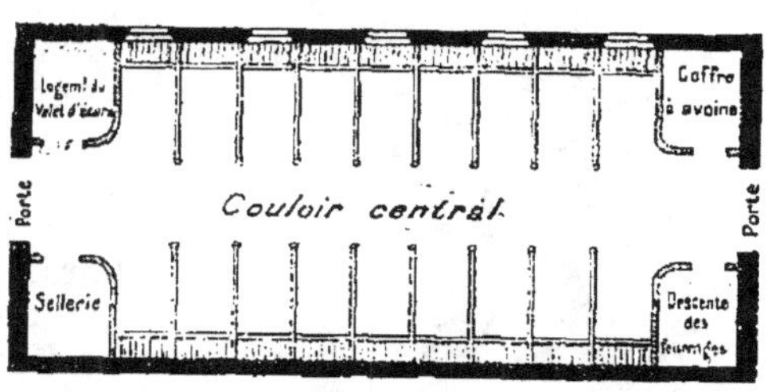

Fig. 526. — Plan d'une écurie double avec couloir au milieu.

le mur par des pattes à scellement. La traverse haute est à 2^m,10 ou 2^m,20 du sol et la traverse basse à 1^m,40. On construit aujourd'hui des râteliers en fer d'un entretien facile et d'une durée indéfinie.

Pour éviter les accidents, les animaux sont séparés par des stalles mobiles appelées *bat-flancs*.

Le bat-flanc (*fig.* 527) le plus simple se compose d'une planche assez épaisse fixée à la mangeoire au moyen d'un double crochet en forme d'S et attachée en arrière par un nœud coulant à une corde ou à une chaîne qui pend du plafond. La hauteur moyenne adoptée pour le bat-flanc est de 50 centimètres.

Le meilleur mode d'attache est constitué par la *glissoire-attache* (*fig.* 528). Le cheval est retenu par une chaîne munie à son extrémité libre d'un anneau qui glisse dans une tringle verticale scellée dans le contre-

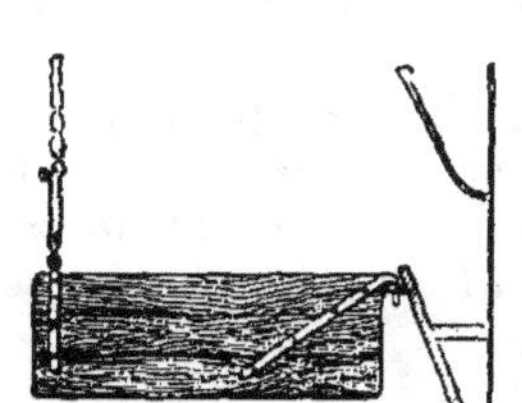
Fig. 527. — Bat-flancs.

mur à 20 centimètres environ au-dessus du sol et fixée à la mangeoire par l'autre bout à l'aide d'un patin boulonné.

La *litière* doit être parfaitement unie et faite chaque jour. La corvée de litière se pratique au moins tous les huit jours.

Le cheval sera *pansé* au moins une fois par jour, en dehors du *nettoyage* qu'on lui fait subir lorsqu'il rentre du travail.

Pour ces opérations, on emploie la *brosse*, l'*étrille* et le *bouchon*, qui est une sorte de torchon de paille ou de foin.

Dès la rentrée du travail, la bête est frictionnée avec un bouchon afin de la sécher et d'enlever la poussière ou la boue qui la souille. On s'assure que les pieds sont en bon état, qu'il ne se trouve ni pierre engagée entre le fer et la fourchette, ni clou, ni éclat de verre, etc.

Toutes les fois que le temps le permet, le pansage se fait en plein air. L'homme, après avoir attaché le cheval un peu court, *étrille* suc-cessivement la tête, l'encolure, le corps et les membres, en commençant par le côté gauche. Il ne doit jamais passer l'étrille à rebrousse-poil, mais, au contraire, suivre les différentes directions du poil.

Fig. 528. — Glissoire-attache-cheval.

Lorsque le cheval est bien étrillé et brossé, on repasse tout le corps avec un chiffon de laine pour donner du luisant au poil. Puis on brosse les *crins*, c'est-à-dire : le *toupet* — bouquet de crins situé sur la partie saillante de la nuque, entre les deux oreilles, et retombant sur le front, — la *crinière* — qui orne le bord supérieur de l'en-colure depuis le toupet jusque vers le milieu du garrot — et la *queue*, qui, pour être bien attachée, doit partir de la croupe aussi haut que possible. Enfin, on lave les yeux, les narines, la bouche, l'anus, etc., et on essuie les sabots. Les onctions de corps gras sur les sabots, surtout vers la couronne, sont excellentes, principale-ment lorsque la corne est de nature sèche et cassante. Un bon pansage ne peut guère s'effectuer en moins de trente-cinq minutes.

Ces soins de propreté donnés à la peau sont d'une importance extrême sur la santé des animaux.

Distribution des aliments. — Les animaux sont très sensibles à la nature de l'eau qui leur sert de boisson. L'eau mauvaise pour l'homme ne saurait être bonne pour le bétail.

Dans les conditions ordinaires, on abreuve les chevaux trois fois par jour, le matin, à midi et le soir. Il est d'une bonne hygiène de leur présenter l'eau à la rentrée et à la sortie du travail, mais en les empêchant de trop boire. Un cheval qui a soif refuse de manger.

Il faut habituer le cheval à boire soit à l'auge, soit dans un seau. L'eau ne doit pas être trop froide en hiver, ni trop fraîche en été.

En général, un cheval de taille ordinaire, et du poids de 500 kilogrammes, absorbe 46 litres environ dans les vingt-quatre heures, mais le genre de nourriture, l'état de la température et la nature du travail exercent une grande influence sur la quantité d'eau absorbée.

Il est indispensable de nettoyer les grains que l'on distribue au bétail, afin de supprimer les corps étrangers, les poussières minérales et organiques, qui entraînent souvent des accidents (pelote, obstructions intestinales, etc.). De même, les mangeoires et les râteliers seront débarrassés des débris du repas précédent.

Les aliments qui composent la ration peuvent subir des préparations telles que concassage ou aplatissement des grains (*fig.* 529), hachage des fourrages, cuisson, macération.

Le cheval ne mange pas volontiers les grains réduits à l'état de farine, mais il y a un réel avantage, sous tous les rapports, à les aplatir légèrement, surtout le maïs et l'orge.

La distribution des rations doit être faite avec soin. Le mieux est de donner peu à la fois et souvent, en commençant par les aliments les moins savoureux.

Les travaux de la culture occupent ordinairement la bête pendant une grande partie de la journée, c'est pourquoi il est nécessaire de distribuer les aliments concentrés aux repas du jour et de réserver les fourrages, moins nutritifs et plus longs à absorber, pour les repas de la nuit.

Fig. 529. — Aplatisseur de grains, à bras.
Construction entièrement métallique.

Lorsque le cheval vient d'accomplir un labeur pénible, il faut le laisser reposer un instant avant de lui fournir sa ration.

La distribution est établie d'après l'utilisation des animaux et le temps qu'ils restent à l'écurie. On doit veiller à ce qu'ils ne fassent pas des repas trop abondants, surtout avec des aliments grossiers, avant d'aller au travail.

Tondage ou tonte. — La *tonte* est une opération qui consiste à dépouiller le cheval de la totalité ou d'une partie de son poil, à l'aide de la *tondeuse*. Avec cet instrument, qui se compose de deux lames dentées manœuvrant l'une sur l'autre et tranchant les poils qu'elles rencontrent, tout le monde devient vite capable de tondre convenablement un cheval, etc.

Le moment le plus favorable pour pratiquer la tonte des chevaux est du 15 novembre au 1er janvier.

Il faut éviter de raser les poils très près, non seulement parce qu'on ne laisse plus aucune protection à l'animal, mais encore parce qu'on provoque une inflammation de la peau partout où le harnachement est en contact avec le corps, ce qui entraîne souvent des affections plus ou moins graves, telles que l'herpès, qui rend la bête indisponible.

La tonte est une opération utile, mais non indispensable. Elle est surtout déterminée par le peu de soins qu'on donne aux chevaux.

Si les chevaux ont été habitués à être tondus dès leur jeune âge, s'ils sont soumis à un travail pénible provoquant une abondante transpiration cutanée (*fig.* 530), à la suite duquel on les rentre dans une écurie relativement chaude sans leur donner le moindre soin, il est évident qu'ils se trouvent bien d'être privés, au moins en partie, de leur revêtement pileux (1). Mais si on leur donne un bon pansage, si on les protège contre le refroidissement au moyen d'une couverture lorsqu'ils doivent attendre dehors pendant le service, enfin si on empêche de les tondre pendant les premières années de travail, le tondage peut être éludé facilement.

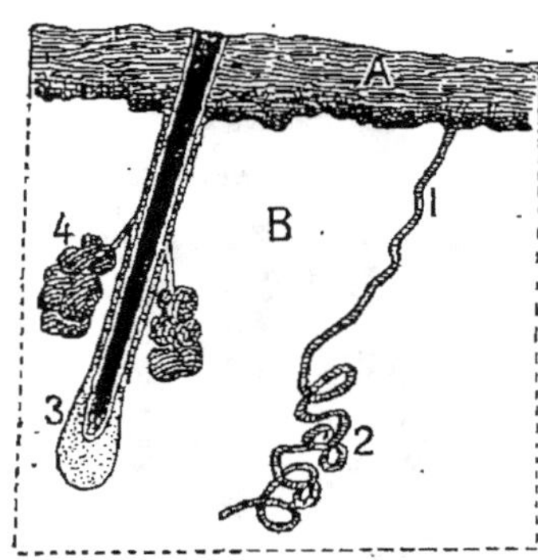

Fig. 530. — Coupe schématique de la peau du cheval.

A. Epiderme; — B. Derme; — 1. Canal excréteur d'une glande sudoripare, environ 0mm,04 de diamètre; — 2. Glomérule d'une glande sudoripare; — 3. Bulbe d'un poil; — 4. Deux glandes sébacées (5 à 7 centièmes de millimètre) accolées au follicule pileux.

Ferrure. — La *ferrure* consiste à fixer sous le pied du cheval une bande métallique ou fer qui s'adapte exactement au bord plantaire de la paroi du sabot, qu'elle protège contre l'usure tout en conservant la régularité des aplombs des membres.

Dans les campagnes, la ferrure est souvent mauvaise à cause de la rareté des bons ouvriers, qui se portent de préférence vers les grands centres où la ferrure de luxe leur donne plus de profit. Les exploitations agricoles feraient œuvre utile en les retenant auprès d'elles par une entente commune et en augmentant le prix de la main-d'œuvre.

Les chevaux employés aux travaux des champs doivent porter une bonne ferrure ordinaire, aussi légère que possible et conservant le sabot en s'opposant à son usure. Un fer lourd gêne la marche. Un cheval dont le pied porte 1 kilogramme soulève 240 kilogrammes par minute avec les quatre membres, ce qui représente 14 400 kilogrammes par heure.

Le maréchal ferrant, après avoir enlevé le vieux fer, ne devrait

____

(1) *Pileux,* du mot latin *pilus,* poil.

rogner que la paroi pour permettre la pose du fer, respectant, autant que possible, toutes les autres parties.

Il ne faut pas laisser le cheval trop longtemps ferré, car cela

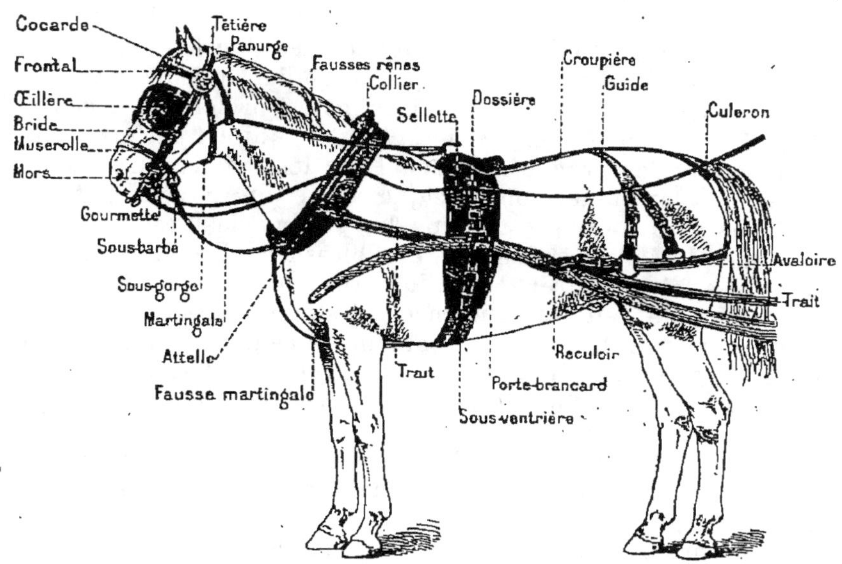

Fig. 531. — Harnachement du cheval : harnais de voiture.

entraîne parfois de graves inconvénients: les aplombs se faussent et les pieds se resserrent (encastelure, bleimes, seimes, etc.).

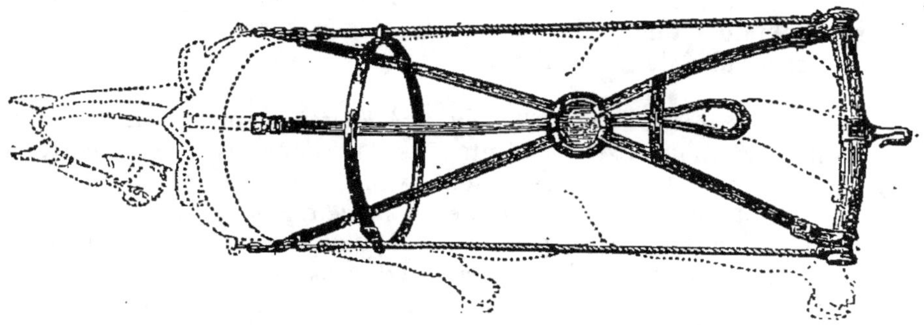

Fig. 532. — Harnais agricole (vu en dessus).

Harnachement. — Le *harnachement* (*fig.* 531, 532) est un ensemble de harnais appropriés à l'emploi des animaux moteurs.

Chaque pièce du harnachement doit être exactement ajustée à la partie du corps sur laquelle on l'applique, de façon à ne pas blesser l'animal. Un harnais mal ajusté détermine des blessures qui mettent en jeu la sensibilité et réduisent ainsi la puissance du moteur en l'obligeant à ménager ses efforts, quand elles ne le rendent pas indisponible ou rétif.

Le *collier* du cheval de ferme doit reposer uniformément sur l'épaule. Suivant l'obliquité de cette dernière, on fixe l'attelle plus ou moins haut, de manière à ce que le collier bascule en arrière et s'ajuste bien. L'emploi du collier coupé est préférable, à cause de la facilité avec laquelle on le met à la bête, qui est parfois d'un abord difficile lors des premiers essais. Pour les matelassures ou renforçures dont les colliers ont quelquefois besoin, le crin doit être préféré à la bourre, car il est moins dur et plus élastique.

Quand le collier occasionne des blessures, il faut le vérifier avec soin et le faire réparer s'il y a lieu. On emploie alors la *bricole*, qui, en dehors de cette circonstance, n'est guère recommandable. En effet, la bricole comprime la poitrine et gêne la respiration en prenant son point d'appui très bas à l'extrémité inférieure de l'épaule. Dans la pratique, elle n'est guère utilisée que lorsqu'il s'agit d'un tirage léger.

Il faut veiller à ce que le harnachement soit confectionné solidement, avec des matériaux de bonne qualité et aussi légers que possible.

Les harnais seront déposés dans un local bien éclairé et bien aéré, à proximité de l'écurie. On graissera ou on huilera fréquemment les pièces en cuir, afin de leur conserver la souplesse. Le dessous de la sellette, l'intérieur du collier, en un mot, toutes les parties qui sont en contact immédiat avec la peau de l'animal s'imprègnent de sueur, de matières grasses et autres. Ces surfaces souillées doivent être raclées et frottées de temps en temps. Il est recommandable d'étamer les pièces en fer des harnachements, afin de les mettre à l'abri de la rouille.

Vices rédhibitoires. — Les *vices rédhibitoires* sont ceux qui entraînent la résiliation de la vente; ils ont pour effet de remettre les choses dans l'état où elles étaient avant le contrat.

Le mot *vices* est ici synonyme de *maladies* ou *défauts* (*fig.* 533). Les maladies ou défauts ci-après sont réputés vices rédhibitoires : Pour le cheval, l'âne et le mulet : l'*immobilité*, l'*emphysème pulmonaire* (pousse), le *cornage chronique*, le *tic* proprement dit avec ou sans usure de dents, les *boiteries intermittentes*, la *fluxion périodique des yeux*.

Pour l'espèce porcine : la *ladrerie*.

Il est à remarquer que les bovidés, les ovidés et les races canines sont exclus de la loi (1884-1895). L'acheteur d'un bœuf, à moins de *dol* de la part du vendeur, n'a qu'à s'en prendre à lui-même s'il est trompé sur la qualité de la marchandise. Il est vrai que l'acheteur a toujours le droit de se garantir par des conventions particulières, car il reste libre, au moyen de stipulations spéciales, d'assigner à n'importe quel vice le caractère rédhibitoire.

« Aucune action en garantie, même en réduction de prix, n'est admise pour les ventes ou les échanges d'animaux domestiques lorsque le prix, en cas de vente, ou la valeur, en cas d'échange, ne

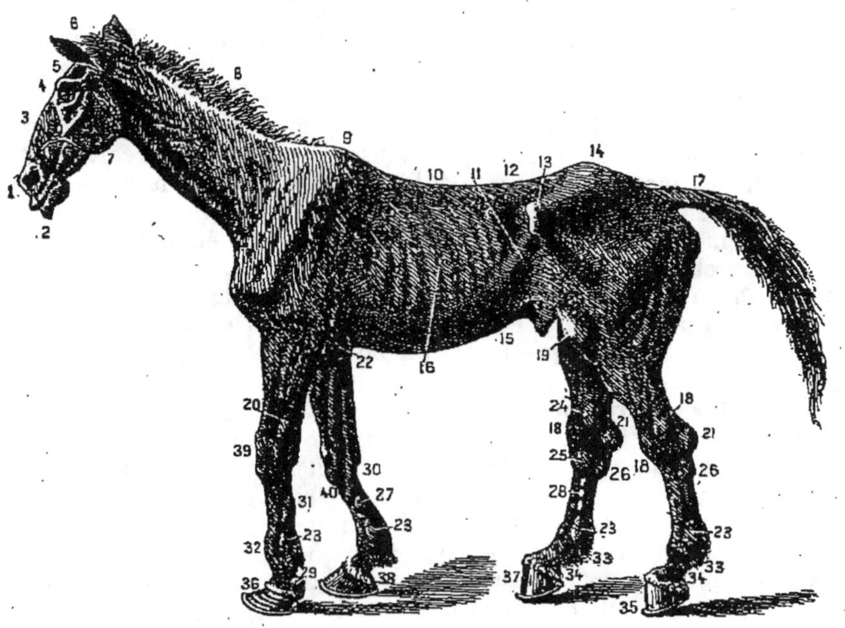

Fig. 533. — Tares extérieures du cheval.

1. Jettage et chancres morveux; — 2. Lèvres pendantes; — 3. Chanfrein busqué; — 4. Cataracte, Amaurose; — 5. Salières creuses; — 6. Oreille de cochon et mal de taupe; — 7. Glandes morveuses; — 8. Gale, rouvieux; — 9. Mal de garrot; — 10. Dos ensellé, cors; — 11. Flanc cordé; — 12. Rein mal attaché; — 13. Hanches cornues; — 14. Croupe avalée; — 15. Ventre levreté; — 16. Côtes plates, cors; — 17. Queue de rat; — 18. Vésigons du jarret; — 19. Vésigons rotuliens; — 20. Vésigon de la gaine carpienne; — 21. Capelet; — 22. Eponge; — 23. Molettes; — 24. Courbe; — 25. Eparvin; — 26. Jarde; — 27. Suros simple; — 28. Suros en chapelet; — 29. Forme; — 30. Tendon failli; — 31. Tendon forcé, nerf-ferrure; — 32. Bouleté; — 33. Boulets plongeants; — 34. Grappes, eaux-aux-jambes; — 35. Pied pinçard; — 36. Pied déformé par la fourbure; — 37. Seime en pince; — 38. Seime en quarte; — 39. Genou couronné; — 40. Osselets, hygroma.

dépasse pas 100 francs », à moins que l'acheteur ne se fasse souscrire un *billet de garantie.*

Le délai pour intenter l'action rédhibitoire est de *neuf jours francs,* non compris le jour fixé pour la livraison, excepté pour la fluxion périodique des yeux, pour laquelle ce délai est de trente jours francs, non compris le jour fixé pour la livraison.

On se met en règle, c'est-à-dire que l'on intente l'action rédhibitoire en présentant la requête, en appelant le vendeur à l'expertise et signifiant la demande.

L'*immobilité* est due à une diminution permanente des fonctions cérébrales du cheval. L'animal est assoupi, il se déplace difficilement, reste dans la position où on le met. L'acte de reculer est impossible ou très pénible.

L'*emphysème pulmonaire* se caractérise par l'irrégularité de la respiration, rendue visible par les mouvements du flanc. L'expiration se fait en deux temps. Des périodes de suffocation et de dyspnée (difficulté de respirer) apparaissent brusquement durant quelques jours.

Le *cornage* désigne un bruit anormal de la respiration déterminé par le rétrécissement des voies respiratoires, et, dans la plupart des cas, par l'atrophie ou la paralysie des muscles du larynx. Le cornage, qui est surtout accusé au temps de l'inspiration, provoque un bruit qui peut présenter toutes les tonalités, depuis le sifflement aigu jusqu'au ronflement grave. La loi sur la surveillance des étalons prohibe l'emploi des chevaux corneurs pour la reproduction.

Les *boiteries intermittentes*, comme leur nom l'indique, sont celles qui n'existent pas toujours. On distingue les boiteries *à chaud* et les boiteries *à froid*, suivant que le cheval boite après le repos ou après le travail.

Dans la *fluxion périodique* ou *ophtalmie périodique*, les symptômes se montrent par accès successifs. Il y a d'abord rougeur et larmoiement, puis apparition d'un dépôt floconneux, blanchâtre, de la chambre antérieure, qui descend vers la partie inférieure en prenant une teinte feuille morte. Ce dépôt se résorbe en partie et laisse un exsudat grisâtre. Au bout d'un temps variable, un nouvel accès survient et les mêmes phénomènes se reproduisent, le dépôt augmente de volume jusqu'à la perte complète de l'un ou des deux yeux.

Le *tic* proprement dit est caractérisé par des contractions spasmodiques des muscles de l'encolure et de la bouche, suivies d'ingurgitations d'air, quelquefois d'éructation, avec bruit particulier. Il peut se faire *à l'appui* ou *en l'air*; ce dernier cas est plus rare. Habituellement l'animal prend un point d'appui avec ses dents, ses lèvres ou le menton sur la mangeoire, le timon ou le brancard de la voiture, la longe, etc. Un des moyens les plus efficaces pour empêcher les chevaux de tiquer est encore le collier ou courroie de cuir modérément serré au niveau de la gorge. Le tic provoque souvent de la météorisation et des troubles dans les fonctions digestives.

Maladies. — Les *maladies* les plus redoutables pour les espèces chevaline et asine sont : la *morve* et le *farcin*, la *dourine*, le *charbon*.

La *morve* est une maladie contagieuse due à un microbe et transmissible à l'homme et à la plupart des animaux domestiques. On distingue la *forme farcineuse*, dont les lésions (boutons, tumeurs, cordes lymphatiques) siègent à la peau ou dans le tissu sous-cutané, et la *forme morveuse*, dont les lésions sont principalement localisées dans les voies respiratoires (jetage, glandage, chancres). Il existe des *formes larvées*, sans jetage, difficiles à déterminer. Les injections de *malléine* peuvent rendre de grands services pour le diagnostic des cas douteux.

La loi française prescrit l'abatage des chevaux malades. Il faut, en outre, désinfecter très minutieusement les locaux, abreuvoirs, mangeoires, etc., au moyen de lavages avec la solution chaude de chlorure de chaux à 1 pour 100. Recouvrir les murs d'une épaisse couche de chaux. Laver ou remplacer les harnais. Flamber les objets en fer tels que chaînes d'attache, étrilles, etc.

La *dourine* est une maladie contagieuse des organes génitaux, souvent mortelle, plus fréquente en Algérie et dans les pays chauds qu'en France, et se communiquant au moment de la saillie. Au début, on voit apparaître des vésicules sur les muqueuses des organes génitaux mâles ou femelles. Plus tard, l'appétit diminue, l'animal a beaucoup de mal à se déplacer et meurt paralysé.

Les lois et règlements de la police sanitaire exigent déclaration, séquestration des sujets atteints de dourine et interdiction de vente ou de saillie.

Le *charbon* (fièvre charbonneuse, sang de rate) attaque le cheval, quoique moins souvent que le mouton, la chèvre et le bœuf. Cette maladie microbienne se traduit d'abord par un abattement avec coliques légères, puis des tremblements, fièvre notable, battements de cœur tumultueux, coloration foncée des muqueuses, diarrhée sanguinolente. La mort survient souvent en moins d'une quinzaine d'heures.

Eviter la contagion en incinérant le cadavre ou en le dissolvant dans l'acide sulfurique (voir page 88). La vaccination préventive avec le vaccin anticharbonneux de Pasteur donne des résultats parfaits.

Clou de rue. — Tous les corps durs ou tranchants disséminés sur les voies que parcourt le cheval peuvent déterminer des blessures de la région plantaire; c'est ce qu'on appelle le *clou de rue*. On doit opérer aussitôt la désinfection de la blessure avec une solution au bichlorure (1/1000) ou au permanganate de potasse (1/100); ensuite, on applique un pansement iodoformé ouaté ou bien on fait l'emmaillotement au moyen de compresses humides antiseptiques.

Placer le blessé sur une litière très propre, car prévenir la souillure de la blessure et en réaliser la désinfection absolue constituent la base essentielle du traitement.

Le microbe qui engendre le *tétanos*, pénètre dans l'organisme par les plaies. L'injection sous la peau de 10 centimètres cubes de sérum antitétanique, préparé par l'institut Pasteur prévient cette maladie qui peut s'observer sur tous les animaux et sur l'homme.

Dressage des équidés de trait. — La douceur et la patience sont des qualités essentielles pour le *dressage*, car les grands éclats de

voix, les claquements de fouet effrayent l'animal. On commence par
l'habituer au contact et au poids des harnais, puis on l'attelle à un
petit chariot léger. Lorsqu'il est possible de le placer entre deux
chevaux dressés qui le maintiennent en ligne, l'éducation s'accomplit sans difficultés.

Les premiers exercices doivent être courts et faciles, mais peu à
peu on augmente le tirage et on fait circuler sur les routes fréquen-
tées, afin d'habituer le jeune sujet au bruit et à la rencontre d'autres
attelages.

Le Mulet. Le Bardot. L'Ane.

Le *mulet* (*fig.* 534) est le produit de l'accouplement de l'âne avec
la jument ; c'est donc un *hybride*, c'est-à-dire un demi-sang frappé

Fig. 534. — Mulet.

de stérilité. La femelle porte le nom de *mule*. La durée de la gestation d'une jument accouplée avec un cheval est de trois cent quarante-cinq jours, mais elle est plus longue d'une dizaine de jours pour
la naissance d'un mulet.

Le mulet possède un hennissement particulier et ressemble moins
au cheval qu'à l'âne. Il rappelle ce dernier par la puissance digestive,
la sobriété, la résistance à la fatigue, la sûreté du pied ; mais plus
que lui il est têtu, rétif et vindicatif. Les types les plus forts proviennent du Poitou ; il en est qui atteignent 1ᵐ,62.

Extérieurement, le *bardot* (*fig.* 535), produit de l'accouplement du
cheval avec l'ânesse, est plus petit que le cheval, mais il ressemble
davantage au cheval qu'à l'âne. Ceux qui l'utilisent le considèrent

comme inférieur au mulet. Il est assez répandu dans l'Italie méridionale et en Sicile, où il est connu sous le nom de *quasi mulo*, c'est-à-dire quasi mulet.

La production mulassière constitue une excellente opération

Fig. 535. — Bardot.

zootechnique, car elle est assurée de trouver des débouchés importants.

L'*âne* (*fig.* 536) est originaire des pays chauds. Sa sobriété et sa patience sont de premier ordre. Malgré l'exiguïté de sa taille, il est robuste et vigoureux. Toute proportion gardée, l'âne, comme animal de bât, est plus fort que le cheval; sa longévité est plus grande. La sûreté de son pied le rend précieux en pays de montagne; en outre, il est peu sujet aux maladies et aux infirmités; il est très facile à nourrir, mais il faut lui donner l'eau claire et très propre, sinon il reste des jours entiers à souffrir de la soif.

Par l'ensemble de ses qualités, l'âne est susceptible de rendre d'immenses services aux petits cultivateurs. Sans doute, il

Fig. 536. — Ane.

recule très difficilement et son entêtement a donné lieu au dicton populaire « têtu comme un bourricot », mais ces défauts dérivent en grande partie des mauvais traitements auxquels on soumet cet utile serviteur qui a sa place marquée dans toutes les exploitations rurales.

La durée moyenne de la gestation de l'ânesse est de trois cent soixante jours.

Les Bovidés.

Les *bovidés* — mammifères *ruminants* — possèdent un estomac bien différent de celui des solipèdes, qui n'est en somme qu'un *sac membraneux* divisé en deux compartiments (sac gauche et sac droit) par une crête saillante et compris entre l'œsophage et l'intestin. L'estomac des ruminants (*fig.* 535) est formé de quatre poches : le *rumen* ou panse, le *réseau* ou bonnet, le *feuillet*, livret ou psautier, la *caillette* ou franche mule.

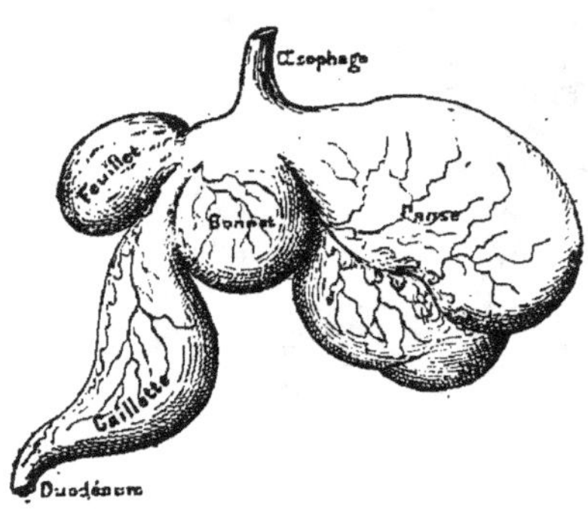

Fig. 537. — Estomac des ruminants.

Le *rumen* occupe à lui seul les trois quarts de la cavité abdominale ; sa membrane muqueuse porte de nombreuses papilles, sortes d'appendices ayant une forme foliacée, conique. Les aliments pris pendant le repas sont emmagasinés dans le rumen, où ils subissent un ramollissement sous l'influence des sucs gastriques et d'où ils sont ramenés à la bouche, lors de la *rumination*.

Le *réseau*, qui est la plus petite des quatre poches, a sa surface intérieure divisée en cellules polyédriques qui rappellent celles des ruches d'abeilles. Il participe aux fonctions du rumen, dont il n'est qu'une sorte de diverticule. C'est surtout à l'égard des liquides qu'il joue le rôle de réservoir, les substances solides contenues dans cette partie de l'estomac étant toujours délayées dans une grande quantité d'eau.

Après la rumination, les aliments déglutis pour la seconde fois passent dans le feuillet par la *gouttière œsophagienne*, ainsi appelée parce qu'elle semble continuer l'œsophage à l'intérieur même des estomacs.

Le *feuillet* communique avec la caillette par une ouverture plus large que celle qui le relie au réseau. Il est tapissé de lames parsemées d'une multitude de mamelons papillaires très durs, semblables à des grains de millet. Ces prolongements lamelleux achèvent la trituration des aliments.

La *caillette* est revêtue intérieurement d'une membrane molle, spongieuse, rougeâtre, pourvue de nombreuses glandes qui sécrètent du suc gastrique. Cette dernière poche joue le rôle d'un véritable estomac dans lequel s'opèrent les phénomènes essentiels de la digestion stomacale. Elle présente tous les caractères d'organisation de l'estomac des carnassiers ou celle du sac droit de l'estomac des solipèdes.

Les bovidés, considérés au point de vue économique, sont des machines animales qui transforment leur nourriture végétale en lait, viande et autres matières alimentaires utiles à l'homme. Ils fournissent du travail moteur, qu'il faut éviter cependant de rendre excessif, et aussi des matières premières pour l'industrie, comme les peaux, les cornes, le suif, etc.

L'exploitation du bœuf est d'autant plus rémunératrice, qu'il produise ou non du travail moteur, que sa carrière prend fin à un moment plus rapproché de celui de son état adulte, c'est-à-dire de la fin de sa période de développement. Cette période varie avec la précocité du sujet.

Tous les bovidés domestiques sont des animaux de boucherie, ils finissent leur carrière à l'étal du boucher; dans ces conditions, il est inutile de distinguer deux sortes de bœufs : le *bœuf de boucherie* et le *bœuf de travail*.

Sans doute il existe des *races* — comme les courtes-cornes anglais connus sous le nom de Durham — que des méthodes zootechniques habiles ont admirablement perfectionné en vue de la production abondante de la viande; mais, en réalité, l'aptitude acquise en ce sens n'exclut point absolument l'aptitude motrice, elle la rend au contraire plus économique à condition qu'on alimente largement.

Examen du bœuf. — Règle générale, les bœufs fortement charpentés, qui ont une ossature proéminente, des jambes trop longues, une peau épaisse et sans souplesse, le poil rude et grossier, l'œil sauvage et inquiet, des allures brusques et désordonnées, sont les moins aptes à l'*engraissement*, qui a pour but l'accumulation du tissu adipeux (1) dans l'organisme.

Conséquemment on doit accorder la préférence à ceux qui présentent les caractères suivants : tête légère, courte, yeux doux, cornes minces et bien dirigées. Poitrine très développée, ainsi que les régions crurales (2), c'est-à-dire les côtes arrondies et le flanc court; les épaules larges et charnues; les lombes — région comprise entre le dos et les hanches — larges et fortement musclées; les hanches écartées, mais sans excès; les muscles des cuisses et des fesses très charnus, puissants, et descendant en saillie arquée près des jarrets. Le ventre rond, assez développé, indique un animal doué d'un fort appétit et gros mangeur.

L'âge a une influence marquée sur la formation de la graisse. Dans la première jeunesse, surtout pendant l'allaitement, les animaux s'engraissent facilement; il n'en est plus ainsi durant la période de croissance : celle-ci finie, le tissu adipeux peut prendre une extension considérable sous l'influence d'un régime approprié. Avant vingt mois, les animaux ne fournissent d'ailleurs qu'une sorte de viande bâtarde qui n'a la valeur ni de celle du veau, ni de celle du

(1) *Adipeux*, du latin *adeps*, graisse. — (2) *Crural*, du latin *crus, cruris*, cuisse.

bœuf. Dans les races précoces on peut livrer les bœufs à la boucherie vers l'âge de trente à trente-six mois, car ils sont *faits* à ce moment.

L'examen de l'appareil dentaire est utile parce que de son bon fonctionnement dépend une parfaite mastication, favorable à une excellente digestion. En outre, il permet — aidé de l'examen des cornes — d'apprécier l'âge de la bête (*fig.* 538 à 542). Une bête trop vieille, épuisée par la lactation ou le travail, est toujours d'un engraissement lent, difficile et rarement rémunérateur.

Le bœuf possède trente-deux dents, dont vingt-quatre molaires et huit incisives placées en clavier à l'extrémité arrondie de la mâchoire inférieure.

Les incisives sont remplacées à la mâchoire supérieure par un bourrelet cartilagineux, formant épaisse gencive, et fournissant un point d'appui aux incisives de la mâchoire inférieure. Celles-ci présentent une certaine mobilité qui est nécessaire pour les empêcher de blesser le bourrelet cartilagineux opposé.

On distingue parmi les incisives, suivant leur position : deux *pinces*, deux *premières mitoyennes*, deux *secondes mitoyennes* et deux *coins*. Elles ont la forme d'une pelle dont la racine représente le manche.

Les incisives des bovidés ne sont pas poussées en dehors de l'alvéole au fur et à mesure de leur usure, comme chez les solipèdes. Le rasement consiste dans l'usure, d'avant en arrière, de la face supérieure de la dent. Lorsque l'éminence conique et les sillons qui la bordent ont disparu, on dit que la dent est *nivelée*.

A la suite du rasement, on voit apparaître à l'extrémité de la dent une bande jaunâtre, qui est l'ivoire dépouillé de l'émail. Les incisives, qui se touchaient par leur extrémité pendant la jeunesse, semblent s'écarter les unes des autres en vieillissant.

Connaissance de l'âge par l'examen des dents. — Les premières incisives du bœuf, comme celles du cheval, sont caduques, et leur remplacement est un des signes les plus certains de l'âge de l'animal.

Les pinces apparaissent entre dix-huit et vingt-quatre mois après la naissance. Quatre dents marquent au minimum vingt-quatre à vingt-six mois, au maximum trente-six mois; six dents marquent trente à trente-deux mois au minimum, quarante-huit mois ou quatre ans au maximum; huit dents ou la dentition complète, trente-six à trente-huit mois au minimum, cinq ans au maximum. Le plus souvent cet état de la bouche n'indique que l'âge de quatre ans.

A partir du moment où les coins sont présents, on peut les utiliser à la détermination de l'âge. L'usure de leur émail se produit à raison de 2 à 3 millimètres par année, selon que leur direction est plus ou moins rapprochée de la verticale. On mesure ainsi approximativement le temps écoulé et on l'ajoute à la durée de la période de croissance. Comme nous l'avons dit plus haut, l'intérêt économique

bien compris ne laisse pas vivre les bovidés au delà de l'époque
à laquelle ils ont atteint leur plus fort poids — soit quatre à cinq ans
environ — (Il devrait en être ainsi même pour les vaches laitières).

L'état des cornes chez le bœuf peut aussi servir d'indice pour éva-

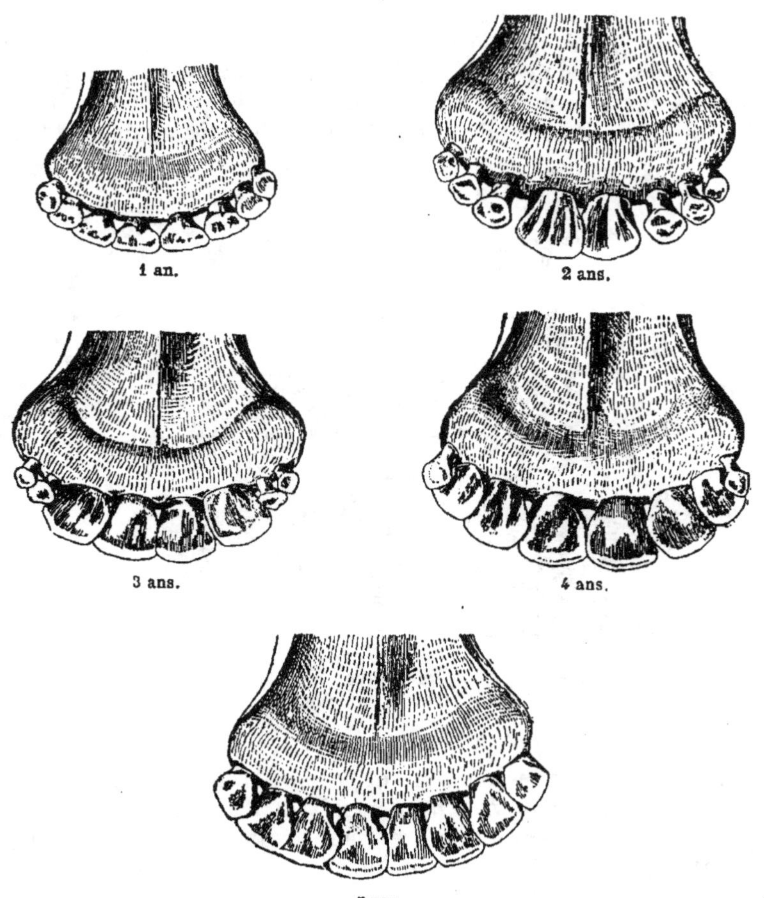

Fig. 538 à 542. — Age des bovidés indiqué par les dents.

luer son âge. Chaque année il se produit à la base de la corne une
sorte de bourrelet circulaire, suivi d'une dépression, qui indique la
pousse de l'année. Généralement l'anneau de trois ans persiste le premier; par conséquent, un bœuf dont la corne présente deux bourrelets a quatre ans révolus. Diverses causes, telles que l'usure, la
pousse irrégulière, etc., et l'habileté des maquignons, risquent d'atténuer la certitude de ces signes.

Maniements. — Il importe d'appuyer les remarques de l'œil par quelques *maniements* opérés sur les principales parties où s'accumule la graisse. Ces explorations, faites avec la main, permettent d'apprécier soit l'état d'engraissement, soit l'aptitude à s'engraisser.

Les praticiens admettent dix-huit maniements chez les bovidés qui sont bien loin d'avoir une égale importance. Les principaux maniements sont : le *travers*, la *côte*, l'*œillet*, le *cœur*. Ce dernier situé en arrière de l'épaule, est essentiel. Il vise non point un dépôt graisseux sous-cutané, mais bien une couche musculaire qui est l'indice d'un engraissement facile lorsqu'elle est développée, très épaisse et tendre.

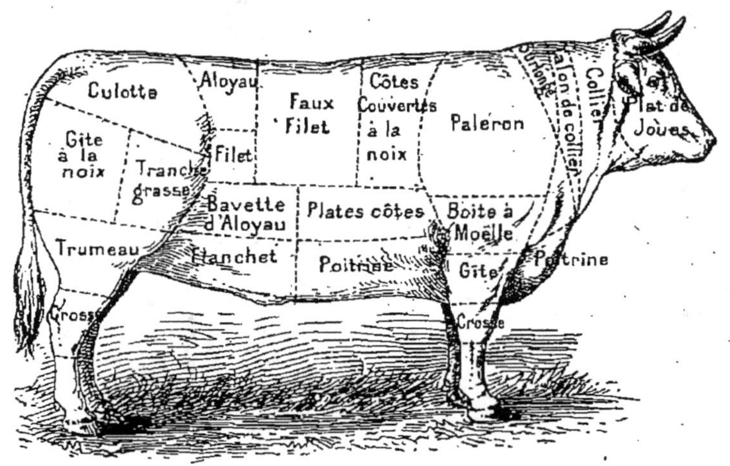

Fig. 543. — Figure schématique indiquant les parties
d'un bœuf de boucherie.

Le *travers*, encore appelé *aloyau* et *pavé de graisse*, est à la fois musculaire et graisseux. Son vrai nom serait *maniement des lombes*. Chez les sujets maigres ou seulement en bon état, il est évident que le rendement final sera d'autant plus élevé que l'épaisseur des muscles lombaires sera plus grande.

La *côte* est un maniement situé vers la partie moyenne des deux dernières côtes, de chaque côté du corps, au niveau du flanc. Il est constitué par un dépôt de graisse sous-cutané, de forme allongée, qui sert à indiquer l'état de l'engraissement.

L'*œillet*, encore nommé *hampe*, *grasset*, *fras*, est un maniement qui porte sur un dépôt de cellules graisseuses situé dans le pli de la peau qui unit la cuisse à l'abdomen. Son épaisseur, son poids, indiquent le degré de l'engraissement et, surtout, le suif déposé autour des intestins et que les bouchers appellent *suif intérieur*.

Certains bœufs, rustiques, vigoureux, et qualifiés de durs, n'ont guère d'autre maniement que l'œillet pour faire apprécier leur état d'engraissement.

En opérant ces divers maniements, il est indispensable de rencontrer une peau assez épaisse, mais souple, moelleuse, se détachant facilement des tissus sous-jacents. Une pareille peau indique un tissu cellulaire lâche et abondant, favorable à la prise de graisse.

La race bovine en France. — La *race bovine* est représentée en France par des types extrêmement remarquables; nous allons passer successivement en revue ceux qui sont les plus distingués.

Race charolaise et nivernaise (*fig.* 544), variétés du type jurassique. — Pelage blanc; médiocres laitières. La boucherie accorde ses préfé-

Fig. 544. — Bœuf charolais.

rences au charolais-nivernais, pour la belle coupe persillée de sa chair savoureuse et surtout pour le volume et la densité de ses muscles qui font son rendement supérieur à celui des autres races françaises. Taille 1^m,35 environ chez le taureau.

Race normande. — On distingue la variété *cotentine*, qui est la plus nombreuse, et la variété *augeronne*, mieux conformée au point de vue du rendement en viande, principalement sous l'influence du milieu et d'un peu de croisement avec les courtes-cornes. Les herbages de la vallée d'Auge (arrondissement de Pont-l'Évêque, Calvados), assis sur l'affleurement d'un gradin argileux du jurassique supérieur, sont plus riches que ceux du Cotentin (Manche).

La vache cotentine possède de précieuses qualités laitières et surtout beurrières. Les pelages rouge et blanc, bringé, caille, sont répandus.

Race bretonne (*fig.* 545). — Ce type irlandais renferme une petite et une grande variétés. Chez la première, qui se trouve dans le Morbihan et sur toute l'étendue des landes de Bretagne, la taille des vaches descend jusqu'à 95 centimètres. Pelage noir et blanc dit pie, avec prédominance du noir. Très sobre et très rustique. Bonne laitière donnant un excellent beurre.

Le type à plus haute taille (1ᵐ,10 à 1ᵐ,20) se rencontre sur le littoral du Finistère et des Côtes-du-Nord. Il représente une améliora-

Fig. 545. — Vache bretonne.

tion acquise sous l'influence d'un milieu plus riche; du reste, les qualités et le pelage sont les mêmes que ceux de la petite variété.

Race flamande (fig. 546). — Cette race est une variété de la race batavique, comme les *variétés hollandaises,* dont elle ne diffère guère.

Fig. 546. — Vache flamande.

Pelage rouge, marron ou acajou. Forte laitière. Facile à l'engraissement. Taille moyenne 1ᵐ,40 à 1ᵐ,45.

Race d'Aquitaine. — On la subdivise en quatre variétés : *limousine, agenaise, garonnaise, lourdaise.* La première, qui habite les départements de la Corrèze et de la Haute-Vienne, est un type très remarquable. Pelage froment clair, viande de première qualité et rendement équivalent à celui du charolais-nivernais. Précoce et facile à l'engraissement.

Le type garonnais est de haute taille; les bœufs dépassent souvent 1^{m},50. La taille des femelles diffère peu de celle des mâles. Pelage du froment le plus pâle. Tempérament robuste et vigoureux; excellente bête de travail. Viande de qualité supérieure, mais faible rendement,

Fig. 547. — Taureau garonnais.

à cause du fort développement de l'ossature. Très médiocre laitière.

Race tarine. — Elle se rattache à la race alpine ou bétail brun dont fait partie le type de *Schwitz*. Le type de la Tarentaise (Savoie) est très rustique. Tenace au travail. Bonne laitière. Pelage fauve, parfois gris clair. Chair peu savoureuse. Dure à l'engraissement.

Race d'Aubrac. — Cette race auvergnate, comme la race de *Salers* (Cantal), établie sur une partie de l'Aveyron, du Cantal et de la Lozère, est très vigoureuse et très rustique. Faible laitière. Le bœuf d'Aubrac est le bœuf de labour par excellence.

Vaches laitières. — Les petites races sont naturellement moins exigeantes et s'entretiennent plus facilement sur un sol peu fertile, tout en fournissant *proportionnellement* plus de lait que les grandes races.

Les bêtes de petite taille sont en outre moins lourdes, plus agiles et capables d'aller prendre leur nourriture sur des pentes rocheuses d'un accès difficile pour les grandes et fortes bêtes.

Ci-dessous l'énumération des rendements annuels moyens des principales races dont il vient d'être question, placées dans de bonnes conditions alimentaires :

Vache flamande.	3,100	litres.
— cotentine.	2,700	—
— auvergnate.	2,000	—
— tarentaise	1,900	—
— lourdaise.	1,700	—
— bretonne.	1,600	—
— charolaise	1,500	—
— gasconne.	1,500	—
— limousine	1,550	—

Parmi les races étrangères, la *hollandaise* (*fig.* 548), grande variété, donne en moyenne 3,400 litres, la petite variété 2,500 litres. La *schwitz* donne 2,800 litres. Les *durhams* (*fig.* 549), plus remarquables par la facilité d'engraissement et la quantité de viande produite que pour la qualité, donnent environ 3,000 litres. Sous les deux rapports,

Fig. 548. — Vache hollandaise.

qualitatif et quantitatif, le *limousin* et le *charolais* sont supérieurs aux durhams comme producteurs de viande.

Il y a des races dont le lait est riche en beurre. En tête des races françaises fournissant un lait butyreux se place la *bretonne*. 20 à 22 litres de son lait donnent 1 kilogramme de beurre. Toutes

Fig. 549. — Bœuf durham.

choses égales, il faut 29 à 30 litres de la flandrine pour obtenir le même résultat. A ce propos, nous ne devons pas oublier que les fortes laitières, mal nourries avec des substances trop aqueuses, produisent nécessairement un lait plus clair et moins crémeux.

Toutes les races ont de bonnes, de médiocres et de mauvaises laitières, mais il n'en est pas moins vrai qu'en s'adressant aux races réputées on a beaucoup plus de chance de trouver une bête de choix.

La durée de la lactation est surtout une affaire de race; elle dure environ trois cents jours chez la vache et atteint son maximum pendant les cent jours qui suivent le mois après le part. La vache est alors dite *fraiche de lait*. Après cette période, le lait diminue jusqu'au moment où la bête *tarit*.

Examen d'une vache laitière. — La *tuberculose*, très fréquente chez l'homme, se montre souvent chez les animaux et particulièrement chez les bovidés. Elle est très répandue dans les étables où l'on entretient les animaux pour la production du lait.

Les lésions de cette affection contagieuse, à marche lente, se rencontrent surtout dans le poumon, sur les séreuses et dans le système ganglionnaire. Elles sont dues à un microbe désigné sous le nom de *bacille de Koch*.

Le lait cru des vaches tuberculeuses est virulent quand les mamelles portent des lésions spécifiques. Le seul moyen d'éviter le danger de l'ingestion de ce lait contaminé, consiste à le faire bouillir pour détruire les bacilles tuberculeux qu'il peut renfermer.

La localisation de la maladie dans les mamelles est très difficile à reconnaître par les moyens ordinaires. D'une façon générale, la bête malade a la peau sèche, peu souple, et collée aux côtes. Mais aucun examen ne vaut une injection de *tuberculine*. Cette substance, introduite sous la peau, a la propriété de provoquer une sorte de fièvre, marquée par l'élévation de la température, lorsque le sujet est tuberculeux même au plus faible degré.

Il est à souhaiter que toutes les bêtes dont on utilise le lait pour l'alimentation soient soumises à l'épreuve facile de la tuberculine, qui offre toute garantie. Les vaches reconnues malades devraient être frappées d'interdit et marquées d'un signe apparent; elles ne pourraient plus être exploitées comme laitières. La surveillance sanitaire des vacheries présente la plus haute importance. Malgré les incontestables avantages de la mesure prophylactique précitée, il est à craindre que l'initiative privée ne reste inactive tant qu'un règlement d'administration publique n'établira point l'*obligation*.

Par sa circulaire du 30 août 1888, le ministre de l'Agriculture prescrit « la *séquestration réelle* des bêtes bovines tuberculeuses ». Dans ces conditions, le propriétaire a tout intérêt à faire abattre les bovidés atteints de tuberculose. Le vétérinaire sanitaire décide si la viande peut être vendue pour la boucherie ou détruite par l'enfouissement ou l'équarrissage : cela dépend de l'étendue des lésions. Inutile d'ajouter que la désinfection des locaux s'impose.

La sécrétion du lait augmente progressivement jusqu'à la sixième mise bas, soit jusqu'à la huitième année. Elle diminue ensuite pour subir une réduction brusque après dix ans. La période de rendement maximum est de la fin de la troisième année à la fin de la septième. Conséquemment, lorsque la spéculation dominante est la production laitière, on doit se défaire des animaux qui dépassent huit ans. Une forte laitière, abondamment nourrie, se tient en très bon état, mais elle n'engraisse pas, la production de la graisse et du lait étant en opposition. Si elle engraisse, la quantité journalière du lait baisse. En principe, une vache très grasse n'est pas actuellement à lait.

L'état de santé est démontré par l'humidité du mufle et la couleur rosée des muqueuses, la souplesse et l'onctuosité de la peau, le lustre et la finesse du poil, la vivacité de l'œil, la régularité dans la respiration, l'absence de toux et un bon appétit.

On doit rechercher une vache laitière à ossature fine, les membres très écartés mais plutôt courts qu'allongés. Les pieds à onglons lisses. La tête légère et sèche; les cornes effilées, non rugueuses, de petit diamètre à leur naissance; les oreilles plutôt grandes que petites, avec des poils intérieurs peu abondants et soyeux. L'épaule de la bonne laitière est toujours un peu maigre et bien détachée. L'encolure sera peu musclée, la poitrine arrondie à côtes arquées, les reins longs et larges. Les bêtes qui ont porté plusieurs fois peuvent être légèrement ensellées. Le ventre sera volumineux, et la partie postérieure du corps aussi large que possible.

Comme, en définitive, toutes les vaches sont destinées à l'abattoir, il faut rechercher les poitrines amples et les conformations les meilleures pour l'engraissement. D'ailleurs, ces conformations sont d'excellents indices d'une haute faculté laitière lorsque les autres signes sont aussi favorables.

Ces signes sont donnés par les *veines*, le *pis* et l'*écusson*.

Les *veines abdominales* ou *mammaires* qui sortent du pis, à droite et à gauche, et serpentent sous le ventre, doivent être grosses, flexueuses et comme variqueuses. Elles pénètrent dans le tronc en arrière du sternum, sous le thorax, par des ouvertures dites *fontaines du lait de dessous*. Quelquefois chaque veine mammaire se divise en arrivant aux fontaines. Le *pis* des bonnes laitières montre un lacis de veines flexueuses apparentes.

On trouve, dans la région périnéale (1) des veines qui émergent de la partie postérieure des mamelles; elles n'existent pas sur les médiocres laitières. Peu visibles parfois sur les jeunes bêtes, on s'assure de leur présence par une pression au périnée qui interrompt le cours du sang et les fait saillir.

Le *pis* est constitué par l'ensemble des glandes mammaires. On y distingue deux mamelles accolées l'une à l'autre, ayant à l'extérieur l'aspect de deux masses hémisphériques, séparées par un sillon peu profond, et présentant des prolongements appelés *trayons,*

____

(1) Le périnée est compris entre l'anus et les organes génitaux.

mamelons ou *tetines*. Ces prolongements percés de deux orifices livrent
passage au lait; ils doivent être suffisamment écartés, parallèles et de

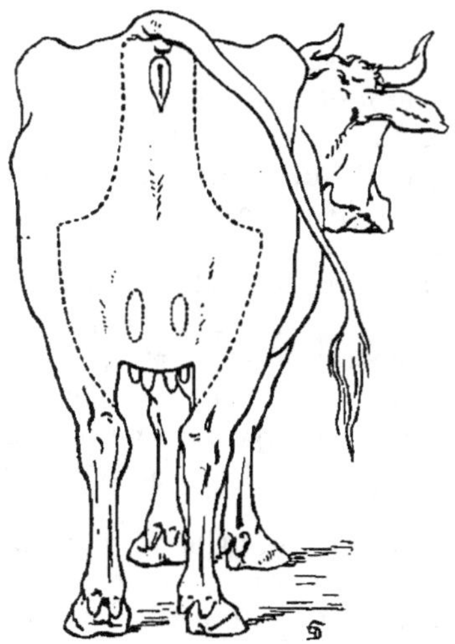

Écusson de vache flandrine.

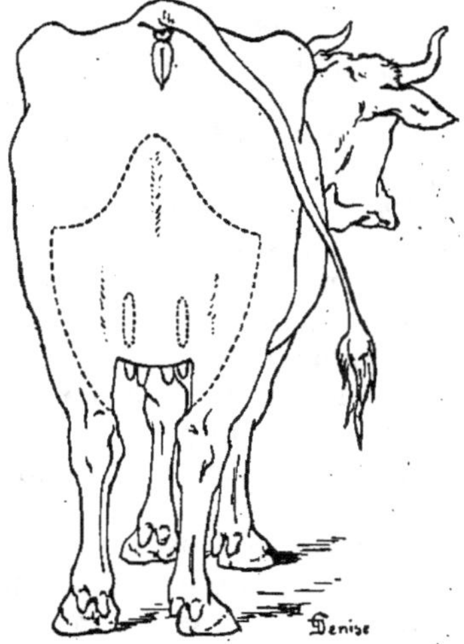

Écusson de vache courbes lignes.

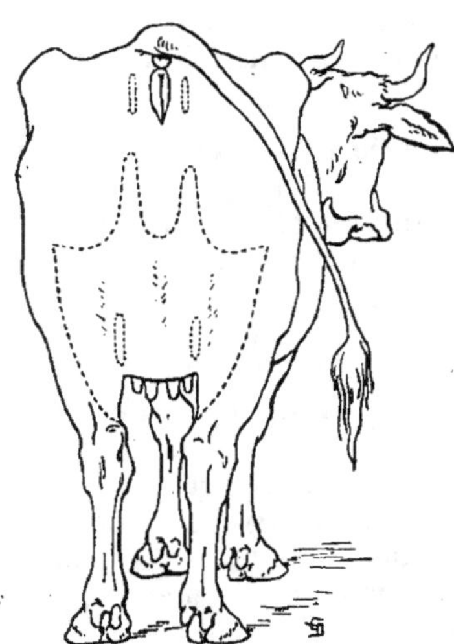

Écusson de vache bicorne.

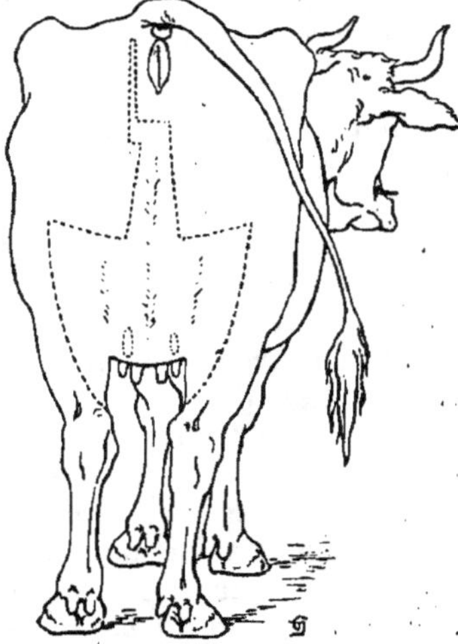

Écusson de vache équerrine.

Fig. 550 à 553. — Différentes formes d'écusson.

même grosseur, à moins qu'il ne s'agisse de trayons supplémentaires.
Un pis bien fait est ample, bien placé, et pendant sans exagération

de manière à ne pas trop ballotter entre les jambes de la vache. Ce défaut entraîne souvent une mammite ou inflammation préjudiciable à la sécrétion lactée.

La peau du pis doit être fine, souple, facile à plisser, nue ou recouverte de poils soyeux, onctueuse par suite de la sécrétion d'un corps gras jaunâtre, que l'on détache facilement avec l'ongle.

Avant la traite, le pis est un peu distendu et résistant à la pression; après la traite, il devient mou, flasque et diminue de volume.

c) L'*écusson* ou *gravure* (*fig.* 550 à 553) de la région périnéale est constitué par des poils plus fins et plus doux que ceux de la robe et dirigés en sens inverse. On y distingue ordinairement deux portions adjacentes : l'une supérieure ou périnéale, de largeur variable, parfois plus développée d'un côté que de l'autre et parfois aussi partiellement ou totalement absente, qui remonte jusqu'à la vulve ; l'autre inférieure ou mammaire se montre sur la partie postérieure des mamelles, autour de celles-ci, et se répand quelquefois sur la face interne des cuisses.

Les formes des écussons varient beaucoup, et on attache quelque importance à ce que les poils qui les bordent soient courts et doux. Cela dénote un lait de bonne qualité. On considère comme un bel écusson celui qui a une grande étendue et des contours réguliers.

Le veau, mâle ou femelle, a un écusson nettement délimité, assez difficile à distinguer à cause des poils longs et fins qui le recouvrent; chez la femelle il n'obtient toute son ampleur qu'à partir du deuxième vêlage.

Gestation. Veau. — Chez la vache, la durée moyenne de la *gestation* est de deux cent quatre-vingt-quatre jours. Lorsque le *veau* est né, on le place devant sa mère pour qu'elle le lèche, lui débarrasse la peau de l'enduit qui la recouvre, etc. Si la mère ne lèche pas convenablement son petit, on le saupoudre de sel pour l'engager à le faire. Quand cette manœuvre ne réussit pas, on sèche par des frictions exécutées avec un linge chaud, puis on couvre le jeune produit.

Il faut éviter de traire le premier lait ou *colostrum,* qui est utile pour purger l'intestin du veau.

On sépare le veau de sa mère en le laissant en liberté dans une loge. On le fait téter à des heures déterminées. A partir de cinq à six semaines, il est bon de faire intervenir dans l'allaitement quelques aliments autres que le lait naturel. Si la saison le permet, on peut mettre le nourrisson au pâturage avec sa mère.

Alimentation des vaches. — L'époque de la mise à l'herbe est sous la dépendance du climat. Successivement, au fur et à mesure que les prairies se garnissent d'herbe, deux par deux, quatre par quatre, on arrive à compléter le nombre de bêtes suffisantes pour utiliser les ressources du *pâturage.* Les vaches cotentines restent constamment, jour et nuit, hiver et été, dans les herbages. Lorsque le froid réduit la production de l'herbe, on leur apporte au pré une ration supplémentaire de foin. On estime que 2 hectares de ces prairies peuvent nourrir trois vaches laitières ou quatre bœufs. La traite a lieu, trois fois par jour, à l'herbage même. Pendant l'été, on obtient jusqu'à 30 litres de lait par tête.

Quand la surface de la prairie naturelle ou de l'herbage est insuffisante pour l'alimentation des vaches laitières, on a recours aux fourrages artificiels, aux racines et aux tubercules, que l'on fait consommer sur place ou à l'étable.

Les céréales d'hiver, le seigle surtout, l'escourgeon, seuls ou en mélange, sont bons pour la nourriture des vaches laitières. On les fauche au printemps. Ensuite viennent le trèfle ordinaire, la luzerne, le sainfoin, excellent pour le beurre, l'ajonc, les choux, etc. Enfin le maïs semé dru, le millet, les lentilles ervillières, le sarrasin, les fèves et fèveroles, etc., sont utilisés suivant les milieux ; mais il ne faut pas en abuser pour l'engraissement sous peine de produire des irritations intestinales. Les vesces, les lupins, les pois, diminuent la sécrétion lactée. L'usage exclusif des lupins amène une affection grave, la *lupinose*, qui provoque l'atrophie du foie.

Les choux fourragers et les panais rendent des services dans l'Ouest. Ces derniers, ainsi que les crucifères, communiquent à la longue une saveur particulière au lait. Dans le Nord et l'Est, les betteraves ; dans le Centre, les rutabagas, les choux-raves et les raves sont de précieux adjuvants. Dans le Midi, on utilise les feuilles de vigne, du mûrier et de beaucoup d'arbres exploités en têtards : chênes, ormeaux, acacias, tilleuls, aunes, peupliers. Les feuilles de frêne communiquent la couleur jaune et le goût de noisette. La carotte est, sans contredit, la meilleure racine pour les vaches laitières.

Lorsqu'on entretient les vaches laitières en *stabulation* (1), il est toujours avantageux de faire entrer des fourrages verts dans leur ration, car ils stimulent l'appétit et les fonctions digestives.

Les vaches laitières ont besoin d'ingérer une forte proportion d'eau, il est donc recommandable d'associer au foin des *aliments aqueux*, tels que résidus industriels, drèches et pulpes.

Le malt et les touraillons sont une bonne nourriture, mais il ne faut pas en faire consommer plus de 1 kilogramme par jour. Les marcs de raisin ne conviennent point pour la vache laitière ainsi que les vesces, assez recherchées cependant pour les bêtes à l'engrais. D'une façon générale, les gousses des légumineuses, les siliques des crucifères, les pailles et les menues pailles sont des aliments trop secs.

Les pailles sont, néanmoins, très convenablement utilisées en mélange avec du foin et aspergées avec de l'eau salée ou de l'eau de buvée de tourteaux, etc. ; on les laisse ramollir en tas une journée en-

---

(1) *Stabulation*, du latin *stabulum*, étable. Se dit des animaux qu'on laisse à l'étable.

viron. On peut aussi les mélanger avec des racines et des tubercules
divisés en menus fragments et les laisser fermenter. La cuisson est
un excellent mode de préparation des aliments.

Les fourrages ensilés qui ont subi la fermentation douce fournissent un bon aliment susceptible d'être
introduit dans la ration des laitières ; il
n'en est pas de même lorsque la fermentation a été acide. Parmi les tourteaux que l'on donne aux vaches laitières, soit concassés et additionnés de
foin ou d'autres aliments, soit en buvées, il faut accorder la préférence à
ceux de lin, de chanvre, de coton décortiqué, de palmiste. Les tourteaux ne
doivent être distribués que frais, car
s'ils étaient rances ils communique-
raient à la viande une odeur insupportable. Les tourteaux de noix procurent
au lait un parfum agréable, ainsi que
ceux de coprah et de sésame. Les tourteaux de colza sont bons, mais souvent
refusés au début par le bétail. On les
accuse de laisser à la viande une odeur
rance ; ce défaut est plus accentué avec
le tourteau de lin distribué seul.

Les tourteaux d'œillette, très appétés
quand ils sont frais, portent au repos, à
la somnolence, dans les intervalles des
repas ; il est prudent de les distribuer
très modérément afin de mettre à profit
leurs avantages sans arriver à l'échauffement.

Le bétail accepte avidement les tourteaux d'arachides décortiquées, à cause
de leur saveur agréable, rappelant celle
de la noisette. Donnés seuls, ils échauf-

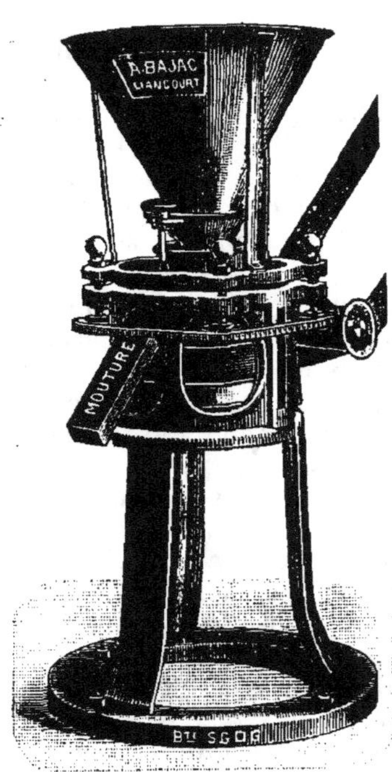

Fig. 554. — Moulin concasseur
marchant à bras ou au moteur.

Meules métalliques planes, cannelées,
pour faire des moutures de seigle,
d'orge, de maïs, etc., destinées à l'alimentation du bétail.

fent rapidement. On les recherche particulièrement pour l'engraissement, dont ils hâtent la terminaison.

Les graines de lin, concassées ou cuites, sont excellentes. On estime beaucoup les farines distribuées en suspension dans l'eau tiède.
Le son imprégné d'eau est, à juste titre, très apprécié des laitières. Il
en est de même pour la pomme de terre cuite associée au foin.

Régime salin. — Le sel marin, donné dans une sage mesure comme
condiment, joue un rôle essentiel sur l'état de santé et dans la production de la viande. Il active les fonctions digestives, et, par suite,

les phénomènes de nutrition. Sous son influence la viande devient succulente et se développe davantage.

Le seul moyen pratique de le distribuer au pâturage consiste à placer des blocs de sel gemme dans des auges ; les animaux viennent tour à tour les lécher quand ils en éprouvent le besoin.

Engraissement des bovidés à l'étable. — Les tourteaux sont des aliments très recommandables pour les bœufs d'engrais et de travail. Leur introduction dans les rations offre, entre autres avantages, celui de prévenir la météorisation. Les nombreux praticiens que nous avons consultés affirment qu'ils n'ont jamais vu enfler leurs animaux depuis qu'ils joignent les tourteaux aux racines crues, principalement aux betteraves.

La formule suivante donne d'excellents résultats :

	kil. gr.		kil. gr.
Foin, trèfle ou hivernage.	4 »	Tourteau d'œillette.....	2 »
Paille.............	2 »	Mélasse............	0,750
Pulpe de betterave ensilée	32,525	Eau................	3,750
		Sel marin...........	0,025

On dissout le sel et la mélasse dans l'eau et, vingt-quatre heures avant la distribution, on arrose la paille et le foin hachés et mélangés aux tourteaux à l'aide de la solution bouillante. Lorsque le mélange est consommé, on donne la pulpe ou son équivalent en racines ou en pommes de terre cuites.

Les formules de rationnement ci-dessous ont été indiquées par M. Cornevin.

	kil. gr.		kil. gr.
1° Tourteau de colza......	1,500	3° Tourteau d'arachides....	3 »
Pommes de terre cuites.	20 »	Pulpes de sucrerie.....	40 »
Regain	10 »	Luzerne	5 »
2° Farine de coco.......	1,500	Menue paille	5 »
Farine (4mes) de froment.	2 »	4° Tourteau de coton.....	1,500
Betteraves..........	12 »	Drèche.............	20 »
Trèfle.............	12 »	Graines de foin ......:	5 »

Voici quelques formules expérimentées, à l'école de Grignon, par le professeur Sanson, et considérées presque comme classiques ; elles peuvent servir d'indication générale en tenant compte du côté économique suivant les milieux.

	1re PÉRIODE		2e PÉRIODE		3e PÉRIODE	
	kil.	gr.	kil.	gr.	kil.	gr.
Foin de pré.............	5	»	5	»	5	»
Betteraves.............	36	»	33	»	23	»
Balles d'avoine	4	»	4	»	2	»
Tourteau de colza.......	2,500		3,500		3,500	
Son de froment........	1,750		1,750		2	»
Graine de lin moulue.....	0,350		0,450		0,450	
Sel marin	0,050		0,060		0,080	

Les betteraves hachées, une douzaine d'heures à l'avance, sont mélangées avec les balles et mises en fermentation ; le tourteau concassé est donné en mélange avec les betteraves ; le son et la farine de lin, traités par l'eau bouillante salée, sont donnés sous forme de soupe tiède. On partage la ration en trois repas : le premier, servi le matin à la première heure, se compose de 3/8 du mélange de betteraves, de balles et de tourteau distribués en trois portions successives, suivies de la moitié du foin.

A onze heures et demie, boisson tiède.

A midi, deuxième repas : 2/8 du mélange précité en deux portions, ensuite soupe et enfin distribution de la seconde moitié du foin.

A quatre heures du soir, boisson tiède.

A cinq heures, troisième repas : 3/8 restants du mélange, en trois portions, puis paille pour la nuit. Avec ce régime, une vache maigre pesant 538 kilogrammes a gagné 153 kilogrammes en 94 jours, soit une moyenne de 1 kil. 627 grammes par jour.

Surveillance du bétail. — Un bon éleveur doit *voir* ses bestiaux tous les jours. Le matin, lorsque les bœufs se lèvent pour paître, ils exécutent des pandiculations, ils s'étendent en un mot, avant de se mettre à manger ; c'est là le signe certain de la santé. Si une bête, étant couchée, ne rumine pas comme les autres, c'est qu'elle souffre. Dès qu'une bête est malade, elle cesse de ruminer et refuse la nourriture. Lorsque le mal s'aggrave, elle s'isole près d'une haie, d'un arbre ; le mufle devient sec, la face se fronce, elle grince des dents ; il faut se hâter de la faire rentrer à l'étable pour la soigner.

La vache ou le bœuf qui paît marche toujours à petits pas, flaire et choisit ses herbes dont il tond l'extrémité des tiges.

Étables. — Les *étables* sont les habitations des bovidés. On les divise en *bouveries* pour le logement des bœufs, et en *vacheries* destinées aux vaches. Dans les *bouveries*, on abrite les bœufs travailleurs qui, dans une exploitation bien conduite, sont encore jeunes et par conséquent en période de croissance. Une lumière d'intensité moyenne, la tranquillité et le calme leur conviennent durant leur séjour à l'étable. Une demi-obscurité est à rechercher dans les *bouveries d'engraissement,* ainsi qu'une température sensiblement plus élevée que la température extérieure, soit environ 15 degrés. Dans la bouverie des travailleurs, ainsi que dans les vacheries, une température de 12 degrés centigrades est parfaitement convenable.

Les habitations où sont entretenues les vaches laitières ne doivent pas être ventilées à l'excès ; il faut aussi qu'elles ne soient point trop chaudes afin d'éviter la sueur et les déperditions cutanées qui réduisent la production du lait.

Inutile de dire que la propreté des étables, comme celle des écuries, est une des conditions de la santé du bétail.

L'apathie et la douceur du caractère des bovidés dispense de les séparer. En outre, comme ils reposent couchés sur la poitrine, ils exigent moins de place que les chevaux; 1ᵐ,35 à 1ᵐ,40 suffisent amplement.

Fig. 555. — Étable vue en coupe : installation dite à la limousine.

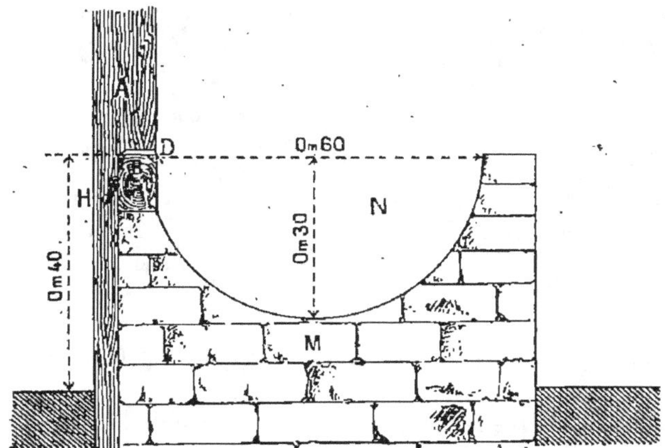

Fig. 556 — Coupe transversale de la crèche en maçonnerie, système hollandais.

M. Maçonnerie de briques à mortier hydraulique, à section demi-circulaire; — N. Couche de ciment à l'intérieur; — A. Montant en bois dur; — B. Traverse en bois; — D. Bande de fer plat; — H. Anneau d'attache.

L'*entretien* et les *dispositions générales* — ouvertures, portes et fe-nêtres, etc. — indiquées pour les écuries sont applicables aux étables. Il est cependant préférable de supprimer les râteliers, car le bœuf, qui a l'encolure moins mobile que le cheval, se fatigue et se déforme en saisissant les fourrages haut placés.

Les modes d'installation dites à la limousine (*fig.* 555) ou à la hollandaise sont très recommandables. La nourriture est déposée dans des auges en pierre dure ou en maçonnerie cimentée, élevées de 40 centimètres environ au-dessus du sol (*fig.* 556); la bête est

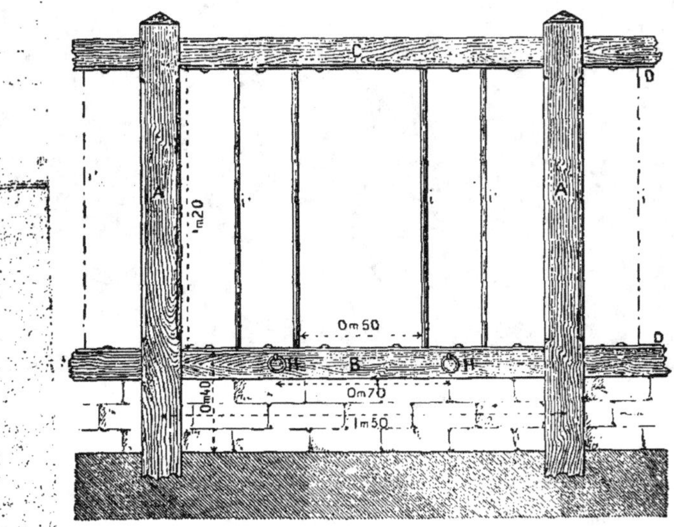

Fig. 557. — Séparation à claire-voie, mode hollandaise.

A. Montant en bois dur formant châssis, espacés de 1m,50, de 0m,15×0m,10 d'équarissage, réunis à tenon et mortaise avec deux traverses, l'une basse, B, l'autre haute, C, de 0m,10 × 0m,007 ; — D. D'. Bandes de fer plat de 0m.035×0m,008, appliquées par des vis sur les traverses B et C. La traverse B reçoit les deux anneaux d'attache H, espacés de 0m,70; — i. Fers ronds formant claire-voie, d'un diamètre de 0m,03, et écartés de 0m,50 dans l'axe. Les fers i¹ sont d'un diamètre plus petit, 0m,025. Ces quatre fers sont pris dans des trous ronds percés dans les fers plats D. D'. Tous les angles du bois sont abattus par un chanfrein.

obligée de passer la tête au travers d'une cloison édifiée sur le bord antérieur de l'auge.

Cette cloison peut être remplacée par une sorte de barrière à large claire-voie, soutenue par de forts montants verticaux reliés entre eux par une traverse (*fig.* 557). Dans ces conditions l'animal prend librement sa ration, la gaspille moins, et ne se taquine pas avec ses voisins.

Le *système d'attache* adopté pour attacher les bœufs et les vaches aux mangeoires est constitué par une chaîne à trois ou quatre branches. Deux des branches forment collier; à cet effet, l'une se termine par un anneau et l'autre par une pièce droite qui entre dans l'anneau. L'autre branche ou les deux autres branches, suivant le cas, sont accrochées à deux anneaux fixés dans la mangeoire.

On favorise l'écoulement des liquides de l'étable au moyen de dispositions spéciales (*fig.* 558, 559). Les portes d'étables, qui sont en bois plein l'hiver, peuvent être à claire-voie l'été, à cause de la chaleur.

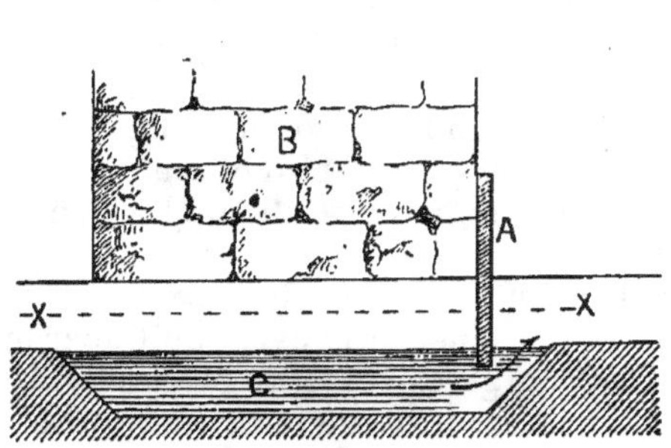

Fig. 558. — Siphon d'étable.

B. Mur ; — **C.** Cuvette ménagée à l'aplomb du mur B ; — **A.** Plaque scellée dont le bord inférieur pénètre dans la cuvette un peu au-dessous du plan **X**.

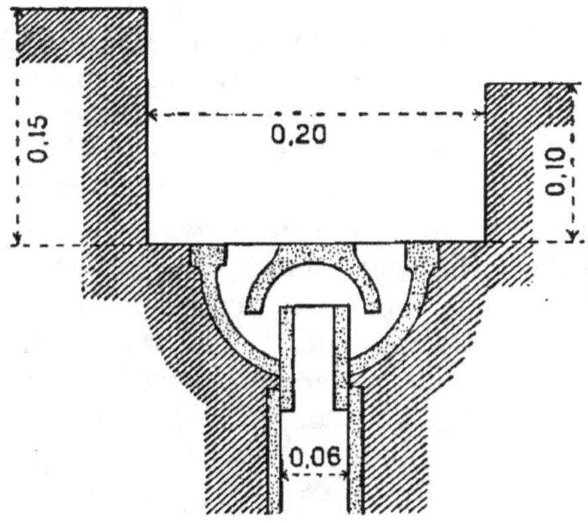

Fig. 559. — Coupe d'un siphon en fonte,

en usage lorsque les liquides de l'étable s'écoulent par une canalisation souterraine en tuyaux de grès de 0ᵐ,08 à 0ᵐ,10 de diamètre intérieur avec une pente de 0ᵐ,04 par mètre.

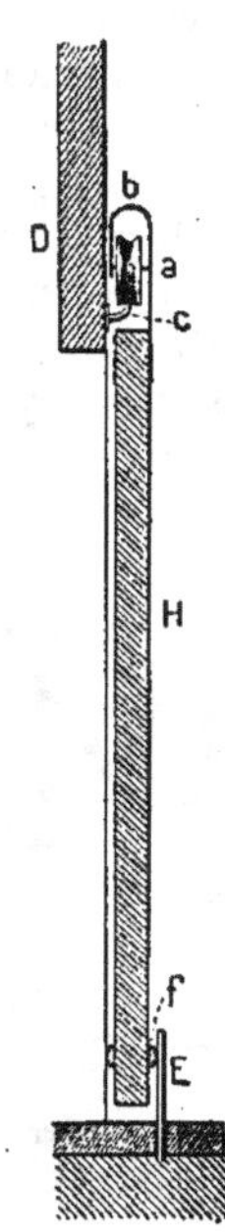

Fig. 560. — Coupe d'une porte d'étable à glissière.

a. Galet maintenu par la ferme *b*, boulonnée sur la porte **H** ; — *c.* Fer cornière qui s'étend sous l'imposte **D**, affleure l'intérieur de la construction, et se prolonge d'un côté le long du mur, auquel il est relié par des pattes à scellement ; — **E.** Pattes en fer scellées dans le sol, contre lesquelles glisse un fer demi-rond, *f*, fixé à la partie inférieure de la porte **H**, au moyen de vis à tête fraisée.

Un système à glissière (*fig.* 560) est d'un usage courant en raison de sa commodité. On l'emploie surtout dans les *bergeries*.

Bœuf de travail. Soins et dressage. — Les bovins sont moins sensibles que les chevaux aux variations de température. Cependant on ne doit pas négliger de bouchonner les bœufs qui rentrent du travail en état de transpiration, principalement lorsqu'on les met au pâturage entre deux attelées, ou pendant la nuit. Dans ce cas, l'emploi d'une couverture de toile ou de laine, qu'on enlève au bout d'une heure environ, évitera des refroidissements funestes.

Visiter souvent les pieds des bœufs, pour reconnaître l'état de la ferrure, et enlever les corps étrangers que l'on trouve parfois engagés entre les *onglons*.

L'enveloppe cornée qui revêt l'extrémité des deux doigts du bœuf, du mouton et du porc, est désignée sous le nom d'onglon. Au-dessus et en arrière des onglons, on distingue deux petits onglons rudimentaires appelés *ergots*.

On commence le dressage du bœuf vers l'âge de deux ans. En principe, le bouvier doit opérer progressivement et s'abstenir de toute violence. La plupart des animaux ne deviennent méchants et rétifs que par suite des mauvais traitements d'un conducteur brutal.

Fig. 561. — **Jouguet ou joug frontal,**
permettant aux animaux, quoique accouplés, de conserver une certaine liberté d'allure : facilite les labours, surtout lorsqu'un des bœufs doit suivre le fond de la raie.

On obtient des animaux très maniables en procédant avec douceur et méthode. Le bouvillon reçoit le joug (*fig.* 561) à l'étable même. Il essaie d'abord de s'en débarrasser, mais après d'inutiles efforts, grâce aussi à quelques caresses, il finit par le supporter. On recommence le lendemain. Au bout de peu de temps, il est facile de l'atteler à côté d'un bœuf dressé, et en quatre ou cinq jours son éducation est achevée.

Si on ne dispose pas d'un animal expérimenté, et qu'on ne puisse obtenir le dressage par imitation, on *ajuge* les jeunes bœufs et on les attache avec une plate-longe qui passe sous le ventre de chacun d'eux. Une corde, reliée au joug ou aux cornes, est tenue par un homme qui marche devant sans se retourner, tandis qu'un autre conduit par derrière. On fait tirer d'abord une charge très légère, puis on l'augmente progressivement. En une semaine, le dressage est obtenu sans fouet et avec très peu d'aiguillon. Un bon bouvier se fait obéir non pas à coups d'aiguillon, mais par la parole. Une distribution opportune d'un aliment préféré stimule la docilité.

Le joug doit être fixé de façon à ce qu'il ne ballotte point, sans cependant déterminer des excoriations ou des plaies à la nuque par un ajustement et un serrage excessifs.

Il ne faut pas imposer aux jeunes animaux un travail trop pénible, qui nuirait à leur développement. Le pas du bœuf est lent et régulier ; si on oblige l'animal à l'accélérer, il se fatigue vite, s'irrite et se met hors d'haleine.

L'antique joug présente l'avantage d'être un appareil d'attelage fort simple, solide, de très longue durée et très peu coûteux.

Deux bœufs attelés à une charrue développent une très grande force; mais la manière fixe dont ils sont attachés au joug, et le joug à la charrue ou au chariot, présente quelquefois des inconvénients. La taille des deux compagnons doit être à peu près égale; en outre, leur position forcée et gênante rend leur marche plus lente et plus lourde. Dans les pays de montagne, l'inégalité des chemins force souvent les animaux à se tenir sur des plans différents, ce qui leur rend le tirage pénible et parfois même dangereux. La bête ne peut défendre ses yeux contre l'attaque incessante des insectes, à tel point qu'il est indispensable de les protéger par un filet ou des rameaux garnis de feuilles.

En Allemagne, l'emploi du collier, et surtout l'emploi d'un joug séparé, entrent peu à peu dans la coutume, car ils permettent de n'atteler qu'un seul bœuf et donnent plus de liberté à l'allure.

Les bœufs de travail doivent être ferrés.

Lait. — Le *lait* est le liquide sécrété par les *glandes mammaires* des femelles après la naissance des petits; il renferme tous les éléments nécessaires à l'entretien de la vie.

Quoique la mamelle de la vache semble former extérieurement un tout homogène, elle se compose en réalité de glandes bien distinctes ayant chacune leur trayon; cet animal possède donc normalement quatre mamelles et quatre tétines ou trayons.

Avant d'atteindre son fonctionnement parfait, la glande mammaire sécrète du *colostrum* (du latin *colostrum*, premier lait de la femelle après la délivrance).

Le colostrum est sensiblement acide, d'une coloration légèrement jaunâtre, visqueux, tachant le linge. Il a une faible propriété purgative qui le rend propre à chasser le *méconium* ou excréments spéciaux verdâtres qui se sont accumulés dans l'intestin du sujet pendant la dernière période de la vie intra-utérine; en outre, à cause de sa faible valeur nutritive, il est bien approprié à servir de transition entre la nutrition du fœtus et celle du nouveau-né à l'aide du véritable lait.

Le colostrum ne doit jamais être mélangé avec du lait destiné à la fabrication du beurre ou du fromage. Il faut attendre au moins sept à huit jours avant d'utiliser le lait des vaches fraîchement vêlées. De même, il serait nécessaire de garder pour les besoins immédiats de la ferme le lait des vaches en chaleur et d'écarter tous les mauvais laits provenant de vaches atteintes de mammites, malades ou en traitement, ainsi que ceux qui sont rougeâtres, bleutés, filants, amers, etc., sous l'influence de certains microbes.

Composition. — La composition du lait varie non seulement avec l'individualité de la bête qui la produit, mais encore avec les soins dont elle est l'objet, la date du vêlage, et surtout la nature de l'alimentation qu'elle reçoit. Par conséquent, le choix judicieux des aliments s'impose, car sans bon lait on ne saurait faire du bon beurre ou du bon fromage.

C'est pendant la première période de la lactation — d'une durée de 60 à 75 jours sur un total de 250 à 300 jours environ — que l'activité fonctionnelle est la plus grande; mais le lait sécrété en abondance est plus aqueux, et, toutes choses égales, de qualité moindre.

L'analyse nous apprend que l'on rencontre dans le lait :

Caséine, albumine (corps azotés)	40,00	
Sucre de lait (lactose)	50,00	
Beurre (matière grasse)	40,00	pour
Sels minéraux	7,00	1000 parties.
Eau	863,00	

La forte proportion d'eau que contient le lait est empruntée au sang, il est donc utile de faire entrer la plus forte proportion d'eau possible dans l'organisme de la bête laitière. On y arrive en stimulant sa soif à l'aide d'une ration de 15 à 30 grammes de sel par jour, et en lui offrant des boissons tièdes, des racines, des herbes fraîches, des aliments cuits, du son mouillé, des buvées, etc.

Le *lactose* est ce sucre spécial, faiblement sucré, qui communique au lait sa saveur douce. C'est un aliment de premier ordre, très utile à la maturation de la crème et des fromages à cause des fermentations qu'il subit. Le lactose devient, en effet, très rapidement la proie des nombreux ferments qui sont répandus dans le lait. Il est principalement sujet à la *fermentation lactique*.

Le ferment lactique, isolé par Pasteur, est un bâtonnet immobile, court et épais, qui mesure en moyenne 0,0017 de millimètre de longueur sur 0,003 à 0,006 de largeur. Ce microbe ne se développe qu'en présence de l'oxygène de l'air et se reproduit en se partageant en deux. Il transforme le sucre de lait en acide lactique et, conséquemment, il aigrit le lait.

Quelle que soit son origine, le lait sain présente une réaction légèrement acide, l'acidité augmente vite si la température est chaude, le ferment lactique trouvant les meilleures conditions de son développement entre 28 et 32 degrés centigrades.

Le lait se coagule en présence des acides, c'est-à-dire que la *caséine*, matière azotée de couleur blanche, passe à l'état insoluble et emprisonne, comme dans un réseau, les globules butyreux en suspension.

Tous les praticiens savent que la crème qui tend à devenir aigre lève plus lentement et incomplètement, et que les machines les plus perfectionnées sont impuissantes à écrémer le lait caillé. Mais il ne suffit pas d'éliminer les laits caillés ou reconnus de mauvaise nature à la simple vue ; il faut encore éliminer ceux qui sont en voie d'altération parce qu'ils contituent un véritable *levain* dangereux pour les bons laits auxquels on les mélange.

Les *fruitiers* des fromageries de gruyère ont eu maintes fois la preuve que 10 litres de mauvais lait peuvent provoquer en deux heures la décomposition de 500 litres d'excellent lait et les rendre impropres à la fabrication.

Moyen pratique pour reconnaître rapidement si un lait est en voie d'altération. — Le lait est un liquide éminemment altérable et il exige des soins attentifs pour être mis à l'abri des fermentations.

M. Miquel a montré que le lait qui renfermait 9 000 bactéries par centimètre cube deux heures après la traite en renfermait 120 000 neuf heures plus tard, et environ 5 000 000 au bout de vingt-quatre heures.

Le degré d'acidité permet d'apprécier assez exactement le degré d'altération d'un lait. Pour le mesurer on se sert d'un des acidimètres dont il a été déjà question (pages 324 et 336) ; on opère, en présence de quelques gouttes de phénol-phtaléine, avec une liqueur de soude neutralisant 10 milligrammes d'acide lactique par centimètre cube.

La burette de l'acidimètre (type Dornic) qui contient la liqueur de soude est divisée en 1/10 de centimètre cube. Vingt divisions représentent donc 2 centimètres cubes. On opère sur 10 centimètres cubes de lait. S'il faut 16 à 20 divisions pour colorer le lait en rose, celui-ci est parfait ; il possède 1 gr. 6 à 2 grammes d'acidité par litre. Au-dessus de 24, le lait est à rejeter. Avec 28 ou 30 divisions, le lait ne peut plus bouillir sans cailler et doit être rejeté.

Le lait qui caille spontanément dans les bidons demande 65 à 75 divisions et renferme 6 gr. 5 à 7 gr. 5 d'acide lactique.

Hâtons-nous d'ajouter que tout ceci dépend des *soins de propreté*, car le lait d'une vache saine et bien portante *ne contient pas de microbes*. Or, pour que le lait s'altère, la présence de microbes ou ferments est absolument indispensable.

Dès que les microbes tombent dans le lait, ils s'y multiplient — d'autant plus rapidement que la température leur est plus favorable — et attaquent le sucre en produisant de l'acide lactique.

Traite. — La conservation du lait dépend surtout de la manière dont on fait la *traite*.

Le seau qui sert à recueillir le lait au moment de la traite, ainsi que le récipient qui reçoit le lait après cette opération, doivent être lavés à l'eau bouillante additionnée de 5 à 6 pour 100 de cristaux de soude, ensuite brossés et rincés à l'eau pure et fraîche préalablement bouillie. Tous ces vases seront égouttés à l'abri des poussières et des mauvaises odeurs. Les récipients en fer-blanc, bien étamés, sont préférables aux récipients en bois, beaucoup plus difficiles à maintenir en bon état de propreté.

Ajoutons que, aussitôt la traite, le lait doit-être passé à travers un tamis très fin, lequel retient les impuretés accidentelles qui ont pu tomber dans le seau qui le contient, avant de prendre place dans le vase qui doit le recevoir, l'opération terminée.

Il est nécessaire de nettoyer chaque fois les trayons de la mamelle de la vache en évitant de laisser tomber quelques gouttes de l'eau de lavage dans le vase à traire. Les Danois complètent ces soins de propreté en passant une éponge mouillée sous le ventre de la bête afin d'empêcher la poussière emmagasinée entre les poils de tomber dans le lait. Ils ne négligent point d'attacher la queue de la vache à un objet fixe pour éviter les projections d'ordures dans le lait pendant la traite. Inutile d'ajouter que la personne qui fait la traite doit avoir les mains très propres, ainsi que ses vêtements.

L'air de l'étable ne doit pas être rempli de poussières, et pour cela, il faut que l'atmosphère y soit convenablement renouvelée et que la distribution des fourrages secs ou des litières ait lieu quelques minutes avant la traite et encore mieux après.

Il faut avoir soin de rejeter les quatre ou cinq premiers jets qui sortent de chaque trayon parce qu'ils renferment toujours du lait de la traite précédente et, comme leur canal est accessible aux microbes venant du dehors, ils risquent de contaminer le lait.

Les simples précautions que nous venons d'énumérer réduisent de 80 pour 100 environ le nombre des germes qui entrent dans le lait, ce qui lui assure, lorsqu'il est bien soigné, une conservation de dix-huit à vingt-quatre heures de plus.

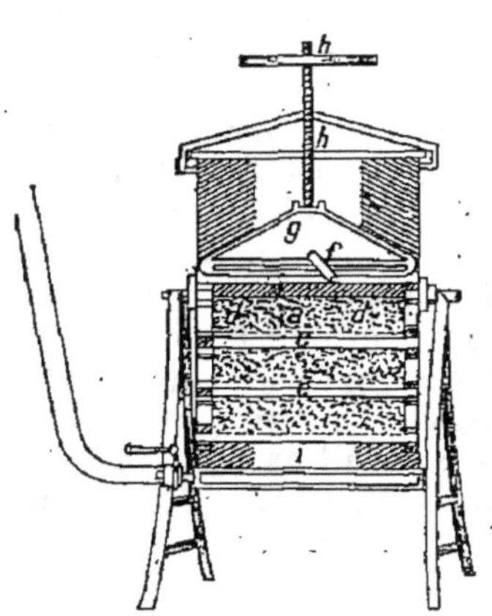

Fig. 562. — Filtre à gravier pour le lait.

i, arrivée du lait à filtrer; — *c,d,e*, compartiments mobiles; — *a*, gravier dans les compartiments; — *f*, sortie du lait filtré; — *h*, vis de pression; *g*, trépied de serrage des compartiments.

Soins à donner au lait après la traite. — Le lait doit être sorti de l'étable le plus vite possible et filtré. On le passe à travers une toile et on le refroidit.

Il existe des appareils spéciaux appelés « aérateurs » (*Bœggild, Fremad*), qui servent à la fois à filtrer le lait, à l'aérer et à le refroidir.

Dans les laiteries où l'on produit au moins 300 litres on utilise le filtre à gravier (*fig.* 562), du modèle ci-contre, qui possède une grande action filtrante à l'égard des corps étrangers (malpropretés et bacilles). Le gravier de rivière est préalablement lavé plusieurs fois à l'eau chaude additionnée de carbonate de soude. On le rince ensuite à l'eau, légèrement acidulée par l'acide chlorhydrique; puis, on le rince à nouveau à l'eau pure et on le stérilise en le soumettant à la chaleur pendant une heure.

Les moyens de conserver le lait en bon état, jusqu'au moment où il parvient au consommateur, ont été l'objet de nombreuses recherches.

Le procédé le plus pratique consiste, assurément, dans le chauf-

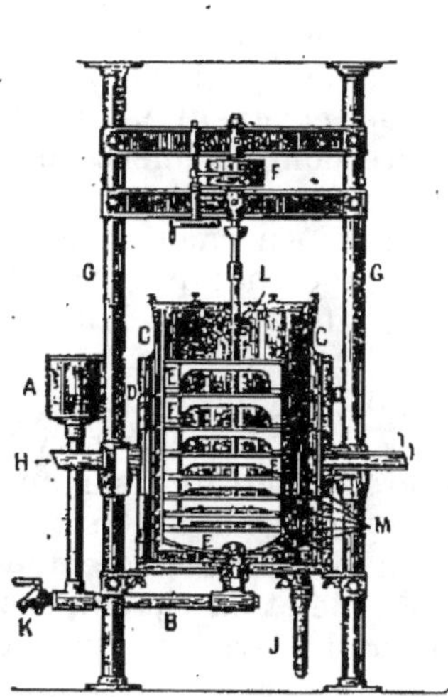

Fig. 563. — Pasteurisateur perfectionné pour le lait.

A. Entonnoir d'alimentation; — B. Tuyau d'alimentation; — C. Vase central étamé; — D. Double enveloppe extérieure; — E. Agitateur central à plateaux; — F. Mouvement de commande à poulies fixe et folle et débrayage; — G. Colonnes supports; — H. Arrivée de vapeur; — I. Echappement de vapeur; — J. Tuyau d'échappement de la condensation avec robinet d'air; — K. Robinet de vidange; — L. Sortie du lait chaud; — M. Cercles découpés en dents de scie pour l'égouttement de la vapeur condensée.

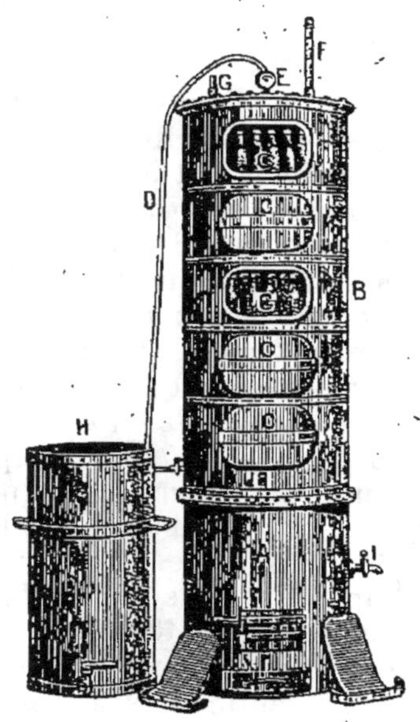

Fig. 564. — Stérilisateur pour le lait.

A. Foyer avec chaudière; — B. Stérilisateur proprement dit; — C. Porte de fermeture des compartiments; — D. Tuyau d'échappement de vapeur; E. Manomètre; — F. Thermomètre; — G. Robinet d'admission d'eau froide pour le refroidissement immédiat des bouteilles; — H. Baquet dans lequel plonge le tuyau d'échappement de vapeur; — I. Robinet de vidange de la chaudière.

fage du lait au bain-marie (*pasteurisation*) maintenu à la température de 70 à 75 degrés centigrades, pendant cinq ou six minutes, et suivi d'un brusque refroidissement à 12 ou 15 degrés. Le lait ainsi traité se conserve longtemps s'il est mis à l'abri des germes extérieurs. Les exceptions proviennent d'une mauvaise façon d'opérer.

Le pasteurisateur Hignette (*fig.* 563), simple et d'une conduite facile, donne d'excellents résultats.

Il ne faut pas confondre la *pasteurisation* avec la *stérilisation*, qui permet seule de conserver le lait intact pendant un temps indéfini. Cette dernière opération exige une température plus élevée; elle a pour but de détruire tous les germes contenus dans le lait en le portant à une température de 102 à 103 degrés centigrades pendant quinze minutes. Une température plus élevée donnerait au liquide un goût de cuit et une teinte jaunâtre.

Le modèle de stérilisateur à vapeur que représente la figure 564 possède un nombre variable de compartiments séparés les uns des autres par des grilles perforées sur lesquelles on place les bouteilles contenant le lait à stériliser. Des bouchons spéciaux permettent le dégagement des gaz pendant le chauffage, et ensuite, quand la bouteille est refroidie, rendent la fermeture complètement hermétique. Sous l'influence du vide fait à l'intérieur, la pression atmosphérique maintient le bouchon contre une rondelle en caoutchouc. Il existe divers systèmes de bouchons (mécanique, pneumatique, à canal incliné, à armature de fil de fer, etc.) qui ne mettent pas le lait en contact avec une rondelle en caoutchouc.

Épreuve du lait. — On éprouve le lait par la méthode densimétrique qui, malgré ses imperfections, rend de réels services lorsqu'elle est combinée avec l'épreuve crémométrique suivant le procédé Quesneville. Ce procédé consiste à rendre plus facile, plus complète et plus rapide la montée du lait dans le crémomètre en ajoutant 2 pour 100 d'une liqueur spéciale et en chauffant constamment au bain-marie à 40 degrés centigrades. La liqueur se compose de 225 centimètres cubes d'ammoniaque (poids spécifique, 0,93) mélangés à 32 centimètres cubes de potasse (poids spécifique, 1,34).

La densité du lait de vache varie en général entre 1,029 et 1,033; dans des cas exceptionnels, elle descend à 1,027 et s'élève jusqu'à 1,035. Si on ajoute au lait de l'eau (poids spécifique, 1), on diminue sa densité; mais si on enlève la matière grasse par l'écrémage (poids spécifique, 0,93), on élève sa densité. La méthode de vérification densimétrique est précisément basée sur les modifications de densité.

Le lactodensimètre le plus employé, par tradition, est celui de Quevenne. Le pèse-lait correcteur Langlet, ainsi que le thermolactodensimètre Dornic, sont à recommander.

Détermination de la matière grasse. — L'appréciation de la richesse du lait en matière grasse sous forme de crème, s'obtient à l'aide de divers procédés parmi lesquels nous distinguerons le lactobutyromètre Gerber (*fig.* 565), qui donne ses résultats en une vingtaine de minutes. C'est un tube de verre qui peut affecter deux formes : ouvert ou fermé à l'une de ses extrémités; il est aminci dans la partie médiane sur laquelle existe une graduation de 0 à 90. Chaque division représente 0,10 pour 100 de graisse.

Mais l'appareil véritablement industriel est l'appareil centrifuge du Dr Gerber (*fig.* 566), qui utilise les agents physiques et chimiques, et permet d'opérer à la fois sur un grand nombre d'échantillons. On dissout les parties *non-graisses* du lait par un mélange d'acide sulfurique pur de densité 1,182 et d'alcool amylique pur de densité 0,818 et incolore.

Au moyen d'une pipette spéciale, on mesure exactement 10 centimètres cubes d'acide qu'on introduit dans le lactobutyromètre précité, on ajoute 1 centimètre cube d'alcool amylique, puis 11 centimètres cubes de lait. On bouche soigneusement et on agite en retournant le tube quatre ou cinq fois, puis on le place dans un bain-marie chauffé à 60-70 degrés (*fig.* 567). Au bout d'un quart d'heure, on le met dans l'appareil centrifuge que l'on fait tourner pendant deux à trois minutes.

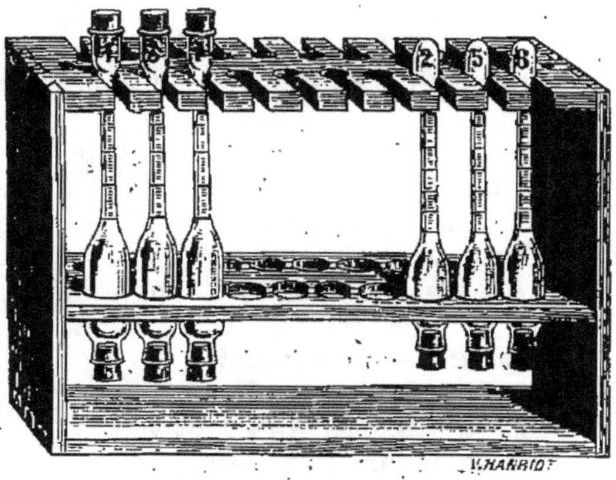

Fig. 565. — Étagère à lactobutyromètres facilitant la lecture sur la partie graduée de la hauteur de la colonne butyreuse.

(Langlet, constructeur à Paris.)

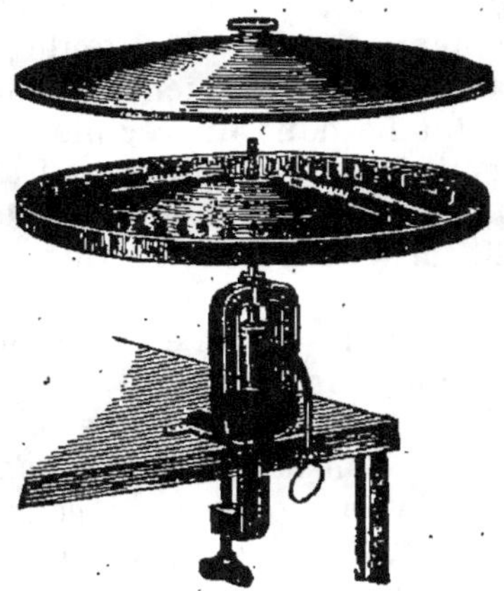

Fig. 566. — Acidobutyromètre du Dr Gerber, pour le dosage de la matière grasse contenue dans le lait.

Fig. 567. — Bain-marie chauffé par une lampe à alcool, permettant de porter à 60-70° les lactobutyromètres Gerber.

Après avoir arrêté, on enlève le lactobutyromètre, on le replace dans le bain-marie pendant deux à trois minutes et on lit prestement les degrés de crème séparée. Chaque petite division égale 0,1 pour 100 : soit 35 divisions 1/2 = 3,55 pour 100 ou 35 gr. 5 de graisse par litre.

Le dosage de la matière grasse fournit de précieuses indications pour la sélection des vaches laitières, ainsi que pour l'établissement des formules de leurs rations alimentaires.

Beurre. — Le beurre est le corps gras naturel qui se trouve en suspension dans le lait à l'état de globules.

Pour l'extraire du lait, on se livre à une série d'opérations qui se succèdent comme il suit :

1° *Écrémage*, c'est-à-dire séparation de la crème contenue dans le lait ;

2° *Barattage* ou agitation de la crème pour agglomérer les globules butyreux et les séparer du sérum ;

3° *Délaitage*, c'est-à-dire travail du beurre pour le débarrasser du sérum retenu par les globules butyreux après leur agglutination.

Lorsqu'on abandonne le lait frais au repos, dans un lieu bien frais (2 à 12 degrés), la matière grasse monte à la surface et y forme une couche plus ou moins épaisse appelée *crème*. La durée de la montée de la crème est de vingt-quatre à quarante-huit heures; on l'enlève de dessus les écrémeuses au moyen d'une sorte d'écumoire.

L'*écrémage* mécanique à 30 degrés centigrades, pratiqué avec les *écrémeuses centrifuges* dont l'industrie française livre d'excellents modèles (*Melotte* [*fig.* 568], *Couronne* [*fig.* 569], etc.), permet d'opérer immédiatement après la traite et d'obtenir à peu près toute la crème et non 80 pour 100 seulement comme avec l'ancien procédé. La crème contenant la matière grasse tombe dans un récipient et le petit-lait tombe dans un autre. Ce petit-lait est absolument frais et n'offre, par conséquent, aucun des inconvénients que présente, pour la nourriture des animaux, le petit-lait plus ou moins vieux et aigri.

On prépare une nourriture excellente pour les veaux en additionnant chaque litre de lait écrémé de 50 grammes de fécule. On met sur un feu doux un peu moins de la moitié du lait destiné au repas et toute la fécule nécessaire, puis on agite constamment jusqu'au premier bouillon pour empêcher la fécule de s'agglomérer en *mottons* et de brûler. Il ne reste plus qu'à verser ce mélange dans la portion du lait écrémé qui n'a pas été chauffée et, ainsi refroidi, il peut être bu de suite.

L'élevage du veau de boucherie ou « veau blanc » se pratique surtout chez le petit cultivateur, qui le nourrit pendant dix à douze semaines en moyenne. L'emploi exclusif du lait ne tarderait pas à devenir onéreux, car le veau absorbe bientôt une douzaine de litres et lorsqu'il dépasse le poids de 100 kilogrammes sa consommation atteint 14 à 16 litres par jour.

Voici quelques succédanés du lait que l'expérience recommande :
par litre de lait écrémé : 1° farine de riz et farine de malt 35 à
45 grammes suivant l'âge ; 2° 30 à 40 grammes de graine de lin en
décoction ; 3° 40 grammes d'oléo-margarine.

Si la crème a été séparée mécaniquement ou si elle est montée à
basse température, elle n'a subi aucune altération du fait des *organismes vivants* qui constituent les *ferments du lait*, on doit donc la placer
dans des vases pendant vingt-cinq heures environ, à la température

Fig. 568. — Écrémeuse Melotte
à bras.

Sur la partie supérieure se trouve un bac réservoir en
fer-blanc, dans lequel on reçoit le lait après la
traite.

Fig. 569. — Écrémeuse centrifuge « la Couronne »,
mue au moteur et conve-
nant à la grande industrie.
1 100 tours par minute.
Débit à l'heure, 700 litres.

de 14 à 15 degrés, pour qu'un commencement de fermentation lui
communique une légère réaction acide qui développe l'arome du
beurre. Des expériences méthodiques de Storck, savant danois, il
résulte, d'une façon indiscutable, que les ferments retirés des laiteries réputées pour la finesse et la distinction de leurs beurres améliorent les produits inférieurs des autres laiteries. Il y a certainement
intérêt à se pourvoir de cultures pures de ces bons ferments afin
d'obtenir une *maturation* plus parfaite de la crème et, par suite, un
beurre imprégné d'un arome plus agréable et se conservant bien.

On obtient un meilleur résultat en refroidissant promptement
la crème après son écrémage et en la ramenant ensuite à une température de 12 à 20 degrés.

Ce refroidissement rapide de la crème a pour but d'obtenir son acidification à la température la plus convenable, qui est d'environ 18 degrés. A cette température la maturation s'opère dans une vingtaine d'heures. Une maturation insuffisante donne un beurre à arome peu

Fig. 570. — Baratte
à piston.

Fig. 571
Batte.

Fig. 572. — Baratte normande.

développé, mais une maturation exagérée donne une saveur rance.

Il est facile de déterminer exactement le degré d'acidité de la crème à l'aide d'un acidimètre.

Le *barattage* s'effectue dans les *barattes* (*fig.* 570 à 573) à la température de 14 à 18 degrés. On désigne sous le nom de *baratte* l'instrument employé pour réunir les molécules butyreuses de la crème et les séparer du lait. Il en existe aujourd'hui d'un modèle très perfectionné qu'il est facile d'entretenir dans un état de propreté absolue. Avec la baratte normande (*fig.* 572), l'opération dure vingt à trente minutes.

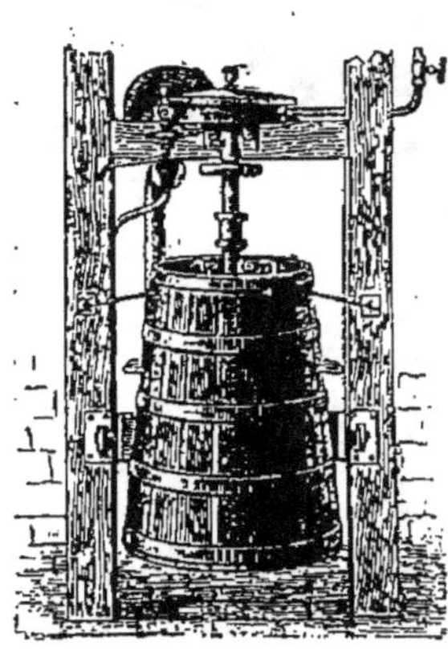

Fig. 573. — Baratte danoise,
à axe tournant, munie de
palettes.

Au sortir de la baratte, les globules butyreux agglomérés sont mêlés à un liquide blanchâtre : le *lait de beurre*. Le *délaitage* a pour but de séparer le beurre de ce liquide. On l'opère à l'eau ou à sec; ce dernier procédé est le meilleur. L'appareil qui sert à obtenir mécaniquement le délaitage du beurre est une espèce d'*essoreuse*. Le mélange de beurre et de lait de beurre enfermé dans une enveloppe finement perforée est soumis à un mouvement de rotation rapide : le solide se trouve retenu par l'enveloppe, tandis que le liquide, entraîné par la force centrifuge, s'échappe à travers les perforations et tombe dans la boîte extérieure. Une température inférieure à 16 degrés est très favorable.

La *délaiteuse centrifuge* n'existe encore que dans les grandes installations. Le *malaxeur* est beaucoup plus répandu ; il est destiné à délaiter, à laver et à saler le beurre au sortir de la baratte.

Le *malaxage*, tel qu'il se pratique en Normandie, consiste à faire passer le beurre, transporté par une table conique tournant autour de son axe, sous un rouleau cannelé animé d'une vitesse de rotation en rapport avec celle de la table. Après son passage sous le rouleau, le beurre se trouve laminé et la pression à laquelle il a été soumis lui a fait perdre une partie de son eau. On le soumet un certain nombre de fois à l'action du rouleau en observant de le présenter chaque fois dans un sens différent.

Il faut se garder de pousser le malaxage trop loin, car la tritura-

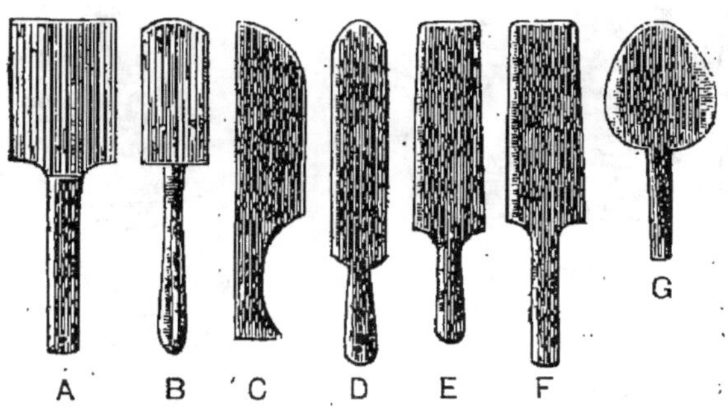

Fig. 574 à 580. — Petit outillage en buis
pour beurreries.

A. Spatule droite cannelée ; — B. Spatule ronde cannelée ; —
C Couteau à beurre ; — D. Couteau à beurre ; — E. Spatule plate
unie ; — F. Pelle creuse pour mottes rondes ; — G. Palette.

tion prolongée de la pâte en renouvelant les surfaces exposées à l'air et par conséquent à l'oxydation, fait perdre au beurre une partie de ses principes aromatiques.

On construit de petits malaxeurs dont la table est fixe et le rouleau mobile sur son axe. Ce rouleau est attaché, par son petit bout, au centre de la table autour de laquelle il peut tourner. L'écoulement de l'eau provenant du lavage, etc., se fait au centre de la table.

Un bon beurre ne contient pas moins de 80 pour 100 de matière grasse ; celle-ci s'élève rarement à 89, sauf dans les beurres vieux qui ont perdu leur eau par évaporation. La teneur en eau varie de 10 à 15 pour 100. La quantité de protéine, sucre de lait, acide lactique, etc., est, en général, de 1,4 pour 100. Son point de fusion est à 34-35 degrés. On reconnaît qu'un beurre est bien délaité lorsque, en le coupant, on ne voit suinter aucune goutte de liquide blanchâtre sur la section.

Ensuite on malaxe le beurre délaité, à l'aide d'instruments divers (*fig.* 574 à 580), avant de former les mottes. Les grandes

beurreries emploient des malaxeurs mécaniques (*fig.* 581, 582).
Les diverses opérations de la fabrication du beurre exigent une
extrême propreté. Tous les ustensiles doivent être lavés à l'eau bouillante additionnée de 3 à 4 pour 100 de carbonate de soude, puis rincés soigneusement à l'eau froide.

Le *beurre frais* se conserve peu de temps, surtout en été. On prolonge la durée de sa conservation en l'enveloppant dans certains
papiers spéciaux qui le mettent, autant que possible, à l'abri du
contact de l'air.

Mais lorsqu'on veut le garder plus longtemps, on le sale ou on le

Fig. 581. — Malaxeur
horizontal marchant
au moteur ou à bras,
pour moyenne indus-
trie beurrière.

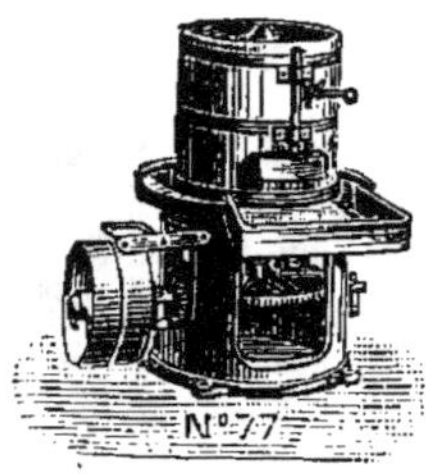

Fig. 582. — Malaxeur
vertical à travail con-
tinu, pour moyenne
et grande industrie
beurrière.

fond. Le sel est incorporé intimement à la masse par une énergique
malaxation. Le *beurre demi-sel* renferme 1 à 3 pour 100 de sel; dans
le *beurre salé*, cette proportion oscille entre 4 et 8 pour 100.

On fond le beurre au bain-marie et on le conserve dans des vases
en grès après l'avoir passé à travers un tamis fin. Quand il est refroidi,
on le recouvre d'une légère couche de sel et on ferme hermétiquement.

L'emballage des beurres demande à être soigné. Sous ce rapport,
les Américains et les Danois ont réalisé de grands progrès. Nos expor-
tations en Angleterre se font généralement par caisses en bois blanc
et léger dans lesquelles le beurre est mis en rouleaux de 2 livres anglaises (910 gr.). Les beurres à destination de l'Algérie, etc., sont parfois enfermés dans des boîtes en fer-blanc. En refroidissant les
beurres assez fortement ($+$ 2 à 3° centigrades) et en les enveloppant
de substances isolantes, on réaliserait d'excellentes conditions pour
le transport au loin.

Lait caillé. — Le lait, abandonné dans un vase ouvert, surtout pendant une journée chaude, ne tarde pas à *tourner*, c'est-à-dire à se
coaguler spontanément. Ce phénomène s'explique très bien, étant

donnée la composition du lait. Au moment de la traite, le lait normal est très légèrement acide, mais l'acidité s'accentue lorsque les ferments lactiques transforment le lactose ou sucre de lait en acide lactique. La caséine ne peut plus rester en solution, par suite de l'acidité du milieu, et elle se coagule d'autant plus vite que la température est plus élevée.

Donc, le *caillé* n'est autre chose que la caséine coagulée. Comme nous venons de le voir, cette coagulation peut se faire spontanément comme corollaire de la fermentation lactique, mais on l'obtient aussi par l'addition au lait de quelques gouttes d'un acide ou de présure.

La *présure* est le ferment coagulant de la caséine que sécrète la *caillette* du veau soumis au régime exclusif du lait. Nous savons que la caillette est la troisième poche de l'estomac des ruminants. Les caillettes lavées et saupoudrées de sel sont conservées dans des vases de grès; on les désigne commercialement sous le nom de peaux, de mulettes, etc. Pour préparer la *présure ordinaire liquide*, on choisit une caillette exempte de taches et de mauvaises odeurs, on la fait égoutter, puis sécher et on la coupe ensuite en lanières que l'on met à infuser dans de l'eau salée ou même du vin blanc, de l'eau acétifiée avec un peu de bon vinaigre. Il faut un litre d'eau pour 14 à 16 grammes de caillette, à la température de 31 à 36 degrés. Au bout d'une quarantaine d'heures l'infusion est complète et la présure est terminée. Son maximum d'action coagulante a lieu vers 41 degrés centigrades; il suffit de très peu de présure — une quinzaine de grammes — pour faire cailler 100 litres de lait.

Les sucs de certaines plantes provoquent la coagulation du lait, notamment ceux de la fleur du cardon sauvage (*cynara cardunculus*).

Le caillé de lait est employé comme mordant et épaississant pour l'impression des étoffes; dissous dans de l'eau saturée de borax, il donne une bonne colle dont les ébénistes se servent pour coller le bois.

La fabrication du beurre ou du fromage façon **gruyère**, etc., laisse comme résidu le petit-lait, dont on peut faire du fromage (aisy ou sérac), mais qui est ordinairement donné en nourriture aux porcs et aux veaux.

Maladies qui attaquent le plus communément les bêtes bovines. — *Accidents pléthoriques.* Une nourriture trop substantielle provoque des accidents pléthoriques, principalement sur les sujets à tempérament sanguin qui passent trop vite de l'état de maigreur à l'embonpoint. Ces accidents sont habituellement des congestions, des coups de sang, de l'hématurie ou pissement de sang, des paralysies, toutes affections très promptes et presque toujours mortelles qu'il importe de prévenir par des saignées de précaution.

L'animal que la pléthore sanguine menace mange moins longtemps ; sa démarche est plus vive, comme saccadée ; son œil est plus vif, plus coloré et injecté ; sa peau, plus foncée en couleur, est souvent le siège de prurit, tandis que l'anus, sec et propre, annonce la constipation. En présence de pareils symptômes, on doit ouvrir largement la veine et tirer 3 kil. 500 à 5 kilogrammes de sang, suivant la force du sujet.

Le *météorisme* ou *tympanite* est une indigestion du rumen qui affecte assez souvent les bêtes mises au vert. La luzerne et le trèfle mouillés l'amènent facilement.

Le traitement doit être en rapport avec le degré d'intensité de la maladie. Les frictions sèches pratiquées sur l'abdomen, le bâtonnement du pharynx avec une tige bien lisse et recouverte à son extrémité d'un linge doux et huilé suffisent quelquefois pour faire disparaître une indisposition légère. On peut essayer d'arrêter la formation des gaz (fermentation) qui s'accumulent dans le rumen en administrant des breuvages salés (250 à 400 grammes de sel marin pour les grands animaux ; 20 à 30 grammes pour le mouton et la chèvre). Si le ballonnement progresse et que l'asphyxie menace, il faut alors ponctionner le rumen au *flanc gauche* avec un *trocart* approprié, long de 16 à 20 centimètres, d'un diamètre de 8 à 10 millimètres (*fig.* 583). La ponction doit être faite au centre du flanc, en un point également distant de la hanche, de la dernière côte et des apophyses transverses des vertèbres lombaires.

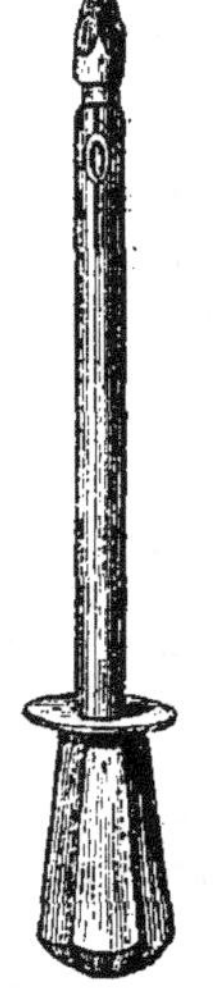

Fig. 583.
Trocart.

Lorsqu'on opère sur les grands ruminants, il convient de faire tout d'abord une boutonnière cutanée pour faciliter la pénétration du trocart, que la main gauche tient perpendiculairement la pointe appliquée dans l'incision ; un coup sec frappé sur le manche de l'instrument, avec la paume de la main droite, fait pénétrer la pointe dans le rumen. La tige du trocart retirée, on assujettit la canule à l'aide de liens.

A défaut de trocart, on utilise un couteau et on remplace la canule du trocart par un tuyau en sureau ou en roseau que l'on assujettit sur le rumen. Des infusions vineuses et aromatiques administrées plusieurs fois dans la journée favorisent le retour de la rumination.

Maladies charbonneuses. — Les maladies charbonneuses sont des maladies virulentes et contagieuses. On distingue la *fièvre charbonneuse* (sang de rate, pissement de sang) et le *charbon symptomatique*, particuliers à l'espèce bovine. Leurs effets sont souvent foudroyants : le sang est profondément altéré, une ou plusieurs tumeurs cutanées inflammatoires apparaissent accompagnées d'écoulements sanguins par les orifices naturels. Les méthodes de *vaccination* que nous devons au génie de Pasteur permettent de protéger les troupeaux contre ces maladies redoutables.

Péripneumonie. — La *péripneumonie contagieuse* des bêtes bovines entraîne des lésions graves de l'appareil respiratoire. Suivant qu'elle a une forme rapide ou lente, on la dit *aiguë* ou *chronique.*

La péripneumonie s'accuse par une fièvre intense et une forte élévation de température, une grande tristesse, un abattement profond, très peu ou point d'appétit, cessation de la rumination, une soif vive, le tarissement des mamelles, des frissons, des signes d'indigestion, quelquefois un léger météorisme. Vingt-quatre heures ou quarante-huit heures après, les poumons sont affectés, une toux rare, faible, avortée se déclare, la respiration s'accélère, accompagnée d'une plainte (*téguement*) facile à provoquer en percutant la poitrine avec le poing. Par la percussion, on constate une résonance moindre ou une matité plus ou moins complète dans la partie inférieure du thorax.

La péripneumonie n'attaque qu'une seule fois le même animal et c'est en se basant sur ce fait que le D⟨r⟩ Willems, de Hasselt, parvint à la découverte de l'inoculation préservatrice. L'inoculation du liquide péripneumonique, à l'extrémité de la queue, donne le maximum d'effet quand elle est pratiquée *préventivement;* mais si l'animal est déjà atteint par la maladie, les résultats sont variables.

Lorsque les animaux succombent après avoir été inoculés, il faut établir, le cas échéant, « que la mort s'est produite à la suite des complications amenées par l'inoculation », car l'indemnité allouée n'est due que dans ce dernier cas.

Peste bovine ou *typhus.* — C'est une maladie contagieuse des ruminants. Ses principaux symptômes sont : fièvre, inappétence, assoupissement comateux, dos voussé, tremblements, diarrhée fétide, coloration rouge brique des muqueuses. Des petites masses jaunâtres apparaissent sur la muqueuse buccale; jetage de mucosités purulentes à odeur infecte.

La peste ne comporte pas de traitement et « la mesure suprême de l'abatage doit être appliquée avec rigueur et sans aucun retard ». (Circ. minist. du 20 août 1882.)

La destruction complète des cadavres des animaux affectés de typhus est indispensable, le transport et l'utilisation des viandes exposant à la contagion. La persistance de la virulence dans les débris cadavériques nécessite l'application rigoureuse de mesures sanitaires à l'égard des cadavres des animaux morts ou abattus pour cause de maladies contagieuses. Ces sages mesures ont pour but d'éviter la formation de nouveaux foyers d'infection, d'empêcher la dissémination de la maladie et de prévenir leur transmission à l'homme.

Les cadavres doivent être enfouis « dans un terrain du propriétaire et l'emplacement doit être agréé par le maire ». Les fosses seront creusées dans des lieux écartés et de préférence en terrains calcaires ou siliceux, maigres, peu humides, à dessiccation facile, où les vers de terre ne peuvent vivre. Il a été établi que les lombrics ramènent à la surface du sol, avec leurs déjections, les spores ou germes des maladies. On recouvre les cadavres d'une couche de terre de 1ᵐ,50 au moins, après les avoir couverts de chaux vive, de chlorure de chaux, etc.

Toutes les fois que les circonstances le permettront, les cadavres seront détruits par la *crémation* ou par la *solubilisation* dans l'acide sulfurique (voir page 88).

Les étables doivent être désinfectées par projection d'une solution chaude de chlorure de chaux à 1 pour 100 à l'aide de la pompe foulante. Grattage et lavage des mangeoires, râteliers, etc. Réfection du sol. Le nouveau sol est formé de terre mélangée avec 10 pour 100 de goudron, d'huile lourde de gaz, etc. Flambage des objets en fer et destruction par le feu des éponges, licols, cordes d'attache. Lavage énergique des voitures, harnais, avec la lessive bouillante de potasse ou de soude et le chlorure de chaux.

Mammite. — La mammite contagieuse des vaches laitières présente des symptômes peu accusés; il y a seulement écoulement d'un lait jaune, plein de grumeaux, dégageant une odeur fétide caractéristique.

Le traitement curatif consiste en injections antiseptiques. On pratique dans les trayons des mamelles malades des injections avec une solution chaude d'acide borique ou de crésyl à 8 ou 10 pour 100. Injecter environ 100 grammes de cette solution après la traite. A l'extérieur, faire chaque jour deux bonnes onctions de pommade camphrée sur la mamelle. Désinfecter l'étable suivant les procédés que nous avons indiqués à plusieurs reprises.

Il est préférable, à notre avis, de cesser la mulsion, d'isoler les malades et de les engraisser pour la boucherie. Lorsque le mal est bien développé, la glande est perdue pour la lactation.

Fièvre aphteuse. — La *fièvre aphteuse, cocotte* ou *stomatite aphteuse* est une *maladie contagieuse*. Elle se montre plus particulièrement sur les grands ruminants, mais on peut l'observer sur le mouton, la chèvre, le porc, le cheval, le chien, etc. Au début, on observe de la fièvre, des frissons, de la tristesse, la bête n'a point d'appétit; la peau est chaude, le mufle sec, la marche pénible. Vers le deuxième ou le troisième jour, les aphtes, sortes de petites vésicules blanchâtres, apparaissent et empêchent la mastication, les animaux boitent. Peu après, les vésicules s'ouvrent et forment une ulcération dont la matière peut transmettre le mal. Il faut observer une très grande propreté et employer sur toutes les parties où les aphtes se développent les émollients, les calmants, les caustiques légers. Le lait des vaches atteintes de fièvre aphteuse peut être nuisible s'il est consommé non bouilli.

La cocotte n'a pas généralement d'issue fatale, mais elle entrave ou tarit la production du lait et rend quelquefois l'engraissement impossible pendant la saison d'herbage.

Cette maladie, très subtile, très insidieuse dans sa marche, fait de fréquentes apparitions et ne rencontre que peu de réfractaires. Aussi, quand elle apparaît dans une contrée, est-il difficile de s'en préserver et met-elle très longtemps à disparaître.

Plaies. — Les *plaies*, plus ou moins superficielles, produites par des coups de cornes, etc., sont longues à guérir en prairie et retardent l'engraissement des animaux irrités par la présence continuelle des mouches et de leurs larves; ils se livrent à des mouvements désordonnés, mangent moins et ne tardent pas à maigrir.

S'il y a légère *hémorragie* (écoulement de sang), on recourt aux compresses d'eau froide, d'eau alcoolisée et surtout de perchlorure de fer. Un peu plus tard, on débarrasse la plaie des caillots sanguins et on la lave avec des liquides antiseptiques (eau phéniquée à 3 pour 100; liqueur de Van Swieten), puis on la recouvre de vaseline boriquée ou iodoformée. L'emploi de l'huile de cade, que l'on obtient par la carbonisation du bois de genévrier en vase clos, favorise la cicatrisation en chassant les insectes.

Piqûres d'insectes. — Les *guêpes*, les *abeilles*, etc., s'attaquent parfois aux animaux domestiques. Certains diptères à corps épais, tels que les *taons*, les *chrysops* aux yeux chatoyants (taon aveuglant), sont armés d'une forte trompe avec laquelle ils percent le cuir des bestiaux pour sucer leur sang.

Les piqûres de ces insectes provoquent des tumeurs chaudes, dures sur tout le corps, ne s'abcédant pas. Celles de l'abeille amènent des symptômes d'empoisonnement quand elles sont nombreuses.

Les taons se montrent depuis le mois de juin jusqu'au mois d'août. On recommande, comme traitement préventif, de laver le corps de l'animal avec une solution de teinture d'aloès dans l'eau (teinture, 5 pour 100) ou une décoction de feuilles vertes de noyer. Graisser les harnais avec l'huile de laurier. Comme traitement curatif, les lavages à l'eau fraîche suivis de lotions d'eau vinaigrée donnent de bons résultats. Dans le cas de piqûres d'abeilles, injections sous-cutanées de caféine, 50 centigrammes.

Les *œstres* sont aussi des diptères. Il en existe un grand nombre de variétés. L'insecte parfait n'est pas dangereux, mais ses *larves* vivent en parasites sur les bœufs, chevaux, moutons, etc. Les œstres ont le port d'une grosse mouche velue aux ailes écartées; ils fréquentent les bois et les pâturages et harcèlent les bestiaux pour déposer leurs larves aux lieux d'élection. Les larves, armées de plusieurs rangées de crochets, vivent dans le tube digestif, dans les cavités buccale et nasale, sous la peau. Au moment de leur métamorphose en chrysalides, ces larves abandonnent leur hôte temporaire et tombent à terre où elles s'enfoncent pour devenir insecte parfait au bout de quelques semaines.

L'œstre du bœuf dépose ses œufs dans le tissu sous-cutané, tandis que l'œstre du mouton les introduit dans les narines. L'œstre des solipèdes pond sur le poitrail et les genoux; la larve provoque un prurit qui incite le cheval à se lécher, ce qui amène son absorption et son introduction dans l'appareil digestif, aux parois duquel elle se fixe.

Quelques espèces de *poux* vivent sur le cheval, le bœuf, le mouton. Ces insectes, visibles à l'œil nu, déterminent des démangeaisons violentes, avec dépilation et amaigrissement. On détruit ces parasites par insufflation, sous les poils, de poudre de pyrèthre et des lotions avec la solution de tabac au 1/10. Désinfecter les harnais, les locaux avec la solution de carbonate de soude et la solution de tabac.

Les Ovidés.

Les *bêtes ovines* ou *ovidés* se divisent en *moutons*, *béliers* et *brebis;* ils appartiennent à l'ordre des mammifères *ruminants*.

Le *mouton* est l'individu mâle émasculé, qui n'a de valeur que comme producteur de laine et de viande. Les effets de la *castration* sont d'autant meilleurs que les animaux sont châtrés plus jeunes.

Le *bélier* est le mâle reproducteur.

La *brebis* est la femelle adulte.

On donne le nom d'*agneau* au petit mâle de la brebis, tandis que la femelle est dite *agnelle*.

Les jeunes ovins qui portent leurs deux premières dents d'adultes s'appellent *antenais* lorsqu'ils sont mâles, et *antenaises* lorsqu'ils sont femelles. Ils conservent ce nom jusqu'à ce que les premières mitoyennes soient sorties.

Dans l'agriculture des pays civilisés, le mouton est à la fois producteur de laine et producteur de viande, mais les aptitudes des différents types acquis par la culture sont, sous les deux rapports, très variables. Il y a une différence énorme entre la viande du southdown ou du berrichon et celle du barbarin ou du mouton touareg à longues jambes; de même, il y a une distance énorme entre la toison de ce dernier et celle du mérinos. Chez le mouton touareg, habitant des régions tropicales, le poil jarreux a remplacé le poil laineux qui atteint son maximum de développement chez le mérinos.

Chaque région possède une variété de mouton qui lui est adaptée.

Les variétés placées dans les milieux les plus favorables et qui ont été l'objet d'une sélection judicieuse présentent naturellement une plus forte proportion de beaux types. C'est par un choix rigoureux des reproducteurs que l'on parvient à améliorer les races et à les rendre homogènes.

Races. — Les principales *races* établies en France sont les suivantes :

La *race mérinos* ou *mérine* (*fig.* 584) fut introduite d'Espagne en France en 1776, sous le règne de Louis XVI et le ministère Turgot. Un troupeau installé en 1786 à la bergerie de Rambouillet, qui appartenait au domaine royal, est devenu la souche du type connu aujourd'hui

sous le nom de *mérinos de Rambouillet*. Ce mérinos est un animal robuste, à la tête busquée portant des cornes volumineuses dont les spires entourent l'oreille, qui est courte et horizontale. Membres forts. La toison, composée de brins très fins, couvre toujours le front et va souvent sur la face jusqu'au bout du nez.
Elle s'étend partout et descend quelquefois jusqu'aux onglons.

La culture a produit divers types parmi lesquels nous signalerons : le *mérinos de la Crau*, de petite taille, à la tête forte pourvue de grosses cornes, aux membres un peu longs. Très rustique; réussit en Algérie. Le *mérinos du Châtillonnais*, descendant du troupeau que Turgot confia à Daubenton en 1776, est un animal de taille moyenne (0^m,65 à 0^m,68) dont la conformation générale est excellente. Le type *sans cornes* est

Fig. 584. — Race mérinos (bélier).

particulièrement recommandable. Sa viande est de bonne qualité et sa toison moyennement tassée est remarquable par la longueur, la finesse et la force de ses brins : elle pèse de 4 à 5 kilogrammes pour un poids vif de 40 à 50 kilogrammes. Le *mérinos du Soissonnais*, le *mérinos de la Beauce*, qui est le plus grand de tous les mérinos français. Sa taille atteint 80 centimètres et au delà. Peau épaisse et plissée sur tout le corps, mais surtout au col; son développement est tardif et sa viande de qualité secondaire, car il a été trop longtemps exclusivement cultivé en vue de la laine, qui, cependant, manque de douceur et de nerf : elle est classée au dernier rang des laines mérinos.

Fig. 585. — Race flamande (bélier).

Fig. 586. — Race berrichonne (brebis).

La *race berrichonne* (Indre) [*fig.* 586]. Formes régulières et amples (50 kilogrammes), toison tassée, blanche ; elle est considérée comme la meilleure laine indigène après celle du mérinos. Chair succulente et de qualité supérieure. Ce type figure dans les croisements d'où est sorti le type de la *charmoise*.

Race de Sologne ou *solognote*, plus haute sur jambes et plus mince que la précédente. Laine frisée; tête et jambes roussâtres. Très rustique.

Race auvergnate, dont la face et les membres sont marqués de taches noires; fournit une chair savoureuse et une toison grossière. Les moutons *auvergnats* ou *morvandiaux* sont plus petits que les berrichons.

Les *races gasconnes* ou *du Midi* comprennent les types *agenais*, *lauraguais*, du *Larzac*, etc. Cette dernière variété du type lauraguais fournit le lait avec lequel on fabrique le fromage de Roquefort (Aveyron). Elle donne une viande assez estimée, mais la laine est commune et longue. La tête et les jambes sont nues. La brebis du Larzac, sobre et rustique, est une bonne laitière.

Fig. 587. — Race de Southdown (bélier).

Parmi les races étrangères, nous citerons : la *race de Southdown* (*fig*. 587) ou *mouton des dunes* (Sussex, Angleterre) et la *race de Dishley* ou *New Leicester* (*fig*. 588), qui ont été très habilement sélectionnées et améliorées en vue du développement charnu et de la précocité.

Le *southdown* est très remarquable par sa vigueur, la qualité supérieure de sa viande et aussi par sa précocité. Le développement est atteint en deux ans. Ce mouton, dont la peau est tachée de brunâtre à la face et aux jambes, possède un corps cylindrique, une tête petite, sans cornes, des oreilles dressées, une laine courte assez fine.

Fig. 588. — Race de Dishley (brebis).

Le *dishley* a une tête petite, sans cornes, à profil droit; les jambes sont hautes; le squelette est ample, mais léger; le dos très large et plat; la côte ronde. Ce mouton est très apte à l'engraissement, mais il est peu rustique et exige une nourriture substantielle et abondante. Son tempérament lymphatique le rend lent et paresseux.

La conformation générale du dishley répond bien aux désirs de son éleveur, Bakewell, qui disait : « Le corps d'une bête de boucherie bien conformée doit ressembler à un tonneau, la ligne du dos étant droite depuis le garrot jusqu'à la queue; les os fins, les fesses longues et charnues. »

Fig. 589. — Race cheviot (brebis).

Les races anglaises sont plus exigeantes que les races françaises et souvent ces exigences sont au-dessus de la situation économique du pays d'élevage. Le dishley ferait triste figure en Algérie, où une race agile, vigoureuse et rustique est seule capable de supporter le climat, sans abris, et les fatigues de la transhumance. En bon musulman qu'il est, le pasteur indigène compte trop sur la Providence pour le soin de ses troupeaux !

Élevage du mouton. — L'*élevage* des moutons est en parfaite harmonie avec l'agriculture extensive, céréale et fourragère, qui pratique la jachère ou qui dispose de terrains incultes. Il est encore possible dans les pays où subsiste la *vaine pâture*, le *parcours*.

La *vaine pâture* est la faculté que possèdent les habitants d'une commune d'envoyer leurs troupeaux pâturer sur certains terrains communaux. Le *parcours* est la faculté que possèdent deux ou plusieurs communes d'envoyer réciproquement leurs troupeaux pâturer sur leurs territoires respectifs. Ces usages remontent au moyen âge.

Devant les progrès culturaux qui ont amené le défrichement des terres incultes et l'adoption de la culture intensive et continue productrice de racines fourragères, les moutons ont diminué en France pour céder la place au gros bétail, dont l'exploitation est plus avantageuse. Le morcellement des propriétés agricoles, la baisse sur les prix des laines, par suite du développement de l'élevage dans les régions de colonisation récente (Argentine, États-Unis, Algérie, Australie), ont aussi contribué à la *dépécoration*.

Les troupeaux français produisent environ 358 000 quintaux de laine d'une valeur de 47 millions, alors que les manufactures importent plus de 2 500 000 quintaux, d'une valeur approximative de 350 millions.

Dans les exploitations qui pratiquent les systèmes de culture intensifs, on se livre à l'engraissement sur des effectifs réduits, composés autant que possible d'animaux appartenant à des races précoces et perfectionnées.

Troupeau. — On donne, d'une manière générale, le nom de *troupeau* à une réunion plus ou moins nombreuse d'animaux et particulièrement de *moutons*.

Il n'y a point de bon troupeau sans un bon berger. C'est dire que le choix de cet agent doit être sérieusement fait. Vivant presque continuellement en dehors de la surveillance du maître, il importe que le berger soit honnête et aime les animaux. On mettra sa moralité à l'abri de toute épreuve en l'intéressant au succès de l'exploitation, en lui accordant une part dans les produits ou, mieux encore, une prime par tête d'*agneau*, au-dessus d'un nombre déterminé.

Le berger doit posséder une instruction professionnelle suffisante. Il faut qu'il ait des notions d'hygiène et de médecine vétérinaire, pour prévenir les nombreuses maladies auxquelles les moutons sont sujets et leur donner au besoin les premiers soins lorsqu'ils sont indisposés.

Le propriétaire éclairé mettra à la disposition de son berger un chien soigneusement dressé, sans lequel la garde deviendrait impossible. Chaque pays possède une variété de chien de berger (*fig.* 590), mais toutes ces variétés ont entre elles une certaine analogie. Le museau est allongé, les oreilles courtes, dressées ou un peu tombantes vers leur pointe. Le poil est ras ou plus ou moins long, à la manière des griffons. Les *chiens de la Brie* jouissent d'une réputation méritée.

Puisque nous parlons du chien, nous devons attirer l'attention sur la *rage*, maladie contagieuse particulièrement fréquente sur cet animal, mais susceptible de se communiquer à tous les animaux et à l'homme.

Fig. 590. — Chien de berger.

C'est encore à M. Pasteur que l'humanité doit la découverte du traitement préventif contre la rage.

Cette mystérieuse maladie se décèle par un notable changement dans le caractère de l'animal, qui se montre triste, taciturne, inquiet, agité, irritable, surtout à la vue d'un congénère; il devient agressif, se jette sur les êtres animés qu'il rencontre et les mord. Le mouton, d'ordinaire si placide, n'échappe pas à cette contrainte impulsive et cherche à mordre lorsqu'il est enragé.

La voix rabique ou aboiement du chien enragé a un timbre particulier; c'est un hurlement lamentable, véritable cri de souffrance et de détresse. A ce moment la bête furieuse mord et avale le bois, la paille, etc. La mort arrive par paralysie débutant ordinairement par le train postérieur.

Les animaux enragés doivent être abattus. Les objets contaminés sont désinfectés par de simples lavages avec une solution bouillante de carbonate de soude à 7 ou 8 pour 100. Les chiens mordus ou soupçonnés d'avoir été mordus sont aussi abattus. Les herbivores mordus peuvent être mis en observation pendant six semaines; il est interdit de les vendre durant ce laps de temps.

Les principaux symptômes de la rage chez le chat, le cheval, etc., sont à peu de chose près les mêmes que ceux de la race canine.

La rage se transmet par inoculation. Dès qu'une personne a été mordue, il faut s'empresser de *cautériser* la blessure au fer rouge, à l'ammoniaque, au nitrate d'argent, etc., et la diriger *immédiatement* sur l'établissement le plus voisin outillé pour pratiquer la vaccination antirabique suivant la méthode Pasteur.

Bergerie. — La bergerie est le bâtiment destiné à abriter les bêtes ovines ; de sa bonne disposition et des soins de sa tenue dépendent dans une large mesure l'état de prospérité du troupeau.

En principe, elle doit être assez vaste pour contenir à l'aise les animaux que l'on y renferme ; assez aérée pour que la chaleur s'y maintienne à un degré convenable, et que l'atmosphère soit pure. Suivant la taille des moutons, on accorde 98 centimètres à 1 mètre carré par tête d'adulte.

Fig. 591. — Persienne de bergerie ouverte.

Le niveau du sol de la bergerie doit être un peu au-dessus (30 centimètres) de celui du terrain environnant et réglé suivant une pente de 2 centimètres environ par mètre, avec quelques rigoles, de distance en

Fig. 592. — Râtelier circulaire pour les moutons.

distance, pour assurer l'écoulement des urines dans la fosse à purin.

Il est indispensable que le sol de la bergerie soit imperméable, afin d'éviter la déperdition des urines et assurer la conservation des fumiers. L'asphalte, le béton, l'argile mélangée avec la chaux forment d'excellents planchers.

Les fenêtres d'aération (*fig.* 591) doivent être disposées de telle sorte que le courant d'air, convenablement réglé, s'établisse au-dessus de la tête des animaux.

Il est prudent d'arrondir les montants des portes des bergeries et de calculer leur écartement de façon à ce que deux moutons puissent facilement sortir de front sans s'écraser et se blesser, soit 1 mètre environ, suivant la race.

Une bonne disposition consiste à établir les baies avec une largeur moindre dans la partie inférieure jusqu'à 30 centimètres du sol.

Des compartiments spéciaux, obtenus soit au moyen de cloisons mobiles, soit par l'emploi de râteliers doubles, doivent être réservés aux béliers en dehors des époques de *lutte*, aux brebis portières, aux brebis avec leurs agneaux et enfin aux agneaux.

Le mobilier intérieur de la bergerie consiste en *auges* et en *râteliers* (*fig.* 592). La capacité de l'auge peut être calculée à raison de 12 à 14 litres par tête, le râtelier ayant 45 centimètres de longueur et 40 centimètres d'ouverture. Les fuseaux doivent être placés verticalement ou même inclinés en dedans, sans que leur écartement dépasse 15 centimètres.

Ordinairement l'auge et le râtelier sont réunis ; on a alors ce qu'on appelle une *crèche*. Les modèles connus sous le nom de crèche de Grignon et crèche Grandvoinnet (*fig.* 593) sont particulièrement recommandables.

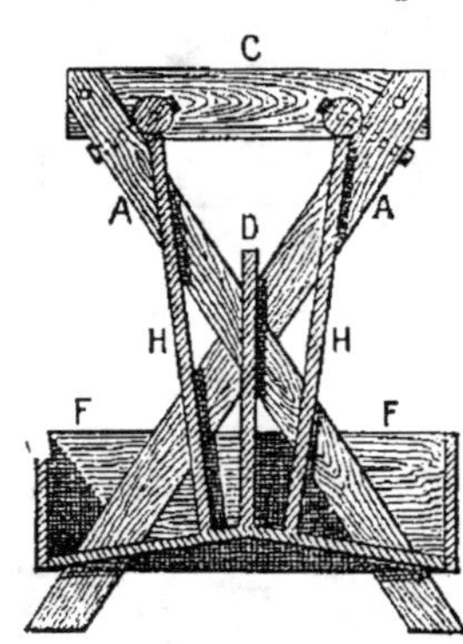

Fig. 593. — Crèche double Grandvoinnet.

A. Pieds en bois plats formant X et assemblés à mi-bois ; — F. Auges à fonds inclinés, traversées à leurs extrémités par les pieds et supportées par des corbeaux doubles boulonnés sur le bas des pieds dont ils maintiennent l'écartement ; — D. Planche qui divise l'auge et le râtelier en deux. Le boulon qui assemble les deux branches de l'X la saisit à chaque bout ; — C. Demi-planche boulonnée sur le haut des branches des pieds.

Reproduction. Agneaux. — Les *chaleurs* de la brebis qui n'a pas été fécondée réapparaissent tous les dix-huit jours en moyenne. Si on laissait agir la nature, il en résulterait que le *part* se prolongerait pendant plusieurs mois et que la troupe d'agneaux serait composée d'individus très différents en âge et en force, ce qui compliquerait beaucoup les soins qu'ils exigent.

C'est pour éviter ces inconvénients graves qu'on tient les béliers séparés des brebis jusqu'à l'époque fixée pour la lutte. On les laisse alors au milieu du troupeau pendant deux mois. Ils sont dans toute leur vigueur depuis l'âge de quinze mois jusqu'à quatre ans.

La brebis commence à se reproduire vers le dixième mois ; elle porte cent quarante-neuf jours. On peut choisir trois époques pour la lutte et l'*agnelage* :

1° Lutte en juillet et agnelage en hiver ;

2° Lutte en septembre et agnelage au printemps ;

3° Lutte en janvier et agnelage en été.

Les cultivateurs fixent l'époque de la lutte suivant le but qu'ils poursuivent.

L'abondance et la régularité de l'alimentation, en un mot le régime alimentaire, influe énormément sur la fécondité, mais l'excès est nuisible et, s'il mène à l'engraissement, il provoque la stérilité.

Les propriétaires du Midi veulent avoir des *agneaux* en octobre ou au commencement de novembre, afin qu'ils soient suffisamment forts à l'époque de la transhumance, quand les premières chaleurs dessèchent les herbes des plaines.

Si on veut *élever*, c'est dans le courant de l'hiver qu'il faut faire naître, à condition que l'on dispose de bon regain et de racines pour les mères. Lorsque les agneaux commencent à brouter, on a les pâturages à leur livrer. Si on fait des agneaux de lait, il est préférable de pouvoir les livrer à la consommation au moment où les veaux sont rares. Dans le Nord, on les fait naître de telle sorte que leur sevrage coïncide avec la période où l'on a de nombreux résidus à leur donner. Si le lait forme un produit recherché, l'agnelage devra avoir lieu au moment où les brebis trouvent dans les pâturages une nourriture favorable à la sécrétion des mamelles. Dans les Cévennes, la présence des caves de Roquefort donne plus de valeur au lait. Ailleurs, la proximité d'un grand centre, la facilité des communications rendent la vente des agneaux facile. Ces deux produits, lait et agneau, sont d'ailleurs en relation étroite ; l'un ne peut exister sans l'autre. L'agneau livré à la boucherie pèse environ 11 à 12 kilogrammes. Sa peau sert à fabriquer des gants.

Il convient de châtrer les agneaux, appelés à devenir *moutons*, une quinzaine de jours après leur naissance. Il faut avoir soin d'opérer aseptiquement, c'est-à-dire de pratiquer la désinfection des mains du praticien, des instruments et de la zone génitale, à l'aide d'un savonnage à l'eau tiède suivi d'un lavage à l'alcool ou à la solution de sublimé au 1/1000.

Les brebis du Larzac, qui passent pour les meilleures laitières, fournissent à peu près 170 litres de lait. L'allaitement dure quatre mois et ne laisse guère plus de 75 litres disponibles. Souvent l'agneau est sacrifié trop jeune et il se vend sur place à vil prix.

Le mouton producteur de viande. — Dans l'espèce ovine, les maniements à examiner sont : le *bréchet* ou *poitrail*, la *brague* ou *scrotum* pour le mouton et la *mamelle* pour la brebis, la *côte*, le *travers* et le *cimier* ou *abord*. Ce dernier est d'une exploration aisée ; il prend un développement considérable sur quelques races. Le travers ne se montre en état que sur les animaux bien gras ; il en est de même du bréchet, dont le développement parfait annonce un engraissement complet. Les maniements sont plus difficiles à apprécier sur les animaux non tondus.

Le rendement en viande varie suivant le sexe, l'âge, l'état d'embonpoint et la race.

D'après les documents rassemblés, on obtient les chiffres ci-dessous pour les principales races ovines :

RACES	RENDEMENTS
De Larzac	54 pour 100
Berrichonne et charolaise	53 pour 100
Auvergnate et limousine	51 pour 100
Mérinos	50 pour 100

Parmi les races étrangères, la dishley atteindrait 55 pour 100 et la southdown 54 pour 100.

On peut admettre les rendements suivants :

Pour un mouton maigre	38 à 43 pour 100
— — en état	44 à 47 pour 100
— — demi-gras	47 à 50 pour 100
— — gras	51 à 54 pour 100
— — fin-gras	55 à 60 pour 100

Nous avons vu un southdown fin-gras donner 71,25 pour 100.

Dans l'appréciation des viandes, il y a lieu de tenir compte de la couleur, de l'odeur, de la saveur, de la fermeté, de la finesse du grain, de la présence ou de l'absence du marbré ou persillé. Il faut aussi examiner le caractère des graisses, qui, chez le mouton gras comme chez le bœuf, représentent environ les 33/100 du poids vif.

Règle générale, la viande est d'autant meilleure que son *grain* est plus fin et plus serré. On appelle *grain* l'assemblage des faisceaux musculaires qui se montrent accolés les uns aux autres sur une coupe perpendiculaire au muscle.

Le *persillé* ne se voit pas sur la viande du mouton, mais il est très apparent sur celle du bœuf; il est dû au dépôt de la graisse entre les fibres musculaires.

La viande est relativement plus pâle chez les sujets plus jeunes. Dans l'espèce ovine, la graisse de couverture est plus ou moins abondante suivant la race. Les dishley surtout et aussi les southdowns, ont une couverture plus abondante que les races françaises.

Le mouton barbarin algérien, dérivé du *mouton d'Asie à large queue*, qui vit en Arabie, en Tunisie, en Égypte, etc., porte une queue très développée par suite de la formation d'une loupe graisseuse susceptible d'atteindre un poids de plus de 15 kilogrammes. Cet amas de graisse est un exemple des réactions de l'organisme en face du milieu. Il est évident que les animaux pourvus de cet appendice ont plus de chance d'échapper à la famine des pays arides, car il représente, en somme, un magasin à « vivres de réserve ».

Le chameau, le dromadaire, le zébu ou bœuf de l'Inde, le bison, etc., sont aussi munis de loupes graisseuses, soit au garrot, soit sur le dos, dans lesquelles l'organisme va puiser, aux jours de jeûne, les matériaux nécessaires pour subsister. C'est un phénomène de même ordre qui se passe chez les *animaux hibernants* (hérisson, écureuil, marmotte, loir, plusieurs ours, etc.). Ceux-ci utilisent pendant leur sommeil la graisse accumulée aux époques d'abondance.

Le corps du mouton fournit diverses catégories de viande. A Paris, il est divisé en trois parties qui comportent des subdivisions :

Première catégorie, évaluée à 0,444 du poids net : gigots, carrés (côtelettes couvertes, côtelettes découvertes).

Deuxième catégorie, évaluée à 0,222 du poids net : épaule.

Troisième catégorie, évaluée à 0,334 du poids net : collet, poitrine.

D'après cela, la valeur du mouton, ainsi que celle de tout animal de boucherie, est sous la dépendance de sa conformation. Il n'est pas indifférent, sous ce rapport, qu'une bête ait le train de derrière étriqué ou une culotte rebondie. De grands progrès sont à réaliser et c'est pour cela que nous ne saurions trop recommander le *choix judicieux des reproducteurs*.

Le mouton marche beaucoup en mangeant et parvient à subsister là où les chevaux et les bœufs mourraient de faim. Dans les éteules ou chaumes, il tond les petites plantes rases qui poussent de-ci delà ; on le mène *au champ* tous les jours, même pendant l'hiver, lorsque le temps le permet. Mais quand la neige couvre la terre, il faut bien subvenir au défaut de pâturage par une distribution d'aliments à la bergerie — pailles d'avoine, d'orge, de blé, fanes de vesces, féveroles, etc. ; betteraves, carottes, navets, topinambours, etc., coupés en tranches et mélangés avec de la paille hachée. Eau à discrétion.

Pour engraisser le mouton, il faut lui donner, outre le foin, des tourteaux concassés, des pulpes, des drèches, des carottes et autres racines. Comme le mouton est un gros mangeur, l'engraissement doit être de courte durée ; il laisse peu de bénéfices s'il se prolonge au delà de deux mois.

Parmi les rations étudiées par Cornevin pour l'engraissement du mouton, nous citerons les formules suivantes :

		kil. gr.
1°	Tourteau de colza	0,400
	Carottes	1 »
	Luzerne	2 »
2°	Tourteau d'arachides	0,500
	Orge égrugée	0,300
	Pulpe de sucrerie	2 »
	Foin	2 »
3°	Tourteau de sésame	0,300
	Recoupes	0,300
	Betteraves	2 »
	Regain	1 »

L'introduction des tourteaux dans les rations augmente les qualités de ces dernières, tout en réduisant leur volume, et exerce une heureuse influence sur la santé du bétail. Ces aliments préviennent dans une large mesure la météorisation et les troubles gastro-intestinaux. Certains tourteaux de crucifères, colza, cameline, navette, etc., passent pour avoir une efficacité marquée contre la cachexie aqueuse qui attaque si fréquemment les moutons dans les régions basses et humides.

Le sel excitant l'appétit et l'activité des fonctions digestives, on recommande de suspendre dans la bergerie un gros morceau de sel gemme, retenu entre des bâtons, afin que les moutons puissent le lécher à volonté.

Le mouton producteur de laine. — La peau du mouton supporte deux sortes de productions : la *laine* et le *jarre*. Ce dernier est constitué par des *poils droits* bien plus grossiers que le *brin de laine*. Leur ensemble forme la *toison*.

Quand la toison est formée de mèches pointues, peu serrées les unes contre les autres, on la dit *ouverte* ou *mécheuse*; lorsqu'elles sont carrées et pressées, on la dit *tassée* ou *fermée*; une disposition intermédiaire caractérise la *toison semi-ouverte*.

Les tissus de laine sont estimés en raison de leur douceur et de leur finesse. Le diamètre des brins oscille entre $0^{mm},012$ et $0^{mm},055$. Au delà, il ne s'agit plus de laine, mais de poil.

Mais la qualité maîtresse du brin est le *nerf*, c'est-à-dire sa résistance à la traction. Celle-ci dépend de la structure intime du brin et de sa régularité. Un brin est régulier quand son diamètre est à peu près le même sur toute sa longueur. Il arrive souvent qu'il présente un ou plusieurs rétrécissements, motivés par un ralentissement dans la nutrition. Si l'animal a été mal nourri à certaine époque de l'année, s'il a été fatigué par la gestation ou la maladie, la pousse du brin correspondant à cette même époque sera signalée par une diminution dans le diamètre du brin. Naturellement une laine ainsi conformée est plus sujette à se rompre, elle se peigne mal et donne une plus forte proportion de déchet. Il importe donc d'assurer une alimentation régulière. L'agneau est revêtu d'une toison très imparfaite; ce n'est qu'à la deuxième tonte, vers l'âge de vingt mois, que l'animal a sa laine parfaite; mais le poids maximun n'est atteint qu'à la *troisième tonte*.

Le commerce préfère les *toisons blanches* parce qu'elles prennent également toutes les nuances de la teinture. La laine est achetée au poids et estimée suivant sa qualité. C'est pour cela que les éleveurs devraient opérer eux-mêmes le triage des diverses qualités de laine que l'industriel fait exécuter chez lui; ils y trouveraient leur profit en vendant chaque sorte un prix différent. Cette pratique aurait certainement pour résultat de favoriser le *sélectionnement* des bêtes à toison supérieure.

Toute la superficie de la peau du mouton n'est pas revêtue d'une laine de même qualité. La meilleure se trouve sur l'épaule et. les côtés de la poitrine. La plus mauvaise est à la gorge, à l'extrémité de la jambe, sur le front et le chanfrein.

On entend par *pureté de la laine*, sa proportion vis-à-vis du *poil jarreux* interposé. La présence du jarre est une cause de dépréciation. Il ne faut pas confondre la pureté de la toison, telle que nous venons de la définir, avec la *propreté*. Les diverses impuretés, les corps étrangers, poussières, végétaux, etc., qui peuvent la salir disparaissent par le lavage.

Tonte. — On appelle *tonte* l'action de tondre les bêtes à laine ; elle se pratique pendant la deuxième quinzaine de juin dans la plus grande partie de la France. Les troupeaux qui stationnent sur les montagnes pendant la saison d'été ne sont débarrassés de leur laine qu'à leur retour dans la plaine, vers le milieu ou la fin de septembre.

En principe, il est nécessaire que la tonte soit pratiquée à une époque où les animaux ne risquent pas d'être exposés aux congestions par suite d'un refroidissement trop brutal. Le troupeau sera conservé à l'étable si la température vient à baisser à ce moment.

Pour tondre le mouton, on l'immobilise en lui attachant ensemble les quatre pattes. Puis, on attaque la toison par l'un de ses points extrêmes, en ayant soin de couper la laine bien également, et aussi ras que possible, sans blesser la peau. On tond avec des *ciseaux*, des *forces* ou avec une *tondeuse*. Ce dernier instrument est, sans contredit, bien supérieur aux deux autres. Son travail est plus rapide, et il rend impossibles les blessures de la peau.

La laine des ovidés est imprégnée de *suint*, de matières minérales, notamment de sels de potasse, et d'eau. Le *suint* est formé par le mélange des produits de la sécrétion sudoripare (1) et de la sécrétion sébacée (2). Les glandes sudoripares se trouvent dans le derme que recouvre l'épiderme. Les glandes sébacées sont accolées aux *follicules pileux*, c'est-à-dire aux étroites cavités qui renferment la *papille* ou *germe du poil* (*fig.* 430).

Avant de pratiquer la tonte, on lave quelquefois les animaux pour débarrasser la toison des crottins, des poussières, etc., que le suint gras à fixés ; cette opération, qui est appelée *lavage à dos*, s'effectue chez nous à l'eau courante, et autant que possible par une belle journée. Dès que les moutons sont lavés, il est nécessaire de les faire ranger au soleil sur un gazon, de manière à éviter la poussière et la boue. Le séchage ne doit pas se faire trop vite sous l'influence

---

(1) *Sudoripare* vient du latin *sudor*, sueur, et *parere*, engendrer, c'est-à-dire « qui engendre la sueur ».

(2) *Sébacé*, de *sebum*, suif. Ces glandes suintent une matière grasse.

d'un soleil ardent ou de vents secs, car la laine perdrait son moelleux
et deviendrait dure et cassante.

Le lavage à dos présente des inconvénients nombreux et des difficultés souvent insurmontables. On devrait lui substituer le lavage
des toisons tondues, comme il se pratique dans les fabriques.

La valeur réelle des toisons est toujours plus facile à apprécier
lorsqu'elles sont lavées; cependant il est d'usage de les vendre à
l'état brut, c'est-à-dire *en suint*, dans la plupart des régions.

La toison coupée, on l'enroule sur une table, l'extrémité libre de
la mèche en dedans, on la lie fortement et on la dépose dans un lieu
obscur, sec et aéré, en attendant l'instant favorable à la vente. La chenille ou larve de certains petits papillons connus sous le nom de
teignes envahit parfois les toisons et la déprécie rapidement.

Détermination de l'âge chez les ovidés. — Les *dents* du mouton (*fig.* 594
à 597) et de la chèvre sont, comme celles du bœuf, au nombre de

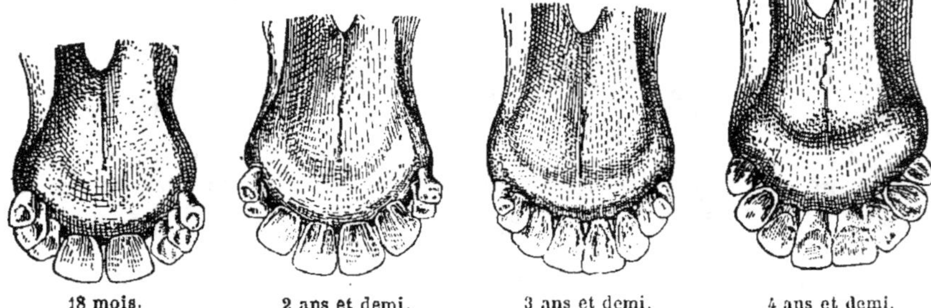

Fig. 594 à 597. — Age des moutons, d'après la dentition.

trente-deux, distinguées en huit *incisives* et vingt-quatre *molaires*.
Mais les incisives, au lieu d'être disposées en clavier, sont relevées de
manière à former la pince et à s'appuyer sur le bourrelet de la mâchoire supérieure, surtout par leur extrémité. Elles sont plus solidement fixées dans les alvéoles.

Les incisives du mouton sont divisées en caduques ou dents de
lait et en remplaçantes. On distingue les *pinces*, les *premières mitoyennes*, les *secondes mitoyennes* et les *coins*.

Les pinces et les premières mitoyennes apparaissent chez l'agneau
au bout de quelques jours, bientôt suivies par les secondes mitoyennes. Les coins se montrent du vingt-cinquième au trentième
jour; mais, comme leur croissance est lente, l'arc dentaire n'est *au
rond*, c'est-à-dire parfait, qu'à trois mois environ. Vers cette époque,
les quatrièmes molaires persistantes commencent à pointer; à neuf
mois, c'est le tour des cinquièmes molaires.

Les pinces permanentes remplacent les pinces caduques vers dix-huit mois, et l'agneau devient *antenais*. Les premières mitoyennes se montrent à deux ans et sont complètement sorties à deux ans et demi.

Les deuxièmes mitoyennes permanentes évoluent de trois ans à trois ans et demi, et les coins de quatre ans à quatre ans et demi ; à ce moment l'animal est *adulte*.

Les dents permanentes sont au rond à l'âge de cinq ans et l'usure des pinces est déjà assez prononcée.

Chez les races précoces, l'évolution des dents est plus ou moins rapide suivant les aptitudes du type : elle peut avoir lieu avant trois ans. Les pinces de remplacement apparaissent du onzième au douzième mois. Vers quinze mois, les premières mitoyennes se montrent. A deux ans, les deuxièmes mitoyennes sortent, et les coins arrivent cinq ou six mois après.

Principales maladies du mouton. — On perd beaucoup d'agneaux peu de temps après leur naissance, par suite de maladies graves qui dérivent d'une *infection ombilicale*. Tous les jeunes animaux, veaux, poulains, porcelets, sont d'ailleurs sujets aux mêmes accidents. Dès que la mise-bas est effectuée, il faut s'occuper du petit, et, si cela est nécessaire, lui lier le cordon à 3 centimètres environ de l'ombilic. Ensuite on lave l'ombilic du nouveau-né avec une éponge fine, bouillie dans l'eau phéniquée et laissée tiède, on le sèche avec la même éponge fortement exprimée et on applique chaque matin, pendant cinq jours, une pommade composée de : vaseline, 100 grammes ; acide borique, 15 grammes ; thymol, 50 centigrammes. Litière fraîche souvent renouvelée. Ce simple traitement préventif, indiqué par le professeur Nocard, évitera bien des pertes.

Le mouton est sujet à de nombreuses maladies. Parmi les plus redoutables et les plus contagieuses, nous signalerons : la *clavelée*, la *fièvre aphteuse*, le *charbon*, la *gale*, ensuite les *dartres*, la *pourriture*, *piétin*, le *sang de rate*, le *tournis*, la *tympanite*.

La *clavelée*, ainsi dénommée à cause de la ressemblance que présente la pustule avec une tête de clou (*fig.* 598), s'appelle encore *variole du mouton*, *picotte*, *rougeole*, *clavelade*, *claveau*. C'est une affection conta-

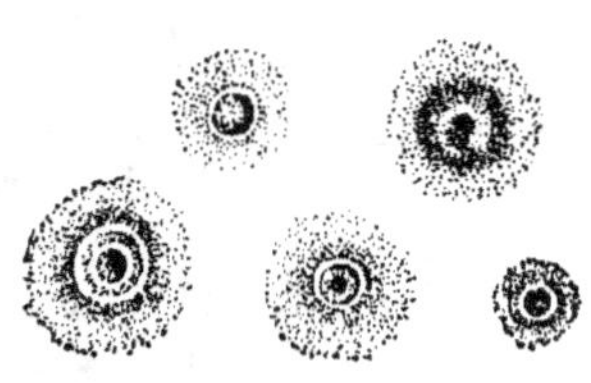

Fig. 598.
Boutons claveleux.

gieuse dont la période d'incubation dure de six à huit jours environ.

On donne le nom de *claveau* au virus sécrété par l'éruption, et on applique celui de *clavelisation* à l'inoculation du claveau, pratiquée dans le but de donner une maladie bénigne aux animaux qu'on veut préserver de la clavelée naturelle.

La bête, atteinte de clavelée, a de la fièvre ; elle est triste, abattue, manque d'appétit. Bientôt les symptômes généraux sont suivis de la *période d'éruption.* Des taches rouges apparaissent aux yeux, au nez, aux ars, aux plats des cuisses, sur les muqueuses et, fréquemment, sur tout le corps. Ces taches grandissent et sont dures et résistantes au bout de trois ou quatre jours. Le bouton, entouré d'une auréole inflammatoire, se remplit de sérosité (claveau) claire, limpide, jaunâtre ou incolore. Vers le huitième jour, il se dessèche et forme croûte à la surface.

Les croûtes se détachent en laissant une cicatrice. L'évolution apparente de la maladie est de vingt à trente jours pour le mouton. Sur l'ensemble du troupeau la maladie marche par *bouffées* ou *lunées.*

D'après la loi du 21 juillet 1881 sur la police sanitaire des animaux, le propriétaire doit faire immédiatement une déclaration à l'autorité municipale aussitôt que les premiers symptômes de clavelée se manifestent dans son troupeau. Des peines sévères (emprisonnement et amende) sont édictées notamment contre ceux qui négligent de faire la déclaration d'infection ou qui vendent des moutons ou des débris de moutons atteints de la clavelée.

Un troupeau atteint par la maladie doit être séquestré ou tout au moins cantonné dans un pâturage. Les animaux les plus malades sont mis à part et on procède à la clavelisation de ceux qui sont indemnes. La bergerie doit être complètement désinfectée par un abondant lavage au chlorure de chaux à 1 pour 100 chaud.

La *fièvre aphteuse,* dont il a été déjà question dans le chapitre consacré aux bovidés, est aussi l'objet d'une déclaration à cause de son caractère épizootique. Les malades sont isolés et les écuries, étables ou bergeries, sont soigneusement désinfectées.

Le *charbon* ou *sang de rate* évolue chez le mouton avec une rapidité foudroyante. Cette maladie est provoquée par un microbe. Elle se manifeste par une altération profonde du sang, qui devient noirâtre comme dans l'asphyxie, la perte des forces et la production d'une ou plusieurs tumeurs inflammatoires. Les admirables travaux de Pasteur permettent au cultivateur de mettre ses bestiaux à l'abri de cette redoutable maladie virulente et contagieuse par une vaccination préventive.

La loi sur la police sanitaire des animaux est très sévère pour tout ce qui touche aux maladies charbonneuses, avec d'autant plus de raison qu'elles peuvent se communiquer à l'homme (pustule maligne).

La *gale* ou *psore* est une maladie prurigineuse de la peau déterminée par des parasites animaux de l'ordre des acariens appelés *sarcoptes.*

Les symptômes de la gale sont : démangeaisons vives; toison *mécheuse :* la laine s'arrache par places; amaigrissement rapide.

La gale du nez du mouton et de la chèvre connue sous le nom de *noir-museau* ou de *dartre* débute par la face et finit par envahir tout le corps.

La gale étant, sous toutes ses formes et chez tous les animaux, une affection parasitaire, il faut, pour la guérir, détruire les *acares* parasites qui la déterminent.

On tond la laine, et, après avoir bien savonné la peau au savon noir, on pratique des lotions avec le pétrole, le jus de tabac au 1/5, les pommades soufrées. Lorsque la gale est généralisée on a recours aux bains arsenicaux (1 1/2 pour 100 d'acide arsénieux) ou au bain chaud crésylé à 2 1/2 pour 100 (crésyl ou créoline), qui offre moins de dangers. L'acide arsénieux est très toxique et il est bon d'additionner le bain d'aloès soccotrin, dont l'amertume empêche les moutons de se lécher.

Les locaux souillés par des animaux galeux doivent être désinfectés à l'aide d'une solution chaude de chlorure de chaux à 1 pour 100.

Des mesures de police imposent de faire la déclaration de la maladie et d'isoler les troupeaux jusqu'après guérison.

La *pourriture* ou *cachexie* est une sorte d'anémie, de nature vermineuse, du mouton et de la chèvre qui séjournent dans les pâturages humides, sur les bords des étangs, etc. Cette maladie est caractérisée par la pâleur des tissus, et surtout des muqueuses. Généralement un *œdème* globulaire, dû à une infiltration du tissu cellulaire par suite d'une gêne locale dans la circulation, se développe sous la gorge; cet engorgement affecte plus ou moins la forme d'une *bouteille*. La laine devient cassante et une coloration jaune apparaît au-dessous des yeux (jaunisse).

Le traitement curatif est incertain, car il est bien difficile d'atteindre les douves (distomes, vers trématodes) qui vivent dans les canaux biliaires du foie. Il n'existe, en somme, qu'un traitement préventif, lequel consiste à éviter les pâturages humides.

Le *piétin*, *crapaud* ou *pourriture des pieds*, est une maladie contagieuse du mouton. Le nom de « piétin » lui vient de son siège et aussi de l'action de piétiner qu'elle provoque chez les animaux qui en sont atteints. Les symptômes du mal sont indiqués par la boiterie de un ou plusieurs membres. La région de la couronne du pied est rouge et enflammée; elle est chaude, sensible. Plus tard, le décollement de la corne se produit en entraînant des altérations organiques graves dans les tissus du pied.

Lorsque le *piétin* est récent, on peut se borner à appliquer quelques antiseptiques — bains de pieds dans une solution de chlorure de chaux à 1 pour 100 ou dans un lait de chaux; badigeonnages au goudron, à l'huile de cade, pommades au sulfate de fer, etc. — Pour favoriser la guérison il convient de soustraire les pieds malades à l'influence de l'humidité, de la boue, des litières sales. Désinfecter soigneusement les bergeries à l'aide de la solution chaude de chlorure de chaux. Isoler les bêtes atteintes.

Le *tournis* est une maladie cérébrale fréquente chez les jeunes ovidés, plus rare chez la chèvre et le bœuf : elle est causée par un ver, de la famille des *téniadés* appelé *tænia cœnurus*, qui vit à l'état cysticerque à la surface du cerveau ou de la moelle épinière.

L'animal attaqué est triste et tient la tête basse ; si le ver est sur un des lobes cérébraux, il tourne de ce côté ; s'il est en avant, la tête est très basse et la bête pousse en avant ; s'il est placé en arrière, l'animal se renverse, la tête est portée haute.

Le *ténia cénure* existe à l'état adulte chez le chien ; conséquemment il faut détruire les ténias qui se trouvent dans l'intestin des chiens de garde du troupeau en leur administrant des médicaments *anthelminthiques* à base de kousso, de fougère mâle, de racine de grenadier ou de graines de courge ou de potiron.

L'extraction du parasite par *trépanation* ou perforation du crâne est très difficile à appliquer, surtout lorsque le ver est situé profondément ou qu'il en existe plusieurs. On ne tente cette opération que pour des sujets de grande valeur destinés à la reproduction. Ordinairement les animaux sont livrés à la boucherie. Il est nécessaire de détruire leurs cerveaux, car le chien, en mangeant le cerveau des moutons affectés de tournis, prend le ténia, et la maladie se perpétue ainsi dans les pâturages.

Dans le cas de météorisation ou tympanite, la *ponction du rumen* se pratique chez les ovidés comme il a été dit pour les bovidés, mais on emploie un trocart de plus petit diamètre.

La Chèvre.

La *chèvre* est un mammifère *ruminant* qui appartient au groupe des *ovidés caprins*. Les naturalistes ne sont pas encore bien d'accord sur les genres *ovis* et *capra*.

La chèvre est la vache du pauvre. Son aptitude à digérer les végétaux ligneux et à s'en nourrir la rend précieuse dans les lieux élevés et presque infertiles où les herbes cèdent la place aux bruyères, aux broussailles, etc. Animal sobre et agile, d'humeur vagabonde et capricieuse, aimant le plein air, sa dent est redoutable pour les bois, les vergers, les champs cultivés. C'est pour ce motif que l'effectif des animaux d'espèce caprine tend plutôt à diminuer qu'à augmenter en France, au fur et à mesure des progrès de la culture.

La brebis laitière s'exploite jusqu'à l'âge de six ans ; mais, comme la valeur de la chèvre pour la boucherie est très faible, on a l'habitude de conserver cet animal plus longtemps.

La chèvre porte cent cinquante-quatre jours. La mise-bas de deux ou trois chevreaux est plus fréquente que la parturition unique. La durée de la lactation est surtout une affaire de race ; elle est en moyenne de deux cent quarante jours pour la chèvre. On recherchera les bêtes dont les mamelles sont amples, enveloppées d'une peau fine et souple avec des veines mammaires apparentes et flexueuses.

Le bouc passe pour le plus prolifique de nos animaux domestiques : un bouc vigoureux, âgé de quinze mois à quatre ans, suffit à un

troupeau de deux cents chèvres. Les *chaleurs* de la chèvre qui n'a pas
été fécondée réapparaissent, comme celles de la brebis, tous les dix-
huit jours en moyenne. Ordinairement on les fait saillir en octobre
ou novembre parce que, leur gestation durant cinq mois, elles peuvent trouver de l'herbe fraîche après le *part*.

En Algérie, l'époque de la mise-bas commence en janvier et finit
en mai. On peut, comme pour la brebis, obtenir trois portées en deux
ans.

La chèvre est bonne mère et nourrit toujours sa portée; on
n'est pas obligé de lui soustraire l'un de ses nourrissons. Bien
entendu, on ne trait que celles qui n'allaitent qu'un seul *chevreau*.

Fig. 599. — Chèvre commune.

Le chevreau va aux champs, avec sa mère, à partir du troisième ou
quatrième jour et toutes les fois qu'il ne pleut pas. Si la mère doit être
traite, le chevreau est séparé d'elle pendant la nuit, et la traite a lieu
dès le matin. Quelques types peuvent donner jusqu'à 4 litres par jour.
Le lait de chèvre a une saveur accentuée, mais il est d'excellente
qualité; on le consomme en nature ou on le convertit en fromages
(Saint-Marcellin, Mont-d'Or, Sassenage [Isère]).

Pour le jeune bouc, comme pour le bélier, on castre de préférence par *ligature* en masse des deux cordons avec la soie tressée
plate, sans incision préalable, ou par *bistournage*.

L'Arabe consomme le bouc adulte de préférence au bélier : un
bouc châtré vaut, pour lui, un tiers de plus qu'un beau mouton.

Généralement on laisse téter le chevreau ou *cabri* pendant cinq à
six semaines avant de le livrer à la boucherie. Sa peau a une grande
valeur pour les industries de la ganterie et de la cordonnerie.

Nos chèvres domestiques (*fig.* 599) [*types des Pyrénées, du Poitou, des Alpes*, *maltaise*, etc.] sont principalement exploitées pour leur lait, mais certaines variétés asiatiques d'*Angora* (*fig.* 600), de *Cachemire* (*fig.* 601), du *Thibet* possèdent une toison qui renferme au milieu

Fig. 600. — Chèvre d'Angora.

des poils ordinaires, en mèches longues ondulées ou vrillées, une sorte de duvet très doux constitué par des brins fins comme la laine

Fig. 601. — Chèvre de Cachemire.

du mérinos; ces brins servent à la confection des tissus connus sous le nom de *cachemires*.

La chèvre est sujette aux mêmes maladies que le mouton — *gale, clavelée, fièvre aphteuse*, etc.

Le Porc.

Le *porc*, *pourceau* ou *cochon* est un sanglier domestique modifié par les méthodes zootechniques. Il appartient au genre des *suidés*.

C'est le mâle émasculé qu'on appelle *porc* ou *cochon*. Le mâle entier se nomme *verrat*. La femelle est la *truie*. Le jeune, non sevré, est appelé *porcelet*, *goret* ou *cochon de lait*.

L'estomac du porc est simple comme celui du lapin et des solipèdes; il porte aussi la trace de la division en deux sacs. Sa capacité moyenne est de 7 à 8 litres.

Les dents du porc, au nombre de quarante-quatre, se divisent en douze *incisives*, quatre *canines* et vingt-huit *molaires*.

Les incisives sont au nombre de six à chaque mâchoire et présentent entre elles de grandes différences. Les crochets de lait sont caducs comme les incisives. Les crochets permanents, appelés *défenses*,

Fig. 602. — Race craonnaise (porc).

sont très développés chez le mâle et croissent pendant toute sa vie; elles sortent de la bouche et forment une arme acérée très dangereuse.

Races. — L'espèce porcine renferme un grand nombre de *variétés*. Les principaux types indigènes appartiennent à la *race celtique* et à la *race ibérique*.

Le *porc celtique*, de grande taille, au corps long, est vigoureux et rustique. Il a une tendance à transformer les aliments en chair plutôt qu'en tissu adipeux ou lard proprement dit. Les oreilles, larges dès leur base, tombent le long des joues. Ses soies longues, fournies et grossières, sont blanc jaunâtre ou jaune rougeâtre, mais jamais brunes ou noires. Sa chair est réputée comme étant la plus savoureuse; elle se sale facilement et jouit de la préférence du commerce et des consommateurs. La femelle porte généralement huit à dix paires de mamelles et se montre très féconde.

Le type le plus remarquable de la variété celtique est le *porc craonnais* (Craon, département de la Mayenne) [*fig.* 602] qui, à l'état adulte et gras, atteint facilement 300 kilogrammes poids vif.

Les porcs *normands* (*fig.* 603), *flamands*, *bretons*, *lorrains*, *bressans*, *manceaux*, dérivent de la race celtique.

Le *type ibérique* a la peau toujours plus ou moins fortement tachée. Le type naturel est uniformément noir ou brun; les soies rares et courtes; les oreilles dirigées obliquement en avant. Il est

Fig. 603. — Race normande (truie).

Fig. 604. — Yorkshire (porc).

Fig. 605. — Race new-leicester (truie).

aussi rustique, mais moins gros et moins fécond que le type celtique. Comme celui-ci, il est plus apte à donner de la chair que de la graisse. La femelle met bas, en moyenne, huit à neuf gorets.

Les principales variétés de la race ibérique sont la *maltaise*, la *gasconne*, la *limousine*, la *béarnaise*, l'*espagnole* et la variété du *Quercy*.

Les porcs du *Yorkshire* (*fig.* 604), ainsi que tous les porcs anglais : de *New-Leicester*, etc. (*fig.* 605), sont le résultat de croisements nombreux

entre le type asiatique (*fig.* 606), le type napolitain (variété ibérique)
et le type celtique, ancienne race indigène.

Les caractères spécifiques sont loin d'être bien fixés. Quoi qu'il en
soit, le porc du Yorkshire est toujours blanc, il est très précoce et
possède une grande aptitude à élaborer du saindoux. Il tient ces propriétés de son ancêtre asiatique au corps cylindrique porté sur des
membres très courts, aux oreilles petites et dressées. Sa chair est
beaucoup moins savoureuse que celle des races françaises.

La variété *berkshire*, de couleur noire ou noire mélangée de blanc,
à oreilles dressées, provient de croisements analogues. Ce porc est
très rustique et très fécond ; il s'engraisse rapidement.

Nos porcs indigènes fournissent des produits de qualité supé-

Fig. 606. — Porc du Siam.

rieure ; leurs types méritent d'être conservés, d'autant plus qu'ils sont
susceptibles d'être considérablement améliorés par les méthodes
zootechniques, notamment par le choix judicieux des reproducteurs.
Les porcs anglais et les métis anglais élaborent surtout du tissu adipeux ; leur chair manque de saveur, elle est un peu fade.

Le porc est la bête comestible par excellence, il n'existe point
d'animal de boucherie dont le rendement soit plus élevé et l'alimentation plus facile. Sa chair et sa graisse servent à notre nourriture
ainsi que le sang, tous les viscères, même les intestins et la peau.
Les os, les soies et les onglons sont les seules parties qui, bien qu'utilisées d'autre part (pinceaux, brosses engrais, etc.), n'entrent point
dans la consommation de table.

Tandis que la *graisse* forme chez le bœuf et le mouton gras environ les 33/100 du poids vif, elle atteint près de la moitié chez
le porc, car cet animal possède à la fois de la graisse de couverture,
de la graisse intra-abdominale et intermusculaire.

La consistance de la graisse dépend beaucoup de l'alimentation.
Les porcs engraissés avec les résidus des abattoirs, de poissons ou
avec des tourteaux, donnent un lard sans consistance. Les résidus industriels produisent une graisse plus molle et plus hui-

leuse, tandis que les grains, les fruits, les fèves, les glands ou les châtaignes poussent à la production d'une graisse ferme qui se solidifie rapidement.

Maniements. — Le seul *maniement* que l'on fait subir au porc consiste à appuyer la main sur les régions du dos, des lombes, de la croupe pour apprécier la surface et la fermeté de ces parties.

Reproduction. — On doit éviter la *consanguinité* dans le choix des reproducteurs. Un verrat suffit à quarante ou cinquante truies. Dans les races perfectionnées, le jeune verrat est apte à se reproduire du sixième au septième mois; il doit être réformé à quatre ans. La jeune truie peut être livrée à la reproduction vers l'âge de six mois. L'alimentation a une influence marquée sur l'apparition des *chaleurs*, principalement chez la truie, qui en a même en allaitant lorsqu'elle est fortement nourrie. Ces chaleurs durent quarante-huit heures comme chez les ruminants, vaches, brebis, chèvres; elles réapparaissent tous les dix-huit jours, en moyenne, quand la fécondation ne s'est pas effectuée.

Pour l'accouplement, on tient compte de la livraison à la boucherie, qui a surtout lieu pendant l'hiver, la viande de porc étant indigeste en été.

La truie est très prolifique; elle donne de six à douze petits et porte cent quinze jours. C'est une mauvaise mère, car elle dévore souvent ses petits au moment de leur naissance. Il faut donc la surveiller afin de soustraire les *porcelets* à sa voracité : on les place de suite à la mamelle, et, lorsqu'ils ont teté, la truie les épargne généralement. Chacun d'eux adopte une mamelle et ne la quitte plus.

Le régime alimentaire exerce une grande influence sur la prolificité du mâle et de la femelle, mais si l'on pousse trop à l'engraissement on obtient des sujets qui restent *stériles*, c'est-à-dire qui sont incapables de se reproduire.

Le porc assimile admirablement toutes les substances nutritives : il est *omnivore*, c'est-à-dire qu'il peut se nourrir indifféremment de matières végétales ou animales; aussi utilise-t-il les grains, les résidus de grains, les déchets de légumes, de laiterie, de cuisine, etc.; il s'accommode des situations économiques les plus différentes. La petite culture se livre toujours un peu à l'engraissement du porc, sinon à l'élevage, pour l'approvisionnement de la famille.

Élevage. — La consommation des jeunes *gorets* est presque nulle. Au bout d'une quinzaine de jours on peut commencer à leur faire boire un peu de lait tiède mélangé de farine. On les habitue progressivement à une nourriture plus substantielle et à se passer de leur mère, dont on les sépare définitivement après six à sept semaines. Il faut avoir soin de les tenir dans une loge propre et bien aérée, à l'abri de la pluie, du froid ou de la grande chaleur.

C'est une grave erreur de croire que le cochon recherche la mal-
propreté par goût, car il est le seul de nos animaux domestiques qui
évite de souiller sa litière. On interprète mal son instinct : s'il

Fig. 607. — Auge circulaire pour porcelets.

se vautre dans la boue, c'est uniquement pour y trouver un peu
de fraîcheur, se débarrasser des insectes et nettoyer sa peau ; il
préférerait se plonger et se laver dans un
bassin ou une mare d'eau claire. En conséquence, on doit veiller à ce que la *porcherie*
soit tenue dans un grand état de propreté,
ainsi que les récipients destinés à recevoir
les aliments (*fig.* 607, 608). Il convient également que l'eau y soit abondante et même
qu'il y ait à proximité un bassin dans lequel
l'animal puisse se vautrer à son gré.

Pendant le jeune âge, si les circonstances le
permettent, le porc peut être mis au pâturage
dans les champs dépouillés de leur récolte,
dans les bois où il trouve toutes sortes de fruits
tombés des arbres, tels que glands, marrons,
châtaignes, faines, etc., dont il est très friand.
Avec son *boutoir* puissant, il fouille le sol, pour
en extraire certaines racines qu'il aime, de
même que les vers et les larves de hannetons.
A l'occasion, le cochon dévore aussi les rep-
tiles, les taupes, les escargots, etc. Lorsqu'on
veut l'empêcher de bouleverser trop pro-
fondément le sol, on lui place un anneau en gros fil de fer au bout
du groin.

Fig. 608. — Auge à volet
pour les porcs.

A partir de l'âge de six ou huit mois, le cochon est nourri exclusivement à la porcherie. Les animaux destinés à l'engraissement sont châtrés à trois ou quatre semaines après leur naissance. Pour le verrat on emploie de préférence les *casseaux* ou la *torsion*. La castration n'offre aucun danger si elle est pratiquée par une personne expérimentée et aseptiquement, c'est-à-dire dans des conditions de propreté absolue. La plaie doit être lavée avec une solution microbicide (bichlorure ou permanganate).

La truie est ordinairement châtrée vers l'âge de deux mois. On la prépare à subir l'opération par une diète de vingt-quatre heures.

La castration se pratique par le *flanc* ou par la *ligne blanche* ; mais la première est l'opération de choix, quoique les complications

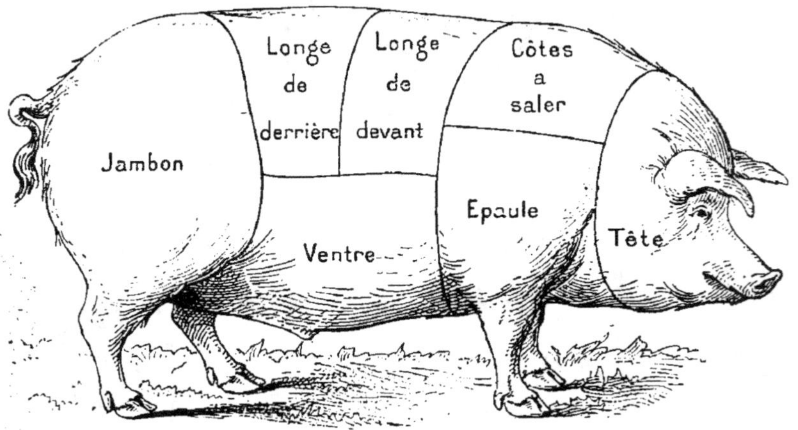

Fig. 609. — Figure schématique indiquant les coupes du porc de boucherie.

(hémorragie, blessure de l'intestin, abcès, hernie, péritonite) soient exceptionnelles avec l'un ou l'autre procédé.

Tout d'abord, on ne cherche pas à obtenir l'engraissement, mais simplement le parfait développement de l'animal. On le nourrit alors avec des aliments aqueux tels que eaux de la cuisine, eaux de lavage de la laiterie ou petit-lait, mélangés avec un peu de son. On complète la ration journalière avec des bouillies de pommes de terre cuites et du son.

Le porc mis à l'engrais doit être nourri méthodiquement. Il est prudent de ménager la transition entre le *régime de développement* et le *régime d'engraissement*, afin d'éviter les accidents. Peu à peu on augmente la dose et la qualité de la nourriture. Pendant la période d'engraissement forcé, on le nourrit à satiété en mettant à profit sa voracité naturelle stimulée par une alimentation variée et soignée.

Les racines et les pommes de terre cuites arrosées de petit-lait, les farines de grains, fèves, maïs, orge, etc., et le son délayés dans les eaux de vaisselle et de laiterie, parfois légèrement salées, conviennent particulièrement.

L'engraissement du porc dure plus ou moins longtemps suivant la race et les facultés d'assimilation du sujet. En moyenne, on compte soixante-cinq à quatre-vingt-cinq jours. Au fur et à mesure que la graisse s'accumule dans les tissus, l'animal mange moins et se repose davantage ; il finit par arriver au régime de la nourriture presque liquide.

Il y a avantage à pousser l'engraissement aussi vite que possible, car un porc à l'engrais qui consomme journellement 10 pour 100 environ de son poids brut, d'aliments cuits mêlés à 2 litres de grains, se contente d'une ration plus faible d'un tiers lorsqu'il est arrivé à la moitié de l'engraissement ; vers la fin, la ration devient insignifiante.

Sans doute, l'élevage au pâturage est plus économique qu'à la porcherie ; mais, cependant, il peut être entrepris avec avantage à la porcherie quand on dispose d'aliments à bon marché. Dans beaucoup de fermes on mène de front l'élevage et l'engraissement.

Le porc demande beaucoup d'eau, en été surtout. Le manque d'eau fraîche est pour lui une cause de malaise et souvent de maladie.

La mortalité chez le porc est moindre que celle des autres espèces, à cause de la brièveté de son existence ; en effet, on le livre à la boucherie au bout de onze à douze mois.

Maladies. — Parmi les *maladies contagieuses* dont le porc peut être atteint et qui nécessitent une intervention sanitaire, il faut citer la *fièvre aphteuse* et le *charbon*, dont il a déjà été question ; le *rouget* et la *pneumo-entérite infectieuse*, particulières à l'espèce porcine.

La *trichinose* et la *ladrerie* sont dangereuses pour l'homme. On doit avoir soin de faire toujours bien cuire la viande de porc pour y détruire ces parasites.

La *trichinose*, commune en Amérique et en Allemagne, est fort heureusement très rare en France. Cette maladie est due à la présence d'un petit ver, *trichina spiralis*, en forme de fuseau, long de 1 millimètre à 1 millimètre et demi, qui vit dans l'intestin et dans les muscles, au détriment desquels il se nourrit. La trichine finit par s'enkyster et vit alors enroulée, à l'état de repos, jusqu'à ce que, ayant été avalée par un autre animal, elle puisse achever son développement chez ce nouvel hôte.

On observe la trichine sur le porc, le chien, le chat, le veau, le pigeon, la poule, le rat, la souris. La trichinose est indiquée par la raideur musculaire, la faiblesse des reins, les plaintes. Il n'y a pas de traitement curatif.

La *ladrerie* est un vice rédhibitoire ; elle se caractérise par la présence de petites tumeurs dures que l'on trouve surtout à la base de la langue, dans les muscles et très rarement dans la graisse. Ces petites tumeurs sont des cysticerques du *tænia solium* qui se développe dans l'intestin de l'homme, à la muqueuse duquel il se fixe au moyen des ventouses et des crochets dont sa tête est armée.

Le traitement de la ladrerie est plutôt préservatif. Il faut éviter que le porc consomme des excréments humains.

Les viandes ladres sont impropres à la consommation. Les graisses peuvent servir à l'industrie.

Le *rouget* est une maladie contagieuse produite par un microbe ; elle est transmissible au lapin et au rat. Les principaux symptômes que l'on relève chez l'animal atteint sont : tristesse, fièvre, coloration foncée du ventre et des oreilles. La mort est rapide. Il n'y a pas d'autre traitement que la vaccination préventive à l'aide du virus vaccin de Pasteur.

Le propriétaire d'un porc malade du rouget est soumis aux obligations suivantes : faire aussitôt la déclaration ; détruire le cadavre, de préférence par la crémation ou la solubilisation ; désinfecter à fond les habitations avec la solution bouillante de chlorure de chaux à 1 pour 100. Le sol, les cours, les portes, les cloisons, les auges, les seaux, etc., doivent être grattés, brossés, en un mot désinfectés minutieusement. Les objets en fer seront flambés et rincés avec une solution bouillante de carbonate de soude à 8 pour 100.

Les symptômes de la *pneumo-entérite* infectieuse sont semblables à ceux du rouget. L'animal reste couché ; sa respiration est gênée ; des taches rouges apparaissent sur le ventre et aux oreilles. Il est prudent de sacrifier les malades et les contaminés dès le début.

Les prescriptions sanitaires sont les mêmes que pour le rouget.

Conservation des viandes.

En France, la viande de bœuf, de veau, de mouton et d'agneau est généralement consommée fraîche. Dans l'Amérique du Sud, on utilise la viande de bœuf *salée* et *séchée* au soleil. C'est aussi l'Amérique du Sud qui prépare en grand les extraits de viande dont le plus connu est appelé *extrait Liebig*.

La viande du cochon et son lard sont consommés frais dans les villes, mais à la campagne on les conserve par *salaison* ou par *boucanage* pour la consommation de l'année.

Une *salaison* parfaite exige 30 kilogrammes de sel sec par 100 kilogrammes de viande. On ajoute 10 grammes de *salpêtre* ou *nitrate de potasse* par kilogramme de sel, afin de conserver à la chair sa coloration rougeâtre. Les Anglais ajoutent, en outre, environ 30 à 40 grammes de sucre pulvérisé, pour rendre, disent-ils, la viande plus tendre.

Le sel absorbe l'eau de constitution de la viande qu'il pénètre en se dissolvant. Il se forme ainsi ce qu'on appelle la *saumure*, qui doit être suffisamment saturée de sel, sous peine d'altération.

Les morceaux de viande, les jambons, sont frottés avec du sel de cuisine pur ou mélangé avec un peu de nitrate et déposés ensuite dans le saloir par couches pressées alternant avec des couches de sel ; le tout est recouvert par un lit de sel.

Le lard est découpé en bandes de 20 à 30 centimètres, dont on frotte la surface avec du gros sel. Ces bandes sont ensuite disposées sur des planches, en deux rangées, la couenne en dehors, et recouvertes de planches chargées de pierres. Au bout de trente à quarante jours, on retire les bandes de lard et on les suspend dans un lieu sec et aéré pour les faire sécher.

Le *boucanage*, très peu usité en France, est, au contraire, très répandu dans les pays du Nord et particulièrement en Allemagne. Il consiste à dessécher et à fumer la viande — celle de porc est un peu salée avant d'être boucanée. — La fumée agit par ses principes pyrogénés, qui sont antiseptiques. Au bois qui produit la fumée on ajoute des plantes aromatiques : thym, romarin, genièvre, etc., pour faire contracter à la viande une odeur et une saveur prisées par le consommateur.

Le lard et le jambon sont attaqués par la larve d'un petit coléoptère long de 7 à 9 centimètres, le *dermeste du lard*. L'insecte parfait vit sur les fleurs, mais les femelles recherchent les substances animales pour y déposer leurs œufs. La larve, vorace, couverte de longs poils roides et très touffus, avec deux espèces de cornes écailleuses sur le dernier anneau, fait souvent de grands ravages dans nos provisions. Certaines variétés attaquent les peaux, les fourrures, les collections d'histoire naturelle.

LA BASSE-COUR

La *basse-cour* est la partie de la ferme réservée aux *animaux* dits *de basse-cour*.

Ces animaux se composent généralement d'un certain nombre d'*oiseaux : coqs* et *poules, pintades, dindons*, qui appartiennent à la famille des *gallinacés* ; les *canards* et les *oies*, qui appartiennent à la famille des *palmipèdes*, c'est-à-dire des oiseaux à pieds palmés, à bec aplati et dentelés sur les bords.

Les *pigeons* forment l'ordre des *colombidés*, c'est-à-dire un groupe bien distinct de la famille des gallinacés. Leur habitation se nomme *pigeonnier* ou *colombier*. Elle constitue une annexe avantageuse de la basse-cour.

Les *lapins*, mammifères rongeurs de la famille des léporides, forment une espèce du genre lièvre (*lepus*). Le lapin domestique est un des animaux de la basse-cour dont la production abondante est d'une haute utilité pour les petits cultivateurs. Le lieu réservé à son élevage économique porte le nom de *clapier*.

La multiplication artificielle du *faisan* est l'objet d'une industrie assez importante, mais cet oiseau de la famille des gallinacés a trop conservé son naturel sauvage pour être considéré tout à fait comme un animal domestique. Son élevage est assez difficile et dispendieux, car il aime les bois et la liberté. Les jeunes faisans sont exposés à de nombreuses maladies et leur éducation nécessite une surveillance attentive.

La *pintade* est beaucoup plus rustique ; de l'avis d'excellents gourmets, elle donne un succulent rôti et remplace très avantageusement le faisan élevé en cage.

L'habitation des animaux de basse-cour ne doit pas être reléguée dans des coins perdus et malpropres, car la propreté et de bonnes conditions hygiéniques sont indispensables au succès de l'élevage et de l'engraissement. La production des œufs et des volailles est aujourd'hui très lucrative et mérite d'attirer l'attention. L'aménagement de la basse-cour ne saurait être abandonné au hasard.

La Poule.

Les *volailles* ont besoin d'espace ; elles se plaisent à l'abri des buissons et des arbres. Il est avantageux de les laisser vaguer à travers champs et vignes, lorsque l'état de la récolte le permet ; elles détruisent des masses d'insectes nuisibles. Dans tous les cas, il faut qu'elles trouvent, en tout temps, de l'eau propre pour s'abreuver et un refuge couvert en cas de pluie. Le poulailler doit être bien aéré, sec et divisé en compartiments, de façon à ce que les dindons et les oies ne puissent nuire aux poules et aux canards. Quinze à vingt poules exigent un local de un mètre carré au moins.

Une température douce, pas trop froide en hiver ni trop chaude en été, convient particulièrement. Un grillage à mailles serrées est indispensable à chaque ouverture du poulailler pour empêcher l'entrée des bêtes malfaisantes telles que renard, belette, fouine, furet, putois, qui sont grands destructeurs de volailles.

Les murs du poulailler doivent être soigneusement crépis et blanchis à la chaux de temps en temps. Un sol carrelé facilite le nettoyage. On le recouvre de cendres, de terre légère très sèche et on enlève la fiente tous les huit ou dix jours. Un bon lavage avec la solution de chlorure de chaux à 1 pour 100 (hypochlorite) sera pratiqué chaque mois.

On a préconisé, dans les petites basses-cours, le poulailler démontable (*fig*. 610), dont les parois sont en grillage. Ces poulaillers ont l'inconvénient d'être froids l'hiver, et ne peuvent être utilisés qu'à l'intérieur des bâtiments.

Le mobilier du poulailler consiste en *juchoirs* ou *perchoirs* et en *nids* pour la ponte. Les meilleurs perchoirs sont formés de traverses en sapin de 6 $\times$ 3 centimètres posées sur des appuis mobiles placés à différentes hauteurs et sur différents plans. La disposition en échelle est une cause de disputes, de bousculades parfois suivies de chutes dangereuses, car le gradin le plus élevé est l'objet de toutes les convoitises.

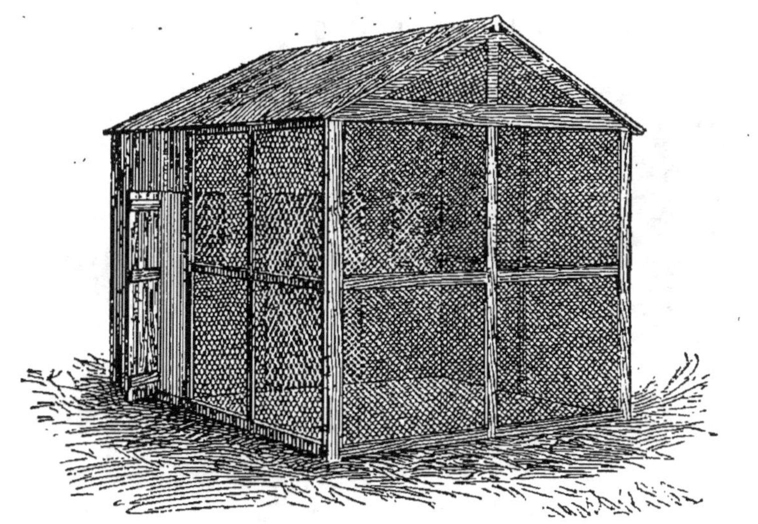

Fig. 610. — Poulailler démontable.

Autant que possible, un réduit spécial devrait être affecté aux poules qui pondent, car à ce moment elles recherchent le silence et la demi-obscurité.

Les pondoirs en sapin de 30 centimètres en carré sur 10 centimètres de hauteur sont préférables aux paniers, dans lesquels la vermine foisonne et qui sont difficiles à nettoyer. On garnit le pondoir d'un peu de foin avec un peu de cendres dans le fond. Il est bon d'y laisser un œuf artificiel en porcelaine ou en plâtre pour stimuler la pondeuse et éviter la récolte d'un *œuf couvi*. Toutes les semaines, les pondoirs et les perchoirs seront nettoyés à la brosse en chiendent, avec une solution de carbonate de soude à 6 pour 100 ou de chlorure de chaux à 1 pour 100.

Il est important de ménager aux poules, sous un abri quelconque, un trou rempli de sable fin, de fleur de soufre et de cendres, où elles vont se rouler et se poudrer à leur gré.

Lorsqu'on utilise la poule ou la dinde comme couveuse, il faut s'arranger de façon à mettre plusieurs femelles à couver en même temps ; cela simplifie beaucoup la surveillance et les soins.

Pendant l'incubation, les couveuses doivent être visitées au moins une fois par jour. Il ne faut pas craindre de soulever et de placer en face de la nourriture celles qui s'acharnent à couver. Pendant le repas, on visite les nids pour les approprier, s'il en est besoin, et enlever les œufs cassés. La femelle ne doit pas rester plus d'un quart d'heure en dehors du nid ; si la température est trop froide, on peut, en attendant son retour, recouvrir les œufs d'un morceau de laine, afin d'éviter le refroidissement, qui tuerait les embryons.

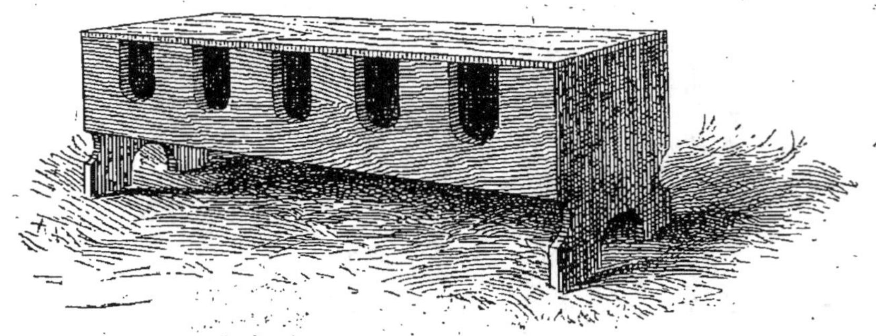

Fig. 611. — Augette à volailles.

Alimentation. — La poule est omnivore ; à l'état de liberté, elle recherche non seulement l'herbe, les légumes et les fruits, mais aussi les vers, les larves, les insectes, les limaces et les escargots. On doit donc lui donner une alimentation qui renferme à la fois des matières végétales et des matières animales.

Fig. 612. — Abreuvoir siphoïde de Robin.

Un **réservoir** central est muni, à sa base, de petits godets dans lesquels l'eau se maintient au même niveau.

Les aliments empruntés au règne végétal sont les céréales, le chènevis, les vesces, les pois, le pain, le son, la paille hachée, l'ortie, les pommes de terre, les salades, etc. Les aliments qui appartiennent au règne animal sont constitués par la viande, le lait, les vers, les escargots, les chenilles, les limaces, les sauterelles, les hannetons, etc. Pour la distribution des aliments on dispose des augettes (*fig.* 611) à portée des volailles ; des abreuvoirs de forme spéciale (*fig.* 612) leur fournissent l'eau nécessaire.

Mirage des œufs. — Après quatre ou cinq jours d'incubation, on *mire* les œufs à l'aide d'une lampe spéciale ou du mire-œufs Lagrange-Robin (*fig.* 613), pour s'assurer qu'ils ont été fécondés et que le germe est en bonne voie de développement. L'œuf non fécondé est clair (*fig.* 614), tandis que celui qui a été fécondé présente dans son intérieur une tache qui offre une grossière ressemblance avec une toile d'araignée (*fig.* 615). Si l'embryon est mort, les secousses ne font point osciller cette tache, qui est comme collée à la coquille; au contraire, elle oscille à chaque secousse s'il est bien vivant.

Ce mirage devrait être utilisé pour le choix des *œufs frais* destinés à la consommation de table, car il permet de constater un commencement d'incubation ou une ancienneté trop grande, etc. Dès que l'œuf commence à vieillir, la chambre à air qui se trouve au sommet du gros bout, et qui est à peine

Fig. 613. — Mire-œufs Lagrange-Robin.

visible au moment de la ponte, augmente de jour en jour, par suite de l'évaporation de l'eau de constitution à travers les pores de la coquille. L'œuf frais est presque entièrement plein et ne paraît pas renfermer de jaune; lorsqu'il a subi un commencement de décomposition, le jaune semble flotter au milieu du blanc.

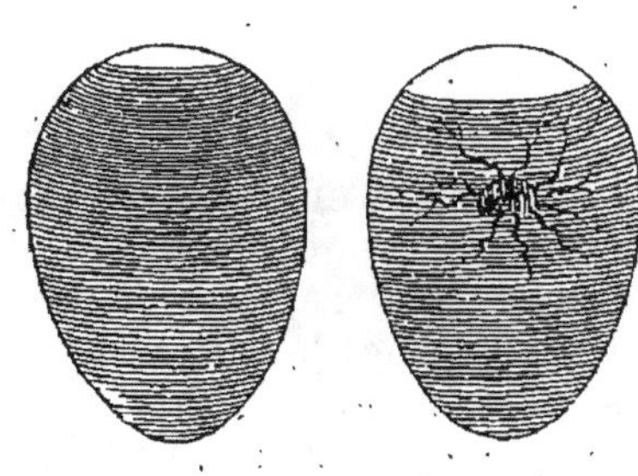

Fig. 614.
Œuf clair.

Fig. 615.
Œuf fécondé.

Incubation. — L'*incubation naturelle* par la poule ou par la dinde est très souvent remplacée aujourd'hui par l'*incubation artificielle*, qui permet de mettre beaucoup d'œufs à la fois en incubation.

Il existe plusieurs bons modèles de couveuses artificielles, d'une conduite commode, dans lesquelles la chaleur provenant de l'eau chaude est réglée automatiquement. On atteint 39 à 40 degrés centigrades pendant les douze premiers jours de l'incubation et 38 à 39 degrés jusqu'au jour de l'éclosion.

Deux fois par jour, soir et matin, durant les huit premiers jours, on retourne et déplace les œufs pour imiter ce que fait la poule couveuse. Du neuvième au treizième jour, on les laisse exposés à l'air libre pendant une dizaine de minutes, après les avoir retournés, puis pendant vingt minutes jusqu'aux approches de l'éclosion. Le vingtième et le vingt et unième jour, il faut s'abstenir de toucher aux œufs. Lorsque l'éclosion commence on doit veiller à ce que des fragments de coquille ne restent pas dans le nid, car ils emboîtent souvent un autre œuf et gênent la sortie du petit.

Les jeunes poussins sont confiés à la mère artificielle (*fig.* 616), sorte de boîte capitonnée chauffée à une douce température. Au bout d'une douzaine d'heures, lorsqu'ils sont bien séchés, on commence à leur distribuer de la nourriture : mie de pain finement émiettée, grains de millet ou de chènevis concassés, salade hachée. Proscrire la farine,

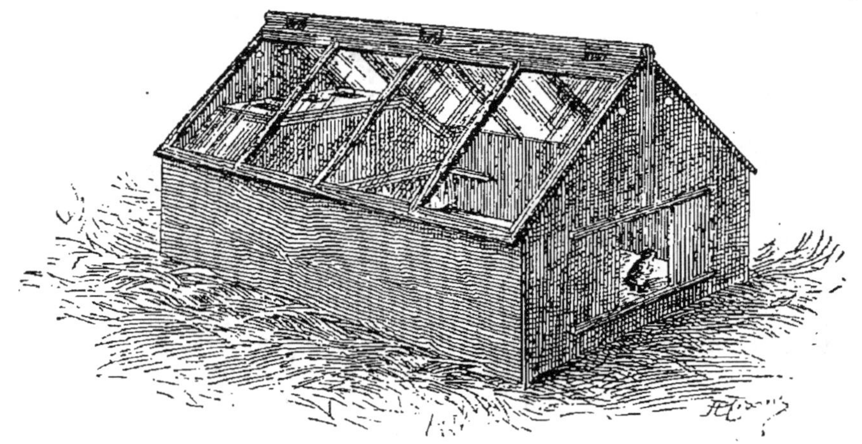

Fig. 616. — Mère artificielle.

le lait ou le caillé, qui provoquent la diarrhée. Tenir à leur portée de l'eau pure. Après quelques jours de ce régime, on peut leur donner des pâtées préparées avec des pommes de terre, de la farine de maïs, etc.; vers le quinzième jour, le blé, l'avoine, les grains concassés sont facilement consommés et les poussins ne réclament plus aucun soin ; néanmoins, comme ils sont très sensibles au froid, à l'humidité, à la pluie, et qu'il importe d'empêcher les adultes de les battre ou de leur ravir la nourriture, il est prudent de les garder pendant quelque temps dans un logement particulier ou bien de mettre leur ration sous un appareil en fil de fer, en osier, sous une mue, etc., à mailles étroites qui ne livrent passage qu'aux nouveau-nés.

Dans l'élevage artificiel — bien plus sûr — la main-d'œuvre ne peut être rémunérée que par un élevage assez important, car il exige plus de temps et de soins que l'élevage naturel ; mais il est à remarquer qu'il n'est guère plus long de préparer et de distribuer la nourriture pour quatre cents poulets que pour cent. Avec l'aide d'une bonne couveuse artificielle (*fig.* 616), il est loisible de se livrer à l'éle-vage d'hiver, particulièrement rémunérateur, car le poulet de primeur est le plus recherché et le mieux payé.

La *durée moyenne de l'incubation* est de vingt et un jours pour la poule ; de vingt-huit jours pour la pintade ; de trente jours pour la dinde ; de dix-neuf jours pour le pigeon ; de vingt-huit à trente jours pour le canard ; de vingt-neuf à trente jours pour l'oie ; mais comme la quantité de chaleur offerte à l'embryon, pour son développement, a une influence marquée, si l'on place des œufs d'oie sous une poule l'éclosion n'arrive que le trente et unième ou même le trente-deuxième jour.

Dans toutes les espèces, les œufs frais éclosent plus rapidement que ceux dont la ponte est ancienne. D'ailleurs, au bout de quelque temps après la ponte, les œufs perdent complètement leur faculté d'éclosion. On estime qu'il ne faut pas mettre sous la poule des œufs datant de plus de huit jours en été, à moins qu'ils n'aient été conservés convenablement dans du son, de la sciure de bois, du charbon pilé, du sable très sec, pour empêcher l'accès de l'air. Les œufs de palmipèdes gardent leur faculté d'éclosion plus longtemps que ceux des gallinacés.

Dans l'espèce galline, l'aptitude à l'incubation présente de très grandes inégalités : les races naine et ordinaire couvent bien ; les races asiatiques à tarse emplumé couvent assez bien, mais sont lourdes et maladroites; les races à huppe (houdan, crèvecœur, padoue) couvent mal.

Une poule peut couver une quinzaine d'œufs de son espèce, une douzaine d'œufs de cane, huit de dinde et six d'oie environ. La dinde, remarquable par la persévérance qu'elle apporte à couver, ce qui permet de lui faire faire parfois deux incubations de suite, peut cou-ver vingt à vingt-deux œufs de son espèce, trente à trente-cinq de poule, trente de cane et quinze d'oie. La proportion d'éclosion entre les poussins et les canetons n'est pas la même lorsqu'on utilise la dinde, parce que celle-ci couve trop assidûment et dégage une cha-leur sensiblement trop élevée pour l'incubation de l'œuf de cane. Le bon sens populaire a pressenti ce phénomène et l'a exprimé par le dicton suivant : « la dinde brûle les œufs. »

La pintade et l'oie sont bonnes couveuses, ainsi que la paonne. La cane est la femelle qui manifeste le plus rarement l'envie de cou-ver. La faisane est une médiocre couveuse.

La faculté reproductrice apparaît :

Chez la poule et le coq, à l'âge de......	7 mois
Chez la dinde et le dindon, à l'âge de....	11 à 12 mois
Chez la pintade mâle et femelle, à l'âge de.	11 à 12 mois
Chez le jars et l'oie, à l'âge de........	11 à 12 mois
Chez le canard et la cane, à l'âge de.....	10 mois
Chez la pigeonne et le pigeon, à l'âge de.	5 mois

Chez la faisane et le faisan, à l'âge de . . .		2 ans
Chez la paonne, à 2 ans, et chez le paon, de.		30 à 35 mois
La poule cesse d'être féconde vers l'âge de.		6 ans
La dinde	— —	6 ans
La pintade	— —	5 ans
La cane	— —	12 à 13 ans
La pigeonne	— —	5 ans
La faisane	— —	5 ans
La paonne	— —	7 ans

Le nombre des œufs pondus diminue dans les dernières années.

On n'est bien sûr du sexe des jeunes qu'après une première mue pour les coqs, la crise du rouge ou de l'aigrette pour le dindon, la pintade et le paon.

Une des principales difficultés dans l'élevage des oies est la distinction des mâles et des femelles. Il faut attendre que les sujets soient adultes, surtout avec la race de Toulouse. Le plumage blanc est l'apanage du mâle dans la variété grise commune. Chez le canard domestique, le mâle a une livrée plus brillante ; en outre, il porte quelques plumes recourbées sur la queue. La femelle a une voix beaucoup plus puissante que le mâle et c'est elle qui pousse l'assourdissant *kouin-kouin* nasillard.

La distinction du pigeon et de la pigeonne présente une difficulté extrême.

Pour l'exploitation de la fonction de reproduction, on doit rechercher des jeunes animaux, non seulement parce qu'ils sont des valeurs qui s'accroissent, mais encore parce qu'ils sont très aptes à accomplir l'acte qui leur est demandé.

Le coq est dans toute sa vigueur de un à trois ans ; le dindon, de deux à six ans, ainsi que le jars et le canard. Des raisons économiques et physiologiques militent en faveur de la réforme des animaux âgés comme reproducteurs.

Ponte. — La *poule* pond presque toute l'année; elle ne s'arrête que pendant les grands froids, au moment de la mue et lorsqu'elle couve.

Les œufs des races françaises sont d'un beau blanc. Une poule qui donne des œufs plus ou moins teintés de couleur chamois a du sang asiatique (cochinchinois ou langhsam, etc.). Les pattes emplumées ou les oreillons teintés de rouge fournissent une indication de même ordre.

La *pintade*, encore incomplètement domestiquée, dissimule ses œufs autant que possible, et les dissémine dans les haies, les luzernes, etc., quand elle se voit découverte. Elle pond en mai.

La *dinde* commence à pondre avec le printemps et donne, en pondant de deux jours l'un, une vingtaine d'œufs gros, blancs, pointillés de rouge. Comme la pintade, la dinde cherche à cacher sa ponte.

La *cane* pond souvent dès le mois de janvier, mais ce n'est guère que vers fin mars qu'elle donne des œufs fécondés, par conséquent bons à faire couver. La race commune produit une trentaine d'œufs par an, tandis que les grosses races en pondent une centaine. Ces œufs, souvent de teinte verdâtre, sont plus lisses et un peu plus gros que ceux de la poule ; ils sont aussi plus longs, plus symétriques par leurs deux bouts.

L'*oie* pond, dès le mois de février, une quinzaine d'œufs gros à coquille blanche très solide. Une fois qu'elle est accroupie sur ses œufs, le mâle ne s'éloigne plus guère d'elle.

Chez les *pigeons*, le nombre des pontes varie de deux à huit dans l'année ; cela dépend de la race, de l'alimentation et du climat. La femelle donne ordinairement deux œufs, qu'elle couve alternativement avec le mâle. D'habitude l'éleveur dispose des nids tout faits dans le colombier ; à défaut, le couple en construit un très rudimentaire, composé de quelques brindilles déposées sur une corniche, dans une anfractuosité, sur une étagère et même sur le sol.

Emballage des œufs. — L'expéditeur doit s'attacher à proscrire rigoureusement de ses envois tous les œufs qui sont d'une fraîcheur douteuse. Un œuf couvi, écrasé dans un panier, suffit souvent à imprégner les œufs frais qui l'avoisinent d'une odeur désagréable et répugnante pour le consommateur. On sait que la coquille des œufs est percée de pores très fins permettant les échanges gazeux.

On expédie les œufs frais dans des paniers sur lesquels le nom de l'envoyeur est inscrit en couleur d'un côté, tandis que le nom de la gare expéditrice est inscrit du côté opposé. Ces paniers doivent être réexpédiés vides et, par conséquent, il est nécessaire de prendre les meilleures précautions pour éviter les pertes et les fausses directions au retour.

Ces paniers contiennent habituellement de mille à douze cents œufs.

A cause de leur fragilité, les œufs demandent à être emballés avec le plus grand soin. On les range sur des lits de paille sèche et saine, en évitant de les serrer les uns contre les autres : un peu de jeu entre eux les met à l'abri de la casse provoquée par les trépidations ou les chocs, si fréquents pendant le transport. Des œufs mal emballés n'occasionnent que des pertes à l'expéditeur négligent.

Lorsque le panier est plein, on le recouvre d'un lit épais de bonne paille, de manière à former sous le couvercle une sorte de tampon élastique qui maintient les œufs en place. Pendant l'hiver, on garnit l'intérieur des paniers avec du papier d'emballage, pour garantir les œufs contre les effets de la gelée.

Engraissement. — L'engraissement des animaux de basse-cour représente une véritable industrie, tant pour la production des foies gras de canards et d'oies que pour la préparation de sujets de consommation courante.

L'aptitude à l'engraissement varie suivant les races et le sujet.

Les volailles trop jeunes ou trop âgées prennent difficilement la graisse. Règle générale, il faut que l'individu ait complètement achevé sa croissance pour que l'opération réussisse.

Les procédés sont différents selon le degré auquel on désire arriver ; on utilise la *mise en chair*, *l'engraissement ordinaire* et *l'engraissement artificiel*.

Pour la mise en chair des jeunes, il n'est pas nécessaire de les tenir étroitement enfermés. On leur distribue, à des heures régulières, une ration composée de maïs, d'orge, de sarrasin, de pommes de terre cuites écrasées mélangées avec du son. Trois semaines de ce régime mettent la volaille à point.

L'engraissement ordinaire des adultes (cinq à six mois) se fait en

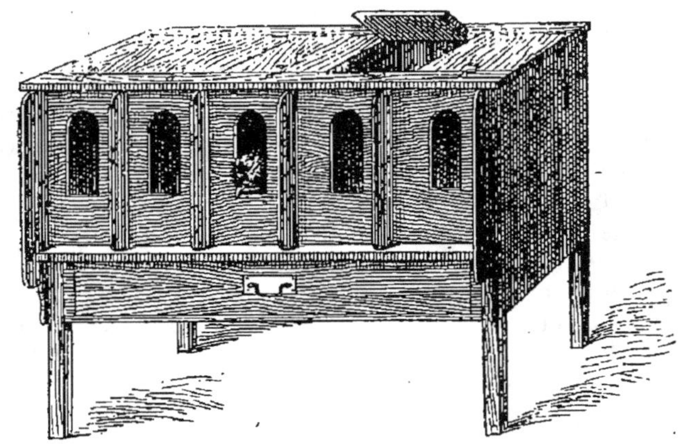

Fig. 617. — Épinette à cinq compartiments.

plaçant les animaux dans des *épinettes* (*fig.* 617), sorte de case très étroite, ou plutôt de cellule fermée en haut par une trappe, inférieurement par des barreaux à claire-voie, latéralement par des cloisons pleines, et en avant par une cloison percée d'un trou.

Les cases destinées aux oies et aux canards sont placées dans un lieu tranquille, tempéré, 16 à 18 degrés, aéré et éclairé par un jour diffus. Elles doivent être disposées de telle façon que ces animaux ne puissent s'y remuer ni voir leurs voisins, mais il est barbare et sans utilité pratique de leur clouer les pattes au plancher ou de leur crever les yeux. La nourriture est déposée dans des augettes trois fois par jour, à heure fixe, et on laisse les prisonniers manger à volonté.

On commence par leur donner des pâtées de pommes de terre cuites, de son, de pain, puis des pâtées de farine de maïs, de sarrasin, d'orge, délayées dans du petit-lait. On termine par des pâtées de farine de maïs et d'avoine avec du lait pur. De temps en temps on ajoute un peu d'avoine ou de petit maïs en grains. Dans les grandes exploitations, des instruments spéciaux : égreneur de maïs (*fig.* 618), moulin, bluterie, etc. (*fig.* 619), servent pour la préparation des denrées alimentaires destinées à la basse-cour.

L'*engraissement artificiel* ou *gavage* se pratique avec des pâtes délayées dans le lait, façonnées en boulettes ou *pâtons* et introduites dans le jabot. Une personne prend l'oiseau entre ses genoux, lui ouvre de force le bec et y introduit le pâton qu'elle fait descendre dans le jabot en glissant et pressant doucement avec deux doigts le long de l'œsophage. On procède aussi à l'aide d'un entonnoir spécial dit *entonnoir à gaver* dont l'extrémité du tube, coupée en biseau et pourvue d'un rebord,

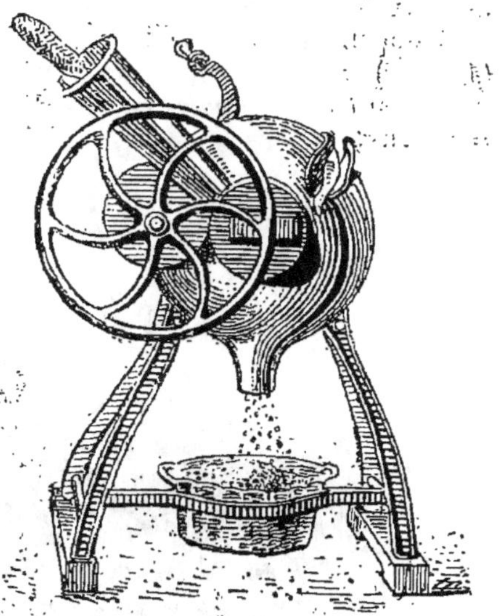

Fig. 618. — Égreneuse de maïs.

peut être introduite dans l'œsophage sans le blesser. Quand le jabot est plein, on donne à boire un peu de lait ou un peu d'eau et on replace le patient dans sa case.

Au début, on donne deux ou trois pâtons à chaque repas, mais on augmente progressivement leur nombre jusqu'à ce que le jabot soit complètement *empâté*. Avant de renouveler l'opération, il faut s'assurer que le dernier repas a été digéré.

Dans le Midi, le gavage de l'oie et du canard se pratique avec le maïs, tantôt donné en nature, tantôt gonflé dans le lait ou l'eau, et on fait boire un peu d'eau salée. Dans quelques localités, on accorde

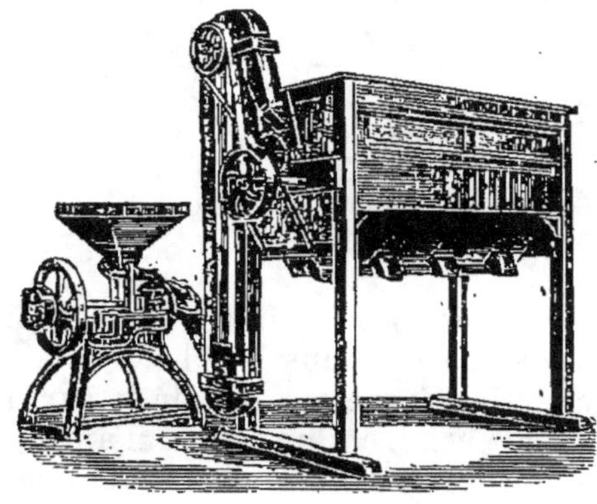

Fig. 619. — Moulin et bluterie pour farine.

une grande valeur à l'engraissement final du dindon par ingestion d'axonge et de noix.

Le gavage à la main se fait au moins deux fois par jour et nécessite par conséquent un nombreux personnel s'il porte sur un grand nombre de bêtes.

L'engraissement artificiel, au moyen de la *gaveuse mécanique* (*fig.* 620), remédie à cet inconvénient. Cet appareil consiste essentiellement en un vase qui renferme la bouillie claire; à la partie inférieure une ouverture communique avec un tube de caoutchouc

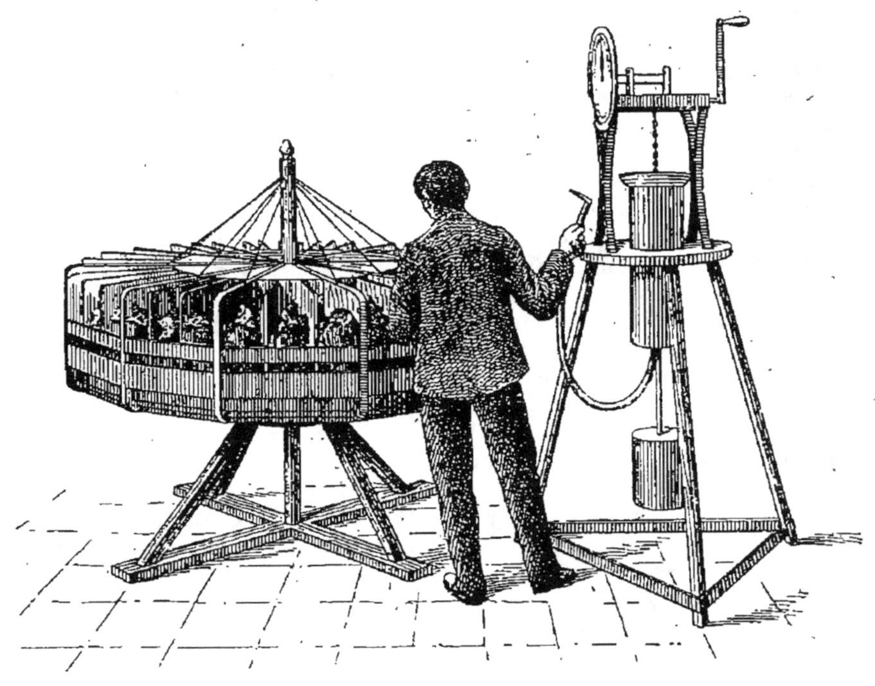

Fig. 620. — Gaveuse mécanique.

terminé par une canule. Un piston, actionné par un contrepoids, projette une quantité déterminée de bouillie dans le tube.

Les animaux étant placés dans des épinettes adaptées sur une sorte de tourniquet, il suffit de les prendre l'un après l'autre, de leur introduire la canule dans la gorge, et de donner le nombre de coups de pédale correspondant à la ration de bouillie qui leur est attribuée. Un cadran permet de mesurer exactement, en centilitres, la quantité de nourriture ingérée. Un ouvrier habile fait manger quatre cents volailles par heure. Certaines épinettes tournantes sont à étage et peuvent contenir deux cents volailles.

L'engraissement par pâtons ou par bouillies est moins coûteux que celui que l'on obtient à l'aide des grains; avec trois repas par jour, il dure en moyenne dix-sept à dix-huit jours. Lorsque la poule est à point, sa peau est complètement blanche et elle présente un amas de graisse entre les épaules.

Castration ou chaponnage. — Le *chaponnage* est une opération qui a pour but de *castrer* les jeunes coqs; elle prédispose ces animaux à l'engraissement et donne à leur chair une extrême finesse.

Les coqs castrés sont appelés *chapons*. Les poulardes sont des poules dont on a enlevé les ovaires ou organe formateur des œufs. La castration des poules est difficile et peut être négligée; d'ailleurs la plupart des *poulardes* sont tout simplement des poules engraissées avant d'avoir pondu. Le chaponnage demande une certaine pratique. Il suffit de l'avoir vu exécuter pour être à même de le pratiquer convenablement.

On castre les jeunes coqs vers la fin de l'été, c'est-à-dire lorsqu'ils sont âgés de quatre mois environ. Pour un coq adulte on attend la fin de l'automne. Il est bon de laisser jeûner les animaux pendant une douzaine d'heures, avant la castration, afin que l'intestin soit libre.

Un aide tient l'animal sur ses genoux, couché sur le dos, la tête en bas, le croupion tourné vers l'opérateur; il maintient la cuisse gauche contre le corps, tandis qu'il écarte la droite en arrière.

L'opérateur arrache les plumes sur le flanc droit depuis le sternum jusqu'au croupion et pratique sur cette région, lavée à l'alcool, une incision de 2 centimètres un peu oblique d'avant en arrière. Lorsque le bistouri ou les ciseaux (désinfectés à l'alcool) ont sectionné la peau et les couches musculaires et que le péritoine ou membrane qui tapisse l'intérieur du ventre apparaît, on l'incise en le soulevant avec des pinces afin d'éviter de léser les intestins.

On met ainsi ces derniers à découvert. Cela fait, on introduit l'index de la main droite dans l'ouverture (après l'avoir aseptisé à l'aide d'un lavage avec la solution de permanganate de potasse) et on le glisse doucement au-dessus de la masse intestinale en le dirigeant vers l'extrémité antérieure des reins, en face des deux dernières côtes. C'est là que se trouvent les testicules qui ont la forme et la grosseur d'un haricot. Avec l'ongle du doigt, on détache successivement ces deux organes et on les extrait de la cavité abdominale en évitant toujours de blesser les intestins. Il ne reste plus qu'à fermer la plaie en recousant la peau à l'aide d'un fil ciré (après avoir lavé au permanganate de potasse) en évitant de prendre les intestins dans la suture, car l'accident serait mortel. Recouvrir de vaseline boriquée.

Les chapons doivent être enfermés pendant sept à huit jours dans un local convenable dépourvu de perchoir; ils sont nourris avec une pâtée de son et de farine de maïs. Après ce laps de temps, ils peuvent être réintégrés dans la basse-cour sans aucune difficulté.

En somme, la castration entraîne rarement la mort du sujet. La péritonite ou inflammation du péritoine s'observe très rarement lorsqu'on a su écarter par des lavages antiseptiques les causes d'infection qui proviennent de la main de l'opérateur ou des instruments.

Principales races de poules. — Il existe un très grand nombre de *races* de poules ; sous ce rapport, la France est un pays privilégié, car elle possède plusieurs types absolument remarquables pour la pré-

Fig. 621. — Coq de Houdan.　　　　Fig. 622. — Poule de Houdan.

cocité, l'aptitude à l'engraissement, la saveur de la chair et la production des œufs.

Le choix d'une race doit être naturellement précédé de l'appréciation du milieu où on se propose de l'introduire, car il faut savoir tout d'abord si ce milieu convient à une exploitation fructueuse.

Toutes les races locales sont susceptibles d'être améliorées par la *sélection* et beaucoup méritent de ne pas être négligées. La rigueur dans le choix judicieux des reproducteurs est tout le secret de la supériorité de certains types recherchés.

Parmi les races françaises qui ont acquis une juste renommée, nous signalerons :

La *race de Houdan* (*fig.* 621, 622), au plumage presque régulièrement caillouté noir et blanc, à la huppe relevée et très fournie. La patte avec cinq doigts bien détachés. Bonne pondeuse, facile à engraisser ; rustique, chair délicate. Mauvaise couveuse. S'acclimate bien dans les pays tempérés.

La *race de Mantes*, reconstituée par Voitellier, n'a été présentée dans les concours qu'à une époque assez récente. Son plumage ressemble beaucoup à celui de la houdan, mais elle porte une crête simple, dentelée et bien développée, n'a point de huppe et a quatre doigts seulement à la patte. C'est une poule assez rustique qui trouve plus aisément sa nourriture, grâce à l'absence complète de plumes retombant sur les yeux. Précoce, facile à engraisser, bonne pondeuse, médiocre couveuse.

La *race de Gournay*, sélectionnée par M. Lourdelle, éleveur à Abbeville, est une vieille race française qui réunit d'excellentes qualités.

Fig. 623. — Coq de Crèvecœur.   Fig. 624. — Poule de Crèvecœur.

Son plumage, régulièrement caillouté noir et blanc, ressemble à celui de la houdan et de la mantes, mais elle ne possède ni huppe comme la houdan, ni cravate et favoris comme la mantes. La tête est libre de tout ornement, ce qui constitue un avantage pour la recherche de la nourriture à travers champs. La crête est simple, d'un beau rouge vif; les oreillons petits et blancs; les pattes nues, lisses, roses et noires.

Cette poule, très rustique, agile, bonne pondeuse (œufs de 70 grammes), à formes arrondies, est une poule de ferme pratique — de poids moyen — sa chair est délicate. Vers quatre mois ou quatre mois et demi, on peut la soumettre à l'engraissement.

La *race de Crèvecœur* (*fig.* 623, 624), très ancienne race de Normandie à plumage noir, huppe retombant de chaque côté de la tête. Cravate épaisse. Pattes courtes pourvues de quatre doigts. Chair blanche et savoureuse. S'engraisse très facilement. Précoce. Un poulet engraissé va jusqu'à 4 kilogrammes et demi. Bonne pondeuse, mais mauvaise

couveuse. Moins rustique que la houdan. Les poussins sont délicats et se développent mal, surtout en dehors de la région septentrionale de la France, lorsqu'on ne pourvoit pas abondamment à
leurs besoins.

La *race de La Flèche* (*fig.* 625, 626) est la plus grande de nos races
françaises, dont le type du *Mans* constitue une sous-race. Le type de
Barbezieux manque de fixité, mais renferme cependant des sujets
remarquables, faciles à engraisser.

La poule de La Flèche, qui donne les poulardes du Mans, est plus

Fig. 625. — Coq de La Flèche.   Fig. 626. — Poule de La Flèche.

haute sur pattes que les précédentes. Plumage noir à reflets verdâtres. Huppe presque nulle. Oreillons blancs et grands, barbillons
très longs. Très apte à prendre la graisse. Bonne pondeuse. Moins
précoce que la houdan et la crèvecœur, mais plus rustique que cette
dernière à condition d'avoir de la verdure et un espace suffisant
pour prospérer. Elle réussit assez bien dans le Midi. Les jeunes
poussins craignent beaucoup le temps froid ou pluvieux. Mauvaise
couveuse.

La *race de Bresse*, qui avait été un instant compromise par des croisements intempestifs avec les grosses races cochinchinoises et
brahmapoutra, est aujourd'hui l'objet d'une sélection plus éclairée.
La variété noire se place au premier rang. La variété grise ou

crayonnée de Bourg mérite une mention spéciale; son plumage est gris crayonné, avec collier blanc et extrémités des plumes et des ailes d'un gris plus foncé. Taille au-dessous de la moyenne. Crête droite et dentelée chez le coq, mais tombant sur le côté chez la poule. Bonne pondeuse, mauvaise couveuse. Chair fine prenant facilement la graisse. La réputation des poulardes de Bresse est telle qu'on les expédie jusqu'en Allemagne et en Russie.

La *race de Gascogne*, de Caussade, appelée encore *landaise* ou *béarnaise*, se développe rapidement. Elle est très rustique et bonne pondeuse, mais elle couve rarement. Le type le plus répandu a le plumage noir, la crête simple, les pattes courtes d'un gris bleuté.

La *favcrolles* est le produit d'un croisement assez compliqué : houdan, dorking, cochinchine, brahma, etc. Cette volaille, assez corpulente et précoce, donne rapidement de beaux sujets; elle s'est très répandue pour ce motif.

La fixité de ce type hétéroclite est loin d'être atteinte. Les sujets ne se ressemblent pas entre eux et dégénèrent bientôt.

L'*orpington* dérive, elle aussi, d'un croisement assez diffus : minorque, plymouth rock, langsham. M. Robin,

Fig. 627. — Coq orpington.

l'habile éleveur d'Autun, s'est attaché à sélectionner cette nouvelle acquisition de l'aviculture moderne et il a obtenu de beaux sujets (*fig.* 627). L'orpington peut atteindre le poids de 6 kilog. 400; la poule dépasse 4 kilogrammes. La tête est fine, portée droite, la crête est bien dentelée, mais il existe une sous-variété à crête frisée. Oreillons et barbillons rouge vif. Plumage noir à reflets métalliques verts. Pattes noirâtres sans plumes. La forme générale est compacte et puissante. Bonne pondeuse. Chair blanche.

Les races étrangères les plus répandues sont la race anglaise de *Dorking* (*fig.* 628), la race italienne de *Leghorn* ou poule de Livourne, et les types exotiques de *Cochinchine* (*fig.* 629) et de *Langsham*, véritables géants de l'espèce. Malheureusement, ils sont d'un développement très lent, leurs œufs sont petits et leur chair manque de saveur et de finesse. La langsham est une volaille superbe, à crête simple dentelée, au plumage noir à reflets métalliques verts, pleine de prestance et d'une fière allure, susceptible de jouer un rôle utile dans les croisements ayant pour

Fig. 628. — Coq dorking.

Fig. 629. — Poule cochinchinoise.

but d'obtenir des sujets plus amples, destinés à la consommation courante.

Le Canard.

Le *canard* est un animal aquatique, très facile à élever et d'un développement rapide, car il fait ventre de tout. Les femelles sont appelées *canes* et les jeunes *canetons*. Parmi les canards domestiques, le *canard de Rouen* (*fig*. 630) est celui qui atteint le maximum de taille et de poids. Son type est absolument semblable à celui du canard sauvage. Ce canard, très fécond et précoce, mérite d'attirer l'attention des éleveurs. Ses canetons peuvent être livrés à la consommation dès l'âge de deux à trois mois.

Constitué surtout pour la nage, le canard ne marche que difficilement et avec un dandinement caractéristique.

La race anglaise d'*Aylesbury* et surtout celle de *Pékin* (*fig*. 631) sont aussi très estimables pour la finesse de leur chair, leur précocité et leur rusticité.

Le canard pékin a le plumage entièrement blanc dessus, jaune crème en dessous. Bec jaune orangé, pattes jaunes, corps massif et tête haute. Nous le préférons à l'aylesbury, qui ressemble au canard de Rouen par sa forme plus allongée. Le plumage de ce

Fig. 630. — Canard de Rouen.

Fig. 631. — Canard de Pékin.

canard anglais est blanc mat, le bec est rosé, les pattes jaune clair.

Le *canard du Labrador* (*fig.* 632) est de taille moyenne ou petite ; plumage noir à reflet vert éme-raude. Rustique et assez proli-fique. Chair fine.

Élevage. Alimentation.—Le ca-nard étant essentiellement aqua-tique, il est indispensable, pour tirer les meilleurs résultats de son élevage, qu'on puisse lui procurer la facilité de se plonger à volonté dans l'eau. Ceux qui disposent à cet effet d'un cours d'eau, d'une mare herbeuse, se trouvent placés dans d'excel-lentes conditions de réussite.

Le canard barbote tout le long du jour, à la recherche des mollusques, vers, larves d'in-sectes, escargots, herbes ten-

Fig. 632. — Canard du Labrador.

dres, dont il fait sa nourriture. Le soir, lorsqu'il rentre à la basse-cour, on peut lui distribuer une poignée de grains : avoine, orge, blé, sarrasin, etc., ou bien une pâtée de son, recoupe, pommes de terre cuites, betteraves, orties hachées, débris de cuisine, etc.

On donne généralement au mâle six à sept canes. Les canes ayant l'habitude de pondre un peu partout, on ne les laissera sortir le matin qu'après la ponte.

La cane couve avec beaucoup d'ardeur, mais habituellement on fait couver ses œufs par des poules, qui sont d'excellentes mères.

Il faut éviter de laisser aller les canetons à l'eau durant la première semaine. Un abreuvoir siphoïde (voir page 506) rempli d'eau fraîche leur suffit.

La nourriture du jeune canard doit être aussi animalisée et variée que possible. La viande hachée, les vers de terre et surtout les petits escargots leur conviennent particulièrement. Ces derniers sont préalablement écrasés sur une planche à l'aide d'une pierre. Quant à la pâtée ou « mincée », elle est faite avec un mélange de recoupe, de salades et d'orties hachées très fin. L'ortie est particulièrement recommandable, ainsi que le riz cuit additionné d'une pincée de phosphate de chaux ou de coquilles d'huîtres pulvérisées. Comme le canard digère vite, il faut le rationner avec soin : on lui donne peu à la fois, mais souvent.

Produits. — Quand les sujets ont six semaines à deux mois, on peut les soumettre à l'engraissement. A ce moment, leurs ailes « se croisent », c'est-à-dire que les rémiges des ailes sont assez longues pour se croiser au-dessus de la queue : au piaulement du caneton commence à se mêler le cancanement de l'adulte. Contrairement à ce qui a lieu pour la plupart des autres oiseaux, c'est la femelle qui possède la plus forte voix — on ne saurait dire la plus belle — tout le monde connaît son kouin-kouin retentissant et nasillard.

Le canard fournit une chair recherchée. C'est en janvier, février et mars que les canetons font prime sur le marché ; les petits poulets ne se montrent pas encore et le gibier est épuisé ou a fait son temps.

Les éleveurs soucieux de leurs intérêts ne négligeront pas de s'occuper de la production du *caneton d'hiver*, qualifié de caneton d'automne par les marchands de volailles. Ils mettront donc à profit les derniers moments de ponte de la cane pour confier ses œufs à la couveuse artificielle. Il faut compter vingt-huit jours d'incubation et, en plus, deux bons mois pour atteindre l'époque du croisement, car pendant l'hiver les canetons profitent moins qu'à la belle saison, les journées étant plus courtes.

Indépendamment de ces produits, le canard fournit encore ses plumes, dont la valeur est de 4 francs par an chez un sujet de poids moyen.

L'Oie.

L'*oie* est un animal très rustique. Elle se tient beaucoup moins dans l'eau que le canard. On l'élève en troupeaux qu'on mène pâturer dans les champs. Le pâturage lui est indispensable.

Suivant les espèces, l'unique ponte de l'année donne de six à dix œufs, dont l'incubation est assurée par la femelle.

Alimentation. Produits. — Les *oisons* exigent une nourriture abondante et des soins attentifs au début. Ils redoutent la pluie et le grand soleil. On leur donne de la salade, de la chicorée sauvage

Fig. 633. — Oie de la Meuse.

hachée avec des jeunes pousses d'orties, des œufs cuits triturés avec de la farine d'orge, de maïs, de sarrasin, de la mie de pain. Progressivement, on remplace les rations de pâtée par des grains.

Après une quinzaine de jours ils peuvent aller seuls. La mue a lieu vers deux mois.

Par le gavage on arrive à faire contracter aux oies, comme aux canards, une énorme hypertrophie du foie qui, de 60 à 80 grammes, monte à 250 et même 500 grammes. Ces foies se vendent principalement pour la confection des terrines truffées.

Dans le Midi, on conserve, sous forme de confits, c'est-à-dire enlizée dans sa propre graisse, l'oie cuite et dépecée.

Les plumes de la poule, mais surtout celles du canard et de l'oie, sont recherchées pour la literie. On n'attend point la mort de ces palmipèdes pour recueillir le *duvet*. Lorsque la plume est mûre ce qui se reconnaît à l'absence de sang dans les tuyaux, on renverse la bête, après lui avoir croisé les ailes sur le dos, et on plume la partie inférieure du cou, le plastron et l'abdomen jusqu'au croupion. On peut faire deux récoltes de plumes dans huit mois, sans nuire à la santé de l'oie. Une oie bien nourrie, en pays tempéré ou froid, fournit en moyenne 425 à 450 grammes de duvet par an.

Races. — Il existe en France deux espèces d'oies bien distinctes, l'*oie commune* (*fig.* 633) dont la femelle est grisâtre et le mâle blanc, et

<table>
<tr><td>Fig. 634. — Oie de Toulouse.</td><td>Fig. 635. — Oie cendrée.</td></tr>
</table>

l'*oie de Toulouse* (*fig.* 634), à ventre blanc et de couleur grise uniforme, sur le dos et la poitrine, chez la femelle comme chez le mâle. Cette dernière espèce est infiniment supérieure sous tous les rapports. Le poids d'un jars atteint 8 kilogrammes.

Le Dindon.

Le *dindon* (*fig.* 636) est originaire d'Amérique. Il existe des variétés blanches, rouges cuivrées, panachées noires et grises comme le type sauvage. La variété noire est la plus grosse. Le mâle, appelé parfois *coq d'Inde*, partage avec le paon le privilège de faire la roue, c'est-à-dire de relever et d'étaler en éventail les plumes de sa queue; il porte au bas du cou un pinceau de poils raides.

L'élevage du dindon est facile à condition qu'il puisse pâturer et jouir d'un libre parcours dans les champs et les prés.

Vers l'âge de deux mois les *dindonneaux* subissent la *crise du rouge;* leur tête, primitivement garnie d'une espèce de duvet, se pare de caroncules rouges. La période est critique et l'organisme éprouvé par cette transformation exige des soins particuliers. Les sujets qui ont été bien nourris, et qui sont vigoureux, triomphent aisément de ce malaise passager. On leur donne une forte proportion de chènevis pilé, jointe à la pâtée d'œufs durs, de farine de maïs et d'orties. Si un dindonneau devient triste et refuse de manger, il faut lui faire avaler du pain trempé dans du vin et de l'orge bouillie.

Les dindonneaux redoutent les brusques variations de température, surtout les pluies froides et l'ardeur du soleil. On doit les abriter pendant la nuit dans un local spacieux, tempéré, sec et bien aéré.

Fig. 636. — Dindon noir de Sologne.

La Pintade.

La *pintade* ou *poule de Numidie* (*fig.* 637) est originaire d'Afrique.

La pintade commune a le plumage gris bleuâtre, plus ou moins foncé, moucheté régulièrement de taches blanches cerclées de noir, plus grandes sur la poitrine et sur le ventre que sur le dos. La tête est surmontée d'un tubercule calleux, en forme de casque, légèrement rougeâtre. Son cri aigu et perçant, son caractère turbulent et batailleur la rendent désagréable dans le poulailler.

D'un tempérament très rustique, elle peut se passer d'habitation close, et de préférence se perche sur les toits ou sur les arbres, sauf pendant le mauvais temps.

La pintade pond à terre, dans les haies et les broussailles; ses œufs sont de couleur rougeâtre sombre, plus petits que ceux de la poule. Si elle couve elle-même, elle élève facilement sa nichée.

Pour obtenir une ponte plus abondante, on lui soustrait souvent une partie de ses œufs, que l'on fait couver par des poules, etc. Une pintade commune, ainsi stimulée, m'a produit 120 œufs.

Pendant les premiers jours, les pintadeaux, très agiles, s'élèvent absolument comme des petits poulets : pâtée de mie de pain, d'œufs durs, de salade hachée, avec un peu de chènevis écrasé. Le millet, le riz cuit, etc., sont également acceptés ; ils m'ont donné d'excellents résultats.

Les *pintadeaux* sont adultes plus tôt que les poussins ; dès l'âge

Fig. 637. — Pintade.

d'un mois ils peuvent être abandonnés en pleine liberté. Le changement de livrée et le développement des caroncules ont lieu vers l'âge de trois à quatre mois. On leur distribuera une nourriture substantielle pour les aider à passer cette époque dangereuse. Ensuite on pourra les engraisser, ou plutôt les mettre à point, avec des pâtées de farines, de grains, de racines cuites, sans les enfermer cependant.

Le Pigeon.

Les *pigeons* sont granivores ; leurs mœurs diffèrent complètement de celles des poules, aussi forment-ils une tribu séparée dans la basse-cour.

L'installation du *colombier* (*fig.* 638) laisse généralement beaucoup à désirer ; on oublie trop que le pigeon, qu'on nous représente comme un modèle de vertu et de douceur, est au contraire un oiseau vindicatif, querelleur et batailleur à l'excès.

Il est *monogame*, c'est-à-dire qu'il vit par *couple*, mais cela ne l'empêche pas d'attaquer ses congénères pour la conquête d'une place, d'un nid, ou simplement pour les chasser du colombier. Les couveuses sont bousculées et les œufs courent de grands risques. Les jeunes pâtissent de cet état continuel de guerre; souvent ils sont précipités à bas des nids et tués par de méchants adultes qui leur perforent le crâne à coups de bec répétés. Un mâle qui a perdu sa

Fig. 638. — Pigeonnier applique.

femelle est une cause de troubles dans un pigeonnier, car il ne cesse de combattre pour ravir la compagne d'un autre.

Chaque couple doit avoir à sa disposition deux niches accolées, mais bien séparées des niches voisines. Les pigeons recommencent leur nid avant que les petits n'aient pris leur vol. Ils passent alors dans l'autre compartiment, et, sans s'éloigner des jeunes, qu'ils entourent de soins, se mettent en devoir d'obtenir de nouveaux produits.

A notre avis, l'installation de colombier la plus pratique et la plus économique consiste dans l'application aux murs de niches à deux compartiments, formant un logement complet pour chaque paire de pigeons. Bien entendu, ces niches seront installées aussi loin que possible les unes des autres.

De cette façon, la surveillance et l'entretien sont faciles, les batailles sont à peu près évitées, et le couple de pigeons, heureux et tranquille, donne le maximum de rendement, c'est-à-dire environ sept paires de jeunes par année.

Le *pigeonneau* est gras tant qu'il n'est pas sorti du nid et qu'il n'a pas commencé à voleter. Mais, à ce moment, repoussé par ses parents qui veulent l'obliger à chercher sa nourriture, et qui du reste ont d'autres jeunes à élever, le pigeonneau maigrit beaucoup.

Les sujets que l'on veut engraisser sont retirés du nid dès qu'ils font mine de s'essayer au vol. On les met dans un panier à fond plat placé dans une demi-obscurité, et on les gave deux fois par jour, puis trois fois, soit avec des pâtons de pois et de vesces, de grains cuits, soit avec une sorte de brouet farineux que l'on verse dans le gosier à l'aide d'un entonnoir en gutta-percha. Au bout de cinq ou six jours de ce régime, l'engraissement est suffisant.

Le meilleur *pigeon de colombier* est sans contredit le *biset* (*fig.* 639). Très rustique, rapide au vol, mais se reproduisant médiocrement, ce pigeon est souvent préférable aux grosses races, aux *romains* par exemple, qui sont incapables de prendre leur vol lorsque la pluie mouille leurs plumes ou bien quand le vent souffle avec violence.

Fig. 639. — Pigeon biset.

Le *pigeon de Montauban*, de taille moyenne, à tête lisse, ou encapuchonnée, à patte nue, mérite la faveur des éleveurs. Il est vigoureux, vole bien et fait six à sept couvées par an. Sa chair est savoureuse et prend facilement la graisse.

Le Lapin.

Variétés. — Les *races* ou *variétés* de lapins sont nombreuses. Les principales, par ordre de grosseur, sont les suivantes :

Géant des Flandres, bélier, normand ou *lapin de Saint-Pierre, lapin argenté* ou *à fourrure*, appelé encore *lapin de Champagne*, dont la taille est moyenne, plutôt petite : les jeunes naissent noirs et ne prennent leur joli pelage gris bleu, parfaitement régulier, qu'à partir de deux ou trois mois. Sa peau est recherchée par les fourreurs.

Le *géant* et le *bélier* (*fig.* 640) sont des lapins d'amateurs. Ils demandent des soins et une nourriture abondante et variée pour atteindre tout leur développement. Le géant pèse jusqu'à 9 à 10 kilogrammes.

Le lapin bélier français est un superbe animal, vigoureux, à tête forte, à chanfrein busqué avec des plis épais sur le front. Ses oreilles atteignent souvent $0^m,40$ de longueur et tombent perpendiculairement le long des joues. Dos courbé. Pelage gris uniforme. Son poids atteint 6 à 8 kilogrammes. La croissance est

Fig. 640. — Lapin bélier.

assez rapide, cependant il est bon de ne l'accoupler qu'à l'âge de dix à onze mois. Ce gros lapin ne nécessite point une alimentation spéciale, mais son élevage ne réussit parfaitement que dans les clapiers bien secs, à température uniforme et douce.

Le meilleur lapin comme producteur de viande pour la consommation est le *normand*, qui n'est, en somme, que le *lapin commun* d'où est sorti par sélection l'énorme *géant des Flandres*.

Le *lapin commun* (*fig.* 641) est très prolifique et très rustique; la moyenne des portées est de huit à dix petits. Il faut choisir judicieusement les reproducteurs parmi les types bien conformés, à tête petite, au râble

Fig. 641. — Lapin commun.

épais, au pelage gris. Proscrire absolument les pelages blancs et surtout les sujets blancs à yeux rouges, véritables *albinos*, c'est-à-dire types dégénérés dont la chair lymphatique est malsaine.

Clapier. Alimentation. — L'aménagement du *clapier* (*fig.* 642) où on élève le lapin domestique est susceptible de varier à l'infini. Cet animal vit partout, à condition qu'il soit tenu dans un lieu bien aéré, propre, et qu'il reçoive une nourriture suffisante et de bonne qualité.

Ordinairement on garde les lapins dans des cabanes construites sous un appentis et divisées en cases. Les mâles et les femelles vivent isolés en dehors de l'époque de la fécondation. Chaque case renferme un râtelier et des augettes.

La femelle porte dès l'âge de six à sept mois et peut donner six portées par an, car la mise-bas a lieu au bout de trente jours; elle conserve sa fécondité environ six ans.

Les lapins redoutent l'humidité par-dessus tout. Ils s'accommodent

Fig. 642. — Clapier fermé.

bien des aliments végétaux à condition qu'ils ne soient pas mouillés. Une nourriture un peu sèche prévient beaucoup de maladies — parfois quelques racines (carottes, navets, betteraves) exercent une action rafraîchissante. La première nourriture des lapereaux consiste en herbes fines, en foin mouillé avec du lait; on y mélange avec avantage du son et des grains d'orge ou d'avoine, à raison d'une pincée par tête. De temps en temps on leur donne à grignoter des ramilles de chêne ou de saule, des tiges de menthe poivrée. Des repas réglés (trois par jour) et une propreté absolue sont les meilleurs préservatifs contre les épidémies.

La bonne santé des lapins se reconnaît à leur agilité, à leur regard brillant, ainsi qu'à la fermeté de leur crottin.

Entretenu avec soin jusqu'à six mois, le lapin commun atteint facilement le poids de 5 à 6 kilogrammes.

La plupart des « herbes des champs » sont bonnes pour la nourriture des lapins ; aussi est-il facile d'élever quelques lapins à la ferme, sans grands frais, tout en donnant une alimentation variée et saine. Mais il n'en est pas de même lorsqu'on cherche à exploiter industriellement un clapier important pour tirer un revenu de la vente de la chair, de l'exploitation du poil (lapin angora), de la vente de la fourrure (lapin argenté).

Les herbes trop aqueuses, comme la laitue, doivent être distribuées avec parcimonie ; mais il faut rejeter les herbes mouillées qui facilitent la maladie dite du *gros ventre*. La verdure fraîche que

Fig. 643. — Cabane d'engraissement.

l'on ne distribue pas immédiatement peut être étalée et mise à sécher à l'ombre.

Le professeur Balbiani a reconnu que la redoutable maladie du gros ventre était causée par un microscopique parasite, du groupe des psorospermies, nommé *coccidie oviforme*, qui envahit le foie. Celui-ci grossit beaucoup et s'engorge. La suppression des importantes fonctions de cet organe entraîne la mort. Les coccidies se trouvent en abondance dans les crottes du lapin malade ; c'est ainsi qu'elles infectent les locaux, les herbes, et sont facilement ingérées par d'autres lapins, qui ne tardent pas à être atteints.

Dès que l'on constate la présence de la phtisie coccidienne parmi les habitants d'un clapier, il faut opérer sans retard une désinfection complète. Après avoir abondamment lavé le plancher, le râtelier, etc., à l'aide d'une solution chaude de chlorure de chaux, on répand sur le plancher du sulfate de fer pulvérisé, qu'on recouvre d'une couche de litière fraîche et saine. Les aliments sont arrosés avec de l'eau pure, additionnée de 2 grammes d'acide salicylique par litre. Distribuer des ramilles de saule et des plantes aromatiques.

Parmi les plantes des champs les plus toniques, nous citerons : le pissenlit, la chicorée sauvage, la pimprenelle, le seneçon, les salsifis des prés ou barbe de bouc, les laitrons, les liserons, la ronce sauvage, le mille-feuille, etc. A cette liste fort incomplète, on ajoute les plantes fourragères : sainfoin, luzerne, trèfle; les pommes de terre, les carottes, les betteraves, les navets, les topinambours, etc., les croûtes de pain trempées et mélangées avec du son et de la farine d'avoine, etc. Le blé, le maïs, l'orge, l'avoine, le sarrasin, les fèves et féveroles, le riz sont des aliments de premier choix; malheureusement leur prix est ordinairement trop élevé pour entrer dans la nourriture courante du lapin. Cependant il est bon de donner parfois un peu d'avoine ou d'orge pour donner de la vigueur aux reproducteurs ou bien pour augmenter la finesse et la fermeté de la chair des bêtes à l'engrais. Les tourteaux de lin et de coprah, de maïs, etc., riches en protéine et en matières grasses, mériteraient d'entrer dans la ration d'entretien.

Un lapin adulte se trouve suffisamment nourri avec 100 grammes pommes de terre, 10 grammes avoine, 10 grammes orge, 100 grammes carottes par jour; ou bien encore avec 25 grammes de foin, 25 grammes tourteau de lin ou de coprah, 25 grammes betteraves sucrières, ration qui coûte moins cher que la précédente, tout en donnant plus de matières azotées et grasses.

Comme le lapin est un grand gâcheur d'aliments et qu'il les dédaigne lorsqu'il les a piétinés et souillés, il faut avoir soin de les lui distribuer dans les râteliers de fer galvanisé ou des augettes fixes, et cela suivant leur nature. La distribution doit se faire à heure fixe. Les repas les plus importants ont lieu le matin et le soir. On réserve pour la collation de midi un aliment plus particulièrement appété. Un peu d'eau pure est fort appréciée par les lapins, surtout quand on leur donne beaucoup d'aliments secs. Les tiges et les branches des jeunes arbres leur permettent d'exercer leurs instincts de rongeurs : les écorces des saules sont parfaitement hygiéniques, mais elles font contracter un mauvais goût à la viande lorsqu'elles sont consommées en trop grande proportion ; au contraire, les plantes anthelminthiques et aromatiques telles que thym, lavande, romarin, etc., donnent à la viande un parfum agréable.

Jusqu'à l'âge de six à sept semaines le lapereau reste auprès de sa mère; puis, après un mois environ de demi-liberté, tous ceux qui ne sont pas destinés à la reproduction sont mis en loge, les mâles séparés des femelles, et copieusement nourris pendant quelque temps jusqu'à ce qu'ils soient à point pour le marché. Le calme et le repos, au sein de l'abondance, permettent d'obtenir en quatre mois un lapin bien développé et à chair *faite*, fine et délicate.

Avec une centaine de mères l'éleveur habile peut avoir près de cinq mille bêtes à nourrir dans le courant de l'année. Son bénéfice dépend des soins éclairés et de l'alimentation économique qu'il sait leur donner.

Pour conserver les peaux de lapin en été, il faut les retourner et les dégraisser aussi complètement que possible, ensuite les frotter avec un peu de sel pulvérisé et d'alun et les exposer à un courant d'air jusqu'à dessiccation.

Conservation de la volaille et des produits de la basse-cour.

La *conservation du gibier et de la volaille, etc.*, par les *procédés frigorifiques* se développe de plus en plus.

Les volailles plumées et troussées se conservent fort bien pendant deux ou trois semaines à la température de 1 ou 2 degrés au-dessus de zéro. Pour les conserver pendant plusieurs mois, il faut les congeler en les plaçant dans des compartiments dont la température descend à 5 ou 6 degrés centigrades au-dessous de zéro. La décongélation doit se faire graduellement, parce que la volaille congelée s'altère si elle est exposée brusquement à une douce température.

La réfrigération bien comprise peut faciliter l'exportation de nos volailles fines, si recherchées par les gourmets de tous les pays.

La conservation des œufs frais dans des dépôts frigorifiques est parfaitement installée aux États-Unis. On les place dans des chambres ventilées qui mesurent 10 à 12 mètres de largeur et dans lesquelles on maintient une température de 1 à 2 degrés au-dessus de zéro.

Avec l'aide de la réfrigération les producteurs s'émancipent des fluctuations du marché et les consommateurs ont toujours à leur disposition des denrées de leur choix. De ce côté encore l'association peut amener des améliorations considérables.

L'industrie des conserves de volailles a pris en France une grande extension. Toulouse, Périgueux, Nérac, Brive, ont acquis une juste renommée pour la préparation des pâtés de foie de canard d'une finesse incomparable.

PRODUITS DIVERS

Les Abeilles.

Les *abeilles* (*fig.* 644 à 650) sont des insectes *hyménoptères*, c'est-à-dire à ailes membraneuses. Elles vivent en troupes nombreuses, véritables communautés, appelées *essaims*, qui se composent de *mâles* ou *faux bourdons*, d'*ouvrières*, et d'une seule *femelle* que l'on désigne sous le nom de *reine*. Chaque colonie représente une république où

Fig. 644.	Fig. 645.	Fig. 646.	Fig. 647. — Abdomen
Abeille ouvrière.	Abeille femelle	Abeille mâle.	d'abeille ouvrière,
(Grand. naturelle.)	ou reine.	(Grand. naturelle.)	vu en dessous, montrant en *a* la secrétion de la cire.
	(Grand. naturelle.)		

l'homme trouve de merveilleux exemples de solidarité, d'ordre, de courage civique et de travail.

Les *ruches* sont les demeures artificielles des abeilles; on nomme *rucher* le lieu où sont réunies plusieurs ruches.

Œufs.   Larve.   Nymphe.
Fig. 648 à 650.
Métamorphose des abeilles.

Les ouvrières sont des femelles dont les organes génitaux sont incomplètement développés sous l'influence d'une nourriture particulière. Il est si vrai que l'ouvrière sort d'un œuf semblable à un œuf de reine, que lorsque la colonie se trouve accidentellement orpheline c'est-à-dire privée de reine pondeuse, les abeilles se hâtent de transformer en cellule de reine une ou plusieurs cellules d'ouvrières; il leur suffit pour cela que la ruche contienne des œufs femelles non éclos ou des larves n'ayant que trois ou quatre jours d'existence. Les abeilles donnent à ces larves, logées dans des cellules plus spacieuses, une nourriture substantielle et choisie qui leur permet d'atteindre leur développement parfait de reine.

Au commencement de l'été, la reine choisit son mâle et s'envole avec lui à perte de vue. Elle rentre bientôt suffisamment fécondée pour les cent à quatre cent mille œufs qu'elle pond chaque année pendant les trois ou quatre années de son existence. Deux ou trois jours après l'accouplement, qui doit avoir lieu, au plus tard, vingt jours environ après sa naissance, la reine commence sa ponte pour ne l'interrompre que de la fin d'octobre à la fin janvier.

Dès que la reine a été fécondée, les mâles ou faux bourdons, ainsi qualifiés à cause du bourdonnement qu'ils font en volant, sont tués par les ouvrières avec d'autant plus de facilité qu'ils n'ont point d'aiguillon et sont incapables de se défendre. Ces malheureux sybarites, grands mangeurs, constituent une trop grosse charge pour la communauté; aussi s'en débarrasse-t-elle sans pitié.

Produits des abeilles. — Les ouvrières accomplissent tous les travaux; elles recueillent sur les plantes trois sortes de butin : le *miel*, le *pollen* et le *propolis*.

Le *miel*, puisé dans les nectaires des fleurs (*fig.* 651), est dégorgé dans les alvéoles où il est soumis à diverses manipulations.

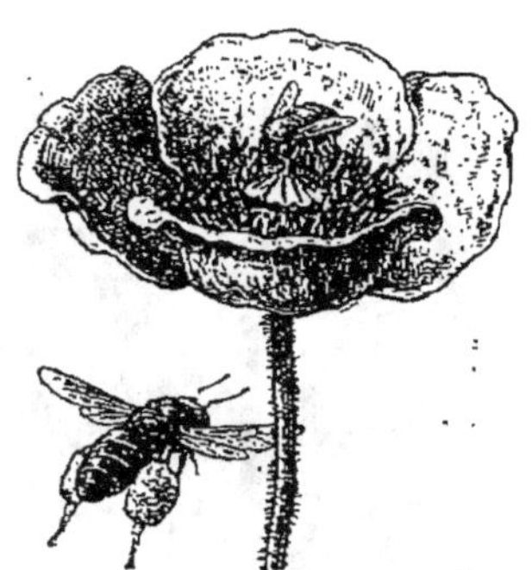

Fig. 651. — Abeille récoltant le pollen. Abeille emportant des pelotes de pollen.

Le *pollen*, poussière fécondante des fleurs, est ramassé par les abeilles qui l'emmagasinent dans deux espèces de corbeilles existant aux pattes postérieures. Ce sont ces pelotes de couleur jaune, blanchâtre ou rougeâtre qui représentent le pollen butiné. L'abeille l'emploie à la nourriture du couvain.

Le *propolis* est une substance visqueuse recueillie sur les plantes, avec lequel l'industrieux insecte oblitère toutes les fentes et les fissures de la ruche.

La *cire* est sécrétée entre les anneaux de l'abdomen. L'abeille la recueille en se passant les pattes sous le ventre; elle la pétrit, la façonne et en forme les cloisons qui supportent les *alvéoles* ou *cellules hexagonales* sur chacune de leurs faces. Chaque cloison constitue un *gâteau* ou *rayon* (*fig.* 652, 653).

Reproduction. Essaimage. — Les cellules situées au sommet et sur les bords des rayons servent de magasins aux provisions, les autres deviennent des berceaux. Les petites cellules servent à loger les œufs et les larves ouvrières, tandis que les grandes logent des mâles. Les cellules spacieuses, semblables à des glands grossièrement guillochés, et éparpillées dans la ruche sont des *alvéoles maternels*. La reine se met à pondre; elle enfonce son abdomen dans un alvéole et expulse un œuf gluant qui reste collé debout au fond de la cellule. Elle continue ce manège, d'alvéole en alvéole, en suivant une direction circulaire dont le point de départ est vers le milieu du rayon; mais elle n'empiète pas sur les cellules réservées aux vivres. Les portions de chaque rayon remplies d'œufs, de larves, de nymphes operculées constituent le *couvain*.

Trois jours après la ponte les œufs éclosent; la *larve* se tient roulée en spirale au fond de l'alvéole. Les abeilles la nourrissent pendant cinq jours environ avec une bouillie blanchâtre, composée de pollen,

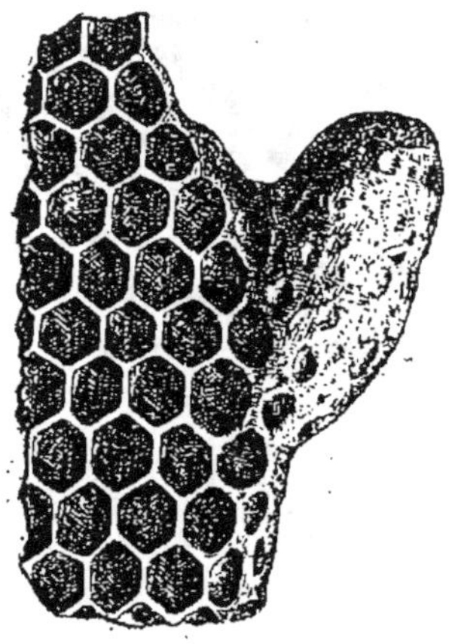

Fig. 652. — Cellules de reine
et d'ouvrières.

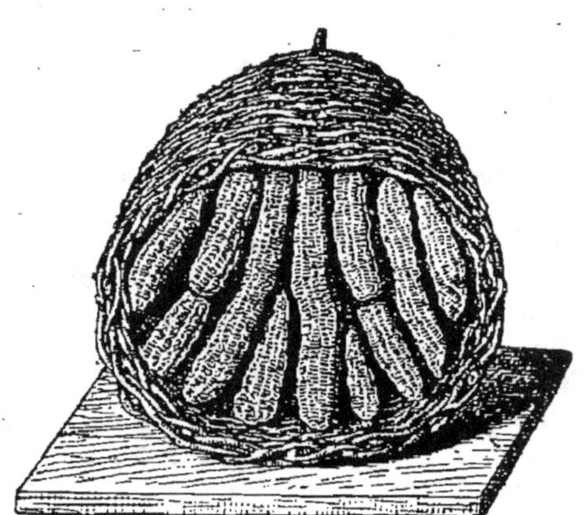

Fig. 653. — Disposition des rayons
dans la ruche.

de miel et d'eau. Enfermée alors au moyen d'un couvercle ou *opercule*, la larve se tisse une fine enveloppe et passe à l'état de nymphe. Une douzaine de jours plus tard, elle est devenue insecte parfait et sort de sa prison.

Quand le terme de la délivrance des nouvelles reines approche, au moment où les fleurs abondent et où les faux-bourdons commencent à se montrer, l'*essaimage* a lieu. Les abeilles se jettent sur les rayons, se gorgent de miel, et abandonnent la ruche en grand nombre à la suite de la vieille reine. Celle-ci, dont l'abdomen est alourdi par les œufs, ne tarde pas à trouver un refuge sur quelque arbre du voisinage, dans l'encoignure d'un mur, d'une croisée, et aussitôt les abeilles se massent autour d'elle.

L'essaim est facile à capturer, mais il faut prendre certaines précautions pour éviter la désagréable surprise des coups d'aiguillon. Il suffit

d'ailleurs d'un voile en tulle noir et d'une paire de gants en laine
épaisse, grossière, assez grands pour garantir les poignets. Le tulle,
cousu sur les ailes d'un chapeau de paille à longs bords, protège très
efficacement la figure ; on ferme le voile par le bas en le faisant glisser
sous le col du vêtement. Il est prudent de serrer le pantalon sur la cheville avec un bout de ficelle. Ainsi équipé et muni d'une ruche vide lavée
à l'eau miellée, on peut recueillir l'essaim fugitif sans aucune crainte.

Fig. 654. — Récolte d'un essaim.

Lorsque l'essaim s'est posé sur une branche d'arbre, une simple
secousse le fait tomber dans la ruche que l'on tient renversée au-dessous (*fig.* 654).

Si l'essaim est placé sur un tronc d'arbre ou contre un mur, il
faut installer la ruche par terre, aussi près que possible, et la soulever légèrement sur son tablier. A l'aide d'une écumoire, on dé-
sagrège les abeilles avec précaution, cuillerée par cuillerée et on
les verse doucement devant la ruche. Si l'on aperçoit la reine-abeille,
il est aisé de la saisir délicatement par les ailes et de la déposer
sous la ruche : les abeilles ne tarderont pas à se précipiter à
sa suite, car c'est elle qui les dirige et qu'elles tiennent à ne point
perdre.

Législation. — Aux termes de la loi :

1° Le propriétaire d'un essaim, tant qu'il n'a pas cessé de le poursuivre, a le droit de le réclamer et de s'en ressaisir sur le terrain ou sur l'arbre sur lequel il s'est fixé, pourvu que cela se puisse sans causer de dommage.

En cas de dommage, celui-ci doit être réparé.

2° Tout essaim non poursuivi appartient au propriétaire du terrain sur lequel il s'est fixé.

3° Les abeilles sont immeubles par destination lorsqu'elles ont été placées par le propriétaire pour le service et l'exploitaton de ce fonds.

4° Les ruches ne sont saisissables qu'au profit de la personne qui les a vendues ou de celui qui les a concédées à titre de cheptel ou pour payement de fermage.

5° En cas de saisie légitime, elles ne peuvent être déplacées que dans les mois de décembre, janvier et février.

6° Le propriétaire d'une ruche est responsable du dommage causé par les abeilles.

7° L'autorité municipale peut, par des arrêtés, interdire de placer des ruches d'abeilles près de la voie publique.

Rucher. — Il faut veiller à ce que les traverses de support du rucher soient bien horizontales, afin que les bâtisses de la ruche suivent une direction perpendiculaire à celle du trou de vol. L'air circule ainsi entre tous les rayons et, en outre, les insectes sont moins gênés pour entrer ou sortir de la ruche et pour circuler entre les rayons.

Fig. 655. — Ruche de Layens en sapin rouge, pouvant contenir une vingtaine de cadres.

(0ᵐ,60 de long sur 0ᵐ,40 de large et 0ᵐ,45 de haut.)

L'apiculture a imaginé de nombreux systèmes. On distingue *l'apiculture mobiliste* et *l'apiculture fixiste.*

Dans le premier système, la plupart des pièces de la ruche (dont la *ruche de Layens* (*fig.* 655, 656) est un bon modèle) sont mobiles et indépendantes les unes des autres. Des cadres mobiles, munis de feuilles gaufrées en cire, procurent aux abeilles une grande économie de temps, une économie de cire et par conséquent de miel. L'apiculteur mobiliste n'est pas producteur de cire.

Le miel est facilement extrait des rayons mobiles, à l'aide d'une essoreuse, après qu'on les a désoperculés avec un couteau affilé. Le cas échéant, on protège le couvain en appliquant une feuille de papier sur les cellules qu'il occupe. Quand on retire les rayons de l'extracteur, on a soin de détruire le couvain de mâles en le désoperculant; les abeilles se chargent de nettoyer ces rayons remis en place et de porter au dehors les nymphes ainsi décapitées.

Fig. 656. — Rucher type composé de ruches de Layens (à gauche) et de ruches Dadant-Bertrand (à droite).

La mise en pratique des théories mobilistes exige l'emploi de tout un matériel passablement coûteux; sans doute, elle offre d'incontestables avantages et permet seule de faire de l'apiculture véritablement intensive, mais elle exige de sérieuses connaissances apicoles.

Le petit cultivateur, absorbé par ses durs travaux et obligé de compter strictement sur ses faibles ressources, peut utiliser les anciennes méthodes fixistes en profitant des améliorations qu'elles comportent. Celui qui veut avoir seulement quelques ruches pour sa propre consommation n'a nul besoin de s'occuper de l'élevage savant des abeilles et de se lancer dans des dépenses assez élevées.

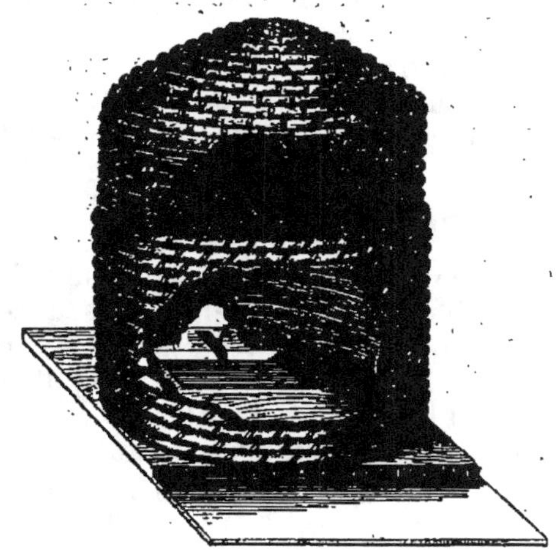

Fig. 657. — Ruche en paille, à capot. Coupe montrant l'intérieur.

Une *ruche à capot* (*fig.* 657), bien conditionnée, permet la culture raisonnée des abeilles d'après les principes de l'école fixiste.

La *ruche à capot* peut être en bois ou en paille, ronde ou carrée ; les principes généraux ci-après s'appliquent indistinctement à toutes les ruches. Le corps de la ruche doit jauger 40 à 45 litres ; son plafond est formé de liteaux de 28 millimètres de largeur sur 1 centimètre d'épaisseur, amincis aux deux bouts et séparés par un intervalle de 1 centimètre. Sur ce plafond, on place une forte toile ou bien encore un paillasson mince formé de tresses de paille cousues ensemble. On n'enlève cette couverture qu'aux approches de la grande miellée, lorsque le moment est venu de laisser monter les abeilles dans le capot.

Le *capot* n'est, en somme, qu'une seconde ruche, mais beaucoup plus basse et complètement fermée au plafond, qui s'emboîte au-dessus de la première. Sa capacité est d'une quinzaine de litres. Son plafond doit être aussi plat que possible, afin que les abeilles puissent y attacher commodément leurs rayons.

La ruche repose sur un tablier ou plateau formé d'une planche de 3 centimètres d'épaisseur bien rabotée et débordant en avant de 14 à 15 centimètres environ, afin de constituer la *planche de vol*, c'est-à-dire la partie du tablier libre en avant de la ruche.

Pour établir cette planche de vol, on procède de la façon suivante : on trace un trait droit, au crayon, qui passe devant la ruche en parcourant toute la largeur de la planche, et on donne un coup de scie sur ce trait jusqu'à une profondeur de 1 centimètre. Ensuite, la planche ou tablier étant redressée, on dédouble à la scie et en biseau toute la planche de vol, laquelle forme alors devant la ruche un seuil de 1 centimètre de saillie.

Au centre du seuil, on marque au crayon une bande d'une largeur de 15 centimètres que l'on fait sauter au ciseau, en lui donnant une pente régulière. Le vide résultant de l'enlèvement de cette bande est le *trou de vol*, sur lequel on cloue à fleur du tablier, à 15 millimètres du seuil, une lamelle de zinc de 2 centimètres environ de largeur. Puis on pratique contre cette lamelle, en dehors, dans le sens de sa longueur, deux traits de scie dans lesquels pourront glisser librement deux lamelles semblables à celle qui vient d'être clouée. La combinaison de ces trois pièces de zinc forme la *porte du trou de vol*, porte qu'il est facile de fermer ou d'ouvrir plus ou moins.

Il est bon de découper les lamelles mobiles en dents de scie, chaque dent ayant au maximum 1 centimètre de hauteur, car elles forment d'excellentes *portes d'hivernage*, suffisantes pour empêcher l'accès de la ruche aux souris et aux mulots sans gêner la circulation des abeilles.

Récolte du miel et de la cire. — Lorsque les fleurs parent nos campagnes, c'est le moment de la grande miellée. Il faut le mettre à profit en collant dans le capot, en guise d'amorce, un rayon ou tout au moins une bandelette de cire ; puis on retire le paillasson qui séparait le capot du corps de ruche proprement dit.

Si les fleurs sont abondantes, le capot renfermera une douzaine de kilogrammes de miel en rayon trois semaines environ plus tard. A ce moment, le capot *ausculté* par petits coups secs du bout des ongles rend partout un son mat; inutile d'attendre plus longtemps.

On enlève le capot avec précaution; s'il résiste trop on passe en-dessous un fil de fer fin et on opère comme s'il s'agissait de couper du beurre; on chasse avec un peu de fumée (soufflet-enfumoir)[*fig*.658] les abeilles qui s'y trouvent, on remet le paillasson ou la toile en placé sur les liteaux du plafond, puis on coiffe d'un capot vide.

Fig. 658. — Soufflet-enfumoir Grenay.

Comme on le voit, la ruche à capot permet d'entrer en possession du miel sans avoir employé les procédés barbares d'étouffage et d'extraction brutale des rayons, qui détruisent les laborieuses bestioles et offrent, en outre, l'inconvénient de donner un miel souillé par des débris de toute sorte : abeilles operculées, larves, œufs, pollen, etc.

Fig. 659.
Couteau
d'apiculteur.

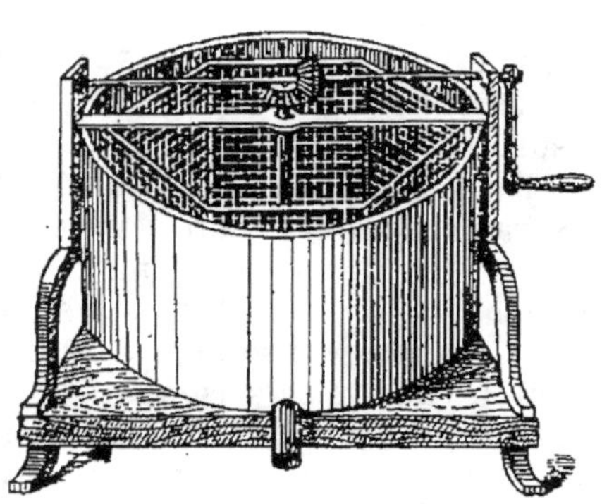

Fig. 660. — Extracteur centrifuge
pour le miel.

Le miel de la ruche à capot se conserve indéfiniment; on les protège au moyen d'une feuille de fort papier liée autour et on prend les rayons au fur et à mesure des besoins de la consommation.

Quand les gâteaux ou rayons ont été enlevés à l'aide de couteaux spéciaux (*fig*. 659), on peut les soumettre à l'extracteur-essoreuse (*fig*. 660) ou bien les briser et les laisser égoutter au soleil sur un tamis à mailles larges; le miel qui en sort est qualifié de *miel vierge*. On soumet ensuite les gâteaux à une forte pression et on obtient du miel de qualité inférieure.

La cire reste à peu près seule; on la fait fondre en y ajoutant un peu d'eau pour que l'action du feu ne puisse la brûler. La fusion terminée, on laisse refroidir lentement le liquide, ce qui permet aux impuretés les plus lourdes de se précipiter au fond du vase. La cire une fois figée, on en retire la partie inférieure où sont réunis les corps étrangers; cette partie porte le nom de *pied de cire*. La cire ainsi obtenue est dite *cire jaune;* elle fond entre 62 et 63 degrés. On purifie la cire et on la blanchit pour avoir la *cire vierge* ou *cire blanche*, qui fond vers 65-68 degrés.

La cire jaune sert au frottage des appartements. La cire blanche fait la base des bougies de luxe, des cierges, car elle est inflammable et brûle sans résidu; elle sert au moulage des pièces anatomiques, des figures; elle entre dans la composition de l'encaustique, du mastic des bouteilles, etc.; elle est la base des médicaments connus sous le nom de cérats.

La saveur de la cire est presque nulle; son odeur aromatique est analogue à celle du miel. Elle est insoluble dans l'eau et dans l'alcool froid, mais elle est soluble dans l'essence de térébenthine, la benzine, le chloroforme. C'est une matière très souvent falsifiée.

Les ruches doivent être distantes les unes des autres de 1^m,50 environ et placées en quinconce à 40 ou 50 centimètres du sol. On choisit un emplacement abrité contre les vents violents, sec et ombragé. Il est avantageux d'abriter les ruches sous un toit; dans le cas contraire, il faut les peindre soigneusement et veiller à leur parfait entretien, surtout durant l'hiver. Si l'eau manque dans le voisinage des ruches, l'apiculteur disposera un ou deux abreuvoirs artificiels dont l'eau sera additionnée d'un peu de sel.

Lorsque les fleurs disparaissent, les abeilles se nourrissent du miel de la ruche et continuent ainsi pendant toute la saison froide. Une colonie moyenne consomme à peu près 6 à 7 kilogrammes de miel pendant la mauvaise saison, suivant le climat. Si à l'automne (octobre) cette provision n'existe pas dans la ruche, il est indispensable de se hâter de fournir aux abeilles une ration supplémentaire sous forme de miel ou de cassonade humectée. Un sirop trop liquide expose les abeilles à contracter la diarrhée. On jette quelques brins de paille sur l'assiette à provisions, afin que les insectes puissent prendre la nourriture sans risquer de se noyer.

Ennemis et maladies des abeilles. — Comme tous les êtres vivants, gros ou petits, les abeilles ont leurs *ennemis* et leurs *parasites;* elles ont aussi leurs maladies.

Les ennemis les plus redoutables sont les *fausses teignes* (*fig.* 661, 662) ou *galléries de la cire*, petits lépidoptères nocturnes de la famille des *tinéites*. La chenille vit et se métamorphose dans l'intérieur des ruches dont elle enlace les rayons à l'aide de fils touffus.

Papillon de la fausse
teigne.

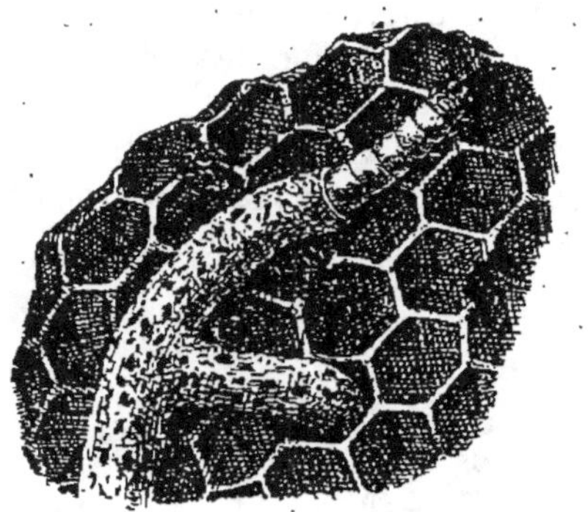

Fausse teigne des ruches.
Chenille et ses fourreaux.

Fig. 661 et 662. — Fausse teigne.

En second lieu, on peut citer le papillon tête de mort ou *sphinx atropos*, qui se gorge de miel; les *araignées*, les *guêpes*, les *frelons* (*fig.* 663), les *fourmis*, le *philanthe apivore* (*fig.* 664), qui anesthésie

Fig. 663. — Frelon.

Fig. 664. — Philanthe apivore
emportant une abeille anes-
thésiée par sa piqûre.

'abeille en la piquant avec son aiguillon et la donne en pâture à sa larve.

L'apiculteur doit aussi se défier des *souris*, *mulots* et *musaraignes*. Les *blaireaux*, les *putois*, les *renards*, sont très friands de miel et renversent les ruches pour s'en emparer, surtout l'hiver.

. Parmi les oiseaux, l'*hirondelle*, le *pivert*, la *mésange*, le *rouge-gorge*,

le *rossignol*, le *moineau* détruisent à l'occasion quelques abeilles. On ne saurait trop leur en vouloir, car ils absorbent aussi un plus grand nombre d'insectes nuisibles.

Les *couleuvres*, les *lézards* happent également au passage quelques imprudentes abeilles, mais, en général, ils font fort peu de victimes. Certains *acares* minuscules (*fig.* 665, 666) se fixent sur les abeilles, de préférence sur les reines.

Les principales *maladies* des abeilles sont : la *dysenterie*, la *constipation* ou *mal de mai* et la *loque* (*fig.* 667), qui s'attaque principalement aux larves, mais qui se communique aux abeilles — dans ce cas, les

Fig. 665. — Pou
des abeilles
(très grossi).

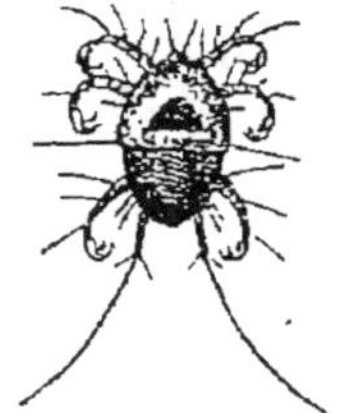

Fig. 666. — Trichodac-
tyle (très grossi).

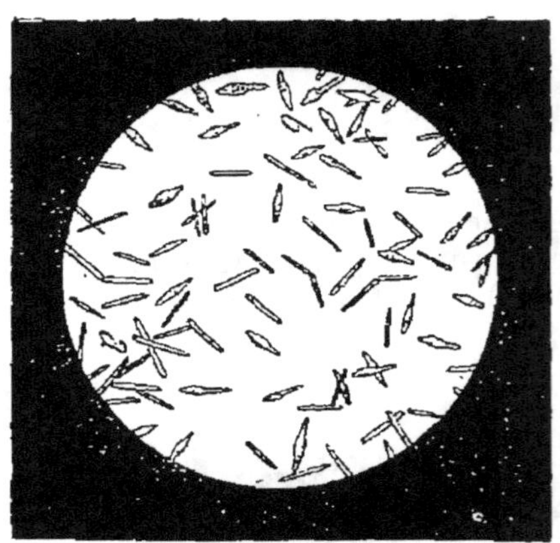

Fig. 667. — Bacille de la loque
(très grossi).

œufs sont contaminés et recèlent le germe de mort. Cette dernière maladie est due à un microbe particulier.

On se met à l'abri de tous ces accidents en ayant de bonnes ruches bien calfeutrées et placées dans d'excellentes conditions hygiéniques. A la tombée de la nuit, on distribue aux abeilles malades une centaine de grammes de sirop préparé suivant la formule suivante :

1° 4 kilogrammes de sucre dans 3 lit. 1/2 d'eau ; faire bouillir dix minutes ;

2° Ajouter au sirop froid 25 grammes de sel de cuisine et 25 grammes de vinaigre ;

3° Verser dans chaque litre de sirop une cuillerée à café d'une solution obtenue avec 50 grammes d'acide salycilique dissous dans 400 grammes d'alcool.

Laver au carbonate de soude chaud et fumiger avec du thym

sec, etc., les colonies atteintes de loque ; répéter l'opération tous les quatre ou cinq jours.

Ceux qui détruisent des abeilles appartenant à autrui sont passibles des peines édictées par l'article 454 du Code pénal, c'est-à-dire d'un emprisonnement de six jours à six mois.

FABRICATION DE L'HYDROMEL

La fabrication de l'hydromel a fait de grands progrès dans ces dernières années, grâce aux remarquables travaux de M. Gastine et de M. Kayser. Ces savants ont démontré que l'eau miellée fermentait difficilement par suite de son extrême pauvreté en matériaux nutritifs pour le ferment. En principe, il faut, par conséquent, introduire dans le moût de miel un certain nombre de substances minérales destinées à fournir à la levure les éléments nécessaires et à assurer une fermentation alcoolique rapide. Le *fermentol*, dont nous avons donné la formule et que prépare MM. Salle et Cie, 4, rue Elzévir à Paris, constitue un des meilleurs agents nourriciers à la dose de 20 à 30 grammes par hectolitre de moût.

Après plusieurs essais, voici la méthode opératoire à laquelle nous nous sommes arrêté :

Hydromel sec. — On mélange 25 kilogrammes de miel avec 15 litres d'eau et on fait bouillir après avoir ajouté 20 grammes d'acide citrique et 25 grammes de sels nourriciers.

Dès que l'ébullition est en train, on enlève l'écume et on verse le moût dans 85 litres d'eau très pure. L'ensemencement a lieu, à l'aide d'un levain, aussitôt que la température du mélange est descendue à 25 ou 26 degrés centigrades.

Préparation du levain. — On peut préparer le levain quarante-huit heures à l'avance, avec quelques litres de moût provenant de raisins blancs choisis, que l'on maintient dans un local tempéré (25 degrés). On peut aussi faire dissoudre 1 kil. 500 de miel dans 7 ou 8 litres d'eau additionnée de 5 grammes d'acide citrique et 6 grammes de sels nourriciers. Après avoir fait bouillir le tout un quart d'heure et écumé, on laisse refroidir jusqu'au-dessous de 30 degrés. Le moût stérilisé est alors introduit dans une bonbonne très propre avec 10 ou 12 centimètres cubes de levures sélectionnées que livre l'Institut Pasteur.

Lorsque ce moût est en pleine fermentation, on prépare l'eau miellée, comme il a été dit plus haut, et dès qu'elle est refroidie au point voulu on y ajoute le levain. Une température de 25 degrés centigrades est éminemment favorable à la fermentation. Au-dessous de 20 degrés, celle-ci devient paresseuse et risque de s'arrêter.

Tout ce que nous avons dit touchant la fermentation des vins s'applique à la fermentation de l'hydromel ; ainsi, par exemple, lorsque la fermentation de ce dernier languit et que le milieu est encore sucré, un soutirage aérateur suffit pour redonner de l'activité au ferment et amener la décomposition du sucre restant. Quand la fermentation est complètement terminée, au bout de trois semaines, on soutire par un temps frais et on verse dans l'hydromel 5 à 6 grammes par hectolitre de tannin à l'alcool dissous, au préalable, dans un peu d'alcool bon goût.

Un mois plus tard, l'hydromel éclairci reçoit un deuxième soutirage ; en un mot, il subit à partir de ce moment les mêmes soins que l'on donne au vin. L'hydromel gagne beaucoup par le vieillissement.

Hydromel liquoreux. — La fabrication de *l'hydromel sucré* ou *liquoreux* repose sur les mêmes principes que la fabrication des vins doux dont il est question à la page 345.

Pour augmenter de 1 degré la force alcoolique d'un moût en fermentation, il faut à peu près 1 kil. 700 de sucre par hectolitre. Or le miel contient environ 20 pour 100 d'eau ; conséquemment, 2 kil. 150 de miel représentent, approximativement, le sucre nécessaire à la production de 1 degré d'alcool.

Tenant compte de ces données, nous préparons un moût suivant la méthode précitée, mais à la dose de 300 grammes de miel par litre. Dans ce cas, il est bon d'augmenter légèrement la dose des sels nourriciers et d'acide citrique. Lorsque la fermentation de ce moût est à peu près terminée, on y ajoute une ration de miel dilué dans un peu d'eau, bouilli, écumé et refroidi à 25 degrés ; en un mot, un nouveau moût concentré représentant une addition de 250 grammes de miel par litre effectif, soit un total de 450 grammes de miel par litre d'hydromel.

Bien que l'hydromel fait avec du miel tout venant perde peu à peu, en vieillissant, le goût amer de la cire, il est préférable de se servir du miel de première coulée, qui est plus pur.

Le Ver a soie.

La *sériciculture* est l'ensemble des opérations qui ont pour but la production de la soie. Elle comprend deux séries d'opérations distinctes : 1° la production des cocons ; 2° la production mécanique de la soie.

C'est la première série qui est du domaine de l'agriculture. Elle comporte : 1° la production des feuilles du *mûrier blanc* greffé, nécessaire à la nourriture des chenilles ou vers à soie ; 2° l'élevage de ces derniers.

Le *mûrier noir* est plus robuste et pousse plus tardivement que le mûrier blanc, mais les vers mangent plus facilement la feuille du mûrier blanc, qui leur permet de fournir une soie plus fine, ainsi que celle du *mûrier sauvageon*.

Le *ver à soie* (*fig.* 668 à 671) est la chenille du *bombyx mori*, lépidoptère nocturne de la tribu des bombycides. Cette chenille naît d'un œuf, appelé vulgairement *graine*, ovale, légèrement aplati, jaune clair lors de la ponte, pour devenir bientôt lilas ; il est enduit d'un vernis gommeux qui le fixe aux corps sur lesquels il est pondu.

Le ver mesure à peine 3 millimètres de longueur au moment de la naissance.

Il est pourvu d'une filière située en arrière de la bouche par où passe le liquide soyeux, qui se solidifie aussitôt et constitue le *fil de soie*. La finesse du fil de soie dépend naturellement du diamètre de la filière, qui varie selon la race du ver et le degré de

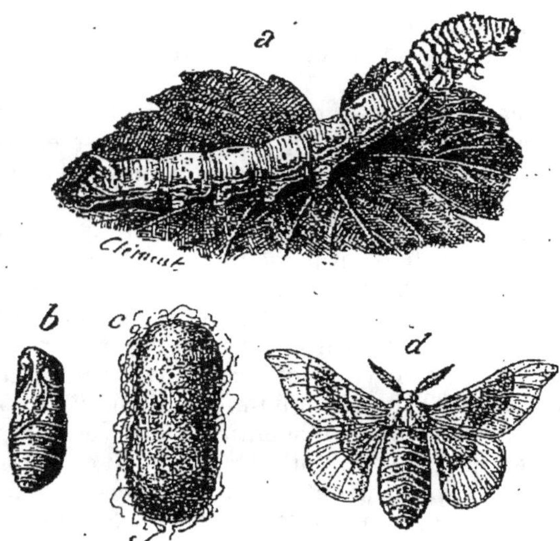

Fig. 668 à 671. — Métamorphoses du ver à soie.
a. Chenille ; *b.* Chrysalide ; *c.* Cocon ; *d.* Papillon.

chaleur qu'il éprouve pendant son élevage. La longueur du fil à dévider varie de 250 à 900 mètres.

Une once de graine de 25 grammes, race jaune indigène, produit souvent plus de 50 kilogrammes de cocon, lorsque l'élevage s'est accompli dans les règles.

Pendant l'élevage ou éducation, et à la fin de chacun des *quatre premiers âges*, le ver à soie, au moment de changer de peau, cesse de manger et tombe en léthargie durant une vingtaine d'heures. Le *cinquième âge* se termine par la *montée* des vers sur les brindilles de bruyère, etc. On compte environ 30 jours pour la durée des *cinq âges*.

Différentes races de vers à soie. — Il existe un grand nombre de races de vers à soie, dont les principales se trouvent en Chine, au Japon, dans la Turquie d'Asie, dans le midi de la France, en Italie. On distingue les races *univoltines* et les races *bivoltines* ou *polyvoltines*.

Les races univoltines ne donnent qu'une éclosion de papillons par an et leurs œufs n'éclosent qu'au printemps de l'année suivante. Les races bivoltines peuvent donner deux générations par an, et les races polyvoltines en donnent plusieurs.

On n'élève que les races univoltines ou annuelles, car les autres ne produisent que des cocons petits, grossiers et de valeur très médiocre ; en outre, ils exigent une production incessante de feuilles de mûrier incompatible avec la culture rationnelle de cet arbre.

Les races françaises des Cévennes, des Pyrénées-Orientales, du Var, des Alpes et de Corse sont très estimées. Elles ont des cocons blancs ou jaunes, assez gros ; il en faut 450 à 500 pour peser 1 kilogramme. Leur soie est de qualité supérieure.

Magnanerie. — Le local destiné à l'élevage des vers à soie s'appelle *magnanerie*, de *magnan*, nom du ver à soie en patois provençal.

Les petites chambrées sont seules à recommander au point de vue économique, parce que les grandes éducations sont difficiles à conduire. Les soins minutieux que les vers exigent, surtout au cinquième âge, nécessitent un personnel considérable, des frais onéreux.

Nous poserons en principe que pour une éducation d'une once (1) de graines il faut un local de 100 mètres cubes. Une bonne aération doit permettre de fournir au ver du cinquième âge environ 10 000 mètres cubes d'air en vingt-quatre heures à un état hygrométrique moyen, soit 70 à 80 degrés d'humidité. Pour réaliser cette condition, il faut que l'air se renouvelle entièrement à peu près tous les quarts d'heure.

La magnanerie doit être maintenue pendant l'élevage à une température qui, suivant les circonstances, varie de 20° à 25° centigrades. Pour satisfaire à ces conditions d'aération et de chauffage, il est bon d'associer l'emploi des poêles à celui des cheminées. D'après les calculs, une cheminée dont la section est de 20 centimètres cubes, et dans laquelle on brûle 1 kilogramme de bois, évacue environ 140 mètres cubes à l'heure. Cette évacuation se produit souvent par la seule différence de la température à l'extérieur et à l'intérieur. Lorsque le temps est humide et froid, le chauffage par la cheminée est insuffisant et trop coûteux. C'est pour ce motif que l'on a recours aux poêles en terre ou en faïence, qui donnent une chaleur plus régulière que les poêles en fonte. Éviter avec soin l'emploi des réchauds au charbon de bois, qui dégagent de l'oxyde de carbone, gaz très délétère.

Comme il est très difficile de maintenir une température régulière dans une chambre recouverte de tuiles à travers les interstices desquelles l'air circule librement, il est indispensable de la plafonner. On complétera l'installation en réservant au rez-de-chaussée une chambre fraîche, un peu sombre, pour la provision de feuilles.

Mobilier de la magnanerie. — On dressera, à l'intérieur, des montants mobiles, munis de pieds, et réunis deux à deux à l'aide de traverses clouées à 0ᵐ,50 les unes au-dessus des autres. C'est sur ces traverses que l'on place les étagères destinées à supporter les *tables*

1. L'once de graines *en boîte* équivaut à 30-31 grammes de graines. — Les graines *en cellules* avec papillons donnent de 35 à 40 grammes de graines par cent cellules.

ou claies. Leur largeur doit être de 80 centimètres environ. Si elles
étaient trop grandes, la surveillance des vers serait trop difficile.
Pour la confection des *tables*, il faut rejeter l'emploi des vieux matériaux plus ou moins propres et vermoulus, ainsi que les planches
et les pailles qui absorbent l'humidité et dégagent de mauvaises
odeurs.

Les claies en roseau ou en osier sont recommandables. On les
recouvre de feuilles de papier afin d'éviter la chute des poussières,
débris et excréments sur les vers placés aux étages inférieurs. Mais
les meilleures claies sont constituées par un cadre en bois garni de
grillage en toile métallique sur lequel on étend une feuille de papier
facile à remplacer au besoin.

Inutile d'ajouter que le nombre des tables doit être calculé d'après
l'importance de l'éducation, sachant qu'au moment de la montée
les vers d'une once de graine occupent au moins une surface de
60 mètres carrés de claies.

Le mobilier de la magnanerie comprend en outre un escabeau
permettant l'accès des étagères superposées, un hygromètre à che-
veu de Saussure pour apprécier le degré d'humidité de l'air, un
thermomètre pour connaître le degré de la température.

Désinfection des magnaneries. — Une extrême propreté dans toutes
les parties de la magnanerie est de rigueur. La désinfection complète
s'impose toujours au commencement et à la fin de l'élevage.

Lorsqu'on opère dans une magnanerie où aucune maladie n'a été
constatée les années précédentes, on badigeonne les murs et le plafond avec un *lait de chaux caustique* nouvellement préparé (2 kilogrammes de chaux vive par 100 litres d'eau). On peut rendre ce badigeon plus adhérent en y ajoutant un peu d'alun, 10 grammes par
litre, ou 1 kilogramme de sulfate d'alumine par 100 litres. Mais l'emploi de la Picturine Sébastian, badigeon à l'eau, antiseptique, fixe et
lavable, est encore préférable.

On désinfecte le sol, les étagères, les claies et les divers ustensiles
d'élevage au moyen d'une solution de sulfate de cuivre (500 grammes
de sulfate de cuivre par 10 litres d'eau). Il faut redoubler de soins
pour la désinfection des magnaneries où des maladies ont fait leur
apparition *l'année* ou *les années précédentes.*

Les germes de la *pébrine* perdent naturellement leur vitalité au
bout de trois mois ; on peut donc se contenter de désinfecter à la chaux
et au sulfate de cuivre, comme nous venons de l'indiquer, puisqu'on
ne fait qu'une seule éducation par an.

Lorsque les vers ont été atteints par la *flâcherie*, on badigeonnera
les murs, le plafond et tous les appareils et ustensiles de la magnanerie à l'aide d'une solution à 1 pour 100 d'hyposulfite de chaux appliquée à chaud avec la brosse ou le pinceau. Ensuite on procédera au
badigeonnage à la chaux et au sulfate de cuivre.

La *muscardine* est une maladie des vers à soie déterminée par un champignon. Pour préserver les éducations suivantes, il faut détruire les spores de ce champignon, agents de transmission. Nous recommandons à cet effet le badigeonnage des murs et du plafond à la Picturine Sébastian ou au lait de chaux prescrit plus haut. Les bois seront lavés avec la solution chaude de sulfate de cuivre.

Mais, avant de procéder à ces diverses opérations, on fera brûler du soufre dans le local hermétiquement clos. Pour un atelier de 100 mètres cubes de capacité, nécessaire à l'élevage d'une once de graine (30 grammes), on emploie 3 kilogrammes de soufre pulvérisé, de préférence du soufre candi, auquel on ajoute un peu d'alcool pour faciliter la combustion. Ce mélange est réparti entre quatre ou cinq récipients en terre cuite, posés sur divers points du plancher. Vingt-quatre heures après, on renouvelle l'air en ouvrant portes et fenêtres.

La graine ou œufs de vers à soie. — La sériciculture doit rechercher avant tout une bonne graine, lourde, régulière, d'aspect uni, pondue par des papillons de race sélectionnée et exempts de toute maladie. S'adresser pour les achats aux maisons honorablement connues qui pratiquent la méthode de grainage cellulaire indiquée par Pasteur.

La graine doit rester dans une *inertie absolue* jusqu'au moment de la mise en incubation. Pour éviter le grave danger de la *formation prématurée* des embryons, il faut que la graine ne soit point soumise à une température supérieure à 9 degrés centigrades. C'est à cause de cela qu'il est prudent d'effectuer l'achat pendant les mois les plus froids.

La graine est disposée en couches très minces dans des boîtes percées de petits trous facilitant l'aération, que l'on place dans un local exposé *au nord de préférence, aéré modérément et sec,* où la température *ne s'élèvera jamais* au-dessus de 8 à 9 degrés centigrades. Les froids les plus rigoureux de nos hivers ne peuvent être nuisibles. Si par hasard, en mars, la graine venait à subir une température de 10 degrés centigrades pendant quelques jours, on compromettrait l'éclosion et la récolte si on laissait retomber la température au-dessous de 10 degrés. L'éleveur ne doit pas hésiter à chauffer la pièce pour la maintenir à ce degré de température jusqu'en avril, époque de la mise en incubation.

Incubation de la graine. — On met la graine en incubation lorsque les mûriers développent leurs premières feuilles, c'est-à-dire vers le 20 avril. Il est nécessaire que les vers trouvent en naissant une nourriture convenable.

Règle générale, les *éducations précoces sont toujours celles qui réussissent le mieux,* bien entendu lorsque des gelées tardives ne viennent pas détruire les jeunes pousses du mûrier et supprimer ainsi la nourriture saine qu'exigent les vers.

Huit jours avant la date fixée pour l'éclosion, on retire la graine
de la pièce froide où elle était conservée et on la fait passer progressivement à la température de la chambre où on la verra éclore, température qui doit varier de 23° à 25° centigrades.

Gelées tardives. — Parfois des gelées tardives viennent arrêter le
développement des feuilles lorsque les graines sont à l'incubation.
Dans ce cas, il ne faut pas laisser refroidir la température, mais la
tenir stationnaire jusqu'à ce que le froid ait cessé. On la poussera
ensuite progressivement à raison de 1 degré centigrade par vingt-
quatre heures et sans dépasser 23° centigrades. On maintiendra la
température du local à ce degré jusqu'à l'éclosion.

Incubation. — Pour que le ver ait une constitution robuste, il faut
qu'il soit issu d'une bonne graine, bien conservée, soumise à une incubation progressive pendant laquelle elle aura été convenablement aérée.

Le meilleur mode d'incubation pour les petites quantités de graine
consiste à établir sur une table quatre montants formant un cadre
en bois de 45 centimètres de largeur sur lequel on fixe à mi-hauteur
une étagère formée de minces liteaux séparés entre eux de 2 centimètres. La graine est étendue bien uniformément sur cette étagère
que l'on a recouverte d'une mousseline. Cela fait, on recouvre entièrement le cadre d'une couverture de laine et on accroche un thermomètre sur le montant à l'endroit où se trouve la graine. On maintient
assez facilement une température constante à l'aide de bouteilles de
grès remplies d'eau chaude et placées à l'intérieur au bas du cadre.
Ce chauffage ne risque point de *brûler* la graine. Lorsqu'elle a subi une
température trop élevée, la graine prend une coloration rouge et, si
elle éclôt, elle ne donne naissance qu'à des vers chétifs et rachitiques.

Dans les grandes éducations, on utilise avec succès des appareils
spéciaux basés sur les principes des couveuses.

Le jour où l'on met la graine en incubation, on consulte le thermomètre placé à côté d'elle. Si ce thermomètre marque 12°,5 centigrades, on doit maintenir la température ambiante à 13°,5 centigrades. Le lendemain, on augmente la température d'un degré et
ainsi de suite pendant quatre jours. On atteint 20° centigrades.
Cette température doit être maintenue nuit et jour jusqu'à ce que la
graine ou certains œufs changent de couleur ou blanchissent. Alors
on continue à élever la température de 1 degré par jour jusqu'à
25° centigrades.

Ordinairement l'éclosion commence trois jours après le changement de couleur précité et dure environ trois jours. L'incubation est
d'autant plus lente que la graine a été tenue plus longtemps à basse
température. C'est cette dernière, dont l'incubation dure de quinze
à vingt jours, qui a le plus de chance de donner de beaux vers.

L'éclosion. — Pour pratiquer les différentes *levées*, on étend une
pièce de tulle sur la graine et on place au-dessus quelques bourgeons

ou des petites feuilles de mûrier qui attirent les jeunes vers. Lorsque les feuilles sont garnies de vers, on les pose délicatement sur une claie garnie de toile et à une certaine distance l'une de l'autre, puis on recouvre le tout d'une légère couche de feuilles. La toile est préférable au papier parce qu'elle favorise mieux la circulation de l'air et garde moins l'humidité.

Une once de 25 grammes donne naissance à *35 000 vers* environ, quantité suffisante pour couvrir 1 mètre carré.

Les éclosions durent quatre jours et se produisent surtout le matin ; elles sont plus nombreuses le deuxième et le troisième jour que le premier et le quatrième. On procède généralement à quatre levées et quelquefois plus. Chaque levée faite à vingt-quatre heures d'intervalle constitue un lot à part. Mais le plus souvent, après la première mue, la différence qui sépare les levées 1 et 2 et 3 et 4, étant très faible, s'efface pendant le sommeil.

Délitement. — Le délitement a pour but de tenir les vers dans un état constant de propreté. On fait une première levée après l'éclosion ; la deuxième n'a lieu qu'après la première mue. Ensuite on les change de claies, de préférence après les mues, au moment où les vers mangent avec appétit. Pour cela, on prend une feuille de papier fort percée de trous de 1 à 2 centimètres, suivant la grosseur des vers, on la couvre de feuilles de mûrier fraîches mais non humides, et on la pose au-dessus des vers. Ceux-ci passent à travers les trous. Il est donc facile de les transporter alors sur une nouvelle claie en véhiculant la feuille de papier. Les filets en fil de chanvre, de lin ou de coton sont très recommandables pour le délitage. On peut également espacer les vers, surtout pendant le premier et le deuxième âge, au moyen de petits rameaux de feuilles sauvages que l'on met sur eux. Lorsqu'ils sont montés sur les rameaux, on les transporte facilement, puis on met des feuilles fraîches dans les vides et les vers ne tardent pas à s'éparpiller, en quête de nourriture.

Température. — L'humidité est le grand ennemi des vers. Jusqu'au quatrième jour il ne faut pas introduire dans la pièce de l'air extérieur, fût-il chaud et sec. La température doit être maintenue de 23°,5 à 24° centigrades. On reconnaît que les vers ont une température convenable lorsqu'on les voit vifs et alertes. S'ils se cachent sous les feuilles et ne mangent pas, c'est qu'ils ont froid.

Pendant les premiers jours, on espace en déposant des feuilles dans les intervalles qui existent au milieu des colonies, puis en soulevant avec soin les bords de la litière, pour la rompre et la porter un peu plus loin.

Durant le premier âge, qui se prolonge environ cinq jours, les vers d'une once de 30 grammes, dont l'éducation se poursuit dans de bonnes conditions, doivent occuper une surface de 5 mètres carrés.

Il faut maintenir la température de 22° à 23° centigrades pendant le deuxième âge, qui commence avec le réveil de la première mue. On distribuera de la feuille (de *mûrier sauvageon* de préférence) toutes les trois heures.

La magnanerie doit être tenue dans une demi-obscurité à l'aide de stores ou de toiles claires placées en dehors des fenêtres. On peut laisser pénétrer un peu plus de lumière au moment des repas.

Vers le milieu du jour, lorsque la température extérieure égale celle de la magnanerie, on aère en ouvrant portes et fenêtres, mais en ayant soin de garantir les vers contre l'action directe de tout courant d'air qui leur serait funeste.

Si, vers la deuxième mue (neuvième jour), on remarque des vers tachés de noir sur le dos ou sur les pattes, c'est un signe qu'ils sont atteints de *muscardine* par suite d'une insuffisante désinfection des locaux et de l'humidité des litières. Nous indiquerons plus loin le mode de traitement applicable en pareil cas.

A la fin du deuxième âge, les vers d'une once doivent occuper 10 mètres carrés. Pendant le troisième âge, qui commence après le réveil de la deuxième mue, et s'étend du neuvième au quinzième jour, la température doit être maintenue entre 21° et 22° centigrades. Mais, au moment des repas, on peut la laisser tomber à 20° centigrades. Pendant le sommeil, la température peut descendre à 17° ou 18°. On donnera trois repas le jour et trois repas la nuit avec de la feuille provenant de mûrier greffé. Les vers du troisième âge doivent occuper un espace de 20 mètres carrés par once de graine.

La meilleure température à maintenir dans la magnanerie, lorsque le réveil de la troisième mue commence le quatrième âge, qui dure jusqu'au vingt et unième jour, est environ de 21° à 22° centigrades. Repas légers mais fréquents, car les vers ne doivent jamais attendre les feuilles et avoir faim.

Si l'éducation est en bonne voie, les vers d'une once occupent alors 40 mètres carrés. Au moment de la quatrième mue, maintenir la température entre 20° et 21° centigrades.

Après cette mue, le cinquième âge commence et dure huit jours. Les vers, qui grossissent à vue d'œil, deviennent très voraces. Pendant cette période connue sous le nom de *briffe*, ils mangent la moitié de la quantité de feuilles qu'ils consomment depuis leur naissance jusqu'au moment de la montée, soit 550 à 650 kilogrammes pour les races jaunes indigènes, un peu moins pour les races vertes japonaises et par once de 30 grammes. A ce moment, il faut redoubler d'attention pour opérer les soins de propreté et éviter l'humidité à l'aide de fréquents délitages et d'une aération convenable. Maintenir la chaleur constante et régulière et donner à manger jour et nuit.

Ce formidable appétit diminue brusquement le quatrième jour, après la sortie de la quatrième mue. Le moment de la montée approche, les vers prennent une teinte jaune transparente, leur corps s'amincit et s'allonge, ils cessent de manger et agitent fébrilement dans tous les sens leur tête redressée. L'éleveur doit s'empresser de disposer autour des claies des rameaux bien secs de bruyère ou de genêt, de chêne blanc, de bouleau, d'olivier et aussi, suivant les ressources du milieu, de la paille de colza, de froment, de riz et même de chiendent. La bruyère doit avoir la préférence.

On diminue la quantité de nourriture au fur et à mesure que les vers grimpent sur la bruyère. La *montée* se termine en quarante-huit heures lorsque la température a été maintenue à 23° centigrades. S'il y a quelques retardataires, on les enlève délicatement et on les place sur une table à part. Cela fait, on se débarrasse des litières sans déranger les bruyères.

La durée normale d'une éducation jusqu'à la montée est de vingt-huit jours. Pendant les six jours qui suivent la montée, la température doit être rigoureusement maintenue à 23° centigrades, le local étant aussi largement aéré que possible. Les variations de température occasionnées par un orage, etc., sont dangereuses et méritent d'être évitées par un chauffage approprié.

Le ver à soie termine son cocon en six jours, mais ce n'est qu'au bout de dix jours que sa transformation en chrysalide est achevée.

Décoconnage ou déramage. — Dix jours après que les vers sont montés sur les rameaux, on procède au décoconnage ou déramage, c'est-à-dire qu'on enlève les rameaux ou branchages dont on détache soigneusement les cocons avec la main. Avant de déposer le cocon dans le drap ou la corbeille préparés à cet effet, on arrache la bourre qui l'entoure.

Ensuite on fait le triage de la récolte. On distingue : 1° les *cocons premier choix*, qui sont tous de même forme, de même couleur et de même grosseur ; 2° les *cocons doubles*, qui renferment deux chrysalides : ils sont beaucoup plus gros que les précédents et leur fil de soie est plus grossier ; 3° les cocons faibles de pointe ou de corps, dont la couleur est rougeâtre, safranée ou tachée de noir chez les vers jaunes, et rouillée chez les japonais, sont des *cocons inférieurs ;* 4° les vers qui meurent et pourrissent au lieu de se convertir en chrysalides donnent des cocons appelés *fondus* ou *chiques,* pleins d'un liquide noirâtre d'une odeur fétide susceptible de tacher les autres cocons si on vient à les écraser ; 5° on appelle cocons *muscardinés* ou *dragées* ceux qui résonnent comme des clochettes lorsqu'on les agite entre les doigts.

Feuilles du mûrier. — L'éclosion des vers a lieu au moment de l'épanouissement des premiers bourgeons des mûriers, dont les feuilles doivent être leur nourriture exclusive. La feuille jeune, très tendre, est facilement entamée par les vers dans leurs premiers âges. Le développement graduel des feuilles correspond à leur propre développement et par suite la matière nutritive se trouve appropriée à la puissance de leurs mandibules et à leurs facultés digestives.

On ne doit jamais récolter la feuille pendant les heures chaudes de la journée ni avec la rosée : la feuille mouillée ou humide est très dangereuse pour la santé des vers.

Lorsque la consommation des vers devient importante, surtout au quatrième et cinquième âge, il faut se procurer la feuille nécessaire au moins un jour à l'avance en prévision de la pluie. Après sa cueillette, la feuille est transportée dans un local frais, mais exempt d'humidité, éclairé, quoique à l'abri des rayons du soleil. Là on l'étend en une couche mince d'une vingtaine de centimètres que l'on agite et retourne de temps en temps avec une fourche. Si la feuille est chaude et flétrie, on l'asperge légèrement avec de l'eau claire. Il est recommandable d'entreposer ainsi la feuille cueillie plutôt que de la donner immédiatement aux vers, car quelques heures de repos lui font perdre un peu de son eau de végétation et la rendent plus digestive. En temps de pluie, on coupe des branches ou rameaux de mûrier que l'on suspend dans des remises ou hangars. On détache la feuille lorsqu'elle est ressuyée et on lui fait perdre son excès d'humidité et sa fraîcheur en la remuant un moment devant un bon feu de cheminée.

Maladies des vers à soie. — *Remèdes.* — Trop de chaleur à l'incubation donne des *vers rouges;* ils se développent mal, il faut les jeter.

Les vers qui souffrent dès leur naissance de l'humidité et des fermentations de la litière deviennent *blancs* et meurent.

Les vers qui naissent marqués de petites taches couleur de poivre sur le dos et les pattes sont atteints de **pébrine**. Il en est de même des vers dont le onzième anneau devient noir et se racornit à la troisième ou quatrième mue. La litière dégage alors une odeur infecte. Les spores rejetées avec les excréments causent la contagion.

Les vers atteints de **muscardine** perdent leur appétit, se marbrent de plaques rougeâtres ou rosées. Ces plaques s'étendent petit à petit. En cet état, les vers ne tardent pas à mourir. Ils se contractent et se durcissent peu à peu depuis l'anus jusqu'à la tète. Celle-ci passe du grisâtre au violacé et au brunâtre, puis, soixante heures environ après la mort, se couvre d'une efflorescence blanchâtre qui s'étend ensuite sur tout le corps, principalement lorsque l'air est humide.

Un abaissement brusque de température accompagné d'humidité, surtout de la quatrième mue à la montée, provoque le développement rapide de la muscardine.

La **flacherie** se développe généralement sous l'influence de l'humidité, des courants d'air, de la feuille fermentée ou mouillée, de l'air vicié. Les vers deviennent mous et flasques, il leur sort de la bouche un liquide verdâtre; ils cessent de manger, s'engourdissent et meurent en conservant l'apparence de la vie. En peu de temps, la flacherie transforme le plus bel élevage en charnier repoussant.

Une désinfection préventive parfaite et l'observation exacte des diverses règles indiquées pour le choix des graines, l'incubation et la conduite de l'élevage, donnent toute sécurité.

On garde toujours un certain nombre de cocons dans le but de faire éclore les papillons de vers à soie en vue de la production de la *graine*, c'est-à-dire des *œufs fécondés*. On choisit les cocons ayant une forme et une nuance régulières, mais en ayant soin de ne pas prendre exclusivement les plus gros, qui donnent des femelles. L'éclosion des papillons a lieu vingt à vingt-trois jours après le coconnage. L'insecte parfait s'ouvre un passage à travers son enveloppe de soie pour recouvrer sa liberté. La sortie se fait de 5 heures à 9 heures du matin et l'accouplement se réalise aussitôt.

Pour sélectionner suivant la méthode Pasteur, la ponte a lieu sur un morceau de linge de 6 centimètres de largeur sur 13 à 14 de longueur ; on enferme la femelle dans un coin du linge sur lequel elle a pondu 400 à 600 œufs. Il est ensuite aisé de procéder à l'examen microscopique des femelles ainsi recueillies. On broie chaque insecte dans un petit mortier avec de l'eau distillée pure, et on répand une goutte de cette bouillie liquide sur le porte-objet du microscope. Toutes les graines des insectes *corpusculeux* sont rejetées. Les corpuscules, agents de la maladie, sont des algues parasites de 3 à 4/1000 de millimètre de diamètre. On les voit, sous forme de *points brillants*, à contours peu accusés quand ils sont jeunes, mais très nets âgés.

Grasserie et jaunisse. — Les vers dont le corps devient blanc mat, boursouflé et luisant, sont appelés *vers gras* ou *vaches*. Ils rampent difficilement et émettent un liquide laiteux. Ces vers, qui sont atteints d'une sorte d'hydropisie, meurent sans filer leurs cocons.

La *jaunisse* est caractérisée par la couleur jaune vif que prend le ver. La cause de ces maladies réside principalement dans le refroidissement brusque.

Vers bien portants. — Les vers en bonne santé naissent noirs et deviennent blancs en trois jours. Alors leur appétit se donne cours ; ils passent progressivement du blanc au jaune et s'endorment. Les mues ultérieures s'accomplissent avec régularité ; ils mangent la feuille avec ardeur et grossissent graduellement.

Étouffage. — Quand les cocons sont récoltés, on les expose à la vapeur d'eau bouillante afin de tuer l'insecte qu'ils renferment.

L'industrie dispose d'appareils perfectionnés pour procéder à l'*étouffage* dans les meilleures conditions : il est préférable, sous tous les rapports, de lui laisser accomplir cette opération.

Les cocons perdent de leur valeur en vieillissant et après un certain laps de temps la filature ne les achète qu'à la suite d'un essai en rendement.

INDEX ALPHABÉTIQUE

Bibliothèque
Rurale